国家科学技术学术著作出版基金资助出版

机械加工表面完整性理论与控制技术

姚倡锋　张定华　谭　靓　任军学　著

科学出版社

北　京

内 容 简 介

本书全面地总结了作者及其研究团队关于机械加工表面完整性理论与控制技术方面的研究成果，提出了表面完整性概念及表征模型、表面特征和表层微结构微力学特征表征与测量、切/磨削表面完整性形成机制、表面完整性控制、机械加工表面完整性评价等一系列新概念、新方法。本书包含大量的切/磨削工艺试验和表面完整性测试数据，资料丰富、覆盖面广，具有系统性、先进性和实用性，对抗疲劳制造领域机械加工表面完整性理论与控制技术的研究具有一定的指导意义和参考价值，对航空关键构件机械加工具有一定的指导作用。

本书可作为高等院校从事机械加工研究工作的教师和研究生的参考书，也可作为相关行业科研人员和工程技术人员的参考书。

图书在版编目（CIP）数据

机械加工表面完整性理论与控制技术 / 姚倡锋等著. -- 北京 ：科学出版社，2025. 1. --ISBN 978-7-03-079780-3

Ⅰ. TG506

中国国家版本馆 CIP 数据核字第 2024EX1554 号

责任编辑：杨　丹　罗　瑶 / 责任校对：任苗苗
责任印制：徐晓晨 / 封面设计：陈　敬

科学出版社出版
北京东黄城根北街 16 号
邮政编码：100717
http://www.sciencep.com
北京建宏印刷有限公司印刷
科学出版社发行　各地新华书店经销
*
2025 年 1 月第　一　版　开本：720×1000　1/16
2025 年 1 月第一次印刷　印张：25 1/4
字数：510 000

定价：328.00 元

（如有印装质量问题，我社负责调换）

前　　言

机械制造的终极目标是赋予产品形位和性能。体现装备性能的是关键构件，因此，先进制造技术总是起源于关键构件，并应用于关键构件。关键构件在动态条件下服役，主要失效模式是疲劳，因此先进制造技术总是着力于解决关键构件的疲劳失效问题。

疲劳是一个非常复杂的过程，构件的疲劳失效受许多因素的影响，包括构件表面残余应力、表层显微组织、缺口效应、尺寸效应、表面应力集中、材料静强度及腐蚀环境等多种因素。在工程实际中，疲劳裂纹往往从表面起始，逐渐向内部扩展，其原因主要如下：构件结构往往很复杂，作用载荷的叠加会增加表面的最大应力，最高载荷往往位于表面或表层；构件表面机械加工引起的刀痕、缺陷等导致表面应力集中，造成工作载荷应力峰值比内部高；构件表面受腐蚀、脱碳等影响，材料表面强度低于材料内部强度；材料内部晶粒四周完全被其他晶粒包围，材料表面晶粒所受约束较少，比内部晶粒更易于产生滑移现象。现有资料表明，航空构件疲劳失效中80%以上的疲劳裂纹始于表面加工缺陷或损伤，如切削刀痕、表面微裂纹、表层应变硬化、表层组织损伤、表层拉应力等。粗糙表面或表面的损伤缺陷会引起很高的表面应力集中，直接成为疲劳源；潜伏在亚表层的微结构和微力学的损伤缺陷将急剧加速裂纹的萌生和扩展，加速疲劳失效。因此，表面完整性控制是保障航空关键构件长寿命服役的关键。

传统的机械制造是用切削加工赋予构件形位的制造技术，又称成形制造。成形制造以满足设计图样要求为目标，其关键技术是切削加工，理念是高效、精密、不考虑寿命。表面完整性制造是控制表面完整性，以抗疲劳性为主要判据，以提高疲劳强度为主要目标的制造技术。表面完整性制造提出了表面完整性的概念。表面完整性是控制加工工艺形成的无损伤和强化的表面状态，用标准数据组表征，理念是精密、长寿命、高效，表面完整性与疲劳行为直接相关。可见，表面完整性控制理念将疲劳学融入制造形成跨学科制造技术。

讨论表面完整性控制首先要弄清楚基本概念。什么是表面？表面是物体与外界接触的部分。完整性研究的是来源、去向及其本身，控制则是掌握，不使其任意活动或越出范围。具体地说，表面完整性来自制造技术，去向是指提高疲劳强度，达到极限寿命、极限可靠性、极限减重。表面完整性状态由表面粗糙度、硬度、残余压应力和微结构表征。表面完整性对关键构件服役寿命具有重要影响，机械加工表面完整性理论与控制技术是机械学科领域重要的基础性研究工作。

西北工业大学机械加工表面完整性研究团队 2003 年起开展航空关键构件机械加工的表面完整性相关研究，探索了精密切削、磨削表面完整性机理、影响规律和控制方法等基础科学问题，建立了航空关键构件机械加工表面完整性表征模型、检测和评价方法。2009 年起，在相关科研项目的资助下，开展了航空材料精密切/磨削表面完整性形成机理、机械加工表面完整性抗疲劳机制、机械加工表面完整性控制工艺方法研究，取得了一系列基础研究成果，建成了机械加工表面完整性工艺试验和测试分析研究环境。

为了总结经验、扩大交流与合作，总结团队多年承担国家重大科研项目的研究成果撰写本书，可为从事机械加工表面完整性研究工作的科研人员和相关专业的师生提供参考。

本书比较全面地介绍了机械加工表面完整性的基本概念、表征数据与测量等；重点介绍了典型材料切/磨削表面完整性形成机制、机械加工表面完整性控制和评价方法；详细介绍了铣削、磨削和车削表面完整性控制实例等方面的内容。

本书共 6 章，第 1～3 章由姚倡锋教授撰写；第 4 章由任军学教授、谭靓副研究员撰写；第 5 章由张定华教授撰写；第 6 章由谭靓副研究员撰写。全书由姚倡锋教授负责统稿并定稿。武导侠博士、沈雪红博士、周征博士等参与了本书部分内容的撰写及图表绘制工作，特此表示感谢。

本书相关的研究工作得到了科技部“973”计划项目(6138502)、国家自然科学基金项目(50975237、51005184、51375393)、国家科技重大专项项目(2013ZX04011031)等资助，在此对国家有关部门长期以来的大力支持表示衷心感谢。本书撰写过程中得到中国航发北京航空材料研究院赵振业院士、大连理工大学郭东明院士和康仁科教授等专家学者的大力支持，在此深表感谢。

本书的出版得到国家科学技术学术著作出版基金和西北工业大学精品学术著作培育项目的共同资助。

关键重要构件的表面完整性控制已经成为国内外学者关注和研究的热点，将机械加工表面完整性理论与控制技术真正应用于装备关键重要构件的制造中还面临着许多挑战和难题。本书内容仅是研究团队对阶段研究成果的总结，部分见解可能有一定的局限性。由于作者水平有限，疏漏与不当之处在所难免，恳请读者批评指正。

目　录

第1章　绪　　论

随着科技水平的不断发展，机械加工表面完整性控制技术在航空、航天、汽车等行业中的应用越来越广泛，持续受到学术界和工业界的重视。机械加工表面完整性控制技术既是机械加工领域的一项前沿技术，也是工业界一项提升关键构件服役寿命的实用技术。本章主要介绍机械加工零件的表面完整性概念及表征模型、机械加工表面完整性国内外研究现状及发展趋势、机械加工表面完整性研究意义及关键科学问题等内容。

1.1　引　　言

机械工业是国民经济的基础工业，工艺是机械工业的基础工作。近年来，随着科技的进步与制造业的不断发展，对机械产品的性能、工作寿命及可靠性的要求日益严格，零件表面采用精密加工的手段和要求也不断地延伸和扩展。对于早期的机械产品，在设计与制造中多注重零件的功能和性能，而现代产品的设计与制造则更注重产品的可靠性、安全性和维修性，即除了要保证产品设计的初始功能性要求，还必须确保其在使用中的安全可靠和长寿命。因此，现代机械产品的加工与制造技术，除了需要满足常规零件在基本尺寸和精度方面的要求之外，还必须对关键零件加工后的表面几何形貌、金相组织状态、表层显微硬度分布与表层残余应力分布等加以控制，以确保零件的表面质量及最终使用性能的可靠。为满足这一要求，机械加工领域已经发展和形成了表面完整性控制的新方向和技术发展趋势，并已被世界各国接受。简单地说，机械加工表面完整性要求可以解释并控制加工过程中在零件表面和表层内可能发生的各种变化，包括这些变化对材料属性和零件使用性能的影响。表面完整性是控制加工工艺形成的无损伤和强化的表面状态，包括零部件加工后表面特征和表层物理性质。长期以来，一直将表面几何特征，如表面粗糙度、表面微裂纹作为衡量加工表面质量的主要依据，并普遍认为表面粗糙度与零件的使用性能之间存在直接关系。大量数据足以说明，表面粗糙度仅是评价和控制加工表面质量的一个重要指标。实际上许多重要零件结构的损坏是从表面下几十微米范围内开始的[1,2]，潜伏在表层的缺陷更是产生疲劳失效的隐形因素，表层组织冶金物理和机械性能的变化，如残余应力、表层硬化等对零件的使用性能影响很大。因此，加工过程中应用表面完整性指标对零件加工表面进行综合评价才能全面衡量零件的使用性能。

疲劳是一个非常复杂的过程，构件的疲劳失效受许多因素的影响，其中包括构件残余应力、显微组织、缺口效应、尺寸效应、表面应力集中、材料静强度及腐蚀环境等多种因素。在工程实际中，疲劳裂纹往往首先从表面开始，逐渐向内部扩展，其原因主要如下：构件结构往往很复杂，作用载荷的叠加会增加表面的最大应力，最高载荷往往位于表面或表层；构件表面机械加工引起的刀痕、缺陷等，导致表面应力集中，造成工作载荷应力峰值比内部高；构件表面受腐蚀、脱碳等影响，材料表面强度低于材料内部强度；材料内部晶粒四周完全被其他晶粒所包围，材料表面晶粒所受约束较少，比内部晶粒更易产生滑移现象。几十年的服役实践证明，机械零构件失效中疲劳失效占 50%～90%，航空构件中疲劳失效占 80%以上[3]。飞机、发动机等关键构件，疲劳是安全服役威胁最大的失效模式，也是制约我国飞机、发动机寿命的主要因素。图 1.1 为几种典型发动机轮盘和叶片断裂图片。

(a) 轮盘断裂

(b) 整体叶盘叶片断裂

(c) 叶片断裂

图 1.1　几种典型的发动机轮盘、整体叶盘和叶片断裂

高强度合金因其良好的抗拉强度和疲劳强度，广泛用于制造飞机、发动机等各种精密机械的主承力构件，包括起落架、压气机叶片、盘、轴等，其用量占飞机、发动机结构质量的 70%～80%，决定了航空武器装备的战技性能。高强度合金的突出缺点是疲劳强度对应力集中敏感，其疲劳强度随应力集中系数的增大而急剧降低，可能使疲劳寿命损失殆尽。据统计，金属材料及其零部件的疲劳绝大多数萌生于表面，80%以上疲劳裂纹起始于表面应力集中处，如切削加工刀痕、划伤、组织损伤、夹杂物等。常见机械加工缺陷见图 1.2。

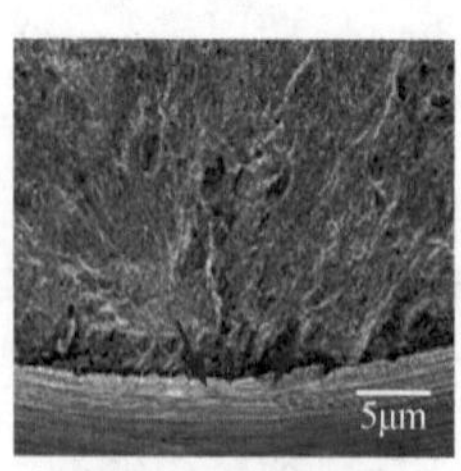

(a) 不连续加工刀痕

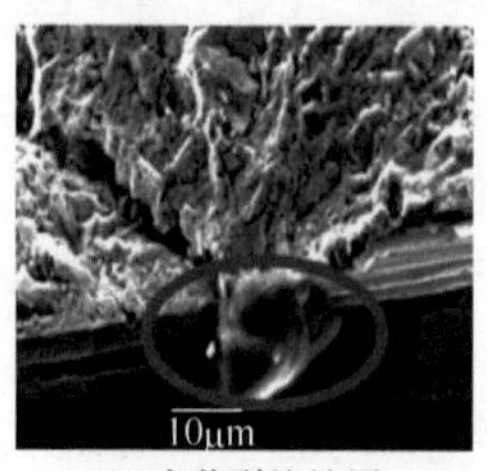

(b) 疲劳裂纹扩展

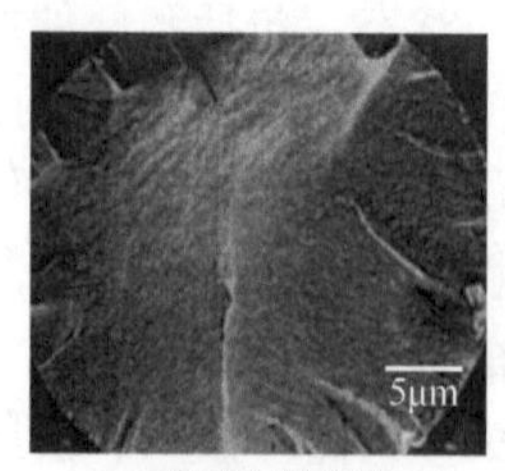

(c) 多源起始疲劳

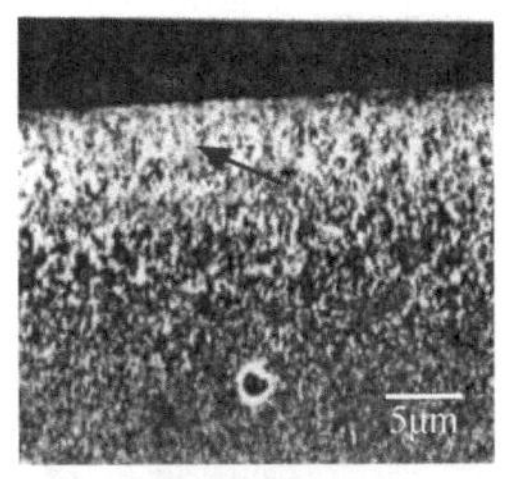

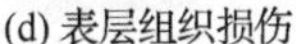
(d) 表层组织损伤

(e) 表面微裂纹

(f) 棱边损伤

图 1.2　机械加工缺陷

图 1.3 为机械制造发展的现状及趋势。依据制造技术实施的理念和技术目标定位，机械制造总体可划分为三代。一代制造即传统的成形制造，其制造理念是高效、精密、不考虑寿命，技术内涵是以成本-时间-空间为判据，通过工艺控制，形成满足形位精度、表面粗糙度等设计要求的制造技术。成形制造一直把构件表面形貌精度、形状、尺寸和定位精度等作为衡量加工质量的主要依据，不考虑寿命控制要求，西方国家已淘汰，我国仍在使用。成形制造不能抑制高强度合金的疲劳强度对应力集中敏感性，对于既定的设计和选定的高强度合金，制造时没有抗疲劳概念和控制表面完整性措施，加工表面会附加应力集中，导致疲劳强度的再次降低，造成实际构件性能劣于设计性能，寿命短、可靠性差。二代制造即表面完整性制造，其制造理念是精密、长寿命、高效，技术内涵是以抗疲劳性为主要判据，通过控制加工工艺保证加工精度和表面完整性，提高构件疲劳强度的制造技术。表面完整性制造除了控制构件表面形貌精度、形状、尺寸和定位精度等，还通过控制表面完整性提高疲劳强度。美国空军材料实验室(AFML)于 1970 年发布了《机械加工构件表面完整性指南》，定义表面完整性为控制加工工艺形成的无损伤和强化的表面状态，定义表面完整性制造为通过控制表面完整性以抗疲劳性为主要判据和以提高疲劳强度为目的的制造技术，本书提出的机械加工表面完整性相关理论是对其的延伸与发展。1970 年，西方国家开始使用表面完整性制造技术，为其垄断高端机械装备制造半个世纪奠定基础，中国尚未深入研究和系统应用。三代制造即极限抗疲劳制造，其制造理念是极限寿命、精密、高效，技术目标是以抗疲劳性为主要判据，通过对构件表面层进行调整、改变和优化，构筑抗疲劳表面变质层，极限使用高强度合金材料性能，抑制应力集中敏感性，实现构件的极限寿命控制。抗疲劳制造的理论基础是无应力集中抗疲劳概念，主要涉及三大制造领域，分别是表面完整性机械加工、表层超硬-韧化和高能复合表层组织再造改性等，是在机械加工表面完整性控制的基础上进行后续的工艺实施，提高高强度合金构件服役性能。

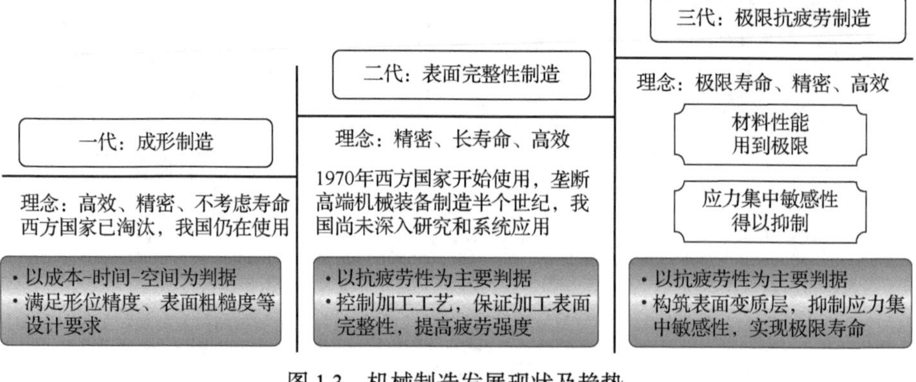

图 1.3 机械制造发展现状及趋势

1.2 研究现状

国内外关于高强度合金关键构件机械加工表面完整性方面的研究主要集中在表面完整性概念及表征模型、精密切/磨削加工表面完整性控制、表面完整性对抗疲劳性的影响等，下面分别论述国内外研究现状。

1.2.1 表面完整性概念及表征模型研究现状

1964 年，在美国国防金属情报中心(Defense Metals Information Center)召开的一次技术座谈会上，Field 和 Kahles 的报告首次提出了表面完整性概念，表面完整性是描述、鉴定和控制零件加工过程在其加工表面层内可能产生的各种变化及其对该表面工作性能影响的技术指标。在其随后发表的论文中详细论述了表面完整性的重要性，总结了被加工零件面临的诸多表面完整性问题，并首次强调传统或非传统加工工艺都将使合金表面和表面层产生塑性变形、微观裂纹、相变、显微硬度、残余应力等冶金学的变化[4-6]。1970 年，美国空军材料实验室发布了《机械加工构件表面完整性指南》。1972 年，Field、Kahles 和 Cammett 首次建议使用表面完整性数据组(SIDSS)作为评价机械加工表面特征的标准，提供了描述表面完整性和使用性能之间关系的基准。他们提出的表面完整性数据组(SIDSS)分为三个级别：最小数据组(MSIDS)、标准数据组(SSIDS)和扩展数据组(ESIDS)。美国在 1972 年出版的《机械加工切削数据手册》第二版中对表面完整性的定义如下：通过控制加工方法而使成品零件具有未受损伤或有所加强的表面状态[7]。1989 年出版的《机械加工切削数据手册》第三版中用图解说明表面完整性指的是表面层部分的变化状态[8]。1986 年，美国颁布了国家标准《表面完整性》(ANSI B211.1—1986)，在该标准中，只使用了最小数据组和标准数据组，制订了两级加工强度，分别代表粗劣加工和精细加工。2001 年，英国著名学者格里菲斯系统分析了表面完整性特征的表征与测量，将表面完整性定义为已加工表面形貌学、机械、化学、冶金学的性能及其与使用性能的关系[9,10]。2010年，美国学者将表面完整性定义为对使用性能具有影响的一系列表面属性(包括表面和深度方向的属性)[11]。2012 年，世界顶尖学会组织国际生产工程科学院(CIRP)设立表面完整性国际会议(CIRP Conference on Surface Integrity，CIRP CSI)。近年来，零件表面完整性设计与工艺控制已成为国内外学者关注和研究的热点。

我国表面完整性研究主要是借鉴引用国外概念，在理论上跟踪研究。1985年颁布了《军用飞机强度和刚度规范》(GJB 67—85)，1989 年颁布了《军用飞机损伤容限要求》(GJB 776—89)，1994 年将“切削加工零件的表面完整性”编入《航空制造工程手册》。图 1.4 为表面完整性概念的发展历程。

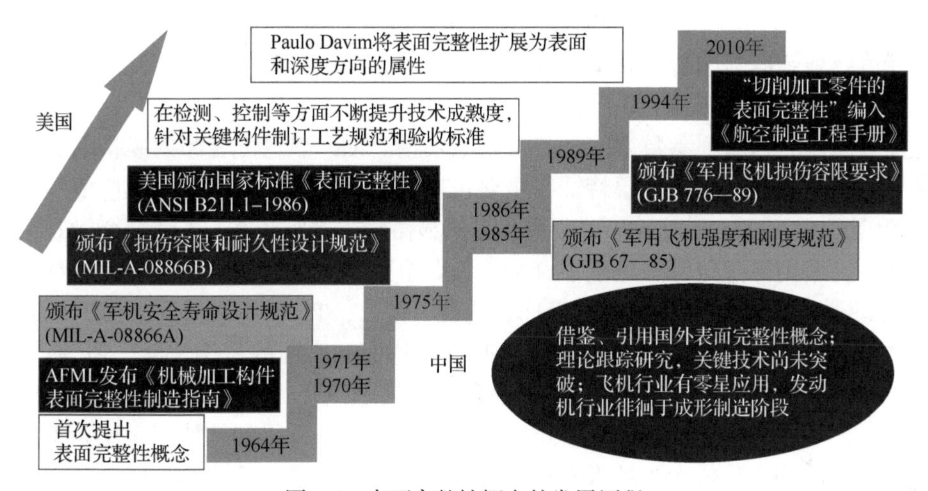

图 1.4 表面完整性概念的发展历程

在机械加工表面完整性表征模型研究方面，英国 Taylor Hobson 公司(THL)专门给出了工业界最常用的 24 个 2D 粗糙表面表征参数[12]，Stoutg 等提出了含 14 个 3D 粗糙表面表征参数的初级表征集合，并进一步修订了这套 3D 表征参数系统，现在常被称为“伯明翰 14 参数”[13-15]。Bigerelle 等[16]进行了曲轴磨削精加工试验，使用触针式粗糙度测量仪对表面粗糙度进行测量，提出了一种表面粗糙度多尺度分析和表征方法，根据观测尺度的不同对粗糙度幅值进行了分类，并建立了表面粗糙度最大幅值的概率密度分布函数模型。Amini 等[17]对高速干车削 Inconel718 的表面粗糙度进行了研究，采用德国马尔的粗糙度测量仪对表面粗糙度进行了测量，最终使用三次多项式函数模型，建立了基于切削速度、进给量和切削深度的表面粗糙度经验模型。Ulutan 等[18]对车削 IN-100 和铣削 GTD-111 的试件利用 X 射线衍射法测量残余应力分布，使用正弦衰减函数拟合测得的残余应力分布，获得了良好的拟合效果。Mittal 等[19]和 El-Axir[20]采用多项式函数，建立了表层残余应力场分布的数学表征模型。Ding 等[21]采用一种多物理模型研究 AISI 52100 钢车削表面微观结构的变化，结果表明：中低切削速度下的微观结构主要由严重的塑性变形引起，而高速下的白层由热量产生的相变和晶粒细化引起。Imran 等[22]将切削表层区别为纳米结构表面层、变形次表面层和材料基体三部分，使用晶粒尺寸、纳米硬度、塑性变形和晶体取向差异等进行了评估分析。

我国对表面完整性概念及表征模型的研究主要借鉴美国的表面完整性概念和三个级别表面完整性数据组。在表面完整性表征模型研究方面，王贵成等[2]提出了表面完整性特征中还应该包含工件棱边质量。曾泉人等[23]提出了机械加工零件表面完整性表征模型，定义了表面完整性特征类的集合，表面完整性的工艺类集合和表面完整性的抗疲劳性类集合。姚倡锋等[24-26]应用多元线性回归分析方法，建立了 Ti1023 钛合金铣削表面粗糙度经验公式和 7055 铝合金高速铣削表面粗糙度、残余应力和显微硬度的经验模型，同时系统研究了 Al_2O_3 和立方氮化硼(CBN)砂轮磨削 Aermet100 超高强度钢的残余应力，利用最小二乘法建立了工件表面残余应力与磨削参数之间的二次函数模型。Xie 等[27]利用 X 射线衍射法分析了钛合金喷丸强化后的表层特征，主要包括晶粒尺度、位错密度及微应变等。唐泽等[28]在 OLYMPUS PMG3 型倒置式光学显微镜下观察了 TA15 钛合金微观组织的变化，采用回归分析法建立了 TA15 钛合金两相区锻造微观组织演变模型。宋颖刚等[29]采用透射电子显微镜(简称“透射电镜”，TEM)观察得到 TC21 钛合金喷丸强化层中的主要塑性变形方式是基面、柱面和锥面的位错滑移。Li 等[30]采用 X 射线衍射法、扫描电子显微镜(简称“扫描电镜”，SEM)和高分辨率透射电镜对 TC17 钛合金喷丸强化微观组织进行了研究，分析得到从加工表层到基体的纳米晶体结构变化依次为纳米颗粒层、纳米层压结构层、细化晶粒层和低应变基质层。杜随更等[31]采用光学显微镜、透射电子显微镜和高分辨透射电子显微镜对 GH4169 高温合金磨削微观组织进行了观察，磨削表层具有表面非晶层、微观剪切带和纳米晶层特征。Liu 等[32]对 TC17 钛合金喷丸强化微观组织进行了测试，TC17 钛合金喷丸强化后微观组织由纳米晶体结构向基体组织呈梯度变化，最小晶粒尺寸仅为 6.7nm。Cheng 等[33]提出采用分形函数对加工表面轮廓进行重构，使用表面形貌应力集中系数对加工表面应力集中程度进行了评估。图 1.5 为制造表面状态的典型表征方法。

综上所述，国外首次给出表面完整性概念，提出了三个级别表面完整性数据组，美国颁布了《表面完整性》国家标准，建立了完善的表面完整性表征与检测体系，表面粗糙度和残余应力的表征模型正由离散数据向数字化函数方向发展，微观组织正在由单一组织结构的表征向梯度分层方向发展。我国在表面完整性研究

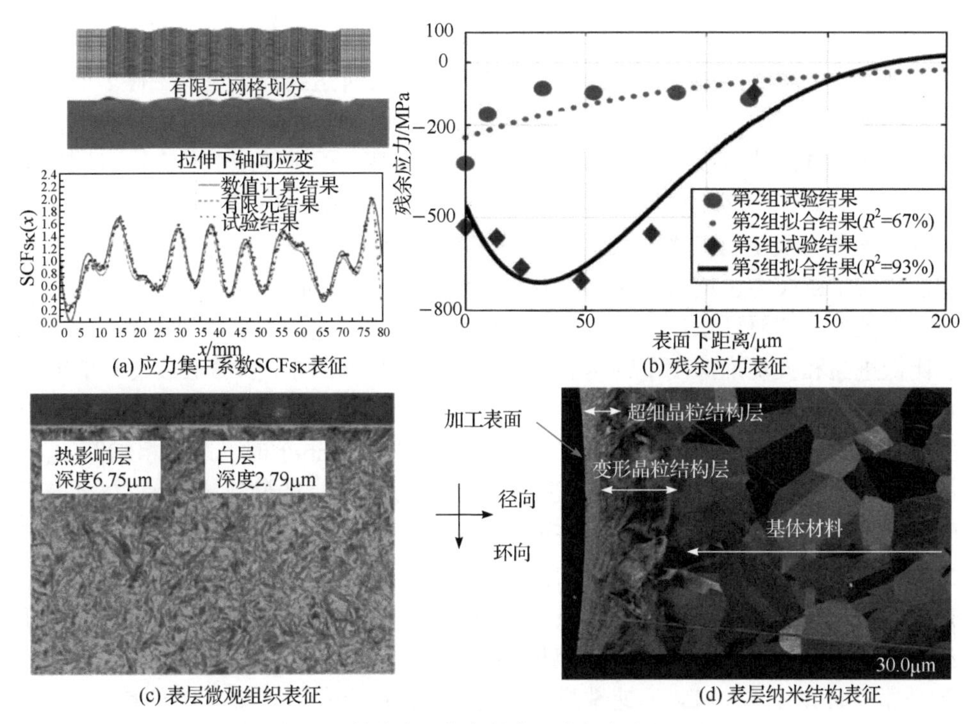

(a) 应力集中系数SCFsκ表征　(b) 残余应力表征

(c) 表层微观组织表征　(d) 表层纳米结构表征

图 1.5 制造表面状态的典型表征方法[18,22,33]

方面，主要借鉴美国提出的表面完整性概念、表征及检测方法，虽然对模型和概念有补充说明，但是应用基础薄弱，没有颁布表面完整性国家标准，缺少完善的表面完整性表征、检测和评价体系。我国学者对表面粗糙度和残余应力的表征模型正在向数字化方向发展，微观组织的研究由晶体结构变化向组织演变模型方向发展。

1.2.2 精密切削加工表面完整性控制研究现状

国外学者从切削参数、刀具姿态、刀具磨损等方面开展了精密切削加工表面完整性控制研究，大量研究揭示了切削参数对表面完整性的影响规律。Ulutan 等[34]和 Özel 等[35]针对钛合金加工后的表面完整性进行了综述，对加工过程中残余应力的数值模拟、加工硬化和微观组织的形成都进行了详细分析。Mantle 等[36]和 Aspinwall 等[37,38]研究了高速铣削 TiAl 合金时刀具磨损、冷却条件、铣削参数等因素对表面完整性的影响。Puerta 等[39]对高速正交切削过程中 Ti-6Al-4V 的表面完整性和亚表层微观组织特性进行了研究，结果表明，在近表层并未出现相变，塑性变形层厚度随着切削速度的增大而增大。Thomas 等[40]研究了高速铣削 Ti-6Al-4V 的微观组织损伤行为，发现表面滑移带的纹理路线和密度由变质层内的晶粒取向决定。Zoya 等[41]采用 CBN 刀具加工钛合金时发现，表面粗糙度随铣削速度的增大先减小后增加，在切削速度为 185m/min 时表面粗糙度最佳。Sun 等[42]

研究了 Ti-6Al-4V 不同铣削条件下表面完整性的特性，结果表明，残余压应力随着铣削速度的增加而增大，在铣削速度为 80m/min 时达到最大值，工件表面硬度比基体硬度高 70%～90%。Sridhar 等[43]对铣削钛合金残余应力进行了研究，结果表明，当铣削速度在 11～56m/min 时残余应力基本处于压应力状态，且因铣削参数变化的规律不能用线性来描述。Rao 等[44]针对 Ti-6Al-4V 端铣(端面铣削)，发现亚表层为残余压应力，残余应力层深度为 40μm，随着切削速度和进给量的增加，残余压应力也增大。Bermingham 等[45]对低温下加工 Ti-6Al-4V 的刀具寿命、切削力、切屑形状进行了研究，结果表明，在高进给和小切削深度下刀具寿命比低进给和大切削深度下的短。Tayisepi 等[46]建立不同车削加工参数下 Ti-6Al-4V 表面粗糙度和能量消耗的回归模型，得出进给量是影响表面质量和切削效率的重要因素，当切削速度为 150m/min、进给量为 0.1mm/r 时，表面粗糙度 R_a 可达 0.2μm；切削速度为 250m/min、进给量为 0.3mm/r 时，能量消耗最大。Patil 等[47]研究了切削热对 Ti-6Al-4V 表面完整性的影响，切削速度从 40m/min 增加到 140m/min，进给量从 0.2mm/r 增加到为 0.5mm/r 时，切屑厚度增加，切削区温度升高，刀具和工件间摩擦作用增强，应变增大，晶粒的畸变增强；切削速度小于 90m/min，进给量小于 0.3mm/r，切削深度为 1mm 时，表面完整性较好。Safari 等[48]通过研究 Ti-6Al-4V 高速铣削，提出表面粗糙度和刀具磨损状态密切相关，全新刀具加工的表面粗糙度小于磨损刀具；表面粗糙度随着进给量的增大而减小，切削速度 100m/min 相比 300m/min 的表面粗糙度降低 40%；高速大进给条件可增大亚表面的塑性变形，但是会导致已加工表面出现明显的刀痕和材料沉积等缺陷。Hassanpour 等[49]对 Ti-6Al-4V 高速铣削加工做了详细的研究，指出切削速度为 150m/min 时表面出现较多凹坑、污点和撕裂缺陷，切削速度为 300m/min 时缺陷数量减少，而在 450m/min 条件下已加工表面均匀光滑。Abboud 等[50]指出残余应力与切削速度、进给量、刀具圆弧半径有关，机械加工不会引起工件亚表面金相组织的变化，在小圆弧半径刀具材料去除率最高时获得最大残余应力。材料切削加工中，在热力耦合作用下经过挤压、剪切变形使表层金属的晶格发生扭曲，表层组织细化、变形能增加，相继出现高密度位错、孪晶、有效晶粒、非晶、晶粒拉长、破碎等现象。微观组织的变化用晶粒尺寸、塑性变形层厚度、晶粒偏转角度等表示。如图 1.6 所示，Velásquez 等[51]将 Ti-6Al-4V 钛合金切削表层分为未影响区(P1 区域)、塑性变形区(P2 区域)和高度扰动区(P3 区域)。在高度扰动区，晶粒被拉长并在平行于加工表面方向出现了细化。在塑性变形区，晶粒沿加工方向发生偏转。Rotella 等[52]探究了不同切削条件(切削速度、进给量、冷却润滑)下 Ti-6A1-4V 车削加工表层微观组织的特征变化，结果如图 1.7 所示，低温冷却可以使加工表面获得更小的晶粒尺寸；在干燥的切削条件下，切削参数对微观组织的影响更大，随着切削速度和进给量的增大，晶粒细化更显著；在低温冷却的条件下，切削参数对微观组织的影响不明显。

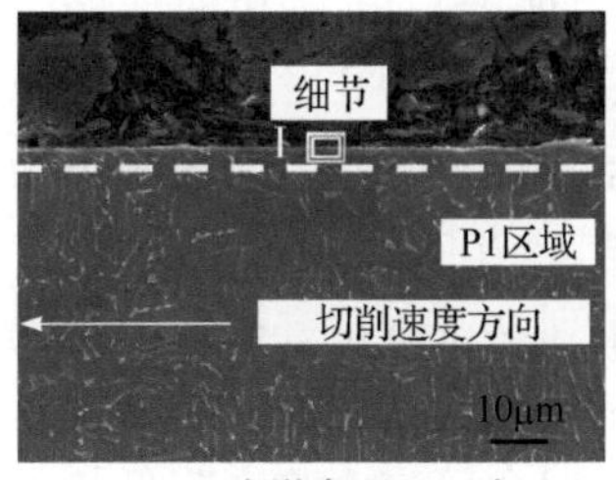

(a) 未影响区(P1区域)

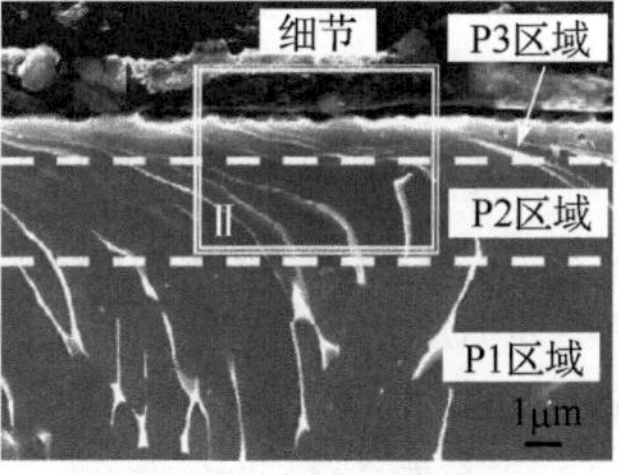

(b) Ⅰ的放大图 (P2区域)

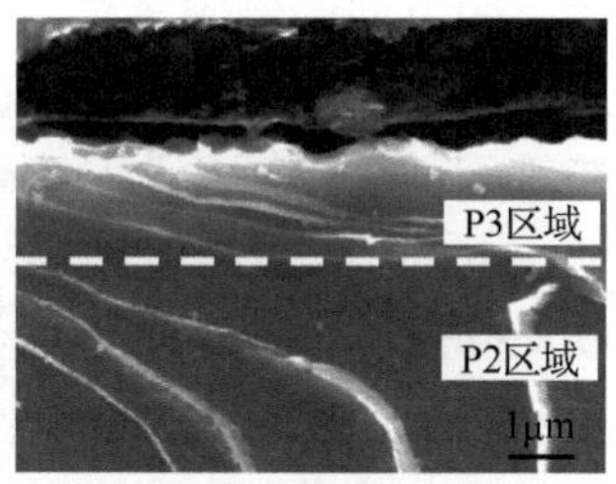

(c) Ⅱ的放大图 (P3区域)

图 1.6　Ti-6Al-4V 钛合金切削表层微观组织分区[51]

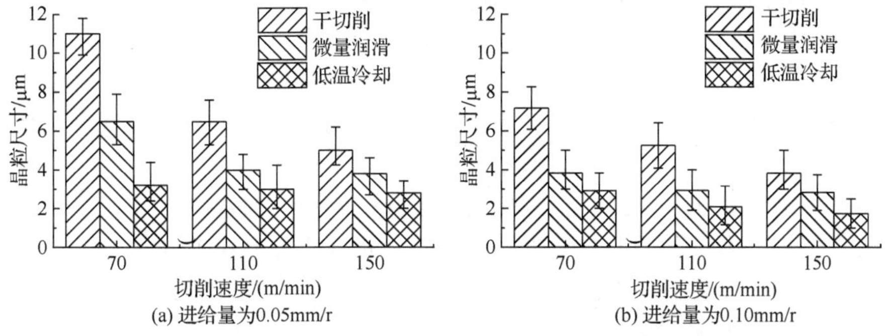

图 1.7　不同切削速度及进给量下加工表面的晶粒尺寸测量结果对比[52]

在刀具姿态对表面完整性影响方面，Kang 等[53]通过球头铣刀加工模具钢试验，研究了不同走刀方式对表面纹理和表面粗糙度的影响，得出水平方向上走刀方式效果较好。Ko 等[54]同样针对球头铣刀高速加工模具钢提出在高速条件下 15°的加工倾角更有利于工件的铣削加工。Lim 等[55]研究了球头铣刀精加工压气机叶片时，四种不同的走刀路线对叶片表面粗糙度和表面形貌的影响，并提出在多轴数控加工中，水平向下走刀方式能够更好地满足加工要求。Antoniadis 等[56]通过仿真试验研究了加工倾角对表面粗糙度的影响，得出最佳的走刀方式为顺铣。Lee 等[57]研究发现采用垂直向上走刀方式不仅能够得到较好的表面质量，而且可以很好地控制薄壁件的加工变形，加工倾角不仅影响表面粗糙度大小，对表面形貌形成也有影响。Toh[58,59]研究并指出难加工材料高速加工过程中，当加工倾角为 75°时，采用垂直向上走刀得到的表面形貌较好。Lavernhe 等[60]提出了自由曲面铣削三维形貌预测模型，通过预测模型和铣削试验，研究了球头铣刀加工倾角对表面三维形貌的影响。Aspinwall 等[61]通过一系列高速铣削试验研究了走刀方向和加工倾角对刀具寿命、切削力、表面粗糙度、微观组织、显微硬度和残余应力的影响，总体来说水平向下走刀得到的表面粗糙度好、切削力小、刀具寿命长；走刀方向和加工倾角对显微硬度影响不大；水平向上走刀时表面为残余压应力，而水平向下走刀时会出现拉应力。Kalvoda 等[62]研究发现，相对于前倾角，沿行距方向的侧倾角对表面完整性的影响更加显著；当加工倾角为 0°时，残余压应力最大，但此时的表面粗糙度和表面形貌最差。Sadílek 等[63]发现可转位球头铣刀的加工倾角为 10°～15°时，已加工表面的表面粗糙度较小；加工倾角为 5°～30°时，残余应力最小，且沿进给方向和垂直进给方向数值基本一致。Daymin 等[64]针对 Ti-6Al-4V 采用涂层刀具进行了一系列端铣试验来研究加工倾角和切削速度对表面完整性的影响，结果表明，当加工倾角为 25°时，表面完整性最好，且没有出现热影响层或白层；加工倾角越大，残余压应力将会降低，如图 1.8 所示。Priarone 等[65]对聚晶金刚石(PCD)刀具加工钛合金时的刀具寿命和表面质量进行了研究，PCD 刀具的高硬度和高导热性使积聚在切削边缘的热量减少，可以提高刀具寿命，但是刀具磨损导致加工表面产生微裂纹。Pretorius 等[66]提出 PCD 刀具加工钛合金时刀具的晶粒尺寸会影响其寿命和残余应力，刀具晶粒尺寸为 14μm 时获得最长寿命为 80min，表面残余压应力最大为−600MPa，残余应力层为 0.1mm。Oyelola 等[67]通过对比试验指出刀具涂层对显微硬度基本没有影响，物理气相沉积(PVD)涂层刀具加工 Ti-6Al-4V 的表面粗糙度相比无涂层刀具可减小到其三分之一，残余应力相比其增大 100MPa 左右。Arısoy 等[68]对 Ti-6Al-4V 进行了不同加工条件下的试验和有限元仿真研究，建立了 Ti-6Al-4V 再结晶和最终晶粒大小的预测模型，得到 TiAlN 和 WC 涂层刀具切削温度均随着加工强度增大而上升，切削速度越高，加工温度升高幅度越大，材料晶体变形和再结晶程度现象越明显。

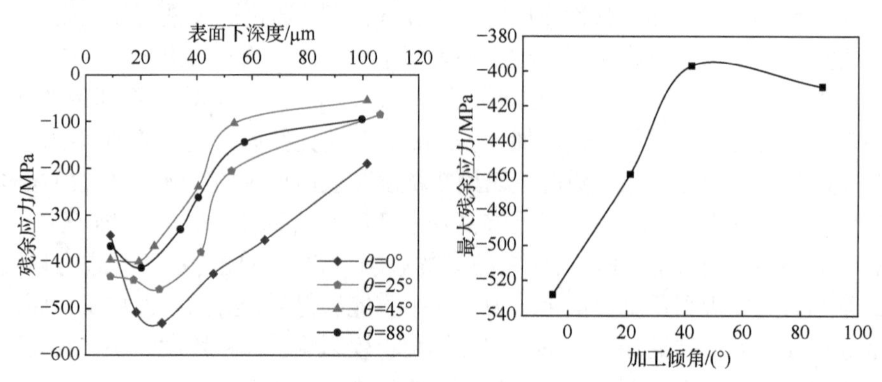

图 1.8　加工倾角对残余应力的影响[64]

θ-加工倾角

在刀具磨损对表面完整性影响方面，Che-Haron 等[69]针对 Ti-6Al-4V 采用无涂层硬质合金刀具进行干车削试验，研究发现当刀具达到磨钝标准时，表面粗糙度有下降趋势，刀具磨损对显微硬度和微观组织影响明显，在工件次表层有白层出现。Kameník 等[70]用化学气相沉积（CVD）涂层硬质合金工具加工 TiGr5，后刀面磨损伴随着磨粒磨损和黏结磨损，刀尖圆弧半径处、排屑槽处、刀具涂覆分层处和焊接部位的磨损最严重。初始阶段刀具与工件之间的接触面积较小(刀具仍然锋利)，刀具寿命迅速增加，导致切削区域温度升高，刀具磨损增大。Ayed 等[71]分析了低温冷风条件下加工 Ti-6Al-4V 时的刀具磨损和表面完整性，得出低温冷风条件下刀具寿命至少可以增加到非低温冷风条件下的 4 倍，刀具磨损主要以黏结磨损为主，在加工 15min 后，后刀面磨损量小于 0.2mm；残余应力增大，但是表面粗糙度没有明显变化。Hughes 等[72]研究发现，刀具几何形状、切削速度、进给量及刀具侧面磨损对钛合金车削的塑性变形层厚度影响不大，如图 1.9 所示，塑性变形层厚度在 5μm 左右，这可能是因为钛合金的热导率较低，切削热难以向深度方向传递。Kolahdouz 等[73,74]通过低温冷风条件下进行γ-TiAl 铣削试验，得到切削速度高、切削深度大时，刀具磨损和切削力迅速增大，加工表面显微硬度最大为 1050$HV_{0.050}$，硬化层深度为 0.15mm。

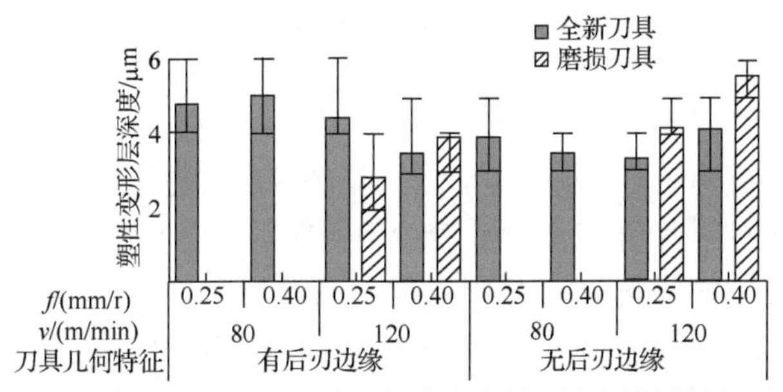

图 1.9 不同工艺因子对应的钛合金车削塑性变形层厚度[72]

f-每转进给量；*v*-切削速度

西北工业大学研究团队[75-78]系统地研究了钛合金高速铣削工艺参数对表面粗糙度、表面形貌、残余应力等表面完整性特征参量的影响。周子同等[79]研究了铣削参数对 TB6 钛合金铣削表面完整性的影响，得出线速度低于 40m/min 或高于 100m/min 时均可得到较低的表面粗糙度；进给量是影响表面粗糙度的主要因素，随着每齿进给量 0.04mm/z 逐渐上升到 0.12mm/z 的过程中，表面粗糙度 R_a 最后达到 0.45μm；已加工表面表现为残余压应力状态(190～500MPa)。冯浩[80]通过高速铣削 Ti-6Al-4V 试验，发现每齿进给量、径向切宽、轴向切深、主轴转速对表面粗糙度的影响逐渐减弱，铣削速度越高表面粗糙度越低；铣削加工表面应力状态均表现为残余压应力；高速铣削会使硬化层深度与硬化程度增加。贺英伦等[81]通过实验对比研究了 TC4 钛合金铣削加工过程中不同冷却条件对加工表面完整性的影响规律，在相同铣削参数下，乳化液冷却条件下加工表面粗糙度和显微硬度均比在干切削条件下小；随着切削速度、每齿进给量和铣削宽度的增加，在乳化液冷却条件下的残余压应力绝对值逐渐增大，而在干切削条件下，残余压应力绝对值逐渐减小；铣削参数中铣削深度对表面完整性的影响最小。耿国盛[82]针对 TA15 钛合金，对比了高速切削与常规切削加工表面完整性的变化规律，得出铣削速度对表面粗糙度的影响作用不明显，径向切深和每齿进给量对金相组织影响较大，切削参数对加工硬化层的变化规律与金相组织类似。陈建岭[83]研究发现，在钛合金高速铣削过程中，配合低进给量、较低的轴向铣削深度及适中的径向铣削深度，可以获得较好的表面粗糙度；高速铣削减小了表层晶粒扭曲的程度，并且减小了变质层厚度；每齿进给量对残余应力影响最为显著，而径向铣削深度影响最小。赵正彩等[84]研究了钛合金宽弦空心风扇叶片榫齿铣削，结合工件表面形貌和刀具磨损状况优选切削速度范围 80～100m/min；成型铣削精加工条件下，工件轮廓精度满足要求，工件表面纹理清晰，表面粗糙度 R_a 在 0.4μm 左右，表层存在轻微硬化，未发现明显相变、晶粒粗大和晶粒扭曲现象。唐林虎等[85]针对 TC4 钛合金叶片切削加工，以表面粗糙度为判定指标，确定了合理的球头刀具材料、几何角度、切削参数。陈婷婷[86]对钛合金薄壁腹板立铣铣削力影响因素的灵敏度进行了分析，结果表明，表面粗糙度与铣削力没有必然的联系；螺旋立铣过程中，薄壁件表面粗糙度随着轴向切深和每齿进给量的增大而减小。李晓舟等[87]建立了表面粗糙度经验模型，得出表面粗糙度经验公式，分析得到高速铣削 Ti-6Al-4V 时，切削深度和进给速度对表面粗糙度影响显著。郭海林[88]研究切削参数对钛合金表面粗糙度、切削力、刀具磨损和切屑形态性能指标的影响。张运建等[89]建立了高速切削 TC4 的表面粗糙度回归模型，通过方差分析得到了进给量、背吃刀量(切削深度)对加工表面粗糙度影响显著，通过遗传算法对所建立的预测模型进行了工艺参数优化。黄博豪[90]开展了薄壁叶片切削进给优化研究，提出将切削深度由 2mm 减至 1.5mm，转速由 597r/min 变为 477r/min，完全按 100%的进给速度加工，单工步最大缩短 8min，满足叶片形面形状要求表面粗糙度 R_a 为 3.2μm。张宇等[91]通过对 TC4 铣削加工表面残余应力进行分析，得到铣削加工在工件表面产生的残余应力在深度方向上由压应力逐步变为拉应力；随着铣削速度和每齿进给量增加，残余应力沿深度方向的绝对值减少；随径向切深增加，表面的压应力整体增大，轴向切深的改变不影响残余应力大小。杨成云等[92]研究了 TC4 加工参数对表面残余应力的影响，建立了切削表面残余应力回归模型，得到最优切削参数组合。王明海等[93]采用有限元法模拟了 TC4 高速铣削切屑的形成过程，得到了铣削过程的温度分布云图，切屑区最高温度出现在距离刀尖 0.01～0.03mm 的刀-屑接触处，当主轴转速为 9500r/min 时，温度有所下降。工件的残余应力在表层由拉应力迅速地转变为压应力，在 100～200μm 出现残余压应力的最大值。郑耀辉等[94]采用有限元法建立了更接近实际的铣刀结构模型及三维铣削模型，对不同刀具参数和切削参数条件下高速铣削 Ti-6Al-4V 的表面残余应力进行了仿真分析，得到了各因素对表面残余应力分布的影响规律。结果表明，工件的残余应力在表层由拉应力迅速转变为压应力，在 100～200μm 出现残余压应力的最大值；工件表层残余应力随刀具前角、切削速度和每齿进给量的增加而减小，切削深度对表层残余应力的影响不是很明显。Shen 等[95]和谭靓等[96]指出：铣削表面为残余压应力，其随着切削速度的增加而增加，随着进给量和铣削宽度的增加而减小；切削力、切削温度、等效应变对残余应力梯度分布的影响，如图 1.10 所示。在工艺参数对显微硬度的影响方面，李军等[97]在不同参数区间提出显微硬度出现硬化—软化—再次硬化—基体硬度四个变化阶段，如图 1.11 所示。任意工艺参数下，加工表面出现硬化现象，硬化率为 13%～50%；在距表面 20μm 处达到软化最大值，软化率为 24%～31%；在距表面 120μm 处再次达到硬度极值，随后缓慢降为基体硬度。这是因为切削加工过程中，钛合金中的钛元素与空气中的氧元素和氮元素发生反应，工件表面形成氧化钛和氮化钛薄膜，使工件脆性增加，进而使得已加工表面显微硬度最高。钛合金热导率低、传热性差，在铣削加工过程中产生的热量仅能传递到距离已加工表面很浅的深度范围内，因此在表层(10～20μm 处)的材料会因热软化现象表现出最小的显微硬度。

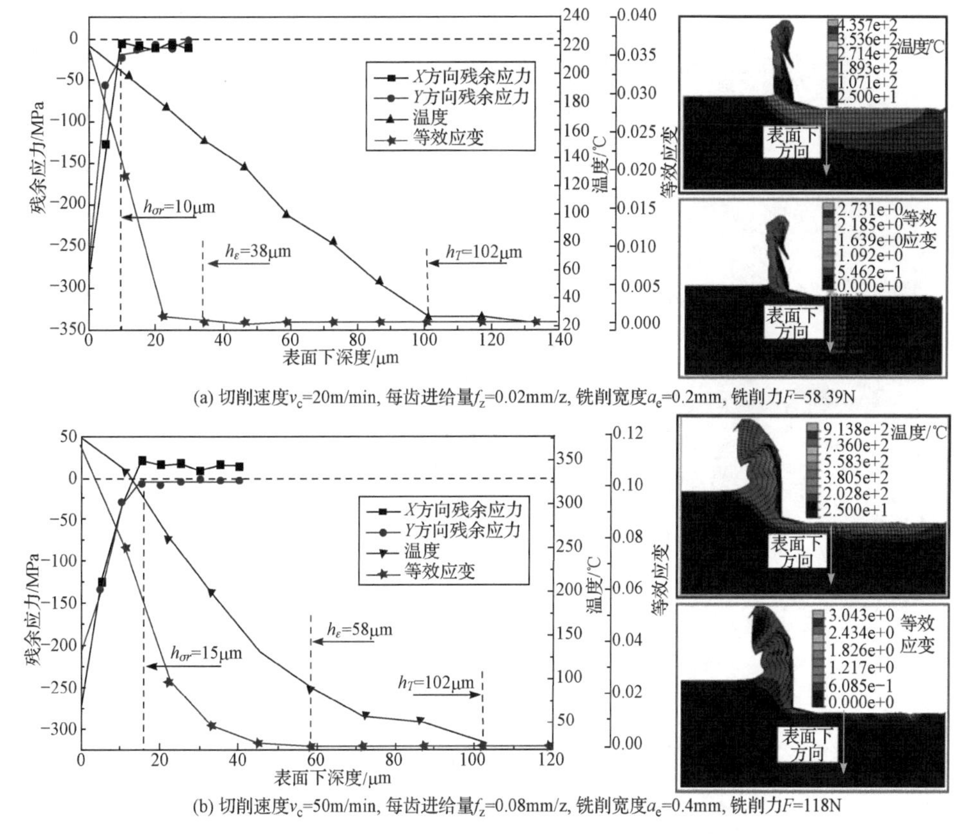

(a) 切削速度v_c=20m/min, 每齿进给量f_z=0.02mm/z, 铣削宽度a_e=0.2mm, 铣削力F=58.39N

(b) 切削速度v_c=50m/min, 每齿进给量f_z=0.08mm/z, 铣削宽度a_e=0.4mm, 铣削力F=118N

图 1.10 温度和等效应变对残余应力梯度分布的影响[95]

$h_{\sigma r}$-残余应力影响层深度；h_{ε}-等效应变影响层深度；h_T-温度影响层深度

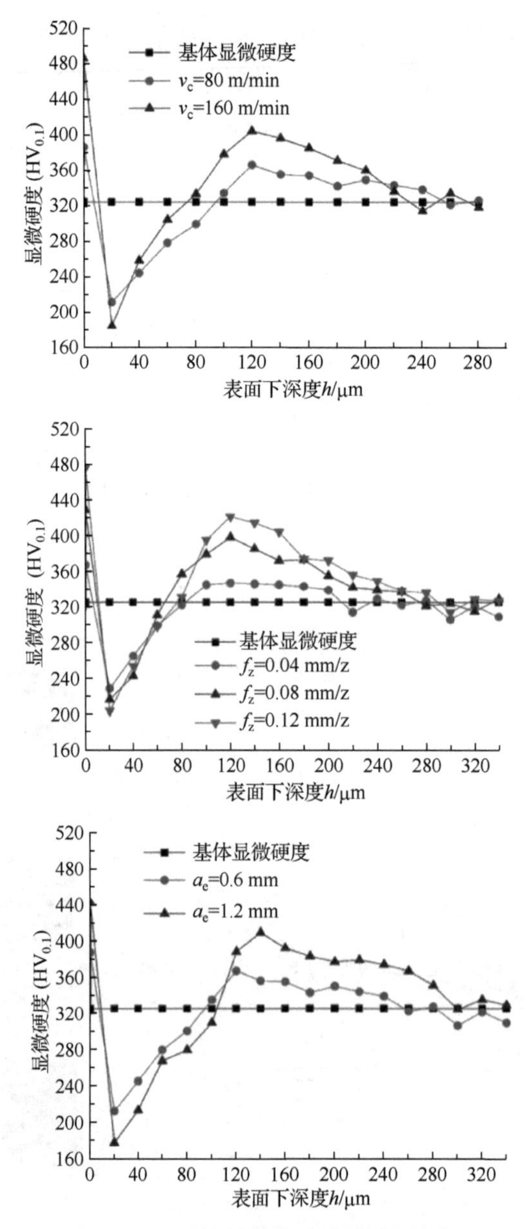

图 1.11　不同铣削参数下显微硬度分布[97]

v_c-切削速度；f_z-每齿进给量；a_e-铣削宽度

我国学者还研究了不同刀具结构和刀具姿态等对表面完整性的影响。Ji 等[98]用不同几何形状的 PCD 涂层刀具铣削 TC11 钛合金，得到加工 TC11 钛合金表面完整性最好、刀具寿命最长的刀具前角为 1°，轴向前角为 5°，刀尖曲率半径为 1.6mm。Du 等[99]通过试验得到高速铣削 TB17 钛合金的最优参数为切削速度 100m/min，每齿进给量 0.02mm/z，切削深度 1mm，铣削宽度 1.5mm，前角 18°，后角 12°，螺旋角 60°。西北工业大学研究团队[100,101]提出用球头铣刀加工 TC17 钛合金时，刀轴转角在 0°～90°，倾角在 30°～60°，表面粗糙度最优，残余应力随着加工倾角的增大而减小，在刀轴转角为 90°时获得最大值，切削路径对已加工表面的表面粗糙度、残余应力、表面形貌有显著影响，如图 1.12 所示。当工件倾斜角为 30°时，水平方向切削力最大，垂直方向切削可达到其他方向的 90%～380%，侧面磨损和黏结磨损为主要磨损形式，表面粗糙度 R_a 为 1.46μm，表面残余压应力为 −300MPa。Liu 等[102]研究了不同几何形状的硬质合金刀具铣削 TB6 钛合金的表面完整性：表面粗糙度随着切削速度的增大而减小，随着进给量的增加而增大，其中，变节距铣刀的表面粗糙度最大，其次为标准端铣刀，最后为变螺距铣刀；三种形状刀具加工表面的残余应力层均为 0.04mm，较大的残余应力下，已加工表面会出现晶粒尺寸变大、塑性变形不均匀和孪晶，不同刀具从已加工表面到材料基体的显微硬度变化不同，但是刀具形状对显微硬度没有产生显著影响。Han 等[103]建立了球头铣刀铣削表面形貌预测模型，利用 MATLAB 对表面形貌进行了仿真，分析了加工倾角对表面形貌、残留高度和二维轮廓的影响，推荐球头铣刀铣削 AISI H13 钢的最佳加工倾角为 15°。丁悦等[104]从切削力和刀具失效的角度研究了铣削刀具适配性，根据优选刀具的试验结果建立了表面粗糙度预测模型，分析了铣削参数对表面粗糙度的影响规律。

我国学者在刀具磨损对表面完整性的影响研究方面有一系列成果。田荣鑫等[105]通过 TC17 钛合金铣削试验发现，随着后刀面磨损量增大，表面残余压应力、最大残余压应力及残余压应力层深度均呈现增大趋势。Shi 等[106]在 TC21 钛合金铣削试验中发现，即使刀具在严重磨损状态下，也不会出现比较严重的加工硬化现象。Su 等[107]采用 PCD 刀具和聚晶立方氮化硼(PCBN)刀具对 TA15 钛合金进行高速铣削试验，研究发现，表面粗糙度随刀具磨损而增大，表面加工硬化程度较小且随着刀具磨损略有增大，刀具磨损会带来严重的塑性变形。杨晓勇等[108]通过对不同后刀面磨损量下铣削钛合金工件的表面完整性测试，得到了刀具初期和

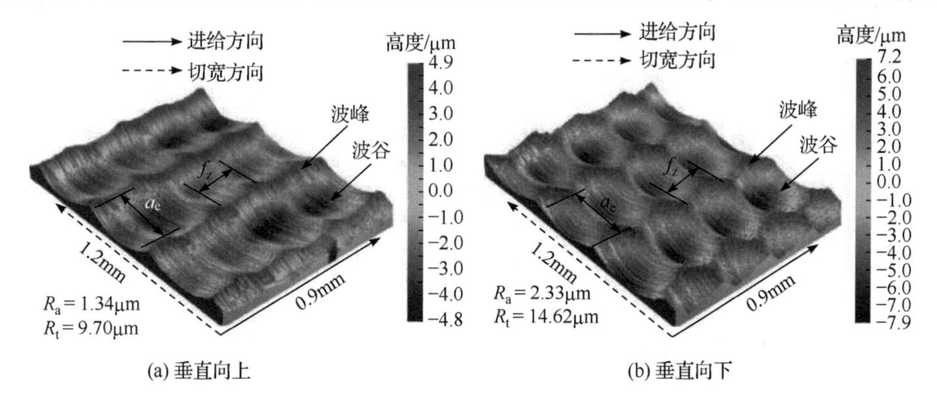

(a) 垂直向上　　(b) 垂直向下

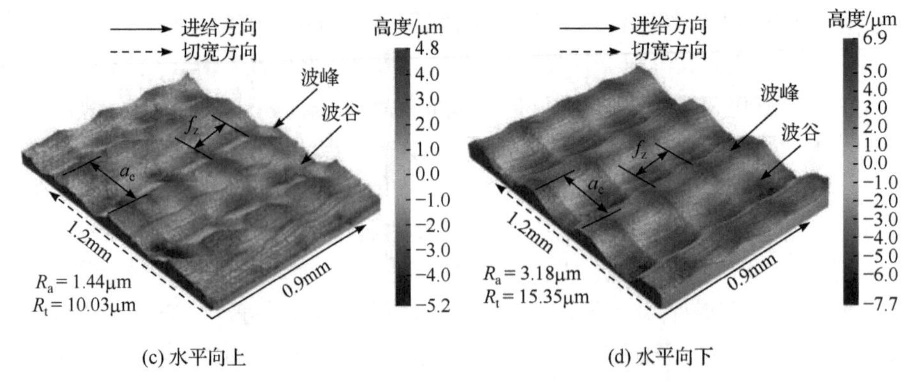

(c) 水平向上　　(d) 水平向下

图 1.12　切削路径对表面几何形貌的影响[101]

R_a-三维表面粗糙度；R_t-最大波峰波谷高度差

正常磨损阶段表面粗糙度缓慢增大，挤光效应引起的残余压应力占主导地位；刀具剧烈磨损阶段表面粗糙度迅速增大，热效应引起的拉应力占主导地位；刀具后刀面磨损量增大，表面显微硬度和硬化层深度都随之增大。Chen 等[109]在 TC4 钛合金的车削试验中发现，当刀具后刀面磨损量由 0.03mm 增加到 0.20mm 时，表面残余压应力减小，但残余压应力层增大。杨后川等[110]通过研究 TB6 钛合金端面铣削表明，后刀面磨损量对表面粗糙度影响明显，当后刀面磨损量大于 0.2mm 时，表面粗糙度将急剧增大，并导致划痕、孔洞缺陷。如图 1.13 所示，Liang 等[111]对刀具磨损的影响进行了更为细致的研究，通过对 Ti-6Al-4V 的直角干切削正交试验研究发现随着刀具侧面磨损量的增加，塑性变形层变深而且晶粒发生了较大的变形；与磨损量 VB=0.3mm 相比，采用 VB=0mm 的刀具进行切削时，得到的加工表面中 β 相含量降低。这是因为刀具磨损时刀具与加工表面的摩擦加剧，产生热量更多，表层材料温度升高更快，容易达到材料的相变温度。

我国学者还开展了薄壁结构加工变形和表面粗糙度等研究，王晓邦[112]通过研究发动机叶片高速铣削，得到叶片的不同厚度位置会产生不同大小的变形量，厚度越薄弯曲变形越大，但是切削力变化很小；球头铣刀直径越小，刃数越多，刀具转速越高，进给量越小，切削深度越小，相对稳定转速越小，表面粗糙度越小。章熠鑫等[113]研究分析了刀具刚度对钛合金超薄侧壁结构加工受力变形及表面粗糙度的影

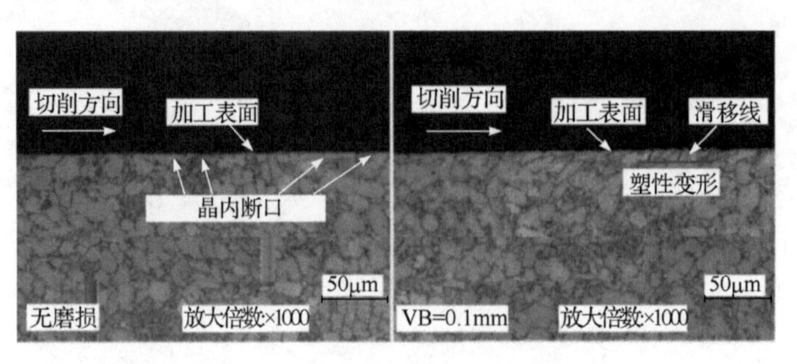

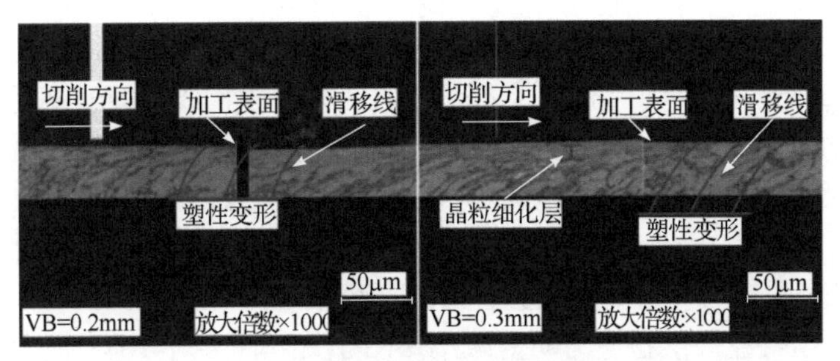

图 1.13　不同刀具磨损条件下表层微观组织分布[111]

响。通过对比分析刚度刀具铣削钛合金超薄侧壁结构时的加工尺寸精度、表面粗糙度及切削力，发现刀具刚度提高，总工艺系统刚度提高，刀具固有频率远离薄壁件的固有频率，薄壁件加工尺寸精度提高、加工振动减小、表面加工粗糙度明显减小。

综上所述，国外学者主要采用切削试验和有限元仿真结合的方法，研究切削参数、刀具姿态、刀具磨损、润滑条件等对表面形貌、表面粗糙度、微观组织和残余应力等表面完整性特征的影响，其研究发展趋势主要体现在：向复杂曲面结构加工时刀具姿态瞬态变化和刀具磨损等对表面完整性的影响发展，向新型刀具及其涂层、冷却润滑及高速切削对表面完整性的控制方向发展。我国在钛合金精密切削加工表面完整性控制方面，主要集中在研究切削参数、切削路径、初始切入角、刀具参数、刀具姿态、刀具磨损和冷却条件对已加工表面的表面粗糙度、残余应力、显微硬度、微观组织的影响，其发展趋势为研究切削路径、刀具磨损、加工条件对复杂曲面的表面完整性影响，新型刀具及涂层对难加工材料表面完整性控制的影响，探索新切削工艺和方法。

1.2.3　精密磨削加工表面完整性控制研究现状

关于精密磨削表面完整性控制，国外学者以陶瓷/电镀 CBN 砂轮、金刚石等为磨具，较早地系统研究了接触面积、热特性、磨削进给量、磨削速度和磨削类型等磨削工艺参数对表面完整性和疲劳寿命的影响。

美国普渡大学的 Ju[114]1997 年系统地研究了包括实际接触面积、热特性、磨削进给量、磨削速度和磨削类型在内的磨削条件对工件温度的影响。Axinte 等[115]利用两种磨削工具(带、锥形刀)和三种磨粒(SiC、Al_2O_3、单晶金刚石)研究了 Ti-6Al-4V 磨削表面完整性。Razavi 等[116]通过控制磨削力，用金刚石、CBN、Al_2O_3三种磨料磨削钛合金γ-TiAl，研究了塑性变形厚度，并给出了比能量模型。英国伯明翰大学 Hood 等[117]进行了 SiC 磨粒缓进给磨削钛合金表面完整性试验研究，并利用田口法试验设计方案得到了工件表面最小的平均粗糙度。Guo 等[118,119]研究了陶瓷 CBN 砂轮在磨削过程中能量分布及温度分布，利用电镀 CBN 砂轮在五轴数控磨床上磨削镍基合金叶轮，为表面质量的控制提供了依据。Novovic[120]研究了涡轮叶片的磨削工艺，利用金刚石磨具在超声辅助加工下取得了较高的加工表面完整性。Aspinwall 等[121]研究了利用电镀 CBN 砂轮成型磨削镍基高温合金，获得了无表面灼伤的表面质量。Greving 等[122]研究了涡轮盘的加工表面残余应力及疲劳寿命预测。Pervaiz 等[123]从刀具材料的角度分析了钛合金、镍基高温合金加工的表面完整性。Azarhoushang 等[124]采用带有阵列微结构的砂轮进行干磨抛加工，结果表明，与普通砂轮相比，磨削过程中磨削力减小了 50%，磨削温度降低了 40%，工件亚表层拉应力明显减小。Nguyen 等[125]对 1045 钢磨削硬化现象进行了预测与试验验证，试验结果与预测结果如图 1.14 所示，残余奥氏体转变为马氏体使得材料组织细化，从而形成了磨削硬化现象。

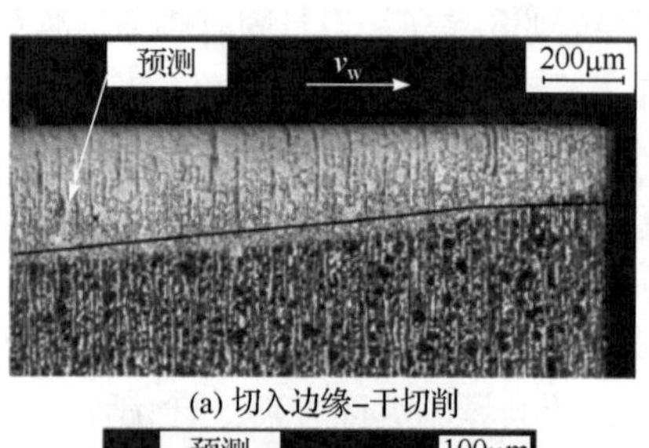

(a) 切入边缘–干切削

(b) 切入边缘–液氮冷却

(c) 稳定区域–干切削

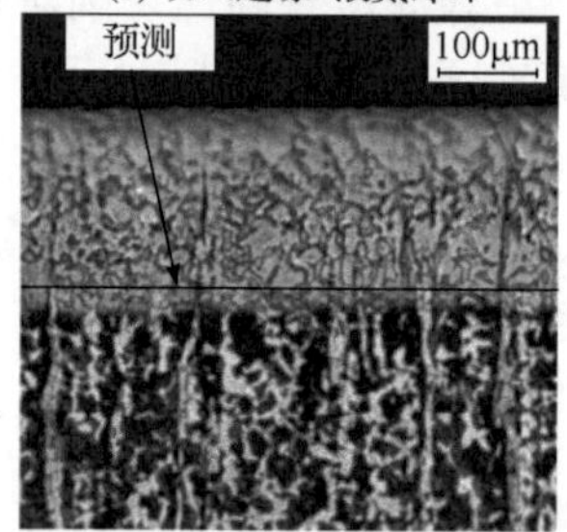

(d) 稳定区域–液氮冷却

图 1.14　1045 钢磨削加工硬化预测与试验对比[125]

v_w-工件速度

我国在难加工金属材料精密磨削加工表面完整性形成机理与控制方法方面开展了较多研究工作。Wang 等[126]通过分析磨抛工件温度与烧伤之间的关系，确定了烧伤需要的临界磨抛能量，基于建立的磨抛温度场模型实现了对磨抛烧伤的预测，并通过反向传播(BP)神经网络对磨抛工艺参数进行选择，减小磨抛烧伤。黄新春等[127]对单晶刚玉砂轮磨削 GH4169 高温合金表面完整性进行研究，结果表明表面粗糙度对工件速度的变化最敏感，表面显微硬度和残余应力对砂轮速度变化最敏感。傅玉灿等[128]基于热管技术强化磨削弧区换热原理研制了新型的环形热管砂轮，通过环形热管砂轮和普通砂轮的磨削测温对比试验发现，环形热管砂轮高速疏导磨削热，显著降低了磨削温度。朱大虎[129]开展了难加工材料外圆磨削表面完整性研究，探讨了磨削工艺参数对表面粗糙度和表面残余应力的影响，提出必须综合考虑其他磨削工艺参数、材料的物理化学性能，并且在综合考虑磨削功率及进入工件的热量分配比的基础上寻找合理的砂轮线速度范围，以控制磨削加工表面完整性。马晓辉[130]利用机械磨削和电火花加工两种加工方法的优势互补对镍基单晶高温合金磨削加工，运用系统灰色关联分析法得到表面粗糙度和表层硬度与工艺参数间的多元线性模型，实现了对镍基单晶合金电火花磨削表面完整性的智能预测。张志伟[131]根据定向凝固镍基高温合金 DZ125 涡轮叶片的加工要求，设计制作了单层电镀 CBN 砂轮，经过高效深切成型磨削试验，对工件的轮廓精度、表面完整性进行了系统分析，在试验最大用量组合加工情况下获得的叶片榫齿轮廓清晰，边缘无毛刺，加工精度满足实际要求。Li 等[132,133]利用电镀 CBN 砂轮磨削 GH4169 高温合金整体叶轮，将磨削加工表面误差降到铣削表面误差的 50%，获得了较高的表面质量；他们还通过分析磨削工件温度与烧伤之间的关系，确定了产生烧伤的临界温度，为了减小磨削温度，设计了带内冷却结构的砂轮，该砂轮相比普通砂轮，磨削温度降低了 30%以上，抑制了磨抛烧伤的发生。Ding 等[134]利用钎焊 CBN 砂轮较低的磨削比能及工件热量分配系数成功控制 K424 镍基高温合金工件表面温度，且获得加工表面无裂纹的残余压应力。苏旭峰[135]在分析燃气轮机涡轮叶片叶冠型面表面缺陷分布特点和缺陷根源的基础上，对磨削的冷却方式和冷却喷嘴结构进行改进，并采用了新的缓进磨削工艺参数，大大降低了出现磨削表面烧伤缺陷的比率，显著提高了叶片叶冠型面表面质量。Chen 等[136]进行了旋转热管砂轮磨削和普通砂轮干磨削 GH4169 高温合金试验研究，对微观组织分析发现，采用旋转热管砂轮磨削表层微观组织没有明显变化，而采用普通砂轮干磨削时磨削亚表面出现了晶粒的细化现象，如图 1.15 所示。

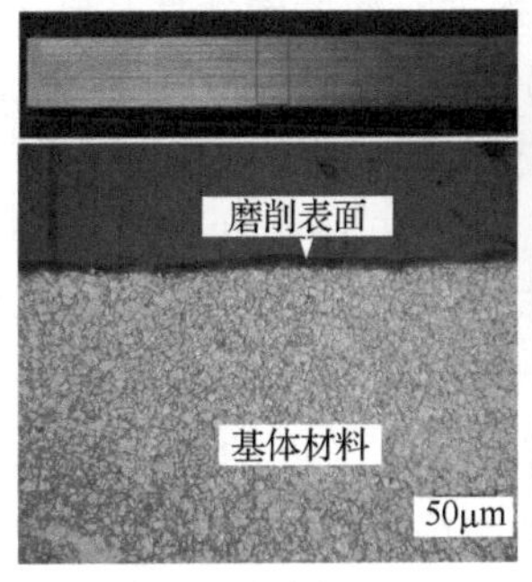

(a) 旋转热管砂轮磨削

(b) 普通砂轮干磨削

图 1.15　GH4169 高温合金磨削后表层微观组织[136]

总体而言，我国在精密磨削表面完整性控制方面进行了较多研究，主要从磨削工艺参数、温度、不同砂轮等对包括关键高温合金在内的难加工金属材料的精密磨削加工表面完整性形成机理与控制方法方面进行了研究，而且研究成果较多，已经具备较强的精密磨削技术研究基础。发展趋势为研究新型磨削工具和磨削条件对复杂薄壁构件的表面完整性影响，探索新磨削工艺和方法。

1.2.4　表面完整性对抗疲劳性影响的研究现状

Bagehorn 等[137]通过对钛合金进行铣削、喷砂、振动磨削和微加工四种工艺，研究了表面粗糙度对抗疲劳性的影响，结果表明，表面粗糙度的降低使疲劳强度从300MPa增至775MPa。Carrion 等[138]研究了车削 Ti-6Al-4V 的抗疲劳性和平均应变，发现平均应变对高周疲劳寿命影响较大，在平均应力几乎完全放松的低周疲劳载荷条件下，平均应变对疲劳寿命没有影响。Fintová 等[139]研究了铣削工艺参数对表面完整性及疲劳强度的影响，结果表明，切削角度对表面粗糙度的影响较小，对残余应力的影响较大；疲劳强度对表面完整性非常敏感，将残余应力加入 Arola 模型后可以提高其对疲劳强度的预测精度。Moussaoui 等[140]研究了铣削加工 Ti-6Al-4V 表面完整性和疲劳寿命，发现表面粗糙度对疲劳寿命影响不大，残余应力是影响疲劳寿命的主要因素，而且高残余压应力比低残余压应力的疲劳寿命高。Caton 等[141]和Pilchak[142]研究了应力比对车削 Ti-6Al-4V 试样疲劳裂纹扩展的影响及表面波纹对疲劳裂纹扩展速率的影响。澳大利亚莫纳什大学 Jones 等[143]研究了不同应力比下疲劳裂纹的增长情况。日本北海道大学 Oguma 等[144]研究了车削 Ti-6Al-4V 试样微观组织对超高周疲劳性能的影响，发现在非常高的循环状态下，次表面断裂发生在较低的应力水平上，而不是表面引发的裂纹。Novovic 等[145]研究发现在车削加工工艺中，低表面粗糙度导致疲劳寿命更长，但表面粗糙度 R_a 为 2.5～5μm 时，疲劳寿命主要依赖于残余应力和微观组织；在没有残余应力的情况下，当表面粗糙度 R_a 超过0.1μm 时，其对疲劳寿命有很大的影响。Andre 等[146]发现当铣削加工中加工表面平均凸起缺陷超过材料固有缺陷时，表面粗糙度对疲劳寿命具有显著影响。Chan[147]研究发现疲劳裂纹萌生于气孔、夹杂物和机加工缺陷等位置。Neuber[148]提出了一个采用表面粗糙度参数和缺口轮廓谷底半径来计算表面应力集中系数的半经验公式。Arola 等[149-153]在表征表面几何形貌对机加工零件抗疲劳性影响方面进行了一系列研究，并对 Neuber 提出的公式进行了进一步修正。Cao 等[154]对具有不同水平的非均匀显微结构的 Ti-6Al-4V 疲劳失效模式、裂纹萌生和早期裂纹生长机理进行了研究，讨论了疲劳寿命、初始裂纹和早期断裂纹生长之间的量化关系。Späth 等[155]研究了晶粒尺寸对 Inconel 718 合金低周疲劳行为的影响，结果发现，疲劳裂纹萌生机制依赖于合金的晶粒尺寸，即大晶粒尺寸的合金试样裂纹从晶粒处开始萌生，相对较小晶粒尺寸的合金试样裂纹从碳化物处开始萌生。Abikchi 等[156]通过对 7μm 和10μm 两种晶粒尺寸 Inconel 718 合金的疲劳寿命和萌生机制研究，发现对于 7μm 晶粒尺寸的疲劳试样，裂纹在合金内部颗粒处萌生会导致鱼眼裂纹的形成。Alexandre 等[157]研究发现，随晶粒尺寸的增加，合金强度下降，晶内塑性应变增加，且疲劳裂纹倾向于在晶界处萌生，如图 1.16 所示。

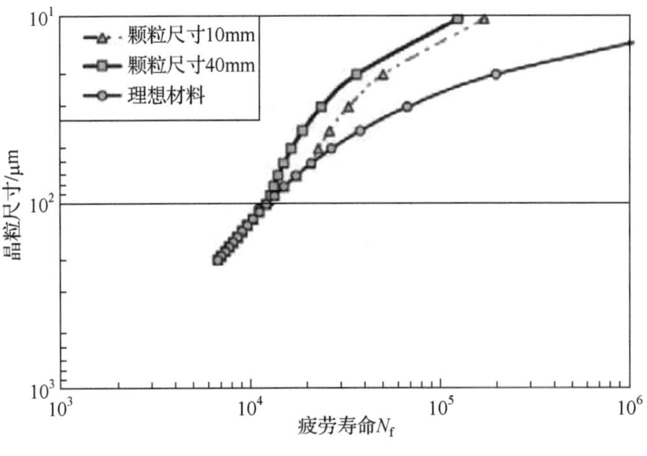

图 1.16　Inconel 718 疲劳结果[157]

李煜佳等[158]研究得出表面残余压应力可有效提高车削 Ti-6Al-4V 构件的疲劳强度，且与应力比密切相关；当应力比为 1 时，表面残余压应力可使得疲劳强度提升约 17.4%，随着应力比提高，表面残余压应力的影响逐渐减小，当应力比为 0.6 时，残余压应力的影响作用消失。钟丽琼等[159]研究了残余应力和不同应力比下 TC11 钛合金的高周疲劳性能，拉/压和拉/拉疲劳试验后，TC11 钛合金喷丸试样表层硬度梯度有降低的趋势。朱莉娜等[160]对不同粗糙度下 Ti-6Al-4V 超高周疲劳性能进行了研究，当表面凹痕深度小于临界深度时，表面粗糙度对 Ti-6Al-4V 超高周疲劳性能没有影响；当表面凹痕深度大于临界深度时，Ti-6Al-4V 疲劳寿命随表面粗糙度的增加而下降，并且随着疲劳循环周次的增加，Ti-6Al-4V 抗疲劳性对表面粗糙度的敏感性下降；在高表面粗糙度下，Ti-6Al-4V 疲劳裂纹的萌生方式发生变化。Huang 等[161]对 TC17 钛合金进行了电磁超声疲劳试验，分析了频率对疲劳强度的影响，结果表明，在应力比为 0.1、0.5、0.7 时，试验结果的 50%疲劳失效概率比古德曼(Goodman)线低，并且呈现双线性下降的趋势；观测了表面初始晶粒的断裂结构和内部破坏开始区域，得出随着平均应力的变化，密排六方晶粒的基面滑移和棱面滑移降低了 TC17 钛合金的疲劳强度。孙宇博等[162]通过振动疲劳试验，建立 TC4 钛合金叶片剩余寿命预测计算模型，在应力比为 1 的振动条件下，裂纹扩展速率随应力水平的增大而加快，同时初始裂纹长度增长，应力相同时，裂纹扩展速率提高。Sun 等[163]研究分析了残余应力沿深度的分布对裂纹萌生的影响，如图 1.17 所示，当外载荷超过疲劳极限的位置时，裂纹开始萌生，但当适宜的加工参数引入更大的残余应力时，就需要更大的外载荷使裂纹萌生，且使得裂纹萌生区域出现在更深的位置，有效地增强了材料的抗疲劳性。

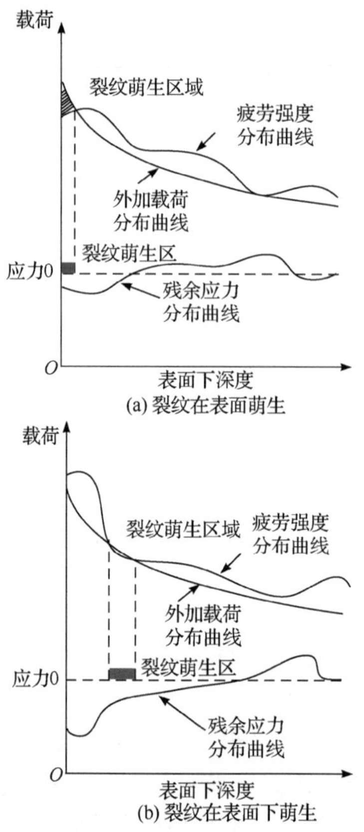

图 1.17　残余应力沿深度的分布对裂纹萌生的影响[163]

综上所述，国外学者针对精密切/磨削加工，开展了大量的表面几何形貌、残余应力、显微硬度、微观组织等对疲劳的影响研究，部分研究表明疲劳寿命主要依赖于残余应力和表层微观结构，残余应力松弛严重时(包括高温)表层组织晶粒细化对疲劳寿命影响占主导，并阐释了微观组织梯度结构、显微硬度、残余压应力和残余应力松弛对抗疲劳性及疲劳裂纹萌生的影响机制。我国学者从表面粗糙度、残余应力、显微硬度、微观组织等方面，开展了精密切/磨削加工表面完整性对疲劳的影响。部分研究表明，加工表面的残余应力、微观组织对裂纹萌生和扩展具有重要影响，服役温度对残余应力松弛产生严重影响。表面完整性对抗疲劳性影响研究的发展趋势为研究在构件服役载荷与环境下表面完整性特征的演化规律，揭示服役条件下表面完整性的抗疲劳机制。

1.2.5　国内外研究和应用对比分析

航空高强度合金关键构件机械加工表面完整性国内外研究和应用情况对比如表 1.1 所示，主要从表面完整性模型和概念、切削表面完整性控制技术、磨削表

表 1.1 航空高强度合金关键构件机械加工表面完整性国内外研究和应用情况对比

技术领域	国外状况	国内状况
表面完整性模型和概念	**表面完整性概念** 1. 1964 年，Field 和 Kahles 首次提出表面完整性的概念，用机械加工或其他表面加工方法加工出的表面所具有的固有状态或强化状态。 2. 1972 年，美国出版的《机械加工切削数据手册》第二版中将表面完整性定义如下：通过控制加工方法而使成品零件具有未受损伤或有所加强的表面状态。 3. 1989 年，美国出版的《机械加工切削数据手册》第三版中用图解说明表面完整性指的是表面层部分的变化状态。 4. 2001年，英国的格里菲斯对表面完整性的定义如下：已加工表面形貌学、机械、化学、冶金学性能及其与使用性能的关系。 5. 2010 年，美国的 Astakhov 将表面完整性定义为对使用性能具有影响的一系列表面属性(包括表面和深度方向的属性)	**表面完整性概念** 借鉴应用国外表面完整性概念
	表面完整性数据组 1. 1972 年，Field M、Kahles J F和 Cammett J T提出了三个级别表面完整性数据组，包括最小数据组、标准数据组和扩展数据组。 2. 1986 年，美国颁布了 国家标准《表面完整性 》(ANSI B211.1—1986)	**表面完整性数据组** 没有颁布表面完整性国家标准
	表面完整性检测方法 1. 1989 年，英国的格里菲斯系统分析了表面完整性特征参量的表征与测量，微观组织的检测从普通光学显微镜、X 射线衍射等发展到扫描电镜、透射电镜、高分辨电镜等技术。 2. 无损检测方法有 X 射线衍射、中子衍射和磁性巴克豪森效应等	**表面完整性表征和检测** 1. 借鉴国外关于表面完整性的表征方法。 2. 在国防“973”项目支持下，西北工业大学联合中国航发北京航空材料研究院初步建立了包括表面、表层特性及抗疲劳性的表面完整性表征方法。 3. 表面完整性检测和评价体系不完善
切削表面完整性控制技术	1. 1970 年，美国空军材料实验室(AFML)提出《机械加工构件表面完整性指南》，实现了关键构件的表面完整性机械加工。 2. 1971 年，美国空军颁布了《军机安全寿命设计规范》(MIL-A-08866A) (USAF)；1975 年，美国空军颁布了《损伤容限和耐久性设计规范》(MIL-A-08866B)。 3. 实现了高速切削新工艺，风扇、压气机叶片/盘的精密加工技术一直以来遵循表面完整性机械加工指南，对切削参数、刀具技术和冷却润滑等工艺因素严格控制，以保障获得好的表面完整性。 4. 关键构件采用“数控铣+数字化抛光”技术，仍主要以提高加工效率和加工表面完整性为研究目标，在其制坯、粗加工，以及精密加工的不同阶段采用不同的加工设备和工艺技术，实现了无余量精密加工和自动化微小余量抛光，无须后续进行大余量抛光	1. 没有提出机械加工表面完整性指南，没有建立相应的表面完整性控制评价标准。 2. 1985 年颁布了《军用飞机强度和刚度规范》(GJB 67—85)；1989 年颁布了《军用飞机损伤容限要求》(GJB 776—89)。 3. 提出了无应力集中抗疲劳制造的概念，在国防“973”项目支持下，进行了切削加工表面完整性形成机理、控制方法及切削加工表面完整性抗疲劳机理等基础理论研究。 4. 风扇、压气机叶片/盘的精密加工主要采用五轴数控加工，有的已采用高速铣削，但现有技术重点解决了形状精度的控制问题，针对这类薄壁曲面复杂整体结构的切削表面完整性控制工艺机理尚未明确。 5. 风扇、压气机叶片/盘精密铣削加工之后需要进行较大余量抛光，给表面完整性控制带来很大困难

续表

技术领域	国外状况	国内状况
磨削表面完整性控制技术	1. 已采用高锋利度长寿命的微晶刚玉砂轮和CBN砂轮实现榫槽和榫齿成形磨削。 2. 提出了多种原创的磨削热源模型，已能揭示平面/外圆等简单型面磨削过程的力-热负荷及其耦合作用机理，但对于三维复杂型面磨削过程的力-热耦合作用分析成果也不足。 3. 针对平面/外圆等简单型面的高效精密磨削已有对应策略，如采用大气孔砂轮、频繁修整、强化冷却等，取得积极效果。受限于砂轮技术，控制水平仍有较大提高空间。 4. 已经建立了关键构件磨抛温度、力的精确预测模型和工艺调控手段，并形成了系统的表面完整性检测方法。 5. 对包括实际接触面积、热特性、磨削进给量、磨削速度和磨削类型在内的磨削条件对表面质量的影响系统研究。 6. 主要针对磨削时工件的温度及工艺参数等条件对表面完整性的影响，并对后续改善表面完整性提出了一些想法。 7. 在涡轮叶片磨削研究方面已经从“控形”向“控性”转变	1. 主要采用普通白刚玉与棕刚玉砂轮成形磨削，工具锋利度和耐磨性不足。 2. 磨削力-热负荷及其耦合作用机理分析所用的模型基本上在国外学者创立的模型基础上进行局部改进，导致研究结果难以突破国外研究现存的问题。 3. 受砂轮技术严重限制和对磨削表面完整性形成机理的认识不够，目前仍主要是借鉴国外的工艺策略控制表面完整性，未有原创性的策略方法。 4. 对单晶涡轮叶片榫头/缘板磨削表面完整性控制方法研究较少，尤其是抗微动磨损磨削方法及磨削再结晶抑制技术。 5. 较多的是针对工艺参数等因素对表面完整性的影响，对高温合金GH4169的精密磨削表面完整性的研究还不系统。 6. 制造技术长期徘徊在成形制造阶段，表面粗糙度、残余应力对疲劳的影响
表面完整性对抗疲劳性的影响	1. 针对表层残余应力、显微硬度、微观组织及残余应力松弛，开展了大量的钛合金精密切削和改性强化加工表面完整性对疲劳的影响研究。 2. 部分研究表明，疲劳寿命主要依赖于残余应力和微观结构，残余应力松弛严重时(包括高温)，表层组织晶粒细化对疲劳寿命影响占主导。 3. 提出了表征表面几何形貌对机械加工零件抗疲劳性影响的表面应力集中系数计算方法。 4. 阐释了残余压应力和残余应力松弛对疲劳裂纹萌生的影响机制	1. 从表面粗糙度、残余应力、显微硬度、微观组织等方面，开展了精密机械加工表面完整性对疲劳的影响研究。 2. 提出了金属内部疲劳强度的概念，指出参与强化效应的因素有残余压应力场、表面粗糙度、材料本身的表面疲劳高度和内部疲劳强度等
应用效果	1. 罗尔斯–罗伊斯公司制订了《分类零件的切削表面状况的冶金评定标准》。 2. 通用电气公司制订了拉削工艺、孔加工工艺、边缘处理工艺和车削工艺等不同的工艺控制标准，如《关键零件上的孔加工标准》。将零部件按关键程度分为不同的等级，并根据各等级零件的表面完整性要求，量化各个指标的验收标准。 3. 关键构件实现了表面完整性控制，三代机F-16发动机寿命达8000h，四代机F-22发动机寿命为3000 h以上	1. 缺少机械加工表面完整性工艺控制标准。 2. 缺少关键零部件表面完整性的验收标准。 3. 钛合金关键构件制造未进行表面完整性控制，发动机寿命仅几百小时

面完整性控制技术、表面完整性对抗疲劳性的影响和应用效果等几个方面进行了较为系统的对比分析。

根据表 1.1，可得出如下基本认识。

(1) 国外十分重视表面完整性应用基础理论和控制新方法的研究，依靠理论和技术的不断突破和创新，建立了完善的表面完整性理论模型与概念，形成了表面完整性设计规范和评价标准，走出了一条实现高强度合金构件长寿命、高可靠和结构减重的发展道路。我国一直在借鉴国外关于表面完整性模型和概念方面的研究，对模型和概念有补充说明，但是应用基础薄弱，没有形成系统的表面完整性标准；由于缺少应用基础理论支撑，制造技术长期徘徊在传统制造阶段。

(2) 国外开展了大量的关于表层残余应力、显微硬度、微观组织及残余应力松弛等对抗疲劳性的影响研究，这些研究结果对制造技术具有重要的导向作用。部分研究表明，疲劳寿命主要依赖于残余应力和表面微观结构，残余应力松弛严重时，表层组织晶粒细化对疲劳寿命的影响占主导；阐释了残余压应力和残余应力松弛对疲劳裂纹萌生的影响机制；率先提出了表征表面几何形貌对机加工零件抗疲劳性影响的表面应力集中系数计算方法。我国的研究主要还是跟踪国外技术，这些研究对我国制造技术发展的导向作用还不明显。

(3) 国外已经从加工效率、表面完整性、形状精度等不同技术层面在高强度合金构件精密机械加工方面积累了试验数据和理论依据。通过加工过程中工艺参数、工艺方法、测试方法等的控制和优化，不仅提高零件加工效率、缩短加工周期，还控制了表面几何形貌、表面低倍组织、表层微观组织、表层显微硬度、表层残余应力等表面完整性特征。同时，国外拥有比较健全的表面完整性控制技术体系，采用自动化技术完成复杂薄壁构件的精密机械加工，淘汰传统机械加工后续的手工辅助，避免其他因素对构件表面完整性的影响；每种加工方法都有对应的控制标准，并在每种工艺控制标准中规定了不同等级的控制方法，对表面完整性特征的检测及判定都有明确的验收指标，但关键技术对我国严密封锁。我国采用数控加工和人工抛光结合的方法进行复杂薄壁构件的加工，构件制造仅仅关注形位精度、表面粗糙度，加工精度低、质量一致性差，关于表面完整性对构件抗疲劳性的影响缺乏大量试验研究；表面完整性制造工艺和控制方法没有具体标准，各单位根据零件的使用及其自身加工条件自行制订相关技术文件，缺乏统一的规范。

(4) 在坚实的理论基础和完善的控制技术支撑下，依靠健全的构件表面完整性模型、检测与评估的标准体系，国外关键构件的加工效率高、质量均匀性好，构件实现了长寿命、高可靠和结构减重。我国处于传统制造阶段，部分领域应用了表面完整性制造，但研究比较零散，缺乏针对高强度合金复杂薄壁构件表面完整性控制方法的研究。近几年，在航空工业特别是发动机行业，对表面完整性逐步有了清晰的认识，也进行了一些初步的探索，但主要还是围绕提高关键构件的表面粗糙度方面开展工作，对关键构件的表层残余应力、表层显微硬度和表层微观组织研究较少。必须在借鉴国外已有的表面完整性控制标准及评价体系基础上，开展精密机械加工表面完整性控制基础研究。

1.3　研究意义及关键科学问题

1.3.1　研究意义

表面完整性研究可支撑新一代航空武器装备的研制，促进和发展关键高强度合金重要转动构件机械加工技术，对实现关键高强度合金转动构件的高可靠和长寿命具有重要的支撑作用，主要体现在以下几个方面：

(1) 表面完整性研究可为关键构件实现长寿命高可靠制造提供基础理论支撑，是新一代航空武器装备发展的紧迫需求。

表面完整性作为我国新一代航空武器装备关键构件高性能制造的基础，对破解航空武器动力瓶颈，支撑关键构件长寿命、高可靠、轻量化发展，尤显需求紧迫、不可或缺，主要体现在：军事需求方面非常迫切，国产军用发动机推重比等性能不达标，关键构件制造精度低、结构重、寿命短、可靠性差，疲劳失效问题频发，制约航空武器战技性能，严重影响国家安全保障能力；民用发动机发展方面极为需要，我国 CJ-1000 系列商用发动机研制刚起步，面临长寿命、高可靠和适航性要求带来的巨大技术挑战，急需建立配套的关键构件表面完整性制造技术支撑体系。我国制造技术与国外相比差距大，长期的跟踪仿制使得我国设计制造水平落后，制造技术难有创新，难以满足发动机三代自主保障、四代型号研制、军民融合发展需求，急需夯实制造工艺基础，补齐表面完整性控制“短板”。

(2) 表面完整性研究对推动我国新一代航空武器装备制造技术创新和产业持续发展具有支撑和引领作用。

表面完整性研究对加速新一代制造技术平台建设、专业人才培养，推动我国新一代航空武器装备技术创新和产业持续发展具有重要支撑和引领作用，主要体现在：纵观航空发动机技术发展，一代动力必须依靠一代材料和一代工艺来支撑，材料和制造工艺对提高发动机推重比的贡献率已达到 50%～70%，对结构减重的贡献率高达 80%，在新一代航空发动机研制中，表面完整性控制技术发展非常重要；在设计和材料已定的研制条件下，关键构件服役性能完全取决于制造，表面完整性控制是解决关键构件寿命短、可靠性差、结构重、经济可承受性差等问题的“金钥匙”，具有现实意义；作为共性基础和关键技术，实现表面完整性控制可提升关键构件疲劳强度，保障航空武器装备跨越发展，推动我国新一代航空发动机制造领域技术进步，加速赶超国外先进水平，开展表面完整性研究战略意义重大。

(3) 表面完整性研究对提升我国新一代航空武器装备性能具有重要作用。

实践证明，表面完整性制造是在役、在研及未来武器装备长寿命、高可靠和安全使用的保障。例如，歼 8 飞机起落架设计寿命 3000h，实际定寿 200h，使用 79h 即出现破断，采用表面完整性制造后 3000h 不破断，歼 8Ⅱ飞机起落架疲劳寿命超过 6000h，服役至今无一故障。在我国新一代航空武器装备关键重要转动构件制造领域表面完整性控制尚未有明显突破，与国外差距明显。例如，美国军用发动机寿命达到 3000h，大型军用运输机、客机发动机寿命甚至达到数万小时，而国产歼 10 飞机发动机寿命仅几百小时。表面完整性研究对实现关键构件长寿命、高可靠制造，缩短国内外差距，迎头赶上国外产品性能水平具有重要作用。

1.3.2 关键科学问题

机械加工表面完整性主要涉及表面完整性模型及检测评价，精密机械加工(包括铣削、磨削、车削)表面完整性形成机理、机械加工表面完整性的抗疲劳机制、精密机械加工表面完整性控制等方面的科学问题。

1) 表面完整性模型及检测评价

表面完整性模型是后续工艺控制的基础，不同工艺方法会产生不同表面完整性。表面完整性在精密机械加工过程中存在变化和重构，在疲劳过程中存在演化等现象。面向构件的加工表面完整性模型及检测的主要内涵是考虑合金材料、典型结构、工艺方法、服役载荷与环境等因素，建立微区单点表面完整性表征模型、构件表面完整性三维分布模型、表面完整性数据标准与检测方法，以及基于抗疲劳性的表面完整性评价方法。

2) 精密机械加工表面完整性形成机理

构件的结构特征决定采用的切削加工方法，针对叶片、叶盘等关键重要转动构件，典型的精密机械加工方法有铣削、磨削和车削等。在精密切/磨削加工中主要存在切削热传输、切削热/力耦合作用和金属塑性流变/断裂等，它们是决定表面完整性的根源，控制不好将会产生表面微观缺陷、表层拉应力和表层微观组织缺陷等。因此，高强度合金精密铣削、磨削和车削表面完整性形成机理的主要内涵是描述材料切/磨削热力耦合作用对表层微结构、表层显微硬度场和表层残余应力场的形成机制，以及表面状态变化与初始表面状态和加工工艺的影响关系及规律。

3) 机械加工表面完整性的抗疲劳机制

表面完整性与疲劳行为直接相关，机械加工表面完整性的抗疲劳机制是指控制机械加工方法，形成抑制或延缓疲劳裂纹萌生的微观形貌因子、微观组织结构与微观力学特性，即表面低应力集中、细化的微观组织结构和残余压应力有利于提高构件的抗疲劳性。机械加工表面完整性抗疲劳机制的主要内涵在于表面应力集中系数模型及计算方法、切/磨削表面完整性对抗疲劳性影响规律、疲劳断口观察和失效分析、基于残余应力场和显微硬度场的疲劳强度分布模型等。

4) 精密机械加工表面完整性控制

关键构件精密机械加工表面完整性控制基本内涵包括高效切削和低应力磨削表面完整性工艺参数优化方法，理清切/磨削深度与表层残余应力及其影响层深度的关系。在此基础上，针对复杂薄壁构件研究切/磨削弹性变形和残余应力变形控制方法，实现“抗疲劳性→表面状态→加工制造”的工艺反演与参数调控，共性集成，掌握面向航空关键构件表面完整性分布约束的工艺参数优化、工艺过程优化和相关工艺控制方法，支撑航空关键构件高效高品质加工。

参考文献

[1] 张铁茂. 金属切削学[M]. 北京: 兵器工业出版社, 1991.

[2] 王贵成, 洪泉, 朱云明, 等. 精密加工中表面完整性的综合评价[J]. 兵工学报, 2005, 26(6): 820-824.

[3] 赵振业. 高强度合金抗疲劳应用技术研究与发展[J]. 中国工程科学, 2005, 7(3): 90-94.

[4] Field M, Kahles J F. Review of surface integrity of machined components[J]. CIRP Annals-Manufacturing Technology, 1971, 20(2): 153-162.

[5] Field M, Kahles J F. The surface integrity of machined and ground high strength steels [R]. DMIC Report, 1964, 210: 54-77.

[6] Field M, Kahles J F. Cammett J T. Review of measuring methods for surface integrity[J]. CIRP Annals-Manufacturing Technology, 1972, 21(2): 219-238.

[7] Machinability Data Center. Machining Data Handbook[M]. 2nd ed. Cincinnati: Metcut Research Associates, 1972.

[8] 美国可切削性数据中心. 机械加工切削数据手册[M]. 3 版. 彭晋龄, 译. 北京: 机械工业出版社, 1989.

[9] Griffiths B. Surface Integrity & Functional Performance[M]. London: Penton Press, 2001.

[10] Griffiths B. Manufacturing Surface Technology-Surface Integrity and Functional Performance[M]. London: Penton Press, 2001.

[11] Astakhov V P. Surface Integrity - Definition and Importance in Functional Performance [M]. London: Springer, 2010.

[12] Taylor Hobson Ltd. Surface Texture Parameters: THL Booklet Number 800-304/897[M]. Leicester: Taylor Hobson Ltd, 1998.

[13] Stout K J, Sullivan P J, Dong W P, et al. Development of Methods for the Characterisation of Roughness in Three Dimensions[M]. London: Penton Press, 2002.

[14] Dong W P, Mainsah E, Sullivan P J, et al. Instruments and Measurement Techniques of 3-Dimensional Surface Topography[M]. London: Penton Press, 1994.

[15] Stout K J, Blunt L. Three-Dimensional Surface Topography[M]. 2nd ed. London: Penton Press, 2000.

[16] Bigerelle M, Gautier A, Hagege B, et al. Roughness characteristic length scales of belt finished surface[J]. Journal of

Materials Processing Technology, 2009, 209: 6103-6116.

[17] Amini S, Fatemi M H, Atefi R. High speed turning of Inconel 718 using ceramic and carbide cutting tools[J]. Arabian Journal for Science and Engineering, 2014, 39(3): 2323-2330.

[18] Ulutan D, Arisoy Y M, Özel T, et al. Empirical modeling of residual stress profile in machining nickel-based superalloys using the sinusoidal decay function[J]. Procedia CIRP, 2014, 13: 365-370.

[19] Mittal S, Liu C R. A method of modeling residual stresses in superfinish hard turning[J]. Wear, 1998, 218(1): 21-33.

[20] El-Axir M H. A method of modeling residual stress distribution in turning for different materials[J]. International Journal of Machine Tools and Manufacture, 2002, 42(9): 1055-1063.

[21] Ding H, Shin Y C. Multi-physics modeling and simulations of surface microstructure alteration in hard turning[J]. Journal of Materials Processing Technology, 2013, 213(6): 877-886.

[22] Imran M, Mativenga P T, Gholinia A, et al. Evaluation of surface integrity in micro drilling process for nickel-based superalloy[J]. International Journal of Advanced Manufacturing Technology, 2011, 55: 465-476.

[23] 曾泉人, 刘更, 刘岚. 机械加工零件表面完整性表征模型研究[J]. 中国机械工程, 2010, 21(24): 2995-3008.

[24] 姚倡锋, 武导侠, 靳淇超, 等. TB6 钛合金高速铣削表面粗糙度与表面形貌研究[J]. 航空制造技术, 2012, 417(21): 90-93.

[25] Yao C F, Zuo W, Wu D X, et al. Control rules of surface integrity and formation of metamorphic layer in high-speed milling of 7055 aluminum alloy[J]. Proceedings of the Institution of Mechanical Engineers Part B: Journal of Engineering Manufacture, 2014, 229(2): 187-204.

[26] Yao C F, Wang T, Ren J X, et al. A comparative study of residual stress and affected layer in Aermet100 steel grinding with alumina and cBN wheels[J]. International Journal of Advanced Manufacturing Technology, 2014, 74(1-4): 125-137.

[27] Xie L C, Jiang C H, Lu W J, et al. Investigation on the surface layer characteristics of shot peened titanium matrix composite utilizing X-ray diffraction[J]. Surface and Coatings Technology, 2011, 206(2-3): 511-516.

[28] 唐泽, 杨合, 孙志超, 等. TA15 钛合金高温变形微观组织演变分析与数值模拟[J]. 中国有色金属学报, 2008, 18(4): 722-727.

[29] 宋颖刚, 高玉魁, 陆峰, 等. TC21 钛合金喷丸强化层微观组织结构及性能变化[J]. 航空材料学报, 2010, 30(2): 40-44.

[30] Li H M, Liu Y G, Li M Q, et al. The gradient crystalline structure and microhardness in the treated layer of TC17 via high energy shot peening[J]. Applied Surface Science, 2015, 357: 197-203.

[31] 杜随更, 姜哲, 张定华, 等. GH4169 合金磨削表面塑性变形层的微观结构[J]. 机械工程学报, 2015, 51(12): 63-68.

[32] Liu Y G, Li H M, Li M Q. Characterization of surface layer in TC17 alloy treated by air blast shot peening[J]. Materials and Design, 2015, 65: 120-126.

[33] Cheng Z K, Liao R D, Lu W. Surface stress concentration factor via Fourier representation and its application for machined surfaces[J]. International Journal of Solids and Structures, 2017, 113: 108-117.

[34] Ulutan D, Özel T. Machining induced surface integrity in titanium and nickel alloys: A review[J]. International Journal of Machine Tools & Manufacture, 2011, 51(3): 250-280.

[35] Özel T, Thepsonthi T, Ulutan D, et al. Experiments and finite element simulations on micro-milling of Ti-6Al-4V alloy with uncoated and cBN coated micro-tools[J]. CIRP Annals-Manufacturing Technology, 2011, 60(1): 85-88.

[36] Mantle A L, Aspinwall D K. Surface integrity of a high speed milled gamma titanium aluminide[J]. Journal of Materials

Processing Technology, 2001, 118(1-3): 143-150.

[37] Aspinwall D K, Dewes R C, Mantle A L. The machining of γ-TiAl intermetallic alloys[J]. CIRP Annals-Manufacturing Technology, 2005, 54(1): 99-104.

[38] Aspinwall D K, Mantle A L, Chan W K, et al. Cutting temperatures when ball nose end milling γ-TiAl intermetallic alloys[J]. CIRP Annals-Manufacturing Technology, 2013, 62(1): 75-78.

[39] Puerta J D, Velásquez, Tidu A, et al. Sub-surface and surface analysis of high speed machined Ti-6Al-4V alloy[J]. Materials Science and Engineering: A, 2010, 527(10-11): 2572-2578.

[40] Thomas M, Turner S, Jackson M. Microstructural damage during high-speed milling of titanium alloys[J]. Scripta Materialia, 2010, 62(5): 250-253.

[41] Zoya Z A, Krishnamurthy R. The performance of CBN tools in the machining of titanium alloys[J]. Journal of Materials Processing Technology, 2000, 100(1-3): 80-86.

[42] Sun J, Guo Y B. A comprehensive experimental study on surface integrity by end milling Ti-6Al-4V[J]. Journal of Materials Processing Technology, 2009, 209(8): 4036-4042.

[43] Sridhar B R, Devananda G,Ramachandra K, et al. Effect of machining parameters and heat treatment on the residual stress distribution in titanium alloy IMI-834[J]. Journal of Materials Processing Technology, 2003, 139(1-3): 628-634.

[44] Rao B, Dandekar C R, Shin Y C. An experimental and numerical study on the face milling of Ti-6Al-4V alloy tool performance and surface integrity[J]. Journal of Materials Processing Technology, 2011, 211(2): 294-304.

[45] Bermingham M J, Kirsch J, Sun S, et al. New observations on tool life, cutting forces and chip morphology in cryogenic machining Ti-6Al-4V[J]. International Journal of Machine Tools & Manufacture, 2011 (51): 500-511.

[46] Tayisepi N, Laubscher R F, Oosthuizen G A. Investigating the energy efficiency and surface integrity when machining titanium alloys[C]. Stellenbosch, South Africa: International Conference on Competitive Manufacturing COMA' 16, 2016.

[47] Patil S, Jadhav S, Kekade S, et al. The influence of cutting heat on the surface integrity during machining of titanium alloy Ti-6Al-4V[J]. Procedia Manufacturing, 2016, 5: 857-869.

[48] Safari H, Sharif S, Izman S, et al. Surface integrity characterization in high-speed dry end milling of Ti-6Al-4V titanium alloy[J]. International Journal of Advanced Manufacturing Technology, 2015, 78(1-4): 651-657.

[49] Hassanpour H, Rasti A, Sadeghi, MH, et al. Investigation of roughness, topography, microhardness, white layer and surface chemical composition in high speed milling of Ti-6Al-4V using minimum quantity lubrication[J]. Machining Science and Technology, 2020, 24(5): 719-738.

[50] Abboud E, Attia H, Shi B, et al. Residual stresses and surface integrity of Ti-alloys during finish turning-guidelines for compressive residual stresses[J]. Procedia Cirp, 2016, 45:55-58.

[51] Velásquez J D P, Tidu A, Bolle B, et al. Sub-surface and surface analysis of high speed machined Ti-6Al-4V alloy[J]. Materials Science & Engineering: A, 2010, 527(10/11): 2572-2578.

[52] Rotella G, Dillon O W, Umbrello D, et al. The effects of cooling conditions on surface integrity in machining of Ti6Al4V alloy[J]. International Journal of Advanced Manufacturing Technology, 2014, 71(1-4): 47-55.

[53] Kang M C, Kim K K, Lee D W, et al. Characteristics of inclined planes according to the variations of cutting direction in high-speed ball-end milling[J]. International Journal of Advanced Manufacturing Technology, 2001, 17(5): 323-329.

[54] Ko T J, Kim H S, Lee S S. Selection of the machining inclination angle in high-speed ball end milling[J]. The International of Advanced Manufacturing Technology, 2001, 17(3): 163-170.

[55] Lim T S, Lee C M, Kim S W, et al. Evaluation of cutter orientations in 5-axis high speed milling of turbine blade[J]. Journal of Materials Processing Technology, 2002, 130-131: 401-406.

[56] Antoniadis A, Bilalis N, Savakis C, et al. Influence of machining inclination angle on surface quality in ball end milling[C]. Dublin, Ireland: Proceedings of AMPT 2003, 2003.

[57] Lee C M, Kim S W, Choi K H, et al. Evaluation of cutter orientations in high-speed ball end milling of cantilever shaped thin plate[J]. Journal of Materials Processing Technology, 2003, 140(1-3): 231-236.

[58] Toh C K. Surface topography analysis in high speed finish milling inclined hardened steel[J]. Precision Engineering, 2004, 28(4): 386-398.

[59] Toh C K. Cutter path orientations when high-speed finish milling inclined hardened steel[J]. International Journal of Advanced Manufacturing Technology, 2006, 27(5-6): 473-480.

[60] Lavernhe S, Quinsat Y, Lartigue C. Model for the prediction of 3D surface topography in 5-axis milling[J]. International Journal of Advanced Manufacturing Technology, 2010, 51(9-12): 915-924.

[61] Aspinwall D K, Dewes R C, Ng E G, et al. The influence of cutter orientation and workpiece angle on machinability when high-speed milling Inconel 718 under finishing[J]. International Journal of Machine Tools & Manufacture, 2007, 47(12-13): 1839-1846.

[62] Kalvoda T, Hwang Y R. Impact of various ball cutter tool position on the surface integrity of low carbon steel[J]. Material & Design, 2009, 30(9): 3360-3366.

[63] Sadílek M, Čep R. Progressive strategy of milling by means of tool axis inclination angle[J]. Word Academy of Science, Engineering and Technology, 2009, 29: 655-659.

[64] Daymin A, Boujelbene M, Amara A B, et al. Surface integrity in high speed end milling of titanium alloy Ti-6Al-4V[J]. Materials Science and Technology, 2011, 27(1): 387-394.

[65] Priarone P C, Klocke F, Faga M G, et al. Tool life and surface integrity when turning titanium aluminides with PCD tools under conventional wet cutting and cryogenic cooling[J]. International Journal of Advanced Manufacturing Technology, 2016, 85(1-4): 807-816.

[66] Pretorius C J, Soo S L, Aspinwall D K, et al. Tool wear behaviour and workpiece surface integrity when turning Ti-6Al-2Sn-4Zr-6Mo with polycrystalline diamond tooling[J]. CIRP Annals-Manufacturing Technology, 2015, 64(1): 109-112.

[67] Oyelola O, Crawforth P, M'Saoubi R, et al. Machining of additively manufactured parts: Implications for surface integrity[J]. Procedia Cirp, 2016, 45: 119-122.

[68] Arısoy Y M, Özel T. Prediction of machining induced microstructure in Ti-6Al-4V alloy using 3D FE-based simulations: Effects of tool micro-geometry, coating and cutting conditions[J]. Journal of Materials Processing Technology, 2015, 220: 1-26.

[69] Che-Haron C H, Jawaid A. The effect of machining on surface integrity of titanium alloy Ti-6Al-4V[J]. Journal of Materials Processing Technology, 2005, 166(2): 188-192.

[70] Kameník R, Pilc J, Varga D, et al. Identification of tool wear intensity during miniature machining of austenitic steels and titanium[J]. Procedia Engineering, 2017, 192: 410-415.

[71] Ayed Y, Germain G, Pubill Melsio A, et al. Impact of supply conditions of liquid nitrogen on tool wear and surface integrity when machining the Ti-6Al-4V titanium alloy[J]. International Journal of Advanced Manufacturing Technology, 2017(3): 1-8.

[72] Hughes J I, Sharman A R C, Ridgway K. The effect of cutting tool material and edge geometry on tool life and

workpiece surface integrity[J]. Proceedings of the Institution of Mechanical Engineers Part B: Journal of Engineering Manufacture, 2006, 220(2): 93-107.

[73] Kolahdouz S, Hadi M, Arezoo B, et al. Investigation of surface integrity in high speed milling of gamma titanium aluminide under dry and minimum quantity lubricant conditions[J]. Procedia CIRP, 2015, 26: 367-372.

[74] Kolahdouz S, Arezoo B, Hadi M. Surface integrity in high-speed milling of gamma titanium aluminide under MQL cutting conditions[C]. Tehran, Iran: 2014 5th Conference on Thermal Power Plants (CTPP), 2014.

[75] 杜随更, 吕超, 任军学, 等. 钛合金 TC4 高速铣削表面形貌及表层组织研究[J]. 航空学报, 2008, 29(6): 1710-1715.

[76] 杨振朝, 张定华, 姚倡锋, 等. TC4 钛合金高速铣削参数对表面完整性影响研究[J]. 西北工业大学学报, 2009, 27(4): 538-543.

[77] Yao C F, Wu D X, Jin Q C, et al. Influence of high-speed milling parameter on 3D surface topography and fatigue behavior of TB6 titanium alloy[J]. Transactions of Nonferrous Metals Society of China, 2013, 23(3): 650-660.

[78] Yao C F, Wu D X, Tan L, et al. Effects of cutting parameters on surface residual stress and its mechanism in high-speed milling of TB6[J]. Proceedings of the Institution of Mechanical Engineers, Part B: Journal of Engineering Manufacture, 2013, 227(4): 483-493.

[79] 周子同, 崔季, 陈志同, 等. TB6 钛合金铣削表面完整性试验研究[J]. 航空制造技术, 2015, 477(8): 66-69.

[80] 冯浩. Ti-6Al-4V 钛合金高速铣削表面完整性研究及切削参数数据库开发[D]. 济南: 山东大学, 2008.

[81] 贺英伦, 任成祖, 杨晓勇, 等. 冷却条件对 Ti-6Al-4V 铣削表面完整性影响研究[J]. 机械科学与技术, 2016, 35(5): 729-733.

[82] 耿国盛. 钛合金高速铣削技术的基础研究[D]. 南京: 南京航空航天大学, 2006.

[83] 陈建岭. 钛合金高速铣削加工机理及铣削参数优化研究[D]. 济南: 山东大学, 2009.

[84] 赵正彩, 傅玉灿, 徐九华, 等. 钛合金宽弦空心风扇叶片榫齿成型铣削研究[J]. 工具技术, 2015, 49(9): 20-24.

[85] 唐林虎, 谢黎明, 马肃, 等. 加工 TC4 钛合金发动机叶片球型刀的试验研究[J]. 制造技术与机床, 2010 (2): 92-94.

[86] 陈婷婷. 钛合金薄壁腹板铣削加工变形基础研究[D]. 南京: 南京航空航天大学, 2015.

[87] 李晓舟, 秦烁, 王童. 高速铣削钛合金表面粗糙度预测模型研究[J]. 机械工程师, 2016(6): 40-42.

[88] 郭海林. 钛合金切削性能的实验研究与分析[D]. 沈阳: 沈阳理工大学, 2016.

[89] 张运建, 秦国华, 侯源君, 等. 高速切削钛合金 TC4 的表面粗糙度预测与控制方法[J]. 光学精密工程, 2016, 24(10s): 543-550.

[90] 黄博豪. 航空叶片切削进给优化研究[D]. 武汉: 华中科技大学, 2015.

[91] 张宇, 李亮, 戎斌, 等. TC4 钛合金条形零件铣削加工表面残余应力测试与分析[J]. 机械制造与自动化, 2016, 45(2): 25-27.

[92] 杨成云, 董长双. 钛合金切削表面残余应力影响因素及参数优化[J]. 铸造技术, 2017(1): 34-38.

[93] 王明海, 王京刚, 郑耀辉, 等. 钛合金高速铣削加工的有限元模拟与分析[J]. 机械科学与技术, 2015, 34(6): 898-902.

[94] 郑耀辉, 王京刚, 王明海, 等. 钛合金高速铣削加工表面残余应力的模拟研究[J]. 机床与液压, 2015(1): 41-44.

[95] Shen X H, Zhang D H, Yao C F, et al. Formation mechanism of surface metamorphic layer and influence rule on milling TC17 titanium alloy[J]. International Journal of Advanced Manufacturing Technology, 2021, 112(6): 1-18.

[96] 谭靓, 张定华, 姚倡锋. 高速铣削参数对 TC17 钛合金表面变质层的影响[J]. 航空材料学报, 2017, 37(6): 75-81.

[97] 李军, 任成祖, 杨晓勇, 等. 钛合金(Ti-6Al-4V)铣削参数对表面完整性影响研究[J]. 机械设计, 2016, 33(4): 1-6.

[98] Ji W, Liu X L, Wang L H, et al. Experimental evaluation of polycrystalline diamond (PCD) tool geometries at high feed rate in milling of titanium alloy TC11[J]. International Journal of Advanced Manufacturing Technology, 2015, 77(9-12): 1549-1555.

[99] Du S Y, Chen M H, Xie L S, et al. Optimization of process parameters in the high-speed milling of titanium alloy TB17 for surface integrity by the Taguchi-grey relational analysis method[J]. Advances in Mechanical Engineering, 2016, 8(10): 1-12.

[100] Yang P, Yao C F, Xie S H, et al. Effect of tool orientation on surface integrity during ball end milling of titanium alloy TC17[J]. Procedia CIRP, 2016, 56: 143-148.

[101] Tan L, Yao C F, Ren J X, et al. Effect of cutter path orientations on cutting forces, tool wear, and surface integrity when ball end milling TC17[J]. International Journal of Advanced Manufacturing Technology, 2017, 88(9-12): 1-14.

[102] Liu J, Sun J, Chen W. Surface integrity of TB6 titanium alloy after dry milling with solid carbide cutters of different geometriy[J]. International Journal of Advanced Manufacturing Technology, 2017(3): 1-16.

[103] Han S G, Zhao J. Effect of tool inclination angle on surface quality in 5-axis ball-end milling[C]. Zhuhai, China: International Conference on Manufacturing Science and Engineering (ICMSE 2009), 2009.

[104] 丁悦, 王焱, 刘畅, 等. 钛合金切削力和表面粗糙度试验研究[J]. 航空制造技术, 2016(6): 88-91.

[105] 田荣鑫, 史耀耀, 杨振朝, 等. TC17 钛合金铣削刀具磨损对残余应力影响研究[J]. 航空制造技术, 2011(1): 134-138.

[106] Shi Q, He N, Li L. Analysis on surface integrity during high speed milling for new damage-tolerant titanium alloy[J]. Transactions of Nanjing University of Aeronautics & Astronautics, 2012, 29(3): 222-226.

[107] Su H H, Liu P, Fu Y C, et al. Tool life and surface integrity in high-speed milling of titanium alloy TA15 with PCD/PCBN tools[J]. Chinese Journal of Aeronautics, 2012, 25(5): 784-790.

[108] 杨晓勇, 任成祖, 陈光. 钛合金铣削刀具磨损对表面完整性影响研究[J]. 机械设计, 2012, 29(11): 22-25.

[109] Chen L, El-Wardany T I, Harrisc W C. Modelling the effects of flank wear land and chip formation on residual stresses[J]. CIRP Annals-Manufacturing Technology, 2004, 53(1): 95-98.

[110] 杨后川, 杨保生, 杜晓伟, 等. 钛合金 TB6 铣削表面粗糙度与表面缺陷研究[J]. 航空制造技术, 2017, 524(5): 60-66.

[111] Liang X L，Liu Z Q. Experimental investigations on effects of tool flank wear on surface integrity during orthogonal dry cutting of Ti-6Al-4V[J]. International Journal of Advanced Manufacturing Technology, 2017, 93: 1617-1626.

[112] 王晓邦. 航空发动机叶片的高速车铣加工三维颤振稳定性及表面粗糙度的研究[D]. 沈阳: 东北大学, 2013.

[113] 章熠鑫, 李亮, 王涛, 等. 刀具刚度对钛合金超薄侧壁加工变形的影响[J]. 航空制造技术, 2015, 477(8): 70-72.

[114] Ju Y Q. Thermal Aspects of Grinding for Surface Integrity [D]. Indiana: Purdue University, 1997.

[115] Axinte D A, Kwong J, Kong M C. Workpiece surface integrity of Ti-6-4 heat-resistant alloy when employing different polishing methods[J]. Journal of Materials Processing Technology, 2009, 209(4): 1843-1852.

[116] Razavi H A, Kurfess T R, Danyluk S. Force control grinding of gamma titanium aluminide[J]. International Journal of Machine Tools & Manufacture, 2003, 43(2): 185-191.

[117] Hood R, Lechner F, Aspinwall D K, et al. Creep feed grinding of gamma titanium aluminide and burn resistant titanium alloys using SiC abrasive[J]. International Journal of Machine Tools & Manufacture, 2007, 47(9): 1486-1492.

[118] Guo C, Wu Y, Vargheseb V, et al. Temperatures and energy partition for grinding with vitrified CBN wheels[J]. CIRP Annals - Manufacturing Technology, 1999, 48(1): 247-250.

[119] Guo C, Ranganath S, Mcintosh D, et al. Virtual high performance grinding with CBN wheels[J]. CIRP Annals - Manufacturing Technology, 2008, 57(1):325-328.

[120] Novovic D. Challenges in machining of turbine blades and vanes in modern aero engines[C].Hannover, Germany: New Manufacturing Technologies in Aerospace Industry- Machining Innovations Conference, 2012.

[121] Aspinwall D K, Soo S L, Curtis D T, et al. Profiled superabrasive grinding wheels for the machining of a nickel based superalloy[J]. CIRP Annals - Manufacturing Technology, 2007, 56(1): 335-338.

[122] Greving D, Gorelik M, Kington H. Manufacturing related residual stresses and turbine disk life prediction[C]. Colorado, United States: 31st Annual Review of Progress in Quantitative Nondestructive Evaluation, 2004.

[123] Pervaiz S, Rashid A, Deiab I, et al. Influence of tool materials on machinability of titanium-and nickel-based alloys: A review[J]. Materials and Manufacturing Processes, 2014, 29(3): 219-252.

[124] Azarhoushang B, Daneshi A, Lee D H. Evaluation of thermal damages and residual stresses in dry grinding by structured wheels[J]. Journal of Cleaner Production, 2017, 142:1922-1930.

[125] Nguyen T, Zhang L C. Grinding-hardening using dry air and liquid nitrogen：Prediction and verification of temperature fields and hardened layer thickness[J]. International Journal of Machine Tools and Manufacture, 2010, 50(10): 901-910.

[126] Wang S B, Kou H S. Selections of working conditions for creep feed grinding. Part (Ⅱ): Workpiece temperature and critical grinding energy for burning[J]. International Journal of Advanced Manufacturing Technology, 2006, 28(1-2):38-44.

[127] 黄新春, 张定华, 姚倡锋, 等. 镍基高温合金 GH4169 磨削参数对表面完整性影响[J]. 航空动力学报, 2013, 28(3): 621-628.

[128] 傅玉灿, 陈佳佳, 赫青山, 等. 基于热管技术的磨削弧区强化换热研究[J]. 机械工程学报, 2017, 53(7): 189-199.

[129] 朱大虎. 难加工材料高速外圆磨削机理及其表面完整性研究[D]. 上海: 东华大学, 2011.

[130] 马晓辉. 镍基单晶合金电火花磨削表面完整性研究[D]. 沈阳: 东北大学, 2013.

[131] 张志伟. 镍基高温合金高效深切成型磨削关键技术研究[D]. 南京: 南京航空航天大学, 2014.

[132] Li X, Meng F J, Cui W, et al. The CNC grinding of integrated impeller with electroplated CBN wheel[J]. International Journal of Advanced Manufacturing Technology, 2015, 79(5-8):1353-1361.

[133] Li X, Chen Z T, Chen W Y. Suppression of surface burn in grinding of titanium alloy TC4 using a self-inhaling internal cooling wheel[J]. Chinese Journal of Aeronautics, 2011, 24: 96-101.

[134] Ding W F, Xu J H, Chen Z Z, et al. Grindability and surface integrity of cast nickel-based superalloy in creep feed grinding with brazed CBN abrasive wheels[J]. Chinese Journal of Aeronautics, 2010, 23(4): 501-510.

[135] 苏旭峰. 高温合金涡轮叶片缓进磨削工艺研究[D]. 上海: 上海交通大学, 2009.

[136] Chen J J, Fu Y C, He Q S, et al. Environmentally friendly machining with a revolving heat pipe grinding wheel[J]. Applied Thermal Engineering, 2016, 107: 719-727.

[137] Bagehorn S, Wehr J, Maier H J. Application of mechanical surface finishing processes for roughness reduction and fatigue improvement of additively manufactured Ti-6Al-4V parts[J]. International Journal of Fatigue, 2017, 102: 135-142.

[138] Carrion P E, Shamsaei N, Daniewicz S R, et al. Fatigue behavior of Ti-6Al-4V ELI including mean stress effects[J]. International Journal of Fatigue, 2017, 99: 87-100.

[139] Fintová S, Arzaghi M, Kubena I, et al. Fatigue crack propagation in UFG Ti grade 4 processed by severe plastic

deformation[J]. International Journal of Fatigue, 2017, 98: 187-194.

[140] Moussaoui K, Mousseigne M, Senatore J, et al. The effect of roughness and residual stresses on fatigue life time of an alloy of titanium[J]. International Journal of Advanced Manufacturing Technology, 2015, 78(1-4): 1-7.

[141] Caton M J, John R, Porter W J, et al. Stress ratio effects on small fatigue crack growth in Ti-6Al-4V[J]. International Journal of Fatigue, 2012, 38(5): 36-45.

[142] Pilchak A L. Fatigue crack growth rates in alpha titanium: Faceted vs. striation growth[J]. Scripta Materialia, 2013, 68(5): 277-280.

[143] Jones R, Farahmand B, Rodopoulos C A. Fatigue crack growth discrepancies with stress ratio[J]. Theoretical & Applied Fracture Mechanics, 2009, 51(1): 1-10.

[144] Oguma H, Nakamura T. The effect of microstructure on very high cycle fatigue properties in Ti-6Al-4V[J]. Scripta Materialia, 2010, 63(1): 32-34.

[145] Novovic D, Dewes R C, Aspinwall D K, et al. The effect of machined topography and integrity on fatigue life[J]. International Journal of Machine Tools and Manufacture, 2004, 44(2): 125-134.

[146] Andre X S, Sehitoglu H. A computer model for fatigue crack growth from rough surfaces[J]. International Journal of fatigue, 2000, 22(7): 619-630.

[147] Chan K S. Roles of microstructure in fatigue crack initiation[J]. International Journal of Fatigue, 2010, 32(9): 1428-1447.

[148] Neuber H. Theoretical calculation of strength at stress concentration[J]. Czechoslovak Journal of Physics, 1969, 19(3): 400-410.

[149] Arola D, McCain M L. Surface texture and the stress concentration factor for FRP components with holes[J]. Journal of Composite Materials, 2003, 37(16): 1439-1460.

[150] Arola D, McCain M L. An examination of the effects from surface texture on the strength of fiber reinforce plastics[J]. Journal of Composite Materials, 1999, 33(2): 102-123.

[151] Arola D, McCain M L, Kunaporn S, et al. Waterjet and abrasive waterjet surface treatment of titanium: A comparison of surface texture and residual stress[J]. Wear, 2002, 249(1): 943-950.

[152] Arola D, Williams C L. Surface texture, fatigue, and the reduction in stiffness of fiber reinforced plastics[J]. ASME Journal of Engineering Materials and Technology, 2002, 124 (2): 160-166.

[153] Arola D, Williams C L. Estimating the fatigue stress concentration factor of machined surfaces[J]. International Journal of Fatigue, 2002, 24(9): 923-930.

[154] Cao F, Chandran K S R. The role of crack origin size and early stage crack growth on high cycle fatigue of powder metallurgy Ti-6Al-4V alloy[J]. International Journal of Fatigue, 2017, 102: 48-58.

[155] Späth N, Zerrouki V, Poubanne P, et al. 718 superalloy forging simulation: A way to improve process and material potentialities[C]. Pittsburgh, United States: 5th International Symposium on Superalloys 718, 625, 706 and Various Derivatives, 2001.

[156] Abikchi M, Billot T, Crépin J, et al. Fatigue life and initiation mechanisms in wrought Inconel 718 DA for different microstructures[C]. Beijing, China: 13th International Conference on Fracture, 2013.

[157] Alexandre F, Deyber S, Pineau A. Modelling the optimum grain size on the low cycle fatigue life of a Ni based superalloy in the presence of two possible crack initiation sites[J]. Scripta Materialia, 2004, 50(1): 25-30.

[158] 李煜佳, 轩福贞, 涂善东. 应力比和残余应力对 Ti-6Al-4V 高周疲劳断裂模式的影响[J]. 机械工程学报, 2015, 51(6): 45-50.

[159] 钟丽琼, 严振, 梁益龙, 等. 残余应力场和不同应力比下TC11钛合金的高周疲劳性能[J]. 稀有金属材料与工程, 2015, 44(5): 1224-1228.

[160] 朱莉娜, 邓彩艳, 王东坡, 等. 表面粗糙度对 Ti-6Al-4V 合金超高周疲劳性能的影响[J]. 金属学报, 2016, 52(5): 583-591.

[161] Huang Z Y, Liu H Q, Wang H M, et al. Effect of stress ratio on VHCF behavior for a compressor blade titanium alloy[J]. International Journal of Fatigue, 2016, 93: 232-237.

[162] 孙宇博, 雷娟娟. 航空发动机叶片 TC4 钛合金振动疲劳裂纹扩展研究及剩余寿命预测[J]. 表面技术, 2016, 45(9): 207-213.

[163] Sun J F, Wang T M, Su A P, et al. Surface integrity and its influence on fatigue life when turning nickel alloy GH4169[J]. Procedia CIRP, 2018, 71: 478-483.

第2章　表面完整性表征数据与测量

机械加工技术对零件表面层有重要影响，进而影响零件后续服役抗疲劳性，应科学地对零件加工表面完整性进行表征和检测。表面完整性涵盖表面和表层特征，表面和表层共同构成一个整体，表面属性是其外部表观部分，表层属性是表面属性的内涵和支撑。本章主要介绍表面完整性概念，以及表面特征、表层微结构特征、表层显微硬度场、表层残余应力场的表征与测量方法。

2.1　机械加工表面与表层改变

2.1.1　机械加工表面层属性改变

机械加工过程在刀具/工具和零件相互作用下去除多余材料，会在构件表面层产生各种各样属性改变，典型的属性改变包括机械、冶金、化学、热和电等方面，具体见表2.1。

表2.1　机械加工零件的表面层属性改变

类型	表面层变化
机械	切削加工引起的塑性变形 积屑瘤引起的撕裂、折叠和裂纹等缺陷 硬度变化 宏观裂纹和微观裂纹 残余应力 磨削加工引起的塑性变形残留碎屑
冶金	相变 晶粒大小和晶粒分布的变化 沉淀物的大小和分布状态 外来夹杂、孪晶 再结晶 未回火马氏体或过回火马氏体 再溶解或奥氏体转变
化学	晶间腐蚀、晶界氧化 微组分的优先溶解、污染 化学吸附作用引起的氢脆和氯脆 斑点腐蚀或选择性腐蚀 应力腐蚀

续表

类型	表面层变化
热	热影响区 重铸或再沉积材料 二次凝固材料 飞溅金属微粒(溅射)或沉积在表面上的重熔金属
电	导电率变化 磁性变化 电阻变化

这些表面层属性的改变，有的是不利于零件服役性能和寿命的，属于明显的加工缺陷，造成局部高表面应力集中或改变零件表层材料力学性能，大大促进疲劳裂纹萌生，使构件疲劳强度急剧降低。这些缺陷或者改变随着加工时使用的材料、加工方法等改变有所不同，包括表面与表层的缺陷或者改变。

2.1.2　机械加工表面缺陷或改变

机械加工表面缺陷或改变有：表面振纹、折叠(折皱)、洼坑(弧坑)、麻坑(麻点)、表面裂纹、表面夹砂与再沉积、划痕与刮伤等。

(1) 表面振纹：机械加工时由于各种因素，在刀具与工件之间发生了相对位移，从而在加工表面上出现的波纹状缺陷，有普通振纹、鱼鳞状振纹、橘皮状振纹等，见图 2.1。

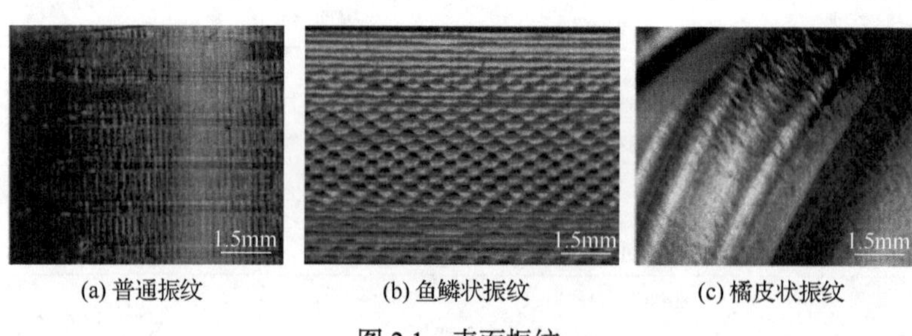

(a) 普通振纹　(b) 鱼鳞状振纹　(c) 橘皮状振纹

图 2.1　表面振纹

(2) 折叠(折皱)：通常在塑性加工或切削加工过程中材料表面局部与基体分离，在切削区域形成窄长沟槽，呈锐角搭接。主要由刀刃后角流出的积屑或拉拽下来的材料受碾压折回材料表面形成，见图 2.2。

(3) 洼坑(弧坑)：通常指深宽比小于 4 的浅洼，形状近似于圆形或椭圆形。该术语常描述电火花加工中单个火花放电后留下的凹坑，也可以描述电火花加工或电解加工表面质量，见图 2.3。这种砂孔洼坑是因排屑不良、火花液污染而发生的电化学反应产生的电腐蚀现象，这种缺陷更容易发生在盲孔、凹槽和有火花液流经的位置，孔的特征表现为大体呈圆弧形、外大内小、熔融状。

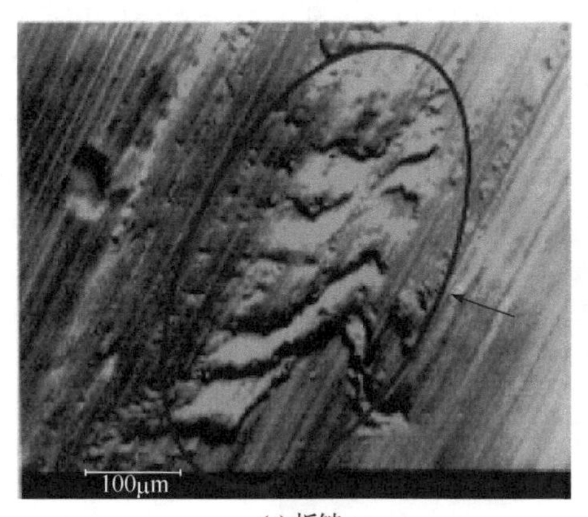

(a) 折皱

(b) 折皱微切片示意图

图 2.2　折叠(折皱)

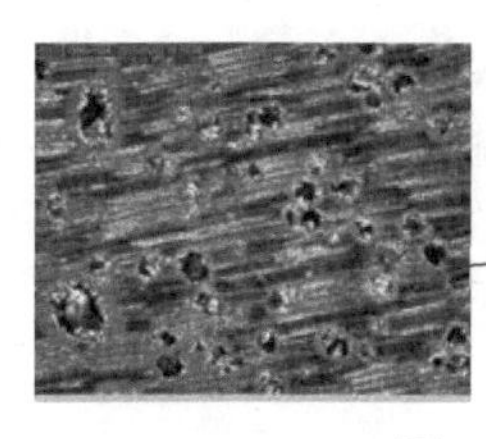

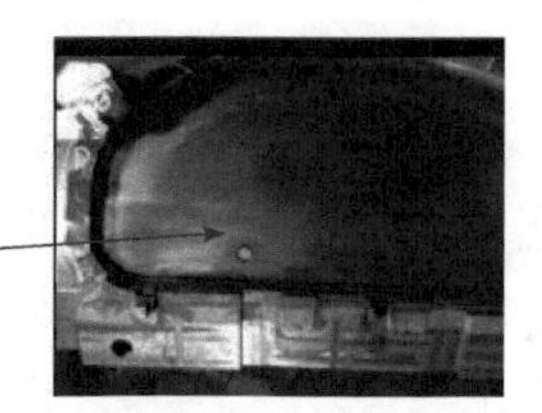

图 2.3　洼坑(弧坑)

(4) 麻坑(麻点)：已加工表面上圆形的小浅坑，深宽比小于4。一般是加工中表面脱落的小颗粒或夹杂造成的，也可能是外部硬颗粒撞击表面产生的。麻点一直是精密铸件表面质量的主要问题，铸件经过抛丸、喷砂后，表面会出现灰黑色斑点和凹坑，造成铸件浪费。大量资料表明，麻点是钢水中金属氧化物夹杂物在铸件表面的聚集；实际生产中常出现渗碳处理的麻坑问题，不仅影响了外观，降低精度，使表面质量下降，还改变零件表面压力分布，并使渗层局部表面产生拉应力，降低其疲劳寿命，见图 2.4。

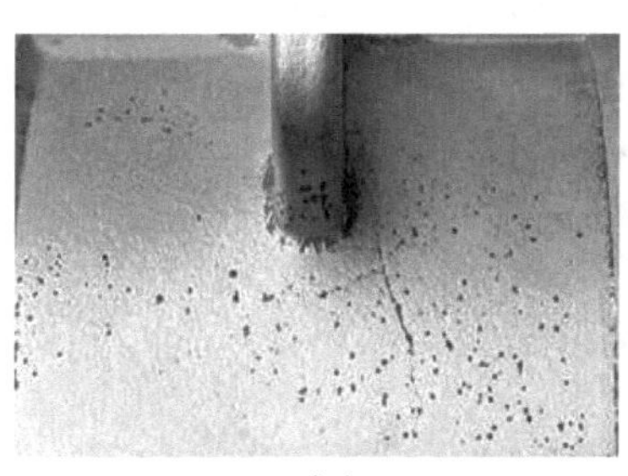

(a) 麻点

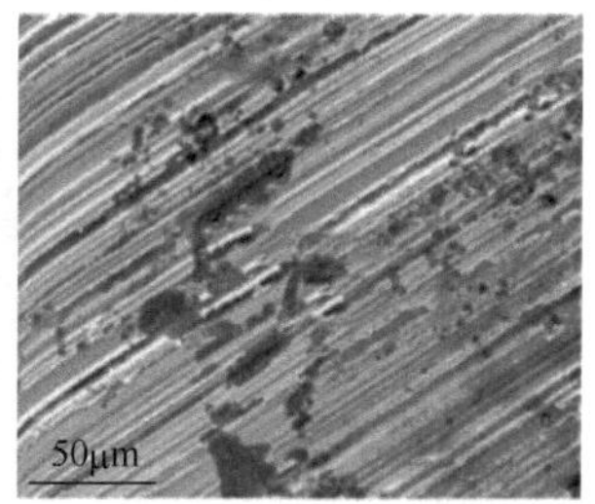

(b) 扫描电镜麻坑形貌特征

图 2.4　麻坑(麻点)[1]

(5) 表面裂纹：加工材料在应力和环境作用下产生微观裂纹，放大10倍以上才能观察到，如图 2.5 所示，单晶刚玉砂轮磨削 GH4169 高温合金表面白灰色片区为 Nb 的偏析，偏析处容易发现与加工方向垂直的裂纹，黑色点状物成分主要是 Al，可能是由砂轮上脱离的 Al_2O_3 颗粒散落并嵌入被切削试件表面上形成的。图 2.6 为镍基高温合金孔附近的裂纹。

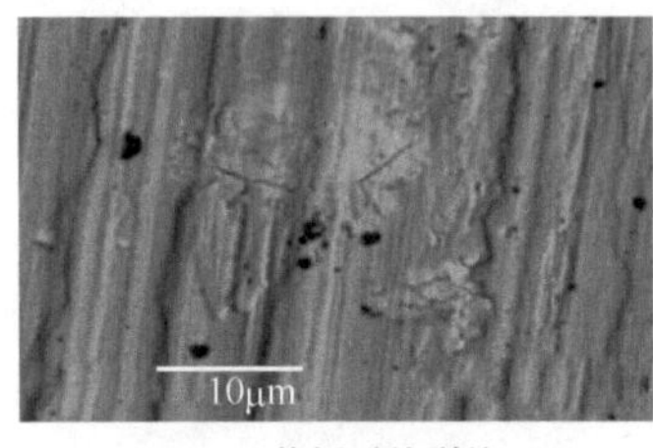

(a) Nb偏析后的裂纹

(b) Al偏析后的裂纹

图 2.5　单晶刚玉砂轮磨削 GH4169 高温合金偏析后裂纹

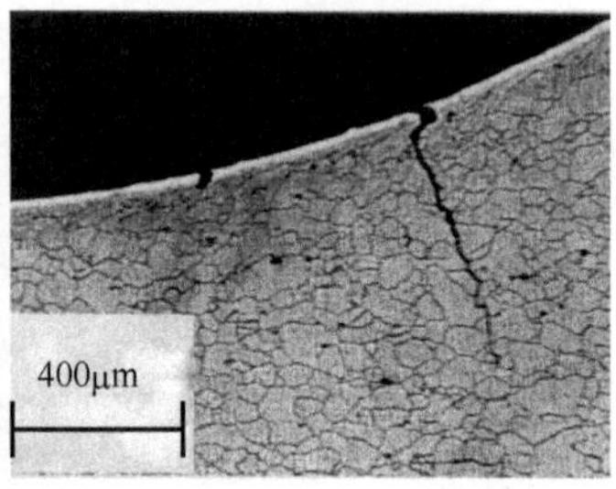

图 2.6　镍基高温合金孔附近裂纹

(6) 表面夹砂与再沉积：表面的夹杂物是应力集中源，会导致夹杂物与基体界面之间过早地产生疲劳裂纹，断裂刀具材料嵌入、砂轮砂粒嵌入、夹具的污染或其他外来物嵌入，使随机分布于表面的分散颗粒或外来物进入母材。刀具磨损、切屑嵌入、金属屑夹带、刀头组合刃松动等导致切屑嵌入材料表面，机械加工材料(金属屑或碎片)再沉积进入材料表面，在表面形成连续的再沉积层。

(7) 划痕与刮伤：加工或转移过程产生的表面划伤，形成划痕，见图 2.7。

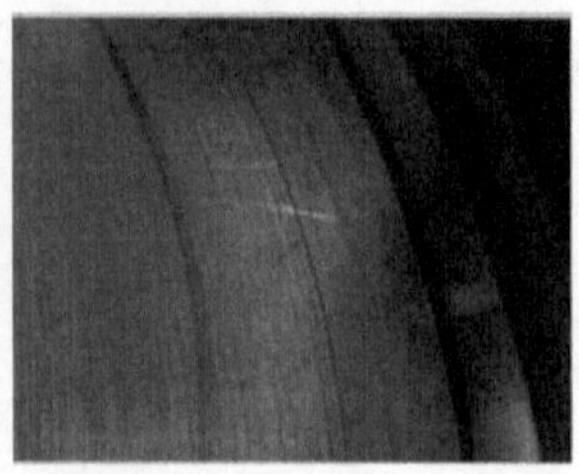

图 2.7　工件表面的划痕

2.1.3　机械加工表层缺陷或改变

金属材料在机械加工过程中表层缺陷或改变主要如下：再结晶、冶金变化（包括合金元素贫化、再沉积或重铸层）、晶间腐蚀、再沉积材料、局部腐蚀、白层等微观组织变化。

(1) 再结晶：机械加工中的切削力和温度引起的塑性变形，在较高温度(再结晶温度)下形成新的晶核并长大。图 2.8 为 Rene′80 铸造镍基高温合金磨削后经时效处理产生的再结晶层。

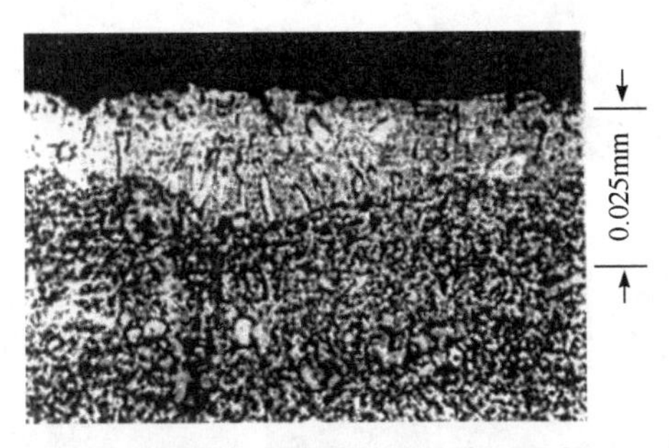

图 2.8　Rene′80 铸造镍基高温合金磨削后经时效处理产生的再结晶层(×1000)

(2) 冶金变化：机械加工过程中的力、热、环境等因素引起的微观组织变化，包括合金元素贫化、化学反应以及二次凝固、再沉积或重铸层等。图 2.9 为 TC4 钛合金磨削表层的塑性变形和析出的再生 α 相。

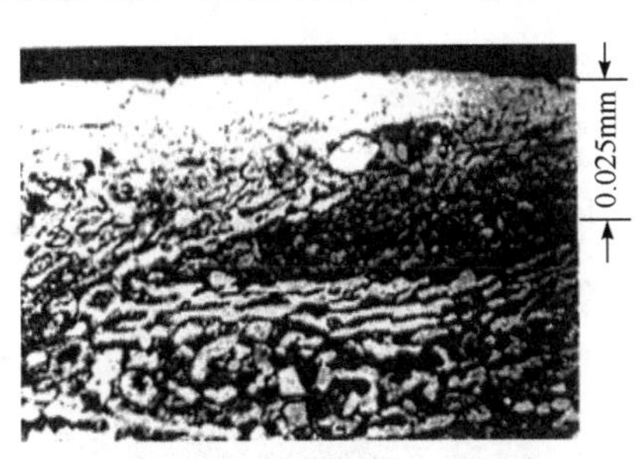

图 2.9　TC4 钛合金磨削表层的塑性变形和析出的再生 α 相(×1000)

(3) 晶间腐蚀：沿着金属或合金晶界扩展的腐蚀。晶界一般是晶体点阵之间错配的位置，或富集某些活性质点和晶间相，或贫乏耐蚀元素等，因此在化学上比晶体本身活泼，优先发生腐蚀，并逐步向纵深发展，见图 2.10。

(4) 再沉积材料(散溅金属、再熔或再凝固材料)：加工过程中以熔化状态切离表面，在凝固前又附着在表面上的材料，或在加工过程中材料熔化，但在凝固前并未切除的那部分表面材料。图 2.11 为镍基合金不同能量密度条件下飞秒激光加工中的再沉积现象(纵截面形貌)。

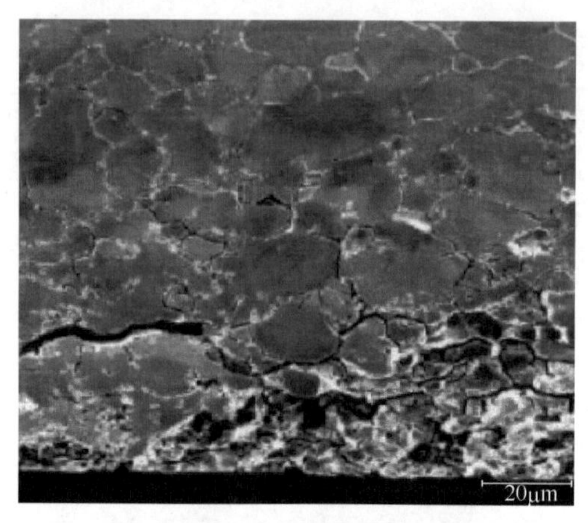

图 2.10　晶间腐蚀

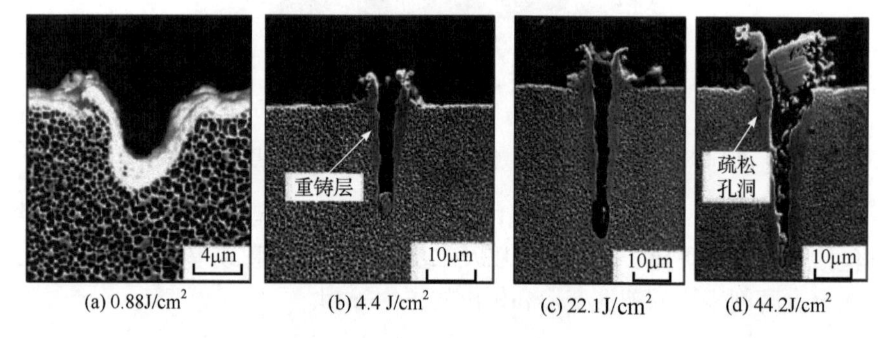

(a) $0.88J/cm^2$　(b) $4.4\ J/cm^2$　(c) $22.1J/cm^2$　(d) $44.2J/cm^2$

图 2.11　镍基合金不同能量密度条件下飞秒激光加工中的再沉积现象

(5) 局部腐蚀(点蚀、选择性侵蚀)：加工过程中的一种腐蚀形式。腐蚀优先作用于晶粒内部和晶粒之间，或集中于基体材料的某些组分，如图 2.12 所示。

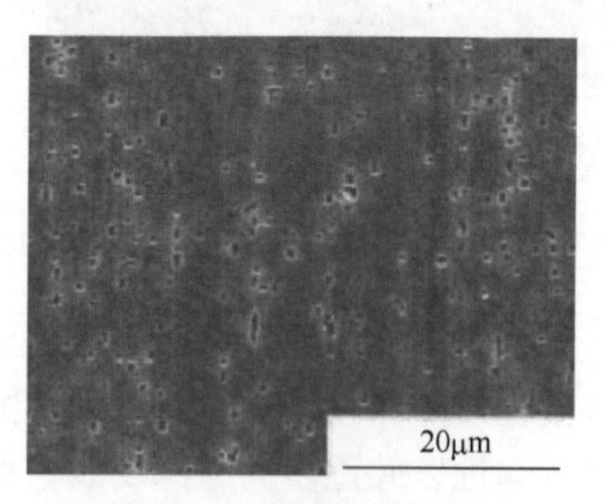

图 2.12　局部腐蚀(点蚀)

(6) 白层：不同条件下存在于金属材料表面或亚表面，经金相试剂浸蚀后在光学显微镜下呈白色硬层的通称，通常由表面化学反应、应变硬化或相变产生，图 2.13 为车轮钢切削后表层横截面组织的白层。

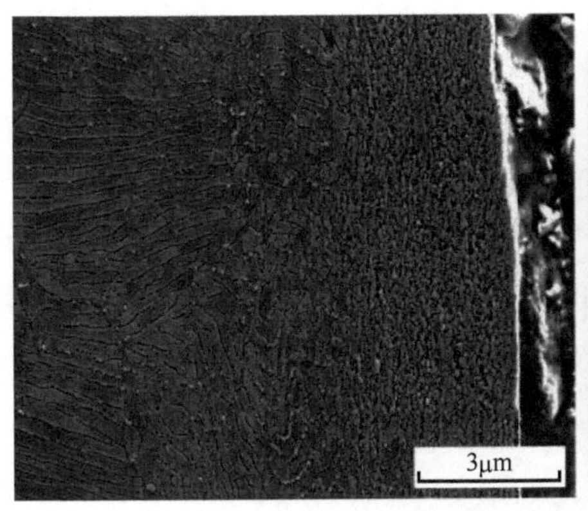

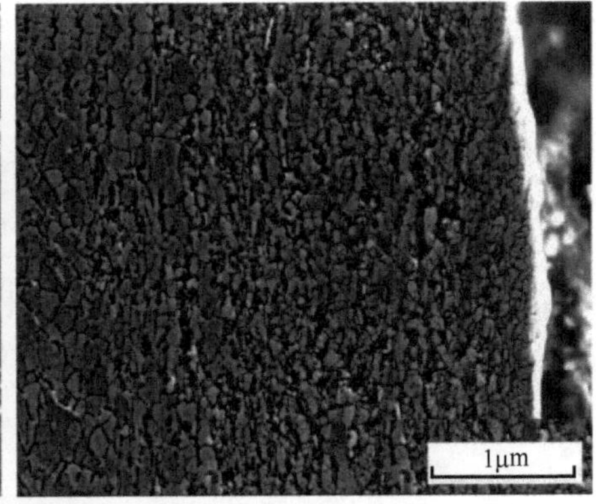

图 2.13　车轮钢切削后表层横截面组织的白层

2.2　表面完整性概念与表征

2.2.1　表面完整性概念

对于机械加工而言，所有产生构件表面的过程都会影响表面状态，最终的表面状态是所有表面制造工艺相互作用的结果，而表面完整性很好地建立了工艺参数、表面状态和工作性能之间的联系。因此，将表面完整性定义如下：描述、评价和控制构件加工过程在其加工表面和表层内可能产生的各种表面状态变化及其对该表面工作性能影响的技术指标。

成形机械加工是构件表面损伤的主要来源，总会在构件表面层产生各种各样的缺陷或者改变，这些缺陷造成局部高应力集中，大大促进疲劳裂纹萌生，使构件疲劳强度急剧降低，甚至使疲劳寿命损失殆尽。机械加工后构件表面层的改变主要包括三个方面，分别是表面几何形貌、纹理特征的改变，表面机械、物理和化学改变，表层机械、物理和化学改变。图 2.14 为典型的机械加工表面层组成示意图，可分为表面特征、微结构特征和微力学特征。

由于加工后的表面变质层厚度 L 远小于试件的尺寸，可将厚度为 L 的变质层看作一个薄壳体。当 h=0 时，即表面特征；当 h>0 时，即表面变质层特征，表面变质层是机械、物理及化学性质均已发生变化的表层，其呈现的状态也与加工前基体材料的状态明显不同，主要包括微结构和微力学两方面的特征指标。当 h 从 0～L 变化时，表面变质层的各项指标特征也在改变，呈梯度变化分布。

1) 表面特征

表面特征主要指零件已加工表面的外部特征，如表面粗糙度、波纹度、纹理方向、形状误差和表面瑕疵等变化，主要包括：表面几何形貌、表面低倍组织图像、表面微观组织图像、表面显微硬度、表面残余应力和表面应力集中系数六个特征指标。

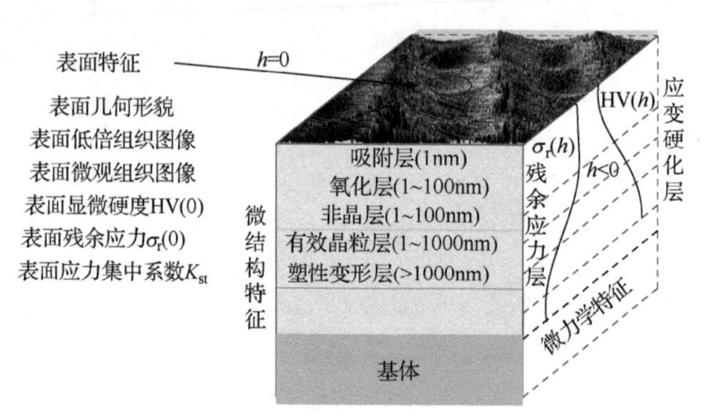

图 2.14　典型机械加工表面层组成

$\sigma_r(h)$-残余应力梯度分布；HV(h)-显微硬度梯度分布

2) 微结构特征

微结构特征是指机械加工在表层材料中形成的塑性变形、再结晶、合金元素贫化、相变、再沉积或重铸层等微观组织形态变化，包括吸附层(1nm)、氧化层(1～100nm)、非晶层(1～100nm)、有效晶粒层(1～1000nm)、塑性变形层(>1000nm)。

吸附层指物质(主要是固体物质)表面吸附周围介质(液体或气体)中的分子或离子现象。氧化层是机械加工过程中产生的大量切削热使工件表面温度升高，空气或切削液分子附着在材料表面或进入材料表层形成的表面层。非晶层是在切削加工过程中由于表层材料在刀具的挤压与撕裂的作用下发生严重的塑性变形而形成的一层非晶态金属。非晶层没有晶界、层错等缺陷，没有偏析、析出及异相，强度较高，当添加适当元素形成亚稳态后，会显示出惊人的耐蚀性，在酸性、中性或碱性等各种溶液中长期浸泡而不被腐蚀。塑性变形层是加工时工件表面承受压力超过材料屈服极限时引起的微观组织变化。在塑性变形过程中，晶格产生滑移、畸变和歪扭，从而使晶粒破碎、拉长。

由于变质层中的吸附层和氧化层的作用极其微小，并且均由外部因素引起，这里只关注由加工引起的非晶层、有效晶粒层和塑性变形层中微观组织结构的变化。因此，微结构主要特征指标即为微观组织梯度 h 分布，包括晶粒尺寸梯度分布 $D(h)$、位错密度梯度分布 $\rho(h)$、显微畸变梯度分布 $\varepsilon(h)$。

3) 微力学特征

微力学特征是指机械加工在表层材料中形成的显微硬度特征和残余应力特征，主要包括显微硬度梯度分布 HV(h)和残余应力梯度分布 $\sigma_r(h)$。

应变硬化层是指加工过程中由热能、塑性变形或化学作用引起的不同于基体硬度的表层硬度变化梯度层。当洛氏硬度(HR)变化在 2 以内时，一般不予考虑。加工硬化切削过程中的切削力使表层材料发生塑性变形，使已加工表面发生硬化；切削热引起的温度场，则使表面硬度降低，产生软化。一般来说，加工后表面变质层的硬度分布就是切削力造成的强化、切削热造成的弱化综合作用的结果。当切削力形成的塑性变形起主导作用时，已加工表面就会发生硬化；当切削热起主导作用时，表面硬度降低产生软化。

残余应力层是机械加工后材料表层的残余应力梯度分布层。切削力造成的刀具挤压引起挤光效应，使已加工表面层呈残余压应力；切削热引起塑性凸出，则使表面层产生残余拉应力。切削加工最终表面层内呈现的残余应力，是切削力和切削热综合作用的结果，也就是热力耦合的结果，已加工表面层内的残余应力则由起主导作用的因素决定。

2.2.2　表面完整性数据组

美国《机械加工切削数据手册》(第二版)中的三个级别表面完整性数据组，包括最小数据组、标准数据组和扩展数据组，如表 2.2 所示。

表 2.2　表面完整性数据组[2-4]

最小数据组(MSIDS)	标准数据组(SSIDS)	扩展数据组(ESIDS)
①表面质量 ②低倍组织 　微裂纹 　微裂纹迹象 ③微观组织 　微观裂纹 　塑性变形 　相变 　晶间破坏 　麻坑、撕裂、褶皱和凸起 　积屑瘤 　熔化与再沉积层 　选择性侵蚀 ④显微硬度	最小数据组内容 ⑤疲劳试验(实验室、标准) ⑥应力腐蚀试验 ⑦残余应力与变形	标准数据组内容 ⑧疲劳试验(设计数据) ⑨附加力学试验 　抗拉强度 　应力断裂 　蠕变 　其他特定试验(例如轴承性能、滑动摩擦评估、表面密封性能)

美国 1986 年颁布了国家标准《表面完整性》(ANSI B211.1—1986)。在该标准中，使用了最小数据组和标准数据组，如表 2.3 所示，该表面完整性数据组制订了最少两级加工强度等级，分别代表粗劣加工和精细加工。与表 2.2 相比，该数据组进行了一定程度的简化，更加实用、可行。

表 2.3 《表面完整性》(ANSI B211.1—1986)数据组[5]

最小数据组(最少两种加工强度等级)	标准数据组
①材料、材料硬度以及热处理或冶金状态 ②工艺以及工艺强度等级或者加工参数 ③表面粗糙度 R_a ④横截面微观组织照片(>1000 倍) ⑤显微硬度变化	最小数据组内容 ⑥残余应力分布 ⑦高周应力-疲劳(S-N)曲线 ⑧参考 S-N 曲线或材料的基础疲劳极限强度

2.2.3 表面完整性分层表征数据组

随着现代测量技术的进步，表面完整性表征数据参数正不断地得到丰富。考虑实际加工和测量条件，借鉴美国表面完整性标准数据组，表面完整性特征可用分层方法进行表征，表 2.4 是表面完整性的分层表征数据组。

表 2.4 表面完整性分层表征数据组

表面特征(h=0)	变质层(h>0)梯度特征		抗疲劳性特征
	表层微结构特征	表层微力学特征	
①表面几何形貌 ②表面粗糙度 ③低倍组织(<100 倍) ④表面微观组织 ⑤表面显微硬度 ⑥表面残余应力	⑦表层微观组织	⑧显微硬度梯度分布 ⑨残余应力梯度分布	⑩疲劳寿命 N_f ⑪S-N 曲线 ⑫参考 S-N 曲线或材料的基础疲劳极限 σ_f ⑬疲劳断口形貌

1) 表面特征表征数据

表面特征表征数据指从起始表面指向加工表面内部(深度 h)方向上 h=0 的面上观测到的对表面完整性有影响的特征。主要包括：①表面几何形貌；②表面粗糙度；③低倍组织(<100 倍)；④表面微观组织；⑤表面显微硬度；⑥表面残余应力等。表面应力集中系数是指加工表面几何形貌微观缺口引起的局部区域最大应力比平均应力高的现象，是对抗疲劳性影响最主要的表面特征之一。

2) 表层特征表征数据

表层特征表征数据指从表面起始指向加工表面内部(深度 h)方向上 h>0 的位置所能观测到的特征。当 h>0 时，即变质层梯度特征。表面变质层梯度特征又可分为微结构特征和微力学特征。主要表征参数包括：表层微观组织(晶粒尺寸梯度分布 $D(h)$、位错密度梯度分布 $\rho(h)$、显微畸变梯度分布 $\varepsilon(h)$等)、显微硬度梯度分布 HV(h)、残余应力梯度分布 $\sigma_r(h)$。应力集中敏感系数综合反映变质层微结构和微力学特征对表层局部疲劳强度的影响。

3) 抗疲劳性特征表征数据

主要包括疲劳寿命、S-N 曲线、参考 S-N 曲线或材料的基础疲劳极限、疲劳断口形貌。断口分析一般涉及宏观分析和微观分析。宏观分析是用肉眼、放大镜或体视显微镜对断口进行直接观察，依据断口的宏观形貌，初步确定失效模式和断裂起裂点，为深入分析和判断失效原因提供依据。微观分析是采用多种分析仪器对断口进行观察和分析，一般采用扫描电镜(SEM)和能量色散 X 射线谱(EDS)，初步观察断口的微观形态、确定材料成分，为后续所需表面成分分析，包括 X 射线光电子能谱(XPS)、原子发射光谱(AES)、二次离子质谱(SIMS)等指明方向，厘清失效机理。

2.3　表面特征的表征与测量

2.3.1　表面几何形貌

1) 表征

表面几何形貌是指零件加工表面的微观几何形状详细图形。可以通过表面几何形貌图、表面粗糙度、表面波纹度、表面纹理方向、轮廓谷底曲率半径及表面几何缺陷等要素进行表征。

(1) 表面几何形貌图：零件已加工表面的几何特征图形化描述。一般可以用三维图形或者二维图形描述。图 2.15 为表面几何形貌特征示意图，从该图能够清晰地看到沿着进给方向的加工纹理，通过该图可以计算相应的表面粗糙度。

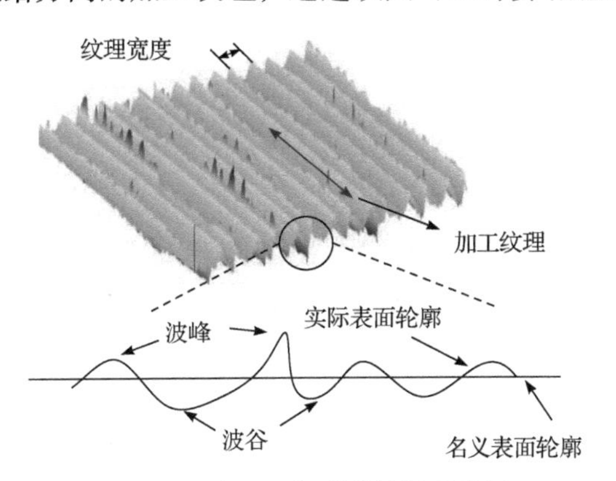

图 2.15　表面几何形貌特征示意图

(2) 表面粗糙度：零件已加工表面的较小间距和微小峰谷不平度微观几何形状的尺寸特征，其两波峰或两波谷之间的距离(波距)很小(在 1mm 以下)，用肉眼是难以分辨的，它属于微观几何形状误差。其数值大小一般取决于采用的加工方法、加工条件和其他因素。

(3) 表面波纹度：零件已加工表面上重复出现的具有一定周期性的中等数值量的几何偏差。表面波纹度是间距大于表面粗糙度但小于表面几何形状误差的表面几何不平度，属于微观和宏观之间的几何误差。

(4) 表面纹理方向：零件已加工表面纹路。通常受加工方法或其他因素影响。切削加工后零件表面的刀纹方向就是表面纹理方向。可用二维表面形貌图来表征加工纹理，加工纹理方向符号(根据《产品几何技术规范(GPS)　技术产品文件中表面结构的表示法》(GB/T 131—2006))见表 2.5。也可以用三维表面形貌图来表征加工纹理，图 2.16 为典型的铣削加工表面纹理，纹理呈两相交的方向。

表 2.5　加工纹理方向符号[6]

符号	说明	示意图
=	纹理平行于标注代号的视图的投影面	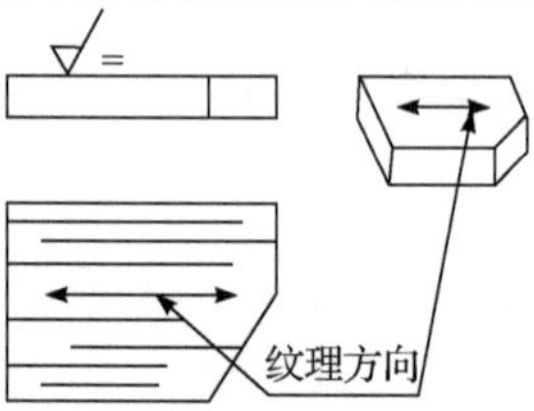 = 纹理方向
⊥	纹理垂直于标注代号的视图的投影面	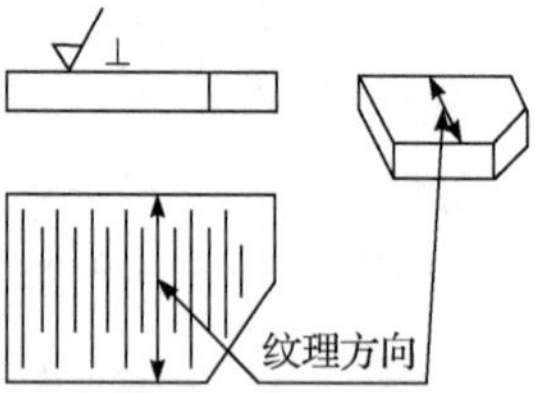 ⊥ 纹理方向
×	纹理呈两相交的方向	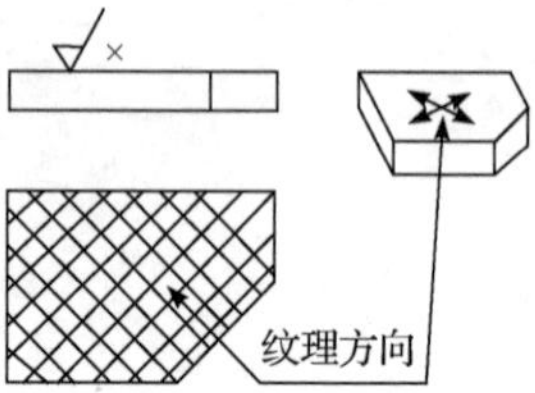 × 纹理方向
M	纹理呈多方向	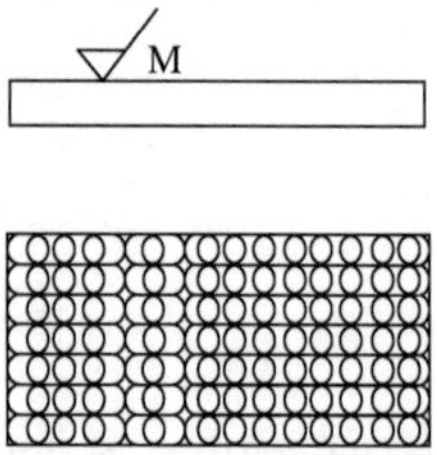 M

续表

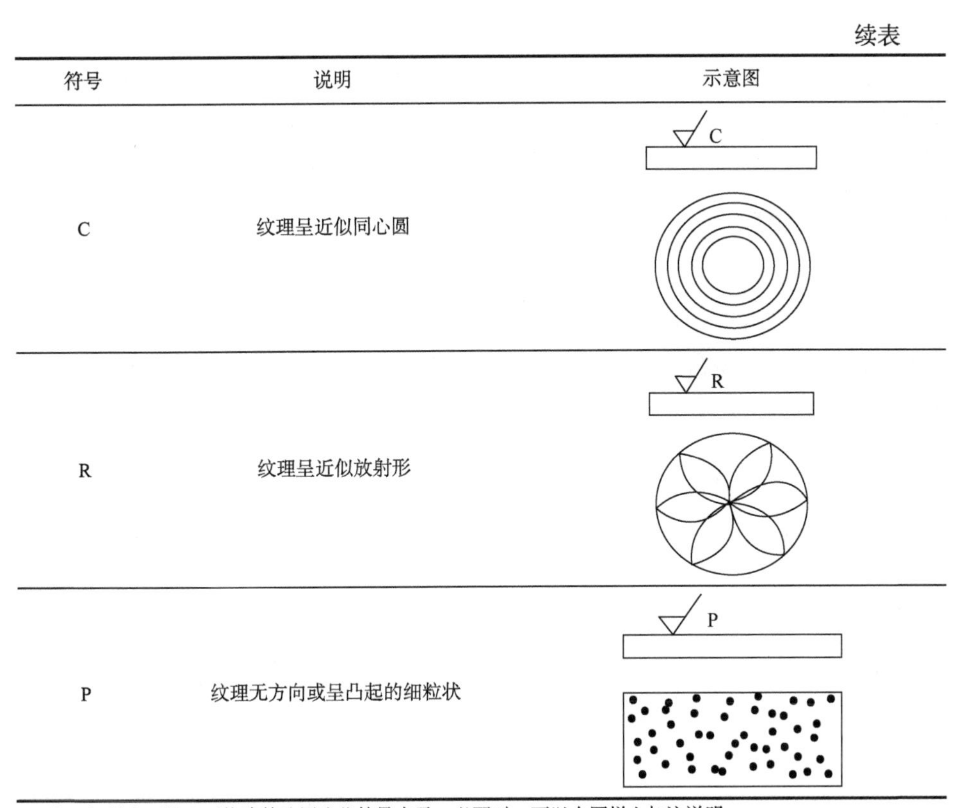

符号	说明	示意图
C	纹理呈近似同心圆	C
R	纹理呈近似放射形	R
P	纹理无方向或呈凸起的细粒状	P

注：如果表面纹理不能清楚地用这些符号表示，必要时，可以在图样上加注说明。

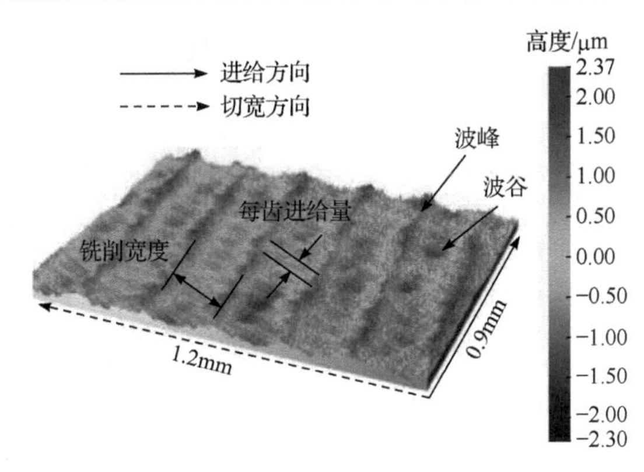

图 2.16　典型铣削加工表面纹理

(5) 轮廓谷底曲率半径：零件已加工表面的一条轮廓线上波谷的曲率半径，它对预估机械加工零件表面上微观不平度导致的应力集中程度至关重要。

(6) 表面几何缺陷：在零件已加工表面上的个别位置上出现的分布没有规律的表面瑕疵，如振纹、划痕、擦伤、裂纹、砂眼等。

2) 测量

表面几何形貌可采用光学轮廓仪、白光干涉三维表面形貌仪、原子力显微镜或扫描电镜进行测量，某些先进的接触式表面轮廓仪也具备测量三维表面几何形貌的功能。

2.3.2 表面粗糙度

1) 表征

表面粗糙度特征的定量表征一直以来都是表面完整性研究的重要一环。目前的表面粗糙度表征包含二维(2D)和三维(3D)参数。表 2.6 给出了表面粗糙度主要的 2D 参数[7-9]。

表 2.6 常用表面粗糙度 2D 参数的定义与符号[7-9]

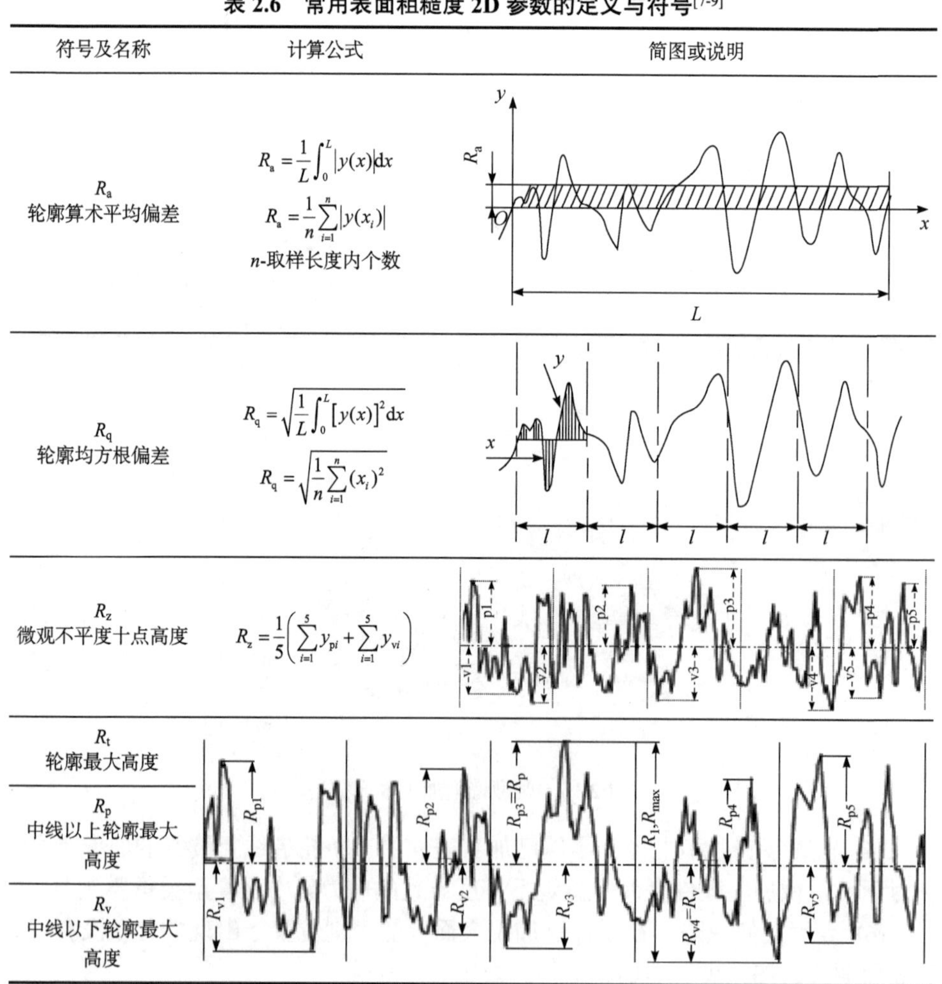

符号及名称	计算公式	简图或说明
R_a 轮廓算术平均偏差	$R_a=\frac{1}{L}\int_0^L\lvert y(x)\rvert dx$ $R_a=\frac{1}{n}\sum_{i=1}^{n}\lvert y(x_i)\rvert$ n-取样长度内个数	
R_q 轮廓均方根偏差	$R_q=\sqrt{\frac{1}{L}\int_0^L[y(x)]^2dx}$ $R_q=\sqrt{\frac{1}{n}\sum_{i=1}^{n}(x_i)^2}$	
R_z 微观不平度十点高度	$R_z=\frac{1}{5}\left(\sum_{i=1}^{5}y_{pi}+\sum_{i=1}^{5}y_{vi}\right)$	
R_t 轮廓最大高度		
R_p 中线以上轮廓最大高度		
R_v 中线以下轮廓最大高度		

续表

符号及名称	计算公式	简图或说明
R_{tm} 平均轮廓最大高度	$R_{tm}=\frac{1}{n_s}\sum_{i=1}^{n_s}R_{ti}$	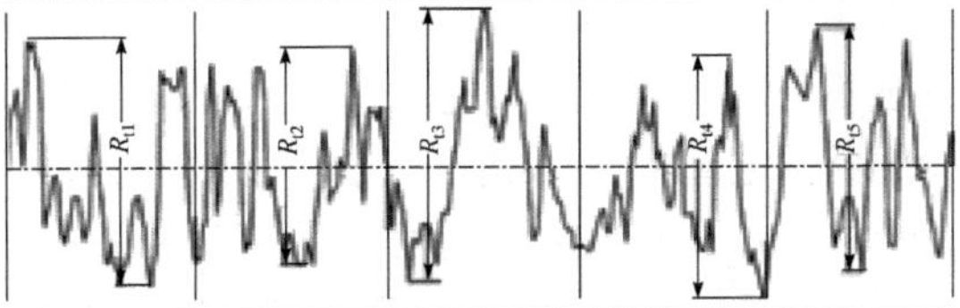 R_{t1} R_{t2} R_{t3} R_{t4} R_{t5}
R_{pm} 中线以上平均轮廓最大高度	$R_{pm}=\frac{1}{n_s}\sum_{i=1}^{n_s}R_{pi}$	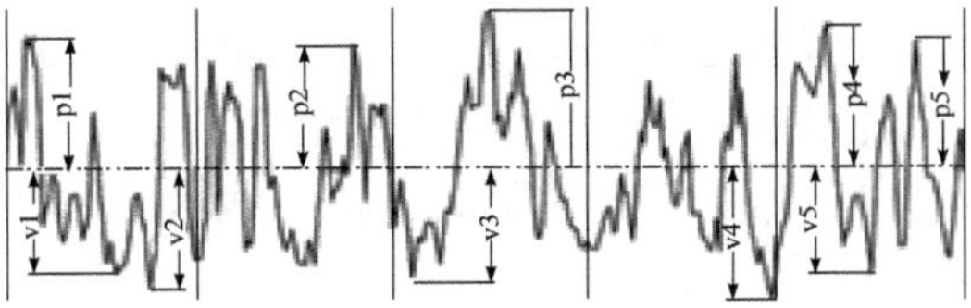 p1 p2 p3 p4 p5
R_{vm} 中线以下平均轮廓最大高度	$R_{vm}=\frac{1}{n_s}\sum_{i=1}^{n_s}R_{vi}$	v1 v2 v3 v4 v5
R_{sk} 偏态系数	$R_{sk}=\frac{1}{R_q^3}\left[\frac{1}{L_r}\int_0^{L_r}y(x)^3\mathrm{d}x\right]$ $R_{sk}=\frac{1}{R_q^3}\left[\frac{1}{n}\sum_{i=1}^{n}y(x_i)^3\right]$	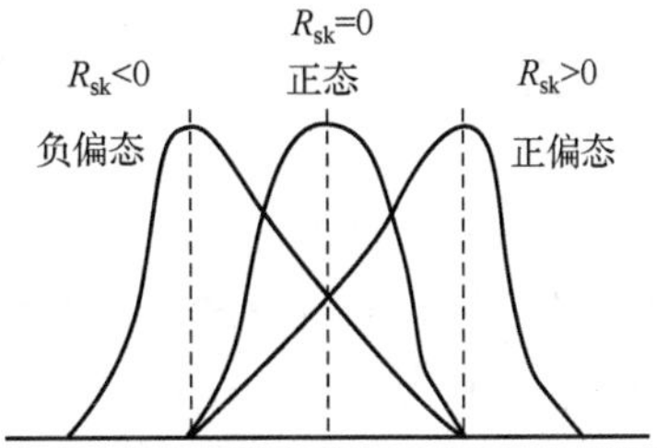 $R_{sk}=0$ 正态；$R_{sk}<0$ 负偏态；$R_{sk}>0$ 正偏态
R_{ku} 峰态系数	$R_{ku}=\frac{1}{R_q^4}\left[\frac{1}{L_r}\int_0^{L_r}y(x)^4\mathrm{d}x\right]$ $R_{ku}=\frac{1}{R_q^4}\left[\frac{1}{n}\sum_{i=1}^{n}y(x_i)^4\right]$	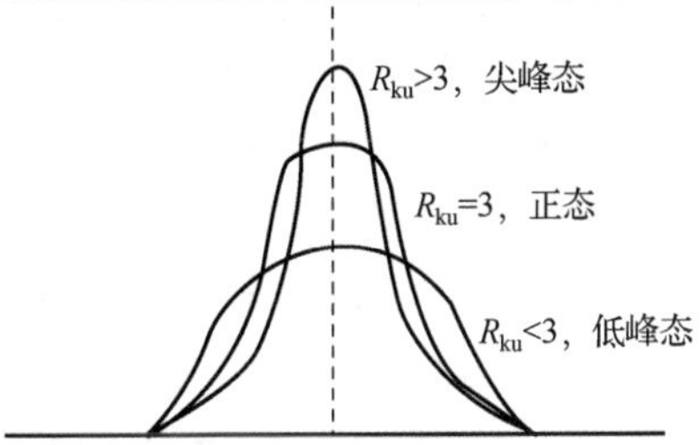 $R_{ku}>3$，尖峰态；$R_{ku}=3$，正态；$R_{ku}<3$，低峰态
$R_{\Delta q}$ 均方根斜率	$R_{\Delta q}=\sqrt{\frac{1}{n}\sum_{i=1}^{n}\theta_i^2}$ $R_{\Delta q}=\sqrt{\frac{1}{L_r}\int_0^{L_r}\theta_i^2\mathrm{d}x}$	
HSC 高峰点数	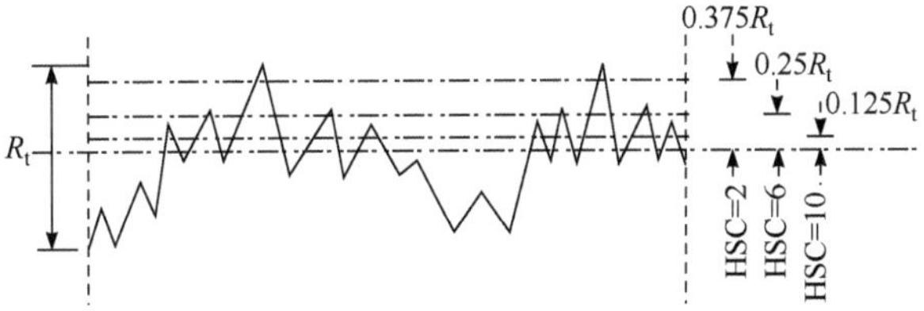	R_t；$0.375R_t$，$0.25R_t$，$0.125R_t$；HSC=2，HSC=6，HSC=10
R_{sm} 轮廓微观不平度平均间距	$R_{sm}=\frac{1}{n}\sum_{i=1}^{n_p}X_{si}$	如 HSC 对应简图，若取样长度为 0.2mm，则 R_{sm}=20μm(有 10 个波峰)

(1) R_a为轮廓算术平均偏差，表示采样长度内待评价轮廓与轮廓基准中线的算术平均偏差。R_q为轮廓均方根偏差，表示采样长度内待评价轮廓相对于轮廓基准中线高度的均方根偏差，在一个评价长度内，R_a与R_q通常有 5 个值。R_z为微观不平度十点高度，它表示在采样长度内，5 个最大的轮廓峰高和 5 个最低的轮廓谷深之和的平均值。

(2) R_t为轮廓最大高度，用来表征采样长度内最高峰与最低谷的垂直距离。R_p为中线以上轮廓最大高度，表示在采样长度内，最高的波峰到轮廓基准中线之间的垂直距离。R_v为中线以下轮廓最大高度，表示在采样长度内，最深的波谷到轮廓基准中线之间的垂直距离。

(3) R_{tm}为平均轮廓最大高度，表示在各采样长度内，轮廓峰顶和轮廓谷底之间距离的平均值。R_{pm}为中线以上平均轮廓最大高度，表示在评价长度内，最大波峰的平均值。R_{vm}为中线以下平均轮廓最大高度，表示在评价长度内，最大波谷的平均值。

(4) R_{sk}为偏态系数，指在取样长度内轮廓高度的平均立方值与轮廓均方根偏差(R_q)立方的商，是用来衡量粗糙峰高度分布曲线偏离对称中线位置的指标。一般呈对称分布的粗糙表面轮廓的偏态系数R_{sk}均为零，如正态分布的$R_{sk}=0$；呈非对称分布的粗糙表面轮廓的偏态系数R_{sk}可为正值或负值。

(5) R_{ku}为峰态系数，是取样长度内轮廓高度的平均四次方与轮廓均方根偏差(R_q)四次方的商，能够表征粗糙峰或微观不平度统计分布曲线的尖峭程度。一般呈标准正态分布的粗糙表面轮廓，其峰态系数$R_{ku}=3$。峰态系数偏离 3 越多，则表面的随机性越差。如果粗糙表面轮廓聚集于中线附近且仅有少量的粗糙高峰或轮廓深谷，则这样的粗糙表面呈尖峰态，$R_{ku}>3$；如果粗糙表面轮廓大多位于粗糙峰或轮廓谷处的极端位置，那么这样的粗糙表面将呈低峰态，$R_{ku}<3$。

(6) $R_{\Delta q}$为均方根斜率，指在采样长度内轮廓曲线上各点斜率的均方根，用来表征斜率曲线轮廓对中线的标准偏差。

(7) HSC 为高峰点数，指评价长度内高于某一平行于中线截面线的粗糙凸峰数目。R_{sm}为轮廓微观不平度平均间距，表示采样长度内轮廓微观不平度在中心线上的截距长度X_{si}的平均值。

表 2.7 给出了表面粗糙度主要的 3D 参数[7-9]。

表 2.7　常用表面粗糙度 3D 参数的定义与符号[7-9]

符号及名称	计算公式	说明
S_q 3D 均方根高度	$S_q=\sqrt{\frac{1}{MN}\sum_{j=1}^{N}\sum_{i=1}^{M}\left[z(x_i,y_j)\right]^2}$ M-X方向取样点数 N-Y方向取样点数 $z(x_i,y_j)$-表面粗糙度曲面方程	两个水平方向高度的双重求和，利用统计学的思想，对表面粗糙度从均方根角度进行评价，体现了轮廓偏离基准面的程度

续表

符号及名称	计算公式	说明
S_z 3D 十点高度	$S_z=\frac{1}{5}\left[\sum_{i=1}^{5}z_{pi}+\sum_{i=1}^{5}z_{vi}\right]$ z_{pi}-取样区域内的峰值 z_{vi}-取样区域内的谷值	求 S_z 的关键是确定波峰与波谷，国外学者 Stout 提出可以用自相关来解决这个问题
S_{sk} 3D 偏态系数	$S_{sk}=\frac{1}{MNS_q^3}\sum_{j=1}^{N}\sum_{i=1}^{M}z^3(x_i,y_j)$	当对称分布的表面高度时，S_{sk}=0。当表面的分布在评定基准面之上有大的尖峰时，S_{sk} >0；当表面的分布在低于评定基准面的一边有大的尖峰，S_{sk}<0。S_{sk} 表示微观表面的承载能力、孔加工水平和一些新的加工处理性能。S_{sk} 对表面数据相当敏感，当 S_{sk} 超出±1.5 时，就不能单独用 S_{sk} 来表征表面了
S_{ku} 3D 峰态系数	$S_{ku}=\frac{1}{MNS_q^4}\sum_{j=1}^{N}\sum_{i=1}^{M}z^4(x_i,y_j)$	S_{ku} 经常用来对机械加工表面质量做出评价，甚至能够很明确地对微观表面的抗压强度进行控制
S_{tr} 表面纹理纵横比	$0<S_{tr}\leqslant 1$	原则上，$S_{tr}\in(0,1]$。S_{tr}<0.3 时，表明有很强的方向性
S_{td} 表面纹理方向	—	对一般精度等级的表面，有比较明显纹理方向，而对超精密表面，纹理方向不明显
S_{al} 最速衰退自相关长度	—	如果 S_{al} 很大，纹理由长波长单元决定，如果 S_{al} 很小，纹理由短波长单元决定
$S_{\Delta q}$ 3D 均方根斜率	$S_{\Delta q}=\sqrt{\frac{1}{(M-1)(N-1)}\sum_{j=1}^{N}\sum_{i=1}^{M}{p_{ij}}^2}$ $p_{ij}=\left\{\left[\frac{\partial z(x,y)}{\partial x}\right]^2+\left[\frac{\partial z(x,y)}{\partial y}\right]^2\right\}^{0.5}_{x=x_i,y=y_j}$	评定区域内，粗糙度表面上每个点的偏导数的均方根
S_{dr} 展开界面面积率	$S_{dr}=\frac{A-(M-1)(N-1)\Delta x\Delta y}{(M-1)(N-1)\Delta x\Delta y}\times 100\%$ A-总展开面积	大多数加工表面的 S_{dr} 较低

(1) S_q 是 3D 均方根高度，表示在采样区域内，表面粗糙度偏离参考基准的均方根值，是 2D 高度参数 R_q 在三维范围上的推广，因此它也代表 3D 粗糙表面高度的标准偏差。S_z 表示 3D 十点高度，表示采样面积内 5 个最高波峰与 5 个最深波谷间距离的平均值，是 2D 高度参数 R_z 在三维范围上的推广。

(2) S_{sk} 是 3D 偏态系数，它表征了表面几何形貌对于基准面的不对称偏差。当三维表面呈正态分布时，S_{sk}=0。当表面的分布在评定基准面之上有大的尖峰时，S_{sk}>0；当表面的分布在低于评定基准面的一边有大的尖峰，S_{sk}<0。S_{sk} 表示

微观表面的承载能力、孔加工水平和一些新的加工处理性能，对表面数据相当敏感。当 S_{sk} 超出±1.5 时，就不能单独用 S_{sk} 来表征表面了。

(3) S_{ku} 是 3D 峰态系数，它指的是 3D 表面高度分布的峭度或者峰度。呈正态分布的三维表面的峰态系数 $S_{ku}=3$。通常 $S_{ku}<3$ 的表面在整个采样区域内具有较宽阔且呈展开形式的形貌，而 $S_{ku}>3$ 的表面则具有呈较集中分布的粗糙峰或粗糙谷。S_{ku} 经常用来对机械加工表面质量做出评定，甚至能够很明确地对微观表面的抗压强度进行控制。

(4) S_{tr} 是表面纹理纵横比，它是面自相关函数在某一方向上最速衰退至 0.2 时的距离与其在另一可能方向上最慢衰退至 0.2 时的距离之比，用于表征三维表面的纹理类型、方向性及各向异性。S_{tr} 的理论取值范围是 $0<S_{tr}\leqslant 1$。具有较小 $S_{tr}(S_{tr}<0.3)$的三维表面，通常会表现出比较强烈的方向性；具有较大 $S_{tr}(S_{tr}>0.5)$的三维表面，会显示出各向异性的特征。

(5) S_{td} 是表面纹理方向，可以表征以测量方向为基准的占主导地位的表面加工痕迹的方向，即表面纹理最明显的方向，可精确表示为三维表面功率谱密度函数最大值对应的方向。通常，S_{td} 在(−90°，+90°)变动，如果主要加工痕迹方向垂直于扫描测量方向，则 $S_{td}=0°$。

(6) S_{al} 是最速衰退自相关长度，是一个提供了主要加工痕迹及其纹理方向性信息的表征参数。当自相关函数最速衰退到 0.2 时，在水平方向上的最短距离为 S_{al}。对于具有较强各向异性的表面，S_{al} 的方向垂直于主要加工痕迹方向。如果 S_{al} 较大，则表示表面纹理以长波形式为主；如果 S_{al} 较小，则表示表面纹理以短波的形式为主。

(7) $S_{\Delta q}$ 是 3D 均方根斜率，与 2D 斜率参数 $R_{\Delta q}$ 的定义类似，它为采样面积内表面斜率的均方根。

(8) S_{dr} 是展开界面面积率，它是 3D 表面界面面积的增量与采样面积的比值。大多数加工表面的 S_{dr} 较低。

2) 测量

表面粗糙度测量主要有比较法、印模法、接触式和非接触式，见表 2.8。

表 2.8　表面粗糙度测量方法

测量方法	使用仪器	检测范围 R_a/μm
比较法	粗糙度样板	>0.32
印模法	各种仪器	0.04～80.0
接触式	表面轮廓仪	0.04～20.0
非接触式	白光干涉法、原子力显微镜法	0.01～0.16

接触式是应用最广的一种表面粗糙度测量方法。以表面轮廓仪为例，测量需

设置相应的取样长度 l 和评定长度 l_n。如图 2.17 所示，取样长度 l 用于判别具有表面粗糙度特征的一段基准线长度，等于表面轮廓仪的截止长度，它可以限制和减弱表面波纹度对表面粗糙度测量结果的影响。评定长度 l_n 是评定轮廓必需的一段长度，通常包括 5 个取样长度(实际测量长度为 7 个 l，分别去掉前后一个取样长度对应的数值)。通常情况下，取样长度取 0.8mm，评定长度采用国际标准中的 $l_n=5\times l=4.0$mm。另外，还可根据被测表面实际情况选择其他评定长度。

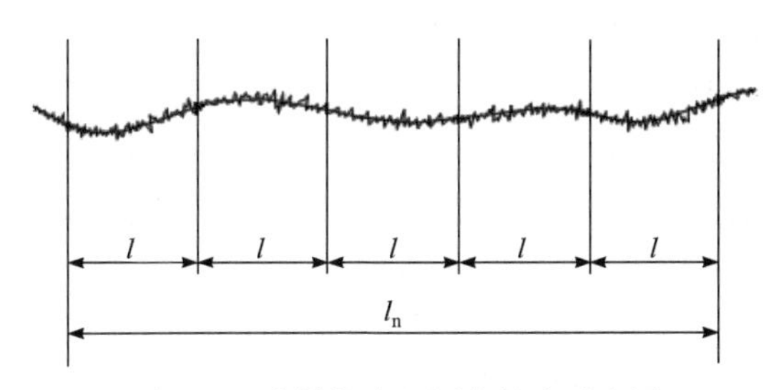

图 2.17　取样长度和评定长度示意图

表面轮廓仪测量表面粗糙度参数时，需要设置测量参数并遵循如下步骤：①根据试件形状、大小，在其加工面上选取测量方向；②设置取样长度和评定长度；③调整表面轮廓仪的传感器测头，使之与测量方向成水平，并保证触针与工件表面刚好垂直接触；④在该测量方向上选取不同位置，重复测量 3～5 次，分别读取并记录测量的表面粗糙度。

表面轮廓仪测量时需注意的事项如下：①触针半径一般为圆形，低精度圆弧半径为 5μm 或 10μm，高精度圆弧半径为 1μm；②要求传感器导头曲率中心移动轨迹与宏观几何形状一致，导头半径过大或过小都不适宜，一般要求导头半径为 7～50mm；③触针垂直接触被测表面，并以恒定速度沿与被测表面平行的基准线移动；④在垂直于被测表面的加工纹理上测量，如图纸上没注明测量方向，加工纹理不明显的，应在能给出最大表面粗糙度的方向上测量。

2.3.3　表面低倍组织

1) 表征

低倍组织就是在低倍(<100 倍)下观察到的宏观组织形貌。一般包括宏观裂缝、低倍夹杂等。低倍组织能够使用低倍照片进行描述和表征，对于宏观裂纹来说，还需要描述裂缝长度、裂缝宽度等参数，低倍夹杂还需要描述夹杂颗粒的大小、分布密度等。低倍组织测量是检验金属冶金质量、锻造质量的重要手段。

2) 测量

低倍组织一般使用肉眼、低于 10 倍的体式显微镜或 10～100 倍的金相显微镜进行分析检验。低倍组织测量时，首先，从试件截取观测试样；其次，利用肉眼或体式显微镜直接观察是否有可辨识的低倍组织特征(不抛光，不腐蚀处理)；最后，根据需要利用金相显微镜放大 50 倍或者 100 倍，观察宏观裂纹及低倍夹杂的形态，采集金相照片，记录宏观裂纹长度、宽度，夹杂颗粒的尺寸等数据。

表面低倍组织中的缺陷还可以用无损检测法和腐蚀检测法进行观察。无损检测法中包括渗透检测、射线检测、超声检测、磁粉检测、涡流检测和腐蚀检查等。

(1) 渗透检测包括着色渗透检测和荧光渗透检测。着色渗透检测可用于非疏孔性材料的铸件、锻件、焊接件、机加件和在役件等各类零件表面开口缺陷的局部检测。荧光渗透检测可用于非疏孔性的铸件、锻件、焊接件、机加件和在役件等各类零件表面开口缺陷的检测。渗透检测灵敏度高，适用于细微的，直接目视检测难以发现的表面开口缺陷，一次操作可检测多个零件多方位的缺陷。着色渗透检测不适用于多孔材料，如粉末冶金材料，也不适用于检测外来因素造成开口堵塞的缺陷，如经喷丸处理或喷砂后可能堵塞表面开口缺陷。就灵敏度而言，着色渗透检测方法灵敏度小于荧光渗透检验方法。

(2) 射线检测适用范围广，几乎对所有的材料都能进行检测，特别适合检测铸件和焊接件的缺陷。射线检测对被检测工件的几何形状、表面粗糙程度没有严格要求，能直观地显示缺陷的影像，射线照相底片能够长期存储，便于追溯。

(3) 超声检测适于金属、非金属、复合材料等多种材料制件的检测。超声检测对确定内部缺陷的大小、位置、埋深等较之其他无损方法有综合优势：其穿透力强，可对较大厚度范围的试件内部缺陷进行检测；其灵敏度高，可检测材料内部尺寸很小的缺陷，可较准确地测定缺陷的深度位置。对大多数超声检测技术来说，仅需从一侧接近试件，设备轻便对人体及环境无害，可作现场操作。

(4) 磁粉检测可针对裂纹、夹杂、折叠、白点等各类缺陷，缺陷显示直观，可显示出缺陷形状、位置、大小和严重程度，大致确定缺陷性质。磁粉检测灵敏度高，可以检测零件表面和近表面的缺陷，不宜用于检查工件内部的缺陷。综合采用多种磁化方法，几乎不受工件大小和几何形状的限制，可以检测工件表面的各个部位。由于漏磁场吸附的磁痕具有放大作用，可以检查工件表面的细小缺陷。磁粉检测只能用于检查铁磁性材料，不能用于检查铝、镁、铜及其合金和奥氏体不锈钢等非铁磁性材料。磁粉检测只能用于检查材料表面及近表面缺陷，对于埋藏较深的缺陷则难以检出。磁粉检测缺陷时的灵敏度与磁化方向有关。对于分层缺陷，如果分层方向与工件表面夹角小于 20°，将难以显示。对于表面浅的划伤及锻造折叠很难检查出来。通电法磁化时，由于大的工件往往要用很大的电流，磁化后的工件还要进行退磁。

(5) 涡流检测的线圈，即探头无须接触工件，无须耦合剂，检测速度快，易于实现自动化检测。涡流检测对表面或近表面的缺陷，有较高的检出灵敏度，可工作于高温状态和一些特殊环境。涡流检测可对工件的狭窄区域、深孔壁、飞机发动机等内部零件进行检测，可以测量金属覆盖层或非金属涂层的厚度，能够引起涡流异常的不连续缺陷都能被检测。(棒、管)环绕式线圈对于方向以纵向为主，并在径向具有不同深度的不连续缺陷，如裂纹、折叠、未焊透等，比较容易检测。其缺点是只能检测导电材料，且不能检测深入内部的缺陷。涡流频率增加，表面检测灵敏度增加，但渗透深度减小。

(6) 腐蚀检查，利用材料的化学成分不均匀性和缺陷以不同速度与酸起反应，从而呈现出目视可见的腐蚀特征，也称低倍腐蚀。腐蚀检查可针对电化学腐蚀，材料的化学成分不均匀性和缺陷能用酸蚀来显示，是因为它们以不同速度与酸起反应。表面缺陷、夹杂物、偏析区等被酸洗溶液有选择性地腐蚀，因此表现出可见的腐蚀特征。腐蚀检查适用于表征表面黑斑、夹杂、偏析、裂纹、烧伤、折叠等。蓝色阳极化是针对钛合金零件进行的缺陷检查，其原理是通过正常组织与缺陷组织在阳极化过程中呈现出不同颜色而进行缺陷检测。由于颜色差异明显，腐蚀检查更为直观。20 世纪 70 年代，加拿大普惠公司首次提出蓝色阳极化缺陷检测。其方法是利用钛合金氧化后的氧化膜变色原理，在特定的电压下，合金在阳极氧化后形成海蓝色的氧化膜，然后将氧化后的钛合金浸入后处理溶液中，使氧化膜部分溶解，氧化膜颜色变成均匀的浅蓝色。因加工硬化等缺陷部位的组织成分或结构与正常部位不同，虽然生成的氧化膜宏观颜色相同，但微观组织不同，导致不同部位在后处理溶液中的腐蚀速度也不相同，硬化缺陷部位最终呈现的氧化膜颜色明显深于或浅于基体颜色。

2.3.4　表面微观组织

1) 表征

表面微观组织是指机械加工在工件表面产生的一些影响零件性能的金相特征，包括表面的相变、晶粒大小和晶粒分布的变化、晶格畸变、再结晶等。微观组织的表征参数包括金相照片和相变照片。金相照片一般通过光学金相照片、扫描电镜照片和透射电镜照片进行表征，而相变照片可以通过相的体积分数和透射电镜照片进行描述。

2) 测量

表面微观组织测量一般使用光学金相显微镜、扫描电镜或透射电镜等进行观察、鉴别和分析，是冶金和机械制造工厂鉴定金属材料的质量、判断生产工艺是否完善的常规手段。

2.3.5　表面显微硬度

1) 表征

材料抵抗表面局部变形的能力叫硬度，是衡量金属材料软硬程度的一项重要的性能指标。材料的硬度与抗拉强度、弹性模量等有一定的关联，对材料的加工、磨损都有重要影响。显微硬度是在小载荷条件下测试的，即小载荷显微硬度，是一种对精细测定微区范围内材料硬度的表征方法。按所用金刚石压头的形状不同，显微硬度分为维氏(Vickers)硬度和努氏(Knoop)硬度两种。

维氏硬度是以 120kg 以内的载荷和顶角为 136°的金刚石正四棱锥压入器压入材料表面，在规定载荷作用下压入被测试样表面，保持一定时间后卸除载荷，测量压痕对角线长度，进而计算出压痕表面积，最后求出压痕表面积上的平均压力，即金属的维氏硬度。它适用于较薄工件、工具表面或镀层、极薄表面层的硬度测定。维氏硬度一般指试验载荷<1.961N 时的硬度测定。

机械加工表面维氏硬度的表征参数包括表面显微硬度 HV_{sur}、基体显微硬度 HV_{bulk} 和加工硬化/软化程度 N_H，具体定量描述如式(2.1)和式(2.2)所示。

$$HV_{sur} = HV(0) \tag{2.1}$$

$$N_H = \frac{HV_{sur} - HV_{bulk}}{HV_{bulk}} \times 100\% \tag{2.2}$$

努氏硬度是从维氏硬度发展而来的，它的压头形状是金刚石材料制成的长四棱锥，两个长棱夹角为 172.5°，两个短棱夹角为 130°，长短对角线长度之比 L/W 为 7.11。努氏硬度精度高，适用于无机材料，尤其是先进陶瓷材料，测量结果比维氏硬度更加精确，但对样品的表面光洁度要求较高。

2) 测量

常用的显微硬度测量有接触压痕法、X 射线衍射法和纳米压痕法。

(1) 接触压痕法。测量仪器为显微硬度计，实质是一台设有加载荷装置并带有目镜测微器的显微镜。测量显微硬度之前，先将待测料置于显微硬度计的载物台上，通过加载荷装置对四棱锥形的金刚石压头加压。载荷的大小根据待测材料的硬度不同而增减。金刚石压头压入试样后，在试样表面会产生一个凹坑。把显微镜十字丝对准凹坑，用目镜测微器测量凹坑对角线的长度。根据所加载荷及凹坑对角线长度可计算出所测物质的显微硬度。

维氏硬度压头体积小、载荷小，为两面夹角为 136°的金刚石正四棱锥，如图 2.18 所示，试验力范围在 0.09807～1.96100N，其压痕长度以微米为单位表示。

维氏硬度用 HV 表示，符号之前为硬度值，符号之后按如下顺序排列：选择的试验力值，试验力保持时间(10～15s 时可不标注)[10]，计算公式如式(2.3)所示：

$$HV = 189100F/D^2 \tag{2.3}$$

式中，HV 为维氏硬度，单位为 N/μm^2；F 为测量力，单位为 N；D 为压痕对角线长度，单位为 μm。

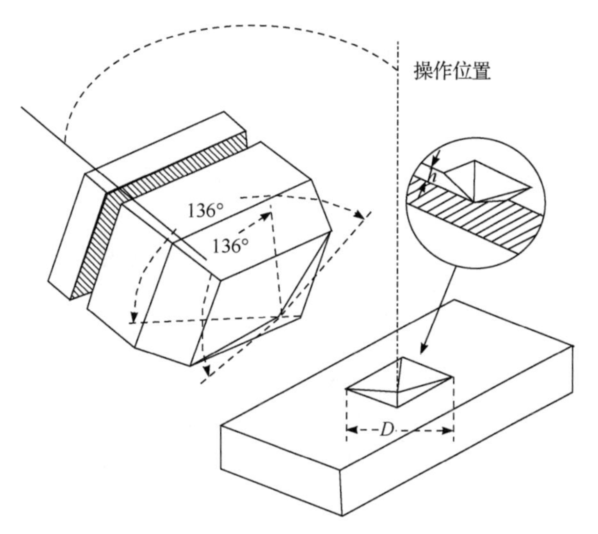

图 2.18　维氏金刚石正四棱锥压头

图 2.19 为努氏金刚石长四棱锥压头，测量原理是在一定试验力作用下将 172°30′±1°和 130°的长四棱锥金刚石努普压头压入被测试样某特定细微区域，保持一定时间后，卸除试验力，在试样上得到长短对角线长度比为 7 : 1 的菱形压痕，测量压痕长对角线的长度(L)，计算出压痕的投影面积，进一步计算出单位面积所受的力，即为努氏硬度，其计算如式(2.4)所示。

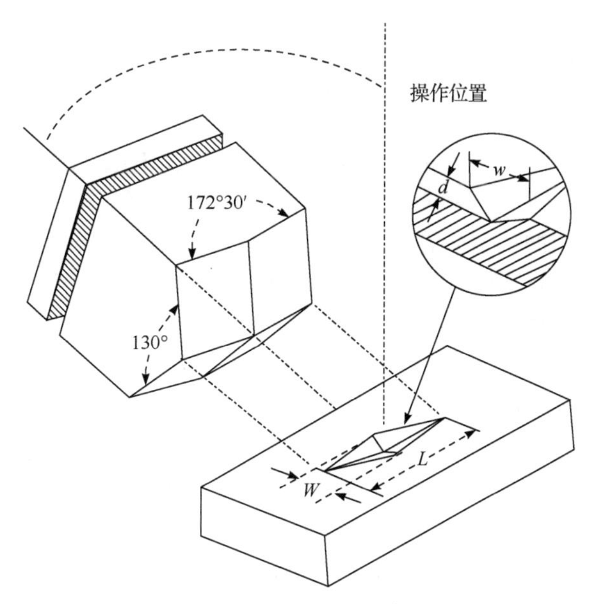

图 2.19　努氏金刚石长四棱锥压头

$$\mathrm{HK}=1451000F/L^2 \tag{2.4}$$

式中，HK 为努氏硬度，单位为 N/μm^2；F 为试验力，单位为 N；L 为压痕对角线长度，单位为 μm。

由于显微维氏和努氏硬度的压痕尺寸为微米级，故被测材料要做成金相试样。

(2) X 射线衍射法。用 X 射线衍射法测量表面硬度变化有较高的准确性。这种方法的基本原理如下：X 射线光束照在多晶体金属表面之后，由于晶体的原子面反射在照相底片上出现干涉环系。若已知 X 射线的波长，则根据干涉环直径就可以求出原子面之间的距离。金属塑性变形时，变形的金属组织将反映在X射线衍射图上。若表面层没有产生塑性变形，则干涉线是点状弧线；若发生塑性变形，则晶粒破碎会使这些点增大而成为实线；当引起残余应力的金属晶格中晶格参数发生变化时，干涉线就会发生位移，而弧线的宽度是晶粒的大小决定的。

(3) 纳米压痕(nanoindentation)法，也称深度敏感压痕(depth-sensing indentation，DSI)技术，很好地解决了传统硬度测量的缺陷。它通过计算机程序控制载荷发生连续变化，实时测量压痕深度，由于施加的是超低载荷，监测传感器具有优于 1nm 的位移分辨率，可以实现小到纳米级(0.1～100 nm)的压深，特别适用于测量薄膜、涂层等超薄层材料力学性能，可以在纳米尺度上测量材料的力学性质，如载荷-位移曲线、弹性模量、硬度、断裂韧性、应变硬化效应、黏弹性或蠕变行为等。

2.3.6 表面残余应力

1) 表征

残余应力是一种固有应力域中的局部内应力，指的是去除一切外在作用后仍留在材料内部能够自相平衡的内应力。残余应力是不稳定的应力状态，残余应力平衡过程，试件截面内应力重新分配，导致整个构件在残余应力作用下发生形变。由于切削过程十分复杂，影响残余应力的因素很多，一般认为切削残余应力是机械应力、热应力、相变应力综合作用的结果。

按照残余应力平衡范围不同，通常可分为三种：第一类内应力，又称宏观残余应力，它是构件不同部分的宏观变形不均匀性引起的，故其应力平衡范围包括整个构件；第二类内应力，又称微观残余应力，它是由晶粒或亚晶粒之间的变形不均匀性产生的，其作用范围与晶粒尺寸相当，即在晶粒或亚晶粒之间保持平衡，这种内应力有时很大，甚至可能造成显微裂纹并导致构件破坏；第三类内应力，又称点阵畸变，其作用范围是几十至几百纳米，它是构件在塑性变形中形成的大量点阵缺陷(如空位、间隙原子、位错等)引起的。

构件表面残余应力(σ_{rsur})一般指宏观残余应力，是构件加工表面上某一确定方向的残余应力，具体定量表征如式(2.5)所示：

$$\sigma_{\mathrm{rsur}} = \sigma_{\mathrm{r}}(0) \tag{2.5}$$

为更好地研究机械加工后加工表面残余应力状态，残余应力表征需要考虑机械加工方式、零件结构特点等条件。例如，对于车削表面，一般选择车削试件的圆周方向和轴线方向进行表征；对于铣削表面，一般选择走刀方向和与之垂直的方向进行表征；如果零件较为复杂，则应根据零件总体形状特征和细节特征进行表征。

2) 测量

残余应力的测量方法大致可分为机械法和物理法两类。机械法以测试宏观残余应力为目的，而物理法则可测试宏观应力与微观应力的综合值。

(1) 机械法测量需要先将试件用机械方法切除一部分材料，其原有残余应力产生松弛，导致其周围发生弹性形变，然后根据弹性形变量(应变大小)来反推残余应力，又称应力松弛法。机械法包括钻孔法、套环法和切割法等，是将被测点的应力给予释放，采用电阻应变计测量技术测出释放应变而计算原有残余应力；该方法通过机械切割分离或钻一个盲孔，对零件产生一定破坏性或半破坏性，但具有简单、准确等特点。

① 钻孔法。在试样的待测表面按圆周方向三等分位置分布三条应变片，再在中间钻一个盲孔并测出应力松弛后的应变量计算应力。钻孔法比较适合测定焊接结构的残余应力，对于试件的损伤小，但在机械加工钻孔时，应注意附加的应变会给测试结果带来误差。钻孔法的最新发展是在盲孔法残余应力测试装置中，除了钻孔装置和喷砂打孔装置外，引进高速透平铣孔装置。高速透平铣孔装置的优越性在于不但能在钻孔装置不能钻孔的高硬度材料上铣孔，而且还具有喷砂打孔的优点，加工应力小，测量精度高，也不像喷砂打孔装置那样操作复杂，使用更加方便。因此，高速透平铣孔装置成为目前国内外应用最多的盲孔法残余应力测量装置。

② 套环法(圆槽法)。这是一种在平面型试样上切开圆槽，并利用应变仪测定应力的方法。在试样表面待测部位贴上一组应变片，然后切除一圈环形材料。由于应力松弛，待测部位贴上一组应变片，然后切除一圈环形材料，产生待测部位形变，引起应变片电阻的变化，通过应变仪显示应变量并计算应力。套环法适用于平面型试样，方法可靠且精度高，但对试样破坏较大，不能直接应用于产品，且所测得的只是切除面内的平均应力，不能测定局部的集中应力。

③ 切割法。这是在试样表面逐次切除一层材料后，根据试样的弯曲变形测定应力的一种方法。一般采用磨削或铣削的方法来切除材料，这时试样由于应力松弛而发生弯曲，测试出弯曲变形应变后就可计算出应力。该方法可用于测定表

面经热处理或其他处理后的平面、柱面或棒形零件沿表面的单轴向残余应力。它只能测定单轴向应力。

(2) 物理法包括 X 射线衍射法、磁弹性法和超声波法等。它们分别利用晶体的X射线衍射现象，材料在应力作用下的磁性变化和超声效应来求得残余应力，属于无损检测方法。其中，X 射线衍射法使用较多，比较成熟，被认为是物理法中较为精确的一种检测方法。磁弹性法和超声波法均是新方法，尚不成熟，但普遍被认为是有发展前途的两种测试方法。物理法的测试设备复杂、昂贵、精度不高。特别是应用于现场实测时，都有一定的局限性和困难。此外，近十年来国外，尤其是美国、英国已经逐步发展了同步辐射应力分析技术和中子散射应力分析技术。

X 射线衍射法测量残余应力是一种发展趋势。X 射线应力测定方法的基本原理是利用 X 射线穿透晶粒时产生的衍射现象，在应变作用下，引起晶格间距变化，使衍射条纹产生位移，根据位移的变化即可计算应力。

X 射线衍射法测定应力的特点如下：它是一种无损的应力测试方法；被测面直径可以小到 1mm；由于穿透能力的限制，一般一次只能测深度在 10μm 左右的应力；对于能给出清晰衍射峰的材料，如退火后的细晶粒材料，本方法可达 ±10MPa 的精度，但对于淬火硬化或冷加工材料，其测量误差将增大许多倍。

关于残余应力的 X 射线衍射法测定原理，有许多文献进行了详细的论述。通过布拉格试验可知，晶面对 X 射线的反射如同镜面对可见光的反射一样，它们都遵守反射定律，入射角与反射角相等。X 射线只有以某种特定的角度入射时才能发生反射。这种反射就是晶体对 X 射线的衍射，同可见光的衍射是一个道理。X 射线的特点在于它可穿透晶体内部，同时在许多相互平行的晶面上发生反射，只有当这些反射线互相干涉加强时，才能真正产生反射线。其条件应当是各晶面反射线的光程差等于波长的整倍数时，才能实现反射。如图 2.20 所示，d 为晶面间距，θ 为入射角和反射角。

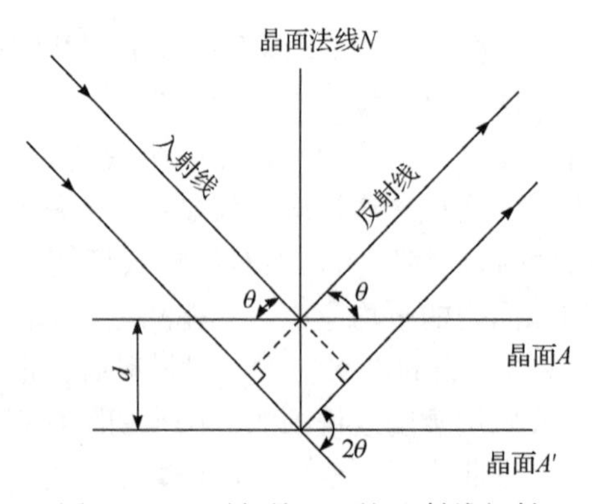

图 2.20　两平行晶面上的 X 射线衍射

由此可知，要实现相互干涉加强的条件是波程差必须等于波长的正整数倍，即

$$\delta = 2d\sin\theta = n\lambda \tag{2.6}$$

式中，δ 为波程差；n 为正整数倍；λ 为波长。

式(2.6)就是著名的布拉格公式。θ 就是 X 射线产生反射的特定角度，称作布拉格角；2θ 在实际中易于度量，常称作衍射角。

在应力的作用下，应变的发生必然会导致晶面间距的变化。由布拉格公式可知，可通过调整入射角 θ(或衍射角 2θ)实现干涉，且 X 射线的波长(λ)已知，因此可以求出晶面间距的改变量Δd。由Δd 可求出沿晶面法线方向的应变 $\varepsilon_n=\Delta d/d$，再根据三向应力应变关系，建立有关应力计算公式。这就是 X 射线衍射法测量应力的基本原理。

根据 X 射线衍射应力分析 $\sin^2\phi$法，可得应力计算方程

$$\sigma = KM \tag{2.7}$$

式中，K 为 X 射线应力常数；M 为不同ϕ方向对应的衍射角与 $\sin^2\phi$直线关系的斜率。

$$\begin{cases} K = -\dfrac{1}{2}\cot\theta_0\left(\dfrac{\pi}{180}\right)\left(\dfrac{E}{1+\nu}\right)_{(hkl)} \\ M = \dfrac{\partial 2\theta}{\partial \sin^2\phi} \end{cases} \tag{2.8}$$

式中，θ_0 为无应力状态下的布拉格角；E 为弹性模量；ν为泊松比；2θ为 X 射线衍射角；ϕ为衍射晶面法线和材料表面法线之间的夹角。

图 2.21 为采用 X 射线衍射法测试分析零件表面残余应力时获得的高斯函数近似定峰、取背底后的衍射峰和晶面间距 d 与 $\sin^2\phi$的关系示意图。

X 射线衍射残余应力测试方法分为同倾法和侧倾法。同倾法是指测量时测角头探测器测量平面和衍射晶面法线平面重合，为同一个平面；侧倾法是指测量时测角头探测器测量平面和衍射晶面法线平面垂直的情况。通常，在条件许可的情况下尽可能选用侧倾法，因为在偏摆过程中无须修正峰的强度和背底强度，只有在焊接结构垂直焊缝处，受空间结构限制无法选用侧倾法才推荐同倾法，但需要对峰形，尤其是强度进行修正。

采用 X 射线衍射法测量残余应力针对不同材料必须选择合适的靶材，欧盟标准《无损检测——用 X 射线衍射进行残余应力分析的测试方法》(EN15305—2008)给出了常用材料残余应力测量的衍射条件，如表 2.9 所示。

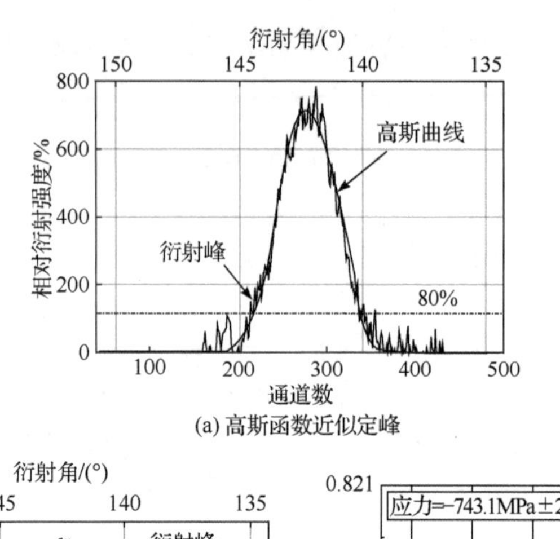

(a) 高斯函数近似定峰

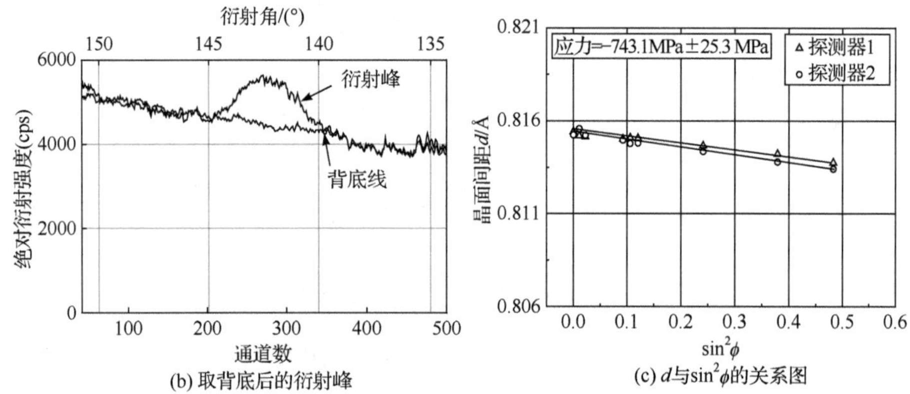

图 2.21 表面残余应力测试过程

80%表示将衍射峰从顶部到底部 80%的区域拟合成高斯曲线

表 2.9 常用材料残余应力测量的衍射条件[11]

合金	晶体结构	靶材	Kβ滤波片	衍射晶面 {*hkl*}	2*θ*/(°)[a]	多重因子	*ψ*=0 时 X 射线吸收深度[ab]
高温合金	立方晶系	Mn	Cr	{311}	152~162	24	4.9
铁素体钢 铸铁	立方晶系	Cr	V	{211}	156	24	5.8
奥氏体钢	立方晶系	Mn	Cr	{311}	152	24	7.2
铝合金	立方晶系	Cr	V	{311}	140	24	11.5
铝合金	立方晶系	Cu	Ni	{422}	137	24	35.5
钴合金	立方晶系	Mn	Cr	{311}	153~159	24	5.6
铜合金	立方晶系	Mn	Cr	{311}	149	24	4.2
钛合金	六方晶系	Cu	Ni	{213}	142	24	5.0
钼合金	立方晶系	Fe	Mn	{310}	153	24	1.6

续表

合金	晶体结构	靶材	K_β滤波片	衍射晶面 $\{hkl\}$	$2\theta/(°)^a$	多重因子	ψ=0 时 X 射线吸收深度[ab]
锆合金	六方晶系	Fe	Mn	{213}	147	24	2.8
钨合金	立方晶系	Co	Fe	{222}	156	8	1.0
α氧化铝	菱方晶系	Cu	Ni	{146} {4.0.10}	136 145	12 6	37.4 38.5
		Fe	Mn	{2.1.10}	152	12	20.0
γ氧化铝	立方晶系	Cu	Ni	{844}	146	24	38.5
		V	Ti	{440}	128	12	8.8

注：ψ为衍射晶面方位角；a 为参考值；b 为 67%的衍射强度被吸收时的深度，如果沿深度的应力梯度是线性的，则是评估该深度范围内的应力。

2.4　表层微结构特征的表征与测量

2.4.1　表层微结构特征的表征

微观组织是在一定放大倍数条件下观察到的合金中由一定数量、相似形状、不同尺寸组合而成并具有独特形态的部分。切削过程中受机械力和热的耦合作用，材料的应变、应变速率及温度从表面到基体内部梯度变化，从而造成距表面不同深度的组织特征不同，形成一定厚度的梯度材料。

在微观组织表征方面，主要的研究技术包括取向成像显微镜(OIM)、能量色散 X 射线谱(EDS)、扫描电子显微镜(SEM)、正电子湮没(PA)光谱、电子背散射衍射(EBSD)和透射电子显微镜(TEM)等。其中，EBSD 尤其适用于分析变形的微观组织结构，可以自动记录和处理较大区域的取向统计数据，获得微观组织结构的整体视图，如晶粒取向分布图、晶界分布图、局部取向差分布图。晶粒取向分布图能直观反映变质层的晶粒形态，观察晶粒的细化、破碎和扭曲。加工引起的相变和晶粒择优取向则可分别通过极图和相位图分析获得。

考虑到实际测量条件及在航空零件加工中关注的一些影响零件性能的金相特征，表 2.10 给出了相应的表层微观组织的表征方法。

表 2.10　表层微观组织的表征方法

微观组织	表征参数
塑性变形	塑性变形层厚度 h_H 平均晶粒尺寸 D 晶粒偏转角度 θ 显微畸变 ε

续表

微观组织	表征参数
塑性变形	晶粒组织扭曲厚度 d_{Tor} 晶粒扭曲后的纵宽比 k 金属流线方向 f
微观裂纹	金相照片 微观裂纹深度 h_{MC} 开口宽度 d_c
凹陷、撕裂、搭接、凸起	凹陷的深度 h_{Pi} 凹陷的表面积 S_{Pi} 撕裂带的长度 l_T 撕裂带与表层的夹角 θ_T 搭接的长度 l_L 凸起的高度 h_{Pr}
切屑瘤	切屑瘤的角度 θ_E 切屑瘤的高度 h_E 切屑瘤面积 S_E
相变	相的体积分数 φ
晶间腐蚀	腐蚀晶界的总长度 l_{CI} 腐蚀的深度 h_C
熔化和再沉积	熔化颗粒的直径 l_{Xd} 再沉积面积 S_{Rd} 沉积高度 h_{De}

除了上述微观组织表征参数，X 射线衍射峰半高宽(full width at half maximum，FWHM)也能够反映材料的冷作硬化程度、微观残余应力及晶体内部位错密度[12,13]。FWHM 指 1/2 峰值强度处的 2θ，半高宽增大意味着位错增殖、晶粒细化、循环塑性形变次数增加和硬化加剧。半高宽与材料的显微畸变 ε 和平均晶粒尺寸 D 有关，根据谢乐公式，D 和 ε 可由式(2.9)和式(2.10)计算得到：

$$D = \frac{0.89\lambda}{F_W \cos\theta} \tag{2.9}$$

$$\varepsilon = \frac{F_W}{4\tan\theta} \tag{2.10}$$

式中，D 为晶粒尺寸，单位为 nm；λ 为 X 射线的波长，单位为 nm；F_W 为峰值高度一半时的透射峰宽度，即半高宽，单位为 rad；θ 为布拉格衍射角，单位为(°)。

2.4.2 表层微结构特征的测量

微观组织的测量主要是利用光学显微镜(OM)、扫描电子显微镜(SEM)、透射电子显微镜(TEM)等仪器对位错缠结、晶粒形状、尺寸、方向、晶粒分布变化、晶格畸变等进行观察，获得相应的照片。进行微观组织测试时，需要制备可用于测试的金相试样，金相试样制备应不改变或不损坏所需表面的特征状态，并保持完好的边缘。微观组织的测量普遍采用切割试样(取样)、镶样、磨样、抛光、腐蚀和组织观察等主要步骤，金相试样的制备方法见表 2.11。

表 2.11　金相试样的制备方法

序号	步骤	制备方法
1	取样	①原则：所有的检测点都需要进行走刀方向和其垂直方向两个方向的检测。 ②设备：线切割机床。切割完成后无须去除重熔层，留待理化所镶样时打磨。待检测表面切割时必须使用慢走丝机床，其余表面切割时可根据实际情况选中走丝机床或慢走丝机床。 ③切割数量：每个检测位置切割出一个平行于走刀方向的试样和一个垂直于走刀方向的试样。特殊地，对于孔及榫槽，平行于走刀方向进口和出口处共用一个试样
2	镶样	①原则：根据金相试样的尺寸大小选择是否镶样(主要考虑徒手能否合理有效抓持试样并磨样)。 ②设备：镶嵌机。以 XQ-2B 型金相试样镶嵌机为例，镶样时加热至 140℃，保温 5～10min，镶样粉为电木粉，试样压制规格为直径Φ=30mm
3	磨样	①原则：分别利用 400#、800#、1000#、1200#、1500#、2000#金相砂纸对金相试样逐层打磨，打磨过程中注意保持剖面平直，并利用十字交叉磨样方法，每次更换更细粒度的砂纸前，将金相试样十字交叉，直到将上一层的磨样痕迹被去除或覆盖再更换砂纸继续打磨。 ②设备：金相试样磨抛机，以 AUtoPOL GP-1C 单盘自动磨抛机为例，加载力为 5～60N，加载方式为中心力加载，研磨头转速 0～200r/min，研磨盘转速 0～1000r/min
4	抛光	将经过金相打磨的试样，利用抛光机对其进行抛光处理。处理过程中，利用抛光绒布及研磨膏对试样进行抛光处理，直至出现镜面
5	腐蚀	用擦洗或浸入方法腐蚀试样，将各个组成相显著地区分开来，以便观察金相组织。腐蚀后用清水冲洗，吹风机吹干。对高温合金材料进行腐蚀(腐蚀剂为盐酸 500mL，硫酸 35mL，硫酸铜 150g)，腐蚀时间 5～10s；对钛合金进行腐蚀(腐蚀剂及其成分体积比为硝酸：氢氟酸：水=1：1：10)，腐蚀时间 20～30s
6	组织观察	①对于腐蚀后金相显微镜观察不清的组织可以利用扫描电镜(SEM)进行试样的微观组织的观察。先初步观察是否有易明显辨识的微观组织特征，然后对试样进行进一步的观察，确定各微观组织特征的表征量，并进行记录。 ②对检测到的每一类型表面缺陷，测量缺陷尺寸，在最严重视场下测量表面缺陷的最大深度，深度小于 0.03mm 时，放大倍数不低于 500 倍；深度在 0.03～0.25mm 时，放大倍数不低于 100 倍，一般测量缺陷最大尺寸，记录并照相。 ③对于塑性变形的观察测试放大倍数一般选择 500 倍、1000 倍、2000 倍、5000 倍，并记录照片

EBSD 测试对金相试样的要求更高，机械化制样后的样品制备表面存在残留

的微细变形层导致 EBSD 测试中无法标定。为了获取高品质的 EBSD 试验图形，满足样品的微观组织分析，需要充分去除样品表面的残余应力和变形，振动抛光可快速去除残留的应变层，获得无应力的制备表面。因此，EBSD 测试金相试样制备过程中一般加入振动抛光步骤。振动抛光过程一般为将机械抛光后的样品在配重作用下置于振动抛光仪中采用二氧化硅悬浮液在 30%的振幅下抛光 8～9h。振动抛光仪有可调节电流的水平振动驱动系统，可以产生几乎完全水平方向的振动，最大程度提高样品接触抛光布的时间。EBSD 数据采集一般使用扫描电镜，配备 EBSD 附件。EBSD 系统硬件由探头(CCD 相机)、图像处理器和计算机系统组成。扫描范围需覆盖表面到基体材料的区域，扫描步长一般在晶粒尺寸的 1/10～1/5。

2.5 表层显微硬度场的表征与测量

2.5.1 表层显微硬度场的表征

图 2.22 为显微硬度沿表面下深度变化曲线，表征参数有：表面显微硬度 HV_{sur}(①点处的显微硬度)、基体显微硬度 HV_{bulk}(②点处的显微硬度)、硬化层深度 h_{HV}(②点到表面的距离)、显微硬度梯度分布曲线 HV(h)和加工硬化/软化程度 N_H。

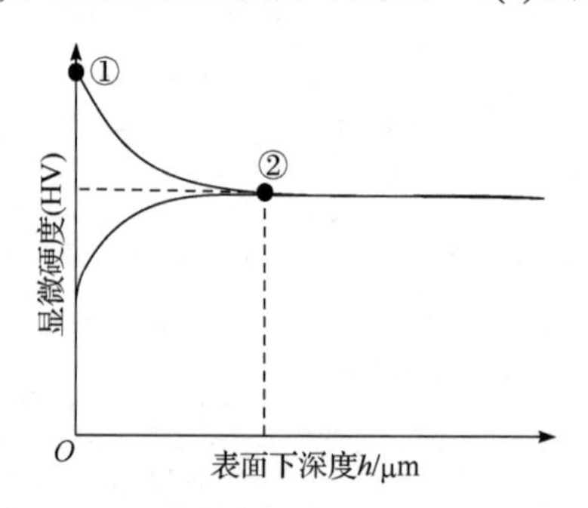

图 2.22 显微硬度沿表面下深度变化曲线

通过提取表层显微硬度分布曲线的两个关键特征点：点①(0, HV_{sur})、点②(h_{HV}, HV_{bulk})，再结合表层显微硬度分布曲线形式，可采用二次函数和指数函数对这两个关键特征点进行拟合，获得表层显微硬度分布曲线的数字化表征。

采用二次函数拟合表征模型如式(2.11)所示：

$$\mathrm{HV}(h)=\begin{cases}\dfrac{\mathrm{HV_{sur}}-\mathrm{HV_{bulk}}}{h_{\mathrm{HV}}^2}(h-h_{\mathrm{HV}})^2+\mathrm{HV_{bulk}} & (0<h<h_{\mathrm{HV}})\\ \mathrm{HV_{bulk}} & (h\geqslant h_{\mathrm{HV}})\end{cases} \tag{2.11}$$

采用指数函数拟合表征模型，如式(2.12)所示：

$$\mathrm{HV}(h) = A_{\mathrm{HV}} \mathrm{e}^{\lambda_{\mathrm{HV}} h} + \mathrm{HV}_{\mathrm{bulk}} \tag{2.12}$$

式中，A_{HV} 为显微硬度初始幅值；λ_{HV} 为指数衰减/增长系数，决定显微硬度场衰减到稳定值附近的快慢程度。

2.5.2　表层显微硬度场的测量

表层显微硬度测量时，需制备能用于测试的试样，制备的主要过程为截取、镶嵌、抛光，具体制备过程见表 2.11。试样制备完成后，采用硬度测量仪测量沿表面下深度方向的显微硬度变化，根据材料性能选择合适的加载力。一般要求测量点之间的距离为硬度测量压痕尺寸的两倍以上，以保证测量点之间不会相互影响。在金相试样的抛光截面上测量已加工表面不同深度处的显微硬度，直至显微硬度变化不大且与材料基体相当为止。为了获得较多的数据点，在保证压痕清晰可见的情况下，一般采用斜边法进行测试。

图 2.23 是使用 FM-800 型显微硬度测试仪对 GH4169 材料表层显微硬度分布测试过程：测试时加载力为 0.245N，保载时间为 10s，相邻测试点之间的水平距离为 30μm，垂直距离为 10μm。

(a) 金相试样　　(b) 显微硬度测试示意图

图 2.23　显微硬度测试设备及测试过程

可以用 X 射线衍射法测定加工后表层硬度变化的程度和深度。可先用研磨法或电抛光法去掉一层厚度约为 10μm 的材料，试验得到 X 射线衍射图。这样依次操作，直到得到的图形与未变形时相同，说明变形层已去除。每次去除的厚度之和，就是硬度变化深度。X 射线衍射法测硬度变化深度很准确，但需 10～15 张 X 射线衍射图，测定时间长，工作量大。

2.6　表层残余应力场的表征与测量

2.6.1　表层残余应力场的表征

零件典型的表层残余应力分布曲线如图 2.24 所示。假定基体残余应力为

σ_{r0}，一般情况下基体残余应力应减少到低于 13.8MPa，或者低至可忽略不计，或者低于抗拉强度的 10%。

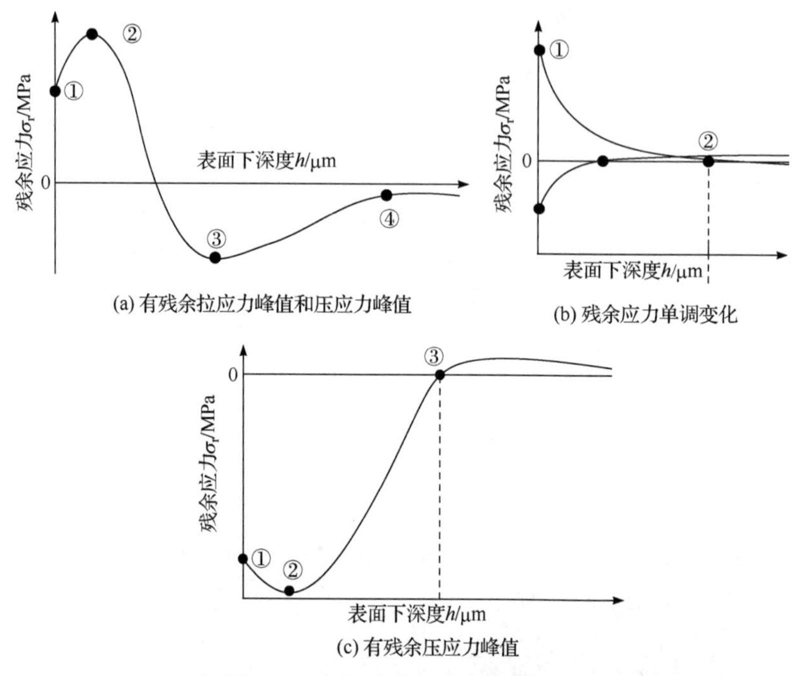

图 2.24　表层残余应力分布示意图

如图 2.24(a)所示，表层残余应力存在拉应力峰值和压应力峰值时，其表征参数如下：表面残余应力σ_{rsur}(点①处的残余应力)、峰值拉应力σ_{rTmax}(点②处的残余应力)、峰值拉应力深度h_{Tmax}(点②到表面的距离)、峰值压应力σ_{rCmax}(点③处的残余应力)、峰值压应力深度 h_{Cmax}(点③到表面的距离)、残余应力影响层厚度$h_{\sigma r}$(点④到表面的距离)。如图 2.24(b)所示，表层残余应力单调变化时，其表征参数如下：表面残余应力σ_{rsur}(点①处的残余应力)、残余应力影响层厚度 $h_{\sigma r}$(点②到表面的距离)。如图 2.24(c)所示，表层残余应力存在压应力峰值时，其表征参数如下：表面残余应力σ_{rsur}(点①处的残余应力)、峰值压应力σ_{rCmax}(点②处的残余应力)、峰值压应力深度h_{Cmax}(点②到表面的距离)、残余应力影响层厚度 $h_{\sigma r}$(点③到表面的距离)。

通过提取表层残余应力分布曲线的关键特征点，再结合表层残余应力分布曲线形式，可采用分段函数、指数函数和余弦函数等，对这两个关键特征点进行拟合，获得表层残余应力分布曲线的数字化表征。

针对图 2.24(a)所示曲线形式，四个关键特征点如下：点①(0, σ_{rsur})、点②(σ_{rTmax}, h_{Tmax})、点③(σ_{rCmax}, h_{Cmax})、点④($h_{\sigma r}$, σ_{r0})，分别采用二次函数和余弦函数

对残余应力梯度分布曲线进行分段拟合，表征模型如式(2.13)所示：

$$\sigma_{\mathrm{r}}(h)=\begin{cases}\dfrac{\sigma_{\mathrm{rsur}}-\sigma_{\mathrm{rCmax}}}{h_{\mathrm{Cmax}}^{2}}(h-h_{\mathrm{Cmax}})^{2}+\sigma_{\mathrm{rCmax}} & (0<h<h_{\mathrm{Cmax}})\\ \dfrac{\sigma_{\mathrm{rCmax}}}{2}+\dfrac{\sigma_{\mathrm{rCmax}}}{2}\cos\left(\pi\dfrac{h-h_{\mathrm{Cmax}}}{h_{\sigma\mathrm{r}}-h_{\mathrm{Cmax}}}\right) & (h_{\mathrm{Cmax}}\leqslant h<h_{\sigma\mathrm{r}})\end{cases}\tag{2.13}$$

针对图 2.24(b)所示曲线形式，两个关键特征点如下：点①(0, σ_{rsur})、点②($h_{\sigma\mathrm{r}}$, σ_{rCmax})，采用指数函数进行拟合，表征模型如式(2.14)所示：

$$\sigma_{\mathrm{r}}(h)=A_{\sigma}\mathrm{e}^{\lambda_{\sigma}h}+\sigma_{\mathrm{r0}}\tag{2.14}$$

针对图 2.24(c)所示曲线形式，三个关键特征点如下：点①(0, σ_{rsur})、点②(h_{Cmax}, σ_{Cmax})、点③($h_{\sigma\mathrm{r}}$,σ_{r0})，采用余弦函数进行拟合，表征模型如式(2.15)所示：

$$\sigma_{\mathrm{r}}(h)=A_{\sigma}\mathrm{e}^{\lambda_{\sigma}h}\cos(\omega_{\sigma}h+\theta_{\sigma})+\sigma_{\mathrm{r0}}\tag{2.15}$$

式(2.14)和式(2.15)中，A_{σ}为残余应力初始幅值；λ_{σ}为残余应力指数衰减/增长系数；ω_{σ}为角频率，表示残余压应力峰值的锐利程度，角频率越大，残余压应力峰值越尖锐；θ_{σ}为初始相角，取值范围为[−π, +π]。

2.6.2　表层残余应力场的测量

由于 X 射线对金属材料的探测深度在 10μm 左右，为了获得加工表层中残余应力沿深度的分布曲线，需要将 X 射线衍射式残余应力测试仪与抛光仪类似的设备配合使用，沿表面下深度方向对试样进行电解剥层，在每一层去除之后测得残余应力。剥层方法可以分为机械抛光和电化学抛光，前者不可避免地造成机械加工的附加应力，影响测量结果，因此在研究及工程应用中多采用电化学抛光。采用电化学抛光剥层时，每次剥层厚度由电解时间、电压和电流控制。不同材料的电解液配比不同，电解液选用的合理与否将直接影响电化学抛光效果。电化学抛光铝合金、钛合金和高温合金时的电解液通常为甲醇(590mL)、乙二醇单丁醚(350mL)和高氯酸(60mL)的混合溶液。

参考文献

[1] 那艳会. 渗碳主轴表面“麻坑”缺陷的研究[J]. 金属加工(热加工), 2021 (9): 42-44.

[2] Field M, Kahles J F, Cammett J T. A review of measuring methods for surface integrity[J]. CIRP Annals-Manufacturing Technology, 1972, 21(2): 219-238.

[3] Machinability Data Center. Machining Data Handbook[M]. 2nd ed. Cincinnati: Metcut Research Associates, 1972.

[4] 美国可切削性数据中心. 机械加工切削数据手册[M]. 3 版. 彭晋龄, 译. 北京: 机械工业出版社, 1989.

[5] Griffith B. Manufacturing Surface Technology-Turface Integrity and Functional Performance[M]. London: Penton

Press, 2001.

[6] 中华人民共和国国家质量监督检验检疫总局, 中国国家标准化管理委员会. 产品几何技术规范(GPS) 技术产品文件中表面结构的表示法: GB/T 131—2006[S]. 北京: 中国标准出版社, 2007.

[7] 李志强. 表面微观形貌的测量及其表征[D]. 重庆: 重庆大学, 2006.

[8] 曾泉人. 机加工零件的表面完整性及其关键技术研究[D]. 西安: 西北工业大学, 2012.

[9] Gadelmawla E S, Koura M M, Maksoud T M A,et al. Roughness parameters[J]. Journal of Materials Processing Technology, 2002, 123(1): 133-145.

[10] 中华人民共和国国家质量监督检验检疫总局, 中国国家标准化管理委员会. 金属材料维氏硬度试验第 1 部分: 试验方法: GB/T 4340.1—2009[S]. 北京: 中国标准出版社, 2009.

[11] European Committee for Standardization.Non-destructive testing - test method for residual stress analysis by X-ray diffraction: EN 15305: 2008(E)[S]. London: British Standards Institution, 2008.

[12] 郭超亚, 鲁世红. 铝合金超声喷丸残余应力场[J]. 中国表面工程, 2014, 27(2): 75-80.

[13] Lv Y, Lei L Q, Sun L N. Effect of shot peening on the fatigue resistance of laser surface melted 20CrMnTi steel gear[J]. Materials Science and Engineering: A, 2015, 629: 8-15.

第 3 章　典型材料切/磨削表面完整性形成机制

本章主要针对高温合金、铝合金、钛合金、超高强度钢等难加工的典型材料，系统地探讨了切/磨削加工热力耦合作用对表面变质层(微观组织、显微硬度和残余应力)的影响，介绍了机械加工热力耦合试验测试与模拟仿真方法，具体讨论了热力耦合对表面变质层的影响，以及车削、铣削和磨削等典型机械加工方法表面变质层形成机制等。

3.1　热力耦合对表面变质层的影响

3.1.1　热力耦合对表面变质层影响分析

在高强度合金构件机械加工过程中，由于材料高强度、高硬度等特性，在加工过程中需要极大的剪切应力将切屑材料从构件表面撕离。切/磨削应力超过构件材料屈服极限产生的高应变和高应变速率是构件加工断屑形成的机制，其作用表现为加工过程中显著增强的热力耦合作用。机械加工过程具有切屑材料从构件表面被刀具撕离的本质特性，其加工表面会产生材料被刀具挤压、摩擦的现象，而这种现象会随着不同的机械加工方法，如车削、铣削和磨削等存在很大的区别，但本质上仍然是被切/磨削表面产生的高应变和高应变速率机制程度不同，使得表面层晶粒完整性破坏，引起热力耦合作用程度不同。因此，机械加工过程中构件的表面层机械、物理和化学特征必然会在热力耦合作用下发生改变，主要包括低倍组织、显微硬度、残余应力及微观组织。

在典型切削(车、铣、拉等)过程中，刀具切入工件使切削层变为切屑并沿前刀面流出形成已加工表面。其中，切削力主要体现为刀具与切屑接触下的压应力和切屑离开刀具后的拉应力，以及刀具和已加工表面之间产生的摩擦力。当刀具切削刃切入工件时，工件材料在主变形区发生剪切滑移变形，切屑和已加工表面层金属材料产生弹性和塑性变形，由此产生弹性和塑性压力。随着刀具不断地切入被加工材料，刀具克服弹性变形、塑性变形、摩擦力所做的功绝大部分转化为热能，使切削区域的温度大幅度上升。切削温度升高再加上切削力的耦合影响，在一定程度上向已加工表面层的里层金属传递，从而导致切削加工构件已加工表面层的表层机械、物理和化学特征的改变。

在典型磨削过程中，由于砂轮的高速旋转，一方面砂轮与磨屑、工件之间产生剧烈的摩擦；另一方面磨粒挤压工件表层，使其产生挤光效应、弹性变形和塑性变形，同时伴随着材料切除，工件表面产生不均匀的应力和变形，工件材料内部发生剧烈的摩擦。内摩擦、外摩擦的综合结果产生大量的磨削热。当磨粒与工件分离后磨削表面发生弹性恢复，磨削力和磨削温度得到释放，但仍有部分保留在工件表面转变为变形能。由于砂轮本身传热性很差，磨削区瞬时产生的大量热短时间内来不及传出，形成瞬时高温区，甚至使金属产生微熔化，材料微观组织发生变化。随着加工的进行，磨粒磨损加剧和材料性能的变化会影响材料加工过程中的磨削力和磨削温度。

1) 热力耦合作用对微观组织的影响

切/磨削过程中表层金属产生的塑性变形随着加工强度的提高而增大，但是不同的切/磨削工艺对材料表层组织损伤也会有不同。切/磨削热是影响材料组织变化的一个重要因素，切/磨削热影响微观组织的变化，如材料发生相变或者再结晶等。表层微观组织塑性变形层与切削过程第一变形区和第三变形区的挤压变形及材料本身的性质紧密相关。由于切削刃存在切削圆弧，在切削加工过程中，切削表层以下有一薄层金属没有被切削刃切下，而是从切削刃圆弧半径下面挤压过去，从而产生很大的附加塑性变形。由于随后的弹性恢复，刀具后刀面继续与已加工表面摩擦产生摩擦热，使已加工表面再次发生剪切变形，后刀面对加工表面的熨压作用产生的塑性变形比刀具的切削作用更大，直接影响已加工表面的质量。

材料切削加工中经过挤压、剪切变形使表层金属的晶格发生扭曲，表层组织细化、变形能增加，相继出现高密度位错、孪晶、有效晶粒、非晶、晶粒拉长、破碎等现象。同时，已加工表面受到切削温度影响，切削温度低于相变点时，将使金属弱化，硬度降低，随着温度进一步升高可能引起相变，合金中的第二相溶解等。因此，已加工表面的加工变质层微观组织就是这种塑性变形、切削热作用的综合结果。切削力对试样表面的强烈挤压作用导致表层材料达到屈服极限，产生组织变化，在此过程中材料受变形及摩擦作用产生大量的切削热，导致材料属性的改变，反作用于切削力，两者综合作用于材料表面，形成组织变质层。切削过程中材料组织变质层是在切削过程中强烈的热力耦合作用下形成的。

切/磨削过程导致材料的切削变形，其本质为材料内部的质点发生应变，在此过程中切/磨削区域产生的切/磨削热引起材料温度的升高，材料切/磨削过程接近瞬时过程，材料的变形速度快，材料局部变形应变率高。从本质上讲，影响切/磨削变质层的主要因素——热力耦合可以分解为温度、应变、应变率对微观组织的影响。

(1) 温度对微观组织的影响。材料在切/磨削过程产生的切/磨削热是影响材料回火等的主要因素。在切/磨削过程中，尤其是磨削工艺，材料表层的磨削热很大，往往会因为工艺参数选择不当或者切/磨削冷却条件不够充分等，产生材料的表面烧伤，从而影响材料组织。如果切/磨削温度超过材料的相变点，那么表层会因为发生相变而影响其特性，引起组织改变。温度也是晶粒长大及第二强化相溶解与否的主要因素，温度升高导致材料扩散激活能升高，材料更加容易扩散，引发晶粒长大等现象；温度升高同时会导致第二相的析出或者溶解。

(2) 应变对微观组织的影响。表层微观组织的一个主要表现为塑性变形，当材料承受的切/磨削力超过材料的屈服极限，材料晶格产生滑移、畸形和歪扭，甚至晶粒破损及严重拉长，造成微观组织的变化。组织变化包含相变、第二相含量改变、晶粒扭曲等。其中，晶粒扭曲通过塑性变形使得材料内部质点发生应变，从金相照片上可反映出其变化。不同的切/磨削工艺及参数，对材料表层金属造成的应变不同。采用锋利刀具及钝刀具切削材料时，造成的材料应变不同，材料的切除机理也不同。锋利刀具切削时，主要是因为剪切失效而切除材料，所以表层材料的应变较小，组织变质层也较小；相反，钝的刀具对材料的切削机理是“熨平式”切削，表层金属应变越大，变质层变化越明显，这也是不能用磨损后的刀具切削试样的一个原因。材料表层金属应变越大，发生塑性变形越明显，微观组织改变越明显，晶粒变形程度越大。

(3) 应变率对微观组织的影响。应变率影响材料发生应变时组织转变的响应时间，应变率过高，材料来不及滑移变形，因此材料内部主要以孪晶形式完成变形。应变率的变化也影响着材料变形过程的产热效率和材料的温升效果，从而对材料的性能造成影响。

2) 热力耦合作用对显微硬度的影响

切/磨削加工过程中，由于切/磨削力的作用不仅使表面上的金属产生塑性变形，而且此变形区的范围扩展到切削表面以下，已成为加工表面层的一部分金属也产生塑性变形。由于存在刀刃钝圆半径，整个切削厚度中有一薄层金属没有被刀刃切下，而是从刀刃钝圆部分下面挤压过去，从而产生很大的附加塑性变形。由于弹性恢复，刀具的后刀面继续与已加工表面摩擦，已加工表面再次发生剪切变形。经过以上几次变形，金属的晶格发生扭曲，晶粒拉长、破碎，阻碍了金属的进一步变形从而使金属强化，显微硬度显著提高，表现为切削加工后表层产生硬化。一般来说，越靠近已加工表面，金属的变形硬化程度越严重，沿深度方向逐渐趋于基体显微硬度。切/磨削热对表层硬化有很大影响。当切/磨削温度低于某个温度时将使金属弱化，更高的温度则会引起相变。一般来说，仅有切/磨削热作用时，切/磨削表面会发生软化。

切/磨削变形时，应变速率的增加会使材料的强度提高，出现应变硬化现象。塑性变形是一种不可逆过程，做塑性功时消耗的能量转变为热量，应变速度越高，温度也越高，材料软化越深。因此，分析加工硬化机理必须同时考虑应变速度硬化和热软化的综合效应，热力耦合形成的加工硬化如图 3.1 所示。

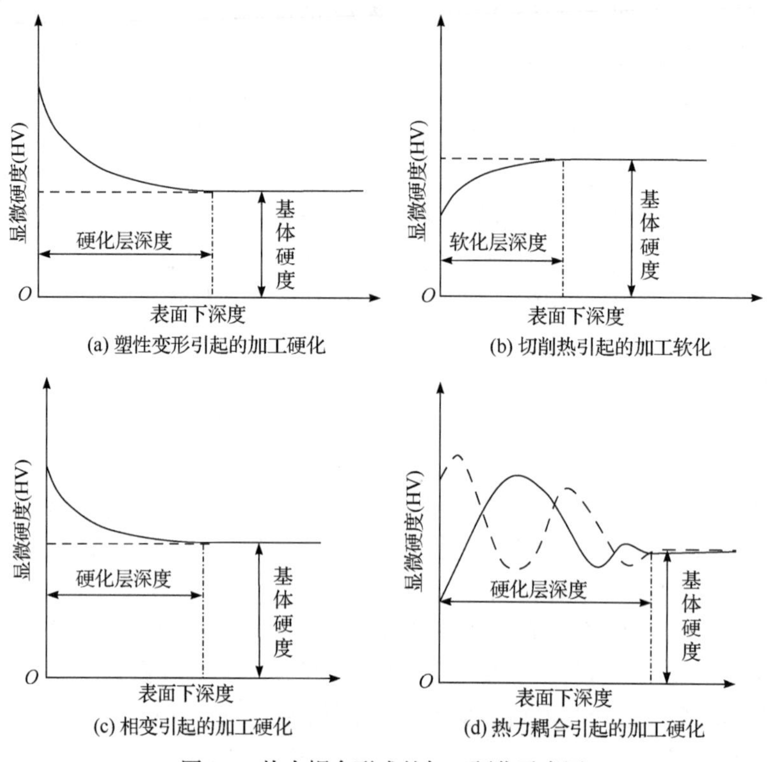

图 3.1　热力耦合形成的加工硬化示意图

(1) 切/磨削力作用造成的塑性变形强化。切/磨削加工中的挤压、摩擦使表面晶格歪扭、晶粒破碎和拉长。由于晶粒之间的变形程度不均匀，晶粒发生破碎，晶界之间产生残余应力，增加了晶界面积，从而阻止了金属的变形、滑移，降低金属的塑性。另外，在塑性变形过程中，某些金属材料会有超细颗粒质点析出，这些质点弥散在金属组织之内，阻碍金属的塑性变形；有些金属切/磨削加工后，新鲜的金属表层吸收空气中的 O 或 N 形成很薄的硬化层。

(2) 切/磨削热作用造成的弱化与强化。切/磨削过程中绝大部分的塑性变形转变为热量，由于摩擦功的作用，切/磨削区域温度升高。因此，工件材料经过塑性变形强化后，在一定温度、一定时间内被加热而发生软化，使其部分或全部恢复其原有的力学性质。软化过程的速度及程度与温度和时间有关。当切/磨削速度和进给量很高时，表层的温度在较短的时间内不会传入工件的里层，因此温度的上升对表层加工硬化起到一定的软化作用，表层的硬化程度会有所降低。当切/磨削温度达到金属的相变温度，同时伴有高压、大流量切削液浇注，冷却速度很高，则会产生二次淬火，生成二次淬硬层，显微硬度得到提高。

机械加工中，切/磨削力形成的加工硬化层较深，而切/磨削热形成的软化层很浅，切/磨削加工过程中，当冷却很充分时，切/磨削温度较低，传入工件的热量更少，因此在塑性变形、相变、其他因素产生的加工硬化和高温产生的软化综合作用后，最终形成的已加工表面都表现为加工硬化。

3) 热力耦合作用对残余应力的影响

机械加工过程中，切/磨削力作用产生的塑性凸出效应使材料发生塑性变形，切/磨削热引起的热效应使材料发生膨胀或相变，塑性变形产生的机械应力(剪切应力、摩擦应力及后刀面的挤压应力)与切/磨削温度产生的热效应共同作用形成残余应力。热力耦合形成的残余应力分布如图 3.2 所示。残余应力的形成是切/磨削力和切/磨削热两者相互制约、共同作用的结果，切/磨削力的作用使材料发生一定的机械塑性变形、位错塞积，产生残余压应力，而切/磨削热使强化相溶解或者发生恢复和再结晶，发生软化，热塑性变形产生残余拉应力。

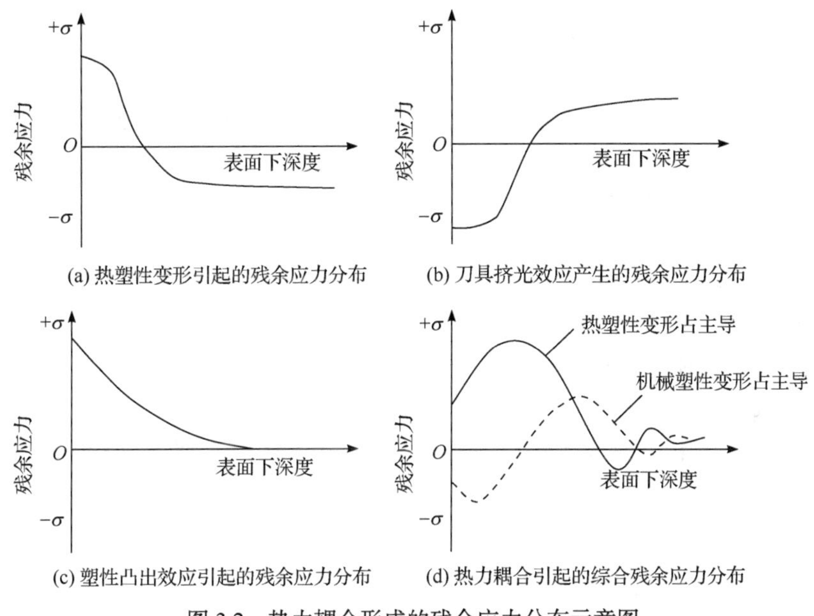

图 3.2　热力耦合形成的残余应力分布示意图

(1) 机械应力引起的塑性变形。切削过程中，切削力引起的塑性变形主要包括两个方面：刀刃前方的塑性变形和刀刃后方的塑性变形，如图 3.3 所示。切削过程中，刀刃前方的工件材料受到前刀面挤压，在刀具前方区域应力转换轴 *AB* 上出现压缩塑性变形，而在应力转换轴 *AB* 下出现拉伸塑性变形，即塑性凸出效应，因此会产生残余拉应力。切削后表层金属受到与之连成一体的里层未变形金属的牵制，表层金属产生残余拉应力，里层产生残余压应力。在已加工表面形成过程中，切削层除了受到塑性压缩和拉伸之外，还受到刀具钝圆半径和后刀面磨损带对切削层的高速摩擦和挤光效应，产生残余压应力。温度作用产生的热应力会使工件表层产生残余拉应力。

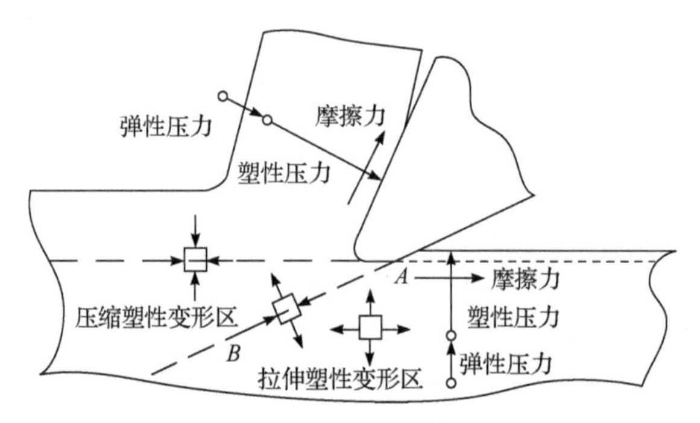

图 3.3　机械应力产生塑性变形示意图

(2) 热应力引起的塑性变形。切削加工时，强烈的塑性变形与摩擦使已加工表面层的温度很高，而里层温度很低，形成不均匀的温度分布。因此，温度高的表层体积膨胀，将受到里层金属的阻碍，从而使表层金属产生热应力。当热应力超过材料的屈服极限时，将使表层金属产生压缩塑性变形。切削后冷却至室温时，表层金属体积的收缩受到里层金属的牵制，使表层金属产生残余拉应力，里层产生了残余压应力。

(3) 相变引起的体积变化。当表层温度大于相变温度，表层组织可能发生相变。各种金相组织的体积不同，从而产生残余应力。高速切削碳钢时，刀具与工件接触区的温度可达 800℃，而碳钢在 720℃发生相变，形成奥氏体，冷却后变为马氏体。马氏体的体积比奥氏体大，表层金属膨胀，但受到里层金属的阻碍，表层产生残余压应力，里层产生残余拉应力。当加工淬火钢时，若表层金属产生退火，则马氏体转变为屈氏体或索氏体，表层体积缩小，但受到里层金属的牵制，表层产生残余拉应力，里层产生残余压应力。

综上所述，切/磨削加工最终表面层内呈现的残余应力，是热塑性变形、刀具挤光效应、塑性凸出效应综合作用的结果。最终已加工表面层内的残余应力则是由起主导作用的因素决定的。因此，在已加工表面层最终可能存留残余拉应力，也可能是残余压应力。根据大量文献及以往的研究发现，切削加工形成的表面残余应力主要为压应力，这是因为切削过程中，后刀面的挤光效应占主导。

3.1.2　热力耦合对表面变质层影响试验测试方法

1) 切/磨削力测试方法

切削过程中的切削力一般采用三向动态压电式测力仪进行测试，测力仪与电荷放大器、数据采集器和处理系统组成切削力测试系统可完成切削力的测试、数据采集与存储等。将测力仪安装在机床工作台或刀架上，测力仪的底面与工作台或刀架接触面之间一定要平整，不得有高点或硬质点，微小的间隙也会引起弹性变形，减小固有频率。将测力仪与电荷放大器相连，工作台或刀架夹紧，螺钉与测力仪之间一定要放置垫片，以防止测力仪表面损坏。将测力仪输出线接头的芯轴与外壳用金属短接，以释放残余电荷，再将电荷放大器与数据采集系统连接。采用选好的切/磨削工艺参数进行切/磨削试验，采集并记录信号数据。图 3.4 为高温合金 GH4169DA 外圆车削切削力测试采集信号，图中自上而下依次为主切削力曲线、进给力曲线、背向力曲线。

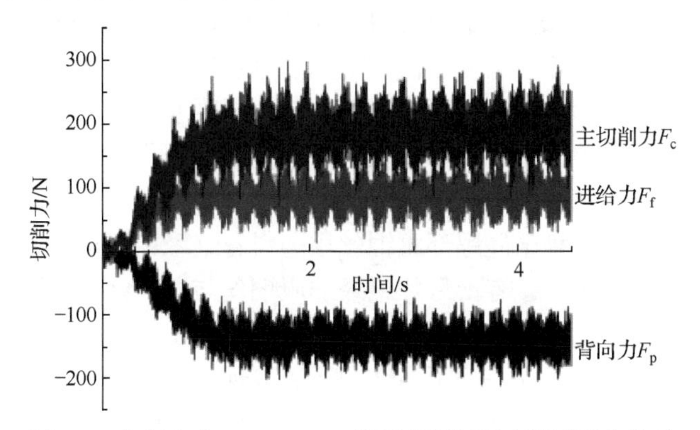

图 3.4　高温合金 GH4169DA 外圆车削切削力测试采集信号

磨削力一般用电阻式测力仪进行测试。平面磨削过程中没有径向进给，径向磨削力为 0，因此磨削力测试选用八角环弹性元器件测量法向磨削力和切向磨削力。磨削力测试系统由电阻式测力仪、动态电阻应变放大仪、信号采集器组成。在磨床上安装由八角环测力装置和信号采集器构成的测力仪，在测力仪上搭建夹持试件的夹具，试件上安装热电偶以测量磨削温度。测量磨削力时将八角环上粘贴的应变片和电桥盒中的电阻组成半桥测量电路，通过磨削过程中八角环上应变片因变形引起阻值变化，使信号采集端电压发生变化。由于电桥输出的电流非常微弱，需要经过动态电阻应变放大仪放大信号，将放大信号输入信号采集器，储存到计算机中。将所得信号与磨削力与电压信号的标定值进行对比，从而获得磨削力。

2) 切/磨削温度测试方法

常用的切/磨削温度测试方法有自然热电偶法、人工热电偶法、半人工热电偶法和红外辐射测量方法。自然热电偶法将刀具和工件分别作为其两极，组成闭合电路测量切/磨削温度，主要用于测定切/磨削区域的平均温度，无法测得切/磨削区域指定点的温度。人工热电偶法是将一对标准热电偶埋入刀具或工件被测点处，切/磨削时热电偶接点传递被测点温度，通过串接在回路中的毫伏表测出电势，然后参照热电偶标定曲线得出被测点的温度。人工热电偶法测量刀具、切屑和工件上指定点的温度，并可测得温度分布场和最高温度的位置，但将人工热电偶埋入超硬刀具材料内比较困难。半人工热电偶是将一根热电敏感材料金属丝(如康铜丝)焊在待测温点上作为一极，以工件材料或刀具材料作为另一极构成的热电偶。该方法是自然热电偶法和人工热电偶法的结合，而且测温时采用单根导线连接，不必考虑绝缘问题，因此得到了较广泛的应用。

综合分析温度测试方法的利弊，结合具体试验条件，切/磨削温度的测试一般选用半人工热电偶法。将康铜丝作为一极，以工件材料作为另一极，依次通过信号调理模块、数据采集器、计算机来测量切/磨削过程中的温度。铣削温度测试方案如图 3.5 所示，磨削温度测试方案如图 3.6 所示。制作半人工热电偶测温试件时，首先将 Φ=0.3mm 的康铜丝碾压平整，至厚度为 0.05mm 薄片，使用胶水将厚度为 0.01mm 的云母片粘贴在碾压的康铜丝两侧作为绝缘材料，再将其夹贴在分割后两片试件之间，同时在两片试件之间加入一片裸露的康铜丝，夹紧两片试件直到胶水凝固，将试件尾部康铜丝用塑料管绝缘并引出。测试并保证裸露的康铜丝与试件保持接通，有云母片绝缘的康铜丝与试件绝缘。当刀具经过康铜丝时，康铜丝和工件之间的绝缘层被破坏，形成一个瞬时热接点，构成热电偶的热端。康铜丝和工件的另外一端距离铣削区域较远，温度几乎不发生变化，构成热电偶的冷端。这样就由工件和康铜丝构成了一个热电偶，对其进行标定后，可以通过其冷端和热端之间的热电势测出当时的切削温度。

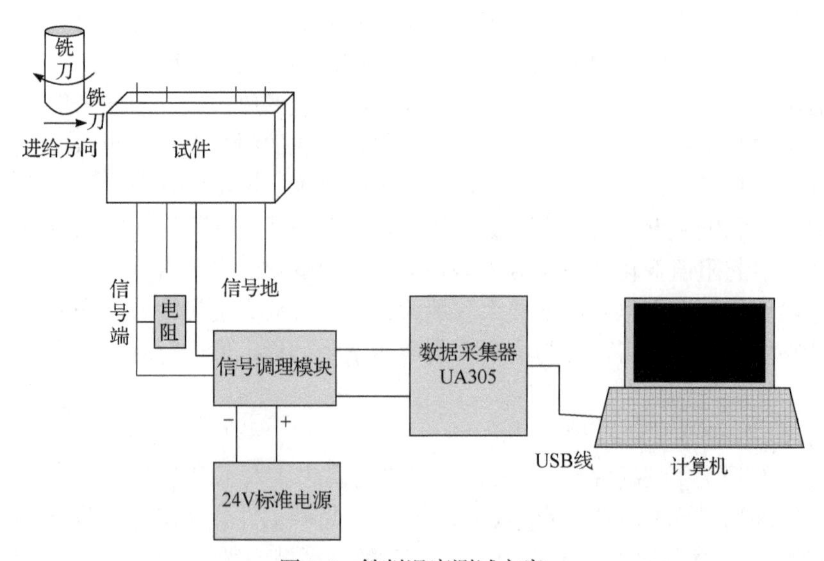

图 3.5　铣削温度测试方案

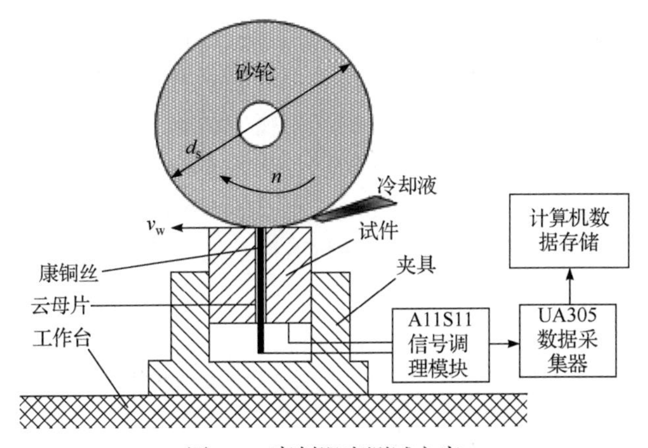

图 3.6 磨削温度测试方案

d_s-砂轮直径；n-砂轮转速；v_w-工件速度

由于测温采用的半人工热电偶不是标准热电偶，需要进行温度标定确定半人工热电偶的热电特性。温度标定中采用管式炉进行加温，管式炉温由标准热电偶确定。将需要标定的半人工热电偶与一对标准的热电偶放置在同一温度环境中，并测取对应炉温下热电偶的热电势，即获得半自然热电偶的热电特性曲线。标准热电偶测得的温度采用温控仪直接转换成实际温度，将采集的结果与热电偶热电势的标定值进行比较，从而获得工件表层温度。

通过对半人工热电偶进行标定，获得了钛合金Ti1023、高温合金GH4169DA和超高强度钢Aermet100的标定曲线如图3.7所示。

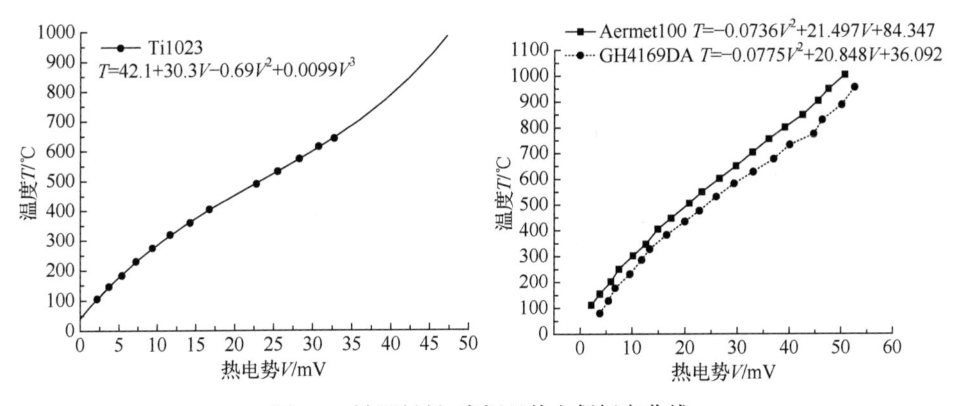

图 3.7 被测材料–康铜丝热电偶标定曲线

3.1.3 热力耦合对表面变质层影响模拟仿真方法

1. *材料本构模型及参数试验方法*

切/磨削数值分析模型的建立依赖于材料的本构关系研究，需要建立合适的材料本构模型，才能得到较为准确的仿真结果。切/磨削过程中，材料本身塑性变形涉及高应变率，因此确定材料本构关系时必须考虑材料高应变率下的响应行为，且涉及应变率范围广，应采用高应变率相关动态塑性本构模型。在大量试验研究的基础上，已经提出了多种形式的动态塑性本构模型，用于描述在高应变率变形时材料的塑性行为，其中由 Johnson 等[1]在 1983 年提出的 Johnson-Cook 本构模型能较好地描述金属材料的加工硬化效应、应变率效应及温度软化效应，其形式如式(3.1)所示：

$$\sigma=(A+B\varepsilon^{n})\left[1+C\ln\left(\frac{\dot{\varepsilon}}{\dot{\varepsilon}_0}\right)\right]\left[1-\left(\frac{T-T_{\mathrm{room}}}{T_{\mathrm{melt}}-T_{\mathrm{room}}}\right)^{m}\right] \tag{3.1}$$

式中，σ为流动应力；ε为塑性应变；$\dot{\varepsilon}_0$为参考应变率；$\dot{\varepsilon}$为应变率；T为材料实时温度；T_{melt}为熔点；T_{room}为室温；A、B、C、n、m 为 Johnson-Cook 本构模型常量，A 为屈服强度，B 为硬化模量，C 为应变速率系数，n 为硬化系数，m 为热软化系数。

除了 Johnson-Cook 本构模型之外，Zerilli 和 Armstrong 基于位错动力学和固体力学理论也提出了分别针对 BCC(体心立方)金属和 FCC(面心立方)金属的塑性流动本构模型[2]，称为 Z-A 模型，见式(3.2)。

BCC 金属：

$$\sigma_{\mathrm{s}}=c_1\exp(-c_3T+c_4T\ln\dot{\varepsilon})+c_5\varepsilon^{n} \tag{3.2a}$$

FCC 金属:

$$\sigma_{\mathrm{s}}=c_2\varepsilon^{0.5}\exp(-c_3T+c_4T\ln\dot{\varepsilon}) \tag{3.2b}$$

式中，ε为塑性应变；c_1、c_2、c_3、c_4、c_5为材料本构参数。

不论采用何种动态塑性本构模型，都需要通过宽温度范围下材料的中、低、高应变率变形试验确定本构参数。目前，对材料的塑性本构关系的研究，静态和准静态下的本构关系可以通过万能试验机进行，但通常能适用的应变率小于 10^{-2} s^{-1}，同时由于试验机结构限制，试验温度不能过高。热应力-应变模拟机可以适应用于从室温到 1000℃，应变率小于 50s^{-1} 条件下材料应力应变本构关系研究，以 Gleeble 系列热应力-应变模拟机中 Gleeble3500 热应力-应变模拟机为例，其组成如图 3.8 所示。Gleeble3500 热应力-应变模拟机包含了力学闭合回路和热闭合回路，力学闭合回路可以控制液压传动装置的运动并测量施加在工件上的载荷，通过力学闭合回路可以保证试验中工件变形速率恒定；热闭合回路包括加热和测温两部分，构件通过电阻加热方法加热，工件温度则通过电容焊焊接于工件的铂铑热电偶进行测量。通过热闭合回路可以在低速变形下尽量保持工件温度恒定。我国东北大学设计制造的热应力-应变模拟机具有与 Gleeble 系列热应力-应变模拟机近似的功能，可研究中、低应变率下，宽温度范围材料塑性本构关系。

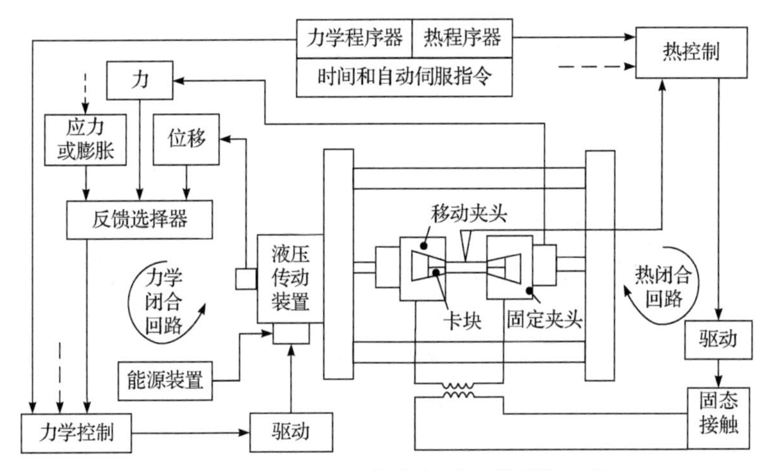

图 3.8　Gleeble3500 热应力-应变模拟机组成

对于高应变率下塑性本构关系的研究，可通过霍普金森杆试验装置进行研究。霍普金森杆试验装置以一维应力波理论为基础，其原理如图 3.9 所示。试验装置将工件置于入射杆与透射杆之间，通过高压气体加速的子弹与入射杆撞击，在入射杆中产生以波速传播的脉冲宽度为两倍子弹长度的弹性应力波，当应力波抵达入射杆与工件结合面时，对工件进行加载。由于接触面波阻不匹配，一部分脉冲被反射，在入射杆中形成反射波，同时一部分波发生透射，在透射杆中形成透射波。入射波与透射波导致贴于其上的应变片电阻发生变化，数据处理系统对包括入射杆与透射杆上的应变片组成的全桥电路对入射及透射脉冲进行记录，通过式(3.3)、式(3.4)和式(3.5)可分别计算工程应变、应变率及应力。

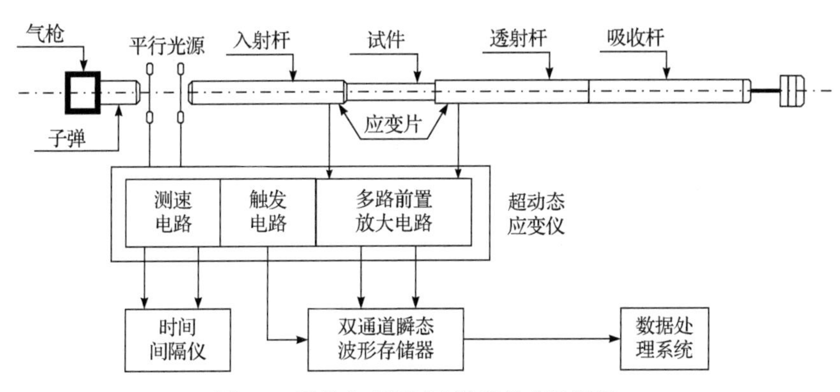

图 3.9　霍普金森杆试验装置组成及原理

$$\varepsilon(t)=\frac{2C_0}{L}\int_0^t \varepsilon_{\mathrm{R}}(t)\mathrm{d}t \tag{3.3}$$

$$\dot{\varepsilon}(t)=\frac{2C_0}{L}\varepsilon_{\mathrm{R}}(t) \tag{3.4}$$

$$\sigma(t)=E\left(\frac{A}{A_{\mathrm{s}}}\right)\varepsilon_{\mathrm{T}}(t) \tag{3.5}$$

式中，C_0 为压杆(入射杆和透射杆)波速；E 为压杆弹性模量；A 为压杆面积；A_{s} 为工件面积；L 为工件长度；ε_{R}、ε_{T} 分别为入射波与透射波应变信号，可通过试验确定。

通过试验获得描述材料应力与塑性应变的流动应力曲线，然后通过拟合获得本构模型参数。应注意的是本构方程通常都有一定的局限性，因此单一标准的本构方程并不能很好地描述材料的本构关系，往往需要修正模型，或者将模型处理为分段函数形式，从而保证本构模型能客观准确地描述材料的塑性应力-应变关系。

有限元仿真中要对材料的机械性能和热物理性能进行设置，确保切/磨削力和温度仿真结果的准确性。不同温度下高温合金 GH4169DA、钛合金 Ti1023、铝合金 7055 和超高强度钢 Aermet100 四种材料的机械物理性能参数见表 3.1～表 3.4。通过热模拟试验和霍普金森杆试验获得的不同材料的 Johnson-Cook 本构模型相关参数见表 3.5。

表 3.1　高温合金 GH4169DA 机械物理性能参数

T/℃	20	100	200	300	400	500	600	700	800	900	1000
弹性模量 E/GPa	204	—	—	181	176	160	—	146	141	—	—
抗拉强度 σ_b/MPa	1392	—	—	—	1324	—	1295	843	618	—	—
泊松比 μ	0.30	0.3	0.3	0.3	0.31	0.32	0.32	0.33	—	—	—
热导率 λ/[W/(m · ℃)]	13.4	14.7	15.9	17.8	18.3	19.6	21.2	22.8	23.6	27.6	30.4
比热容 C/[J/(kg · ℃)]	—	—	—	481.4	493.9	514.8	539	573.4	615.3	657.2	707.4
热膨胀系数 $\alpha/(10^{-6}\cdot ℃^{-1})$	11.8	—	13.0	13.5	14.1	14.4	14.8	15.4	17.0	18.4	18.7

表 3.2　钛合金 Ti1023 机械物理性能参数

T/℃	20	100	150	200	300	350	400	450	500	600	700	800
弹性模量 E/GPa	104	—	—	89.9	85.7	85.7	—	—	—	—	—	—
泊松比 μ	0.26	—	—	0.17	0.18	0.25	—	—	—	—	—	—
切变模量 G/GPa	41.3	—	—	38.4	36.4	34.3	—	—	—	—	—	—

续表

T/℃	20	100	150	200	300	350	400	450	500	600	700	800
热导率 λ/[W/(m · ℃)]	6.79	8.47	9.31	10.2	11.8	12.7	13.5	14.4	15.2	—	—	—
比热容 C/[J/(kg · ℃)]	—	—	—	589	626	640	649	655	670	710	—	—
热膨胀系数 α/(10^{-6} · ℃$^{-1}$)	8.9	—	—	9.1	9.1	—	9.4	—	10.2	11.2	13	13.3

表 3.3　铝合金 7055 机械物理性能参数

T/℃	20	50	100	125	150	175	200	300	350	400
弹性模量 E/GPa	72	—	67	64	62	57	52	43	—	—
热导率 λ/[W/(m · ℃)]	124	128	142	147	157	—	170	—	—	—
比热容 C/[J/(kg · ℃)]	796	879	921	—	963	994	1005	1047	—	1089
热膨胀系数 α/(10^{-6} · ℃$^{-1}$)	23.8	23.8	23.8	23.9	24.1	24.4	24.4	25.3	—	—

表 3.4　超高强度钢 Aermet100 的机械物理性能参数

特性		数值								
泊松比 μ		0.27～0.30(25℃)								
弹性模量 E/GPa		190～210(25℃)								
热导率 λ/[W/(m · ℃)]		42.7(100℃)								
比热容 C/[J/(kg · ℃)]		477(50～100℃)								
熔点 T_{melt}/℃		1370～1400								
热膨胀系数 α(10^{-6} · ℃$^{-1}$)	温度/℃	93	149	204	260	316	371	427	482	538
	数值	9.99	10.4	10.6	10.8	10.9	11.1	11.3	11.4	11.6

表 3.5　高强度合金材料 Johnson-Cook 本构模型相关参数

材料	A/MPa	B/MPa	C	m	n
高温合金 GH4169DA	510.7	260.1	0.01603	0.7959	0.2741
钛合金 Ti1023	797.457	574.432	0	0.652	0.108
铝合金 7055	625.9762	145.8482	0.00552	0.7036	0026808
超高强度钢 Aermet100	2148.4	260.1	0.06177	1.465	0.1694

2. 切削加工热力耦合模拟仿真

切削过程有限元数值模拟流程如图 3.10 所示。

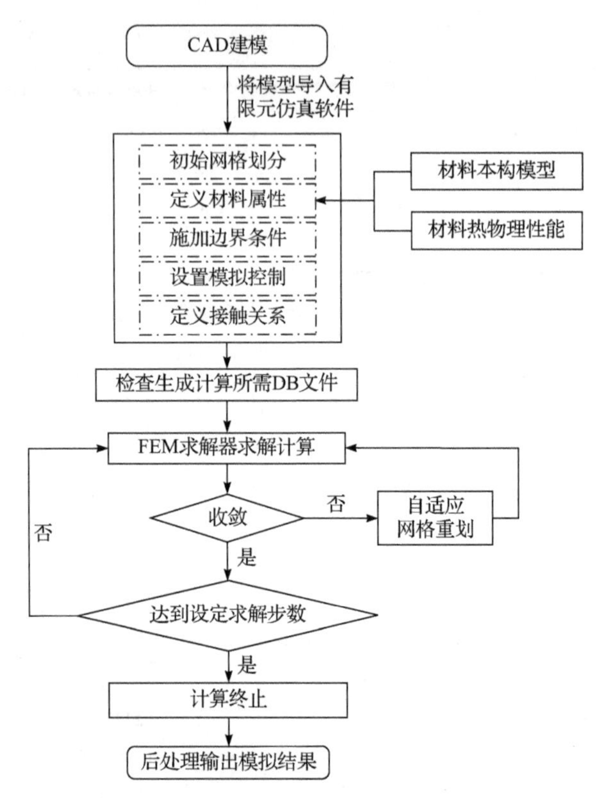

图 3.10　切削过程有限元数值模拟流程

CAD-计算机辅助设计；DB-数据库；FEM-有限元法

首先，将 CAD 软件(如 UG、Pro/E、SolidWorks 等)建模生成的.stl 文件模型导入有限元仿真软件并划分初始网格；其次，通过理论计算和材料力学试验方法获得材料的本构模型，在材料属性模块输入材料的弹性、塑性等热物理性能数据，分析切削加工过程中刀具、工件、切屑之间的摩擦、传热作用，确定切屑分离准则和接触摩擦模型，并定义力学边界条件和热边界条件；最后，设置模拟控制参数，如数据存储步数、步长、主模具、终止条件等，检查设定结果，生成数据库文件。有限元法求解计算过程是在模拟处理器中完成的，当计算收敛并达到设定的求解步数时，计算停止；当网格畸变到一定程度时，网格生成器对工件进行自适应网格重划，并重新进行分析求解。在模拟处理器中可以查看查看每一步的时间起止、节点、接触情况。后处理过程主要用于显示计算结果，如力场、温度场、等效应力、等效塑性应变的输出等。

1) 材料本构模型

切削仿真使用式(3.1)所示的 Johnson-Cook 本构模型。

2) 摩擦模型

通常认为，在切削刃附近的刀具与切屑接触区域会形成一个黏结区，前刀面与切屑接触正应力很高，可认为摩擦应力为一个常量；在滑动区，刀屑接触正应力较小，摩擦力与正应力成正比，摩擦系数改变。刀屑接触区域摩擦如图 3.11 所示。

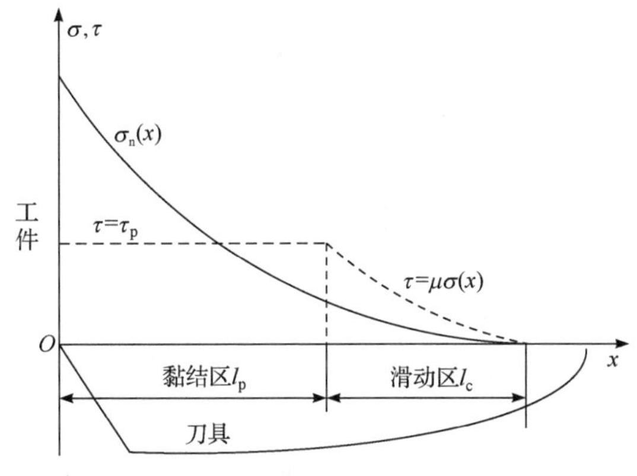

图 3.11　刀屑接触区域摩擦示意图

摩擦模型用修正的库仑摩擦模型表征为[3]

$$\tau_{\mathrm{f}}=\begin{cases}\mu\sigma_{\mathrm{n}} & (\mu\sigma_{\mathrm{n}}<\tau_{\max}, \text{滑动区}) \\ \tau_{\max} & (\mu\sigma_{\mathrm{n}}\geqslant\tau_{\max}, \text{黏结区})\end{cases} \tag{3.6}$$

式中，τ_{f} 为摩擦应力；σ_{n} 为前刀面与切削接触面上的正应力；$\tau_{\max}$ 为材料的临界剪切应力；μ 为摩擦系数，一般取平均库仑摩擦系数 0.6。

文献[4]提出了刀屑界面的摩擦模型，如图 3.12 所示，摩擦系数的计算公式为

$$\mu=c\frac{F_y+F_z\tan\gamma_0}{F_z-F_y\tan\gamma_0} \tag{3.7}$$

式中，F_y 为法向切削力；F_z 为切向切削力；γ_0 为刀具前角；c 为常系数。

c 值的大小取决于测量切削力与有限元仿真切削力的差别。如果差别小于 5%，则该摩擦系数能够接受，因为测量得到的切削力变动能够高达 10%～15%。反之，就需要一个修正系数来修正摩擦系数。

3) 断裂准则

切削加工是一个材料被不断去除的过程，在此过程中，随着刀具与工件的作用，切屑不断从材料基体上分离并产生连续的塑性变形或者锯齿状的断裂。常用的断裂准则如下：Johnson-Cook 断裂准则、最大剪切应力断裂准则、Wilkins 延性损伤断裂准则、Cockroft-Latham 断裂准则、Bao-Wierzbicki 断裂准则等。

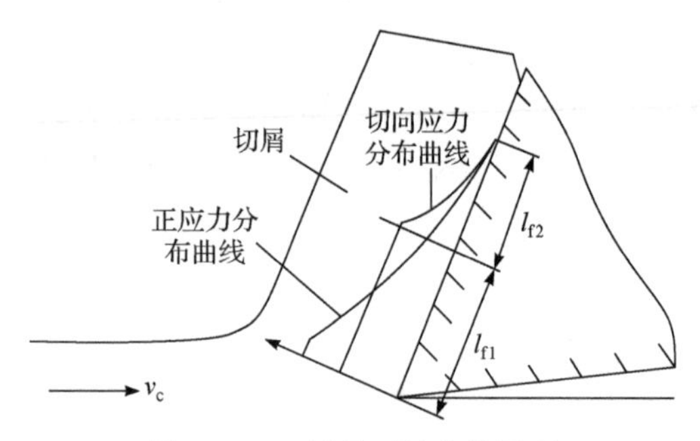

图 3.12　刀屑界面的摩擦模型

v_c-切削速度；l_{f1}-黏结区；l_{f2}-滑动区

磨削加工中一般以 Cockroft-Latham 断裂准则作为仿真中的材料断裂准则，见式(3.8)。Cockroft-Latham断裂准则基于断裂应变能理论，当某个网格单元的断裂能达到临界值时，这个单元将不被激活，且从模型中删除，与其相关的所有参数包括材料参数、应变-应力数据等都将从模型中删除。具体过程如下：当某处等效塑性应变 ε_{eq} 达到材料发生断裂时的应变 ε_f 时，破坏值 W 达到材料的临界破坏值 W_{cr}(高温合金 GH4169DA 的临界破坏值 W_{cr}=510[5])，此时材料发生断裂。在网格重划分之后，模型可以继续求解。

$$W=\int_0^{\varepsilon_{eq}}\sigma^*\mathrm{d}\varepsilon_{eq} \tag{3.8}$$

式中，σ^*为最大主应力；ε_{eq} 为等效塑性应变；W 为材料的破坏值。

切削加工以 Johnson-Cook 断裂准则作为仿真中的材料断裂准则。该准则基于单元积分点处的等效塑性应变 $\bar{\varepsilon}_f^{pl}$ 定义，当破坏参数ω大于 1 时失效，工件材料发生断裂并形成切屑，该断裂准则由材料的本构模型决定，破坏参数ω的定义如式(3.9)所示：

$$\omega=\sum\left(\frac{\Delta\bar{\varepsilon}^{pl}}{\bar{\varepsilon}_f^{pl}}\right) \tag{3.9}$$

式中，$\Delta\bar{\varepsilon}^{pl}$ 为等效塑性应变增量；$\bar{\varepsilon}_f^{pl}$ 为材料断裂时的应变，其表达式为

$$\bar{\varepsilon}_f^{pl}=\left[d_1+d_2\exp\left(d_3\frac{p}{q}\right)\right]\left[1+d_4\ln\left(\frac{\dot{\bar{\varepsilon}}^{pl}}{\dot{\varepsilon}_0}\right)\right]\left(1+d_5\hat{T}\right) \tag{3.10}$$

式中，d_1、d_2、d_3、d_4、d_5 为室温下通过拉伸扭转试验测得的失效常数；p/q 为压应力与偏应力的比率，量纲一，p 为压应力，q 为米泽斯(Mises)应力；$\frac{\dot{\bar{\varepsilon}}^{pl}}{\dot{\varepsilon}_0}$ 为量纲一的塑性应变率；$\dot{\varepsilon}_0$ 为参考应变率；$\hat{T}$ 的表达式为

$$\hat{T}=\begin{cases}0 & (T \leqslant T_{\text{room}}) \\ (T-T_{\text{room}})/(T_{\text{melt}}-T_{\text{room}}) & (T_{\text{room}}<T<T_{\text{melt}}) \\ 1 & (T \geqslant T_{\text{melt}})\end{cases} \tag{3.11}$$

式中，T 为当前温度；T_{room} 为室温；T_{melt} 为熔点。

4) 网格划分技术

有限元仿真中刀具均被视为刚体，忽略刀具的应变，只考虑摩擦和切削热对刀具的作用。工件定义为弹塑性体，因此刀具选择较大网格尺寸进行划分，工件选择较小的网格尺寸进行划分。仿真过程中工件表面被刀具切除的区域会发生剧烈塑性变形，为防止出现不合格的单元形状，刀具的单元划分要保证小结构特征处不失真，故在切屑与前刀面接触处进行局部网格细化。

5) 边界条件

车削仿真过程中，主要存在运动边界条件和热边界条件。对于运动边界条件，数值仿真过程中工件或刀具一者可保持固定，在另一者上添加速度边界条件，其大小等于切削速度。热边界条件需要考虑热力耦合的作用来实现。实际切削中，材料内部、刀具内部及工件与刀具之间存在热传导，工件、刀具与周围环境(包括空气、冷却液)之间存在热对流现象。考虑到瞬时绝热效应，这里忽略与环境的传热。

热量在工件与刀具接触区域以热传导的方式传递热量，而这个热量主要由工件与刀具间的接触传热系数确定，如文献[5]中所述，两者间产生的热量为

$$\dot{Q}=F_{\text{fr}}v_{\text{r}} \tag{3.12}$$

式中，$\dot{Q}$ 为刀具与工件间产生的热量；F_{fr} 为摩擦力；v_{r} 为相对滑动速度。

铣削加工仿真中主要需要设置的初始条件为温度条件和铣刀的初始位置，工件和铣刀的初始温度皆设置为室温，刀具的初始位置为与工件不接触且靠近的位置。铣削数值分析中的边界条件主要是位移边界条件和对流传热面设置。铣削过程分析中工件位移边界条件设置用于固定工件位置。铣刀的边界条件主要为运动边界条件，即刀具一方面以恒定角速度绕轴线旋转运动，另一方面作进给运动。

6) 传热模型

切削中存在的传热途径包括刀具与工件、切屑之间的传热，工件内部的传热，刀具内部的传热及工件、切屑、刀具与环境的传热。对于切削过程而言，模拟切削过程较短，工件和刀具材料的导热能力远强于空气对流传热能力。因此，忽略工件、刀具与外界环境的传热过程，仅考虑刀具与工件、切屑之间的传热，以及工件内部和刀具内部的传热。

工件与刀具之间的接触传热系数，根据文献[6]和[7]提出的各向同性粗糙表面之间的热接触传热系数计算模型进行估算。接触传热系数计算模型为

$$h_{\mathrm{c}} = \frac{2k_{\mathrm{s}}na}{(1-\sqrt{A_{\mathrm{r}}/A_{\mathrm{a}}})^{1.5}} \tag{3.13}$$

式中，h_c为接触传热系数，单位为 $\mathrm{W/(m^2 \cdot K)}$；n 为接触点密度，单位为 $\mathrm{m^{-2}}$；a 为平均接触点半径，单位为 m；A_r/A_a为实际接触面积与名义接触面积之比；k_s为平均热导率，单位为 $\mathrm{W/(m \cdot K)}$，其计算公式为

$$k_{\mathrm{s}} = \frac{2k_{\mathrm{A}}k_{\mathrm{B}}}{k_{\mathrm{A}} + k_{\mathrm{B}}} \tag{3.14}$$

式中，k_A、k_B为接触体 A、B 的材料热导率，单位为 $\mathrm{W/(m \cdot K)}$。

3. 磨削加工热力耦合模拟仿真

由于磨削加工过程的复杂性和砂轮磨粒分布的随机性，利用数值仿真手段直接模拟磨削加工过程中工件的受力情况较困难。基于宏观磨削是砂轮磨粒微观切削的集合这一思想，利用有限元软件建立单磨粒磨削过程的数值仿真模型，在实现单磨粒磨削数值仿真的基础上，基于统计分析建立单磨粒磨削过程与砂轮磨削过程的关联关系，将依据单磨粒磨削数值仿真获得的单磨粒磨削力转化为符合工程实际的磨削力。单磨粒磨削力和温度数值仿真流程如图 3.13 所示。

1) 材料本构模型

磨削仿真使用式(3.1)所示的 Johnson-Cook 本构模型。

2) 磨粒及工件的几何模型

磨削力数值仿真通过建立单磨粒磨削模型分析磨削力、温度场及应力场等。在磨削仿真中将磨粒形状理想化，如简化为棱柱形、球形、尖端带有钝圆半径的圆锥体或平顶圆锥体等。图 3.14 为磨粒的形状及特征参数，其中图 3.14(a)为磨粒切削刃特征参数，磨粒形状可分别用磨粒尺寸 l、磨粒竖刃 b 和磨粒横刃 h 来表示，磨粒切削刃的特征参数为顶锥角 2θ 及尖端圆弧半径 ρ_g；图 3.14(b)为简化后的磨粒形状。

磨粒后刀面与工件之间存在剧烈的摩擦，因此将简化后的磨粒进行修正，使其具有像切削刀具一样的前刀面和后刀面。由于磨粒尖端在磨削过程中磨削力较小，忽略磨粒尖端部分(0.05d)。磨粒的磨削深度变化使磨粒近似圆球的前刀面也发生变化，因此将其近似为一条直线，如图 3.15 所示，当磨粒切入深度发生变化时，前角也发生变化。

根据统计规律[8]可知，单颗磨粒圆锥顶角的范围为 80°～145°。2θ 和 ρ_g 均随着磨粒竖刃 b 的增大而增大，当磨粒竖刃 b 为 20～70μm 时，2θ 从 90°增至 100°；当 b 为 70～420μm，2θ 从 100°增至 110°；当 b 为 30～420μm，ρ_g 近似线性地从 3μm 增至 28μm。

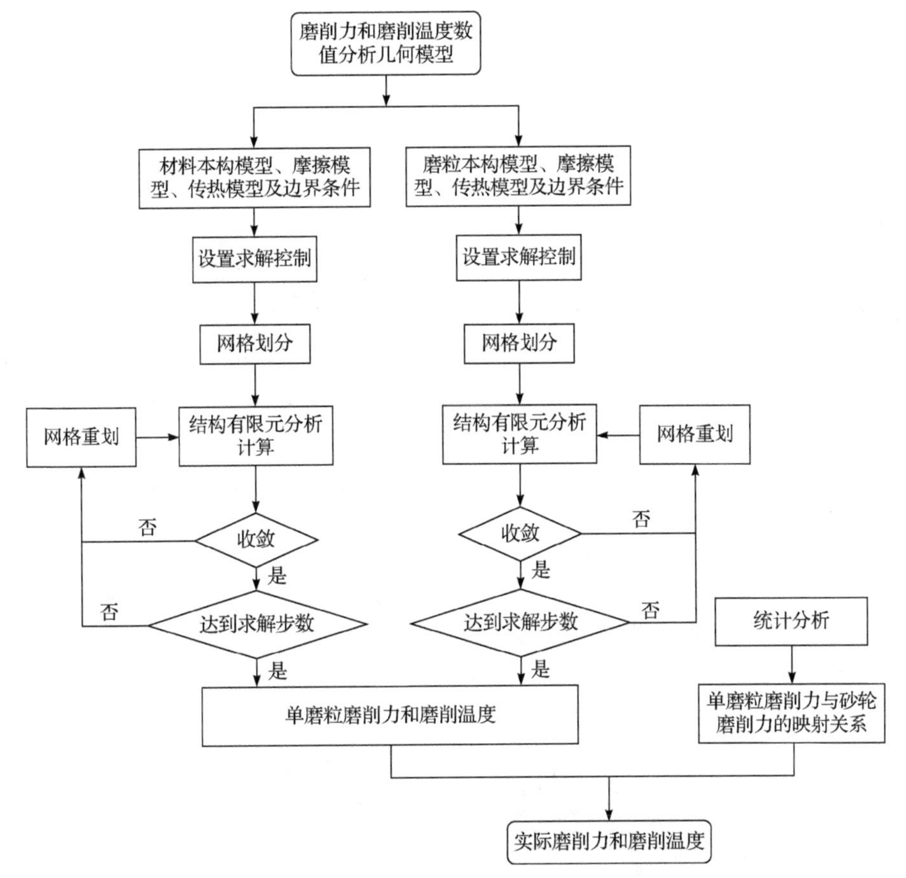

图 3.13 单磨粒磨削力和温度数值仿真流程图

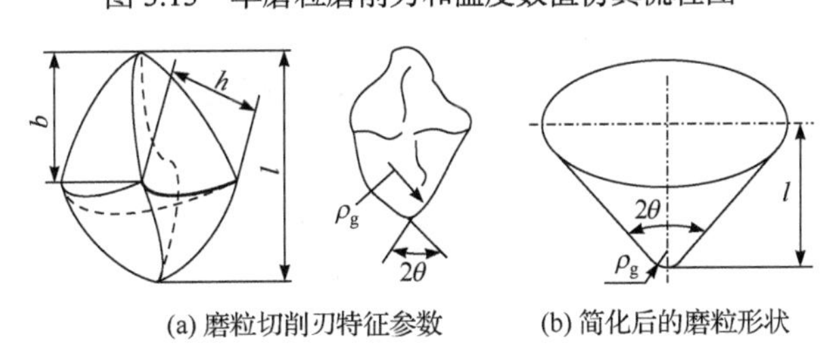

(a) 磨粒切削刃特征参数　(b) 简化后的磨粒形状

图 3.14 磨粒的形状及特征参数

砂轮上的磨粒是不规则的多棱体，其切削部位的形状近似为圆锥体，圆锥底面直径取砂轮工作面上磨粒直径的平均值$\bar{d}$，$\bar{d}$可由式(3.15)计算：

$$\bar{d}=(d_{max}+d_{min})/2 \tag{3.15}$$

式中，d_{max}为最大磨粒直径；d_{min}为最小磨粒直径。

磨削过程中将磨粒看作刚体，忽略磨粒的应变，只考虑摩擦和磨削热对磨粒的作用。为了便于表面层网格细化及减小约束边界条件对仿真结果的影响，将磨粒及工件几何模型建立为阶梯形状，如图 3.16 所示。

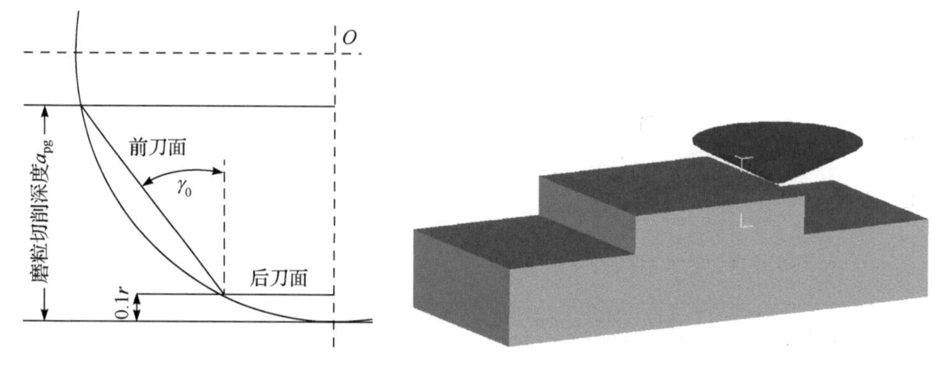

图 3.15　磨粒近似模型　　　　图 3.16　磨粒及工件的几何模型示意图

3) 磨粒及工件的网格划分

图 3.17 为磨粒与工件网格划分示意图。其中，图 3.17(a)为磨粒和工件初始条件下选择较大的网格尺寸进行划分的结果，图 3.17(b)为在工件与磨粒接触产生的塑性变形区采用局部加密网格重划分技术进行划分的结果。

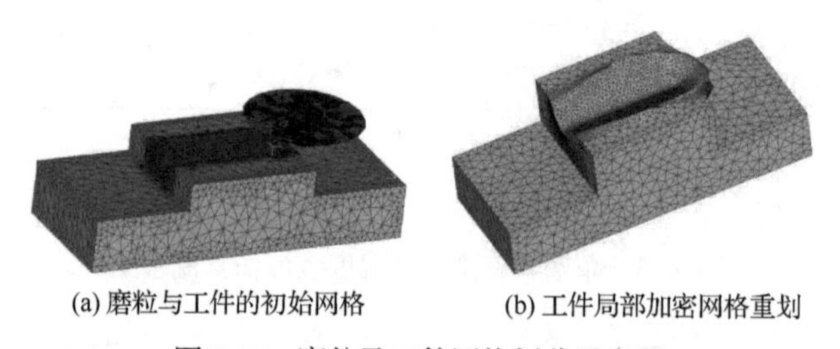

(a) 磨粒与工件的初始网格　　(b) 工件局部加密网格重划

图 3.17　磨粒及工件网格划分示意图

4) 材料屈服准则

当磨粒与工件开始接触时，工件在磨粒磨削刃的挤压作用下发生弹性变形，随着磨粒磨削刃对工件挤压作用变强，工件材料的内部应力和变形量逐渐增大，当内部应力达到材料屈服极限时，工件材料开始发生塑性变形。随着塑性变形的增强，磨粒磨削刃推动金属材料的流动，使得材料隆起，两侧面形成沟壁，最终形成磨屑。因此，在磨削模拟过程中，需要用合适的屈服准则判断材料是处于弹性变形阶段还是塑性变形阶段。

法国工程师特雷斯卡(Tresca)根据一系列金属挤压试验，认为当最大剪切应力达到某一极限值时，材料开始进入塑性状态，即材料发生屈服的条件为

$$\tau_{\max} = \frac{\sigma_1 - \sigma_3}{2} = \frac{\sigma_s}{2} \tag{3.16}$$

式中，τ_{max} 为材料的最大剪切应力；σ_s 为材料的屈服极限；σ_1 和 σ_3 分别为最大主应力和最小主应力。

5) 磨粒与工件的摩擦模型

与切削加工摩擦模型类似，磨削过程中磨粒与工件的摩擦模型采用修正库仑摩擦模型，如式(3.6)所示。

6) 传热模型

磨削中的传热途径包括砂轮(磨粒)与工件(包括切屑)之间的传热，工件内部的传热，砂轮内部的传热，以及工件(包括切屑)、砂轮与环境的传热。磨粒作用于工件的时间极短，且工件和磨粒的接触导热能力远高于空气对流传热能力，因此忽略工件、磨粒与外界环境的传热，仅考虑磨粒与工件(包括切屑)之间的接触传热和工件内部与磨粒内部的传热。接触传热的计算，需要设置接触传热系数，接触传热系数计算模型见式(3.13)。

由于磨削中与磨粒接触的工件材料产生大塑性变形，磨削区热量在工件或砂轮内部的传导受材料热导率及比热容的影响，在砂轮和工件之间进行的热传导由砂轮工作表面的磨粒与工件之间的接触传热系数确定。根据 Cooper 等提出的各向同性粗糙表面之间的热接触传热系数计算模型估算[9-11]，仿真中接触传热系数取 $h_c=1\times10^7\mathrm{W/(m^2\cdot K)}$。

磨削过程中所消耗的能量，除了极少数以形成新表面和晶格扭曲等形式潜藏外，大部分转化为热能。功热转化系数按照系统默认设置为 0.9，即变形功的 90%作为热源用于传热计算中。

7) 边界条件

仿真中工件模型底面固定不动，磨粒沿着磨削速度方向对工件进行切削，切入深度为全部参与切削磨粒的统计切入深度，磨粒移动速度计算式为

$$v_{\mathrm{grain}} = v_{\mathrm{s}} + \frac{v_{\mathrm{w}}}{60} \tag{3.17}$$

式中，v_{grain} 为磨粒沿着磨削速度方向的移动速度；v_s 为磨削速度；v_w 为工件速度。

磨削数值仿真研究中同样需要考虑热力耦合的作用。实际磨削中，材料内部、刀具内部、工件与刀具之间存在热传导，工件、刀具与周围环境(包括空气、冷却液)之间存在热对流现象。在除磨削弧外的工件加工表面上施加对流传热边界条件以模拟水基冷却液对工件的冷却作用，对流传热系数为 $32800\mathrm{W/(m^2\cdot ℃)}$[12]；工件底面因与工作台之间存在接触热阻而难以散失热量，将其定义为绝热表面。磨削边界条件设置如图 3.18 所示。

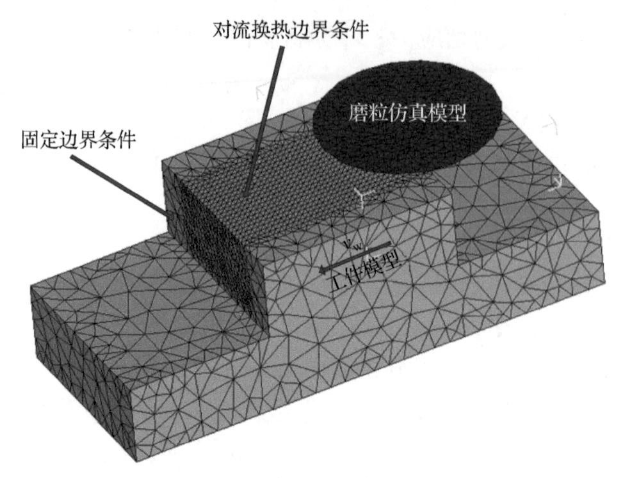

图 3.18 磨削边界条件设置

8) 磨削温度场分析模型

采用数值分析方法分析磨削温度场，关键是确定磨削热分布模型及磨削热传入工件的热量比例两个问题。对于平面磨削数值分析，目前主要有两种磨削热分布模型，如图 3.19 所示。其中，图 3.19(a)为矩形分布热载荷模型，图 3.19(b)为三角形分布热载荷模型。研究表明，对于顺磨，三角形分布热载荷模型较为符合实际；对于逆磨，矩形分布热载荷模型较接近实际情况。

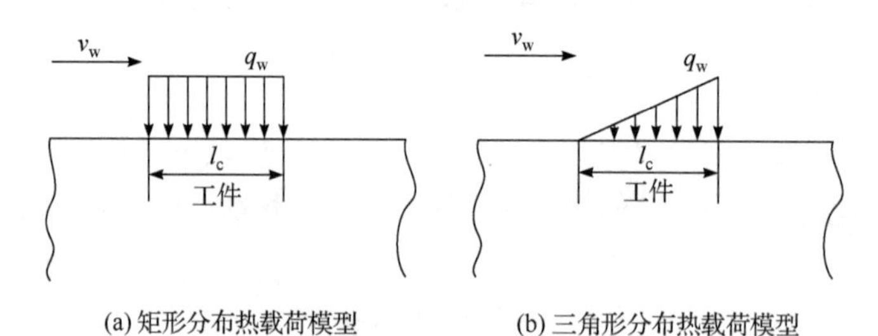

(a) 矩形分布热载荷模型　　(b) 三角形分布热载荷模型

图 3.19 常用磨削热分布载荷

q_w-流入工件的热流密度；v_w-工件速度；l_c-磨削弧长度

磨削中磨削能绝大部分转化为热能，热能以热传导、对流传热形式传入工件、砂轮、磨屑和磨削液中。可将磨削区产生的总热量分四部分：流入工件的热量、流向砂轮的热量、磨屑带走的热量及磨削液带走的热量，这些热量以热流密度的形式表现为

$$q_t = q_w + q_s + q_{eh} + q_f \tag{3.18}$$

式中，q_t为磨削弧上产生的总热流密度；q_w为流入工件的热流密度；q_s为流向砂轮的热流密度；q_{eh}为流入磨屑的热流密度；q_f为流入磨削液的热流密度。

总热流密度 q_t 可由式(3.19)计算：

$$q_t = \frac{F_t(v_s + v_w)}{bl_c} \tag{3.19}$$

式中，v_s 为磨削速度；v_w 为工件速度；F_t 为切向磨削力。

基于 Malkin 等[13,14]的研究成果，形成切屑的最小磨削能等于将单个磨屑的温度升高到其熔点 T_{melt} 所需要的能量，同时磨削中的大应变塑性变形过程时间极短，可以认为是绝热的过程，则最小磨削能将全部转化为热量被切屑带走，进而得到 q_{eh} 的计算式如下：

$$q_{eh} = \rho_w \times c_w \times T_{melt} \times \frac{a_p \times v_w}{l_c} \tag{3.20}$$

式中，ρ_w 为工件密度；c_w 为工件比热容。

磨削时磨削液很难进入磨削区，即使进入磨削区，磨削液带走的热量相对磨削产生的总热量及传入工件的热量来说也很小，流入磨削液的热流密度 q_f 可以忽略不计，因此计算时可以假定流入磨削液的热流密度为零：

$$q_f = 0 \tag{3.21}$$

为了计算 q_w 和 q_s，引入流入工件与砂轮热量分配关系的比值 ε_{ws}：

$$\varepsilon_{ws} = \frac{q_w}{q_w + q_s} = \left(1 + \frac{0.974 \cdot k_g}{(k_{\rho c})_w^{0.5} r_0^{0.5} v_s^{0.5}}\right)^{-1} \tag{3.22}$$

式中，k_g 为磨粒热导率；$(k_{\rho c})_w^{0.5}$ 为工件材料热接触系数，通常与温度有关；r_0 为砂轮磨粒的有效接触半径。

综上所述，可以得到流入工件的热流密度计算式如式(3.23)所示：

$$q_w = \frac{(F_t v_s - \rho_w \times c_w \times T_{melt} a_p \times v_w) \times (v_w + v_s)}{\left(1 + \frac{0.974 \times k_g}{(k_{\rho c})_w^{0.5} \times r_0^{0.5} \times v_s^{0.5}}\right) \times v_s \times b \times \sqrt{a_p d_e}} \tag{3.23}$$

关于 q_w 也可通过试验与数值模拟结合的方法确定，即通过试验确定出磨削力及磨削温度，通过磨削力计算出磨削总功率。假设传入工件的热量占总功率比例已知，采用数值分析计算获得数值分析磨削温度，并与试验温度对比，根据试验温度与数值分析温度是否一致，确定传入工件的热量占总功率比例及 q_w。确定 q_w 后，通过数值分析进行温度场计算，磨削温度场分布载荷分析模型如图 3.20 所示。

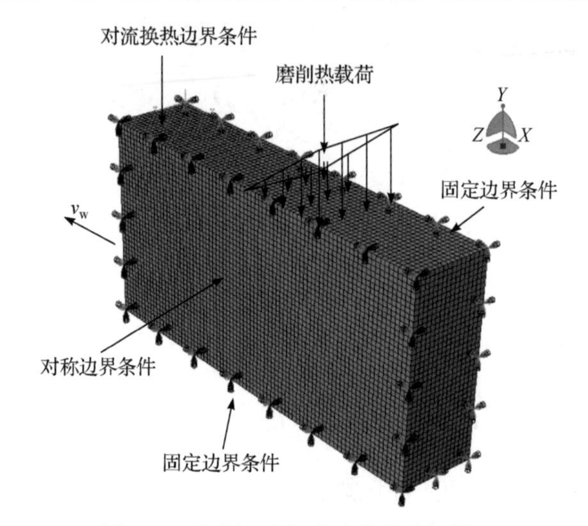

图 3.20　磨削温度场分布载荷分析模型

9) 磨削力分析模型

当量磨削深度的确定及工作磨粒数的确定是单磨粒磨削数值分析及磨削力计算的两个关键问题。砂轮工作面上的磨粒凸起高度参差不齐，若磨粒凸起高度符合正态分布，则磨粒切入工件的深度符合截尾正态分布。图 3.21 为磨粒凸起高度及切入深度分布的概率密度函数。

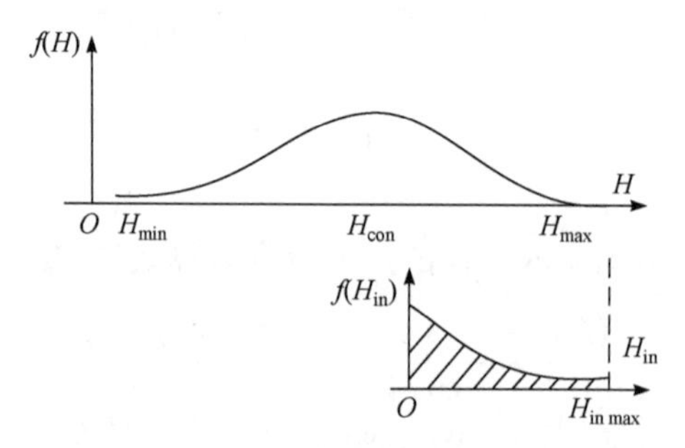

图 3.21　磨粒凸起高度及切入深度分布的概率密度曲线

H-磨粒的凸起高度；H_{min}-磨粒最小凸起高度；H_{max}-磨粒最大凸起高度；H_{con}-与工件接触的磨粒凸起高度；H_{in}-磨粒切入深度；$H_{in\,max}$-磨粒最大切入深度

磨粒切入深度的均值 $\bar{H}_{in}$ 可表示为[15]

$$\bar{H}_{in} = \mu - H_{con} + \frac{\sigma}{a} \times \varphi\left(\frac{\mu - H_{con}}{\sigma}\right) \tag{3.24}$$

式中，μ 为凸起高度均值；σ 为凸起高度标准差；a 为正规化常数，$a = \Phi\left(\frac{\mu'}{\sigma}\right)$，$\Phi(x) \sim N(0,1)$；$\varphi(x)$ 为 $N(0,1)$分布的密度函数。

通过扫描电镜及 3D 针式扫描仪测量发现[16]，磨粒在砂轮工作面上的凸起高度与磨粒直径很接近，即磨粒凸起高度可以用磨粒直径代替，则磨粒凸起高度分布概率密度函数可以表示为

$$y=\frac{1}{\sqrt{2\pi\sigma}}\mathrm{e}^{-\frac{(x-\mu)^2}{2\sigma^2}} \tag{3.25}$$

式中，x 为磨粒直径的随机变量。

砂轮工作面上的磨粒数很多，但起切削作用的磨粒仅是磨削弧内磨粒的一部分。假设磨粒均匀散布在砂轮中，则磨削弧内的磨粒数为

$$N_{\text{total}}=l_{\mathrm{c}}\times b\times N_{\mathrm{v}}^{\frac{2}{3}} \tag{3.26}$$

式中，l_{c} 为磨削弧长度；b 为磨削宽度；N_{v} 为砂轮单位体积的磨粒数。若以 ω 表示砂轮中磨粒体积与砂轮体积之比(砂轮磨粒率)，并将复杂的多棱体磨粒处理为球体磨粒，球体直径为最大磨粒直径与最小磨粒直径的平均值，即磨粒平均直径 $\overline{x}$ ，则有

$$N_{\mathrm{v}}=\frac{\omega}{\frac{4}{3}\pi\times(\overline{x}/2)^3} \tag{3.27}$$

任意时刻参与切削的磨粒数 N_{cut} 为

$$N_{\text{cut}}=N_{\text{total}}\times\frac{1}{\sqrt{2\pi\sigma}}\int_{x_{\text{con}}}^{x_{\max}}\mathrm{e}^{-\frac{(x-\mu)^2}{2\sigma^2}}\mathrm{d}x \tag{3.28}$$

式中，$x_{\max}$ 为磨粒最大直径，可由砂轮粒度号得到；x_{con} 为参与切削磨粒最小直径。若以 V_x 表示直径为 x 的磨粒切除工件的体积，其表达式为

$$V_x=l_{\mathrm{c}}\times S_x \tag{3.29}$$

式中，S_x 为直径为 x 的磨粒切入工件部分的截面积，其计算公式为

$$S_x=(x-x_{\text{con}})^2\times\tan\theta \tag{3.30}$$

式中，θ 为磨粒切削圆锥的半顶锥角。则参与切削的磨粒单位时间磨除的工件体积总和为

$$V_{\mathrm{s}}=\int_{x_{\text{con}}}^{x_{\max}}V_x\times b\times v_{\mathrm{s}}\times N_{\mathrm{v}}^{\frac{2}{3}}\times\frac{1}{\sigma\sqrt{2\pi}}\mathrm{e}^{-\frac{(x-\mu)^2}{2\sigma^2}}\mathrm{d}x \tag{3.31}$$

将式(3.29)和式(3.30)代入式(3.31)，得到

$$V_{\mathrm{s}}=\int_{x_{\text{con}}}^{x_{\max}}l_{\mathrm{c}}\times(x-x_{\text{con}})^2\times\tan\theta\times b\times v_{\mathrm{s}}\times N_{\mathrm{v}}^{\frac{2}{3}}\times\frac{1}{\sigma\sqrt{2\pi}}\mathrm{e}^{-\frac{(x-\mu)^2}{2\sigma^2}}\mathrm{d}x \tag{3.32}$$

磨削过程中，单位时间砂轮磨除的工件体积 V_w 为

$$V_w = a_p \times b \times v_w \tag{3.33}$$

式中，a_p 为磨削深度。

单位时间砂轮磨除的工件体积 V_w 与微观磨粒磨除的体积总和 V_s 应相等，进而可以得到参与切削磨粒最小直径 x_{con}，再由公式(3.28)得到参与切削的磨粒数 N_{cut}。

考虑到磨削过程中磨粒之间的相互作用很小，砂轮在单位磨削宽度上的磨削力与单磨粒磨削力之间映射关系如式(3.34)所示：

$$\begin{cases} F_n = \dfrac{F_{ns} \times N_{cut}}{b} \\ F_t = \dfrac{F_{ts} \times N_{cut}}{b} \end{cases} \tag{3.34}$$

式中，F_n 与 F_t 分别为砂轮在单位磨削宽度上的法向及切向磨削力；F_{ns} 与 F_{ts} 分别为单磨粒的法向及切向磨削力，通过单磨粒磨削数值模型计算可得。

3.2 典型材料车削表面变质层形成机制

3.2.1 高温合金 GH4169DA 端面车削表面变质层形成机制

1. 端面车削工艺过程

高温合金 GH4169DA 端面车削的研究将使用硬质合金和陶瓷两种刀具分别进行切削试验。刀片的详细参数见表 3.6，刀杆参数见表 3.7。

表 3.6 高温合金 GH4169DA 端面车削刀片参数

参数	硬质合金刀具	陶瓷刀具
牌号	CNMG 120408-23 1105	CNGA120412T01020
涂层	PVD-TiAlN	CVD-Al_2O_3/TiCN
前角/(°)	−13	0
后角/(°)	0	0
刀尖半径/mm	0.8	1.2
刀刃半径/μm	40±5	70±5

表 3.7　高温合金 GH4169DA 端面车削刀杆参数

牌号	切削刃角/(°)	刀具导程角/(°)	垂直前角/(°)	刃倾角/(°)
DCLNR 2525M 12	95	−5	−6	−6

端面车削工艺试验在 HK63/1000 型数控车床上进行，最大功率为 11kW。车削力各分力如图 3.22 所示。设计六因素四水平正交试验方案，研究热力耦合作用对表面变质层的影响，试验因素和水平见表 3.8。

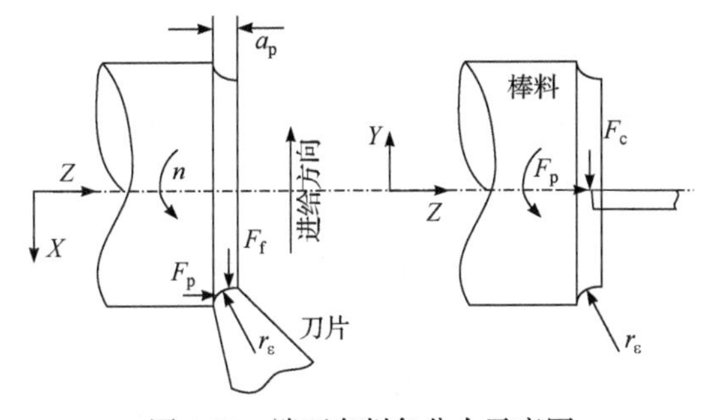

图 3.22　端面车削各分力示意图

n-主轴转速；a_p-切削深度；F_p-背向力；F_c-主切削力；F_f-进给力；r_ε-刀尖圆弧半径

表 3.8　高温合金 GH4169DA 端面车削试验因素水平表

刀具类型	参数	水平一	水平二	水平三	水平四
硬质合金刀具	切削速度 v_c/(m/min)	40	50	60	70
	切削深度 a_p/mm	0.20	0.40	0.60	0.80
	进给量 f/(mm/r)	0.10	0.15	0.20	0.25
陶瓷刀具	切削速度 v_c/(m/min)	60	70	80	90
	切削深度 a_p/(mm)	0.20	0.40	0.60	0.80
	进给量 f/(mm/r)	0.10	0.15	0.20	0.25

2. 车削力和温度场分析

图 3.23 为 v_c=40m/min，a_p=0.2mm，f=0.1mm/r 加工参数下高温合金 GH4169DA 端面车削仿真切削力随时间的变化曲线。初始阶段，切削力随着时间的推移和刀具的前进慢慢变大，在时间为 0.0017s 附近切削力逐步进入稳定状态，切削随之进入稳态，稳态阶段进给力维持在 36N 左右。

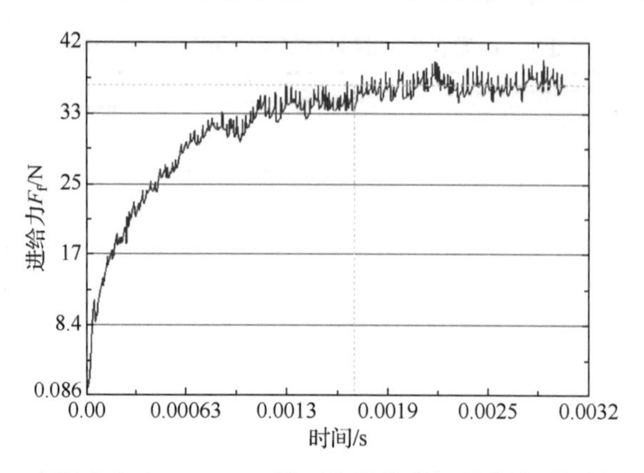

图 3.23　高温合金 GH4169DA 端面车削仿真切削力随时间的变化曲线

将高温合金 GH4169DA 端面车削工件沿平行于切削方向的一个平面剖开，从表面沿垂直方向 0.3mm 深度内均布 30 个点，追踪每个点的温度数据，得到切削温度沿深度方向变化的曲线如图 3.24 所示。端面车削工件表面最高温度为 475℃，但是高温作用区域的深度仅为 0.12mm 左右。这是因为在车削加工中刀具前刀面和工件接触区发生剧烈的弹塑性变形，从而产生大量的热，该处随即出现高温，随后沿表层深度方向温度逐渐减小。

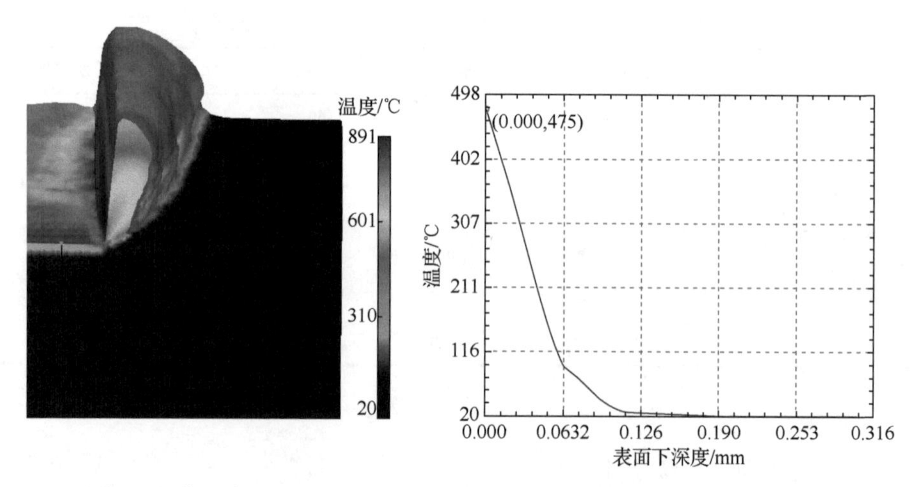

图 3.24　高温合金 GH4169DA 端面车削温度沿表面下深度方向分布示意图

切削过程中在极短时间内被加工材料会产生剧烈的塑性变形，变形过程涉及应力、应变等行为。在刀具刃口圆弧及后刀面的挤压和摩擦作用下，使已加工表层产生塑性变形，造成纤维化与加工硬化。第三变形区的变形和应力对已加工表面质量有很大影响。切削加工后工件材料的等效应力和等效塑性应变如图 3.25 所示。等效应力主要集中在第一变形区，这是因为第一变形区是切屑形成变形区，剪切变形及加工硬化严重。等效塑性应变在已加工表面分布较为均匀。

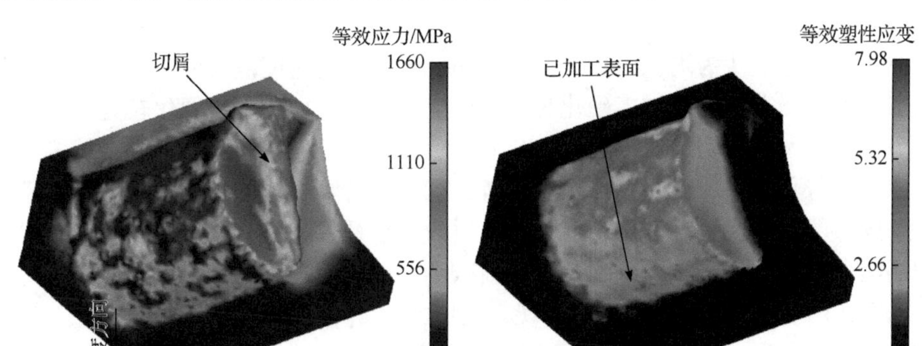

图 3.25　高温合金 GH4169DA 端面车削过程等效应力、等效塑性应变分布图

3. 工艺参数对车削热力耦合的影响

1) 工艺参数对车削力的影响

为研究高温合金 GH4169DA 端面车削参数对切削力的影响规律，根据端面车削过程中正交试验结果，通过极差分析，获得切削速度 v_c、切削深度 a_p、进给量 f 与各切削力分量间的关系曲线。

图 3.26 是高温合金 GH4169DA 端面车削切削力与切削速度间的关系。对于硬质合金刀具而言，进给力 F_f 变化甚微，主切削力 F_c 则随切削速度增加减少了约 96N，变化范围略大。这主要是因为随着切削速度提高，切屑与前刀面间的摩擦、挤压产生的热量越来越多，高温合金材料较低的热导率使得热量瞬间聚集且难以传出，接触区域的温度上升极快，材料在持续高温下产生一定的热软化效应，材料去除变得更加容易。

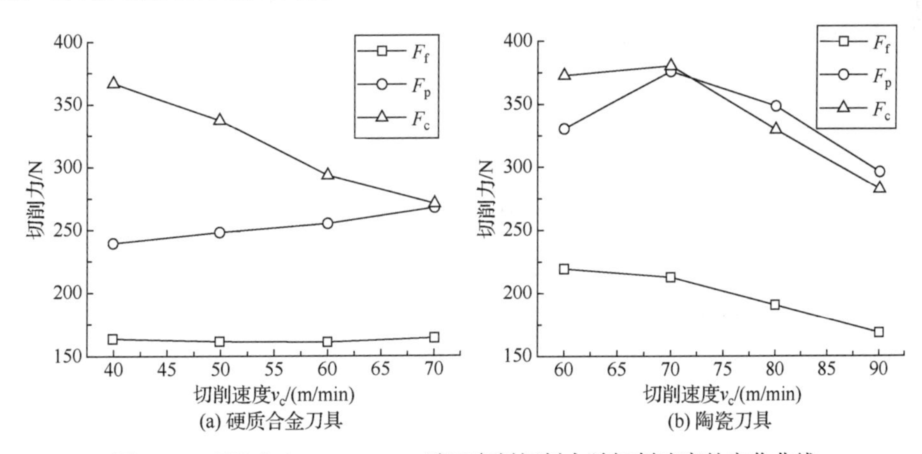

图 3.26　高温合金 GH4169DA 端面车削切削力随切削速度的变化曲线

相比于硬质合金刀具，在使用陶瓷刀具切削时，切削速度对切削力的影响有些许差别。主切削力 F_c 与背向力 F_p 变化趋势几乎一致，都是先有略微增加，后逐渐减小。可以认为陶瓷刀具在小于 70m/min 的切削速度范围内，由于高温合金切削加工过程中存在的加工硬化超过热效应的影响，加工表层硬化较为严重，切削力逐渐增大；在切屑速度大于 70m/min 后，切削过程积累的热量越来越多，热效应占主导作用，切屑底层在高温下软化形成很薄的微熔层[17]，刀屑接触区域的摩擦系数相应减小，剪切角变大，切屑的变形系数随之减小，单位切削面积上的切削力也相应减小，因此切削力逐渐减小。

对比图 3.27 和图 3.28 不难发现，主切削力 F_c 与切削深度 a_p、进给量 f 几乎均呈正相关关系。这是因为切削面积 A_c 会随着这两者的增加线性增加[18]($A_c=a_p \cdot f$)。具体来讲，就是进给量越大，切屑厚度越大；切削深度越大，切屑宽度越大。当进给量和切削深度中其一增加时，单位时间内的材料去除率变大，切屑变形所需的力也越来越大，切削力变大。背向力 F_p 随两者的变化趋势也几乎一致；进给量对进给力 F_f 的影响程度不及切削深度对其影响大。

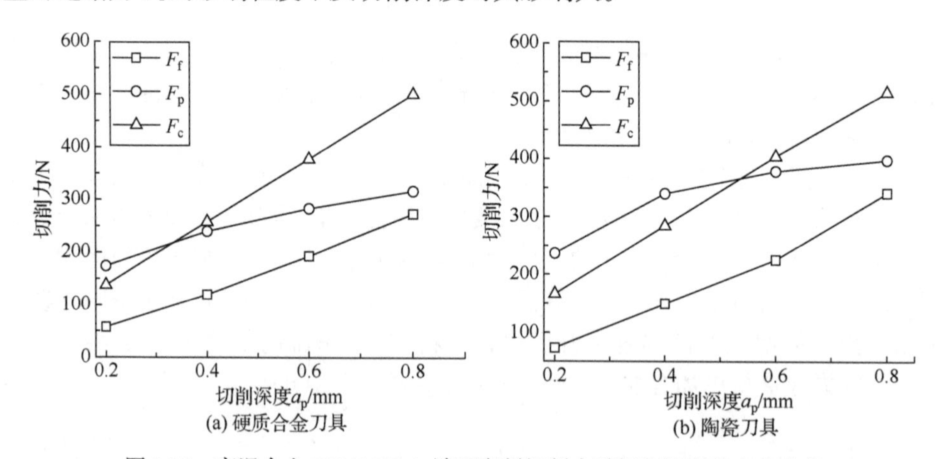

图 3.27　高温合金 GH4169DA 端面车削切削力随切削深度的变化曲线

利用多元线性回归拟合得到硬质合金刀具切削力经验预测模型如式(3.35)所示，陶瓷刀具切削力经验预测模型如式(3.36)所示：

$$
\begin{cases}
F_p = 10^{2.292} {a_p}^{0.442} f^{0.425} {v_c}^{0.337} \\
F_f = 10^{2.425} {a_p}^{1.123} f^{0.268} {v_c}^{0.186} \\
F_c = 10^{3.686} {a_p}^{0.917} f^{0.715} {v_c}^{-0.209}
\end{cases}
\tag{3.35}
$$

$$\begin{cases} F_p = 10^{3.222} a_p^{\ 0.383} f^{0.218} v_c^{\ -0.214} \\ F_f = 10^{3.704} a_p^{\ 1.085} f^{0.177} v_c^{\ -0.509} \\ F_c = 10^{3.904} a_p^{\ 0.803} f^{0.592} v_c^{\ -0.358} \end{cases} \tag{3.36}$$

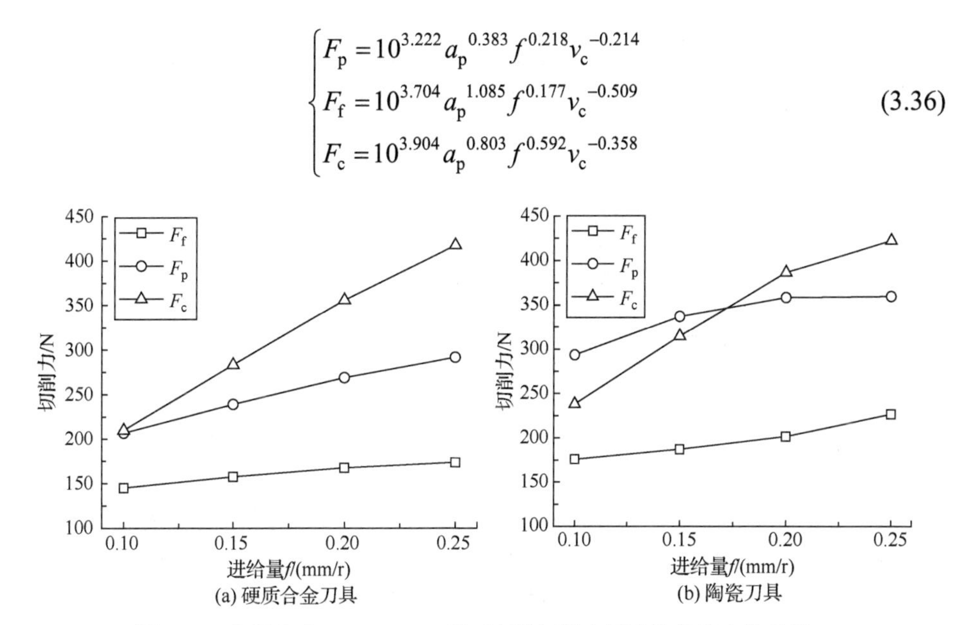

图 3.28　高温合金 GH4169DA 端面车削切削力随进给量的变化曲线

为验证模型的准确性，需对所建立的回归方程进行显著性检验。模型的方差分析见表 3.9。

表 3.9　高温合金 GH4169DA 端面车削切削力经验模型方差分析

刀具类型	切削力	方差来源	自由度	方差	均方差	F	显著性
硬质合金刀具	F_f	回归模型	3	5.629	1.876	1942.391	**
		残差	12	0.012	0.001		
		总值	15	5.641	—		
	F_p	回归模型	3	1.265	0.422	443.277	**
		残差	12	0.011	0.001		
		总值	15	1.276	—		
	F_c	回归模型	3	4.635	1.545	4044.097	**
		残差	12	0.005	0.0004		
		总值	15	4.640	—		
陶瓷刀具	F_f	回归模型	3	5.261	1.754	121.904	**
		残差	12	0.173	0.014		
		总值	15	5.434	—		

续表

刀具类型	切削力	方差来源	自由度	方差	均方差	F	显著性
陶瓷刀具	F_p	回归模型	3	0.742	0.247	13.128	**
		残差	12	0.226	0.019		
		总值	15	0.968	—		
	F_c	回归模型	3	3.502	1.167	237.805	**
		残差	12	0.059	0.005		
		总值	15	3.561	—		

注：**表示 $P<0.01$，后同。

F 检验规定如下：试验因素数为 m，试验次数为 n。若给定显著性检验水平为 0.05，若 $F \leqslant F_{0.05}(m, n-m-1)$，则 Y 与 X_i 间线性关系不明显，模型不可信；若 $F_{0.05}(m,n-m-1)<F$，则 Y 与 X_i 间线性关系显著；若 $F>F_{0.01}(m,n-m-1)$，则 Y 与 X_i 间有十分显著的线性关系，模型可信。此试验中，$m=3$，$n=16$，查表可得 $F_{0.01}(3,12)=5.95$，$F_{0.05}(3,12)=3.49$。由此可见，硬质合金刀具及陶瓷刀具切削力经验模型各分力对应的 F 均大于 $F_{0.01}(3,12)$，模型较显著，可接受。

2) 工艺参数对车削温度场的影响

图 3.29 为不同切削速度下工件温度沿表面下深度的变化曲线。随着切削速度的提高，工件表面温度变得更高。随着表面下深度增大，温度逐渐变小。在表面下深度为 0.3mm 左右趋于稳定，维持在室温。另外，陶瓷刀具切削速度达到 90m/min 时，温度沿表面下深度下降速率较大，并在 0.1mm 左右就趋于稳定。这主要是因为速度足够高时，切屑与基体材料分离的速度增大，摩擦接触区域温度虽高，但切屑也带走了更多热量，向内部传递的热量较少[19]。

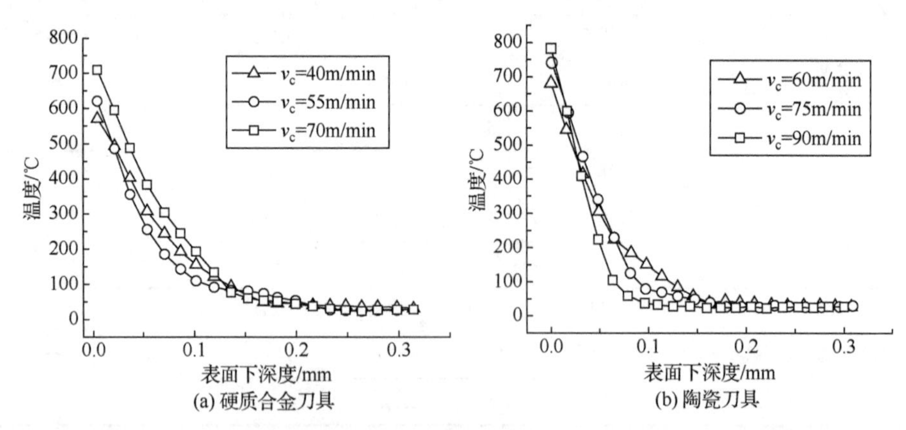

图 3.29　高温合金 GH4169DA 端面车削不同切削速度下工件温度沿表面下深度的变化曲线

图3.30为不同切削深度下工件温度沿表面下深度的变化曲线图。可以发现，切削深度对温度影响层深度的影响并不是很大，温度沿表面下深度方向的下降速率趋近相同，这是因为切削深度增加时，表面温度虽有增加，但是去除的材料多，卷走的切屑体积也较大，带走了更多的切削热。

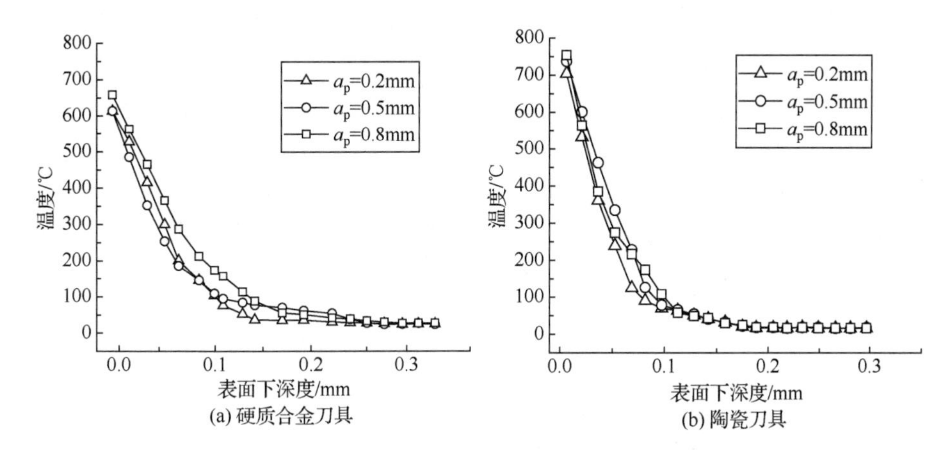

图 3.30　高温合金 GH4169DA 端面车削不同切削深度下工件温度沿表面下深度的变化曲线

图 3.31 为不同进给量下工件温度沿表面下深度的变化曲线图。对于硬质合金刀具来说，基本呈现的是进给量越大，温度影响层深度越大，同时温度沿深度方向下降速率基本一致。陶瓷刀具在进给量为 0.100mm/r 时，温度下降反而略慢，可能是因为进给量较小时，切屑厚度较小，随切屑带走的热量较少，产生的大多数热量沿表面下深度方向传递至工件内部。

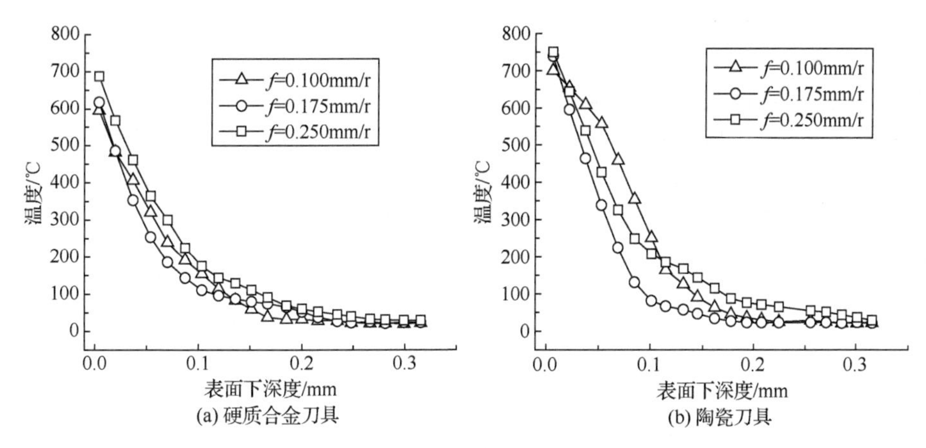

图 3.31　高温合金 GH4169DA 端面车削不同进给量下工件温度沿表面下深度的变化曲线

综上所述，陶瓷刀具切削时的温度均超过使用硬质合金刀具。首先，由于使用陶瓷刀具切削时的切削速度均比硬质合金刀具高出许多，而切削速度又是影响切削温度的关键因素。其次，硬质合金刀具的热导率比陶瓷刀具的高，陶瓷刀具相对于硬质合金刀具来说是热的不良导体，使用陶瓷刀具切削时，热量产生较多且难以传导，两者的综合作用导致工件表面温度较高。最后，切削过程中，刀具前刀面与切屑之间会产生剧烈的挤压和摩擦，大量热量产生且难排出，集中在第二变形区附近。由于后刀面与加工表面接触长度较短，其温度上升与下降都极为迅速。通常，前刀面的温度比后刀面的温度高。

图 3.32 为硬质合金刀具与陶瓷刀具切削时前刀面上的温度分布示意图。对比可以看出，硬质合金刀具前刀面上的最高温度约为 310℃，由于使用陶瓷刀具切削的速度远高于使用硬质合金刀具，陶瓷刀具的前刀面最高温度约为 562℃，大幅高出硬质合金前刀面温度。总体来看，两种刀具前刀面温度最高区域距离刀尖距离在 0.1～0.3mm，前刀面温度从最高区域向周围呈扩散状逐渐减小。

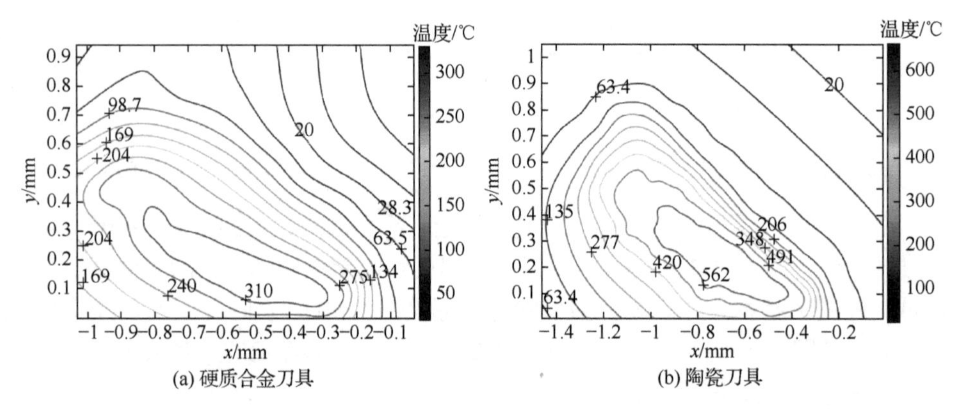

图 3.32　高温合金 GH4169DA 端面车削刀具切削时前刀面温度分布示意图

x-长度方向距刀尖的距离；*y*-高度方向距刀尖的距离

3) 工艺参数对车削应变场的影响

图 3.33 为切削速度对等效塑性应变场的影响。分析可知，等效塑性应变在材料表面处取得最大值，沿深度方向逐渐减小且最终趋于 0，表面最大等效塑性应变范围在 2.0～3.5。切削速度对等效塑性应变影响较小，在表面下深度 0.1mm 内等效塑性应变值下降较快，表面下深度大于 0.1mm 后，亚表层等效塑性应变下降速率逐渐减小，直至在表面下 0.2mm 左右趋于稳定。

图 3.34 为切削深度对等效塑性应变场的影响。观察可知，切削深度对等效塑性应变的影响较为显著。当切削深度为 0.8mm 时，使用两种刀具切削对应的表面等效塑性应变均达到了 3.5。可以看出，切削深度较大时，等效塑性应变对应的表面下深度变得更深。可以这样来解释：由于切削深度对切削力的影响显著，当切削深度变大时，机械作用对加工表层的影响会更加突出。刀具后刀面对已加工表面的挤压及摩擦作用明显，在热载荷的综合作用下，使得表面塑性变形

层变深。

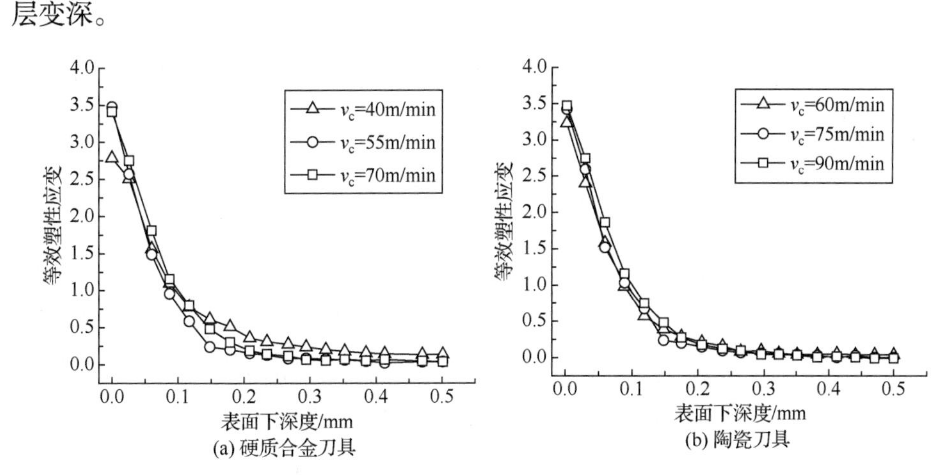

图 3.33　端面车削不同切削速度下高温合金 GH4169DA 等效塑性应变沿表面下深度的变化曲线

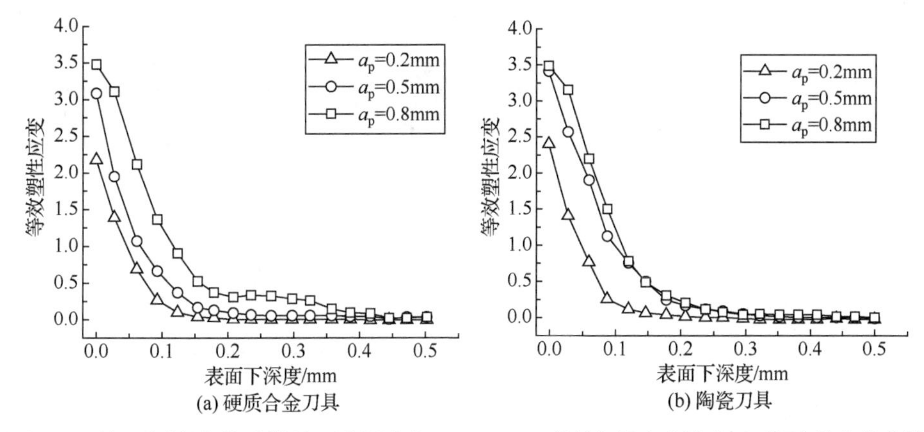

图 3.34　端面车削不同切削深度下高温合金 GH4169DA 等效塑性应变沿表面下深度的变化曲线

图 3.35 为进给量对等效塑性应变场的影响。分析可知，进给量从 0.100mm/r 增大到 0.175mm/r 时，表面等效塑性应变发生了较大的变化。当进给量从 0.175mm/r 增大到 0.250mm/r 时，等效塑性应变几乎没有变化。在较小进给量条件下，机械作用及热效应对工件表层的影响均较小，因此两种刀具在进给量 0.100mm/r 下对应的等效塑性应变均较小。在进给量逐渐增大时，切屑厚度会随之变大，切屑带走的热量变多[19]，热影响对工件表层的影响趋于稳定，因此在进给量略微增大时，等效塑性应变变化不够明显。

4. 端面车削表面变质层形成机制

选择如表 3.10 所示低、中、高三组不同车削参数水平(水平一、水平二、水平三)，采用硬质合金刀具和陶瓷刀具进行高温合金 GH4169DA 端面车削工艺试

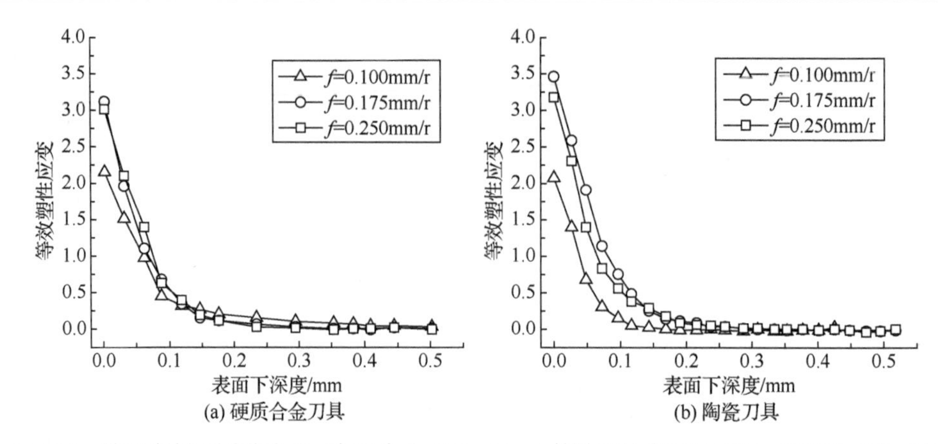

(a) 硬质合金刀具　　(b) 陶瓷刀具

图 3.35　端面车削不同进给量下高温合金 GH4169DA 等效塑性应变沿表面下深度的变化曲线

验，对加工过程中的切削力、切削温度及加工后的试件表层残余应力、表层显微硬度和表层微观组织进行测试，分析热力耦合对表面变质层的影响规律。

表 3.10　高温合金 GH4169DA 端面车削试验参数及切削力、切削温度

刀具	加工强度	v_c/(m/min)	a_p/mm	f/(mm/r)	F_f/N	F_p/N	F_c/N	T/℃
硬质合金刀具	水平一	44	0.36	0.14	86	155	268	638
	水平二	65	0.6	0.2	204	288	496	683
	水平三	86	0.84	0.26	375	434	684	783
陶瓷刀具	水平一	120	0.36	0.26	110	274	486	756
	水平二	100	0.60	0.20	206	311	628	642
	水平三	150	0.60	0.20	201	314	651	820

1) 热力耦合对残余应力的影响

硬质合金刀具端面车削高温合金 GH4169DA 热力耦合作用下残余应力、等效塑性应变和温度沿表面下深度分布如图 3.36 所示。其中，残余应力和表面下深度为试验所得，温度和等效塑性应变为仿真结果。不同加工强度下，残余应力先减小后增大，但是同一表面下深度处残余应力不同。加工强度增大，主切削力从 268N 增至 684N，周向残余应力由压应力-59MPa 转变为拉应力 787MPa；径向表面残余拉应力从 151MPa 增大 830MPa，周向残余应力和径向残余应力影响层表面下深度相同。从已加工表面到亚表面，随着切削温度及等效塑性应变下降，对应的残余应力从表面拉应力峰值迅速下降到压应力峰值。受表面处切削区域高切削热的影响，表面呈现较大的拉应力；随着深度下降，热效应影响逐渐减小，切削力等带来的机械作用对表层的挤压作用开始变得突出，因此亚表层呈现压应力。距已加工表面距离大于 0.075mm，温度和等效塑性应变场的作用都减弱，残余应力也逐渐减弱，趋于基体值。

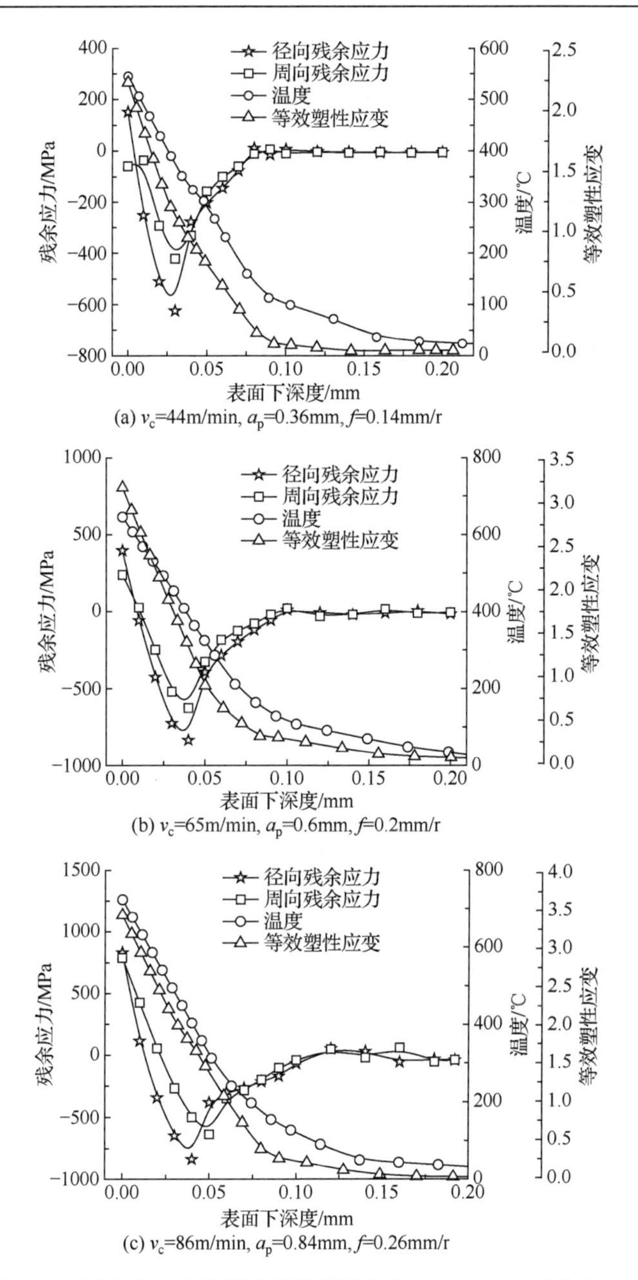

图 3.36 硬质合金刀具端面车削高温合金 GH4169DA 残余应力、等效塑性应变和温度沿表面下深度分布

图 3.37 是陶瓷刀具切削表层残余应力、温度及等效塑性应变沿表面下深度的分布曲线图。三组参数下的主切削力从 486N 增大到了 651N，径向残余应力从 274N 增大到 314N。表面切削温度从 642℃增大到 828℃。表面等效塑性应变为 3

左右，与硬质合金刀具切削表面类似。对比图 3.37(b)与(c)，在两组参数仅切削速度不同的条件下，切削速度较大时得到的表面残余拉应力远远大于切削速度较小条件下的值。

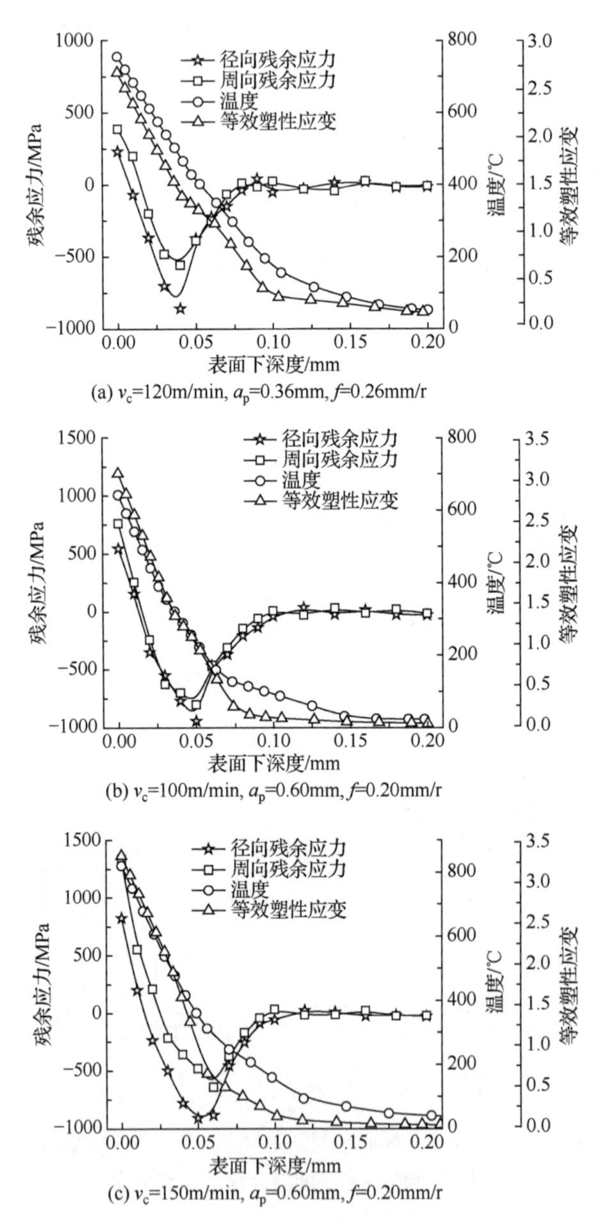

(a) v_c=120m/min, a_p=0.36mm, f=0.26mm/r

(b) v_c=100m/min, a_p=0.60mm, f=0.20mm/r

(c) v_c=150m/min, a_p=0.60mm, f=0.20mm/r

图 3.37　陶瓷刀具端面车削高温合金 GH4169DA 残余应力、等效塑性应变和温度沿表面下深度分布

相比硬质合金刀具，陶瓷刀具切削后的表面拉应力要大很多。可以这样来解释：使用陶瓷刀具切削时的速度远高于硬质合金刀具，而切削温度对切削速度最为敏感，因此前者产生的热量更多，热量对产生拉应力有增益作用；切削速度提高，切削力会在热软化效应的作用下呈现降低趋势，径向残余应力的降低会减小对加工表面的挤压，上述结果都会产生更大的拉应力。综合来看，陶瓷刀具更适合于粗加工或半精加工，硬质合金刀具可用于精加工。

2) 热力耦合对显微硬度的影响规律

图 3.38 为硬质合金刀具车削高温合金 GH4169DA 时显微硬度、温度和等效塑性应变场的变化。分析可知，加工强度从水平一增大到水平二时，表面显微硬度从 526$HV_{0.025}$ 增加到 538$HV_{0.025}$，硬化层厚度从 0.08mm 减小至 0.05mm；加工强度从水平二增加到水平三时，表面显微硬度从 538$HV_{0.025}$ 下降到 520$HV_{0.025}$，硬化层厚度从 0.05mm 增大至 0.06mm。车削加工强度提高，切削力增大，表层金属等效塑性应变增大，塑性变形明显，但是刀具存在刃口半径，有一薄层金属靠刀具与已加工表面产生挤压、摩擦作用去除，使材料塑性变形区扩展到下表面。材料回弹作用使加工表面多余材料与刀具摩擦产生变形，导致材料晶体结构

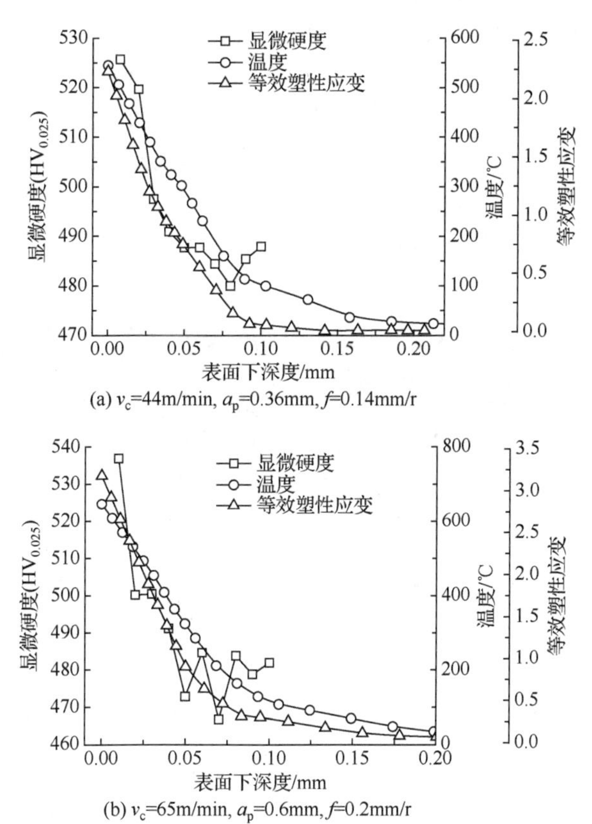

(a) v_c=44m/min, a_p=0.36mm, f=0.14mm/r

(b) v_c=65m/min, a_p=0.6mm, f=0.2mm/r

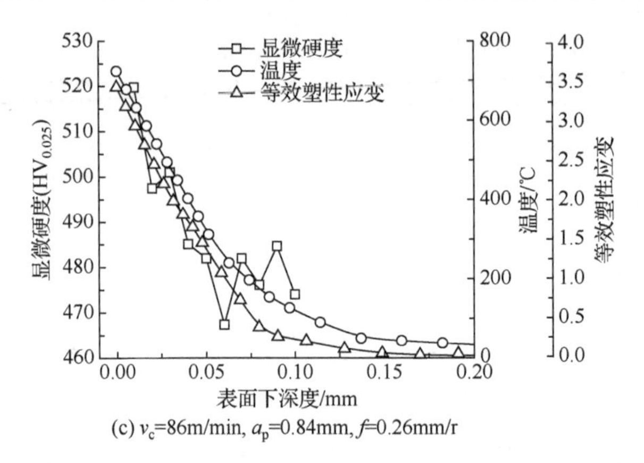

(c) v_c=86m/min, a_p=0.84mm, f=0.26mm/r

图 3.38　硬质合金刀具端面车削高温合金 GH4169DA 显微硬度、等效塑性应变、温度沿表面下深度分布

发生变化，材料在这种变化作用下显微硬度升高。继续增大加工强度产生更多热量，由于高温合金热导率低，使切削热集中在工件的加工区内，从而使工件表层温度显著升高，材料发生软化作用，加工硬化程度减小。

3) 热力耦合对微观组织的影响规律

图 3.39 为高温合金 GH4169DA 端面车削表层微观组织缺陷。由图可知，碳化物颗粒的破坏和表面撕裂形成“空腔”。刀具和工件间的黏附作用导致工件表面产生严重的塑性流动，位错的堆积导致微观裂纹的形成。当表面的剪切应力达到材料的屈服强度，材料被去除后产生一个“空腔”[20]。碳化物硬度高，不能跟随工件塑性层流动，在刀具进给方向上的颗粒产生破裂，随着切屑被去除，留下一个表面“空腔”。

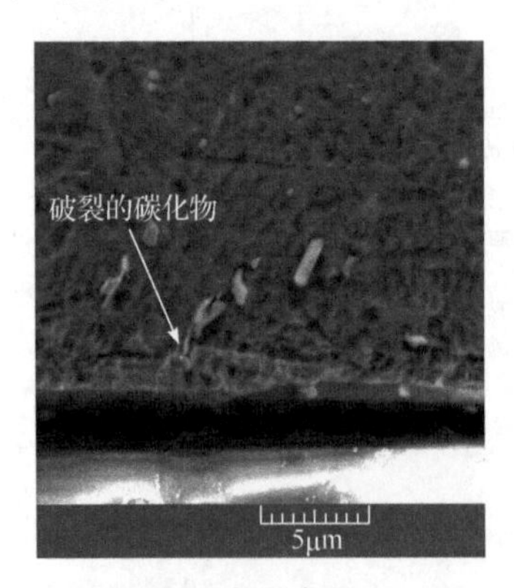

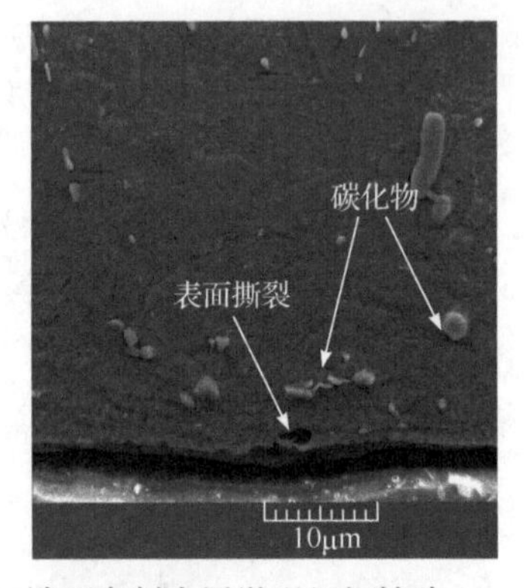

图 3.39　高温合金 GH4169DA 端面车削表层微观组织缺陷

图 3.40 为硬质合金刀具切削高温合金 GH4169DA 表层微观组织。由图可知，加工强度增大，塑性变形层厚度由 2.5μm 增大至 5μm，热力耦合作用增强，

表层金属等效塑性应变增大，塑性变形更加显著，微观组织改变越明显，晶粒变形程度越大。从本质上来说，切削过程是材料在刀具作用下产生从弹性变形到塑性变形(滑移、晶界滑动、蠕变)直至断裂的过程，当应力达到屈服强度后，材料便会发生塑性流动，形成塑性变形层[21]。

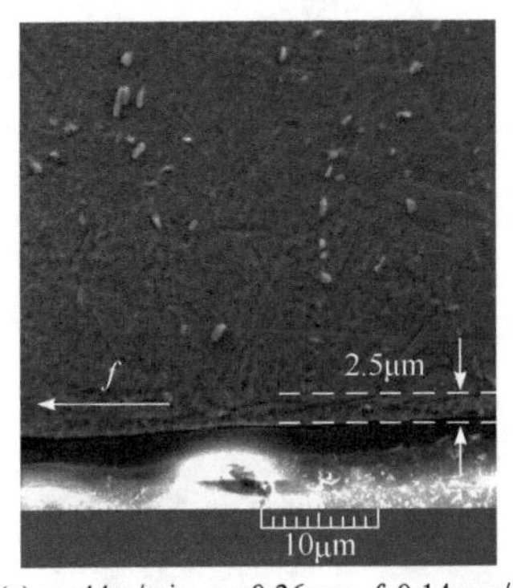

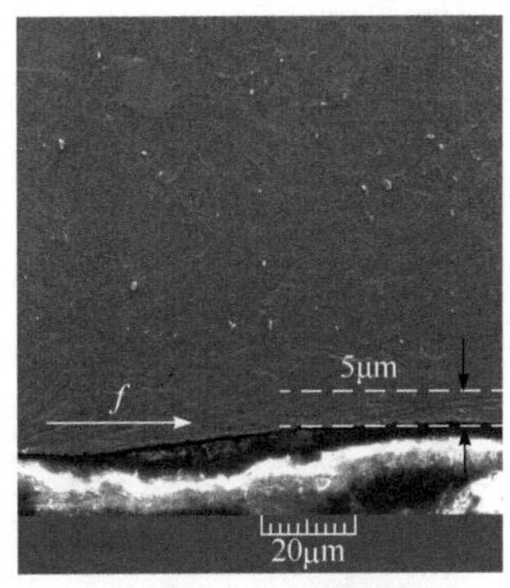

(a) v_c=44m/min, a_p=0.36mm, f=0.14mm/r (b) v_c=86m/min, a_p=0.84mm, f=0.26mm/r

图 3.40 硬质合金刀具切削高温合金 GH4169DA 表层微观组织

图 3.41 为陶瓷刀具切削高温合金 GH4169DA 表层微观组织。由图可知，加工过程中同样存在塑性变形层，其厚度分别约为 3μm 与 4μm。这是因为切削深度变大时，主切削力和进给力变大，刀具对工件表面的挤压与摩擦作用增强，塑性变形增加；切削速度的提高必然伴随热量增多，切削温度提升，材料表面会有一定的软化作用，γ''相在持续高温下会变大成圆盘状，且凝聚力下降，晶粒更易被拉长。

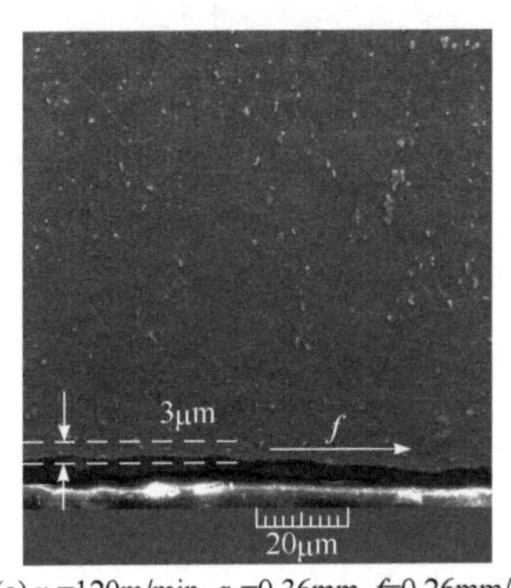

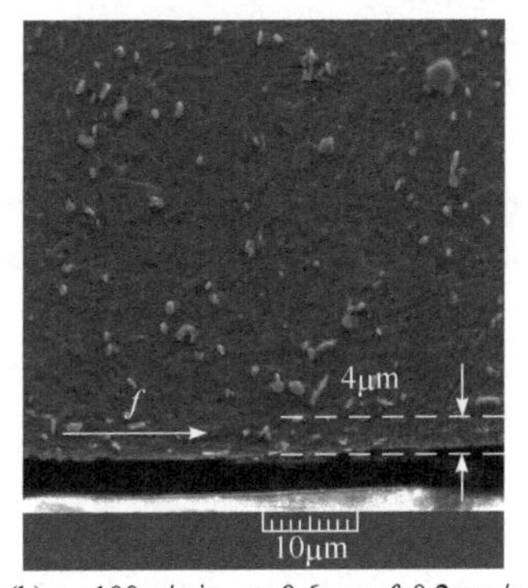

(a) v_c=120m/min, a_p=0.36mm, f=0.26mm/r (b) v_c=100m/min, a_p=0.6mm, f=0.2mm/r

图 3.41 陶瓷刀具切削高温合金 GH4169DA 表层微观组织

3.2.2 高温合金 GH4169DA 外圆车削表面变质层形成机制

1. 外圆车削工艺过程

高温合金 GH4169DA 外圆车削试验采用三种硬质合金刀具：山高 VBMT，

株钻 VBET 和株钻 ZIGQ3N，三种规格硬质合金刀具的详细参数如表 3.11 所示，刀具如图 3.42 所示。

表 3.11　高温合金 GH4169DA 外圆车削用硬质合金刀具参数

参数	山高 VBMT	株钻 VBET	株钻 ZIGQ3N
牌号	VBMT160408-F1	VBET160408-NGF	ZIGQ3N-NM
前角/(°)	0	0	0
后角/(°)	5	5	7
刀尖半径/mm	0.8	0.8	1.5

(a) 山高VBMT
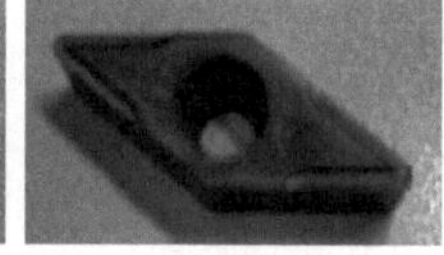
(b) 株钻VBET

(c) 株钻ZIGQ3N

图 3.42　高温合金 GH4169DA 外圆车削用硬质合金刀具

试验所用机床为 HK63/1000 型数控车床，最大功率为 11kW。基于 L_9(三因素三水平)正交设计的试验方案，山高 VBMT、株钻 VBET 和株钻 ZIGQ3N 三种硬质合金刀具的外圆车削参数保持一致，如表 3.12 所示。

表 3.12　高温合金 GH4169DA 外圆车削正交试验因素水平表

参数	水平一	水平二	水平三
切削速度 v_c/(m/min)	10	30	50
切削深度 a_p/mm	0.20	0.40	0.60
进给量 f/(mm/r)	0.06	0.13	0.20

2. 车削力和温度场分析

图 3.43 为高温合金 GH4169DA 外圆车削仿真进给力随时间的变化。由图可知，初始阶段随着时间的推移，刀具的进给力慢慢变大，在时间为 0.0017s 附近进给力逐步进入稳定状态，切削进入稳态，此后进给力在较小的范围内波动。

图 3.44 为山高 VBMT 刀具在 v_c=30m/min，a_p=0.4mm，f=0.13mm/r 条件下外圆车削高温合金 GH4169DA 不同分析步的切削温度场分布云图。可以看出，随着刀片的切入，工件上温度场的影响范围迅速扩大，工件上的温度先迅速增大然后趋于稳定，刀具与工件接触部分的温度基本上不随刀具的切入而发生变化，其值约为 500℃，同时可以看到工件上切屑区域的温度最高。

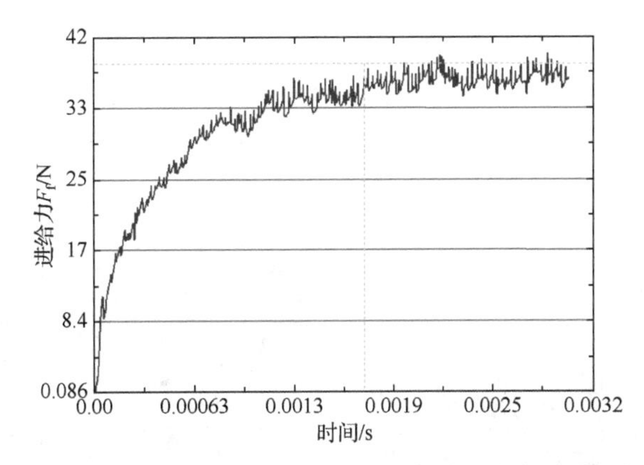

图 3.43 高温合金 GH4169DA 外圆车削仿真进给力随时间的变化

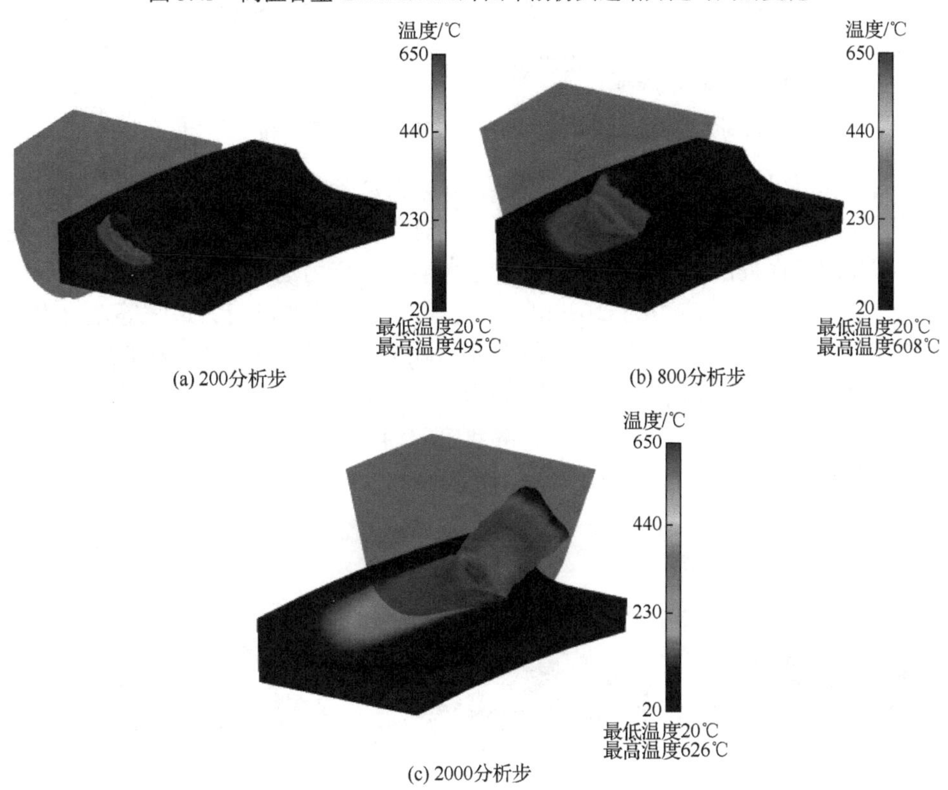

(a) 200分析步

(b) 800分析步

(c) 2000分析步

图 3.44 山高 VBMT 外圆车削高温合金 GH4169DA 不同分析步下温度场分布云图

图 3.45 为山高 VBMT 在 v_c=30m/min，a_p=0.4mm，f=0.13mm/r 条件下，车削加工时工件切削区域和刀尖部位的温度场分布云图。由图 3.45(a)可以看出，工件上最高温度出现在与切削刃接触的剪切区域；图 3.45(b)表明刀具上的最高温度出现在刀尖的前端面，这是因为后刀面与加工表面接触长度较短，散热条件明显

改善，表现为前刀面的温度高于后刀面。另外，刀尖的最高温度与切屑上的相差200℃左右，且沿着切削刃法线方向温梯度很大，这是因为切屑流经刀具前刀面时摩擦逐渐减小，产生的热量较少，同时远离刀尖部位的散热条件改善。

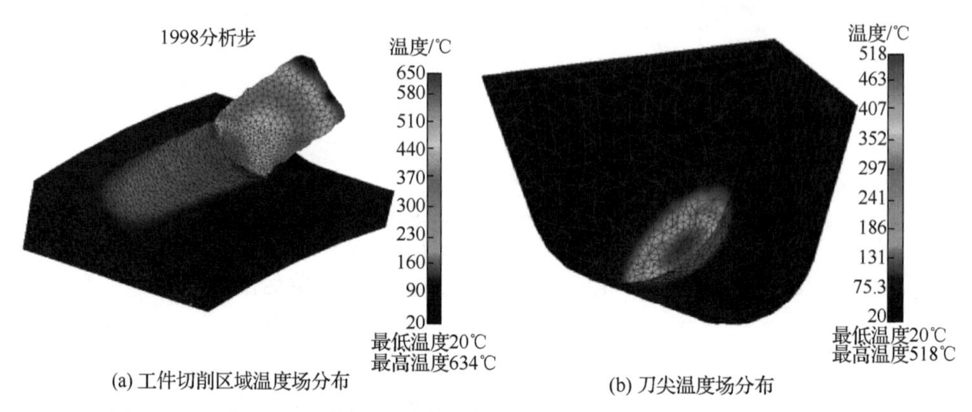

(a) 工件切削区域温度场分布　　(b) 刀尖温度场分布

图 3.45　山高 VBMT 外圆车削高温合金 GH4169DA 工件和刀尖温度场分布

图 3.46 为山高 VBMT 外圆车削高温合金 GH4169DA 不同分析步下的等效应力云图。在车削初始阶段，即分析步为 20 时，待切除材料受刀尖的挤压开始变形，刀尖前刀面处的材料所受到的等效应力最大，应力场以该区域为中心向周围递减扩散，最大等效应力为 1670MPa。随着切削过程的进行，最大等效应力的位置集中在车削第一变形区，向即将被切除的材料部位扩散，刀尖继续切入 2000 分析步，最大等效应力几乎保持不变，这也验证了米泽斯屈服准则。切削后的已加工表层区域应力分布均匀，等效应力约为 300MPa，当车削完成，工件卸载并冷却到室温后，应力会在表层重新分布，工件表层形成残余应力。

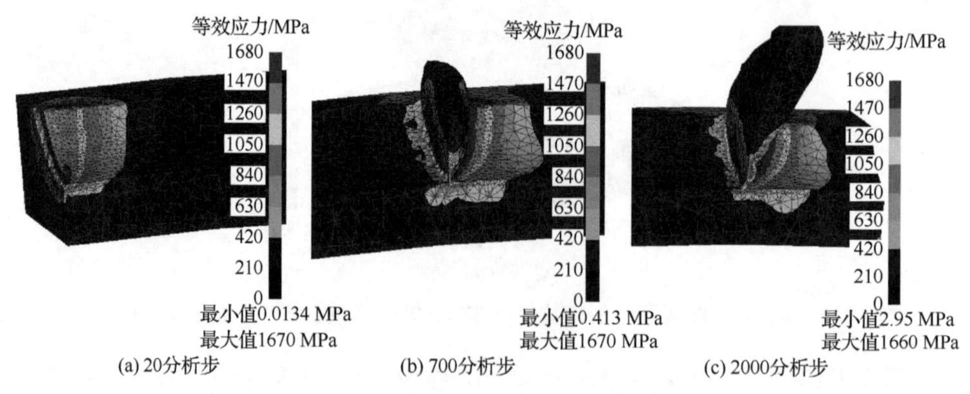

(a) 20分析步　　(b) 700分析步　　(c) 2000分析步

图 3.46　山高 VBMT 外圆车削高温合金 GH4169DA 不同分析步下等效应力场

提取切削过程中300分析步和2000分析步的等效塑性应变场云图，如图3.47所示。随着刀具的切入，前刀面与工件的接触区域发生剧烈变形，第一变形区受到刀尖强烈的挤压和摩擦作用，切屑上的等效塑性应变向着远离刀尖的方向梯度减少，等效塑性应变在已车削表面分布较为均匀。在第三变形区，已车削表面不但受到刀具的挤压和摩擦作用，而且受到第一变形区的牵制作用，车削表层将形成一定范围的等效塑性应变场，并沿深度方向逐渐减小。

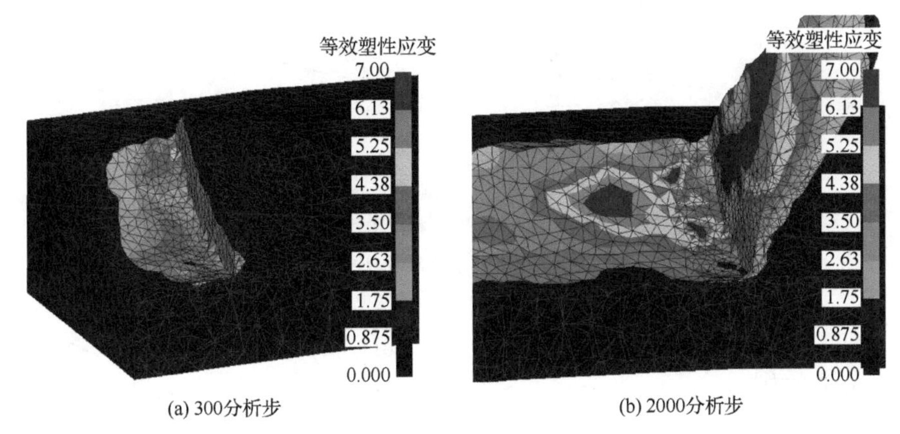

图 3.47　山高 VBMT 外圆车削高温合金 GH4169DA 不同分析步下等效塑性应变场

3. 工艺参数对车削热力耦合的影响

1) 工艺参数对车削力的影响

图 3.48 和图 3.49 分别是切削力与切削深度和进给量之间的关系，主切削力 F_c 与切削深度 a_p、进给量 f 均呈正相关关系。这是因为切削面积会随着切削深度和进给量的增加而线性增加。具体来讲，就是进给量越大，切屑深度越大；切削深度越大，切屑宽度越大。当切削深度和进给量其一增加时，单位时间内的材料去除率变大，切屑变形所需的力也越大，背向力 F_p 和进给力 F_f 随切削深度 a_p、

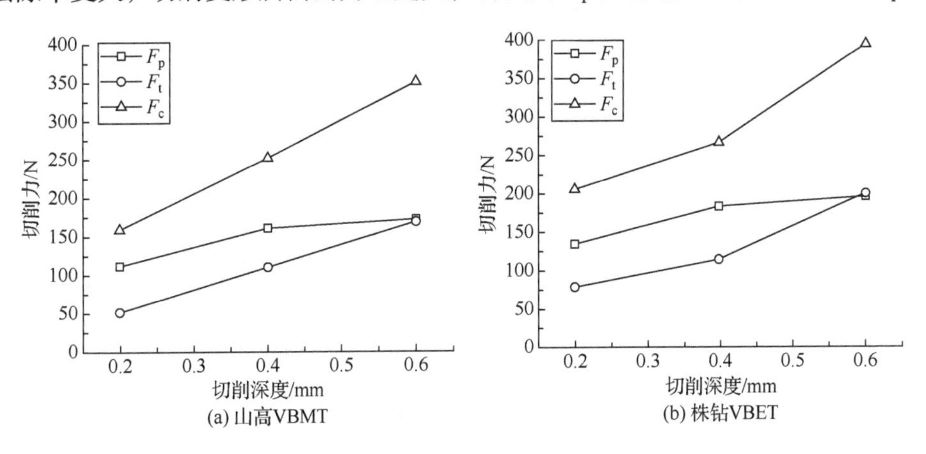

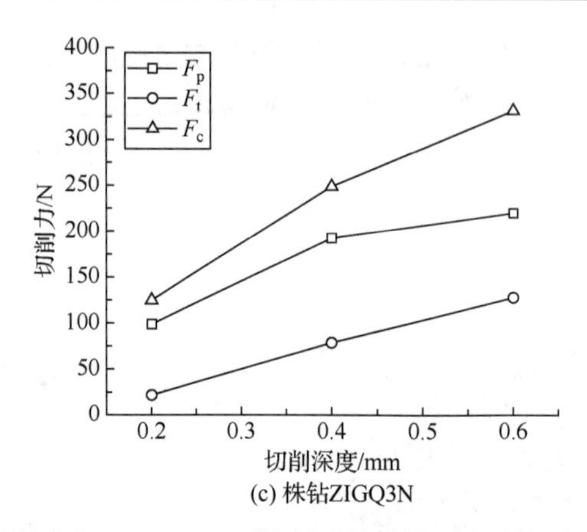

(c) 株钻ZIGQ3N

图 3.48　高温合金 GH4169DA 外圆车削切削力随切削深度的变化

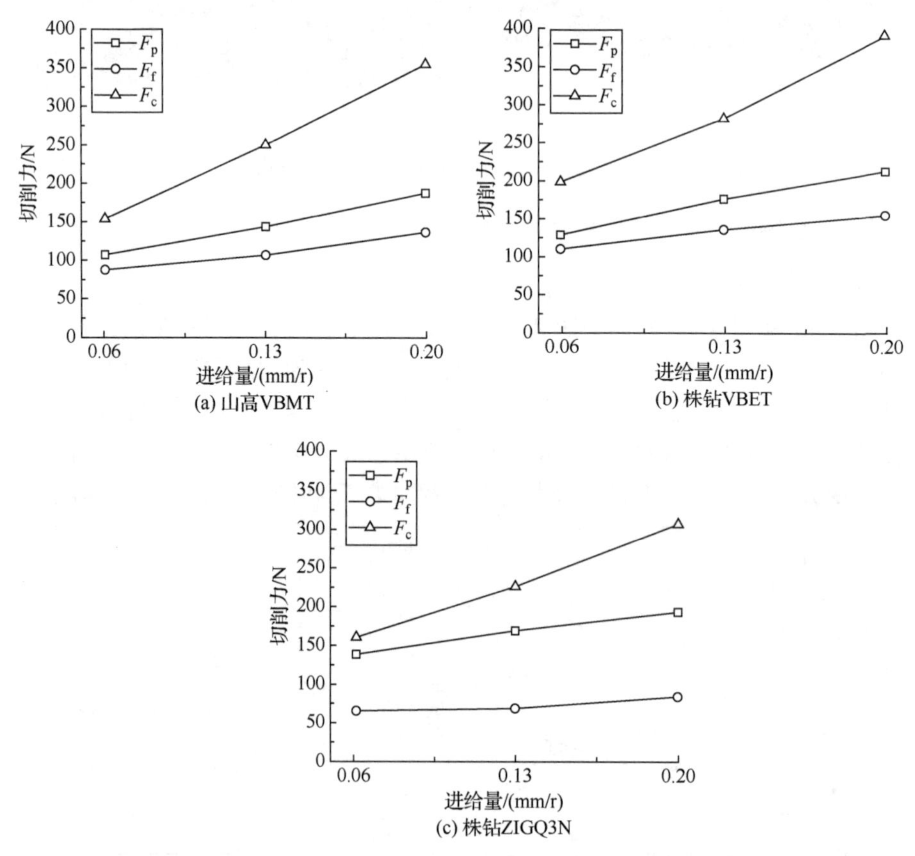

(a) 山高VBMT

(b) 株钻VBET

(c) 株钻ZIGQ3N

图 3.49　高温合金 GH4169DA 外圆车削切削力随进给量的变化

进给量f的变化趋势也几乎一致，但变化范围略小。根据图 3.48 和图 3.49 曲线变化看出，山高 VBMT 和株钻 VBET 车削时切削深度和进给量对切削力影响相当，切削速度影响最小；株钻 ZIGQ3N 切削深度对切削力影响最大，进给量影响次之，切削速度影响最小。

图 3.50 是高温合金 GH4169DA 外圆车削切削力与切削速度间的关系。进给力 F_f 和背向力 F_p 变化甚微，主切削力 F_c 则随切削速度增加逐步减少，三种刀具分别减少了 89N、95N、59N。这主要是因为随着切削速度提高，切屑在前刀面上的流速增大，刀具与切屑间的摩擦、挤压产生的热量增多，高温合金材料较低的热导率使得热量瞬间聚集且难以传出，接触区域的温度上升极快，材料在持续高温下产生一定的热软化效应，其去除变得更加容易。硬质合金刀具在小于 30m/min 的切削速度范围内，由于高温合金切削加工过程中存在的加工硬化超过热效应的影响，加工表层硬化较为严重，切削力逐渐增大。在切削速度大于 30m/min 后，切削过程积累的热量越来越多，此时热效应占主导；切屑底层在高温下软化形成很薄的微熔层，刀屑接触区域的摩擦系数相应减小，直接导致剪切角变大，切屑的变形系数会随之减小，单位切削面积上的切削力也相应减小。因此，三向切削力均会降低。

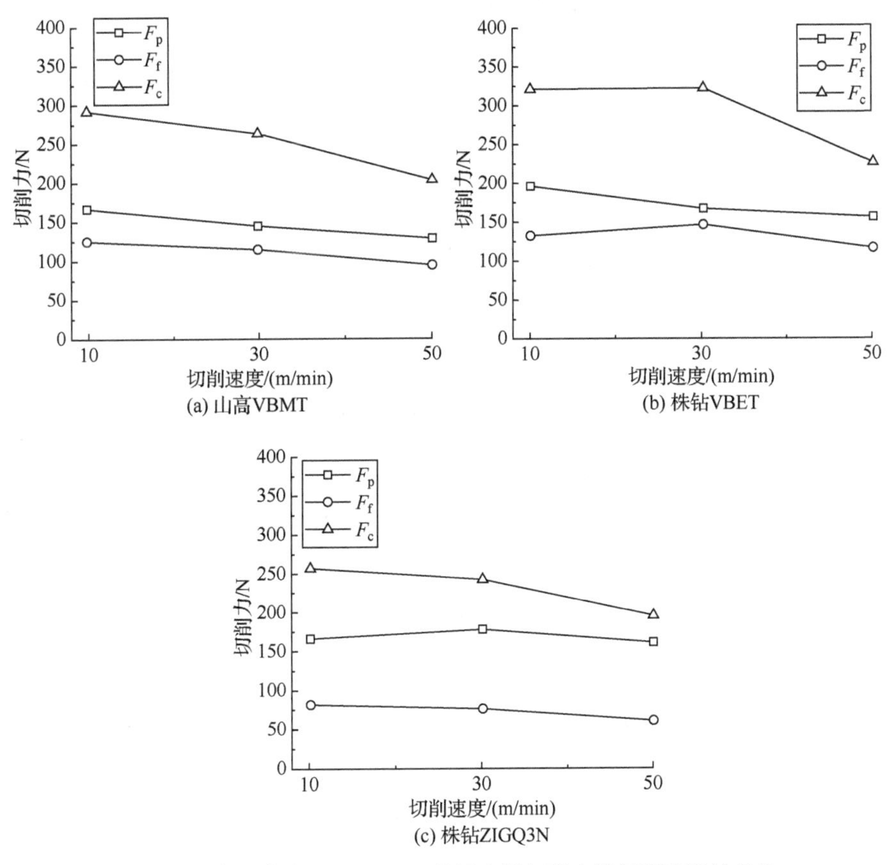

(a) 山高VBMT

(b) 株钻VBET

(c) 株钻ZIGQ3N

图 3.50　高温合金 GH4169DA 外圆车削切削力随切削速度的变化

利用多元线性回归拟合得到山高 VBMT、株钻 VBET 和株钻 ZIGQ3N 刀具切削力经验预测模型，分别如式(3.37)、式(3.38)和式(3.39)所示。

$$\begin{cases} F_p = 10^{2.888} a_p^{0.405} f^{0.448} v_c^{-0.103} \\ F_f = 10^{2.888} a_p^{0.405} f^{0.448} v_c^{-0.103} \\ F_c = 10^{3.447} a_p^{0.686} f^{0.654} v_c^{-0.127} \end{cases} \tag{3.37}$$

$$\begin{cases} F_p = 10^{2.287} a_p^{0.347} f^{0.401} v_c^{-0.085} \\ F_f = 10^{2.723} a_p^{0.837} f^{0.313} v_c^{0.013} \\ F_c = 10^{3.336} a_p^{0.527} f^{0.506} v_c^{-0.145} \end{cases} \tag{3.38}$$

$$\begin{cases} F_p = 10^{2.751} a_p^{0.817} f^{0.383} v_c^{0.115} \\ F_f = 10^{2.791} a_p^{1.667} f^{0.157} v_c^{-0.103} \\ F_c = 10^{3.285} a_p^{0.909} f^{0.522} v_c^{-0.059} \end{cases} \tag{3.39}$$

为验证模型的准确性，需对所建立的切削力关于车削参数的预测模型进行显著性检验，方差分析结果见表 3.13～表 3.15。

表 3.13　山高 VBMT 刀具切削力模型方差分析结果

切削力	方差来源	自由度	方差	均方差	F	显著性
F_f	回归模型	3	0.150	0.050	37.119	**
	残差	5	0.007	0.001		
	总值	8	0.157	—		
F_p	回归模型	3	0.445	0.148	71.603	**
	残差	5	0.010	0.002		
	总值	8	0.455	—		
F_c	回归模型	3	0.357	0.119	145.440	**
	残差	5	0.004	0.001		
	总值	8	0.361	—		

表 3.14　株钻 VBET 刀具切削力模型方差分析结果

切削力	方差来源	自由度	方差	均方差	F	显著性
F_f	回归模型	3	0.115	0.038	8.639	**
	残差	5	0.022	0.004		
	总值	8	0.137	—		

续表

切削力	方差来源	自由度	方差	均方差	F	显著性
F_p	回归模型	3	0.286	0.095	7.996	**
	残差	5	0.060	0.012		
	总值	8	0.346	—		
F_c	回归模型	3	0.221	0.074	14.587	**
	残差	5	0.025	0.005		
	总值	8	0.246	—		

表 3.15　株钻 ZIGQ3N 刀具切削力模型方差分析结果

切削力	方差来源	自由度	方差	均方差	F	显著性
F_f	回归模型	3	0.305	0.102	10.472	**
	残差	5	0.049	0.010		
	总值	8	0.354	—		
F_p	回归模型	3	0.990	0.330	19.981	**
	残差	5	0.083	0.017		
	总值	8	1.073	—		
F_c	回归模型	3	0.406	0.135	29.841	**
	残差	5	0.023	0.005		
	总值	8	0.429	—		

此试验中，m=3，n=5，查表可得 $F_{0.05}(3,5)$=5.41。从上述方差分析表可见，三种刀具切削力经验模型对应的 F 均大于 $F_{0.05}(3,5)$，模型较显著，可接受。

2) 工艺参数对车削温度的影响

图 3.51 是高温合金 GH4169DA 外圆车削工艺参数对温度的影响曲线。采用相同的工艺参数，切削温度由高到低依次为 $T_{\text{山高 VBMT}}$>$T_{\text{株钻 VBET}}$>$T_{\text{株钻 ZIGQ3N}}$，山高 VBMT 和株钻 VBET 具有相同的刀具几何参数，断屑槽也类似，株钻 VBET 的温度略低的主要原因可能是硬质合金的材质性能差异，如导热性、热膨胀等；株钻 ZIGQ3N 刀具的温度最低，主要原因是其刀具的刀尖圆角可看作为 1.5mm，大于另外两种刀具的刀尖圆角，其导热性能相对良好。

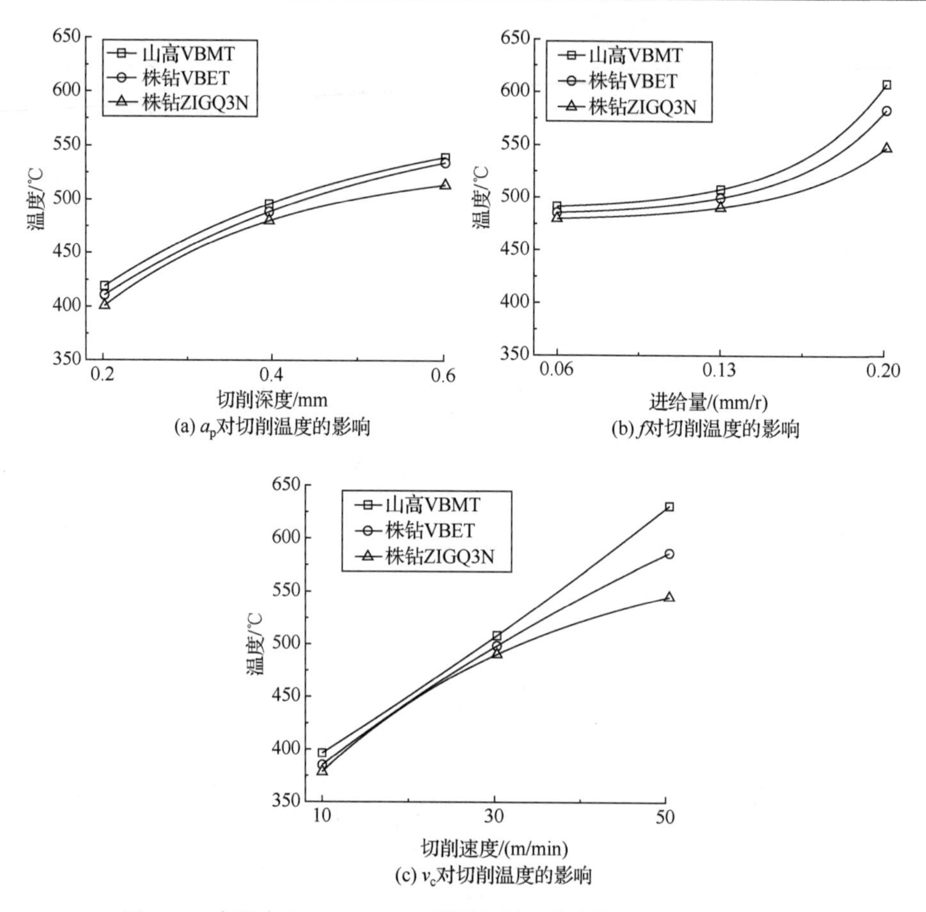

图 3.51　高温合金 GH4169DA 外圆车削工艺参数对温度的影响曲线

由图3.51(a)切削深度对温度的影响曲线可知，切削深度增加时，温度略微升高，这是因为随着切削深度的升高，单位时间内进入车削区的材料增多，未变形且切屑厚度基本不变，单位长度上的切屑变形抗力和摩擦力均变化不大，但车削接触弧长随切削深度的升高而增大，消耗能量增大，产生较多的车削热量。由图 3.51(b)进给量对切削温度的影响曲线可知，进给量增加时，温度升高，这是因为随着进给量的升高，车削接触弧长不变，但单位时间内进入车削区的材料增多，切屑变厚，单位宽度的切屑变形抗力和刀具、切屑间摩擦力均增大，能量消耗增大，产生车削热多。由图3.51(c)切削速度对切削温度的影响曲线可知，切削速度升高时，三种刀具的温度明显升高。随着切削速度的增大，单位时间内进入剪切区的工件材料增多，刀尖前刀面与工件之间的滑擦效应加剧，造成了刀具前刀面和切屑接触区的温度急剧升高。

将工件沿平行于切削方向的一个平面剖开，从沿垂直方向 0.2mm 表面下深度内布 20 个点，追踪每个点的温度数据，得到温度沿表面下深度方向的分布曲线。图 3.52 为高温合金 GH4169DA 外圆车削作用下工件温度沿表面下深度变化曲线，图 3.52(b)中曲线由图 3.52(a)所示的沿表面下深度方向所取的 20 个点的温度构成。可以看出，车削过程中，工件表层上的最高温度出现在刀具前刀面切削的工件区域，此处工件发生剧烈的弹塑性变形，从而产生大量的热量，导致该处出现高温。沿表面下深度方向温度逐渐减小。虽然切削工件最高温度较高，但是高温作用区域的表面下深度仅为 0.1mm 左右。

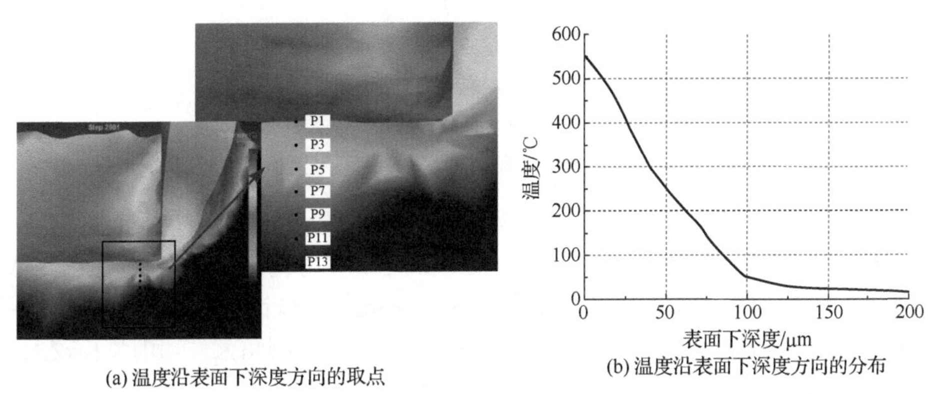

(a) 温度沿表面下深度方向的取点　(b) 温度沿表面下深度方向的分布

图 3.52　高温合金 GH4169DA 外圆车削温度沿表面下深度方向分布示意图

图 3.53 给出了高温合金 GH4169DA 外圆温度沿表面下深度方向变化与切削深度之间的关系。可以发现，切削深度对温度影响较大，山高 VBMT 车削表面温度受切削深度影响最大。温度沿表面下深度方向迅速下降，山高 VBMT 和株钻 VBET 刀具切削温度场深度约为 100μm，而株钻 ZIGQ3N 刀具切削温度场深度约为 80μm，这是因为切削弧长较大，切屑宽度大，利于切屑带走更多的热量。另外，切削深度对温度场深度的影响较小，这是因为切削深度增加时，温度虽有增加，但是去除的材料多，卷走的切屑体积也较大，能带走更多的热量。

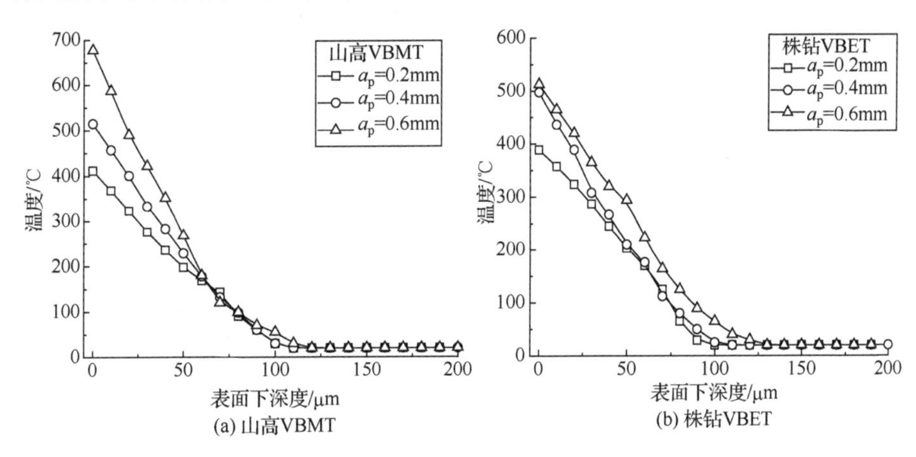

(a) 山高VBMT　(b) 株钻VBET

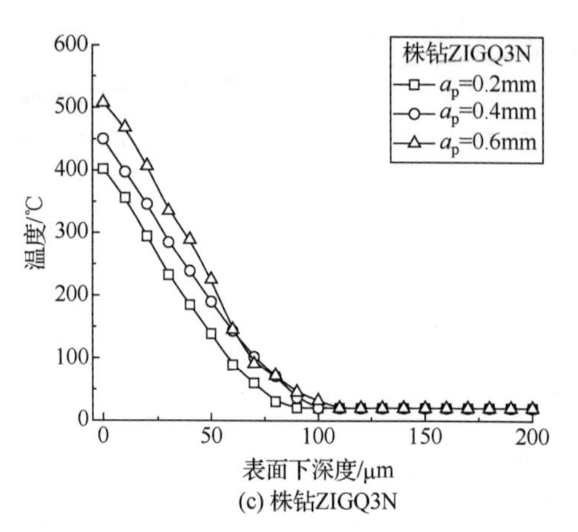

(c) 株钻ZIGQ3N

图 3.53　高温合金 GH4169DA 外圆车削不同切削深度下温度沿表面下深度方向分布

图 3.54 为高温合金 GH4169DA 外圆车削不同进给量下温度沿表面下深度方向分布。进给量对温度影响较大，温度沿表面下深度方向迅速下降。其中，山高 VBMT 和株钻 VBET 切削温度场深度约为 100μm，而株钻 ZIGQ3N 刀具切削温度场深度约为 80μm，这是因为株钻 ZIGQ3N 刀具刀尖圆角大，切削弧长较大，切屑宽度大厚度薄，利于切屑带走更多的热量。

图 3.55 为不同切削速度下工件温度沿表面下深度方向的变化曲线。随着切削速度的提高，加工表面温度升高，沿表面下深度方向温度逐渐变小，在表面下深度 100μm 左右趋于稳定，维持在室温。同时，当 v_c=50m/min 时，温度沿表面下深度方向的下降速率增大，这主要是因为切削速度足够高时，切屑与基体材料分离的速度增大，摩擦接触区域温度虽然高，但同时切屑也带走了更多热量，向内部传递的热量较少。

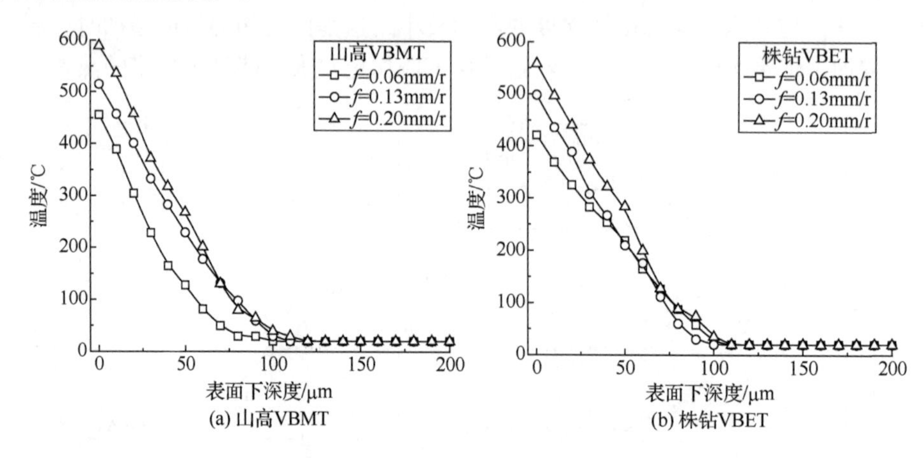

(a) 山高VBMT　　(b) 株钻VBET

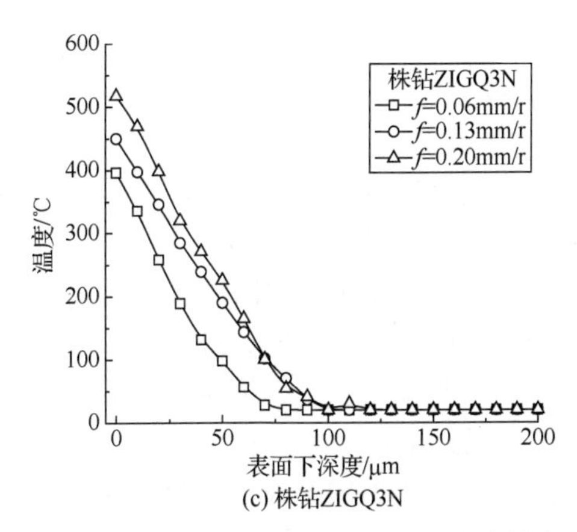

(c) 株钻ZIGQ3N

图 3.54　高温合金 GH4169DA 外圆车削不同进给量下温度沿表面下深度方向分布

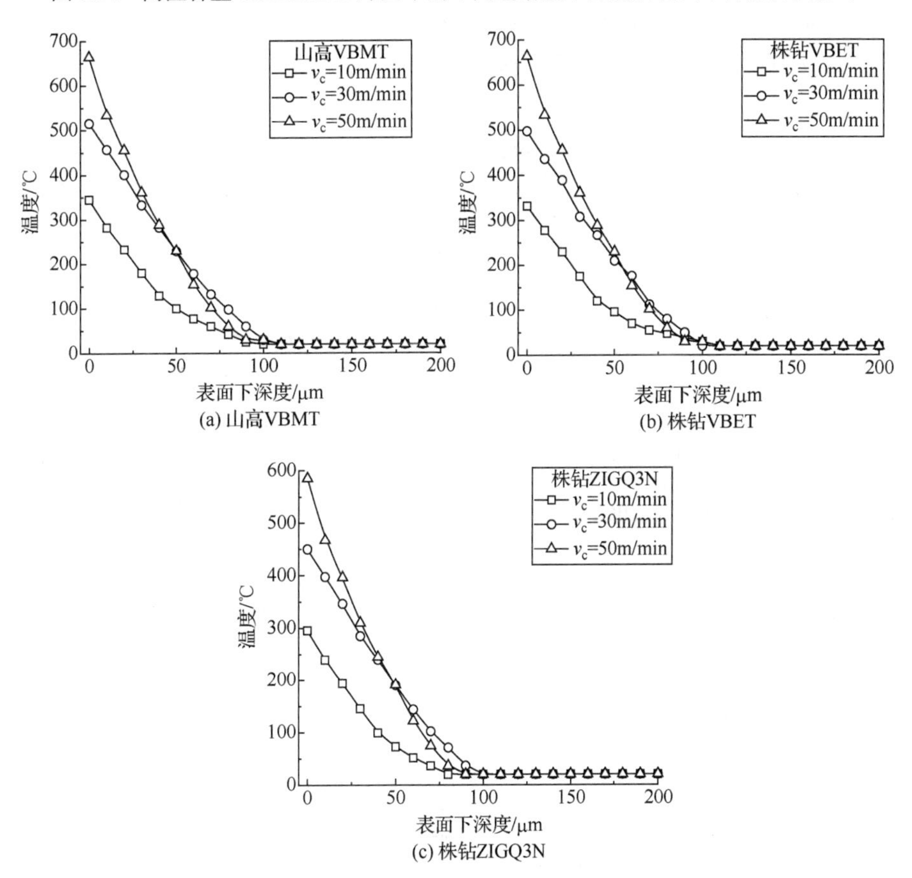

(a) 山高VBMT　(b) 株钻VBET　(c) 株钻ZIGQ3N

图 3.55　高温合金 GH4169DA 外圆车削不同切削速度下温度沿表面下深度方向分布

使用山高 VBMT 车削时的温度均超过株钻的两种刀具，但相差较小。山高

VBMT 和株钻 VBET 具有相同的刀具几何参数，采用相同车削参数加工时，因为株钻刀具的导热率要略高于山高 VBMT 刀具。株钻 VBET 刀具的切削温度略高于株钻 ZIGQ3N，这是因为株钻 VBET 刀尖圆角为 0.8mm，而株钻 ZIGQ3N 刀尖圆角可近似看作 3mm。刀尖圆角更大，使得刀具车削时的散热更好。

3) 工艺参数对等效塑性应变场的影响

图 3.56 为高温合金 GH4169DA 外圆车削切削深度对等效塑性应变场的影响。观察可知，切削深度对等效塑性应变影响较为显著。表面等效塑性应变随着切削深度的增大而增大。当切削深度为 0.2mm 时，使用三种刀具切削对应的表面等效塑性应变均达到了 2.5 左右，等效塑性应变层深度约为 30μm。切削深度为 0.6mm 时，使用三种刀具切削对应的表面等效塑性应变都达到了 3.25 左右，等效塑性应变层深度约为 40μm。这是因为切削深度对切削力影响显著，当切削深度变大时，机械作用对加工表层的影响更加突出。刀具后刀面对已加工表面的挤压及摩擦作用明显，在热力耦合作用下，使得表面塑性变形层变深。

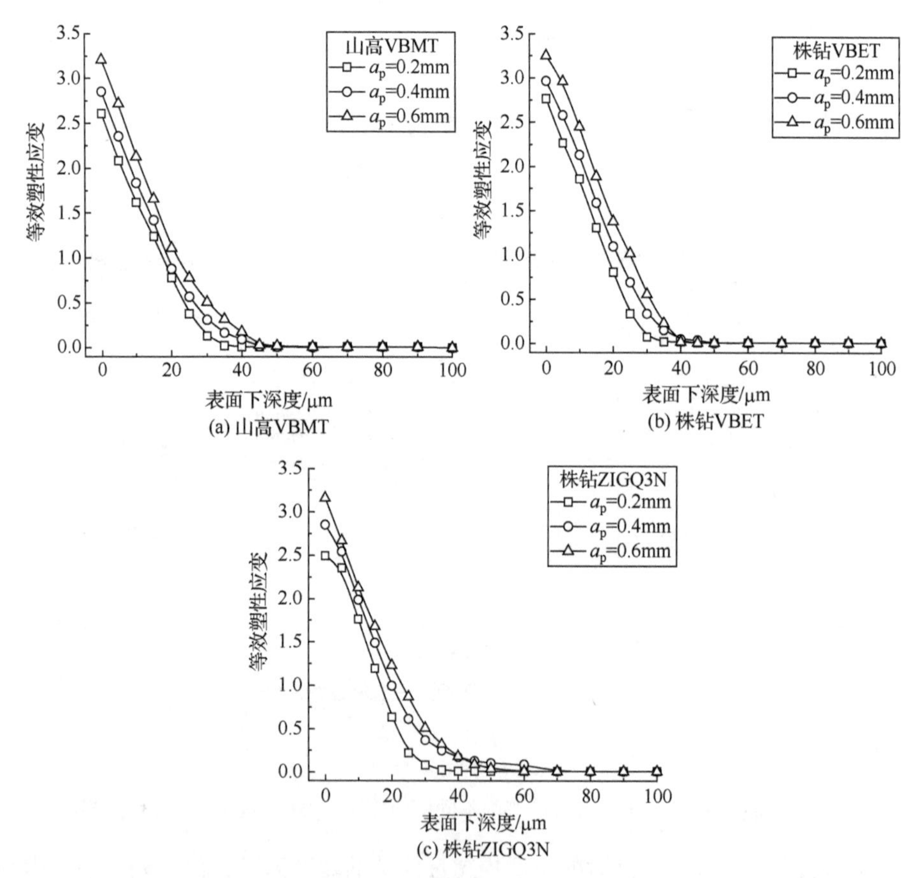

(a) 山高VBMT (b) 株钻VBET (c) 株钻ZIGQ3N

图 3.56 高温合金 GH4169DA 外圆车削不同切削深度下等效塑性应变沿表面下深度方向分布

图 3.57 为高温合金 GH4169DA 外圆车削进给量对等效塑性应变场的影响。由图可知，在进给量从 0.06mm/r 增大到 0.20mm/r 时，表面等效塑性应变略微增大。在切削深度和切削速度恒定，较小进给量条件下，机械作用及热效应对工件表层的影响均较小，因此两种刀具在进给量 0.06mm/r 下对应的等效塑性应变均较小。进给量增大，切屑厚度会随之变大，切屑带走的热量变多，切削热对工件表层影响趋于稳定，切削力增大使表层等效塑性应变增大。

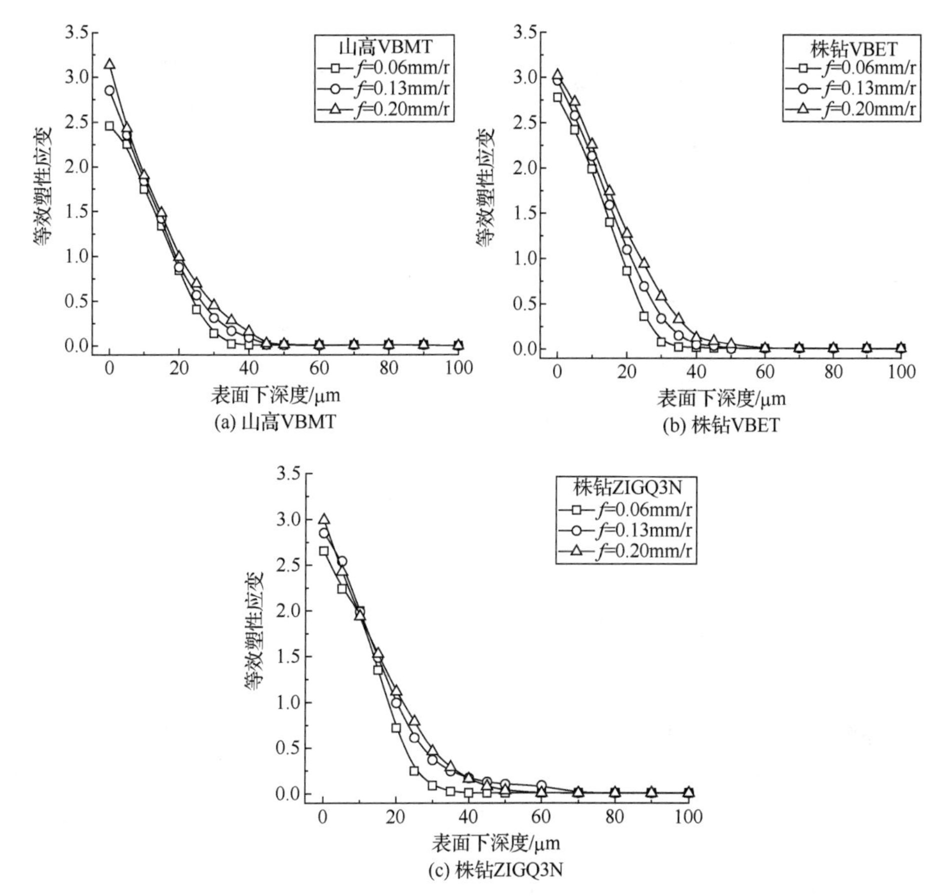

图 3.57　高温合金 GH4169DA 外圆车削不同进给量下等效塑性应变沿表面下深度方向分布

图 3.58 为高温合金 GH4169DA 外圆车削切削速度对等效塑性应变场的影响。由图可知，切削速度对等效塑性应变影响不显著。在 a_p=0.4mm，f=0.175mm/r 的条件下，在表面下深度 30μm 内，等效塑性应变下降较快；在表面下深度 30μm 后，亚表层等效塑性应变沿深度下降的速率逐渐减小，至 40μm 左右，趋于稳定。

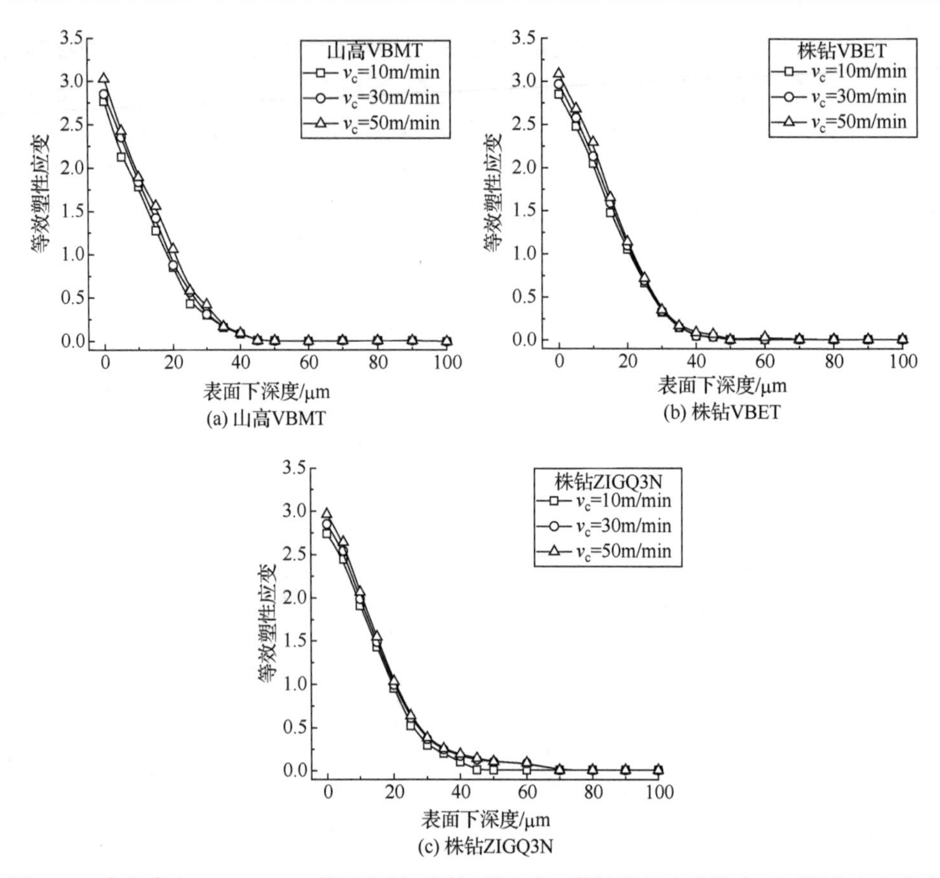

图 3.58　高温合金 GH4169DA 外圆车削不同切削速度下等效塑性应变沿表面下深度方向分布

4. 外圆车削表面变质层形成机制

选择表 3.16 所示两组不同水平加工参数，分别采用山高 VBMT、株钻 VBET 和 ZIGQ3N 刀具进行高温合金 GH4169DA 外圆车削工艺试验，对加工过程中的切削力温度，以及加工后的试件的表层残余应力、表层显微硬度、表层微观组织进行测试，分析热力耦合对表面变质层的影响规律。

表 3.16　高温合金 GH4169DA 外圆车削试验参数及切削力、切削温度

加工强度	山高 VBMT				株钻 VBET				株钻 ZIGQ3N			
	切削力/N			T/℃	切削力/N			T/℃	切削力/N			T/℃
	F_f	F_p	F_c		F_f	F_p	F_c		F_f	F_p	F_c	
水平一 v_c=10m/min f=0.06mm/r a_p=0.2mm	43	84	109	362	50	95	160	301	24	53	88	253

续表

加工强度	山高 VBMT				株钻 VBET				株钻 ZIGQ3N			
	切削力/N			T/℃	切削力/N			T/℃	切削力/N			T/℃
	F_f	F_p	F_c		F_f	F_p	F_c		F_f	F_p	F_c	
水平二 v_c=30m/min f=0.2mm/r a_p=0.6mm	199	204	471	532	230	204	538	552	147	244	430	507

1) 热力耦合对残余应力的影响

研究三种刀具外圆车削高温合金 GH4169DA 时残余应力、温度、等效塑性应变在车削表层的分布情况。对比了两种加工强度下刀具机械作用引起的等效塑性应变场和切削温度场对表层残余应力的影响。车削残余应力受刀具机械作用、切削温度场及机械和热作用造成的组织变化作用，车削后工件残余应力取决于三种作用的综合效果。

图 3.59 为山高 VBMT 刀具外圆车削高温合金 GH4169DA 残余应力沿表面下深度分布。由图 3.59(a)可知，在水平一时，圆周方向和进给方向的表面残余拉应力分别为 231MPa 和 135MPa，表层呈残余拉应力分布，残余拉应力影响层深度为 10μm，沿表面深度下降，残余应力急剧降低为残余压应力，峰值为−489MPa 和−356MPa，之后残余压应力逐渐减小并趋于稳定，残余应力影响层深度约为 50μm。由图 3.59(b)可知，在水平二时，表面残余应力分别为 537MPa 和 253MPa，表层呈残余拉应力分布，残余拉应力影响层深度约为 15μm，之后残余应力随深度增加而急剧减小为残余压应力，峰值−689MPa 和−374MPa，随着表面下深度进一步增加，残余压应力逐渐减小并趋于稳定，残余应力影响层深度约为 77μm。

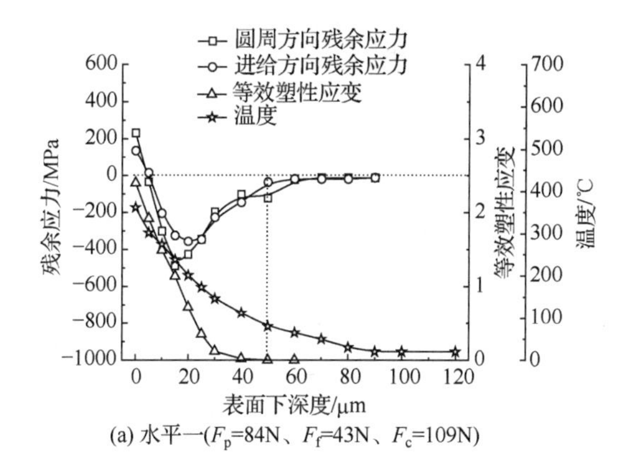

(a) 水平一(F_p=84N、F_f=43N、F_c=109N)

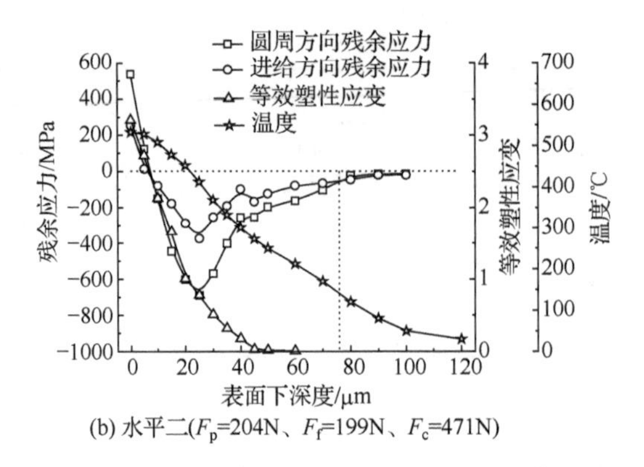

(b) 水平二(F_p=204N、F_f=199N、F_c=471N)

图 3.59　山高 VBMT 刀具外圆车削高温合金 GH4169DA 残余应力沿表面下深度分布

从水平一到水平二，车削加工强度提高，切削力从 F_p=84N、F_f=43N、F_c=109N 增大到 F_p=204N、F_f=199N、F_c=471N，切削力引起的等效塑性应变从 2.40 提高到了 3.37，同时切削温度从 362℃上升到 532℃，车削表面残余拉应力和表层残余压应力峰值增大，残余压应力影响层由 50μm 加深为 77μm。这是因为切削力变化较大，刀具对材料的“撕裂”效应突出，高温合金 GH4169DA 屈服强度大，塑性变形时产生的热量多，热应力迅速上升。同时，其表面容易产生相变造成的组织应力，后刀面对已加工表面的挤压等机械作用显著。从而在车削表面产生较高的拉应力和较深的残余拉应力影响层。

图 3.60 为株钻 VBET 刀具外圆车削高温合金 GH4169DA 残余应力沿表面下深度分布。由图 3.60(a)可知，当水平一时，F_p=95N，F_f=50N，F_c=160N，T=301℃，等效塑性应变 ε=2.6，圆周方向和进给方向的表面残余应力分别为 256MPa 和 104MPa，表层呈残余拉应力分布，残余拉应力影响层深度约为 10μm，随着表面下深度的增加，残余应力急剧降低为残余压应力，峰值−456MPa 和

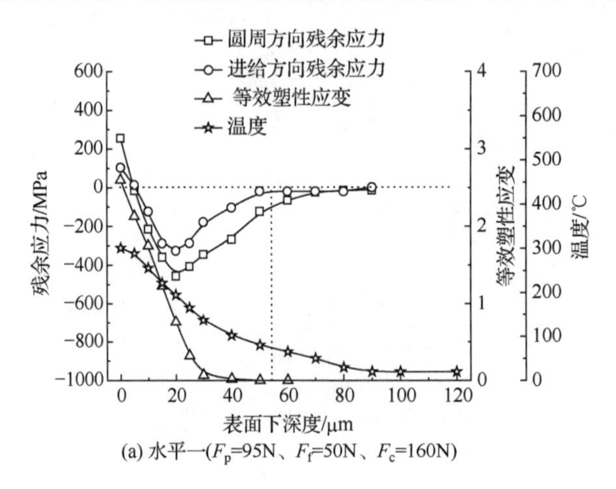

(a) 水平一(F_p=95N、F_f=50N、F_c=160N)

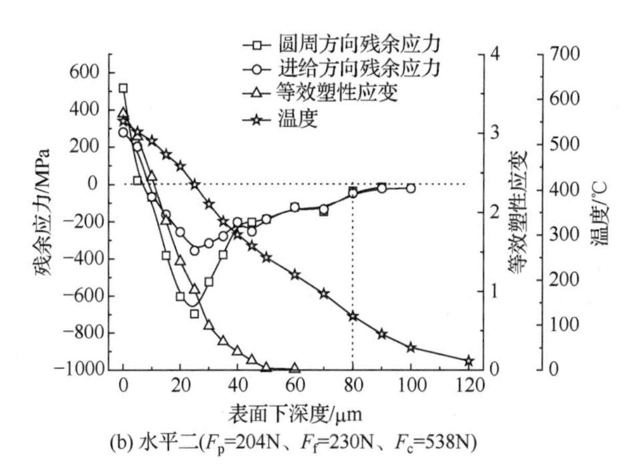

(b) 水平二(F_p=204N、F_f=230N、F_c=538N)

图 3.60　株钻 VBET 刀具外圆车削高温合金 GH4169DA 残余应力沿表面下深度分布

−306MPa，之后残余压应力逐渐减小至 0，残余应力影响层深度约为 54μm。由图 3.60(b)可知，当在水平二时，F_p=204N，F_f=230N，F_c=538N，T=552℃，ε=3.25，表面残余应力分别为 517MPa 和 280MPa，表层呈残余拉应力分布，残余拉应力影响层深度约为 15μm。残余应力随深度增加而急剧降低为残余压应力，峰值−696MPa 和−356MPa，随表面下深度进一步增加，残余压应力逐渐减小至与基体一致，残余应力影响层深度约为 80μm。

与山高 VBMT 刀具对比，株钻 VBET 与其残余应力曲线的变化趋势基本一致，但株钻 VBET 刀具车削的残余应力略有增大，残余应力作用深度也有略微增大，这是因为株钻 VBET 刀具的切削力相对略大，前刀面对材料的“撕裂”作用和后刀面对材料的挤压作用更为明显，并且其温度也较大，表面的残余拉应力随之增大。

图 3.61 为株钻 ZIGQ3N 刀具外圆车削高温合金 GH4169DA 残余应力沿表面下深度分布。由图 3.61(a)可知，水平一时，F_p=53N，F_f=24N，F_c=88N，T=253℃，ε=2.15，圆周方向和进给方向的表面残余应力分别为 189MPa 和−13MPa，残余拉应力影响层深度约为 10μm，随表面下深度增加，残余应力急剧降低为残余压应力，峰值−331MPa 和−283MPa，之后残余压应力逐渐减小至 0，残余应力影响层深度约为 48μm。由图 3.61(b)可知，水平二时，F_p=244N，F_f=147N，F_c=430N，T=507℃，ε=3.16，表面残余应力分别为 350MPa 和 203MPa，表层呈残余拉应力分布，残余拉应力影响层深度约为 15μm，之后残余应力随表面下深度增加急剧降低为残余压应力，峰值−568MPa 和−301MPa，表面下深度进一步增加，残余压应力逐渐降低至与基体一致，残余应力影响层深度约为 74μm。

与山高 VBMT 和株钻 VBET 刀具相比，株钻 ZIGQ3N 车削后表面残余应力更小，甚至出现了残余压应力，这是因为株钻 ZIGQ3N 外圆车削高温合金 GH4169DA 时，其切削温度相对较低，一般产生的热残余应力较小，刀具对以

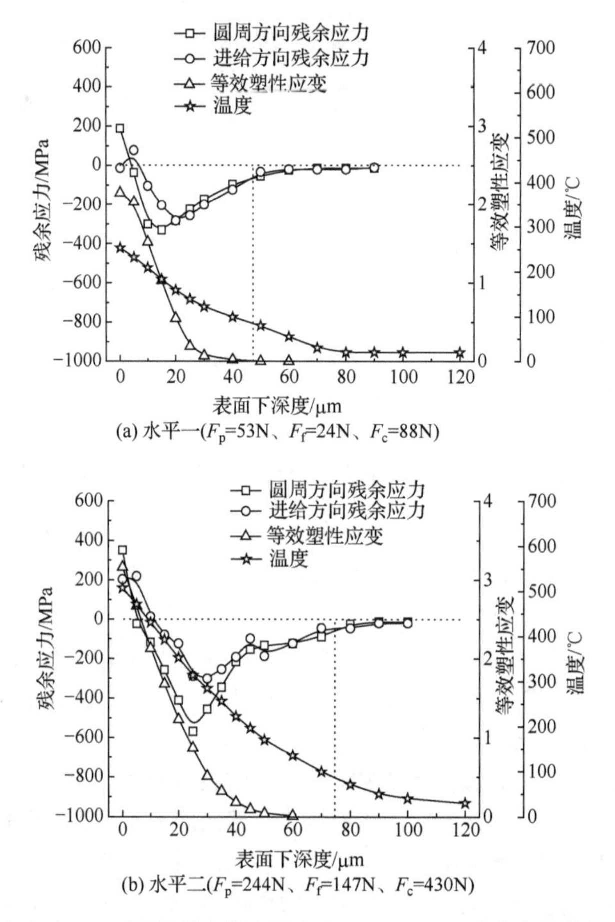

(a) 水平一(F_p=53N、F_f=24N、F_c=88N)

(b) 水平二(F_p=244N、F_f=147N、F_c=430N)

图 3.61 株钻 ZIGQ3N 刀具外圆车削高温合金 GH4169DA 残余应力沿表面下深度分布

车削表面的挤压等机械作用较为明显。较大的背向力 F_p 和较低的切削温度有利于表层残余压应力的产生。

2) 热力耦合对显微硬度的影响

图 3.62 为山高 VBMT 刀具外圆车削高温合金 GH4169DA 显微硬度沿表面下深度分布。可以看出，表面呈现不同程度的加工硬化，近表面处(<10μm)显微硬度最高。水平一下试件车削表面比基体显微硬度(即硬化程度)高出约 14%，硬化层深度约为 50μm，随着表面下深度的增大，在基体显微硬度附近波动。水平二下试件车削表面也出现硬化现象，硬化程度为 11%，硬化层深度约为 60μm。

从水平一到水平二，加工强度增大，车削表层的硬化程度降低，显微硬度变化层深度也相应增加。上述结果的原因是切削力增大，表层产生塑性变形，车削表层最大等效塑性应变从 2.4 提高到了 3.2，使得表面层产生硬化，而塑性变形层厚度由 30μm 增加至 45μm，加工硬化作用增强，同时切削温度随之升高，工件表

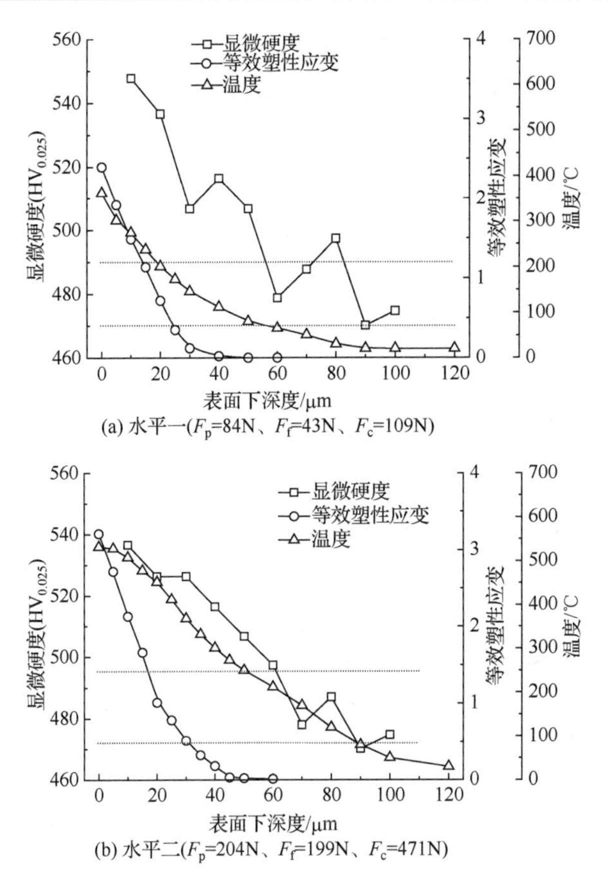

(a) 水平一(F_p=84N、F_f=43N、F_c=109N)

(b) 水平二(F_p=204N、F_f=199N、F_c=471N)

图 3.62 山高 VBMT 刀具外圆车削高温合金 GH4169DA 显微硬度沿表面下深度分布

层的高温区域影响深度增大，在车削热作用下，表层硬化层软化。因此，车削表面硬化程度取决于切削力引起表层材料软化和切削热引起表层材料软化的综合作用。

图 3.63 为株钻 VBET 刀具外圆车削高温合金 GH4169DA 显微硬度沿表面下深度分布。由图可见，水平一下近表面处(<10μm)显微硬度为 558$HV_{0.025}$，硬化程度约 16.2%，加工硬化层深度约为 55μm。水平二下试件车削表面也出现硬化现象，硬化程度为 7.5%，硬化层深度约为 40μm。由水平一到水平二，加工强度增大，车削表层的硬化程度降低，显微硬度变化层深度也相应增加，这是因为切削力由 F_p=95N、F_f=50N、F_c=160N 增大到 F_p=204N、F_f=230N、F_c=538N，由切削力引起的表层最大等效塑性应变从 2.60 提高到 3.25，同时切削温度由 301℃增大到 552℃。

图 3.64 为株钻 ZIGQ3N 刀具外圆车削高温合金 GH4169DA 显微硬度沿表面下深度分布。水平一下试件车削表面显微硬度为 516$HV_{0.025}$，硬化程度为比基体显微硬度高出约 7.5%，硬化层深度约为 50μm，随着表面下深度的增大，显微硬

度在基体显微硬度附近波动。水平二下试件车削表面也出现硬化现象，表面显微硬度为 536$HV_{0.025}$，硬化程度为 12%，硬化层深度约为 55μm。从水平一到水平二，加工强度增大，车削表层的硬化程度降低，显微硬度变化层深度也相应增加。

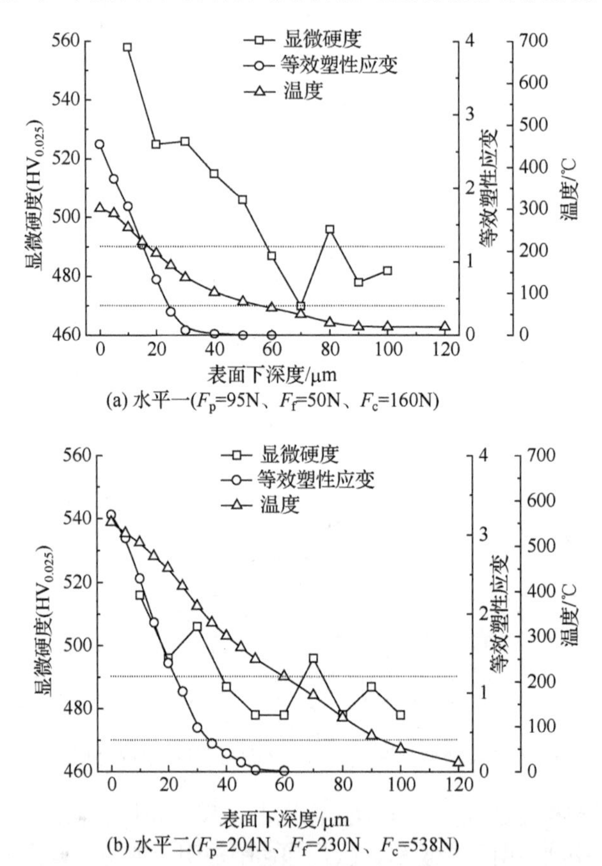

(a) 水平一(F_p=95N、F_f=50N、F_c=160N)

(b) 水平二(F_p=204N、F_f=230N、F_c=538N)

图 3.63　株钻 VBET 刀具外圆车削高温合金 GH4169DA 显微硬度沿表面下深度分布

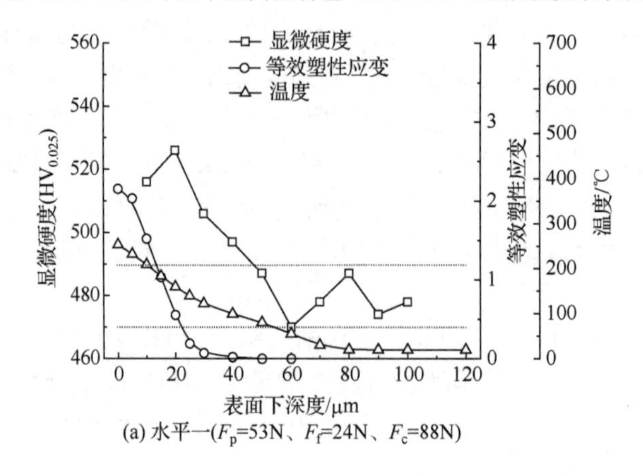

(a) 水平一(F_p=53N、F_f=24N、F_c=88N)

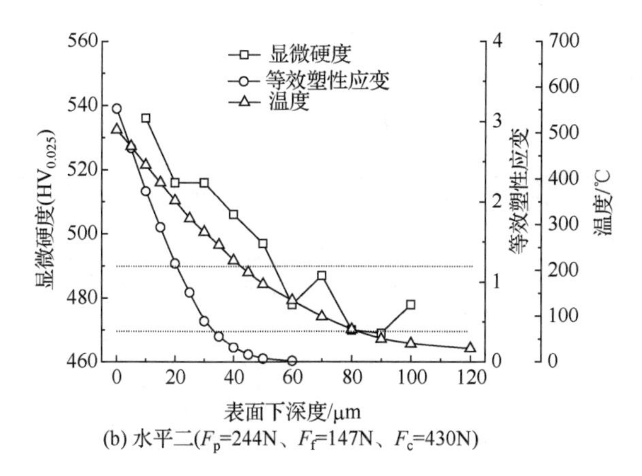

(b) 水平二(F_p=244N、F_f=147N、F_c=430N)

图 3.64　株钻 ZIGQ3N 刀具外圆车削高温合金 GH4169DA 显微硬度沿表面下深度分布

3) 热力耦合对微观组织的影响

在切削加工过程中，工件材料暴露于热、机械、化学能等共同作用的环境下，将导致应变时效、弥散强化及材料的再结晶。应变时效过程中，材料变得更硬但是延展性变差，再结晶过程使得材料变得柔软且延展性更好。热影响(高温和快速淬火)及机械效应(高应力、高应变)是材料微观组织发生变化的主要原因。

经固溶退火处理、时效处理的高温合金 GH4169DA 的微观组织主要由奥氏体γ基体和弥散分布的强化相 δ 相、γ''相和γ'相组成。γ''相是该合金的主要强化相，成分为 Ni_3Nb，其特点是可以获得较高的屈服强度。γ'相是一种相对稳定的组织，γ''相作为一个亚稳的过渡相，见图 3.65。

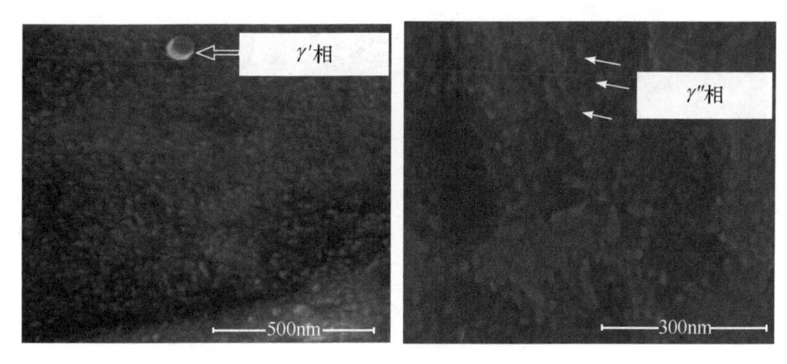

图 3.65　高温合金 GH4169DA 中的γ'相与γ''相

图 3.66～图 3.68 为高温合金 GH4169DA 外圆车削表层微观组织。可以观察到，亚表层均发生了塑性变形，形成具有一定深度的塑性应变流线层。由三种硬质合金刀具外圆车削高温合金 GH4169DA 表层微观组织可知，在水平一下，山

高 VBMT、株钻 VBET 和 ZIGQ3N 刀具车削表层塑性变形层厚度分别为 6μm、6μm 和 3μm；在水平二下，车削表层塑性变形层厚度分别为 10μm、10μm 和 8μm。因此，株钻 ZIGQ3N 刀具车削表层晶粒沿车削方向的拉伸滑移最小。

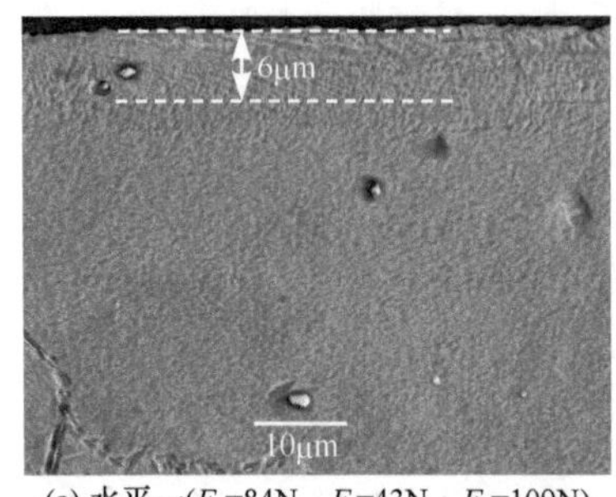

(a) 水平一(F_p=84N、F_f=43N、F_c=109N)

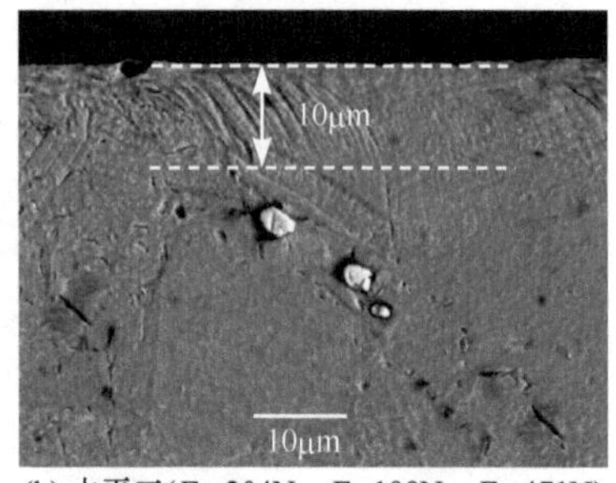

(b) 水平二(F_p=204N、F_f=199N、F_c=471N)

图 3.66　山高 VBMT 刀具外圆车削高温合金 GH4169DA 表层微观组织

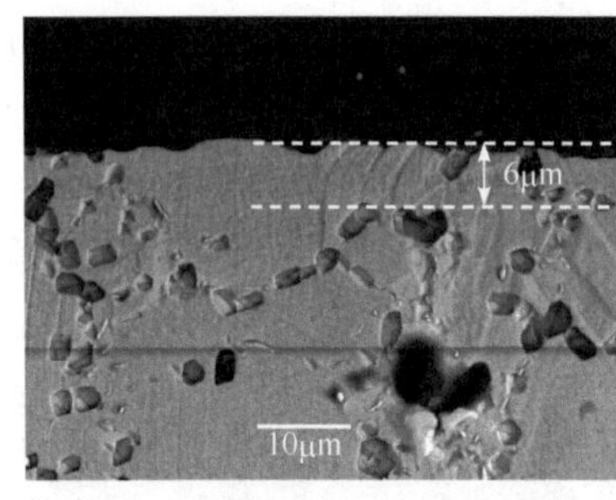

(a) 水平一(F_p=95N、F_f=50N、F_c=160N)

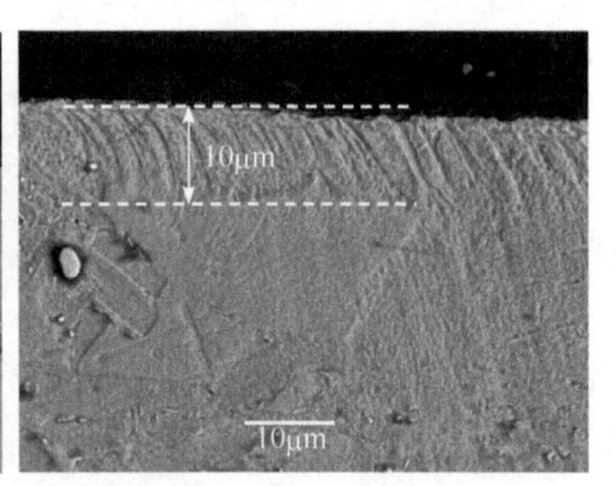

(b) 水平二(F_p=204N、F_f=230N、F_c=538N)

图 3.67　株钻 VBET 刀具外圆车削高温合金 GH4169DA 表层微观组织

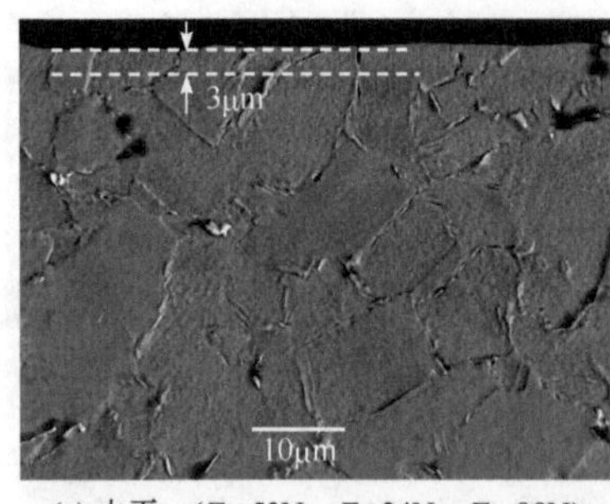

(a) 水平一(F_p=53N、F_f=24N、F_c=88N)

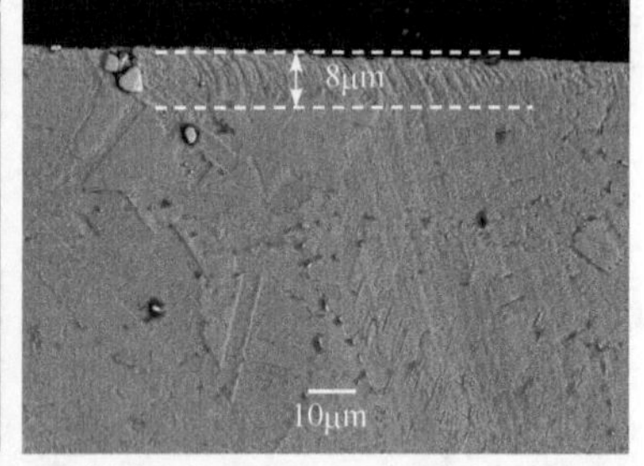

(b) 水平二(F_p=244N、F_f=147N、F_c=430N)

图 3.68　株钻 ZIGQ3N 刀具外圆车削高温合金 GH4169DA 表层微观组织

由水平一到水平二，首先，加工强度提高，主切削力随之变大，刀具对工件表面的挤压与摩擦作用增强，塑性变形增加；其次，速度的提高必然伴随着热量增多，切削温度提升，材料表面会有一定的“软化”作用，γ''相在持续高温下会变大成圆盘状，且凝聚力下降，晶粒更易被拉长。株钻 ZIGQ3N 刀具车削表层塑性变形层厚度低于另外两种刀具，这主要是因为其主切削力较小，表层附近晶粒沿着平行于车削的方向产生的拉伸或歪扭较小。

3.3　典型材料铣削表面变质层形成机制

3.3.1　铝合金 7055 铣削表面变质层形成机制

1. 铣削工艺过程

以铝合金 7055 基础铣削工艺参数：切削速度 v_c=800m/min、每齿进给量 f_z=0.04mm/z、铣削深度 a_p=0.5mm、铣削宽度 a_e=6mm 为参考，分析铣削工艺参数对热力耦合的影响规律。图 3.69 为铝合金 7055 高速铣削加工示意图，试件形状为矩形块，尺寸为 30mm×15mm×15mm。所有铣削加工试验都在 Mikron HSM 800 高速铣削加工中心上进行，主轴最大转速 36000r/min。刀具选用Φ=12mm 整体硬质合金钨钢涂层 3 刃立铣刀，刀具前角 14°，后角 10°，螺旋角 40°。铣削方式为顺铣，采用乳化液冷却。

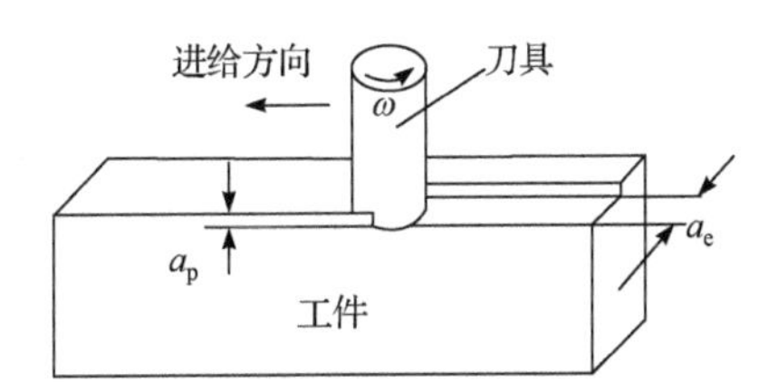

图 3.69　铝合金 7055 高速铣削方案示意图

2. 铣削力和温度场分析

图 3.70 为当 v_c=800m/min、f_z=0.04mm/z、a_p=0.5mm、a_e=6mm 时，获得的铝合金 7055 高速铣削过程铣削力和铣削温度随时间变化曲线。在切削开始阶段，铣削力迅速从零增大，达到一个最大值，然后逐渐进入稳定阶段，在铣削结束阶段又降为零。这是因为铣削时影响铣削力的主要因素是切削层的厚度，铣削过程中的切削层厚度直接影响金属弹性变形、塑性变形产生的铣削变形抗力，以及切屑与刀具的摩擦阻力。在开始阶段，随着铣刀刀齿的逐渐切入，切屑层的厚度逐渐增大，各个方向铣削力逐渐增大；当铣削快要结束时，切屑变形抗力减小，故各个方向铣削力又开始减小至本次铣削完成。刀尖最高温度随着铣削的开始迅速升高，然后达到一个稳定状态。在提取铣削力和铣削温度时，均按稳定阶段的数值作为铣削力和铣削温度。

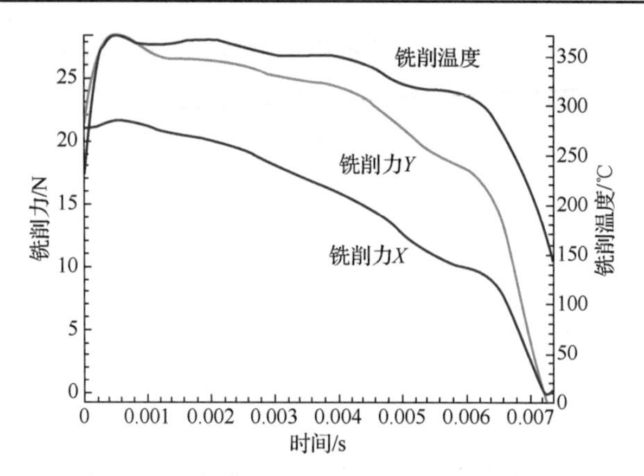

图 3.70　铝合金 7055 高速铣削过程铣削力和铣削温度随时间的变化

图 3.71 为铝合金 7055 高速铣削过程刀具前刀面和后刀面的温度分布。由图可知，最高温度并不在刀尖上，而是在距离刀尖一定距离的前刀面处，这主要是因为摩擦热沿前刀面逐渐增加。金属铣削过程中切屑要经过第一变形区沿前刀面流出，此时会受到前刀面的挤压和摩擦而进一步加剧变形，形成第二变形区，在此区域内摩擦产生的大量热量使切屑与刀具接触面的温度迅速上升。

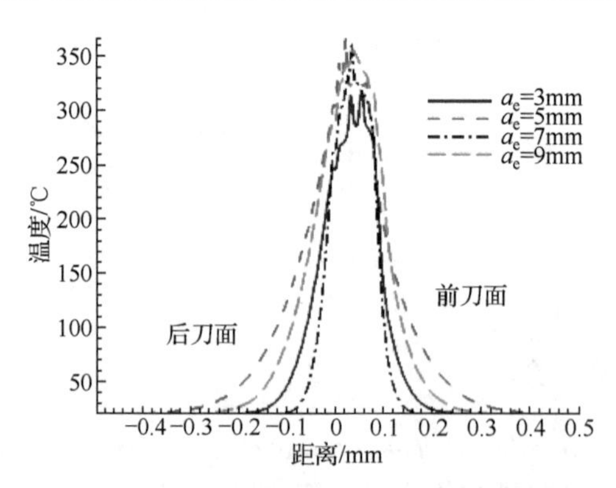

图 3.71　铝合金 7055 高速铣削刀具前刀面和后刀面的温度分布

图 3.72 为 v_c=800m/min、f_z=0.04mm/z、a_p=0.5mm、a_e=6mm 高速铣削铝合金 7055 时，不同时刻工件和刀具上的温度场分布，从图中可以看出：①在铣削起始阶段，工件和刀具上温度场分布范围较窄，随着铣削进行，热量逐渐向刀具内部扩散，温度场范围逐渐增大，并达到稳定状态。②铣屑温度明显高于工件和刀具的温度，这是因为在高速加工过程中，切削热大部分被切屑带走，只有少量的切削热传入刀具和工件中。③工件内部温度变化不大，只有工件表面下的一个薄层温度变化较为明显。这是因为随着切削速度的增大，刀具会很快离开已加工表面，使得传入工件的热量明显减少，工件的比容热小，温度下降较快，使得已加

工表面温度很快趋于稳定。因此，在铝合金切削加工过程中，可以采用高速切削来减小工件的温升，从而有效地抑制切削热引起的工件变形，以获得较好的加工表面质量。

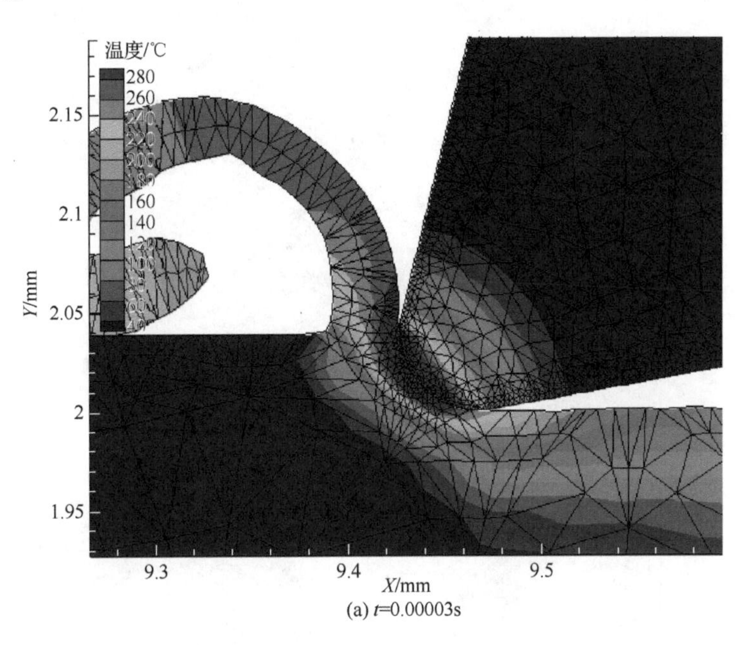

(a) t=0.00003s

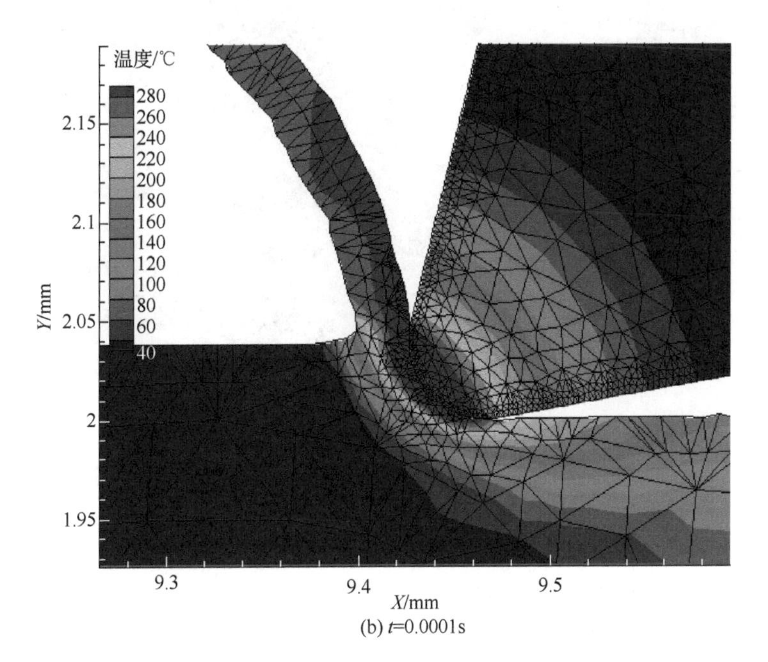

(b) t=0.0001s

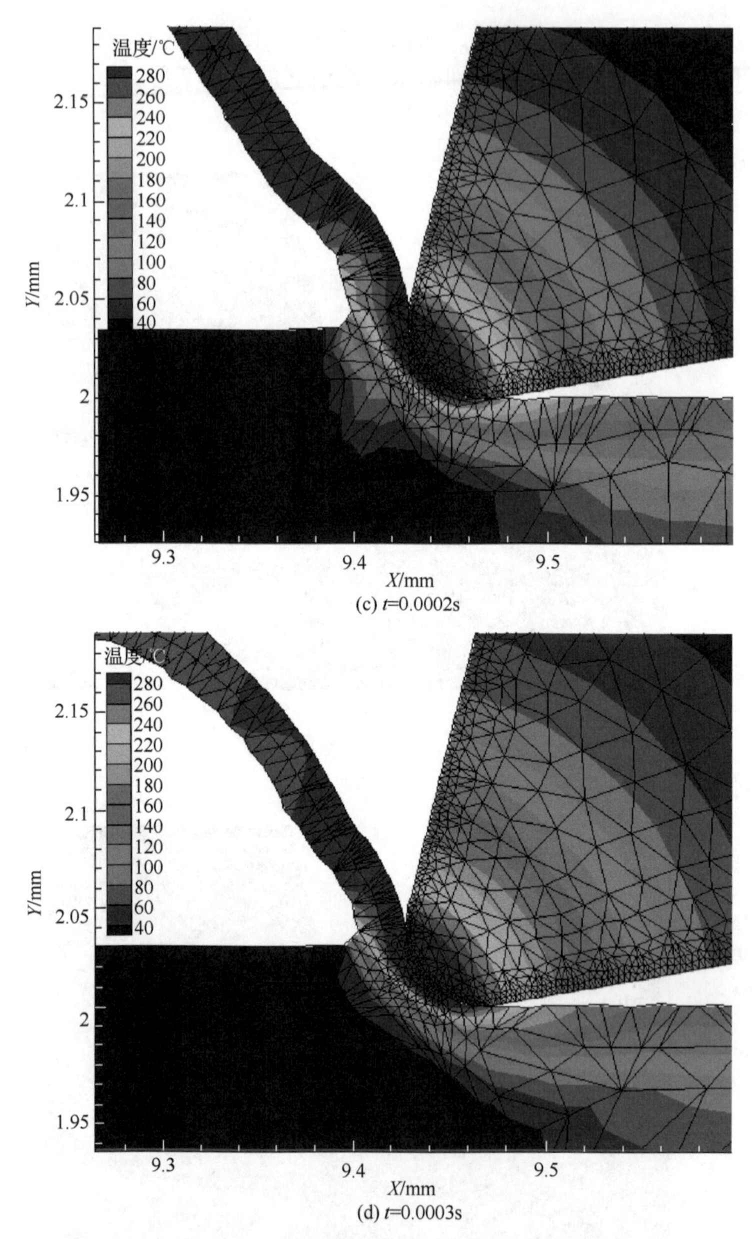

(c) t=0.0002s

(d) t=0.0003s

图 3.72　铝合金 7055 高速铣削不同时刻工件和刀具上的温度场分布

3. 工艺参数对铣削热力耦合的影响

1) 工艺参数对铣削力的影响

图 3.73 为以 v_c=900m/min，f_z=0.04mm/z，a_p=0.5mm，a_e=6mm 为基础参数时，铝合金 7055 高速铣削参数对铣削力的影响规律，其中，X 方向为铣削宽度

方向，Y 方向为铣削进给方向。从图 3.73(a)可以看出，当每齿进给量小于 0.07mm/z 时，X 方向铣削力小于 Y 方向。随着每齿进给量增大，X、Y 方向铣削力呈增大趋势，且 X 方向铣削力大于 Y 方向。这是因为随着每齿进给量的增加，切削厚度增大，产生铣削变形抗力，切屑与刀具的摩擦阻力增大，铣削力增大。从图 3.73(b)可以看出，X 和 Y 方向的铣削力随着切削速度的增大略微减小。这主要是因为：一方面，随着切削速度的提高，铣削温度升高，摩擦系数下降，从而使材料变形系数减小，所以 X 和 Y 方向的铣削力呈减小趋势；另一方面，切削速度的提高使剪切角 ϕ 增大，剪切面积减小，变形减小，X 和 Y 方向的铣削力呈减小趋势。切削速度的提高导致力的高频冲击力逐渐增大，但高频冲击力的增大程度小于单位切削面积铣削力的减小程度，X 和 Y 方向的铣削力呈减小趋势。从图 3.73(c)可以看出，随着铣削宽度增大，X、Y 方向铣削力呈增大趋势，这是因为当铣削宽度小于刀具半径时，铣削宽度增加使得切削长度增加，铣削总体积增大，从而使工件变形产生的铣削变形抗力及切屑与刀具的摩擦阻力增大。从图 3.73(d)可以看出，随着铣削深度的增大，X、Y 方向铣削力线性增大，这是因为随着铣削深度的增加铣削面积增加。

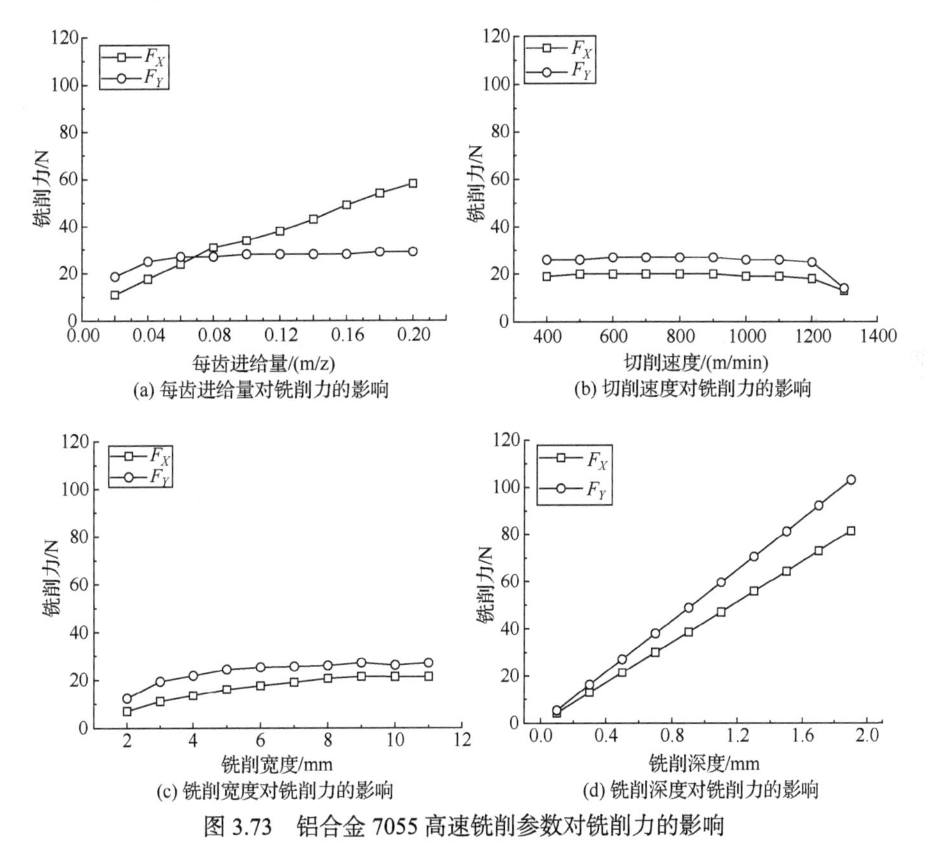

(a) 每齿进给量对铣削力的影响　(b) 切削速度对铣削力的影响

(c) 铣削宽度对铣削力的影响　(d) 铣削深度对铣削力的影响

图 3.73　铝合金 7055 高速铣削参数对铣削力的影响

2) 工艺参数对铣削温度的影响

图 3.74 为铝合金 7055 高速铣削参数对铣削温度的影响规律。由图 3.74(a)可见，随着每齿进给量的增大，铣削温度在 210～425℃，每齿进给量的增加会使温度缓慢上升。这是因为增大每齿进给量会使单位时间金属切除量增加，切削热增加，铣削温度升高。与此同时，切屑变形系数会减小，单位体积切削功降低。此外，每齿进给量增大，铣刀与切屑接触长度增大，增大了切削热量传出面积，切屑带走更多的热量[22]。由图 3.74(b)可见，铣削温度随着切削速度的增大而升高，这是因为随着切削速度提高，单位时间切除的金属量增多，消耗金属变形与摩擦的功也增大，产生的切削热也增多。随着切削速度的继续增加，温度上升趋势略微减缓，这是因为传入切屑的热量比例增加，更多的热量被切屑带走，从而使传入工件和刀具的热量比例减小，相应的刀具和工件的温度升高程度也减小[23]。由图 3.74(c)可见，铣削温度随着铣削宽度的增加而升高，原因在于铣削宽度增加，切屑变形和摩擦消耗功增加，切削热增加。但是，由于铣刀切削刃工作长度也增加，提高了散热条件，切屑带走的切削热增多，工件上铣削温度升高幅度较小。由图 3.74(d)可见，铣削温度随着铣削深度的增大变化不大。这是

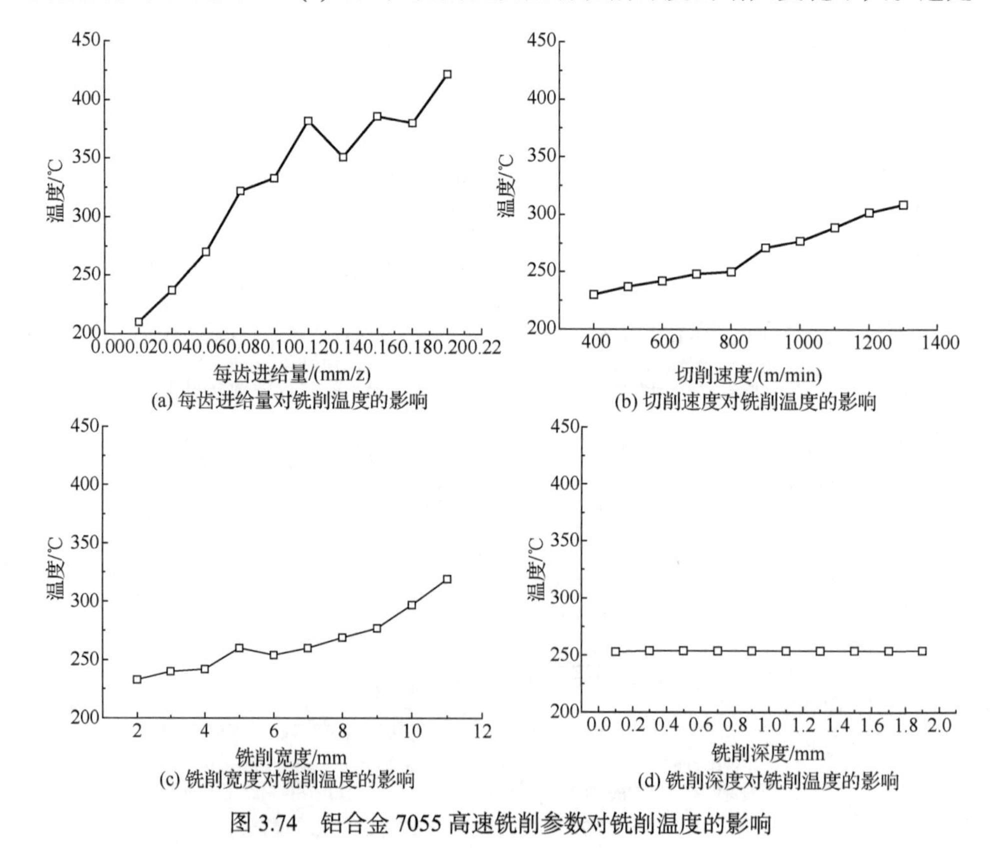

(a) 每齿进给量对铣削温度的影响

(b) 切削速度对铣削温度的影响

(c) 铣削宽度对铣削温度的影响

(d) 铣削深度对铣削温度的影响

图 3.74　铝合金 7055 高速铣削参数对铣削温度的影响

因为随着铣削深度的增大，切削热增大，但是切削的接触面积也随之增大，散热程度增大。

图 3.75 为通过数值分析获得的铝合金 7055 高速铣削工艺参数下工件上温度沿表面下深度分布。图 3.75(a)中，当切削速度为 900m/min 时，加工表面温度最高。图 3.75(b)中，当每齿进给量为 0.02mm/z 时，加工表面上受切削热直接影响较小，温度也相对较低，只有 125℃左右，但每齿进给量增加时，加工表面上的最高温度明显增加。工件温度在同一表面下深度水平下随着每齿进给量的增加而增加。图 3.75(c)中，当铣削深度为 0.1mm 时，加工表面温度只有 75℃左右；当铣削深度为 0.5mm 时，加工表面温度为 110℃左右，加工表面温度随着铣削深度的增加而增加；当工件表面下深度大于 0.02mm 时，在同一深度水平下，工件温度随着铣削深度的增大而减小。

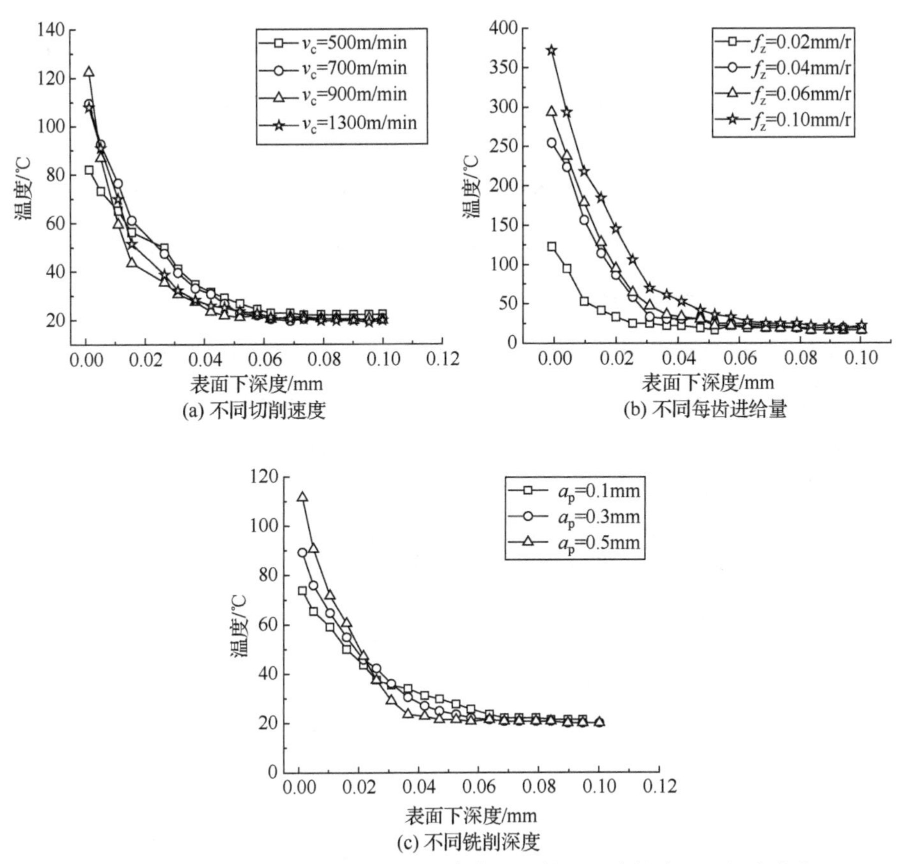

图 3.75 铝合金 7055 高速铣削工艺参数下工件上温度沿表面下深度分布

3) 工艺参数对等效塑性应变场的影响

图 3.76 为不同工艺下铝合金 7055 高速铣削加工等效塑性应变场和温度场沿

工件表面下深度分布。分析可知，铝合金 7055 高速铣削加工中，当 v_c=500m/min，f_z=0.02mm/z，a_p=0.5mm 时，表面温度 100℃，表面等效塑性应变为 1.19，等效塑性应变层深度为 0.06mm；当 v_c=1300m/min，f_z=0.10mm/z，a_p=0.5mm 时，表面温度 250℃，表面等效塑性应变为 4.27，等效塑性应变层深度为 0.04mm。分析可知，加工强度大，表面温度高，表层应变大。这是因为进给量增大使切屑厚度变大，随切屑流失的热量增多，热影响对工件表层的作用趋于稳定，因此在每齿进给量增大时，等效塑性应变增大。

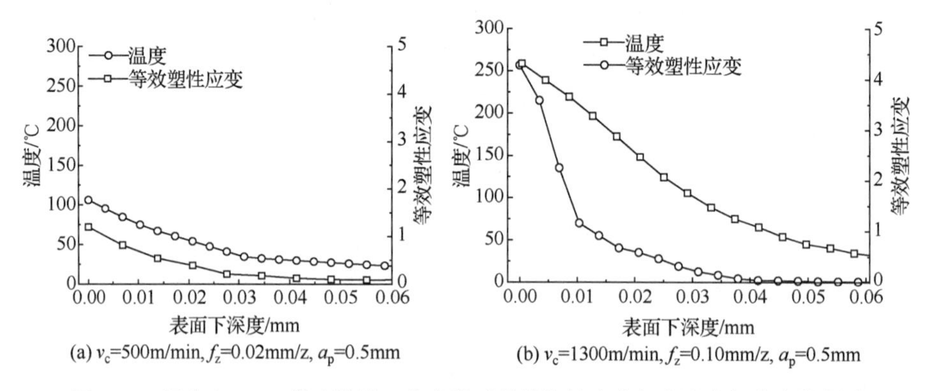

图 3.76 铝合金 7055 高速铣削工艺参数对等效塑性应变场和温度场分布的影响

4. 铣削表面变质层形成机制

选择低、中、高三组不同水平加工参数进行铝合金 7055 高速铣削工艺试验，对加工过程中的铣削力、铣削温度及加工后试件的表层残余应力、表层显微硬度、表层微观组织进行测试，分析热力耦合对表面变质层的影响规律。铣削参数及铣削力、铣削温度测试结果如表 3.17 所示。

表 3.17 铝合金 7055 高速铣削试验参数及铣削力、铣削温度

加工强度	f_z/(mm/z)	v_c/(m/min)	a_e/mm	a_p/mm	F/N	T/℃
水平一	0.02	500	6	0.5	19	106
水平二	0.06	900	6	0.5	36	223
水平三	0.10	1300	6	0.5	46	259

1) 热力耦合对残余应力的影响

三种水平下铝合金 7055 高速铣削的残余应力沿表面下深度分布如图 3.77 所示。可以看到，三组参数条件下表面均为残余压应力，随着表面下深度的增加，残余应力向拉应力过渡且趋于稳定，达到了材料基体原来的残余应力。图 3.77(a)中铣削表面在两个方向上均出现残余压应力，加工表面 X 向残余应力

σ_{rx}(垂直铣削进给方向)和 Y 向残余应力 σ_{ry}(铣削进给方向)分别为−75MPa 和−120MPa。残余应力随着表面下深度的增加逐渐趋于零，残余压应力影响层深度约为 35μm。图 3.77(b)中，加工表面残余压应力 σ_{rx} 和 σ_{ry} 分别为−140MPa 和−139MPa。残余压应力随着表面下深度的增加逐渐减小，残余应力影响层深度约为 40μm。图 3.77(c)中，加工表面残余压应力 σ_{rx} 和 σ_{ry} 分别为−61MPa 和−167MPa，残余应力影响层深度约为 45μm。

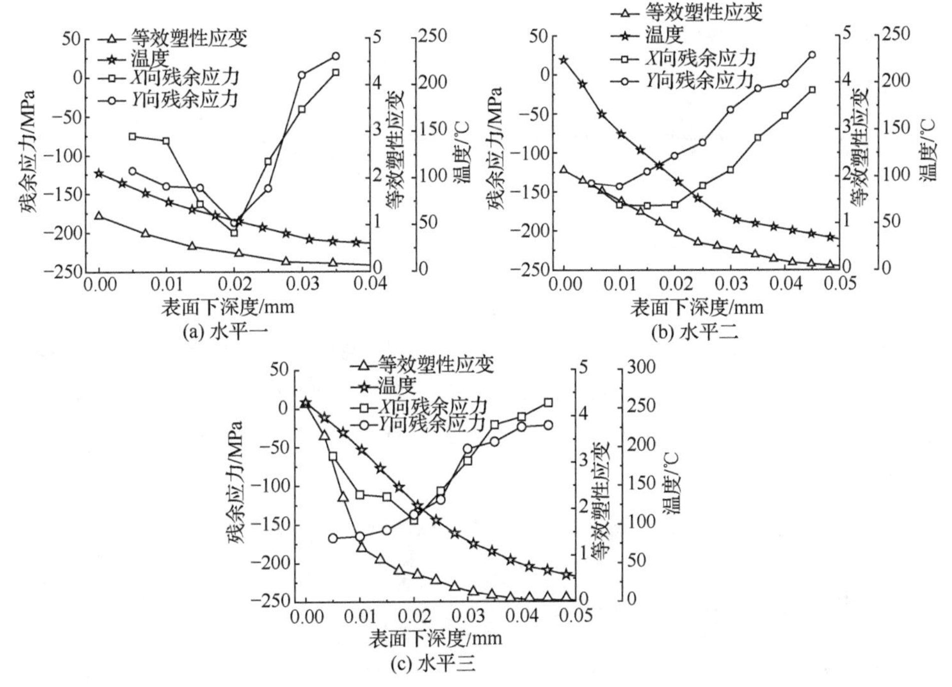

图 3.77　铝合金 7055 高速铣削残余应力沿表面下深度分布

从水平一到水平三，铣削力依次增大，铣削表面的等效塑性应变从 1.2 提高到了 4.5，同时铣削温度从 106℃升高到 259℃。一般来说，铣削力和等效塑性应变增大将导致切削表层产生的残余压应力增大，而铣削温度的提高将导致表层残余拉应力增大。

2) 热力耦合对显微硬度的影响

图 3.78 为铝合金 7055 高速铣削加工后表层显微硬度分布。从水平一到水平二，铣削力从 19N 增大到了 36N，铣削表面的等效塑性应变从 1.2 提高到了 2.2，同时铣削温度从 106℃升高到了 223℃。铣削力和等效塑性应变的增大导致切削表层“冷作硬化”效应增强；铣削温度虽然提高，但并没有达到动态再结晶温度和相变温度，不会发生软化。铣削加工后表面的加工硬化是铣削力造成的强化、

切削热造成的弱化和相变作用的综合作用的结果。根据铣削温度测试结果，两种参数下测得最高铣削温度为 223℃，没有达到铝合金 7055 的相变温度，因此这里仅考虑铣削力造成的强化和切削热造成的弱化。

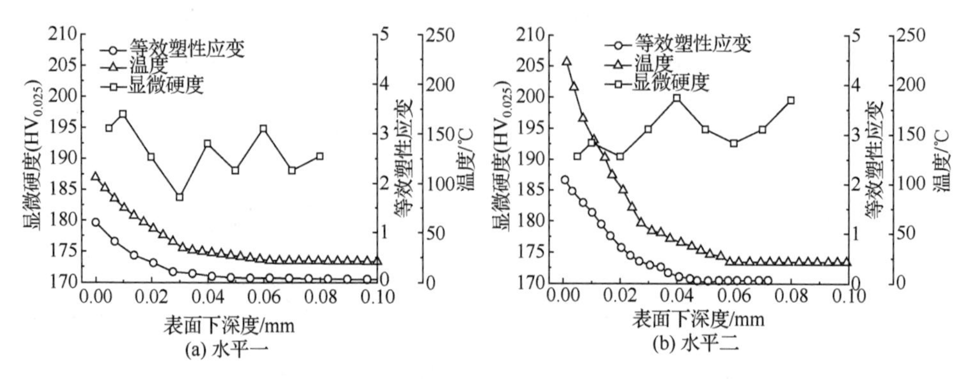

图 3.78 铝合金 7055 高速铣削加工后表层显微硬度沿表面下深度分布

3) 热力耦合对微观组织的影响

图 3.79 为铝合金 7055 高速铣削后表层微观组织。可以看到，随着加工强度的增大，微观组织的晶粒变形程度增加，等效塑性应变增大。三个水平中均未出现相变，这是因为在高速切削时大量热量被切屑带走[24,25]，降低了切削热对表面的影响。

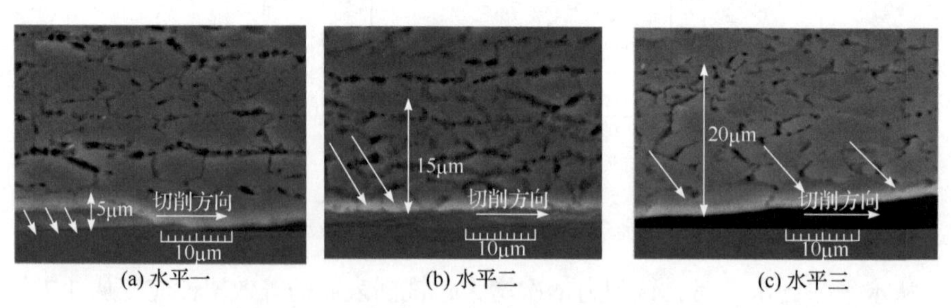

图 3.79 铝合金 7055 高速铣削表层微观组织

在水平一加工强度下，微观组织在沿进给方向塑性变形很小，塑性变形层厚度小于 5μm，如图 3.79(a)所示。主要是因为在这种加工条件下铣削力为 19N，铣削温度 106℃，热力耦合作用不明显，表层的应变硬化作用不显著。图 3.79(b)中，水平二试件微观组织沿进给方向塑性变形大于水平一试件，塑性变形层厚度约为 15μm，主要是因为在这种加工条件下铣削力为 36N，铣削温度为 223℃，热力耦合作用显著，表层的应变硬化作用增加。图 3.79(c)中，水平三试件微观组织沿进给方向塑性变形大于水平二试件，塑性变形层厚度约为 20μm，表层晶粒已经纤维化，变形程度非常大，主要是因为在这种加工条件下铣削力为 46N，铣削温度为 259℃，热力耦合作用显著，表层的应变硬化作用显著。

影响铝合金 7055 铣削表层微观组织形成的主要因素为铣削力，而切削热大部分都被切屑和冷却液带走。因此，切削热对微观组织的形成起次要作用。随着加工强度的提高，铣削力和铣削温度都增大，塑性变形层厚度逐渐增大。

3.3.2　钛合金 Ti1023 铣削表面变质层形成机制

1. 铣削工艺过程

钛合金 Ti1023 铣削工艺试验在 VMC 850 三坐标立式数控铣床上进行，所用刀具为 K44 硬质合金整体立铣刀，四齿，直径 10mm，前角 12°，后角 12°，螺旋角 35°。铣削方式为顺铣，铣削参数范围：切削速度 v_c 为 20～160m/min，每齿进给量 f_z 为 0.02～0.2mm/z，铣削深度 a_p 为 0.1～1mm。

图 3.80 为钛合金 Ti1023 典型铣削力和铣削温度(以电势差表示)信号。进给方向和垂直进给方向的铣削力幅值变化大，并且具有较大的峰值，而铣削深度方向铣削力波动较小。三个方向的铣削力都随时间呈周期性变化，且周期相同。四个刀齿所形成的铣削力幅值并不相同，说明四个刀齿在铣削过程中的切削尺寸存在差异。从图 3.80(b)可以看出，在铣刀进给过程中，整个电势差信号可以分为三个阶段。第一阶段为 *OA* 段曲线，对应刀具切入工件但还未切到康铜丝的阶段。在这一阶段，随着铣削的进行，刀具逐渐接近工件与康铜丝的热接点，传入热接点的热量增加，使热接点的温度逐渐升高，此时的电势差信号为平滑上升的曲线。第二阶段为 *AB* 段曲线，对应刀具切到康铜丝的阶段。铣削是断续切削，当切削刃切到康铜丝的瞬间，热接点处的温度迅速升至最高；当切削刃离开康

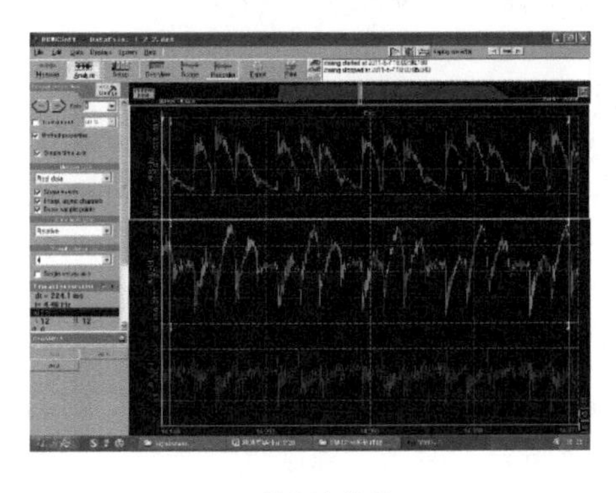

(a) 铣削力信号

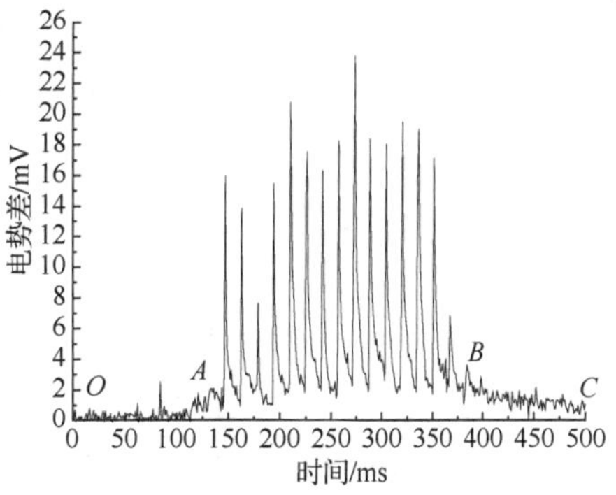

(b) 铣削温度信号

图 3.80　钛合金 Ti1023 典型铣削力和铣削温度信号

铜丝后，热接点处的温度逐渐下降，直到下一个切削刃切到康铜丝之前，热接点的温度降至最低。因此，这一阶段的电势差信号为脉动曲线，而这一段曲线中的每一个波峰都代表一次切削刃经过康铜丝时热接点处的温度。第三阶段为 BC 段曲线，对应刀具切出康铜丝直到切离工件的阶段。在这一阶段，刀具远离热接点，热接点逐渐冷却到室温，因此此时的电势差信号为平滑下降的曲线。

2. 铣削力和温度场分析

图 3.81 为铣削参数 v_c=157m/min、f_z=0.05mm/z、a_p=1mm、a_e=2mm 时，获得的钛合金 Ti1023 铣削力及铣削温度随时间的变化曲线。从图中可以看出，由于铣削方式是顺铣，三向铣削力在加工的开始迅速从 0 增加到最大值，随后又慢慢降低，切削厚度越来越小，在最后阶段铣削力又有所上升，这是因为第一个刀齿离开工件，而第二个刀齿已经切入工件。铣削温度为切削区的平均温度，变化趋势和铣削力的变化趋势一致。

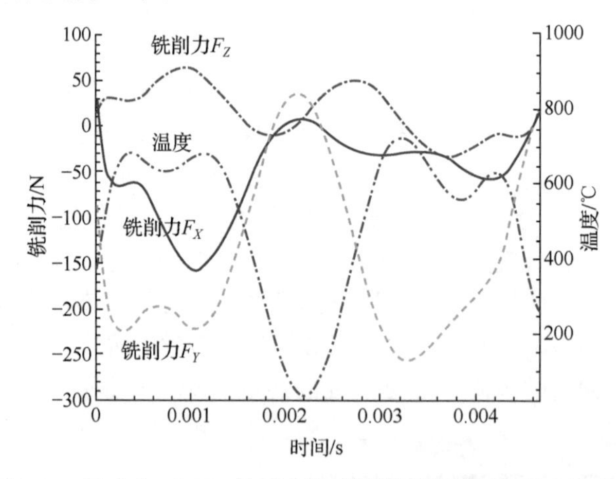

图 3.81　钛合金 Ti1023 铣削力以及铣削温度随时间的变化曲线

图 3.82 为不同时刻钛合金 Ti1023 工件上的温度场分布。从图中可以看出，在切削的初期，工件上温度场分布范围较窄，但是温度较高。随着切削的进行，温度场分布范围逐渐增大但是温度降低。

图 3.83 为不同时刻刀具上的温度场分布。从图中可以看出，在切削的初期，刀具上温度场主要分布在切削刃上，范围较窄，但是温度较高。随着切削的进行，热量向刀具内部扩散，温度场范围逐渐增大，但是最高温度越来越低，这是因为切削厚度越来越小。

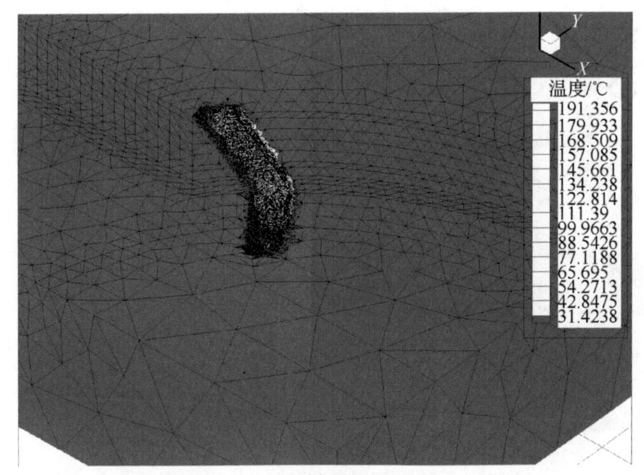

(a) t=0.0001s

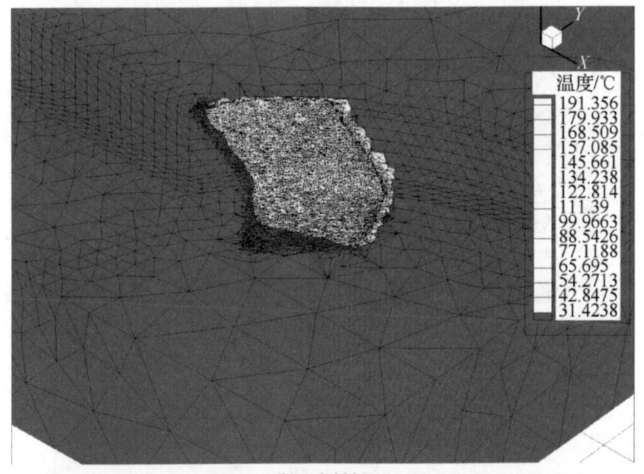

(b) t=0.0005s

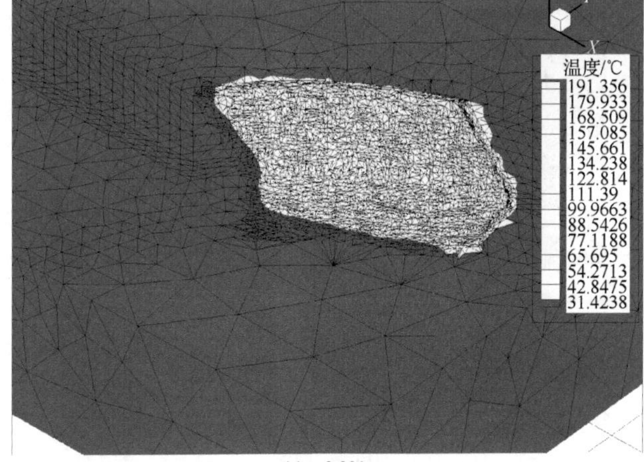

(c) t=0.001s

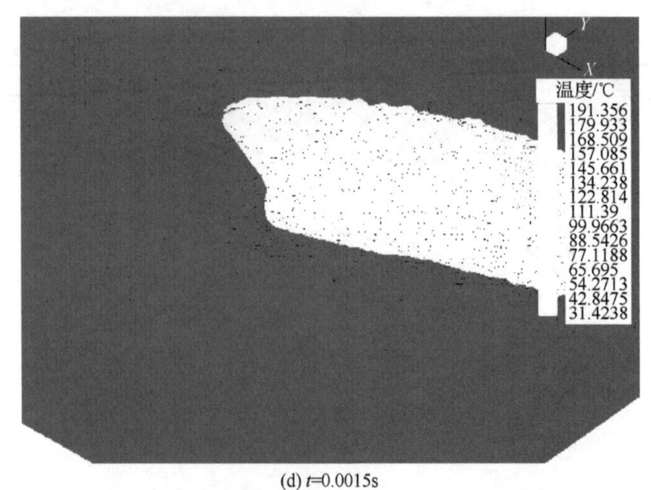

(d) t=0.0015s

图 3.82　钛合金 Ti1023 铣削不同时刻工件的温度场分布

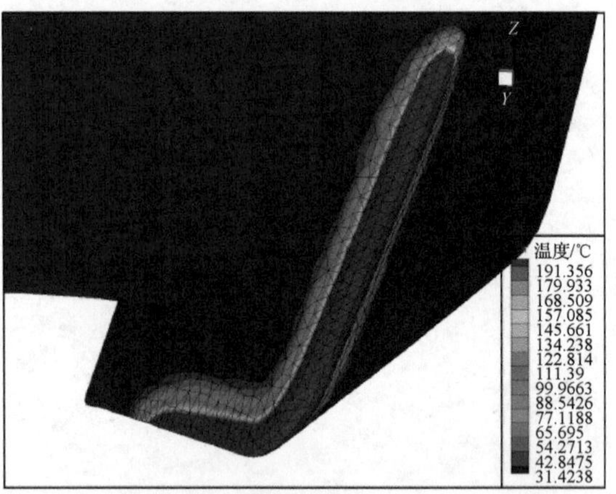

(a) t=0.0001s

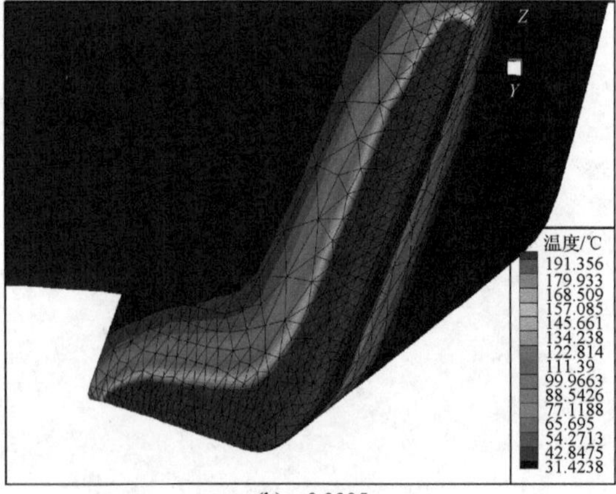

(b) t=0.0005s

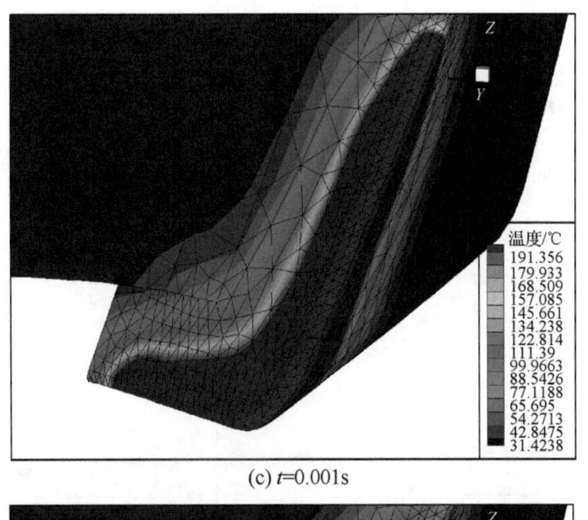

(c) t=0.001s

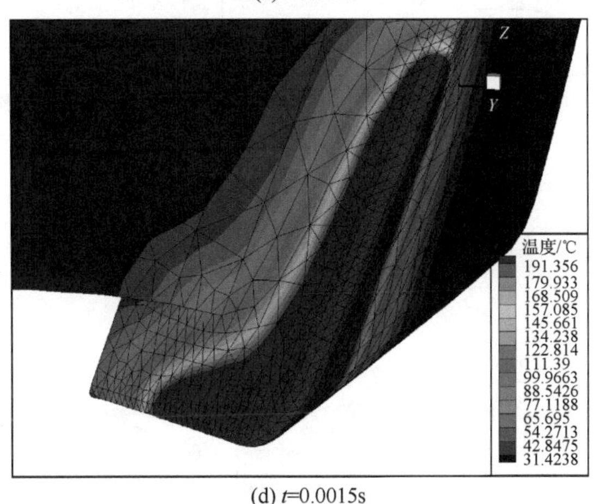

(d) t=0.0015s

图 3.83　钛合金 Ti1023 铣削不同时刻刀具的温度场分布

3. 工艺参数对铣削热力耦合的影响

1) 工艺参数对铣削力的影响

图 3.84 为以 v_c=100m/min，f_z=0.04mm/z，a_p=0.4mm，a_e=5mm 为基础参数时，钛合金 Ti1023 铣削工艺参数对铣削力的影响规律曲线。从图 3.84(a)可以看出，切削速度升高，三向铣削力都随之增大，当切削速度达到 100m/min 时，影响曲线趋于平缓。这是因为铣削过程中，一方面存在应变和应变率对切削区域的强化作用，另一方面存在切削热对切削区域的软化作用。这一对矛盾的消长变化决定了铣削时铣削力的变化[26,27]。随着切削速度的增大，应变强化、应变率强化作用增强，同时切削热软化对铣削力的削弱作用也增强。在切削速度相对较低时，应变强化对铣削力的增强作用大于应变率强化对铣削力的削弱作用，前者占主导地位，因此铣削力随着切削速度的增加而升高。随着切削速度的进一步增

大，铣削温度不断升高，切削热软化作用增强的同时也削弱了应变强化作用，热软化对铣削力的削弱作用比应变强化对铣削力的增强作用增加得快，最终应变强化作用和热软化作用出现了一个动态的平衡，此时铣削力最大。随着切削速度的进一步增大，热软化的削弱作用占据主要地位，铣削力开始下降。

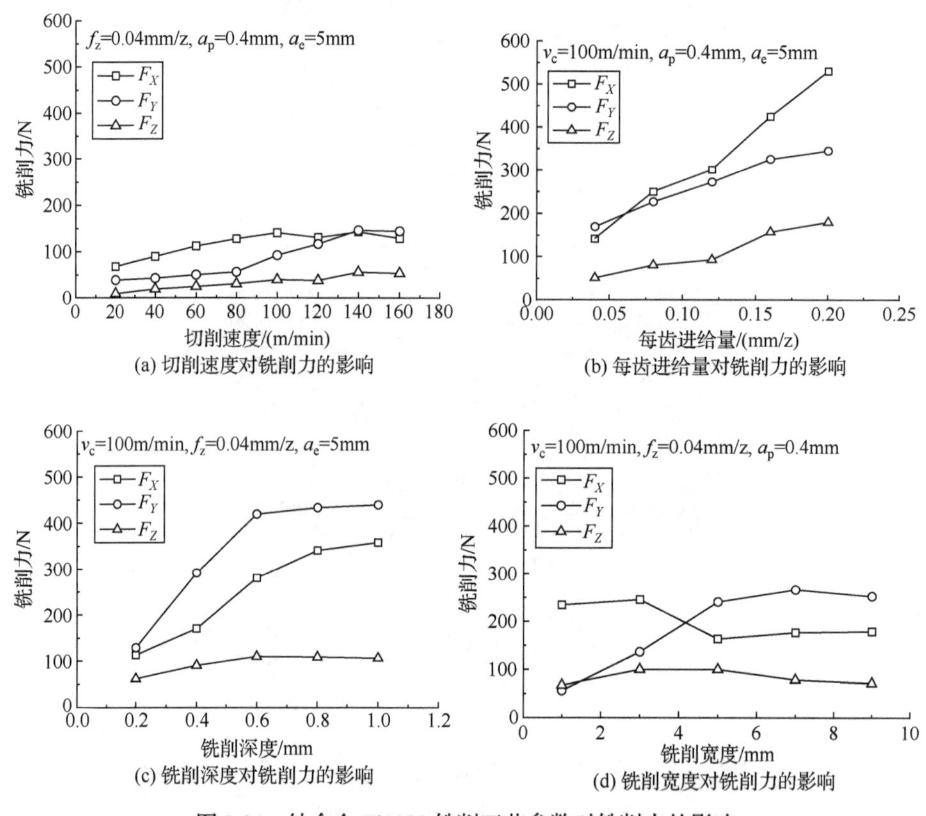

图 3.84　钛合金 Ti1023 铣削工艺参数对铣削力的影响

分析图 3.84(b)可知，随着每齿进给量的升高，三向铣削力明显增大，这是因为随着每齿进给量的增加，每齿切削厚度增大。从图 3.84(c)可知，铣削深度增大，三向铣削力随之增大，这是因为铣削面积随着铣削深度的增加而增加。观察图 3.84(d)可知，随着铣削宽度的增大，三向铣削力先增大后又有所降低，这是因为当铣削宽度小于刀具半径时，随着铣削宽度的增加铣削面积增加，增大了铣削力；当铣削宽度大于刀具半径时，刀具同时进行着顺铣和逆铣，抵消了一部分铣削力，因此铣削力降低。

对试验数据进行非线性回归拟合，建立钛合金 Ti1023 铣削力经验预测模型如式(3.40)所示。

$$\begin{cases} F_X = 602.6 v_{\mathrm{c}}^{0.231} f_{\mathrm{z}}^{0.499} a_{\mathrm{p}}^{0.723} a_{\mathrm{e}}^{-0.137} \\ F_Y = 3.8 v_{\mathrm{c}}^{0.737} f_{\mathrm{z}}^{0.202} a_{\mathrm{p}}^{-0.026} a_{\mathrm{e}}^{0.48} \\ F_Z = 31.6 v_{\mathrm{c}}^{0.454} f_{\mathrm{z}}^{0.339} a_{\mathrm{p}}^{0.21} a_{\mathrm{e}}^{0.011} \\ F_{\mathrm{total}} = 156.3 v_{\mathrm{c}}^{0.437} f_{\mathrm{z}}^{0.409} a_{\mathrm{p}}^{0.453} a_{\mathrm{e}}^{0.026} \end{cases} \tag{3.40}$$

从回归模型可以看出，在试验参数范围内，对铣削力的影响大小顺序为 $a_{\mathrm{p}} > v_{\mathrm{c}} > f_{\mathrm{z}} > a_{\mathrm{e}}$，随着切削参数的增大，铣削力增大。

2)工艺参数对铣削温度的影响

图 3.85 为钛合金 Ti1023 铣削工艺参数对铣削温度的影响规律。分析图 3.85(a)可知，铣削温度随着切削速度的增大而升高，在较低的切削速度范围(20～60m/min)，温度随切削速度上升的趋势较快，在较高的切削速度范围(60～160m/min)，温度随切削速度而上升的趋势变缓。产生这一现象的原因在于：随着切削速度的增加，传入切屑的热量增加，更多的热量被切屑带走，而传入工件和刀具的热量减少，相应的刀具和工件的温度升高幅度也减小。从图 3.85(b)和(c)可以看出，随着每齿进给量和铣削深度的增大，铣削温度略有升高，但升高幅度不大。随着每齿进给量增加，虽然金属切削率增加，但切屑变形系数减小，

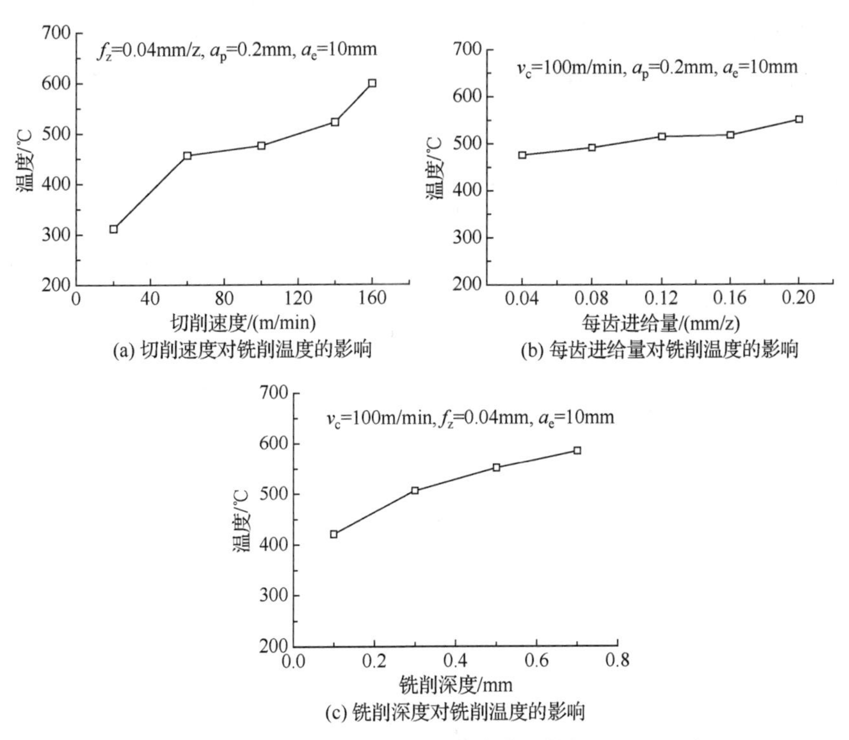

(a) 切削速度对铣削温度的影响

(b) 每齿进给量对铣削温度的影响

(c) 铣削深度对铣削温度的影响

图 3.85　钛合金 Ti1023 铣削工艺参数对铣削温度的影响

使单位体积切除量消耗的功下降，并且刀具和切屑接触长度增加，切屑带走更多的热量[22]。因此，每齿进给量和铣削深度对温度变化的影响不明显。

建立钛合金 Ti1023 铣削温度预测公式如式(3.41)所示：

$$T = 370.68 v_c^{0.134} f_z^{0.07} a_p^{0.12} \tag{3.41}$$

对式(3.41)的回归模型进行方差分析，得到回归模型的 P=0.013<0.05，说明建立的回归模型显著；决定系数 R^2=0.863，调整后的 R^2=0.781，表明铣削温度的预测值与试验值拟合程度良好，采用正交法建立的铣削温度的回归模型是有效的，可以用此回归模型对钛合金 Ti1023 铣削过程的铣削温度进行分析和预测。

从回归模型可以看出，在试验参数范围内，对铣削温度的影响大小顺序为 $v_c > a_p > f_z$。

3) 工艺参数对等效塑性应变场的影响

图 3.86 为不同工艺参数下钛合金 Ti1023 等效塑性应变和温度随表面下深度的分布。分析可知，钛合金 Ti1023 铣削加工中，当 v_c=40m/min、f_z=0.02mm/z、a_p=0.6mm 时，表面铣削温度为 280℃，表面等效塑性应变为 1.5，等效塑性应变层深度为 1mm；v_c=160m/min、f_z=0.2mm/z、a_p=0.6mm 时，表面铣削温度为 430℃，表面等效塑性应变为 4.5，等效塑性应变层深度为 1.0 mm。这是因为加工强度增大，刀具和工件的接触面增大，刀具后刀面对已加工表面的挤压、摩擦作用增强，产生的力和热量的综合作用使已加工表面的塑性变形加剧，表面等效塑性应变增大。

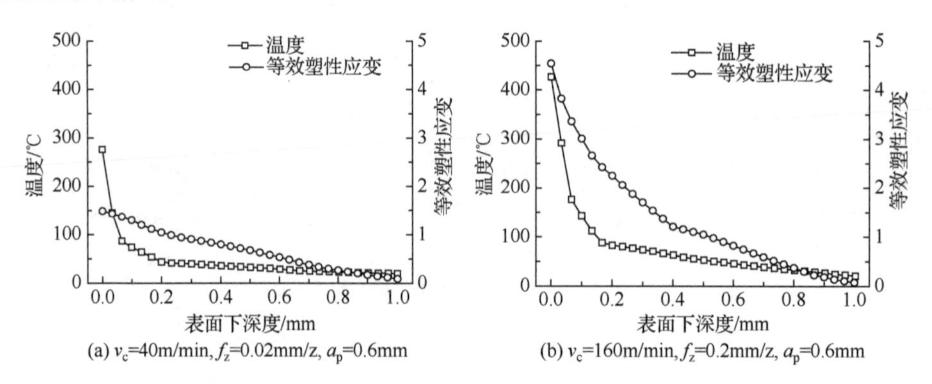

(a) v_c=40m/min, f_z=0.02mm/z, a_p=0.6mm (b) v_c=160m/min, f_z=0.2mm/z, a_p=0.6mm

图 3.86 钛合金 Ti1023 铣削工艺参数对等效塑性应变场和温度场的影响

4. 铣削表面变质层形成机制

选择低、中、高三组不同加工强度进行钛合金 Ti1023 铣削工艺试验，对加工过程中的铣削力、铣削温度及加工后试件的残余应力沿表面下深度分布、显微硬度沿表面下深度分布、截面的微观组织进行测试，分析热力耦合对表面变质层的影响规律。铣削参数及铣削力、铣削温度测试结果如表 3.18 所示。

表 3.18　钛合金 Ti1023 铣削试验参数及铣削力、铣削温度

加工强度	f_z/(mm/z)	v_c/(m/min)	a_e/mm	a_p/mm	F/N	T/℃
水平一	0.02	40	6	0.6	131	435
水平二	0.08	100	7	0.6	344	541
水平三	0.2	160	7	0.6	615	615

1) 热力耦合对残余应力的影响

图 3.87 为钛合金 Ti1023 铣削加工残余应力沿表面下深度方向的分布曲线。可以看到，不同加工参数表面均为残余压应力，随着表面下深度的增加，残余应力向拉应力过渡且趋于稳定，说明达到了材料基体原来的残余应力。随着工艺参数的增强，热力耦合作用增加，残余应力影响层深度从 20μm 增加到 200μm，最大残余压应力出现的深度也从加工表面转移到距表层 20μm 处。

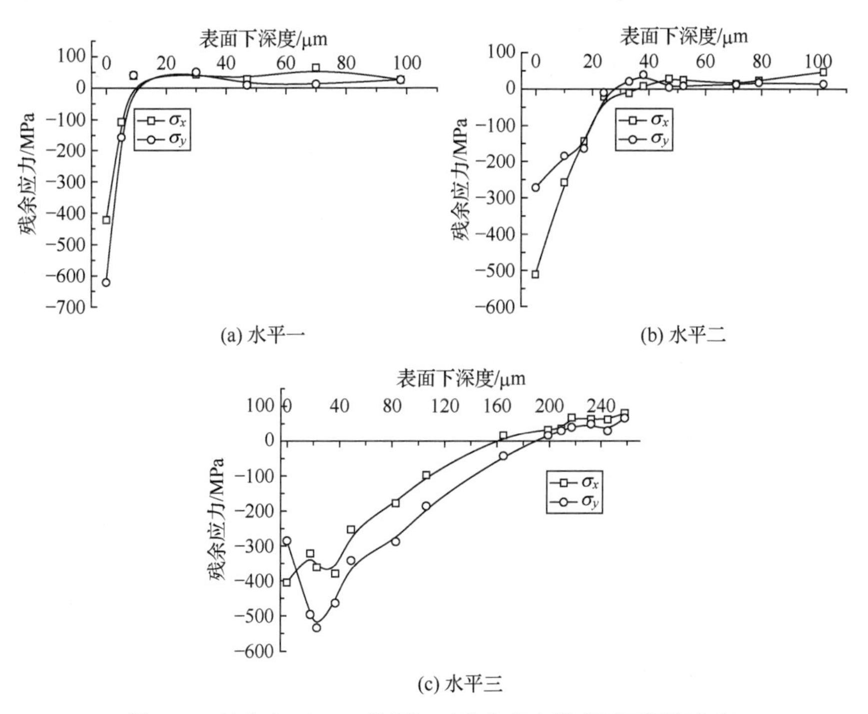

图 3.87　钛合金 Ti1023 铣削加工残余应力沿表面下深度分布

2) 热力耦合对显微硬度的影响

图 3.88 为钛合金 Ti1023 铣削显微硬度沿表面下深度分布。从图中可以看出，热力耦合作用对显微硬度的影响不显著，三组参数下的显微硬度沿表面下深

度变化的趋势基本一致，在已加工表面的显微硬度最大，随着深度的增大，显微硬度逐渐降低，直至达到材料基体显微硬度。这是因为铣削加工过程中铣削力的作用，在工件表面产生了强烈的塑性变形。另外，切削过程产生的热量都积聚在工件表面，当冷却液喷到试件表面时，引起再次淬火，表面产生的硬化较为严重。

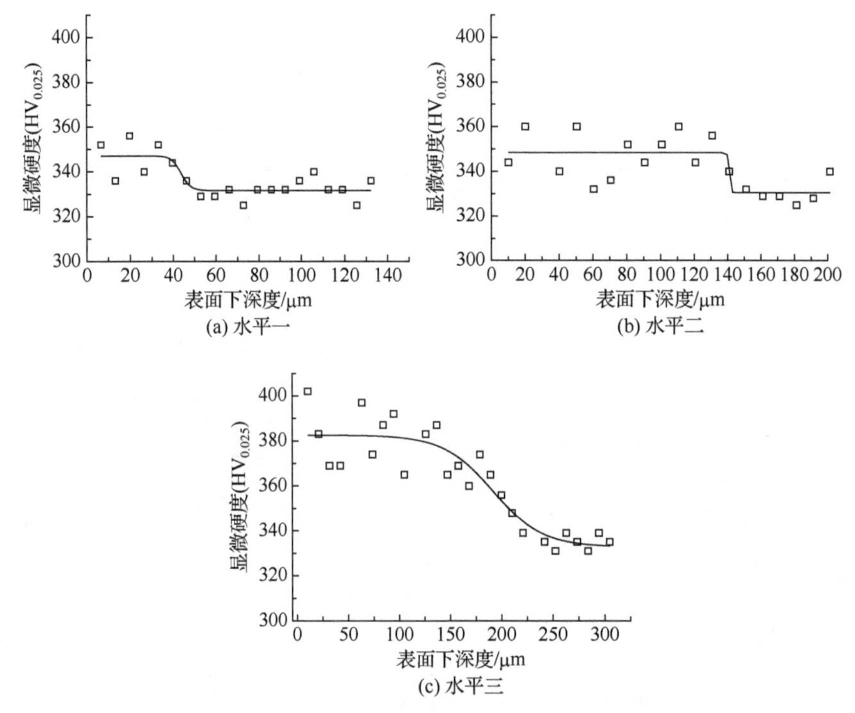

图 3.88　钛合金 Ti1023 铣削显微硬度沿表面下深度分布

3) 热力耦合对微观组织的影响

图 3.89 为钛合金 Ti1023 铣削表层微观组织。随着热力耦合作用增强，塑性变形层厚度显著增加。在水平三加工参数下，试件表面出现起伏不平，观察发现在最低点的位置组织变形更加明显。起伏不平是因为在粗糙的加工参数下刀尖上的硬质点在工件表面上的犁耕留下的痕迹。由于刀尖上的硬质点对加工表面的作用力更大，加工表面上最低点处的晶粒变形更大。根据铣削温度来看，最恶劣的工艺参数下的铣削温度也没有达到钛合金 Ti1023 的相变温度 800℃。因此，铣削过程中不会发生相变，在图 3.89 所示照片中也没有出现相变。相反，金相照片中可以看到铣削表层的晶粒变形非常明显，塑性变形层厚度按照铣削力从小到大的顺序依次增加，特别是粗劣加工条件的试样，表层晶粒已经纤维化，变形程度非常大，这是因为较大的铣削力使得组织发生了较大的塑性变形。通过以上分析

表明，影响钛合金 Ti1023 铣削微观组织形成的主要因素为铣削力，而切削热大部分都被切屑和冷却液带走。因此，切削热对微观组织的形成起次要作用。随着加工强度的提高，铣削力和铣削温度都增大，形成的塑性变形层厚度逐渐增大。

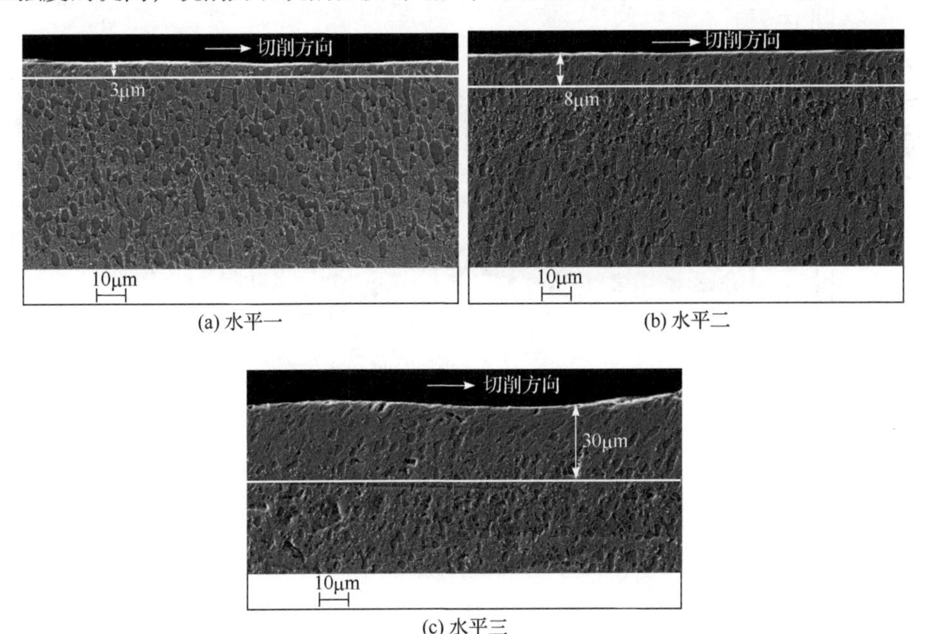

(a) 水平一　(b) 水平二　(c) 水平三

图 3.89　钛合金 Ti1023 铣削表层微观组织

3.3.3　钛合金 TC17 铣削表面变质层形成机制

1. 铣削工艺过程

钛合金 TC17 铣削工艺试验在 SERRTECH M4TT 五轴加工中心上进行，所用刀具为 K44 硬质合金整体球头刀，四齿，直径 6mm，前角 6°，后角 10°，螺旋角 40°，铣削方式为顺铣。铣削参数范围：切削速度 v_c 为 75～235m/min，每齿进给量 f_z 为 0.02～0.06mm/z，铣削深度 a_p 为 0.05～0.25mm，铣削宽度 a_e 为 0.1～0.5mm。

图 3.90 为钛合金 TC17 典型铣削力和铣削温度信号。采用三向动态压电式测力仪对切削过程中的铣削力进行测试。铣削力测试系统由 Kistler9255B 三向动态压电式测力仪、Kistler5017A 电荷放大器和 DEWE3010 数据采集与处理系统组成。电荷放大器将电荷转换成相应的电压参数进行测量，通过数据采集卡，再换算为力，传输到个人计算机(PC)进行处理。铣削力三个方向的分力分别为垂直刀具进给方向的 F_X，平行刀具进给方向的 F_Y，平行刀具主轴方向的 F_Z。

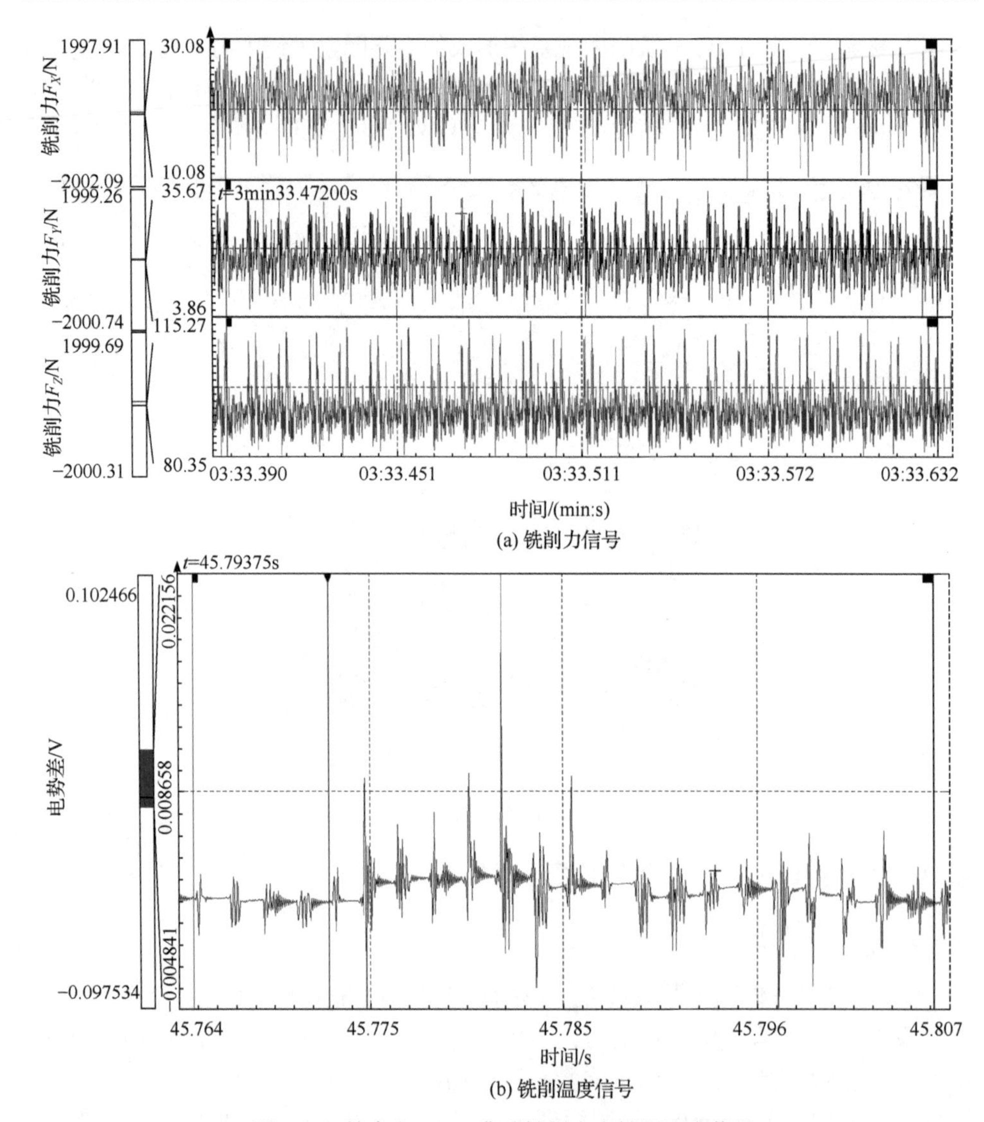

(a) 铣削力信号

(b) 铣削温度信号

图 3.90　钛合金 TC17 典型铣削力和铣削温度信号

2. 温度场和等效塑性应变场分析

选取不同铣削工艺参数进行钛合金 TC17 铣削有限元模拟仿真，沿刀尖位置向工件深度方向选取节点，提取温度和等效塑性应变沿表面下深度方向的分布，结果如图 3.91 所示。图 3.91(a)铣削力为 24N，温度影响层深度和等效塑性应变层深度为 20μm 左右；图 3.91(b)铣削力为 59.89N，温度影响层和等效塑性应变层深度为 20μm 左右；图3.91(c)铣削力为76N，温度影响层和等效塑性应变层深度均为23μm左右。

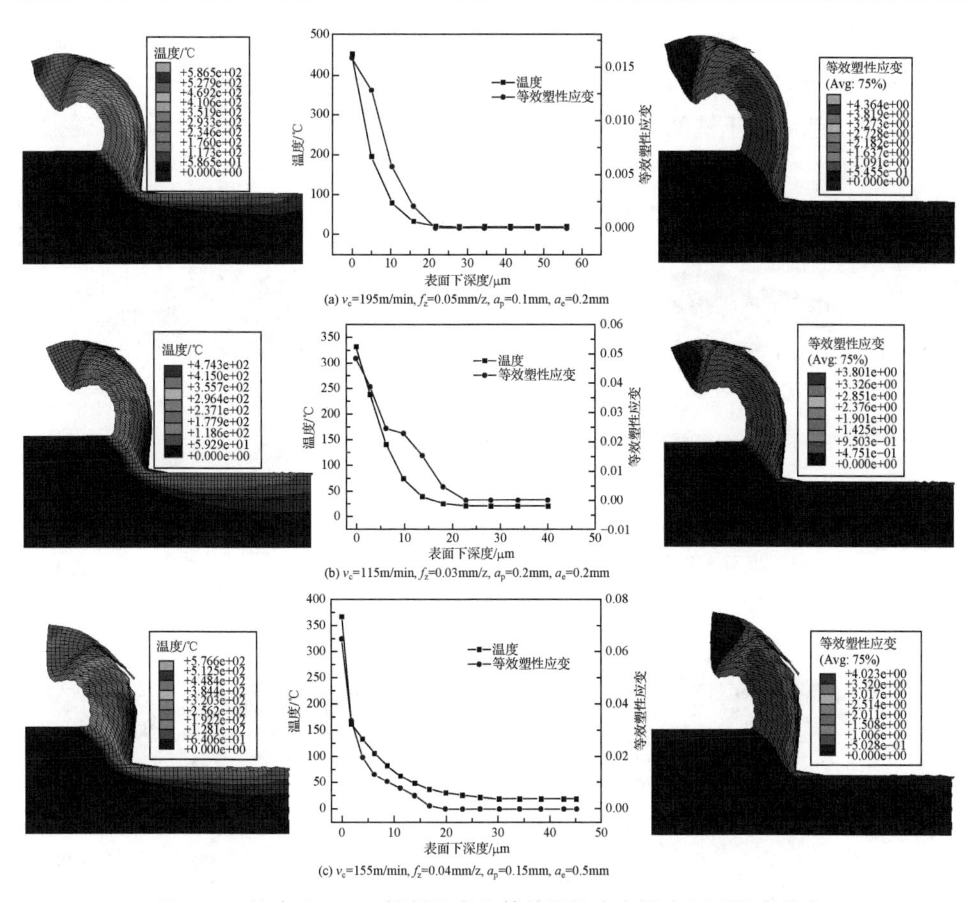

图 3.91　钛合金 TC17 铣削温度和等效塑性应变沿表面下深度分布

3. 工艺参数对铣削热力耦合的影响

1) 工艺参数对铣削力的影响

图 3.92 为钛合金 TC17 铣削工艺参数对铣削力 F 的交互影响。图 3.92(a)为切削速度 v_c 与每齿进给量 f_z 对铣削力 F 的交互作用，随着每齿进给量的增大，铣削力逐步呈上升趋势；随着切削速度的提升，铣削力 F 呈先增大后减小的变化趋势。图 3.92(b)为铣削深度 a_p 与切削速度 v_c 对铣削力 F 的交互影响规律，随着铣削深度的增加，铣削力有显著增大趋势。这是因为随着铣削深度的增大，单位时间材料的去除量增大。图 3.92(c)为铣削宽度 a_e 与切削速度 v_c 对铣削力 F 的交互影响，铣削力随着铣削宽度的增加几乎呈直线上升状态，切削速度对铣削力的影响小于铣削宽度。分析图 3.92(d)可知，铣削深度的增加对铣削力有促进作用，每齿进给量的增大使每齿切削厚度增加，但是铣削力波动较小。从图 3.92(e)可看出，在铣削宽度小于 0.35mm 时，铣削力随着每齿进给量的增加缓慢

减小；当每齿进给量小于 0.0375mm/z 时，铣削宽度的增加对铣削力的影响很小。图 3.92(f)表明铣削力随着铣削宽度和铣削深度的增加而增加，但是随着铣削宽度的增加趋势大于铣削深度。

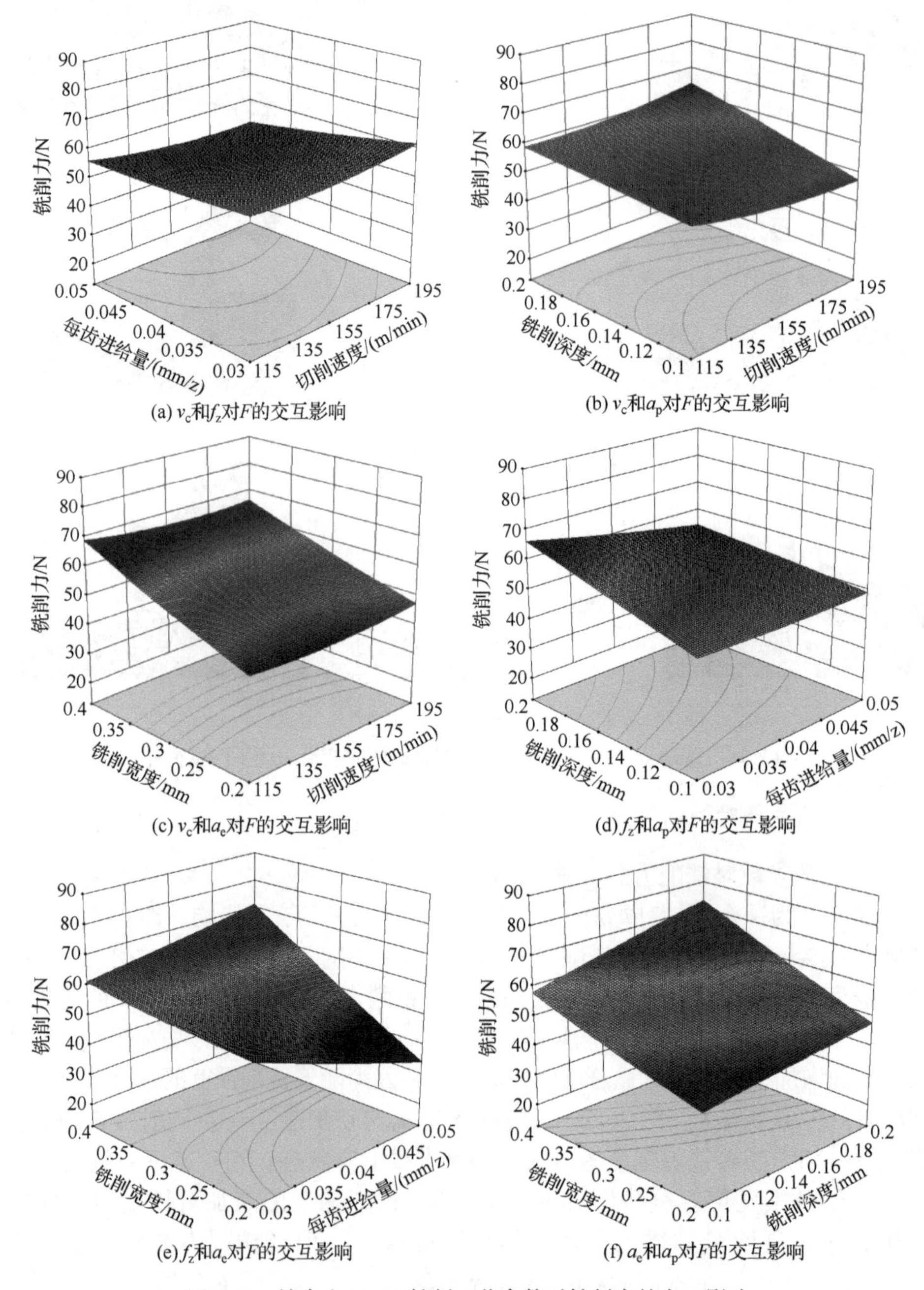

(a) v_c和f_z对F的交互影响

(b) v_c和a_p对F的交互影响

(c) v_c和a_e对F的交互影响

(d) f_z和a_p对F的交互影响

(e) f_z和a_e对F的交互影响

(f) a_e和a_p对F的交互影响

图 3.92　钛合金 TC17 铣削工艺参数对铣削力的交互影响

对试验数据进行非线性回归拟合，建立钛合金 TC17 铣削力经验预测模型如式(3.42)所示：

$$
\begin{aligned}
F=&137.12-0.32v_{\mathrm{c}}-1549.37f_{\mathrm{z}}-17.83a_{\mathrm{p}}-282.45a_{\mathrm{e}}-4.74v_{\mathrm{c}}f_{\mathrm{z}}\\
&+1.50v_{\mathrm{c}}a_{\mathrm{p}}-0.25v_{\mathrm{c}}a_{\mathrm{e}}-5456.08f_{\mathrm{z}}a_{\mathrm{p}}+8022.88f_{\mathrm{z}}a_{\mathrm{e}}\\
&+448.90a_{\mathrm{p}}a_{\mathrm{e}}+0.001v_{\mathrm{c}}^2+4830.72f_{\mathrm{z}}^2-78.84a_{\mathrm{p}}^2+62.89a_{\mathrm{e}}^2
\end{aligned}
\tag{3.42}
$$

对铣削力预测模型进行方差分析可知，铣削力预测模型中回归项的 P 为 0.0001，说明模型是极显著的；决定系数 R^2=95%，说明预测值与测量值非常接近，模型预测精度较高，即建立的铣削力预测模型是有效的。

2) 工艺参数对铣削温度的影响

图 3.93 为钛合金 TC17 铣削工艺参数对铣削温度的交互影响。由图 3.93(a)可以看出，在切削速度试验范围内，高切削速度下温度随每齿进给量的增加直线上升，增长幅度远大于低切削速度；在大每齿进给量条件下铣削温度的增加幅度大于小每齿进给量；在高速大每齿进给量条件下获得最高铣削温度。由图 3.93(b)

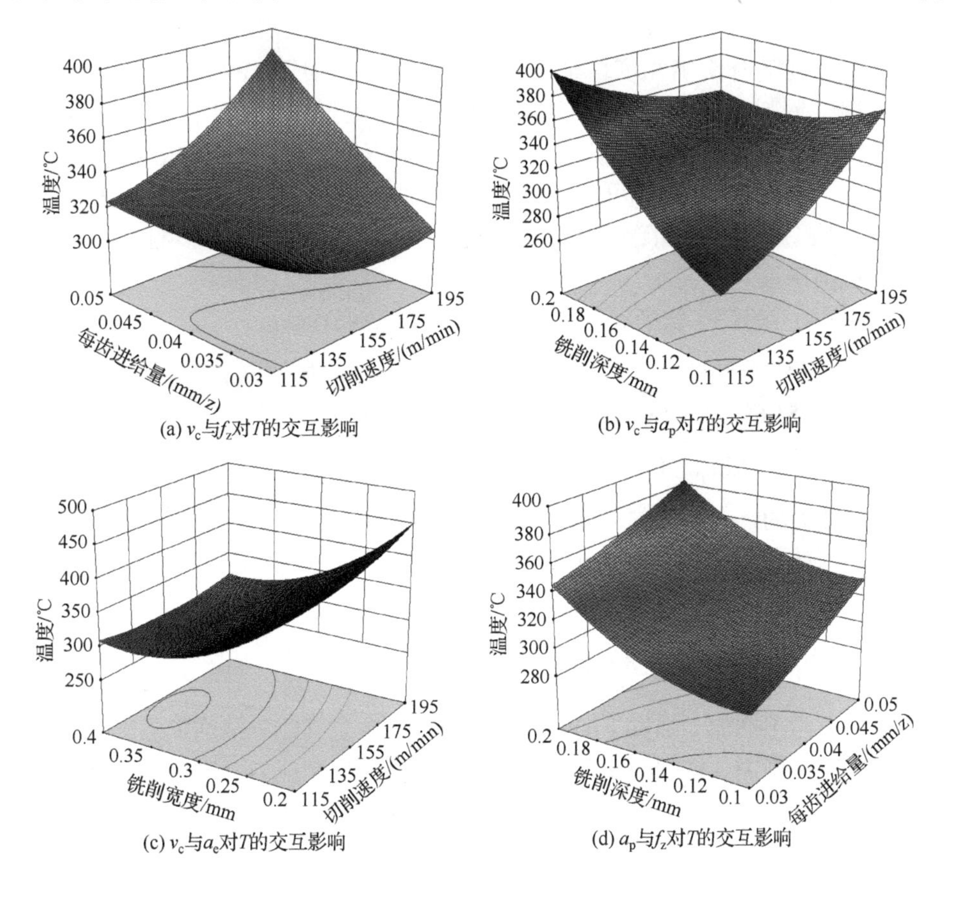

(a) v_{c}与f_{z}对T的交互影响

(b) v_{c}与a_{p}对T的交互影响

(c) v_{c}与a_{e}对T的交互影响

(d) a_{p}与f_{z}对T的交互影响

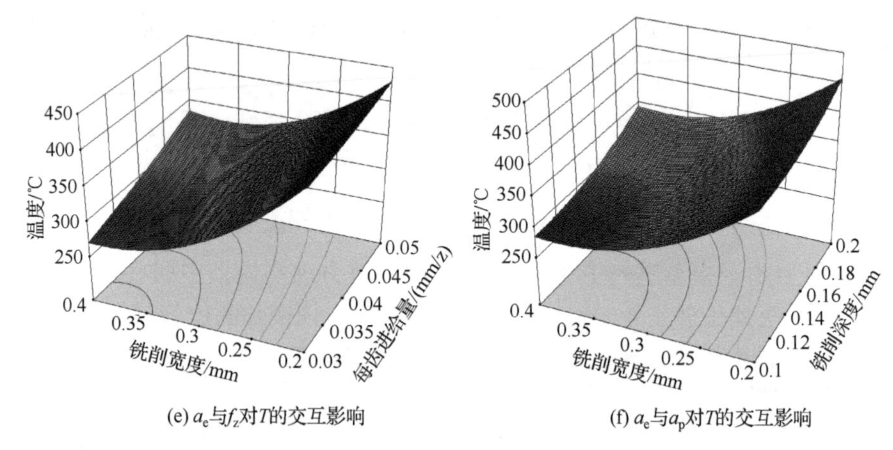

(e) a_e与f_z对T的交互影响　　(f) a_e与a_p对T的交互影响

图 3.93　钛合金 TC17 铣削工艺参数对铣削温度的交互影响

可以看出，铣削深度小于 0.15mm 时，铣削温度随切削速度的增加快速增加，铣削深度大于 0.15mm 时，铣削温度随切削速度的增加出现小幅波动。切削速度小于 155m/min 时，铣削温度随着铣削深度增加显著增加；切削速度大于 155m/min 时，铣削温度随着铣削深度增加的程度减小。通过对图 3.93(c)响应面的分析可以发现，铣削宽度的增加对铣削温度的影响大于切削速度，铣削温度随着铣削宽度的增加呈现逐渐减小的趋势，在铣削宽度为 0.3mm 左右出现急剧减小转折点。分析图 3.93(d)可知，铣削深度的增加对铣削温度的影响大于每齿进给量。从图 3.93(e)和(f)可以发现，铣削宽度对铣削温度的影响大于每齿进给量和铣削深度。

建立钛合金 TC17 铣削温度预测公式，如式(3.43)所示：

$$
\begin{aligned}
T=&964.94-0.66v_c-11501.64f_z+1546.55a_p-3268.63a_e\\
&+51.69v_cf_z-18.5v_ca_p-2.01v_ca_e-2150.9f_za_p+12490.21f_za_e\\
&+613.51a_pa_e+0.007v_c^2+26157.09f_z^2+5829.03a_p^2+3981.28a_e^2
\end{aligned}
\tag{3.43}
$$

对所建立的钛合金 TC17 铣削温度回归模型进行方差分析，铣削温度预测模型中回归项的 $P<0.0001$，说明模型是极显著的；决定系数 $R^2=89\%$，说明预测值与测量值非常接近，模型预测精度较高。

4. 铣削表面变质层形成机制

选择三组不同加工强度下的铣削参数进行钛合金 TC17 铣削工艺试验，对加工过程中的铣削力、铣削温度及加工后试件的表层残余应力、表层显微硬度、表层微观组织进行测试，分析热力耦合对表面变质层的影响规律，铣削参数及铣削力、铣削温度测试结果如表 3.19 所示。

表 3.19　钛合金 TC17 铣削试验参数及铣削力、铣削温度

加工强度	f_z/(mm/z)	v_c/(m/min)	a_e/mm	a_p/mm	F/N	T/℃
水平一	0.05	195	0.2	0.1	24	558
水平二	0.03	115	0.2	0.2	59	458
水平三	0.04	155	0.5	0.15	76	314

1) 热力耦合对残余应力的影响

图 3.94 为钛合金 TC17 铣削热力耦合对表层残余应力的影响，其中残余应力和表面下深度为试验测试所得，温度和等效塑性应变为有限元仿真结果。分析图 3.94(a)可知，水平一铣削参数下表面温度为 484.91℃，铣削力为 24N，表面等效塑性应变为 1.05。切削加工中后刀面与已加工表面的挤压与摩擦使表层金属产生残余压应力，约在表面下深度 25μm 处两个方向的残余应力降为基体值。由于小铣削力高温下热软化效应显著，在表面下深度 25μm 时铣削温度为 200℃左右，等效塑性应变小于 0.4。如图 3.94(b)所示，水平二铣削参数下铣削力为中间水平 59N，铣削温度处于较高水平 336.87℃，在表面下深度 25μm 位置力和热的作用都减弱，温度约为 150℃，等效塑性应变约为 0.5，残余应力降至基体值。大铣削力高温条件产生的热力耦合效应对残余应力沿深度分布的影响如图 3.94(c)所示，可以看出该条件下残余应力影响层可达表面下深度 35μm 处，此时铣削温度降为 85℃，等效塑性应变为 0.4。

2) 热力耦合对显微硬度的影响

图 3.95 为钛合金 TC17 铣削热力耦合对表层显微硬度的影响，其中显微硬度沿表面下深度分布为试验测试值，温度和等效塑性应变为有限元仿真结果。分析图 3.95(a)可知，水平一铣削参数下表面温度为 484.91℃，铣削力为 24N，表面等效塑性应变为 1.05，表面刀具后刀面挤压产生的强化效应被热效应平衡，在表

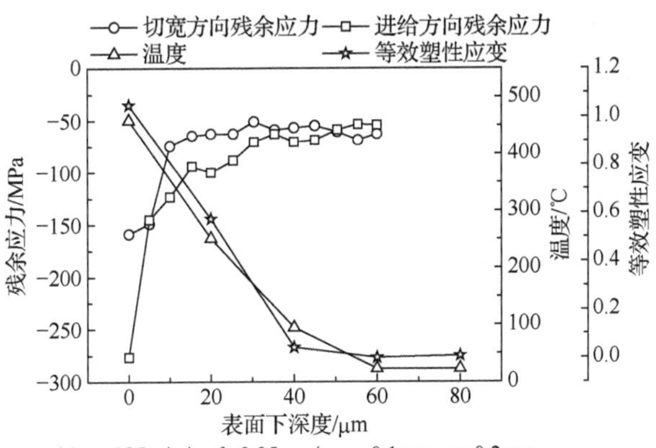

(a) v_c=195m/min, f_z=0.05mm/z, a_p=0.1mm, a_e=0.2mm

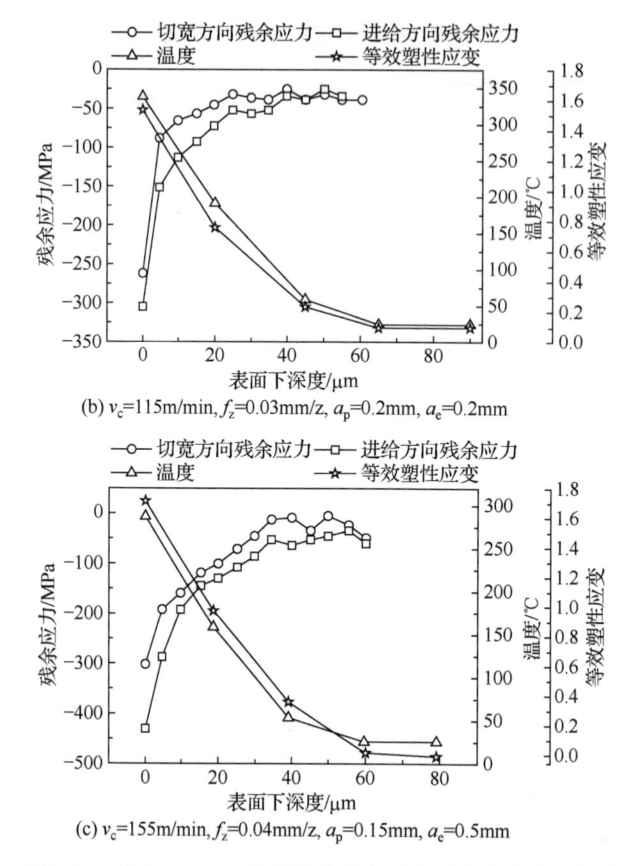

(b) v_c=115m/min, f_z=0.03mm/z, a_p=0.2mm, a_e=0.2mm

(c) v_c=155m/min, f_z=0.04mm/z, a_p=0.15mm, a_e=0.5mm

图 3.94 钛合金 TC17 铣削热力耦合对表层残余应力的影响

层 10μm 处，强化效应消失，温度高达 300℃，等效塑性应变为 0.6。水平二铣削力为中间水平 59N，铣削温度处于较高水平 336.87℃时，热力耦合对残余应力沿深度分布的影响如图 3.95(b)所示，在表面下深度 20μm 力和热的作用都减弱，温度约为 200℃，等效塑性应变约为 1.0，显微硬度到达基体显微硬度。大铣削力高温条件产生的热力耦合效应对显微硬度的影响如图 3.95(c)所示，可以看出该条件下显微硬度影响层可达 20μm，此时铣削温度降为 180℃，等效塑性应变为 1.0。

图 3.96 为钛合金 TC17 铣削热力耦合对表层微观组织的影响。可以发现切削加工过程中的挤压、剪切变形使表层金属的晶格发生畸变、弯曲、破损、拉长等变化，且晶粒显示出一定的方向性。观察图 3.96(a)可知，当水平一铣削参数下表面温度为 484.91℃，铣削力为 24N，表面等效塑性应变为 1.05 时，塑性变形层厚度为 2μm；当水平二铣削参数下铣削力为 59N，铣削温度为 336.87℃，等效塑性应变为 1.53 时微观组织变化如图 3.96(b)所示，塑性变形层厚度为 2μm。水平三铣削参数下表层微观组织的影响如图 3.96(c)所示，塑性变形层厚度为 4μm，该参

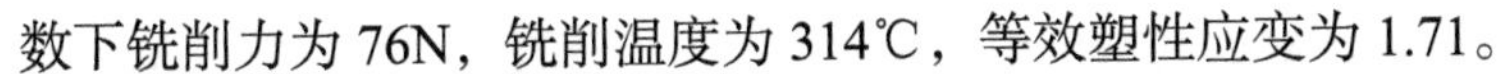
数下铣削力为 76N，铣削温度为 314℃，等效塑性应变为 1.71。

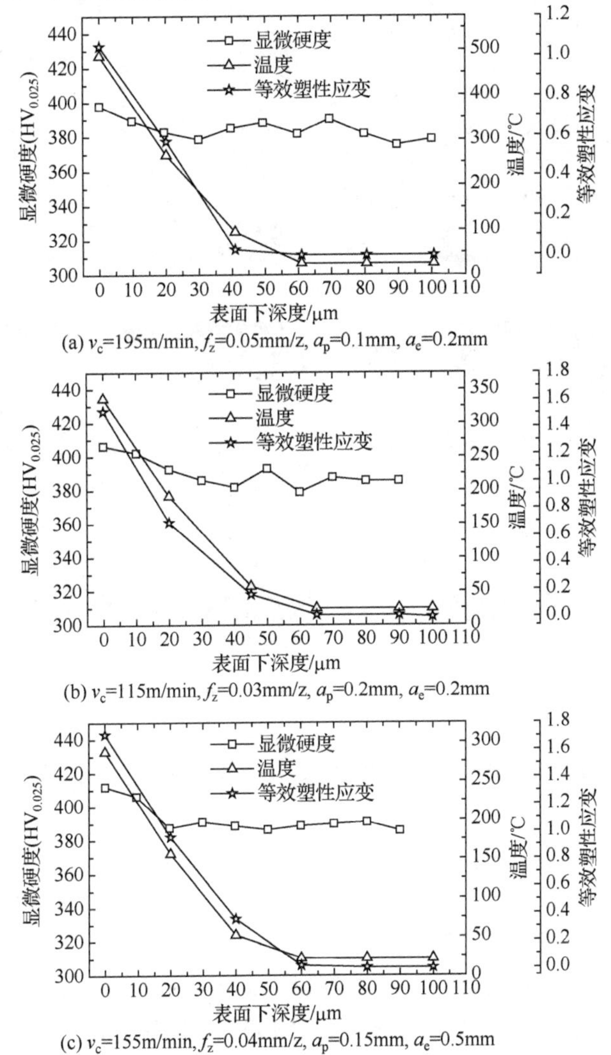

(a) v_c=195m/min, f_z=0.05mm/z, a_p=0.1mm, a_e=0.2mm

(b) v_c=115m/min, f_z=0.03mm/z, a_p=0.2mm, a_e=0.2mm

(c) v_c=155m/min, f_z=0.04mm/z, a_p=0.15mm, a_e=0.5mm

图 3.95　钛合金 TC17 铣削热力耦合对表层显微硬度的影响

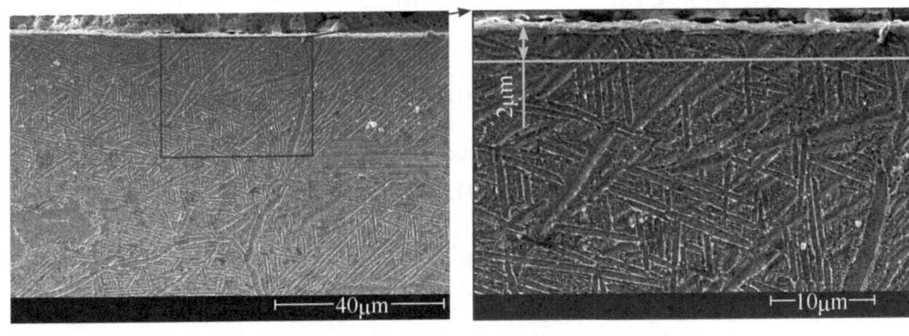

(a) v_c=195m/min, f_z=0.05mm/z, a_p=0.1mm, a_e=0.2mm

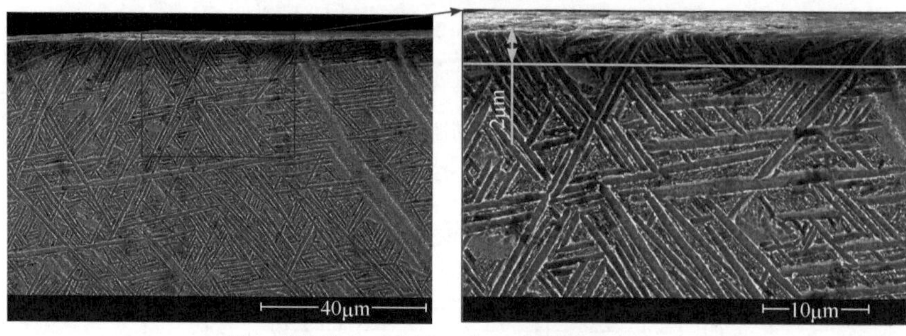

(b) v_c=115m/min, f_z=0.03mm/z, a_p=0.2mm, a_e=0.2mm

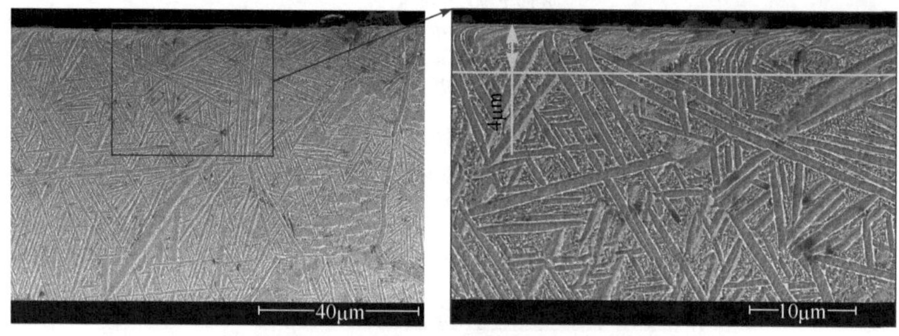

(c) v_c=155m/min, f_z=0.04mm/z, a_p=0.15mm, a_e=0.5mm

图 3.96 钛合金 TC17 铣削热力耦合对表层微观组织的影响

3.4 典型材料磨削表面变质层形成机制

3.4.1 高温合金 GH4169DA 磨削表面变质层形成机制

1. 磨削工艺过程

高温合金GH4169DA磨削试验选用MM1420平面磨床，砂轮转速范围在0～3000r/min。使用单晶刚玉 SA80KV 砂轮顺磨，试验过程使用乳化液进行冷却。选用如表 3.20 所示磨削速度 v_s、工件速度 v_w 和磨削深度 a_p 进行磨削力和温度的研究。磨削力是磨削过程中砂轮与工件之间的相互作用，磨削力 F 可以分解为相互垂直的三个分力，即沿砂轮法向的磨削力 F_n、沿砂轮切向的磨削力 F_t 及沿砂轮回转轴线方向上的径向磨削力 F_a，如图 3.97 所示。一般径向分力比较小，可忽略不计，因此主要研究切向磨削力和法向磨削力。磨削热是磨削过程中发生塑性变形和摩擦引起的热现象，磨削过程中磨削热的表现尤为突出，总磨削能几乎全部转化为热量，70%～80%的总磨削能消耗于工件表面，对加工表面影响很大，因此研究磨削热对认识磨削过程具有重要意义。

表 3.20　高温合金 GH4169DA 磨削砂轮和工艺参数

砂轮	磨削工艺参数	水平一	水平二	水平三
单晶刚玉 SA80KV	工件速度 v_w/(m/min)	8	14	20
	磨削深度 a_p/mm	0.005	0.015	0.025
	磨削速度 v_s/(m/s)	15	25	35

2. 磨削力和温度场分析

图 3.98 为高温合金 GH4169DA 磨削力(用电压信号表示)随时间的变化。法向磨削力 F_n 的波动变化大于切向磨削力 F_t。图 3.99 为高温合金 GH4169DA 电势差随时间的变化。随着磨削的进行，砂轮逐渐接近工件，当砂轮与康铜丝接触时，热接点处的温度迅速升至最高；当砂轮离开康铜丝后，热接点处的温度逐渐下降至最低。

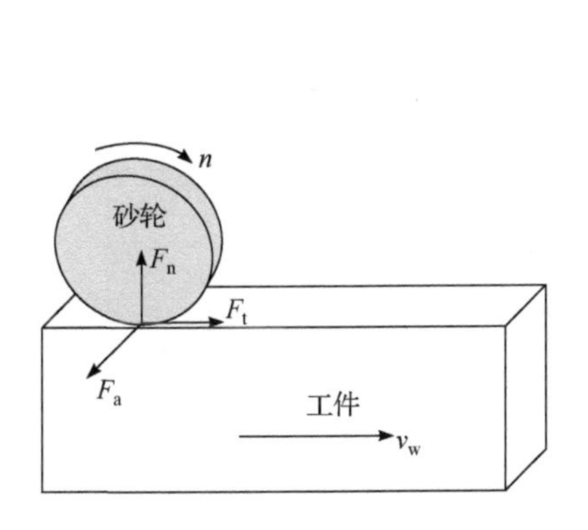

图 3.97　磨削砂轮受力示意图

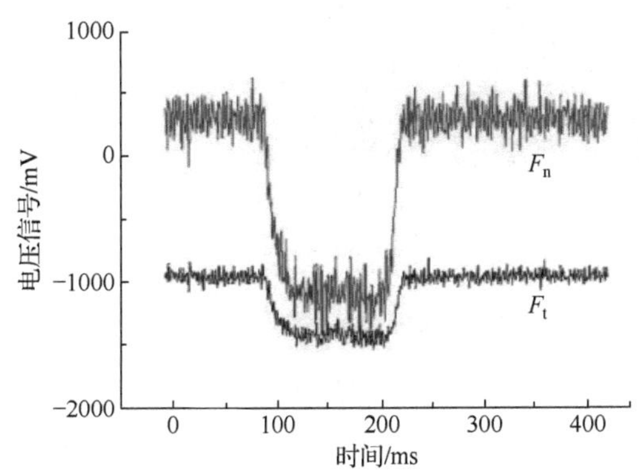

图 3.98　高温合金 GH4169DA 磨削力随时间的变化曲线

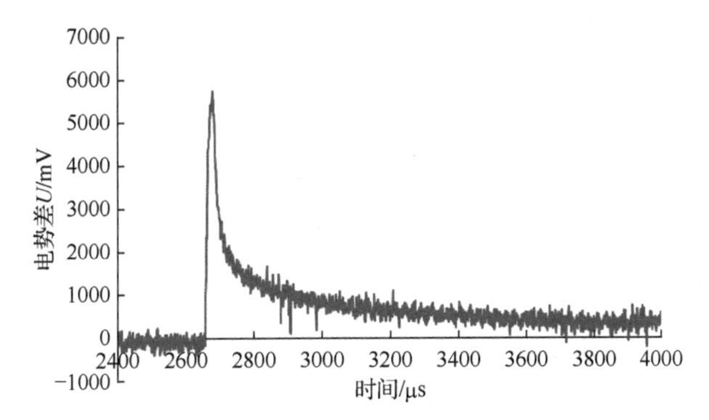

图 3.99　高温合金 GH4169DA 电势差随时间的变化曲线

图 3.100 为磨削工艺参数 v_s=25m/s、v_w=10m/min、a_p=0.02mm 时，单磨粒磨削高温合金 GH4169DA 工件表面的温度分布云图。分析可知，磨削过程中磨粒切割部位温度较高，磨屑上局部温度超过 1000℃，而作用于加工表面上的温度可以达到 500℃以上且温度影响层仅分布在工件表面极薄一层，约为 0.5mm。

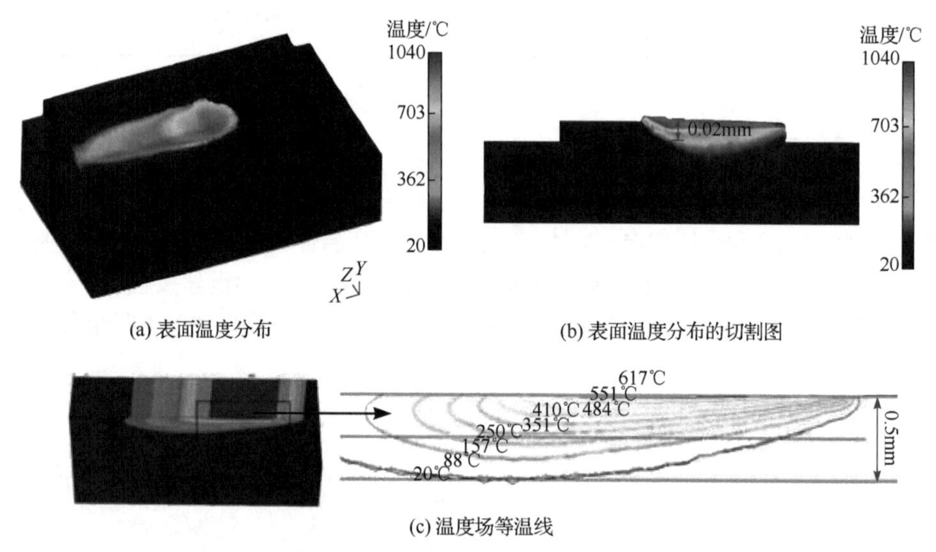

(a) 表面温度分布　(b) 表面温度分布的切割图

(c) 温度场等温线

图 3.100　高温合金 GH4169DA 磨削过程中工件表面温度分布

3. 工艺参数对磨削热力耦合的影响

1) 工艺参数对磨削力的影响

图 3.101 为以 v_s=25m/s、v_w=10m/min、a_p=0.02mm 为基础工艺参数获得的高温合金 GH4169DA 磨削工艺参数对磨削力的影响规律曲线。由图 3.101 可知，磨削力随着工件速度和磨削深度的增大而增大，随着磨削速度的升高而降低，但磨削力随工件速度变化的幅度比较缓慢。在试验参数范围内，磨削深度对磨削力的影响最大，磨削速度影响次之，工件速度影响最小。随着工件速度的增大，单位时间内进入磨削区的工件材料增多，磨削弧长和参加磨削的磨粒数升高，但升高不多，单颗磨粒的未变形磨削厚度升高，因此磨削力升高但是不显著。随着磨削深度的增大，单位时间内进入磨削区的材料增多，磨削接触弧长增大较显著，参加磨削的磨粒数也升高，单颗磨粒的未变形磨削厚度升高，因此磨削力升高较明显。随着磨削速度的升高，单位时间内磨削磨粒数增多，使单颗磨粒的未变形磨削厚度降低，因此磨削力下降。

通过非线性回归拟合获得高温合金 GH4169DA 磨削力的经验预测公式如式(3.44)所示。分析可知，在所研究的工艺参数范围内，磨削工艺参数对磨削力的影响都比较显著。其中，磨削速度与磨削力负相关，工件速度、磨削深度则与

磨削力正相关。

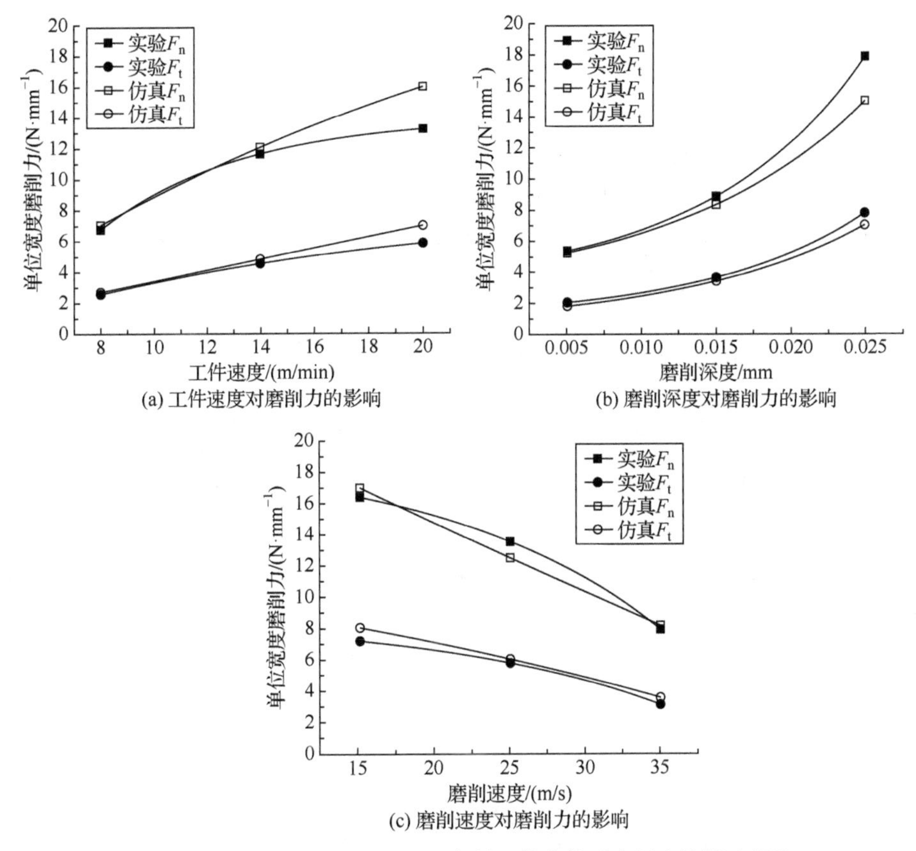

(a) 工件速度对磨削力的影响

(b) 磨削深度对磨削力的影响

(c) 磨削速度对磨削力的影响

图 3.101 高温合金 GH4169DA 磨削工艺参数对磨削力的影响规律

$$\begin{cases} F_{\mathrm{n}} = 1013.4626 v_{\mathrm{w}}^{0.508} v_{\mathrm{s}}^{-0.165} a_{\mathrm{p}}^{0.674} \\ F_{\mathrm{t}} = 631.217 v_{\mathrm{w}}^{0.518} v_{\mathrm{s}}^{-0.726} a_{\mathrm{p}}^{0.326} \end{cases} \tag{3.44}$$

2) 工艺参数对磨削温度的影响

图 3.102 为以 v_s=25m/s、v_w=10m/min、a_p=0.02mm 为基础工艺参数获得高温合金 GH4169DA 磨削参数对磨削温度的影响规律曲线。由图可知，工件速度和磨削深度增大，磨削温度随之升高；磨削速度升高，磨削温度随之下降。在试验参数范围内，磨削深度对磨削温度的影响最大，工件速度影响次之，磨削速度影响最小。随着工件速度的增大，单位时间内进入磨削区的工件材料增多，参加磨削的磨粒数增多，磨粒与工件之间的滑擦效应加剧，单颗磨粒的未变形磨削厚度升高，因此磨削温度升高但并不剧烈。随着磨削深度的增大，单位时间内进入磨削区的材料增多，磨削接触弧长增大较显著，参加磨削的磨粒数也升高，单颗磨

粒的未变形磨削厚度增大，因此磨削温度升高较明显。随着磨削速度的升高，单位时间内磨削磨粒数增多，使单颗磨粒的未变形磨削厚度降低，进入磨削区的冷却润滑液增多，因此磨削温度下降。

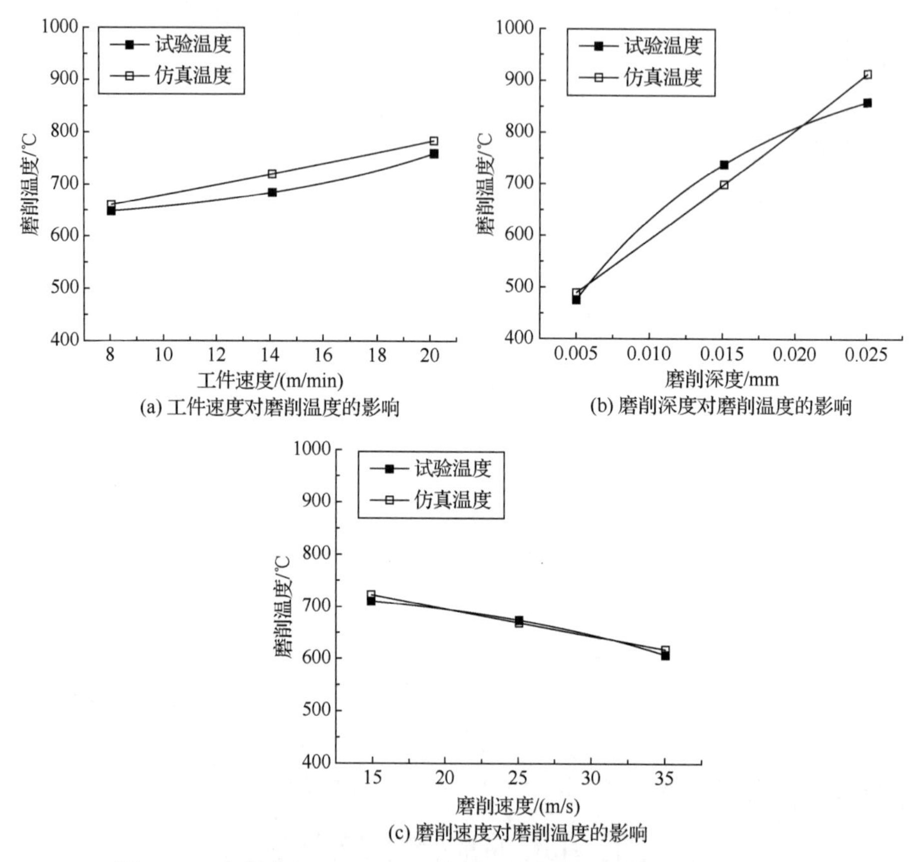

图 3.102　高温合金 GH4169DA 磨削工艺参数对磨削温度的影响规律

4. 磨削表面变质层形成机制

选择低、中、高三组不同水平磨削参数进行高温合金 GH4169DA 磨削试验，对加工过程中的磨削力、磨削温度及加工后试件的表层残余应力、表层显微硬度、表层微观组织进行测试，分析热力耦合对表面变质层的影响规律。磨削试验参数及磨削力、磨削温度测试结果如表 3.21 所示。试验在 MM7120A 平面磨床上进行，砂轮选用单晶刚玉 SA80KV，砂轮宽度为 25mm，磨削方式为切入顺磨，采用乳化液冷却。

表 3.21　高温合金 GH4169DA 磨削试验参数及磨削力、磨削温度

加工强度	工件速度 v_w/(m/min)	磨削速度 v_s/(m/s)	磨削深度 a_p/mm	F_n/N	F_t/N	T/℃
水平一	10	25	0.005	65.1	33.2	480
水平二	10	25	0.025	176.2	62.3	620
水平三	10	25	0.04	257.3	84.9	959

1) 热力耦合对残余应力的影响

高温合金 GH4169DA 磨削表层残余应力沿表面下深度分布如图 3.103 所示。三个水平磨削表面均为残余拉应力，最大残余应力均出现在表面上。随着表面下深度的增大，残余拉应力逐渐减小并趋向于零，达到了材料基体原来的残余应力。随着磨削强度的增大，表面层塑性变形的作用增强，比磨削能增大，磨削温度升高，热应力增大，因此残余拉应力增大。水平一、水平二和水平三试件对应的磨削合力分别为 73N、187N 和 271N，磨削温度为 480℃、620℃和 959℃，均呈增大趋势。随着磨削力和磨削温度的升高，残余应力影响层深度也越来越深，分别为 90μm、180μm 和 200μm。

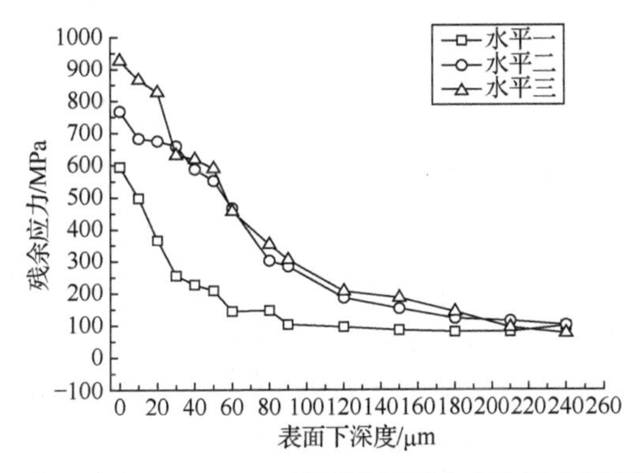

图 3.103　高温合金 GH4169DA 磨削表层残余应力沿表面下深度分布

由图 3.103 的分布曲线可以看到，水平一、水平二和水平三试件磨削表层均为残余拉应力。磨削过程中，磨削深度较小，磨削力导致的等效塑性应变较小，因此由机械作用引起的残余压应力较小。磨削过程中会产生大量的磨削热，磨削温度急剧升高，磨削的热塑性变形导致产生较大的残余拉应力。这两方面综合作用，但磨削热起主导作用，决定了磨削表层残余应力的形成，在磨削表层呈现出拉应力。

2) 热力耦合对加工硬化的影响

高温合金 GH4169DA 磨削表层显微硬度沿表面下深度分布如图 3.104 所示。高温合金材料热导率低，磨削热集中在被磨工件表层的磨削接触区内，使磨削温

度显著升高，合金材料中的γ晶粒内的γ'相聚集长大，γ''相长大成盘状。γ''相是一种亚稳定相，当温度升高时，它会向 δ 相转化，因此晶内有片状 δ 相析出。δ 相不起强化作用，机体粗大的γ'相和γ''相也不能起到强化作用，导致被磨表面层软化。随着磨削强度的增加，显微硬度的软化层厚度增大，由于单位时间内的工作磨粒数增多，磨削厚度变薄，即磨屑分割得较细，磨屑变形能增大，工件表面温度升高，在此交互作用下，出现显微硬度降低的软化现象，显微硬度影响层深度为 50～100μm。

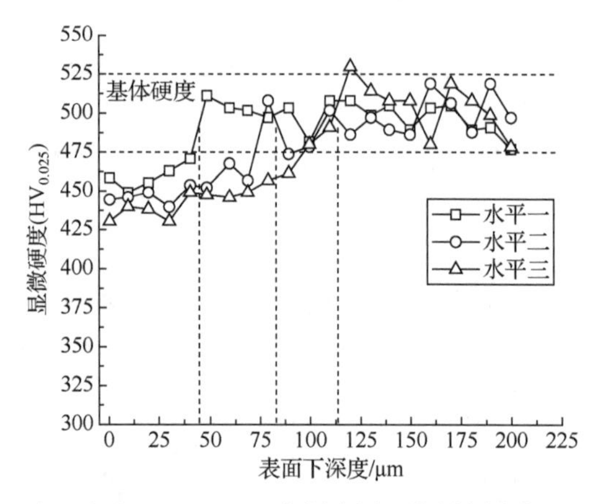

图 3.104　高温合金 GH4169DA 磨削表层显微硬度沿表面下深度分布

3) 热力耦合对微观组织的影响

图 3.105 为高温合金 GH4169DA 磨削表层金相组织。可以看出，水平一磨削表层的晶粒变形程度很小，磨削过程中塑性变形引起的晶格滑移、畸变和歪扭也不显著，塑性变形层厚度仅约为 3μm。水平二和水平三随着磨削强度的增大，磨削表面附近晶粒均沿着平行于磨削的方向产生较大程度的拉伸或歪扭，表明该层金属在磨削过程中发生了塑性变形。在这两个较大的加工参数下，塑性变形层厚度相应增加至 6～8μm。金属流线方向与磨削方向的夹角从 45°减小到 25°左右，晶粒朝趋于磨削的方向偏斜并被拉长，其晶粒纵宽比也明显增加。

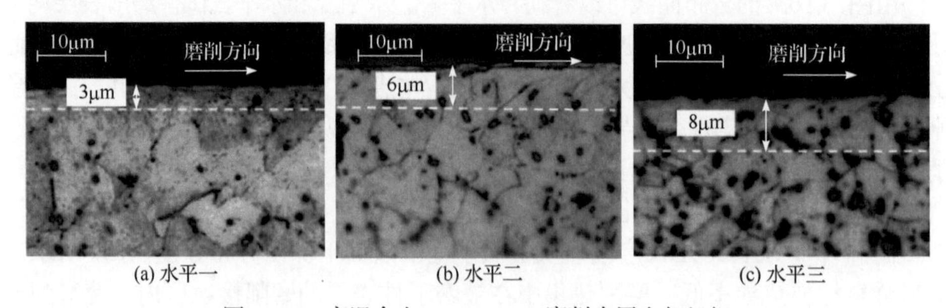

(a) 水平一　　(b) 水平二　　(c) 水平三

图 3.105　高温合金 GH4169DA 磨削表层金相组织

采用扫描电镜对水平二下的磨削试样进行分析，高温合金 GH4169DA 磨削表层微观组织如图 3.106 所示。表面变质层由两个亚层组成，可称为近表面层和过渡层。近表面层紧邻磨削加工区，受塑性变形和热影响，微观组织变化最大，晶粒形态迥异，观察不到明显的晶粒边界。过渡区距表面加工区一定厚度，该区域受塑性加工和热影响程度减弱。随距离表面深度增大，原始晶粒的边界和形态逐渐明晰。近表面层和过渡层厚度各约为 1μm，各层界限随表面形态变化相应起伏。实质上，两个亚层之间的界限并不明显，具有渐变特征，变质层的总厚度和亚层的厚度随位置不同存在一定程度的差异。

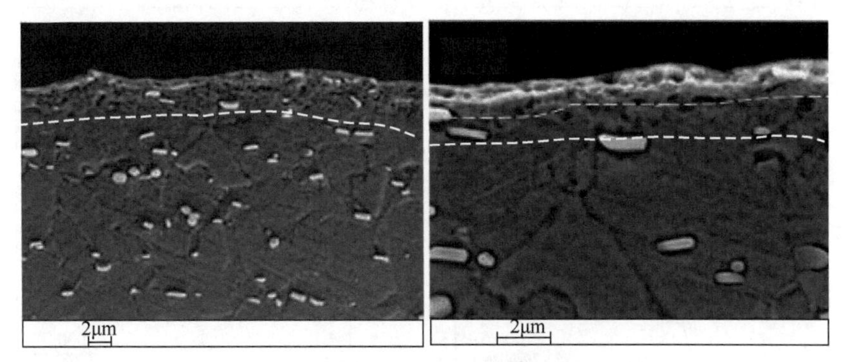

图 3.106　高温合金 GH4169DA 磨削表层微观组织

3.4.2　超高强度钢 Aermet100 磨削表面变质层形成机制

1. 磨削工艺过程

采用平面逆磨削加工方式研究磨削速度 v_s、工件速度 v_w、磨削深度 a_p 对超高强度钢 Aermet100 法向磨削力 F_n 和切向磨削力 F_t 的影响规律。试验所用机床为 MMB7120 平面磨床，转速范围为 0～3000r/min。采用白刚玉砂轮(粒度 80，组织号 6，陶瓷结合剂，中软)和 CBN 砂轮(粒度 80，浓度 100%，树脂结合剂)进行试验，乳化液冷却润滑。采用单因素试验，自变量及编码水平见表 3.22，每组参数进行三组测试，取其平均值作为磨削力和温度最终结果。

表 3.22　超高强度钢 Aermet100 磨削工艺试验自变量及编码水平

输入参数	编码水平		
	−1	0	+1
工件速度 v_w/(m/min)	8	13	18
磨削速度 v_s/(m/s)	14	24	34
磨削深度 a_p/mm	0.01	0.02	0.03

2. 磨削力和温度场分析

图 3.107 为超高强度钢 Aermet100 切向和法向磨削力随磨削时间变化的曲线。可以看到，在磨削初始阶段，切向及法向磨削力随磨削进程快速增大，随后进入稳定状态。由于切屑与磨粒前刀面接触、分离和切屑卷曲，磨削力在一定的范围内有波动，最终随着磨粒与工件的分离，切向及法向磨削力迅速下降。磨削过程中工件受到的切向磨削力较法向磨削力小得多，这是因为磨粒刀具较大的负前角。

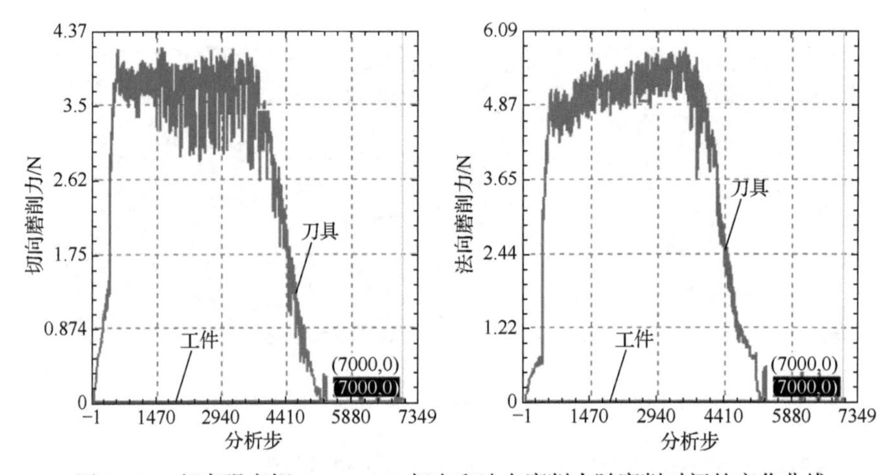

图 3.107　超高强度钢 Aermet100 切向和法向磨削力随磨削时间的变化曲线

图 3.108 为在 v_s=24m/s、v_w=13m/min、a_p=0.01mm 条件下，超高强度钢 Aermet100 温度场分布云图。由图可以看出，工件上磨削区域的最高温度出现在与磨粒尖端前刀面接触的磨屑表面，磨屑上局部温度可以达到 1000℃，而作用于加工表面上的温度可以达到 700℃。这是因为磨屑沿磨粒前刀面流出时会受到磨粒前刀面的挤压和摩擦而进一步加剧变形，形成第二变形区，该处材料先经过塑性磨削温度升高，随后又与磨粒前刀面摩擦，温度进一步升高。磨粒上的最高温度出现在磨粒尖端的前端面，其大小要比磨屑上的最高温度小得多，且沿着磨粒前刀面上切削刃法线方向温梯度很大，这是因为磨屑流经磨粒前刀面时摩擦力逐渐减小，并最终与磨粒前刀面分离。

沿磨粒切削方向取 P1～P20 共 20 个点，获得超高强度钢 Aermet100 磨削温度沿磨削方向分布曲线，如图 3.109 所示。可以看出，随着磨粒的切削，单磨粒作用下工件磨削温度场的影响范围迅速扩大，工件表层的高温区域主要集中于磨粒即将切出区域。

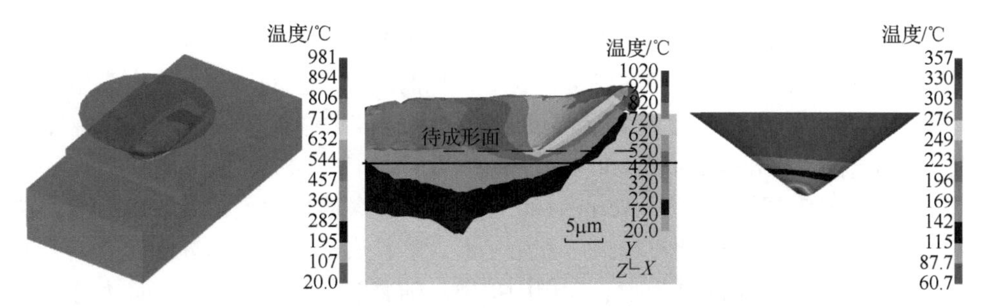

图 3.108 超高强度钢 Aermet100 温度场分布云图

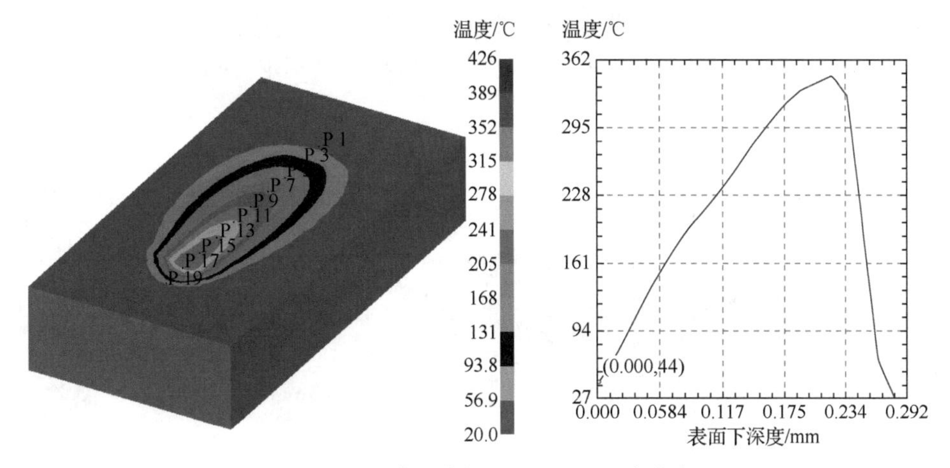

图 3.109 超高强度钢 Aermet100 温度分布

图 3.110 为单颗磨粒作用下超高强度钢 Aermet100 磨削温度沿深度变化曲线，图 3.110(b)中曲线由图 3.110(a)沿表面下深度方向所取的 P1～P20 点的温度

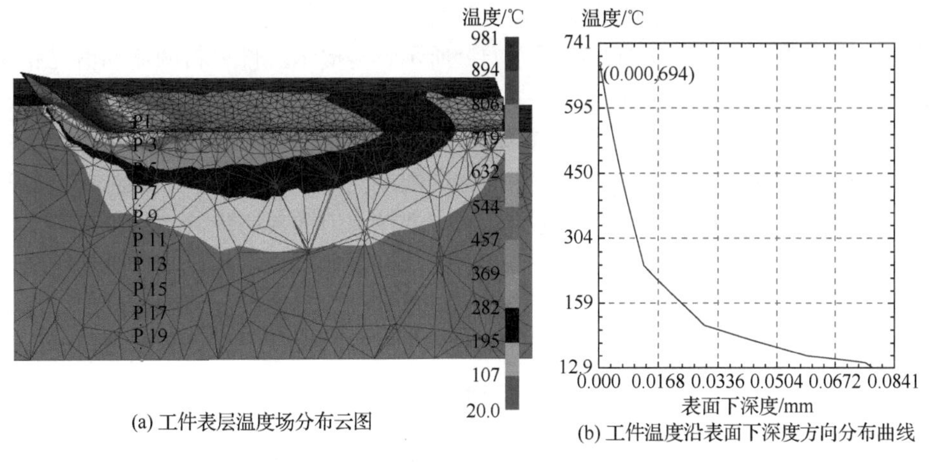

(a) 工件表层温度场分布云图

(b) 工件温度沿表面下深度方向分布曲线

图 3.110 单颗磨粒作用下超高强度钢 Aermet100 磨削温度分布

构成。单颗磨粒磨削过程中，工件表层上的最高温度出现在磨粒前刀面磨削的工件区域，此处工件发生剧烈的弹塑性变形，从而产生大量的热量，出现高温。随着表面下深度的增加，工件表层温度逐渐减小。虽然磨粒切削工件最高温度较高，但是高温作用区域的深度非常小。

图 3.111 为超高强度钢 Aermet100 磨削过程中各磨削阶段的等效应力场。在磨削初始阶段，工件受磨粒的挤压开始变形，磨粒底部沿前刀面处的等效应力最大，等效应力场以该区域为中心向周围扩散。随着磨削过程的进行，最大等效应力的位置从磨粒底部向上运动，最终集中在第一变形区的位置，最大等效应力始终保持不变。这也验证了米泽斯屈服准则，当材料质点内单位体积的弹性变形达到某一临界值时，材料发生屈服。这时材料等效应力并不随变形的进一步增大而增大。

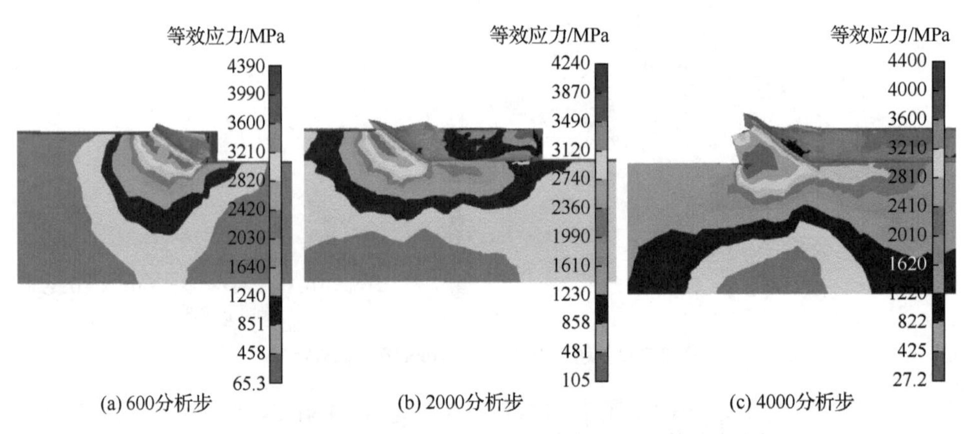

图 3.111　超高强度钢 Aermet100 各磨削阶段的等效应力场

超高强度钢 Aermet100 磨削过程中各磨削阶段的等效塑性应变场和各分析步下各点等效塑性应变变化曲线如图 3.112 所示。为揭示工件材料的流动情况和变形，在工件截面选取一系列点 P1～P7。其中，P1 和 P2 在下表层，P3 在工件表面，P4～P7 在磨削层，各个点间隔为 0.005mm，磨粒磨削深度为 0.02mm。当磨粒刚切入工件时，磨削层开始发生变形，磨削层上 P7 点先和磨粒接触，此时 P7 点的应变最大。随着磨粒尖端的完全切入，磨粒前刀面与工件的接触区域发生剧烈变形，磨削层上 P4～P7 点受到磨粒强烈的挤压和摩擦作用，其等效塑性应变更大。从 P4～P7 的等效塑性应变状态可以看出，沿着磨粒前刀面磨削层梯度方向，等效塑性应变逐渐减小。随着磨粒进一步磨削的进行，工件材料被推向磨粒的前方并发生侧向流动，形成两侧方向毛刺和已加工表面，此时等效塑性应变区域延伸至整个磨削弧内。从 P2 和 P3 点位置的微小变化可以看出，第三变形区工件材料沿磨削方向的流动使得加工表层发生磨削方向的应变，等效塑性应变不断增大，形成较明显的带状区域。在第三变形区，已磨表面不但受到磨粒的挤压和摩擦作用，而且受到第一变形区的牵制作用，磨削表层将形成一定范围的等效塑性应变场，并沿深度方向逐渐减小。

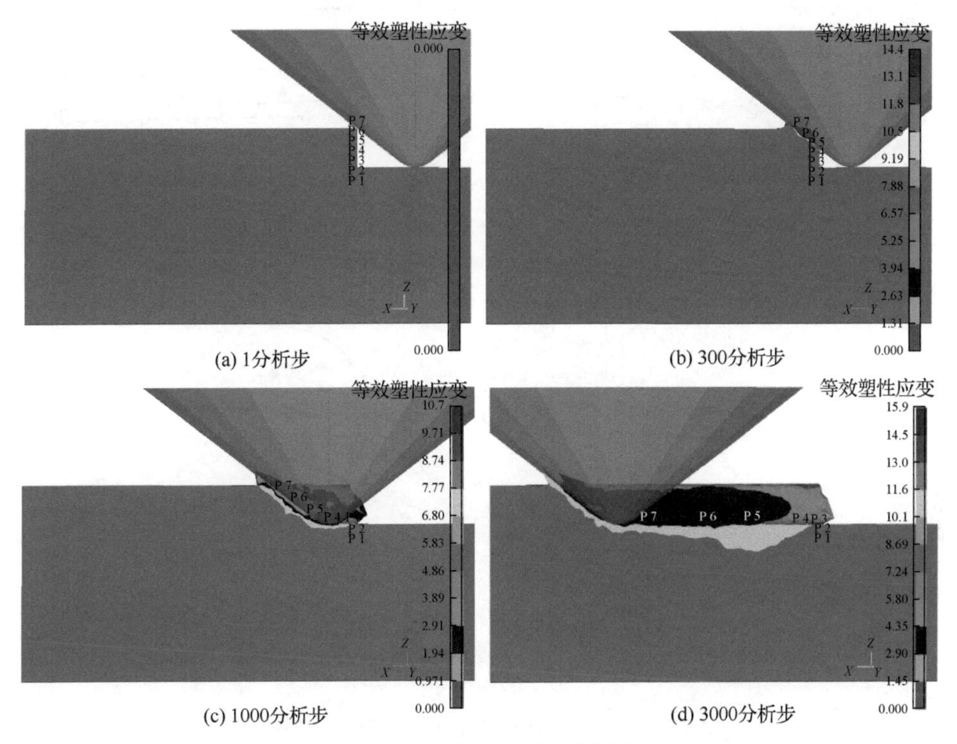

图 3.112　超高强度钢 Aermet100 各磨削阶段的等效塑性应变场(白刚玉磨粒)

3. 工艺参数对磨削热力耦合的影响

1) 工艺参数对磨削力的影响

基于工艺参数 v_s=24m/s、v_w=13m/min、a_p=0.02mm，超高强度钢 Aermet100 单磨粒磨削力随着工件速度、磨削速度和磨削深度变化如图 3.113 所示。可以看出，在磨削参数变化范围内，采用 CBN 砂轮或白刚玉砂轮，单磨粒磨削力随磨削参数的变化方向一致。v_w 和 a_p 的增加使得单磨粒磨削力 F_{ns} 和 F_{ts} 均增大，这是因为磨粒沿着磨削速度方向对工件进行磨削。v_w 的增加使得磨粒与工件之间的相对速度减小。随着磨削深度增加，单个磨粒磨削深度增大，使得单磨粒磨削力增大。随着 v_s 的增大，法向及切向单磨粒磨削力 F_{ns} 和 F_{ts} 均减小，其原因是单位时间砂轮磨除工件体积不变。v_s 的升高使磨粒与工件之间的接触关系发生变化，单颗磨粒磨削的深度减小，单磨粒磨削力减小。

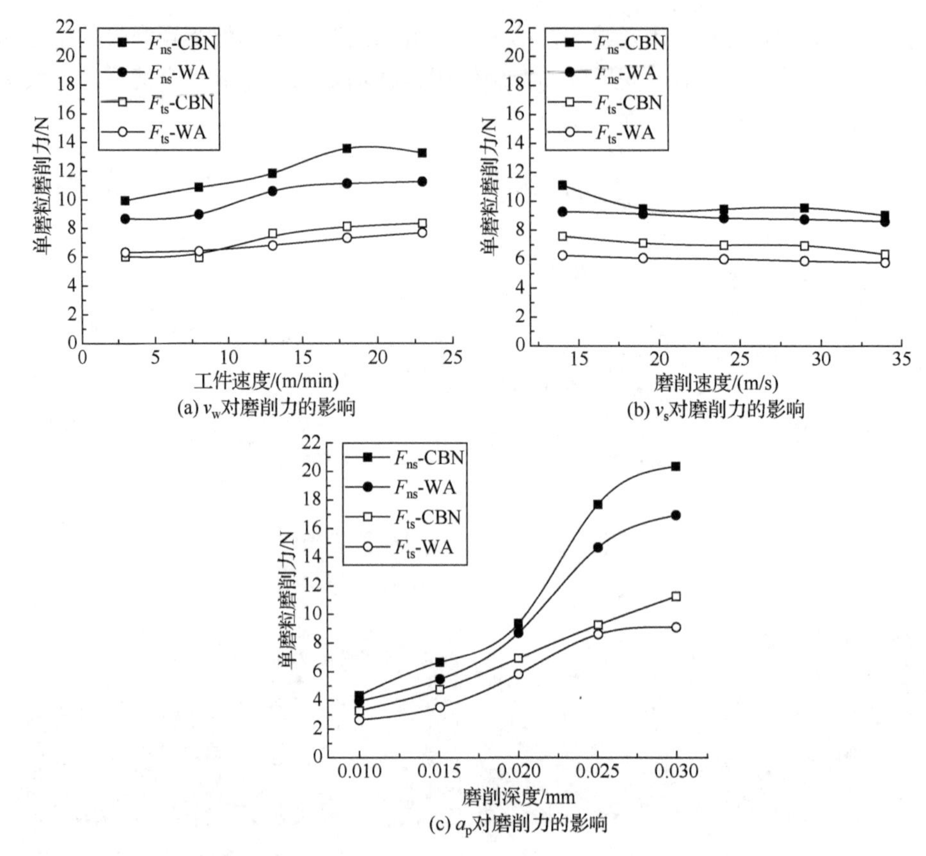

(a) v_w对磨削力的影响

(b) v_s对磨削力的影响

(c) a_p对磨削力的影响

图 3.113 超高强度钢 Aermet100 磨削工艺参数对单磨粒磨削力的影响

WA-白刚玉

通过非线性回归获得超高强度钢 Aermet100 磨削力经验预测模型，见式(3.45)：

$$\begin{cases} F_n = 2683 v_w^{0.688} v_s^{-0.604} a_p^{0.835} \\ F_t = 1908 v_w^{0.725} v_s^{-0.648} a_p^{0.903} \end{cases} \tag{3.45}$$

从式(3.45)可见，磨削工艺参数对磨削力影响比较显著。其中，磨削速度与磨削力负相关，工件速度、磨削深度与磨削力正相关，按影响由大到小排列为磨削深度 a_p>工件速度 v_w>磨削速度 v_s。

2) 工艺参数对磨削温度的影响

图 3.114 为不同工艺参数下超高强度钢 Aermet100 磨削温度沿表面下深度分布。由图 3.114(a)可见，工件速度对磨粒磨削温度场的影响规律不是显著递增或递减关系，主要是工件速度的变化对仿真设定的磨粒与工件相对速度的影响不大。在表面下 0.02mm 内，CBN 磨粒磨削工件表面下同一深度处的温度随工件速

度的增大而减小，这是因为 CBN 磨粒导热性好，工件速度上升时热源作用时间变短，热量来不及传入工件深处。白刚玉磨粒磨削工件表面下同一深度处的温度随工件速度的增大而增大，说明随着工件速度的增大，工件表层高温区域的影响深度增大。由图 3.114(b)可以看出，工件表层最高温度沿深度方向的下降速度随着磨削速度的增大而增大，其原因在于随着磨削速度的增大，磨屑与工件的分离速度增加大，从而改善了工件表层的散热。由图 3.114(c)可以看出，随着磨削深度

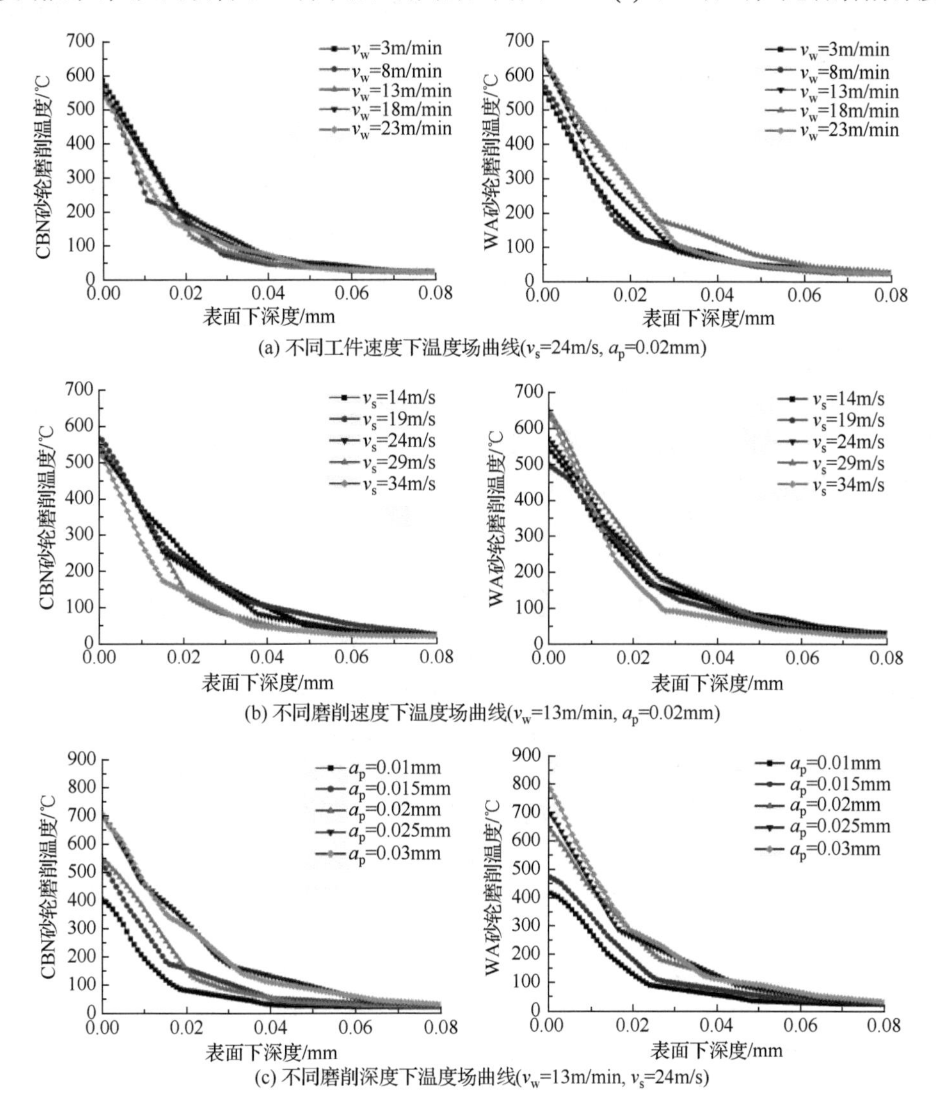

图 3.114　不同工艺参数下超高强度钢 Aermet100 磨削温度沿表面下深度分布

的增加，工件表层的高温区域影响深度增大，工件表层最高温度沿深度方向的下降速度随之减小，这是因为磨削深度的增大使得工件被切除量增大，工件塑性变形和磨粒/磨屑摩擦产生更多的热量，磨削热影响区域增大。

通过非线性拟合获得磨削温度经验模型如式(3.46)所示。磨削工艺参数与磨削温度正相关，v_w 对磨削温度的影响相对较小，而 a_p 对磨削温度的影响最大。

$$T = 679.1 v_w^{0.0383} a_p^{0.575} v_s^{0.4697} \tag{3.46}$$

3) 工艺参数对等效应力变场的影响

针对白刚玉磨粒，采用水平一(v_w=8m/min、v_s=14m/s、a_p=0.01mm，F_n=2.49N、F_t=1.89N)，水平二(v_w=13m/min、v_s=24m/s、a_p=0.02mm、F_n=6.01N、F_t=8.84N)，水平三(v_w=18m/min、v_s=34m/s、a_p=0.03mm、F_n=16.8N、F_t=10.6N)三种磨削参数，获得单颗磨粒完全切出超高强度钢 Aermet100 时的等效应力、磨削温度、等效塑性应变沿表面下深度分布的影响规律，如图 3.115 所示。由图 3.115(a)可知，在水平一条件下，等效塑性应变和磨削温度随磨削表面下深度的增加缓慢减小，最终趋于稳定状态，工件表面等效塑性应变为 1.47，材料磨削温度在 350℃以内，热力耦合引起的等效塑性应变深度约为 10μm。由图 3.115(b)可知，在水平二条件下，工件表面等效塑性应变为 2.12，等效塑性应变深度约为 40μm。由图 3.115(c)可知，在水平三条件下，热力耦合作用于工件表面的等效塑性应变为 2.76，等效塑性应变深度达到 70μm，等效应力随着等效塑性应变深度的增加迅速达到峰值应力，随后开始降低，直到变形结束。

从上述分析可知，当加工参数增大时，单磨粒磨削力增加，磨削温度升高，工件同一表面下深度处的等效塑性应变增大，等效应力增大，磨削表层等效应力场的变化曲线出现应力峰值。由流变应力本构关系可知，超高强度钢 Aermet100 的流变应力随着磨削温度的降低、应变速率和等效塑性应变的增加而增大。当磨削速度增大，应变速率变大，应变越大，材料变形越剧烈，变形能引起的磨削热量越多，磨削温度也越高。当磨粒切入深度增大，工件表层变形量大，材料变形抗力增大，磨削力也就越大，等效塑性应变的增大会引起变形能的消耗，从而引起温升。当磨削温度超过材料的热软化温度时，材料能承受的应力就会下降，此时磨削温度对等效应力的影响更显著。当磨削热引起的磨削温度未达到材料组织动态再结晶温度时，应变率和等效塑性应变对等效应力的影响则占主导地位。因此，不同加工参数下应力、等效塑性应变、应变率相互作用使材料的微观组织发生演变，从而在宏观上引起材料力学性能变化如加工硬化和残余应力，最终表现为力和温度的变化。

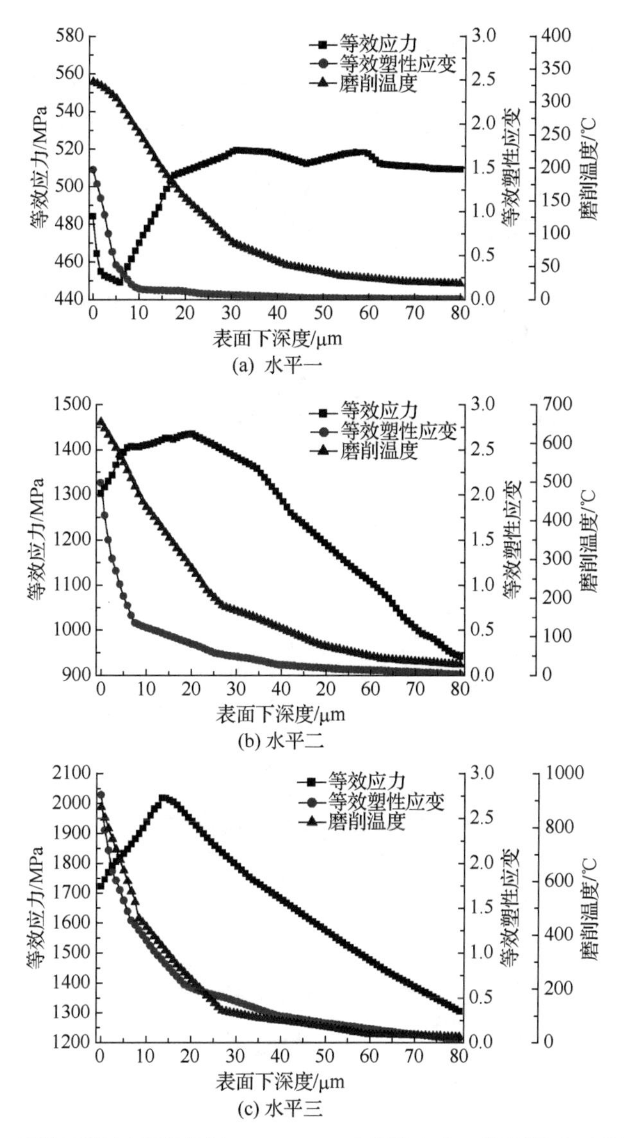

图 3.115 白刚玉磨粒磨削超高强度钢 Aermet100 时等效应力、磨削温度、等效塑性应变分布

针对 CBN 磨粒，采用水平一(v_w=8m/min、v_s=34m/s、a_p=0.01mm、F_n=4.3N、F_t=3.11N)，水平二(v_w=13m/min、v_s=24m/s、a_p=0.02mm、F_n=6.96N、F_t=9.41N)，水平三(v_w=18m/min、v_s=14m/s、a_p=0.03mm、F_n=17.9N、F_t=12.9N)三种加工参数，获得单磨粒完全切出工件时的等效应力、磨削温度、等效塑性应变沿表面下深度分布的影响规律如图 3.116 所示。图 3.116(a)可知，在水平一条件下，工件表面等效塑性应变为 1.84，热力耦合引起的塑性应变深度约为 40μm，等效应力沿表层深度方向出现应力峰值后缓慢减小。由图 3.116(b)可知，在水平二条件

下，工件表面等效塑性应变为 2.29，等效塑性应变深约为 40μm。由图 3.116(c)可知，在水平三条件下，单磨粒磨削力较大，磨削温度达到 636℃，热力耦合作用于工件表面的等效塑性应变为 2.54，等效塑性应变深度达到 70μm。

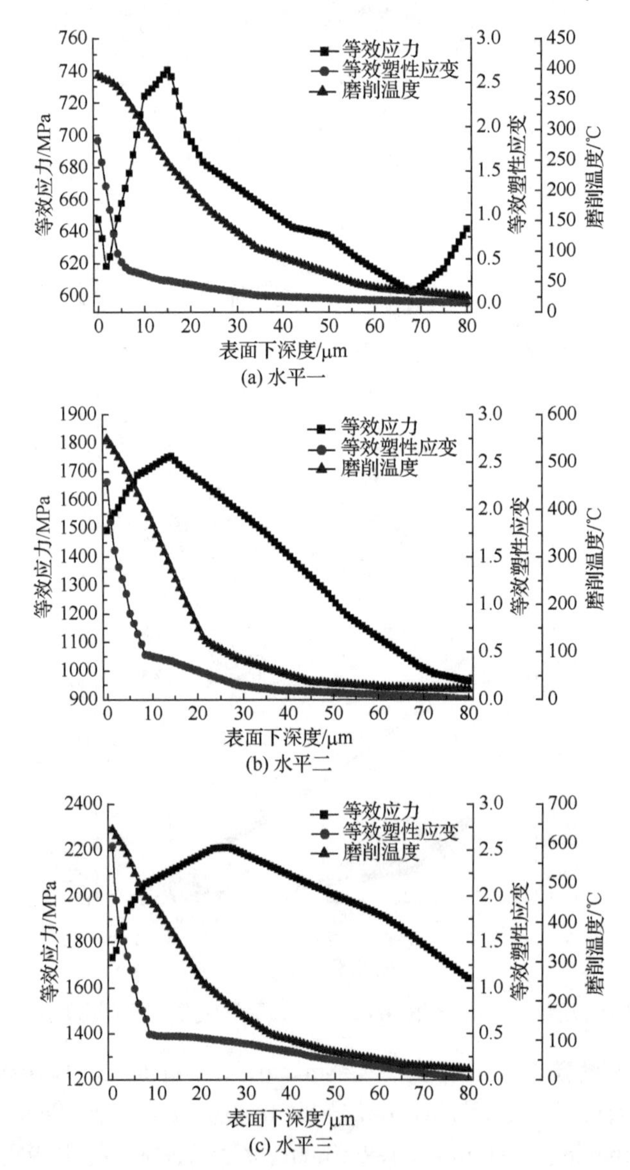

图 3.116 CBN 磨粒磨削超高强度钢 Aermet100 时等效应力、磨削温度、等效塑性应变分布

从上述分析可以看出，在高磨削速度、小进给量、小磨削深度参数组合情况下，单颗磨粒磨削力小，磨削温度低。当磨削速度较高时，表层塑性变形应变速

率高，在低的磨削温度下流变应力增大，表层等效应力出现一个急剧上升的峰值，又因为磨削深度小，工件表面和表层应变量较小，随着表层深度的增加，等效应力减小并趋于稳定。在低磨削速度、大进给量、大磨削深度参数组合情况下，单磨粒磨削力较大，磨削温度升高但未达到材料的软化温度，此时磨削力引起的等效塑性应变是等效应力的主要影响因素，等效应力随着等效塑性应变的增大而增大。

图 3.117 为不同磨削强度下两种磨粒磨削超高强度钢 Aermet100 的等效塑性应变场沿表面下深度分布曲线。可以发现，随着水平强度的增加，白刚玉磨粒磨削等效塑性应变和 CBN 磨粒磨削等效塑性应变呈现出依次增大的变化规律。在水平一和水平二情况下，CBN 磨粒磨削工件表面等效塑性应变大于白刚玉磨粒，CBN 磨粒磨削塑性应变的剧烈变化更加集中在磨削表层。

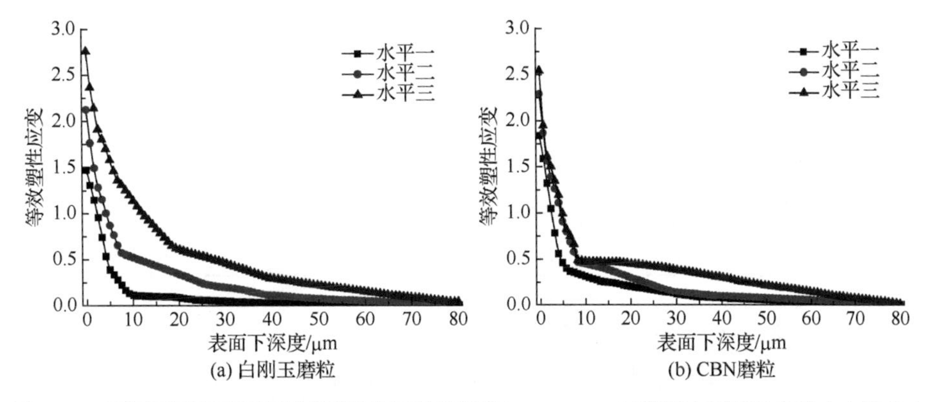

图 3.117　不同磨削强度下两种磨粒磨削超高强度钢 Aermet100 时磨削表层等效塑性应变场分布

从图 3.117(a)可以看出，对于白刚玉磨粒，从水平一到水平三，加工参数依次递增，在三组参数水平下工件表面的等效塑性应变依次增加，分别为 1.47、2.12、2.76。工件同一表面下深度处的等效塑性应变增大，工件表面等效塑性应变沿表面下深度方向的下降速度随之减小，等效塑性应变深度增大。这是因为磨削强度依次增加，单颗磨粒磨削力增大，工件表层等效应力场强度增加，说明磨削热引起的磨削温度没有使工件材料发生软化现象，此时工件表层在磨削力的作用下发生剧烈的塑性变形，表层塑性应变增加，等效塑性应变增大。

从图 3.117(b)可以看出，对于 CBN 磨粒，从水平一到水平三，磨粒磨削速度减小，磨粒切入深度增加，在三组参数水平下工件表面的等效塑性应变依次增加，分别为 1.84、2.29、2.54。工件表面下同一深度处的等效塑性应变增大，等效塑性应变场的影响深度增大。磨粒磨削速度越大，应变率越大，塑性变形越剧烈。磨粒切入深度越大，等效塑性应变深度越大。在参数交互作用下，三水平下的等效塑性应变沿表面下深度方向的下降速率没有明显的差异。

4. 磨削表面变质层形成机制

选择低、中、高三组不同水平加工参数进行超高强度钢 Aermet100 磨削工艺试验，对加工过程中的磨削力、磨削温度，以及加工后的试件表层残余应力、表层显微硬度、表层微观组织进行测试，分析热力耦合对表面变质层的影响规律，磨削参数及磨削力、磨削温度测试结果如表 3.23 所示。试件形状为矩形块，尺寸为 25mm×15mm×8mm。试验在 MMB7120 平面磨床上进行，选用白刚玉砂轮(粒度 80，组织号 6，陶瓷结合剂，中软)和 CBN 砂轮(粒度 80，浓度 100%，树脂结合剂)进行试验，乳化液冷却，磨削方式为顺磨。

表 3.23　超高强度钢 Aermet100 磨削试验参数及磨削力、磨削温度

砂轮	加工强度	v_w/(m/min)	v_s/(m/s)	a_p/mm	F_n/N	F_t/N	T/℃
白刚玉砂轮	水平一	8	14	0.01	35	16	322
	水平二	13	24	0.02	82	46	528
	水平三	18	34	0.03	113	69	855
CBN 砂轮	水平一	8	34	0.01	50	21	376
	水平二	13	24	0.02	121	50	392
	水平三	18	14	0.03	273	146	442

1) 热力耦合对残余应力的影响

本部分探讨不同砂轮磨削超高强度钢 Aermet100 时表层残余应力沿深度分布情况，对比三种水平下磨粒机械作用引起的等效塑性应变分布，以及仿真得到的磨削温度场对表层残余应力的影响。磨削残余应力受磨粒机械作用、磨削温度场，以及因机械作用和磨削热造成的组织变化影响，工件磨削后的残余应力状况取决于这三种作用的综合效果。

图 3.118 为白刚玉砂轮磨削超高强度钢 Aermet100 表层残余应力、等效塑性应变、磨削温度分布。在水平一加工参数下，F_n=35N，F_t=16N，T=322℃，表面残余应力分别为-275MPa 和–443MPa，表层呈残余压应力分布，压应力层深度约为 10μm，随着表面下深度的增加，残余应力趋于稳定状态。在水平二加工参数下，F_n=82N，F_t=46N，T=528℃，表面残余应力分别为 234MPa 和 171MPa，表层呈残余拉应力分布，残余拉应力影响层深度约为 45μm。在水平三加工参数下，F_n=113N，F_t=69N，T=855℃，表面拉应力分别为 606MPa 和 585MPa，在表面下深度约 10μm 处 x 和 y 方向出现最大拉应力，分别约为 907MPa 和 953MPa，随着表面下深度增加，残余拉应力逐渐减小，残余拉应力影响层深度约为 130μm。从水平一到水平三，白刚玉砂轮磨削力从 35N 升高到 113N，磨削力引

起的等效塑性应变从 0.74 提高到了 1.48，磨削温度从 322℃上升到 855℃，单颗磨粒磨削温度场作用深度增加，磨削表层残余应力由压应力转拉应力，拉应力作用层变深。这是因为磨粒机械作用引起的等效塑性应变变化范围不大，挤光效应不突出，而磨削温度急剧升高。超高强度钢 Aermet100 屈服强度大，加热和冷却产生的热塑性变形较大，热应力迅速上升，从而在磨削表层产生较高的拉应力峰值和较深的残余拉应力影响层，同时其表面容易产生相变造成的组织应力。

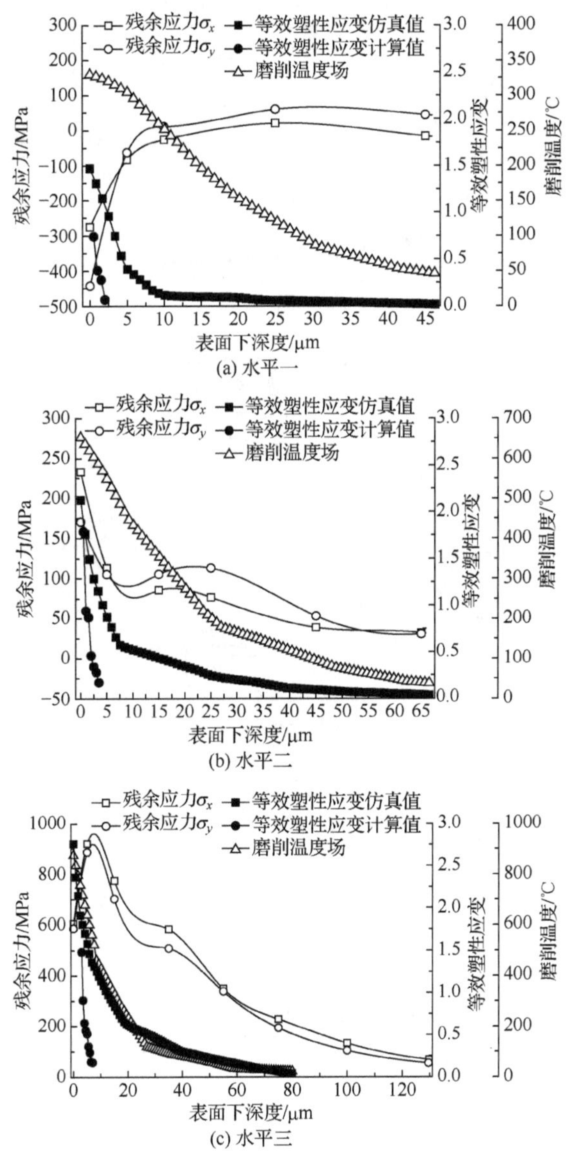

图 3.118　白刚玉砂轮磨削超高强度钢 Aermet100 时表层残余应力、等效塑性应变、磨削温度分布

图 3.119 为 CBN 砂轮磨削超高强度钢 Aermet100 表层残余应力、等效塑性应变、磨削温度分布。在水平一参数下，磨削工艺试验实测 F_n=50N，F_t=21N，T=376℃，有限元仿真 T=387℃，表面残余应力分别为−704MPa 和−900MPa，表层基本呈残余压应力分布，压应力层深度约为 30μm；随着表面下深度的增加，残余应力趋于稳定状态。在水平二参数下，磨削工艺试验实测 F_n=121N，F_t=50N，

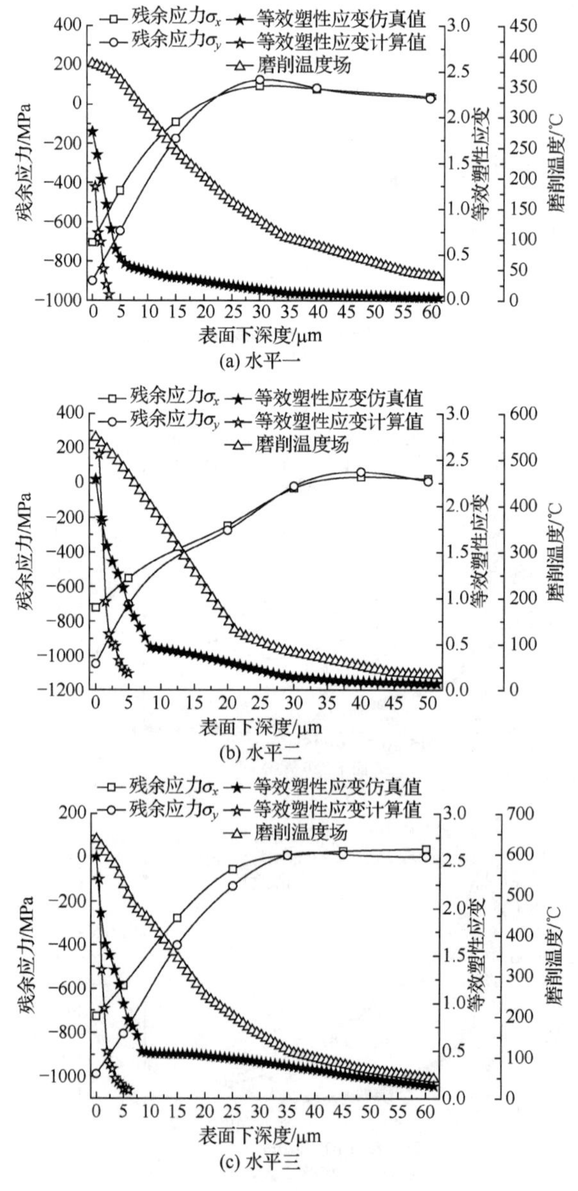

图 3.119　CBN 砂轮磨削超高强度钢 Aermet100 时表层残余应力、等效塑性应变、磨削温度分布

T=392℃，有限元仿真 T=548℃，表面残余应力分别为−722MPa 和−1048MPa，表层基本呈残余压应力分布，残余压应力影响层深度约为 30μm。在水平三加工参数下，磨削工艺试验实测 F_n=273N，F_t=146N，T=442℃，有限元仿真 T=636℃，表面压应力分别为−727MPa 和−988MPa，随着表面下深度增加，残余拉应力逐渐减小，残余应力影响层深度约为 35μm。由上述分析可知：水平一、水平二和水平三试件磨削表层均表现为残余压应力；磨削过程中，总磨削力上升幅度较大，磨削力导致的表层等效塑性应变较大，机械作用引起的残余压应力大，同时随着磨削深度的增加，磨削表层残余压应力影响层深度显著增加。这是因为 CBN 砂轮磨削超高强度钢 Aermet100，其磨削温度相对较低，绝大部分情况下不会产生热残余应力，反而磨粒的机械塑性变形作用较为明显，表面挤光作用显著，而同方向磨削时塑性凸出效应不显著，较大的等效塑性应变和低的磨削温度有利于表层残余压应力的产生，且会获得较深的压应力层。

2) 热力耦合对显微硬度的影响

图 3.120 和图 3.121 为不同砂轮磨削超高强度钢 Aermet100 时表层显微硬度、等效塑性应变、磨削温度分布。图中分别对比了三组参数水平下磨削力引起的等

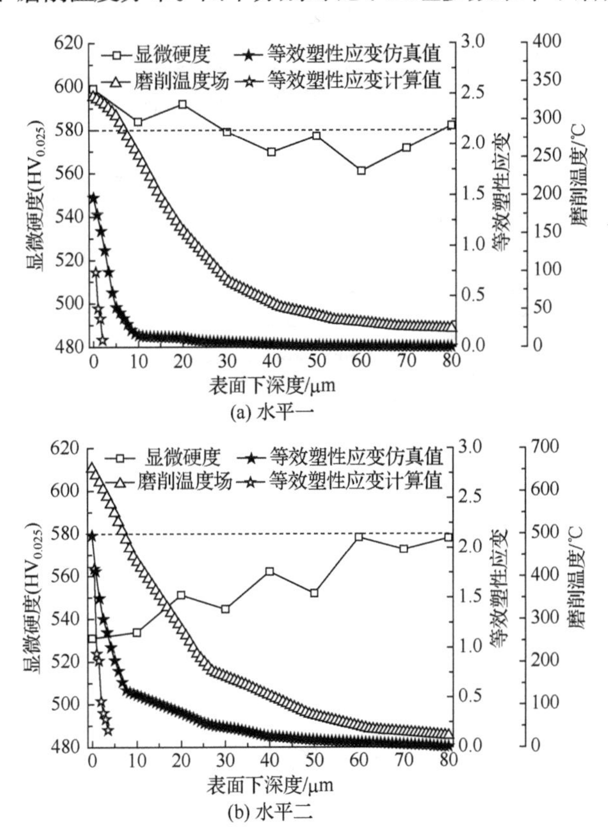

(a) 水平一

(b) 水平二

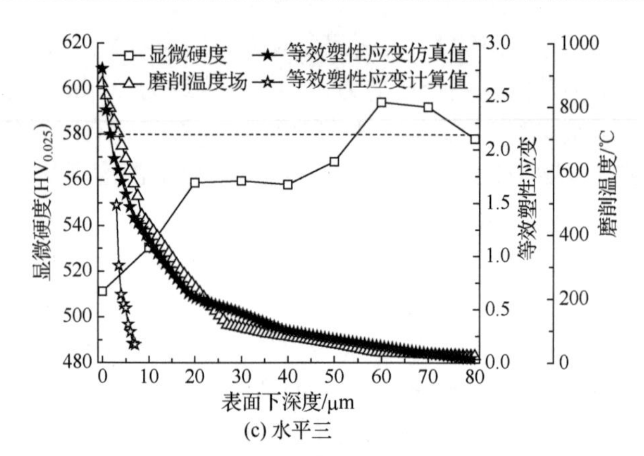

(c) 水平三

图 3.120 白刚玉砂轮磨削超高强度钢 Aermet100 时表层显微硬度、等效塑性应变、磨削温度分布

效塑性应变场和仿真得到的磨削温度场对显微硬度梯度变化的影响。由图可知，试验条件下超高强度钢 Aermet100 基体显微硬度在 530～590$HV_{0.025}$，不同试件基体显微硬度的不一致和同一试件同一深度处显微硬度的细微差异是材料热处理或试验测量误差导致的，同一试件的试验测量误差为±10$HV_{0.025}$。

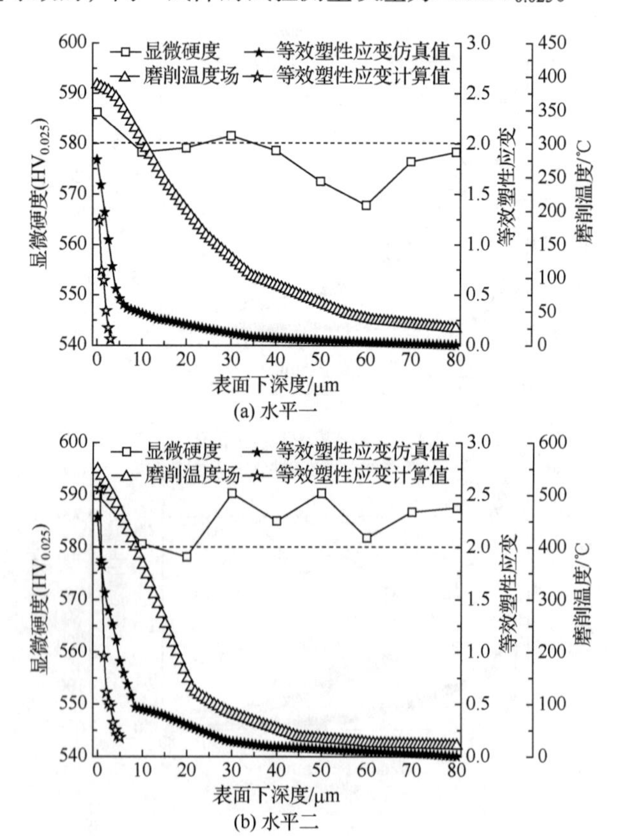

(b) 水平二

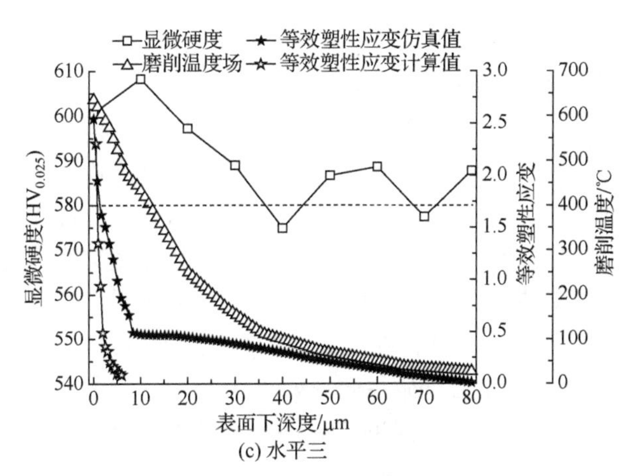

(c) 水平三

图 3.121　CBN 砂轮磨削超高强度钢 Aermet100 时表层显微硬度、等效塑性应变、磨削温度分布

图 3.120 为白刚玉砂轮磨削超高强度钢 Aermet100 表层显微硬度、等效塑性应变、磨削温度分布。可以看出，水平一参数下试件表面出现轻微硬化，工件表面显微硬度为 599$HV_{0.025}$，硬化程度为 3.2%，硬化层深度约为 10μm，随着表面下深度的增大，在基体显微硬度附近波动。水平二加工参数下试件磨削表面出现明显软化现象，工件表面显微硬度为 531$HV_{0.025}$，软化程度为 6.8%，软化层深度约为 60μm。水平三参数下试件磨削表面出现较明显的软化现象，工件表面显微硬度为 511$HV_{0.025}$，软化程度为 11.8%，软化层深度约为 60μm。从水平一到水平三，磨削强度依次增加，磨削表层从轻微硬化变为软化，显微硬度变化影响层深度也相应增加。上述结果的原因是磨削力增大，表层产生机械塑性变形。塑性变形引起晶格滑移和畸变，磨削表层最大等效塑性应变从 0.74 提高到了 1.48，塑性变形层厚度也由 5μm 增加至 7μm。与此同时，磨削温度剧烈升高，从磨削温度场的变化曲线可以看出工件表层的高温区域影响深度扩大，磨削热引起的温升弱化作用使晶格畸变产生部分恢复，表层硬化区弱化，磨削热的弱化作用增强。因此，磨削表面最终的硬化程度取决于磨削力引起的应变硬化和磨削热引起的温升弱化的综合效果。当使用较大磨削参数(水平三)时，磨削温度上升较快，表层材料高温回火，形成过回火马氏体，由于过回火马氏体中碳的过饱和度下降，表层显微硬度下降，产生软化现象。

图 3.121 为 CBN 砂轮磨削超高强度钢 Aermet100 表层显微硬度、等效塑性应变、磨削温度分布。由图可见，水平一和水平二试件沿深度分布的显微硬度变化不大，没有明显的硬化或软化现象出现。水平三试件磨削次表层为轻微硬化，在表面下深度约 10μm 处显微硬度为 608$HV_{0.025}$，硬化程度为 4.8%，试件硬化层深度大约为 30μm。由水平一到水平三，磨削深度增大而磨削速度减小，磨削力从 50N 增大到 273N，磨削表层最大等效塑性应变从 1.24 提高到 2.31，同时磨削温

度有所上升，但上升幅度不大。此时，磨削力引起机械塑性变形的金属强化作用占主导，磨削热的弱化作用不明显，磨削表层趋于轻微硬化。

可见，在磨削热和磨削力的综合作用下，表层产生塑性变形，使晶格扭曲、晶粒被拉长，呈纤维化，表面层产生硬化，导致显微硬度提高，塑性降低，同时表面也受到磨削热作用，会使塑性变形产生恢复和再结晶，失去加工硬化，导致表面软化。表面最终的硬化程度取决于磨削温度弱化作用与磨削力应变强化作用的综合效果，而此效果又取决于被加工材料的物理性质。对于超高强度钢 Aermet100，其强度高、自身材料硬度高，当磨削力较大、磨削温度较低时，其表面硬化现象不明显。由于超高强度钢 Aermet100 的高强度和高硬度，当磨削参数过大时，在磨削过程中产生大量的磨削热，使其表面发生软化现象。

3) 热力耦合对微观组织的影响

对两种砂轮磨削后的试件在扫描电镜下沿垂直于磨削方向的截面进行表层微观组织观察，获得的微观组织和对应的磨削表层等效塑性应变场和磨削温度场的变化曲线如图 3.122 和图 3.123 所示。从图示照片可以看出，超高强度钢 Aermet100 组织形态主要表现为细小的板条状马氏体和弥散分布的碳化物，细小的板条状马氏体阻碍了不同相界面之间的位错运动，因此材料强度较高。磨削表面微观组织沿磨削方向发生偏移并出现纤维化组织，晶粒伸长，随着加工参数的

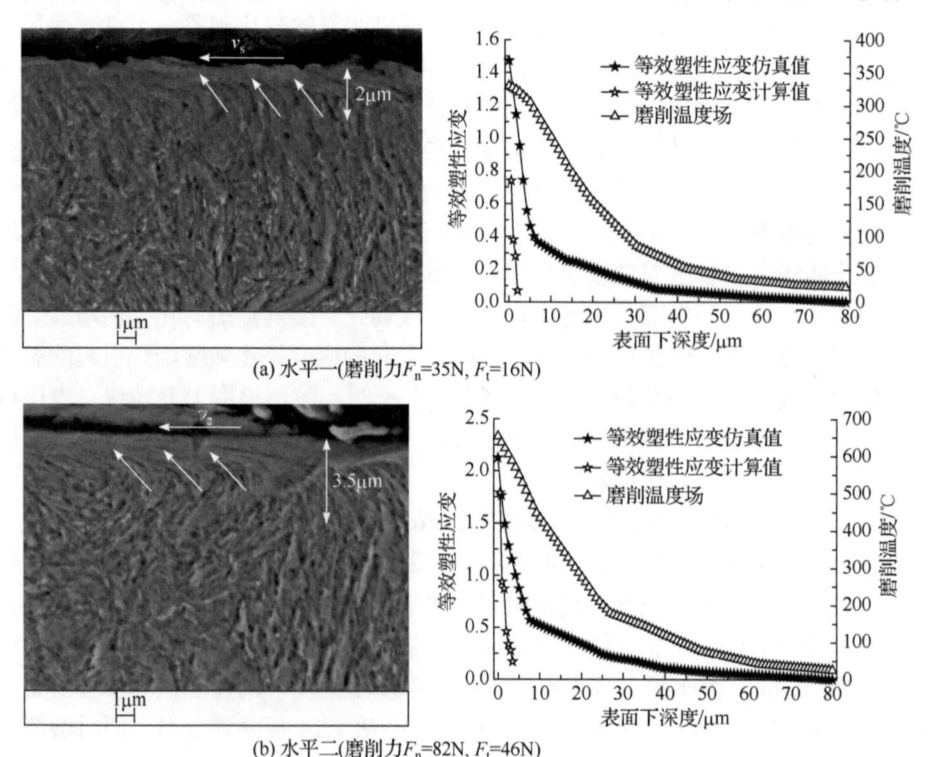

(a) 水平一(磨削力F_n=35N, F_t=16N)

(b) 水平二(磨削力F_n=82N, F_t=46N)

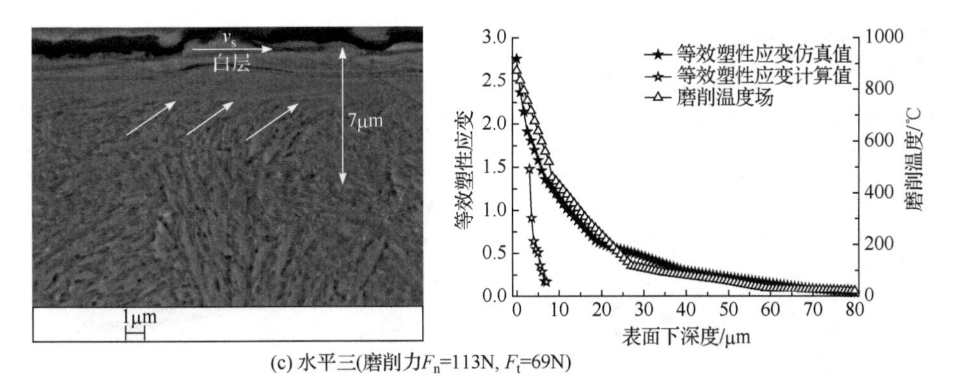

(c) 水平三(磨削力F_n=113N, F_t=69N)

图 3.122　白刚玉砂轮磨削超高强度钢 Aermet100 表层微观组织和对应的磨削表层等效塑性应变场和磨削温度场的变化曲线

增大，加工变质层组织的晶粒变形程度增加，变形层的深度增大。磨削参数较大时，磨削表面出现白层组织，白层晶粒细、不易腐蚀、塑性变形严重并存在微观裂纹等特征。在零件受载时，白层及周围的微裂纹可能迅速扩展，引起零件表层材料剥落。

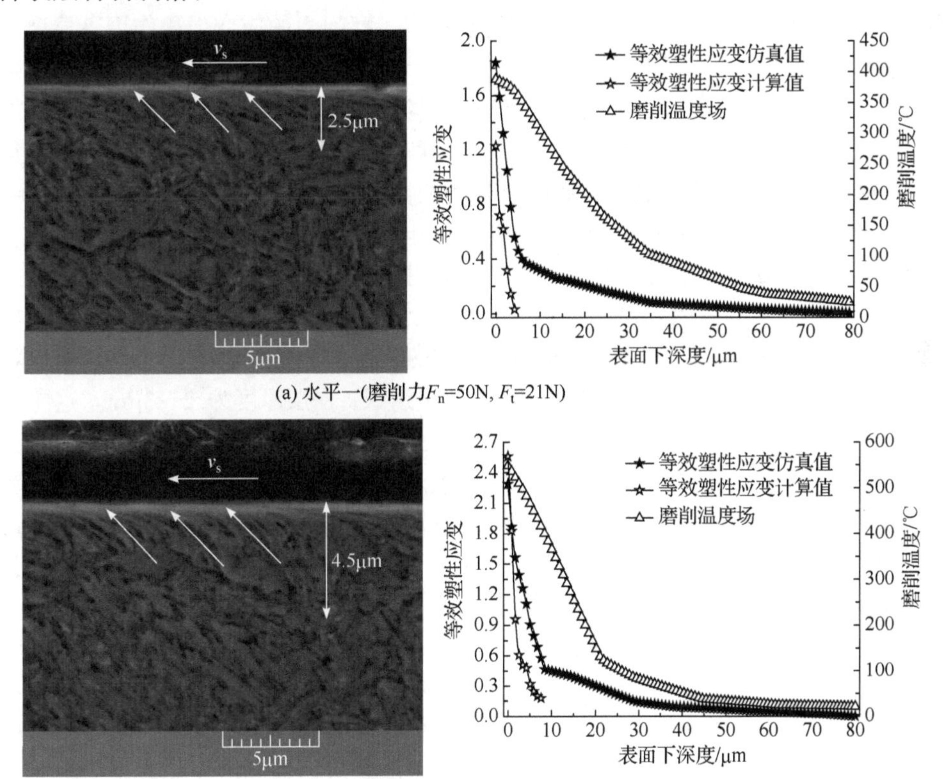

(a) 水平一(磨削力F_n=50N, F_t=21N)

(b) 水平二(磨削力F_n=121N, F_t=50N)

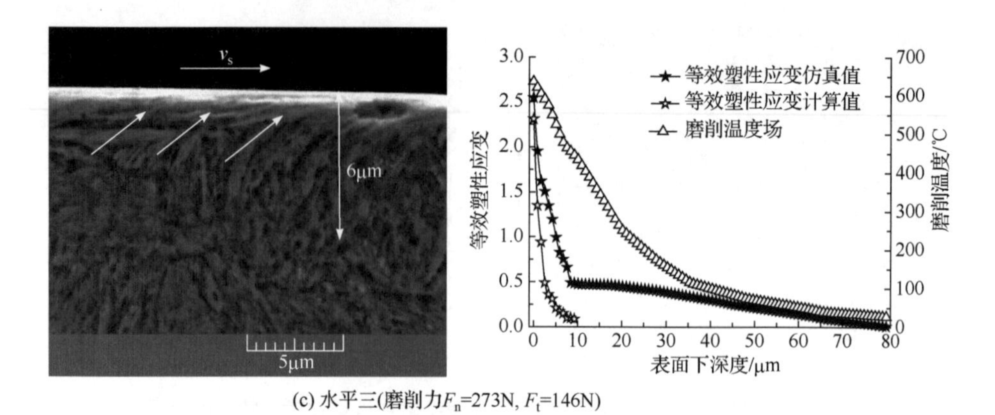

(c) 水平三(磨削力F_n=273N, F_t=146N)

图 3.123　CBN 砂轮磨削超高强度钢 Aermet100 表层微观组织和对应的磨削表层等效塑性应变场和磨削温度场的变化曲线

图 3.122 为白刚玉砂轮磨削超高强度钢 Aermet100 表层微观组织和对应的磨削表层等效塑性应变场和磨削温度场的变化曲线。水平一参数下，磨削力和磨削温度均较小，单颗磨粒磨削温度场从 330℃降至室温，砂轮磨削力引起的等效塑性应变沿表面下深度方向从 0.74 下降到 0.07，磨削力的应变强化作用不显著，因此磨削表层的晶粒变形程度小，塑性变形所引起的晶格滑移、畸变和歪扭也不明显，塑性应变只集中在很浅的表层，能够观察到的塑性变形层厚度约为 2μm。加工参数提高到水平二时，磨削力和磨削温度有所上升，单颗磨粒磨削温度场从 654℃降至室温，砂轮磨削等效塑性应变增加，沿表面下深度方向从 1.79 下降到 0.17，磨削表层附近晶粒均沿着平行于磨削的方向产生较大程度的拉伸或歪扭，试件沿磨削方向的塑性变形大于水平一试件，此时塑性变形层厚度约为 3.5μm。加工参数继续增至水平三时，磨削力和磨削温度上升幅度较大，单颗磨粒磨削温度场从 874℃降至室温，较高的应变速率和磨削热引起的剧烈温升使得工件表层晶粒结构发生变化，在磨削近表层出现明显的白层组织，白层厚度为 2～3μm。这主要是因为磨削高温条件下工件表层处于高温回火状态，当温度继续升高并达到平衡 α-γ 转变温度(铁素体到奥氏体的相变温度)，表面局部区域将发生奥氏体化，乳化液随之快速冷却形成隐晶马氏体组织，或发生动态再结晶。白层下方为剪切过渡区域，砂轮磨削可观测到的塑性应变从 1.48 下降到 0.17，塑性变形层厚度为 3～4μm。从总体上看，塑性变形层厚度约为 7μm。

图 3.123 为 CBN 砂轮磨削超高强度钢 Aermet100 表层微观组织和对应的磨削表层基于计算和仿真得到的等效塑性应变场和磨削温度场的变化曲线。可以看出，在磨削温度不高的情况下，CBN 砂轮磨削表层也观测到了一定厚度的白层(厚度不到 1μm)，磨削速度较高时磨削过程中的高应力、高应变使表层晶粒承受较大的剪切变形，工件材料位错和亚结构变化，从而可能发生动态再结晶。

水平一加工参数下，磨削力和磨削温度均较低，单颗磨粒磨削温度场从388℃降至室温。磨削速度高，磨削表层应变速率高，沿表面下深度方向等效塑性应变从 1.24 降到 0.06，砂轮径向进给小，塑性变形层较浅，塑性变形层厚度约为 2.5μm。水平二加工参数下，磨削力和磨削温度缓慢升高，沿表面下深度方向单颗磨粒磨削温度场从 548℃降至室温，砂轮磨削表层等效塑性应变由 2.56 降至 0.18。此时磨削表层观察到沿磨削方向明显的金属材料流动，晶粒朝趋于磨削方向偏斜并被拉长，晶粒纵宽比也明显增加，塑性变形层厚度约为 4.5μm。水平三加工参数下，磨削温度上升幅度小，沿表面下深度方向单颗磨粒磨削温度场从636℃降至室温。此时磨削速度低，表层塑性变形程度没有水平二试件近表面层材料变形剧烈，砂轮磨削表层等效塑性应变从 2.31 降到 0.09。在该加工参数下磨削力剧烈上升，磨削力引起的机械塑性变形层厚度较大，约为 6μm。可以得出结论，在磨削温度较低的情况下，磨削深度影响塑性变形层厚度，而磨削速度影响磨削表层的塑性变形剧烈程度。从水平一到水平三，白刚玉砂轮总磨削力从38.7N 增加到 132.4N，磨削温度由 322℃上升 855℃；CBN 砂轮总磨削力从 54.5N 上升到 309.6N，磨削温度由 376℃上升到 442℃。随着磨削强度的增大，在参数交互作用下，单颗磨粒磨削力和磨削温度场的影响范围也在扩大。受热力耦合作用对磨削表层应变和温度的综合影响，单颗磨粒磨削和砂轮磨削表层微观组织的等效塑性应变增加，塑性变形层厚度增大。

参考文献

[1] Johnson G R, Cook W H. A constitutive model and data for metals subjected to large strains, high strain rates and high temperatures[J]. Engineering Fracture Mechanics, 1983, 21: 541-548.

[2] Zerilli F J, Armstrong R W. Dislocation-mechanics-based constitutive relation for material dynamics calculations[J]. Journal of Applied Physics, 1987, 61(5): 1816-1825.

[3] 张雪萍, 王和平, 高二威. 单粒磨削过程仿真与工件表面残余应力的离散度分析[J]. 上海交通大学学报, 2009 (5): 717-721.

[4] Liu C R, Guo Y B. Finite element analysis of the effect of sequential cuts and tool-chip friction on residual stresses in machined layer[J]. International Journal of Mechanical Sciences, 2000, 42: 1069-1086.

[5] Lorentzon J, Järvstråt N, Josefson B L. Modelling chip formation of alloy 718[J]. Journal of Materials Processing Technology, 2009, 209(10): 4645-4653.

[6] 岳旭彩. 金属切削过程有限元仿真技术[M]. 北京: 科学出版社, 2017.

[7] 解鹏, 苏桂生. Ti-6Al-4V 车削力的仿真与实验[J]. 苏州大学学报(工科版), 2009, 29(3): 43-46.

[8] 任敬心, 华定安. 磨削原理[M]. 北京: 电子工业出版社, 2011.

[9] Cooper M G, Mikic B B, Yovanovich M M. Thermal contact conductance[J]. International Journal of Heat and Mass Transfer, 1969, 12(3): 279-300.

[10] Milanez F H, Yovanovich M M, Culham J R. Effect of surface asperity truncation on thermal contact conductance[J].

IEEE Transactions on Components and Packaging Technologies, 2003, 26(1): 48-54.
[11] Herraez J V, Belda R. A study of free convection in air around horizontal cylinders of different diameters based on holographic interferometry. Temperature field equations and heat transfer coefficients[J]. International Journal of Thermal Sciences, 2002, 41(3): 261-267.
[12] Morgan M N, Rowe W B, Black S C E, et al. Effective thermal properties of grinding wheels and grains[J]. Proceedings of the Institution of Mechanical Engineers, Part B: Journal of Engineering Manufacture, 1998, 212(8): 661-669.
[13] Malkin S, Cook N H. The wear of grinding wheels: Part 1-attritious wear[J]. Journal of Engineering for Industry, 1971, 93: 1120.
[14] Malkin S, Cook N H. The wear of grinding wheels: Part 2-fracture wear[J]. Journal of Engineering for Industry, 1971, 93: 1129.
[15] 程侃. 寿命分布类与可靠性数学理论[M]. 北京: 科学出版社, 1999.
[16] Blunt L, Ebdon S. The application of three-dimensional surface measurement techniques to characterizing grinding wheel topography[J]. International Journal of Machine Tool & Manufacture, 1996, 36: 1207-1226.
[17] Pawade R S, Joshi S S, Brahmankar P K, et al. An investigation of cutting forces and surface damage in high-speed turning of Inconel 718[J]. Journal of Materials Processing Technology, 2007, 192(SI): 139-146.
[18] 宋庭科. PCBN 刀具车削镍基高温合金切削性能研究[D]. 大连: 大连理工大学, 2010.
[19] 何小江, 陈国定, 王涛. GH4169 合金的车削温度场和残余应力场分析[J]. 机械科学与技术, 2011 (12): 2116-2119.
[20] Sharman A, Hughes J I, Ridgway K. Workpiece surface integrity and tool life issues when turning Inconel 718 (TM) nickel based superalloy[J]. Machining Science and Technology, 2004, 8(3): 399-414.
[21] 金洁茹, 张显程, 涂善东, 等. 车削速度对 GH4169 加工表面完整性的影响[J]. 中国表面工程, 2015, 28(3): 108-113.
[22] 耿国胜. 钛合金高速铣削技术的基础研究[D]. 南京: 南京航空航天大学, 2006.
[23] 艾兴, 等. 高速切削加工技术[M]. 北京: 国防工业出版社, 2003.
[24] 张书桥, 张明贤, 严隽琪, 等. 三维有限元分析在高速铣削温度研究中的应用[J]. 机械工程学报, 2002, 38(7): 76-79.
[25] 史兴宽, 杨巧凤, 张明贤, 等. 钛合金 TC4 高速铣削表面的温度场研究[J]. 航空制造技术, 2002 (1): 34-37.
[26] 庞俊忠, 王敏杰, 段春争, 等. 高速铣削 P20 和 45 淬硬钢的切削力[J]. 中国机械工程, 2007, 18(21): 2543-2546.
[27] 庞俊忠, 王敏杰, 段春争, 等. 高速铣削 P20 淬硬钢的切屑形态和切削力的试验研究[J]. 中国机械工程, 2008, 19(2): 170-173.

第 4 章　机械加工表面完整性控制与实例

本章先介绍机械加工表面完整性控制基础知识，包括机械加工表面完整性控制概念、映射模型、工艺参数优化方法和试验设计方法；然后针对钛合金、高强度铝合金、高温合金、超高强度钢等典型难加工材料，具体给出了精密车削、精密铣削和精密磨削加工表面完整性控制实例。

4.1　机械加工表面完整性控制基础知识

4.1.1　机械加工表面完整性控制概念

机械加工是指用切削工具(包括刀具、磨具和磨料)将坯料或工件上多余的材料层切除，使其成为切屑，同时使构件获得设计的几何形状、尺寸和表面质量的加工方法。生产中，各种独立的机械加工方法都可能应用在单个构件的制造中，同时每种方法可能对形成的表面有不同的影响。许多机械加工方法的切屑形状很相似，这意味着它们可以产生相似但不完全一致的表面。

许多可以在加工中识别的内部参数，如温升、金属流变、金属变形、刀具磨损、受力状态等，如果不受控制则对表面状态产生重要的影响。因此，表面状态的变化可能受机械、热和化学的作用。

传统的观点认为，一方面，机械加工和其他金属去除加工方法，仅仅对加工零件的尺寸控制和加工表面的外观有影响；另一方面，零件的强度和其他物理性能则完全取决于材料本身的特性。近年来，有关表面完整性技术的研究表明，在许多情况下，选用的加工条件对零件的使用性能有非常大的影响，特别是疲劳强度受到加工条件变化的影响很大。

表面完整性机械加工是指以疲劳寿命为判据，通过构筑抗疲劳的表面变质层，在保证表面完整性的条件下，通过工艺参数的优化，获得高的切削效率。抗疲劳表面变质层在表面状态演化的过程中处于稳定状态。构件的总寿命是构件服役表面的裂纹萌生寿命和裂纹扩展寿命，而影响构件疲劳寿命的主要阶段是裂纹萌生过程，因此如何构筑抗疲劳的表面变质层，将是提高构件疲劳寿命的关键因素。

表面完整性机械加工方法是指在保证机械加工表面完整性和表面变质层的工艺参数域中，通过高效判据获得的高效加工方法。表面完整性定义为通过控制机械加工工艺形成的无损伤、低应力集中和强化的表面状态。表面完整性工艺参数域是指以疲劳寿命为判据，在研究热力耦合作用机理的基础上，通过分析机械加工工艺参数对表面状态特征的影响，以及表面状态特征对疲劳寿命的影响，保证一定疲劳寿命条件下的完整性表面对应的工艺参数域。机械加工表面完整性控制方法基本原理如图 4.1 所示。

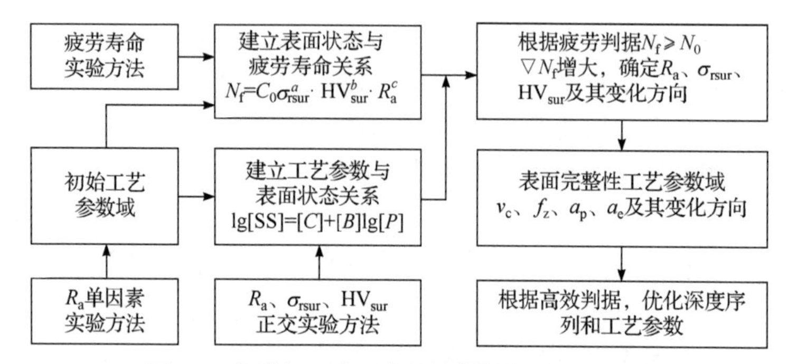

图 4.1 机械加工表面完整性控制方法基本原理

SS-表面状态；P-工艺参数；N_0-给定疲劳寿命；v_c-切削速度；f_z-每齿进给量；a_p-切削深度；a_e-切削宽度；σ_{rsur}-表面残余应力；HV_{sur}-表面显微硬度；R_a-表面粗糙度；N_f-疲劳寿命

机械加工表面完整性控制方法的具体流程如下：

(1) 首先在初始工艺参数域内进行单因素试验，通过对切削力 F、切削温度 T 和表面粗糙度 R_a 的评价，对工艺参数进行初选，获得初选工艺参数域；

(2) 在初选工艺参数域内进行正交试验，通过对表面状态特征(表面粗糙度 R_a、表面显微硬度 HV_{sur}、表面残余应力 σ_{rsur})的评价和分析，获得表面状态特征与机械加工工艺因子的映射关系；

(3) 在初选工艺参数域内加工疲劳构件，进行疲劳寿命试验，获得疲劳寿命与表面状态特征的映射关系，进一步可获得疲劳寿命与机械加工工艺因子映射关系；

(4) 依据疲劳寿命与表面状态特征和机械加工工艺因子的关系，通过对疲劳寿命的判定，确定表面状态特征(表面粗糙度 R_a、表面显微硬度 HV_{sur}、表面残余应力 σ_{rsur})的变化方向，从而确定表面完整性工艺参数域及工艺参数变化方向；

(5) 在表面完整性工艺参数域内，通过切削加工效率的判定和高效优化方法，最终建立机械加工表面完整性控制方法。

4.1.2 机械加工表面完整性映射模型

构件机械加工过程中的各种因素分类如下：材料性能类(MP)、结构特征类(SC)、工艺条件类(PC)、热力耦合特征类(O)、表面状态特征类(SS)和抗疲劳性类(FP)。针对具体构件，其材料性能、结构特征和抗疲劳性由设计人员给定。在此，主要对表面状态特征类和工艺条件类进行定义。

1) 表面状态特征类

表面状态特征分为表面特征和表面变质层特征，其中，表面变质层特征在表层内呈梯度分布。假定任一深度下的薄层内表面变质层特征是均质的，即具有相同残余应力、显微硬度和微观组织。定义表面状态特征类集合为 SS，则有

$$\mathrm{SS}=\mathrm{SS}\left\{\mathrm{SS}_1(0),\mathrm{SS}_2(h),\mathrm{SS}_3(h),\mathrm{SS}_4(h)\right\} \tag{4.1}$$

式中，$\mathrm{SS}_1(0)$为表面几何形貌；$\mathrm{SS}_2(h)$为表层残余应力场梯度分布；$\mathrm{SS}_3(h)$为表层显微硬度场梯度分布；$\mathrm{SS}_4(h)$为表层晶粒尺寸梯度分布。

注意到表面几何形貌特征 SS_1 又包含轮廓算术平均偏差 R_a(表面粗糙度评价参数中最常用的一种)、最大峰谷值 R_t 等众多的 2D 和 3D 表面粗糙度表征参数。选取其中对零件疲劳寿命性能影响较大的 i 个表征参数，则有

$$\mathrm{SS}_1=\mathrm{SS}_1\left(R_1,R_2,\cdots,R_i\right) \tag{4.2}$$

式中，$i=1, 2,\cdots, 17$，而 $R_1, R_2,\cdots, R_{17}$ 分别对应 2D 和 3D 表面粗糙度表征量：R_a、R_q、R_z、R_p、R_v、R_t、R_sk、R_ku、$R_{\Delta\mathrm{q}}$、R_sm，以及 S_q、S_z、S_p(表面最高峰值)、S_v(表面最低谷值)、S_sk、S_ku、S_sm(峰间距)。其中，最主要的为 R_a。

2) 工艺条件类

定义构件机械加工过程工艺条件类集合为 P，则有

$$\mathrm{PC}=\mathrm{PC}\left\{\mathrm{PC}_1,\mathrm{PC}_2,\cdots,\mathrm{PC}_j\right\} \tag{4.3}$$

式中，PC_j 为第 j 种机械加工工艺，如 PC_1 为车削工艺、PC_2 为铣削工艺、PC_3 为喷丸强化工艺等。

针对每一种工艺，都有相应的工艺条件集合，如果以车削加工 PC_1 为例，则可分别具体定义上述的影响因素集合如下：

(1) 定义车削采用的刀具类型和几何所构成的集合为 G，则

$$G=G\left(G_1,G_2,\cdots,G_i\right) \tag{4.4}$$

式中，G_i 表示采用的第 i 种刀具参数。针对车削，$i=1, 2,\cdots,7$。$G_1, G_2,\cdots, G_7$ 分别对应刀具类型种类、刀具圆弧半径、主偏角、副偏角、刀具前角、入倾角、后角。

(2) 定义车削时采用的车削用量参数构成的集合为 C，则

$$C=C\left(C_1,C_2,\cdots,C_i\right) \tag{4.5}$$

式中，C_i 表示第 i 种车削用量参数的变化。针对外圆车削，$i=1, 2, 3$。C_1, C_2, C_3 分别对应切削速度 v_c、进给量 f、切削深度 a_p。

(3) 定义车削采用的冷却润滑方式构成的集合为 L，则

$$L=L\left(L_1,L_2,\cdots,L_i\right) \tag{4.6}$$

式中，L_i 表示第 i 种冷却润滑方案。$L_1, L_2\cdots, L_i$ 分别对应干切削、油雾润冷、液氮

油雾润冷、水溶液冷却等。

因此，对应于车削加工的工艺条件类集合可以进一步表示如下：

$$PC_{Turning} = PC\{PC_1[G(G_1,G_2,\cdots,G_7),C(C_1,C_2,C_3),L(L_1,L_2,\cdots,L_i)]\} \tag{4.7}$$

3) 热力耦合特征类

机械加工表面状态的形成实质上是切削加工过程中热力耦合作用的结果，在此定义机械加工过程热力耦合特征类集合为 O，则有

$$O = O\{F,T\} \tag{4.8}$$

式中，F 表示机械加工过程中的作用力；T 表示机械加工过程中的作用温度。

4) 抗疲劳性类

假定构件抗疲劳性类集合为 FP，则有

$$\mathrm{FP} = \mathrm{FP}\{\mathrm{FP}_1,\mathrm{FP}_2,\cdots,\mathrm{FP}_i\} \tag{4.9}$$

式中，FP_i 表示第 i 种抗疲劳性的评价参数。一般来说，i=1, 2。FP_1、FP_2 分别表示疲劳寿命和疲劳强度。

5) 表面状态与工艺因子映射模型

在对影响机械加工构件表面状态特征的诸多因素进行定义和分类之后，建立工艺因子与表面状态的映射模型，以车削工艺为例，其表达形式如式(4.10)所示。

$$\mathrm{SS} = \begin{vmatrix} R_{a1} & \sigma_{rsur1} & \mathrm{HV}_{sur1} \\ R_{a2} & \sigma_{rsur2} & \mathrm{HV}_{sur2} \\ \vdots & \vdots & \vdots \\ R_{ai} & \sigma_{rsuri} & \mathrm{HV}_{suri} \end{vmatrix} = g\left(\begin{vmatrix} F_1 & T_1 \\ F_2 & T_2 \\ \vdots & \vdots \\ F_i & T_i \end{vmatrix}\right) = g\left(l\left\{\begin{vmatrix} v_{c1} & f_1 & a_{p1} \\ v_{c2} & f_2 & a_{p2} \\ \vdots & \vdots & \vdots \\ v_{ci} & f_i & a_{pi} \end{vmatrix}\right\}\right) \tag{4.10}$$

式中，R_a 为表面粗糙度；σ_{rsur} 为表面残余应力；HV_{sur} 为表面显微硬度；v_c 为切削速度；f 为进给量；a_p 为切削深度。

式(4.10)为工艺因子对表面状态影响的映射模型，基于该模型可以获得使表面状态特征改善的机械加工工艺参数变化方向，从而为实现表面完整性控制进行工艺参数的优选提供判据。

图 4.2 描述了机械加工工艺因子与表面状态的映射关系。对于机械加工工艺因子集合中的任何一组工艺因子组合，存在一种法则 f，使得表面状态集合中存在唯一确定的组合与其对应，记为 f：PC→SS。同时，对于几个不同的机械加工工艺因子组合，可存在同一种表面状态组合与其对应，即机械加工工艺因子集合与表面状态集合并非一一对应关系。

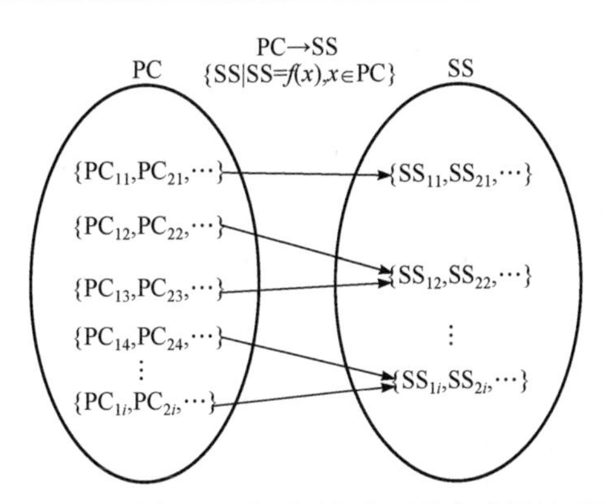

图 4.2　机械加工工艺因子与表面状态映射关系图

6) 抗疲劳性与表面状态映射模型

在机械加工工艺因子集合内，通过设计不同加工参数组合，加工出具有不同表面状态特征的疲劳构件，对其进行表面状态测试，然后进行疲劳寿命试验，获得不同机械加工工艺因子组合条件下的疲劳寿命，通过数据处理可建立疲劳寿命与表面状态特征的关系模型，其表达形式如式(4.11)所示：

$$N_{\mathrm{f}} = f(\sigma_{\mathrm{rsur}}, \mathrm{HV}_{\mathrm{sur}}, R_{\mathrm{a}}) \tag{4.11}$$

式中，N_{f}表示疲劳寿命。

根据式(4.11)，获得使疲劳寿命提高的表面状态特征的变化方向，为实现表面完整性控制进行工艺参数的优选提供判据。

7) 抗疲劳性与工艺参数映射模型

结合式(4.10)和式(4.11)，建立疲劳寿命与机械加工工艺参数间的关系模型，如式(4.12)所示：

$$N_{\mathrm{f}} = f(v_{\mathrm{c}}, f, a_{\mathrm{p}}) \tag{4.12}$$

根据式(4.12)，获得可以使疲劳寿命提高的工艺参数变化方向，设置最低疲劳寿命约束，获得表面完整性工艺参数域。

8) 表面完整性映射模型建模方法

一个理想的映射模型必须能够反映构件机械加工过程中工艺因子和表面状态的内在联系，同时又易于用数学方法进行处理和计算。建立表面状态映射模型是确定映射函数的具体表达形式，并求解具体公式的过程。

构件机械加工过程中包含材料学、数学、物理、化学、力学、控制理论、信息科学等多学科的交叉和融合。很多情况下，表面状态特征和机械加工工艺因子难以用数学解析方法直接描述。针对这种情况，有一种可供采用的方法，就是通过一定量的试验，构造一类函数逼近这些试验数据，并通过试验进行验证。这类模型大多为黑箱模型，并以宏观模型为主。表面状态与工艺因子映射模型中具体的映射函数形式就是基于试验设计方法，结合数据处理和回归分析等来确定的。

针对表面状态中的某一个参数，如表面粗糙度 R_a、表面残余应力σ_{rsur}、表面显微硬度 HV_{sur} 等，可通过正交试验法或响应曲面法等试验设计方法，基于统计分析寻求该表面状态与工艺因子之间的映射模型关系。

表面状态与工艺因子的映射模型一般采用指数型经验公式表示，以车削工艺为例，其经验公式如式(4.13)所示：

$$\begin{cases} R_a = C_{R_a} v_c^{a_{R_a}} f^{b_{R_a}} a_p^{c_{R_a}} \\ \sigma_{rsur} = C_{\sigma_r} v_c^{a_{\sigma_r}} f^{b_{\sigma_r}} a_p^{c_{\sigma_r}} \\ HV_{sur} = C_{HV} v_c^{a_{HV}} f^{b_{HV}} a_p^{c_{HV}} \end{cases} \tag{4.13}$$

式(4.13)中，各工艺参数的指数表示其与表面状态特征的相关性，指数绝对值越大，说明其对表面状态影响越显著，即表面状态对该工艺参数的变化较敏感。

疲劳寿命与表面状态的映射模型也一般采用指数型经验公式表示，如式(4.14)所示：

$$N_f = C_0 R_a^{a_{N_f}} \ \sigma_{rsur}^{b_{N_f}} \ HV_{sur}^{c_{N_f}} \tag{4.14}$$

式(4.14)中各表面状态特征的指数表示其与疲劳寿命的相关性，指数绝对值越大，说明其对疲劳寿命影响越显著，即疲劳寿命对该表面状态特征变化较敏感。

4.1.3 机械加工表面完整性控制工艺参数优化方法

1) 表面完整性工艺参数优化流程

机械加工表面完整性控制工艺参数优化是利用最低的成本实现加工效率、加工精度、加工表面完整性和抗疲劳性的最大化。一般情况下，基于表面粗糙度要求，引入高效目标，忽略加工中环境、机床等不可控因素对加工表面状态的影响，着重关注刀具几何参数、切削工艺参数等可控因素，完成表面完整性工艺参数优化。但是，在工程实际应用中，往往期望刀具磨损、加工成本、生产效率、表面完整性和疲劳寿命等多项指标同时达到最优值。本书所述机械加工表面完整性工艺参数优化是以抗疲劳性为判据控制加工工艺，以高效为目标，以形成无损伤和强化的低应力集中表面状态为约束，通过优化算法，获得工艺参数域的新方法。以铣削加工为例，表面完整性工艺参数域优化流程如图 4.3 所示。

(1) 首先建立表面完整性模型、表征方法及测试方法，为进行基于表面完整性的工艺参数优化提供理论基础；

(2) 采用切削试验和有限元仿真的方法研究工艺参数对热力耦合的影响及热力耦合对表面完整性的影响，以此来确定控制表面完整性需要控制的工艺参数；

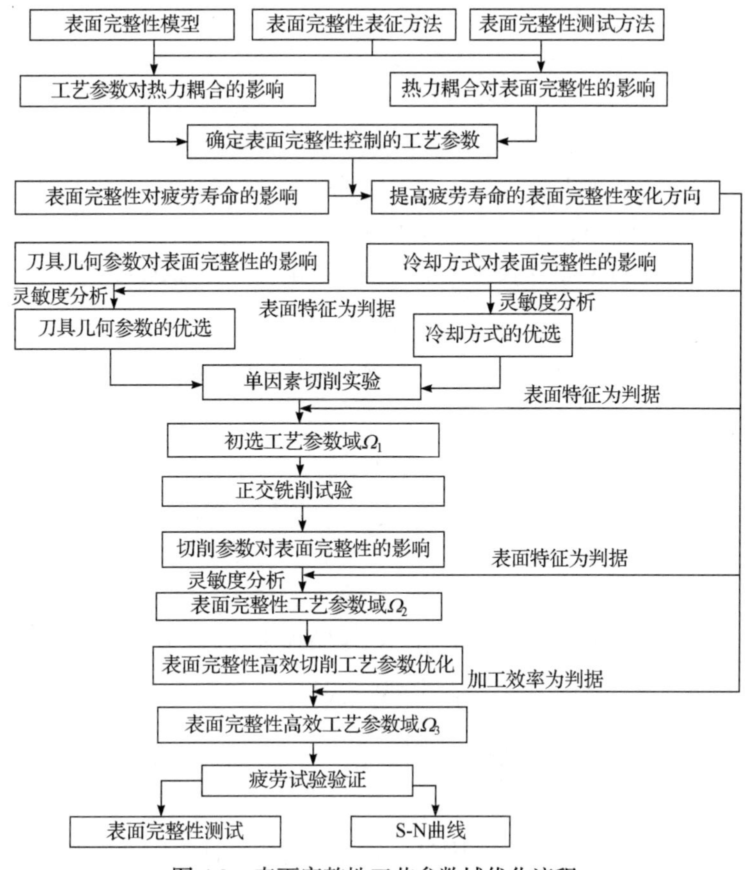

图 4.3 表面完整性工艺参数域优化流程

(3) 通过疲劳试验，建立表面完整性对疲劳寿命的影响规律，从而获得提高疲劳寿命的表面完整性变化方向，以此作为对刀具几何参数、冷却方式和切削参数进行优化的原则；

(4) 选择不同刀具几何参数进行切削加工试验，并以表面粗糙度和残余应力为评价指标选择最优的刀具几何参数组合；

(5) 选择不同的冷却方式进行切削加工试验，并以表面粗糙度和残余应力为评价指标选择最优的冷却方式；

(6) 选用前面选择的刀具几何参数和冷却方式，采用单因素试验法，将根据手册及文献查出的切削参数推荐范围进行适当扩展，进行探索性试验，以表面特征为评价指标对切削参数范围进行初步优选，获得初选工艺参数域Ω_1；

(7) 在工艺参数域Ω_1内，设计正交铣削试验，并对加工后的表面粗糙度、表面显微硬度、表面残余应力等进行测试，建立切削参数对各表面完整性特征的影响规律，并以表面粗糙度、表面显微硬度、表面残余应力等表面特征为评价指标，对切削参数进行进一步优选，获得表面完整性工艺参数域Ω_2；

(8) 在表面完整性工艺参数域Ω_2内，以加工效率为判据，以表面完整性为约束，对切削参数进行进一步优化，最终获得表面完整性高效工艺参数域Ω_3；

(9) 采用表面完整性高效工艺参数域Ω_3加工疲劳构件，进行疲劳试验，与采用常规工艺参数加工疲劳构件的疲劳强度进行对比，验证此工艺参数域。

2) 表面完整性高效切削工艺参数优化方法

针对切削加工过程，其表面完整性高效切削工艺参数优化模型为

$$\begin{cases}\max f(x)=f(x_1,x_2,\cdots,x_n)\\ \text{s.t.}\quad x\in S=\{g_i(x)\leqslant 0,i=1,2,\cdots,m\}\end{cases}\tag{4.15}$$

式中，$f(x)$表示目标函数，指加工效率；$x_1,x_2,\cdots,x_n$表示要优化的变量，指工艺参数；$g_i(x)$表示约束条件；m为约束条件的个数。

(1) 优化目标，机械加工中完成一道工序的效率用平均切削加工时间来衡量。在此假定换刀时间和其他协助时间固定，切削时间计算仅考虑该工序的实际切削时间。当待去除材料体积固定时，材料去除率Q越大，加工效率就越高，此时优化目标就变为单位时间材料去除率Q。以铣削加工为例，其计算公式为

$$Q=\frac{1000v_{\mathrm{c}}}{\pi d}zf_{\mathrm{z}}a_{\mathrm{p}}a_{\mathrm{e}}\tag{4.16}$$

式中，v_{c}为切削速度；d为刀具直径；z为铣刀的齿数；f_{z}为每齿进给量；a_{p}为铣削深度；a_{e}为铣削宽度。

试验中刀具直径d和齿数z固定，此时，优化目标是以切削速度v_{c}、每齿进给量f_{z}、铣削深度a_{p}和铣削宽度a_{e}四个铣削参数为决策变量的函数，故目标函数可表示为

$$\max Q=f(v_{\mathrm{c}},f_{\mathrm{z}},a_{\mathrm{p}},a_{\mathrm{e}})\tag{4.17}$$

(2) 切削加工工艺参数约束条件如下：

$$\begin{cases}g_1(x)=v_{\mathrm{c}}-v_{\mathrm{c\,max}}\leqslant 0\\ g_2(x)=v_{\mathrm{c\,min}}-v_{\mathrm{c}}\leqslant 0\\ g_3(x)=f_{\mathrm{z}}-f_{\mathrm{z\,max}}\leqslant 0\\ g_4(x)=f_{\mathrm{z\,min}}-f_{\mathrm{z}}\leqslant 0\\ g_5(x)=a_{\mathrm{p}}-a_{\mathrm{p\,max}}\leqslant 0\\ g_6(x)=a_{\mathrm{p\,min}}-a_{\mathrm{p}}\leqslant 0\\ g_7(x)=a_{\mathrm{e}}-a_{\mathrm{e\,max}}\leqslant 0\\ g_8(x)=a_{\mathrm{e\,min}}-a_{\mathrm{e}}\leqslant 0\end{cases}\tag{4.18}$$

(3) 疲劳寿命约束条件如下：

$$g_9(x) = N_{\mathrm{f\,min}} - N_{\mathrm{f}}(x) \leqslant 0 \tag{4.19}$$

式中，$N_{\mathrm{f}}(x)$为给定切削参数的疲劳寿命预测值，由经验公式确定；$N_{\mathrm{f\,min}}$为要求的最低疲劳寿命。

(4) 表面粗糙度约束条件如下：

$$g_{10}(x) = R_{\mathrm{a}}(x) - R_{\mathrm{a\,max}} \leqslant 0 \tag{4.20}$$

式中，$R_{\mathrm{a}}(x)$为给定切削参数的表面粗糙度预测值，由经验公式确定；$R_{\mathrm{a\,max}}$为表面粗糙度最大允许值，根据最低疲劳寿命 $N_{\mathrm{f\,min}}$ 确定。

(5) 表面显微硬度约束条件如下：

$$\begin{cases} g_{11}(x) = \mathrm{HV}_{\mathrm{sur}}(x) - \mathrm{HV}_{\mathrm{sur\,max}} \leqslant 0 \\ g_{12}(x) = \mathrm{HV}_{\mathrm{sur\,min}} - \mathrm{HV}_{\mathrm{sur}}(x) \leqslant 0 \end{cases} \tag{4.21}$$

式中，$\mathrm{HV}_{\mathrm{sur}}(x)$表示给定切削参数的表面显微硬度预测值，由经验公式确定；$\mathrm{HV}_{\mathrm{sur\,min}}$ 和 $\mathrm{HV}_{\mathrm{sur\,max}}$ 分别为表面显微硬度最小和最大允许值，根据最低疲劳寿命 $N_{\mathrm{f\,min}}$ 确定。

(6) 表面残余应力约束条件如下：

$$\begin{cases} g_{13}(x) = \sigma_{\mathrm{rsur}}(x) - \sigma_{\mathrm{rsur\,max}} \leqslant 0 \\ g_{14}(x) = \sigma_{\mathrm{rsur\,min}} - \sigma_{\mathrm{rsur}}(x) \leqslant 0 \end{cases} \tag{4.22}$$

式中，$\sigma_{\mathrm{rsur}}(x)$表示给定切削参数的表面残余应力预测值，由经验公式确定；$\sigma_{\mathrm{rsur\,min}}$ 和 $\sigma_{\mathrm{rsur\,max}}$ 分别为表面残余应力最小和最大允许值，根据最低疲劳寿命 $N_{\mathrm{f\,min}}$ 确定。

根据式(4.15)～式(4.22)模型真实参数，采用遗传算法、粒子群算法或神经网络等优化算法，可完成表面完整性高效切削工艺参数优化。

3) 表面完整性高效磨削深度序列优化方法

磨削加工一般采用粗磨、半精磨和精磨三种方式，在选择时可根据磨削深度与变质层厚度的关系进行判定。图 4.4 为磨削过程中磨削深度 d 与变质层厚度 h 的关系，可以根据试验进行测定。为确保热力耦合变质层厚度满足要求，必须使构件最初磨削表面变质层厚度 h 小于总余量 D；在粗加工过程中，变质层厚度可以超过粗磨余量，但不能到达最终构件表面；在精加工过程中，变质层厚度也不能到达最终构件层表面，同时保证最终表面的变质层厚度 h_0 不大于允许的最大变质层厚度 δ。

图 4.5 为磨削深度序列优化示意图，零件表面待去除的总余量为 D，精磨余量为 d_1，半精磨余量为 d_2，粗磨余量为 d_3，其对应的加工次数分别为 n_1、n_2、n_3，对应的磨削深度为 a_{p1}、a_{p2}、a_{p3}。通过图 4.4 建立的磨削深度与变质层厚度关系式，可求解得到精磨、半精磨和粗磨工艺对应的变质层厚度分别为 h_1、h_2、h_3。磨

削一般用于精密加工，磨削加工前构件的余量已很小，一般在 0.25～0.50mm，甚至几十微米。磨削时，由于磨削力和温度较高，其热力耦合作用形成的表面变质层厚度较大，一般在几十到几百微米，甚至更大。在考虑磨削加工表面完整性时，需要进行磨削深度序列优化，即确保表面变质层厚度满足要求。磨削工艺参数必须由表面变质层厚度反推，从构件的最终表面反推至构件的毛坯表面，逐层控制和优化磨削深度和变质层厚度，从而可得材料切除层序列。其优化目标是最少磨削次数 N。

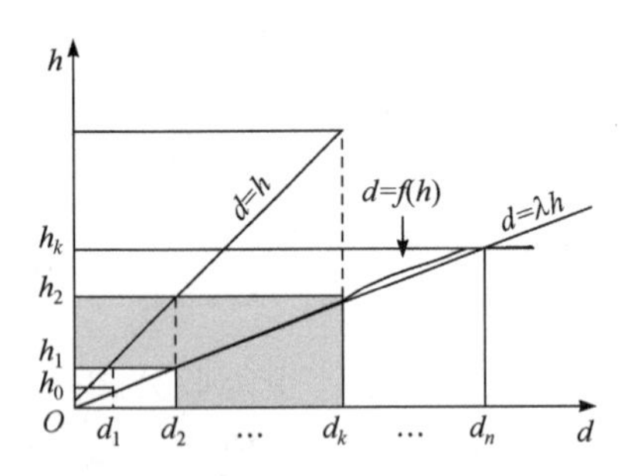

图 4.4　磨削深度与变质层厚度的关系

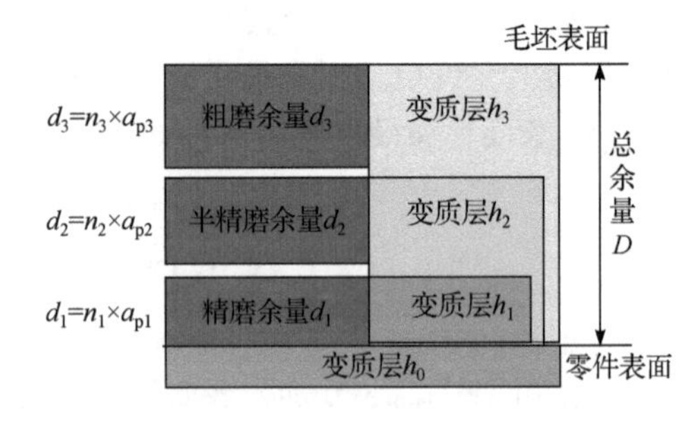

图 4.5　磨削深度序列优化示意图

磨削深度序列优化问题可以描述为

$$\begin{cases} \min N = n_1 + n_2 + n_3 \\ \text{s.t.} \quad a_{pk} = f^{-1}(h_{k-1})(k = 1,2,3) \\ h_0 \leqslant \delta \\ n_1 a_{p1} + n_2 a_{p2} + n_3 a_{p3} = D \\ n_1 a_{p1} = d_1, n_2 a_{p2} = d_2, n_3 a_{p3} = d_3 \\ d_1 \geqslant h_1, d_1 + d_2 \geqslant h_2, d_1 + d_2 + d_3 \geqslant h_3 \end{cases} \tag{4.23}$$

式中，N 为磨削次数；D 为构件表面待去除的总余量；δ为允许的变质层厚度。

最小粗磨加工次数为 $n_{3\min}$，最小半精磨加工次数为 $n_{2\min}$，最小精磨加工次数为 $n_{1\min}$，根据图 4.5 可知，其分别表示为

$$\begin{cases} n_{3\min} = \dfrac{h_2}{a_{p3}} \\ n_{2\min} = \dfrac{D - (D - h_1) - h_2}{a_{p2}} = \dfrac{h_1 - h_2}{a_{p2}} \\ n_{1\min} = \dfrac{D - h_1}{a_{p1}} \end{cases} \tag{4.24}$$

在具体磨削加工时，需要根据实际磨削深度和初始变质层厚度来判定需要选择的磨削工艺，从而得到最小磨削次数。需要指出的是，在进行表面完整性高效

磨削工艺优化时，其保证的是在高效基础上最终磨削表面的完整性指标，因此在进行磨削深度序列优化时，其半精磨和粗磨的磨削工艺不一定在前面优化的表面完整性工艺参数域内。

4.1.4　机械加工表面完整性控制试验设计

1) 单因素试验设计

单因素试验设计是控制其中一个因素发生变化，其余因素为定值，然后进行逐步搭配试验比较，获得好的搭配方案，也称孤立因素法。单因素试验设计，每次只变动一个因素，将其他因素暂时固定在适当的水平上，待确定了第一个因素的最优水平后，将其固定下来，再依次考察其他因素。

采用单因素试验法，以每个切削工艺参数为优化因素，对每个切削工艺参数在整个范围内分别选择 n 个水平进行试验，当研究其中一个因素时其他因素固定为中间值，对加工完构件分别进行评价指标测试。根据测试结果，通过直观分析和方差分析的方法对切削工艺参数进行优选。以三因素三水平为例，具体试验方案设计如表 4.1 所示。

表 4.1　单因素试验设计方案

序号	因素一	因素二	因素三	指标一	指标二	指标三
1	−1			a_1	b_1	c_1
2	0	0	0	a_2	b_2	c_2
3	1			a_3	b_3	c_3
4		−1		a_4	b_4	c_4
5	0	0	0	a_5	b_5	c_5
6		1		a_6	b_6	c_6
7			−1	a_7	b_7	c_7
8	0	0	0	a_8	b_8	c_8
9			1	a_9	b_9	c_9

注：−1，0，1 表示各因素水平的编码值。

这种方法的优点是一般能取得一定的效果，而且试验次数较全面试验少。但其缺点在于对于各因素和水平的机会不均等，并且先固定了哪些因素，后变化哪些因素，都会影响试验结果，因此最后的结果是否是最好的，不能充分肯定，只能说在所有试验中是最好的。

2) 正交试验设计

正交试验设计是利用正交表来安排试验。由于正交表的构造具有均衡搭配的特点，利用它能够选出代表性较强的少数试验，获得最优或较优的试验条件。正交表是正交试验设计的核心。正交表有两类：一类为水平数相同的正交表，其代号为 $L_n(q^m)$；另一类为水平数不同或混合型正交表，其代号为 $L_n(q_1^{m1}\times q_2^{m2})$。这两类正交表的含义如下：L 为正交表；$n$ 为试验总数；q 为因素的水平数；m 为表的列数，表示最多能容纳的因素的个数；q_1、q_2 为因素的水平数；最多能容纳水平数为 q_1 的因素个数为 m_1，水平数为 q_2 的因素个数为 m_2。因此，该表最多能容纳的因素个数为 m_1+m_2。

在单因素试验法获得的工艺参数域中，采用正交试验法进行加工试验，对加工构件分别进行表面粗糙度、表面显微硬度和表面残余应力测试，最后以表面状态主要特征参数为评价指标，对切削工艺参数进行进一步优选。以四因素三水平为例，正交试验设计方案如表 4.2 所示。用正交表安排试验时，需要根据试验目的，确定试验指标，然后确定影响试验指标的主要因素和各因素的水平，最后应列出因素水平表。

表 4.2　L_9(四因素三水平)正交试验设计方案

序号	因素一	因素二	因素三	因素四	指标一	指标二	指标三
1	−1	−1	−1	−1	a_1	b_1	c_1
2	−1	0	0	0	a_2	b_2	c_2
3	−1	1	1	1	a_3	b_3	c_3
4	0	−1	0	1	a_4	b_4	c_4
5	0	0	1	−1	a_5	b_5	c_5
6	0	1	−1	0	a_6	b_6	c_6
7	1	−1	1	0	a_7	b_7	c_7
8	1	0	−1	1	a_8	b_8	c_8
9	1	1	0	−1	a_9	b_9	c_9

注：−1，0，1 表示各因素水平的编码值。

列出因素水平表后，就要选择合适的正交表来安排试验。用正交表安排试验水平的具体过程如下。

(1) 排表头。按因素水平表中三个因素的次序，顺序地放到正交表的三个纵列上，每列设一个因素。

(2) 各因素对号入座，得出试验方案。

(3) 得到试验方案表后，即可进行试验，测出结果填入表内。

(4) 对试验测得的数据进行数据处理，进行极差分析或方差分析，通过回归分析求出表面状态预测模型公式。

(5) 验证试验。

正交试验法在表面状态参数预测建模研究中应用非常广泛。与单因素试验法相比，正交试验法可通过方差分析，得到影响试验结果的主、次因素及各因素间的交互作用，寻找多种因素的最佳水平组合。结合回归分析，正交试验可建立试验结果与各因素的定量关系模型，但该模型是基于线性回归拟合得到的，模型预测精度较差。

3) 响应曲面法试验设计

响应曲面法于 20 世纪 50 年代由统计学家 Box 和 Wilson 提出，是一种将数学方法和统计分析结合实现参数预测及优化的方法[1]。它的基本思想是通过构造一个具体形式的多项式来表达隐式关系，其方法主要是通过设计合理的试验方法进行一定数量的试验，利用试验结果结合统计学算法来拟合因素与响应值之间的函数关系，通过对建立的函数关系进行分析，预测响应值或寻求最优工艺参数。

在响应曲面建模方法中，响应曲面设计类型选择及设计方案确定是预测和优化响应曲面模型的关键。响应曲面设计不仅涉及模型估计，还关系模型设计本身的稳健性，它们均对响应曲面建模方法具有极其重要的影响。只有寻求合适的试验设计方法，获取可靠的试验数据，合理地拟合函数关系，才可以得到可靠的响应曲面逼近函数，进而了解各因素与响应值之间的内在关系。

响应曲面建模过程通常包括两个阶段：第一阶段是筛选试验，确定模型类型，进而确定试验因子范围；第二阶段是根据所确定模型类型，结合试验，拟合二阶响应曲面模型[2]。响应面曲面试验设计有中心复合设计(包括通用旋转组合设计、二次正交组合设计等)、Box 设计、二次饱和 D-最优设计、均匀设计、田口设计等。

中心复合设计(central composite design，CCD)是响应曲面设计中最推荐的设计方法。假定有 k 个输入变量$\{x_1, x_2,\cdots,x_k\}$，经典 CCD 包括三部分[3]：①析因部分，组成因子试验的立方体点有 n_{f} 个，由 2^k 个全因子或 2^{k-p} 个部分因子试验构成，对模型的一次项和交叉项进行估计；②参数为α的 $2k$ 个轴向点，这部分将涉及区域扩展，对二阶响应曲面平方项进行估计；③n_{c}个中心点，对模型拟合误差进行检测。在三因素中，CCD 包含了 8 个立方体点，6 个轴向点和一系列中心点，其中，立方体点和部分中心点用来估计线性效应和两因子交互作用，若存在曲性效应，则可以通过添加轴向点和中心点设计扩展成二阶设计。

中心复合设计有如此广泛的应用主要是因为其具有以下三方面特点[4]：① CCD 的序贯本质。它将因素划分为立方体点、部分中心点、星点和其他中心点，立方体点、部分中心点用来估计线性效应和两因子交互效应，星点、其他中心点用来估计曲性效应；②CCD 有效地将试验次数减为最小；③CCD 有良好的正交性和可旋转性。因此，CCD 在工程、化工领域取得了广泛的应用。

在响应曲面设计中，中心复合设计主要包括三种设计[5]：外切中心复合设计(CCC)、内接中心复合设计(CCI)、中心复合面心设计(CCF)。以三因素为例，外切中心复合设计(CCC)的设计区域为球形，如图 4.6(a)所示，从设计区域中心点到因素水平的距离为±1，轴向点到中心点的距离是$\pm\alpha$，$\alpha = \sqrt[4]{n_f}$，其中 n_f是因子点的试验次数。外切中心复合设计(CCC)的轴向点比因素水平更高或更低，在立方体的外面，每个因素有五个水平：±1.682、0、±1。

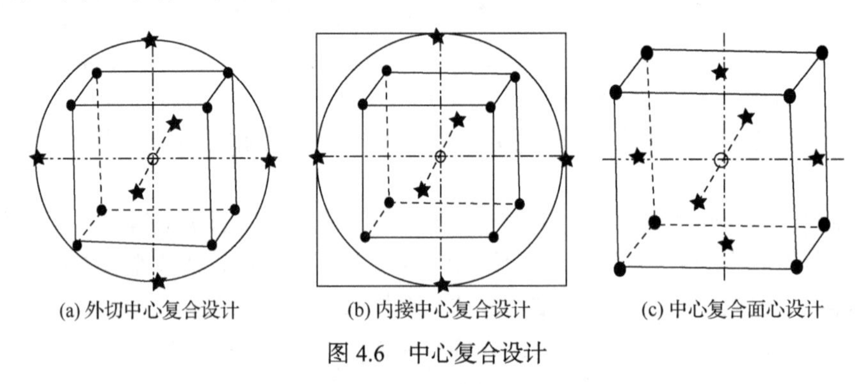

(a) 外切中心复合设计　(b) 内接中心复合设计　(c) 中心复合面心设计

图 4.6　中心复合设计

内接中心复合设计(CCI)适用于要求较高的试验。当受到条件制约，希望试验的水平不超过立方体边界，可将因素集合的范围减小，将轴向点设置为±1，使得轴向点落在每个因素设计域内部，也就是将$\pm\alpha$设置在因素设计域最大值和最小值界限上，如图 4.6(b)所示，内接中心复合设计(CCI)与外切中心复合设计(CCC)特性相似，内接中心复合设计也具有五个水平：±0.59、0、±1。

上述两种设计方法都具有五个水平，但当五水平难以满足或受到条件制约时，可将轴向点放在设计区域每个面的中心，即中心复合面心设计(CCF)，该设计具有三水平：0、±1，如图 4.6(c)所示。在 CCD 设计中，仅有中心复合面心设计(CCF)可以实现每个因素三水平，该设计方法可以应用于因素水平数较少，以及试验中某个或者某几个因素只有三水平的情况。

三因素中心复合设计方法试验设计如表 4.3 所示。响应曲面试验设计可实现表面状态参数的预测和优化，其基本思想是通过设计合理的试验方法，进行一定数量的试验，利用试验结果结合统计学算法，采用非线性模型来拟合响应值和输入因素之间的隐式映射关系，回归模型精度较高。采用响应曲面回归分析法可以灵活地选用观测样本，并且根据实际选择响应曲面方程，采用最小二乘法估计响应的系数，剔除最不显著因素，建立最终的数学模型。由于考虑的因素很多，可拟合得到具有多个交叉项的高精度超空间曲面方程，建立的复杂多维空间曲面更接近实际情况[6]。

表 4.3　三因素中心复合设计方法试验设计表

外切中心复合设计(CCC)			内接中心复合设计(CCI)			中心复合面心设计(CCF)		
x_1	x_2	x_3	x_1	x_2	x_3	x_1	x_2	x_3
−1	−1	−1	−0.59	−0.59	−0.59	−1	−1	−1
1	−1	−1	0.59	−0.59	−0.59	1	−1	−1
−1	1	−1	−0.59	0.59	−0.59	−1	1	−1
1	1	−1	0.59	0.59	−0.59	1	1	−1
−1	−1	1	−0.59	−0.59	0.59	−1	−1	1
1	−1	1	0.59	−0.59	0.59	1	−1	1
−1	1	1	−0.59	0.59	0.59	−1	1	1
1	1	1	0.59	0.59	0.59	1	1	1
−1.682	0	0	−1	0	0	−1	0	0
1.682	0	0	1	0	0	1	0	0
0	−1.682	0	0	−1	0	0	−1	0
0	1.682	0	0	1	0	0	1	0
0	0	−1.682	0	0	−1	0	0	−1
0	0	1.682	0	0	1	0	0	1
0	0	0	0	0	0	0	0	0
0	0	0	0	0	0	0	0	0
0	0	0	0	0	0	0	0	0
0	0	0	0	0	0	0	0	0
0	0	0	0	0	0	0	0	0
0	0	0	0	0	0	0	0	0

4.2　典型材料精密车削表面完整性控制实例

4.2.1　精密车削关键工艺参数

车削加工的切削运动，由两种基本运动组合而成。主运动是将切屑切下来所需最基本的运动，如车削时工件的旋转运动，通常主运动消耗大部分的切削功率。辅助运动，即进给运动，是使新的金属投入切削的运动，车削时的车刀发生直线进给运动，进给运动通常只消耗小部分的切削功率。一般情况下，车削时工件由机床主轴带动旋转作主运动，夹持在刀架上的车刀作进给运动。车削一般在车床上进行，用于加工工件的内外圆、柱面、端面、圆锥面、成形面和螺纹等。车削内外圆柱面时，车刀沿平行于工件旋转轴线的方向运动；车削端面或切断工件时，车刀沿垂直于工件旋转轴线的方向水平运动；如果车刀的运动轨迹与工件旋转轴线成一斜角，就能加工出圆锥面；另外，车削成形的回转体表面，可采用成形刀具法或刀尖轨迹法实现。

车削一般分粗车和精车(包括半精车)两类。粗车力求在不降低切削速度的条件下，采用大的切削深度和大进给量以提高车削效率，表面粗糙度 R_a 为 10～20μm。半精车和精车尽量采用高速且较小的进给量和切削深度，表面粗糙度 R_a 为 0.16～10μm。在高精度车床上用精细修研的金刚石车刀高速精车有色金属件，可使加工精度达到 IT7～5，表面粗糙度 R_a 为 0.01～0.04μm，这种车削称为镜面车削。

(1) 粗车是外圆粗加工最经济有效的方法。粗车主要是迅速地从毛坯上切除多余的金属，因此提高生产率是其主要任务。粗车通常采用尽可能大的背吃刀量和进给量来提高生产率，为保证必要的刀具寿命，切削速度通常较低。粗车时，车刀应选取较大的主偏角，以减小背向力，防止工件的弯曲变形和振动；选取较小的前角、后角和负刃倾角，以增强车刀切削部分的强度。

(2) 精车的主要任务是保证要求的零件加工精度和表面质量。精车外圆表面一般采用较小的背吃刀量、进给量和较高的切削速度进行加工。在加工大型轴类零件外圆时，则采用宽刃车刀低速精车。精车时车刀应选用较大的前角、后角和正刃倾角，以提高加工表面质量，精车还可作为较高精度外圆的最终加工或作为精细加工的预加工。

(3) 精细车的特点是背吃刀量和进给量取值极小，切削速度高达 150～2000m/min。精细车一般采用立方氮化硼(CBN)、金刚石等超硬材料刀具进行加工，所用机床必须是主轴能作高速回转并具有很高刚度的高精度或精密机床。精细车的加工精度及表面粗糙度与普通外圆磨削大体相当。

车削关键工艺参数包括切削速度、进给量及背吃刀量等三个要素，表示切削过程中切削运动的大小及刀具切入工件的程度。①切削速度 v_c：刀具切削刃上选定点相对于旋转的工件待加工表面在主运动方向的瞬时线速度，单位 m/min；② 进给量 f: 表示工件每转一转时车刀沿进给方向的位移，单位 mm/r；③背吃刀量(切削深度)a_p：每一切削行程时工件待加工表面与已加工表面间的垂直距离，单位 mm。精密车削表面完整性控制主要是控制精车或精细车中的工艺参数。

4.2.2 高温合金 GH4169DA 精密外圆车削表面完整性

1) 表面粗糙度

图 4.7 为山高 VBMT 刀具在 a_p=0.6mm，f=0.13mm/r，v_c=10m/min 和 a_p=0.6mm，f=0.20mm/r，v_c=30m/min 车削参数下高温合金 GH4169DA 外圆车削后表面轮廓曲线。可见在横轴每个虚线间隔(0.8mm)内分别有 6 个和 4 个波峰，每个波峰的间距等于其车削的进给量 f。

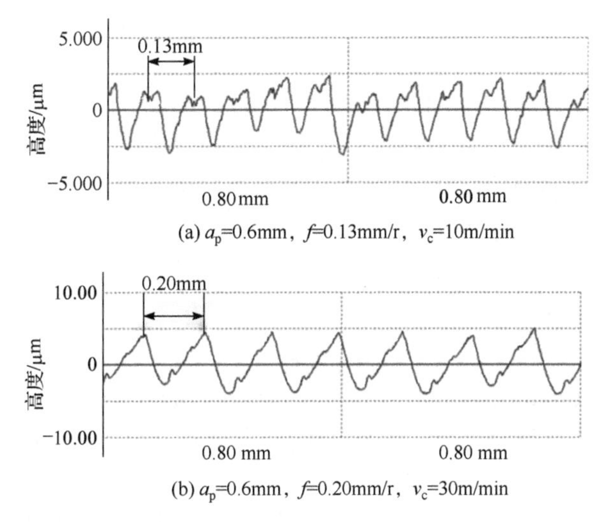

(a) a_p=0.6mm，f=0.13mm/r，v_c=10m/min

(b) a_p=0.6mm，f=0.20mm/r，v_c=30m/min

图 4.7 高温合金 GH4169DA 外圆车削表面轮廓曲线

采用山高 VBMT、株钻 VBET、株钻 ZIGQ3N 三种车削刀具，在 a_p=0.2～0.6mm、f=0.06～0.20mm/r、v_c=10～50m/min 范围内开展三因素三水平正交试验，各车削工艺参数及其对应的表面粗糙度见表 4.4。

表 4.4 外圆车削高温合金 GH4169DA 表面粗糙度

序号	切削深度 a_p/mm	进给量 f/(mm/r)	切削速度 v_c/(m/min)	表面粗糙度 R_a/μm		
				山高 VBMT	株钻 VBET	株钻 ZIGQ3N
1	0.2	0.06	10	0.3777	0.4743	0.2432
2	0.2	0.13	30	1.0531	1.088	0.2715
3	0.2	0.20	50	1.8925	1.915	0.5377
4	0.4	0.06	30	0.5332	0.4866	0.2946
5	0.4	0.13	50	1.1271	1.017	0.4691
6	0.4	0.20	10	1.9836	2.0873	0.5790
7	0.6	0.06	50	0.6946	0.5399	0.2947
8	0.6	0.13	10	1.4084	1.0314	0.4531
9	0.6	0.20	30	2.2147	2.2925	0.6315

采用多元线性回归分析方法对表 4.4 中表面粗糙度进行处理，获得三种刀具外圆车削 GH4169DA 表面粗糙度预测模型，见式(4.25)：

$$
\begin{cases}
R_a = -0.4520 + 0.8287a_p + 10.6792f - 0.0005v_c (\text{山高VBMT}) \\
R_a = -0.3678 + 0.3221a_p + 11.4143f - 0.0010v_c (\text{株钻VBET}) \\
R_a = -0.0204 + 0.2724a_p + 2.1802f - 0.0002v_c (\text{株钻ZIGQ3N})
\end{cases}
\tag{4.25}
$$

表面粗糙度预测模型中各车削工艺参数系数表示其对表面粗糙度的影响程度。由式(4.25)可知，进给量对表面粗糙度的影响最大，切削深度次之，切削速度的影响最小。

2) 表面几何形貌

将表 4.4 中 1#和 9#车削工艺参数定义为车削工艺参数水平一(a_p=0.2mm，f=0.06mm/r，v_c=10m/min)和水平二(a_p=0.6mm，f=0.20mm/r，v_c=30m/min)，对两种车削工艺参数水平加工高温合金 GH4169DA 的表面几何形貌、微观组织、显微硬度和残余应力分别进行测试和分析。

表 4.5 为三种硬质合金刀具外圆车削高温合金 GH4169DA 表面几何形貌。车削表面波峰和波谷明显，进给量等于两个波峰间的间距。在车削工艺参数水平一下，车削后的表面较为平整，且表面没有明显划伤。其原因是进给量较小，车削外圆面上的残留体积致密。在车削工艺参数水平二下，车削表面出现了类似于纹理扭曲的现象，颤振痕迹沿进给方向不均匀分布，是因为其切削深度达到了 0.6mm，由于机床系统刚性不足，大切削深度时，切削过程会出现一定程度的振动，加之在较大进给量的共同作用下，出现了振纹。

表 4.5　外圆车削高温合金 GH4169DA 表面几何形貌

刀具	水平一 (a_p =0.2mm，f=0.06mm/r，v_c=10m/min)	水平二 (a_p=0.6mm，f=0.20mm/r，v_c=30m/min)
山高 VBMT	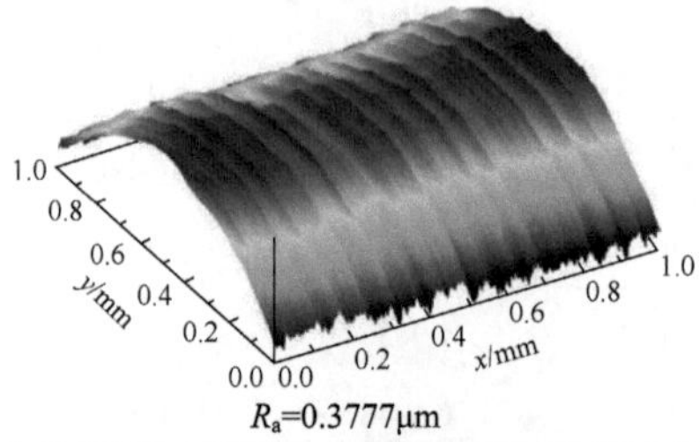 R_a=0.3777μm	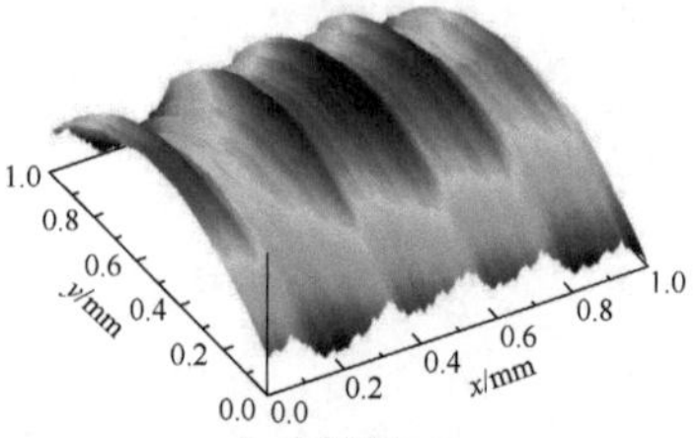 R_a=2.2147μm
株钻 VBET	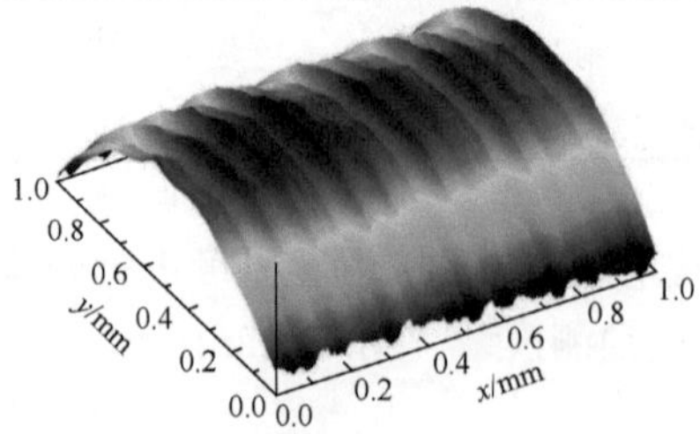 R_a=0.4743μm	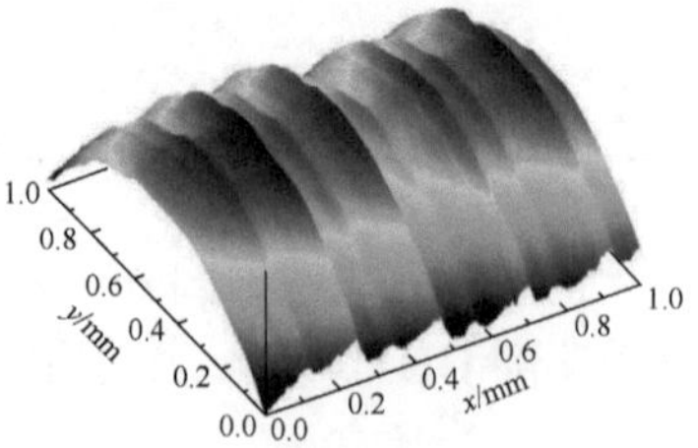 R_a=2.2925μm

续表

刀具	水平一 (a_p=0.2mm，f=0.06mm/r，v_c=10m/min)	水平二 (a_p=0.6mm，f=0.20mm/r，v_c=30m/min)
株钻 ZIGQ3N	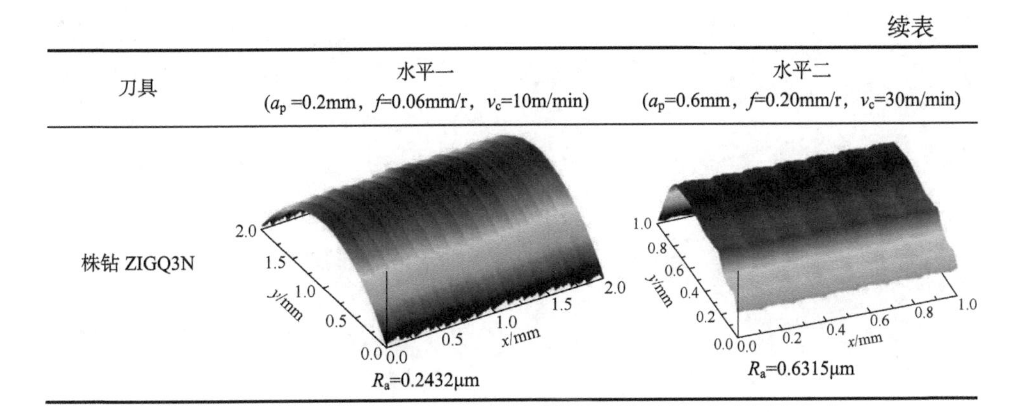 R_a=0.2432μm	R_a=0.6315μm

对比三种硬质合金刀具车削加工表面，发现山高 VBMT 和株钻 VBET 车削后表面纹理类似，在进给运动方向分布相似规律的波峰、波谷，这是因为两者具有相同的刀尖圆角半径(r=0.8mm)。株钻 ZIGQ3N 刀具刀尖圆角半径(r=1.5mm)较大，导致车削后残留高度较小，纹理较为平整。

3) 微观组织

图 4.8、图 4.9 和图 4.10 分别为三种硬质合金刀具外圆车削高温合金 GH4169DA 表层微观组织。图示中的切削力为试验测试结果。其中，F_p为背向力(又称“径向力”)，F_f为进给力，F_c为主切削力。从图中可以观察到，亚表层均发生了塑性变形，形成具有一定深度的塑性应变流线层。从本质上来说，切削过程是材料在刀具作用下产生从弹性变形到塑性变形(滑移、晶界滑动、蠕变)直至断裂的过程。试件表层微观组织的变化主要是因为机械效应、热效应作用下的塑性变形。

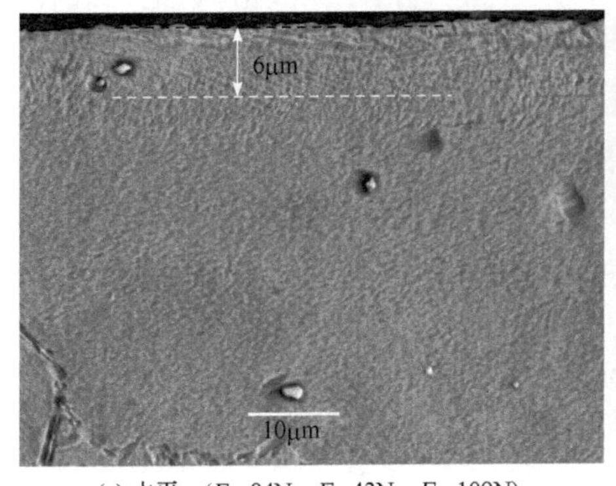

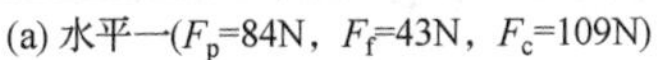
(a) 水平一(F_p=84N，F_f=43N，F_c=109N)

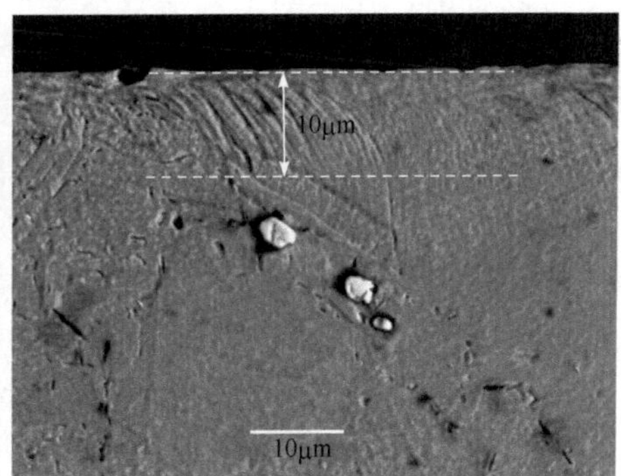

(b) 水平二(F_p=204N，F_f=199N，F_c=471N)

图 4.8　山高 VBMT 刀具外圆车削 GH4169DA 表层微观组织

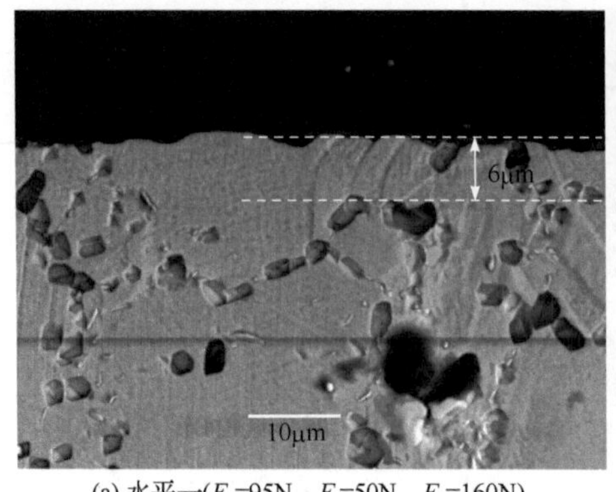

(a) 水平一(F_p=95N，F_f=50N，F_c=160N)

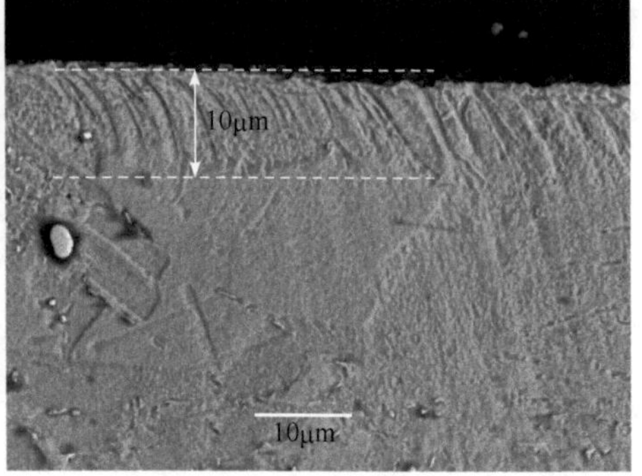

(b) 水平二(F_p=204N，F_f=230N，F_c=538N)

图 4.9　株钻 VBET 刀具外圆车削 GH4169DA 表层微观组织

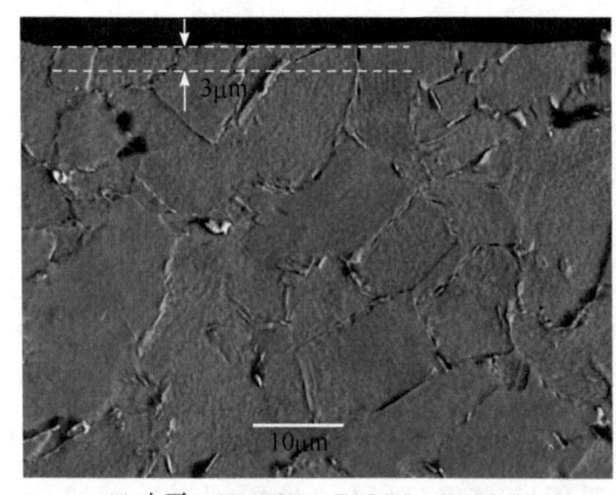

(a) 水平一(F_p=53N，F_f=24N，F_c=88N)

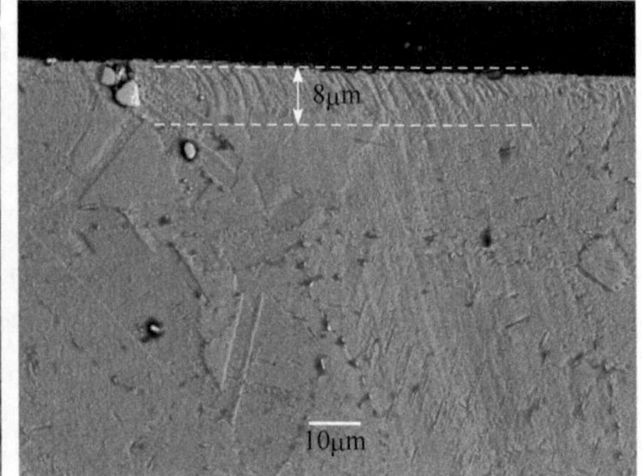

(b) 水平二(F_p=244N，F_f=147N，F_c=430N)

图 4.10　株钻 ZIGQ3N 刀具外圆车削 GH4169DA 表层微观组织

可以看出，在车削工艺参数水平一下，山高 VBMT、株钻 VBET 和株钻 ZIGQ3N 硬质合金刀具加工后试件表层塑性变形层厚度分别为 6μm、6μm 和 3μm；在车削工艺参数水平二下，其表层塑性变形层厚度分别为 10μm、10μm 和 8μm。因此，株钻 ZIGQ3N 硬质合金刀具车削表层的晶粒沿车削方向的拉伸滑移最小。

由水平一到水平二，一方面由于车削强度提高，主切削力变大，刀具对试件表面的挤压与摩擦作用增强，塑性变形增加；另一方面，切削速度的提高必然伴随着热量增多，切削温度升高，材料表面会有一定的软化作用，γ''相在持续高温下会变大成圆盘状，且凝聚力下降，晶粒更易被拉长。株钻 ZIGQ3N 硬质合金外圆车削表层塑性变形层厚度较小，这主要是因为主切削力较小，表层附近晶粒沿着平行于车削方向产生的拉伸或歪扭较小。

4) 显微硬度

图 4.11 为三种硬质合金刀具在两种车削工艺参数水平下高温合金 GH4169DA 表层显微硬度梯度分布。由图 4.11 可知，高温合金 GH4169DA 基体显微硬度在

470～490 $HV_{0.025}$。由图 4.11(a)可知，水平一车削工艺参数下，表层呈不同程度的加工硬化，近表面(<10μm)显微硬度最高，山高 VBMT、株钻 VBET 和株钻 ZIGQ3N 加工后试件表面显微硬度分别约为 548$HV_{0.025}$、558$HV_{0.025}$和 516$HV_{0.025}$，随着表面下深度的增加，显微硬度逐渐降为基体显微硬度，三种刀具加工后硬化层深度分别约为 60μm、60μm 和 50μm。由图 4.11(b)可知，水平二车削工艺参数下，山高 VBMT、株钻 VBET 和株钻 ZIGQ3N 加工后试件近表面(<10μm)显微硬度分别约为 537$HV_{0.025}$、516$HV_{0.025}$和 536$HV_{0.025}$，随着表面下深度的增加，显微硬度逐渐降为基体显微硬度，三种刀具加工后硬化层深度分别约为 60μm、40μm 和 52μm。

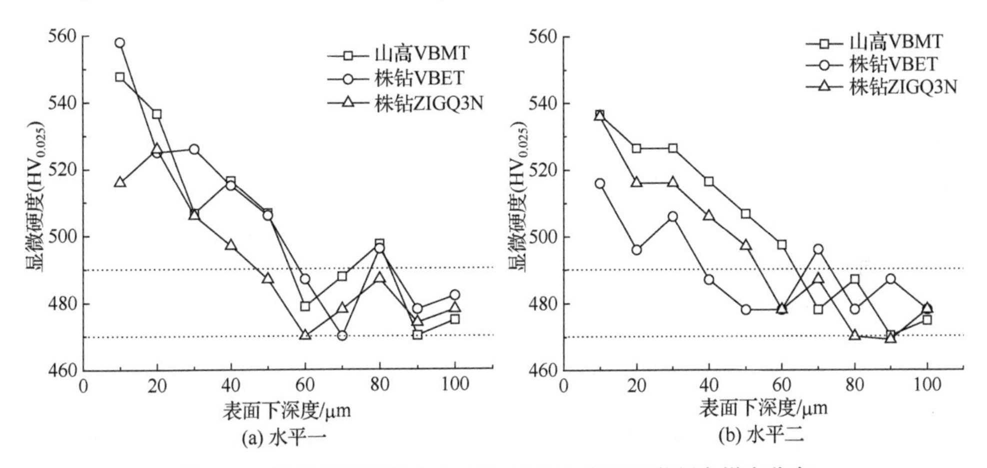

图 4.11　外圆车削高温合金 GH4169DA 表层显微硬度梯度分布

综上所述，在水平一车削工艺参数下，株钻 ZIGQ3N 刀具车削后试件近表面的硬化程度和硬化层深度最小；在水平二车削工艺参数下，株钻 VBET 刀具车削后试件近表面硬化程度和硬化深度最小。

5) 残余应力

图 4.12 是三种硬质合金刀具在两种车削工艺参数水平下高温合金 GH4169DA 表层残余应力梯度分布。可见三种硬质合金刀具车削表层残余应力呈勺形特征，在车削表面产生较大的残余拉应力，随着表面下深度的增加，残余应力从表面拉应力峰值迅速下降到压应力峰值处，随后逐渐趋于基体值。

如图 4.12(a)和(b)所示，水平一条件下山高 VBMT、株钻 VBET 和株钻 ZIGQ3N 刀具加工后，在试件周向，表面残余拉应力分别为 231MPa、256MPa 和 189MPa，在表面下 10～30μm 时残余压应力达到峰值，分别为−489MPa、−456MPa、−331MPa。在试件轴向，表面残余拉应力分别为 135MPa、104MPa、13MPa，在表面下 20μm 左右时残余压应力达到峰值，分别为−356MPa、−326MPa、−283MPa。

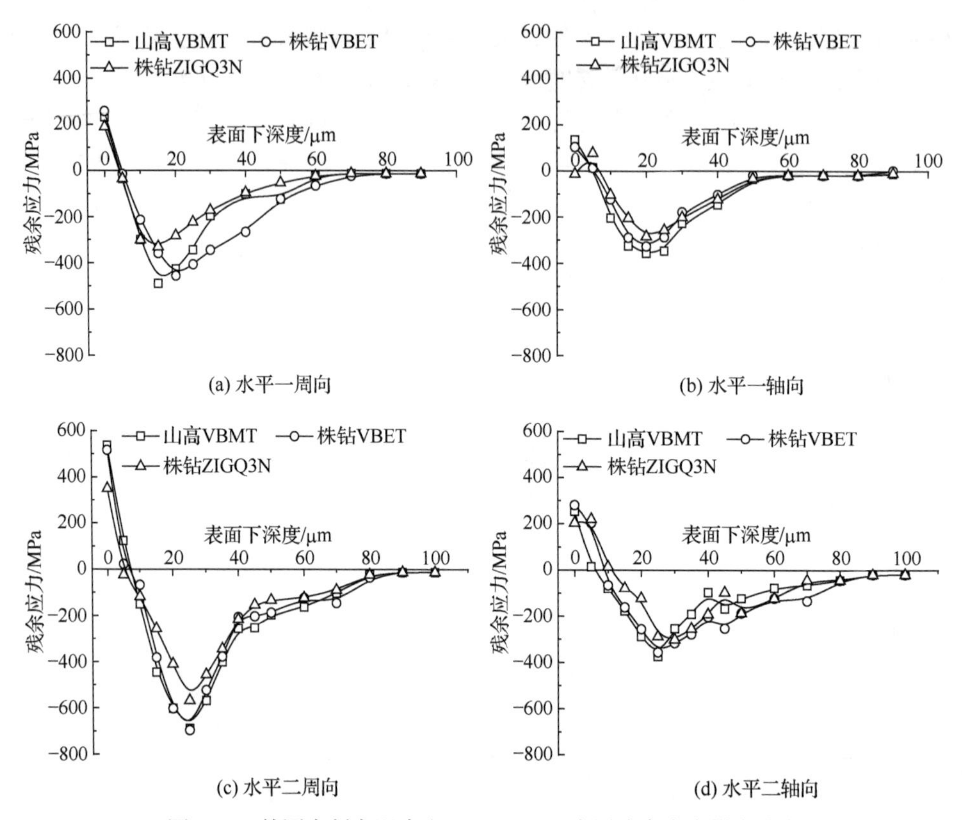

图 4.12　外圆车削高温合金 GH4169DA 表层残余应力梯度分布

车削工艺参数水平一条件下，残余应力影响深度约为 50μm。如图 4.12(c)和(d)所示，水平二条件下山高 VBMT、株钻 VBET 和株钻 ZIGQ3N 刀具加工后，在试件周向，表面残余拉应力分别为 537MPa、517MPa 和 350MPa，在表面下 20～30μm 时残余压应力达到峰值，分别为−689MPa、−696MPa、−568MPa。在试件轴向，表面残余拉应力分别为 253MPa、280MPa、203MPa，在表面下 20～30μm 时残余压应力达到峰值，分别为−374MPa、−356 MPa、−301 MPa。车削工艺参数水平二条件下，残余应力影响层深度约为 70μm。

在车削工艺参数水平一和水平二下，对比山高 VBMT、株钻 VBET 和株钻 ZIGQ3N 三种硬质合金刀具车削后的表层残余应力梯度分布，不管是周向还是轴向，株钻 ZIGQ3N 车削后试件表面残余拉应力和表层残余压应力峰值最小。

4.2.3　高温合金 GH4169DA 精密端面车削表面完整性

1) 表面粗糙度

采用硬质合金和陶瓷刀具进行高温合金 GH4169DA 精密端面车削工艺试验，

硬质合金刀具和陶瓷刀具端面车削工艺参数水平见表 4.6，中心复合响应曲面法试验方案和表面粗糙度测试结果见表 4.7。

表 4.6　高温合金 GH4169DA 端面车削工艺参数水平

刀具类型	参数	水平				
		−1.682	−1	0	1	1.682
硬质合金刀具	切削速度 v_c/(m/min)	29.68	44.00	65.00	86.00	100.32
	切削深度 a_p/mm	0.20	0.36	0.60	0.84	1.00
	进给量 f/(mm/r)	0.10	0.14	0.20	0.26	0.30
陶瓷刀具	切削速度 v_c/(m/min)	99.55	120.00	150.00	180.00	200.45
	切削深度 a_p/mm	0.20	0.36	0.60	0.84	1.00
	进给量 f/(mm/r)	0.10	0.14	0.20	0.26	0.30

表 4.7　高温合金 GH4169DA 端面车削中心复合响应曲面试验方案和表面粗糙度测试结果

序号	切削速度 v_c/(m/min)	切削深度 a_p/mm	进给量 f/(mm/r)	硬质合金刀具 R_a/μm	陶瓷刀具 R_a/μm
1	−1	−1	−1	0.852	1.110
2	1	−1	−1	0.682	0.645
3	−1	1	−1	0.855	0.764
4	1	1	−1	0.642	0.580
5	−1	−1	1	2.316	1.031
6	1	−1	1	2.066	1.164
7	−1	1	1	1.416	0.818
8	1	1	1	1.741	1.822
9	−1.682	0	0	1.407	0.817
10	1.682	0	0	1.197	1.199
11	0	−1.682	0	1.515	0.386
12	0	1.682	0	1.140	0.816
13	0	0	−1.682	0.460	0.973
14	0	0	1.682	1.193	1.528
15	0	0	0	1.361	1.033
16	0	0	0	1.290	0.886
17	0	0	0	1.340	0.809
18	0	0	0	1.108	0.871

针对表 4.7 中表面粗糙度数据，采用回归分析，建立硬质合金刀具和陶瓷刀具车削表面粗糙度与工艺参数间的关系模型，见式(4.26)和式(4.27)：

$$R_a = 0.350 - 0.002v_c - 0.58a_p + 7.006f \tag{4.26}$$

$$R_a = 6.840 - 0.034v_c - 2.014a_p - 33.365f + 0.02v_c a_p + 0.124v_c f + 7.431a_p f - 1.868a_p^2 + 33.901f^2 \tag{4.27}$$

对式(4.26)和式(4.27)进行方差分析，结果见表 4.8。表面粗糙度预测模型的 F 分别为 11.00 和 11.50，表明模型是显著合理的，并且噪声干扰对模型的影响概率分别为 0.06%和 0.07%。模型失拟检验的 F 分别为 7.61 和 2.65，表明模型拟合良好。对比硬质合金刀具车削表面粗糙度模型，陶瓷刀具车削表面粗糙度模型的阶次变成了二次，车削工艺参数对表面粗糙度的影响程度也发生了变化。

表 4.8　端面车削高温合金 GH4169DA 表面粗糙度模型方差分析

刀具类型	来源	平方和	自由度	均方差	F	P
硬质合金刀具	模型	2.71	3	0.90	11.00	0.0006
	v_c	0.032	1	0.032	0.39	0.5423
	a_p	0.26	1	0.26	3.20	0.0955
	f	2.41	1	2.41	29.40	<0.0001
	失拟检验	1.11	11	0.10	7.61	0.0606
陶瓷刀具	模型	1.74	8	0.22	11.50	0.0007
	v_c	0.094	1	0.094	4.96	0.0530
	a_p	0.042	1	0.042	2.22	0.1701
	f	0.52	1	0.52	27.64	0.0005
	$v_c \cdot a_p$	0.17	1	0.17	8.79	0.0159
	$v_c \cdot f$	0.40	1	0.40	21.12	0.0013
	$a_p \cdot f$	0.092	1	0.092	4.85	0.0551
	a_p^2	0.15	1	0.15	8.11	0.0192
	f^2	0.20	1	0.20	10.44	0.0103
	失拟检验	0.14	6	0.024	2.65	0.2274

图 4.13 为高温合金 GH4169DA 端面车削表面粗糙度实测值与模型预测值分布对比。实测值与预测值的点位分布在理想重合线的两侧，误差分布正常，模型预测精度较高。

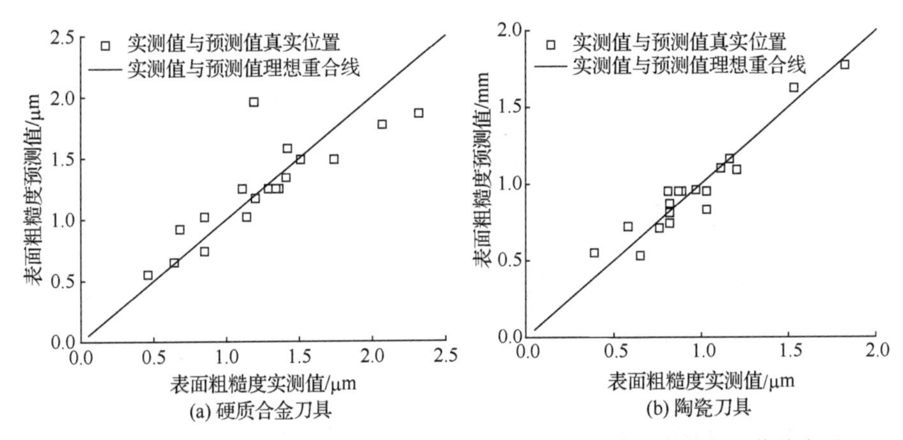

图 4.13　高温合金 GH4169DA 端面车削表面粗糙度实测值与模型预测值分布对比

图 4.14 为高温合金 GH4169DA 端面车削进给量与切削速度对表面粗糙度的交互影响。对于硬质合金刀具来说，已加工表面粗糙度随着进给量的增加而显著增大，切削速度对其影响不明显。对于陶瓷刀具来说，在进给量较小时，表面粗糙度随着切削速度的增大而略有减小；当进给量逐渐增大时，进给量对表面粗糙度的决定性作用开始变得显著，即便在高速切削下，表面粗糙度也很大。

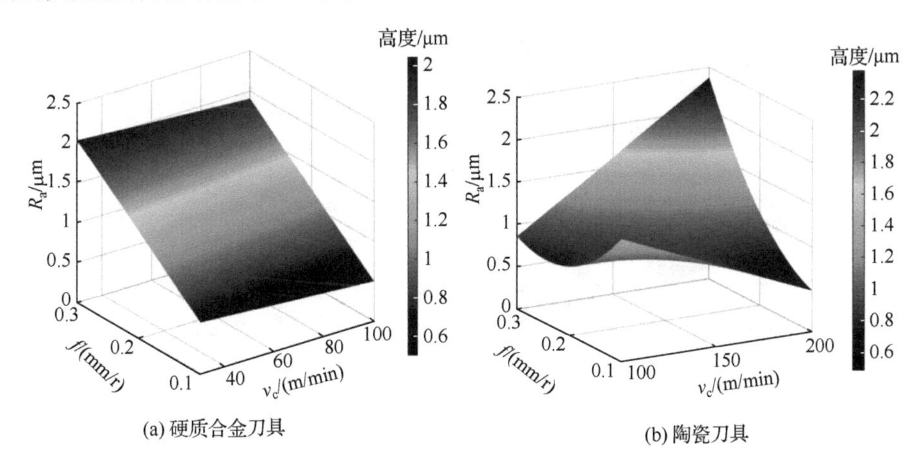

图 4.14　高温合金 GH4169DA 端面车削进给量与切削速度对表面粗糙度的交互影响

图 4.15 为高温合金 GH4169DA 端面车削切削深度与切削速度对表面粗糙度的交互影响。可以发现硬质合金刀具切削表面粗糙度随切削速度增大而增大，随切削深度的增大略有减小。对于陶瓷刀具来说，在切削深度较小时，表面粗糙度随切削速度的增大而减小，当这两个参数都增大时，表面粗糙度会随之变大。

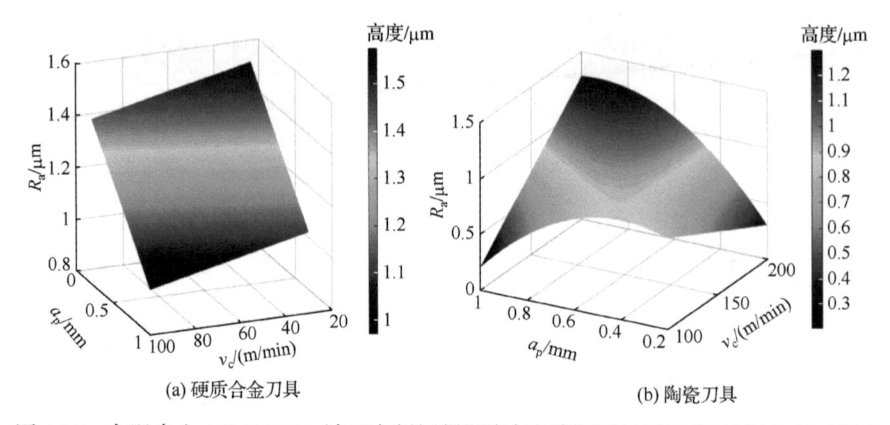

(a) 硬质合金刀具　　　(b) 陶瓷刀具

图 4.15　高温合金 GH4169DA 端面车削切削深度与切削速度对表面粗糙度的交互影响

图 4.16 为高温合金 GH4169DA 端面车削进给量与切削深度对表面粗糙度的交互影响。对于硬质合金刀具来说，此时切削深度对表面粗糙度影响不大，而进给量的影响较显著。对于陶瓷刀具来说，总体上表面粗糙度随切削深度和进给量的增大而增大。这是因为切削深度逐渐变大时，切削过程中的颤振会愈加强烈，刀具切削表面时变得不稳定，表面粗糙度变大；另外，颤振会导致陶瓷刀具磨损。

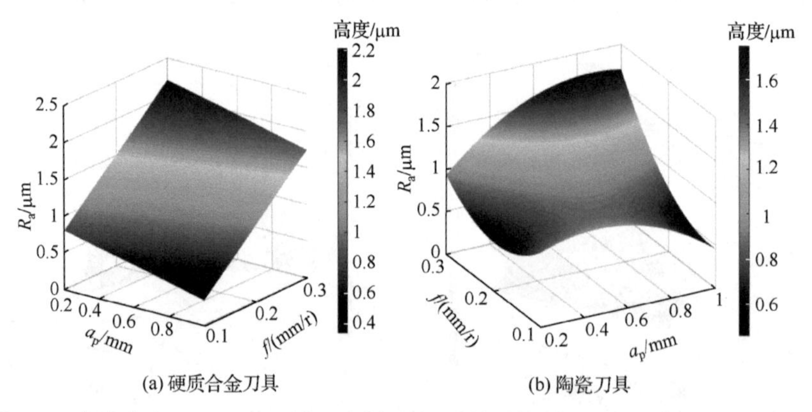

(a) 硬质合金刀具　　　(b) 陶瓷刀具

图 4.16　高温合金 GH4169DA 端面车削进给量与切削深度对表面粗糙度的交互影响

结合表面粗糙度实测数据及工艺参数对表面粗糙度的影响规律，不难发现表面粗糙度是切削速度、切削深度及进给量及其带来的其他效应共同作用的结果。总体来看，陶瓷刀具切削表面粗糙度略小于硬质合金刀具切削表面粗糙度。这是因为试验采用的陶瓷刀具刀尖半径是 1.2mm，而硬质合金刀具的刀尖半径为 0.8mm，较大的刀尖半径会产生较小的表面粗糙度。由于试验选取的陶瓷刀具切削速度远大于硬质合金刀具。选取小进给量和高切削速度组合有助于得到较小的表面粗糙度，但考虑到加工效率、成本及高速切削带来的刀具寿命问题，需要综合考虑切削工艺参数的组合。

2) 表面几何形貌

针对硬质合金刀具选择表 4.7 中 10#(v_c=100.32m/min、a_p=0.60mm、f=0.20mm/r)、8#(v_c=86.00m/min、a_p=0.84mm、f=0.26mm/r)和 6#(v_c=86.00m/min、a_p=0.36mm、f=0.26mm/r)端面车削工艺参数下的试件进行表面几何形貌测试，如图 4.17 所示。针对陶瓷刀具选择表 4.7 中 3#(v_c=120.00m/min、a_p=0.84mm、f=0.14mm/r)、5#(v_c=120.00m/min、a_p=0.36mm、f=0.26mm/r)和 8#(v_c=180.00m/min、a_p=0.84mm、f=0.26mm/r)端面车削工艺参数下的试件进行表面几何形貌测试，如图 4.18 所示。

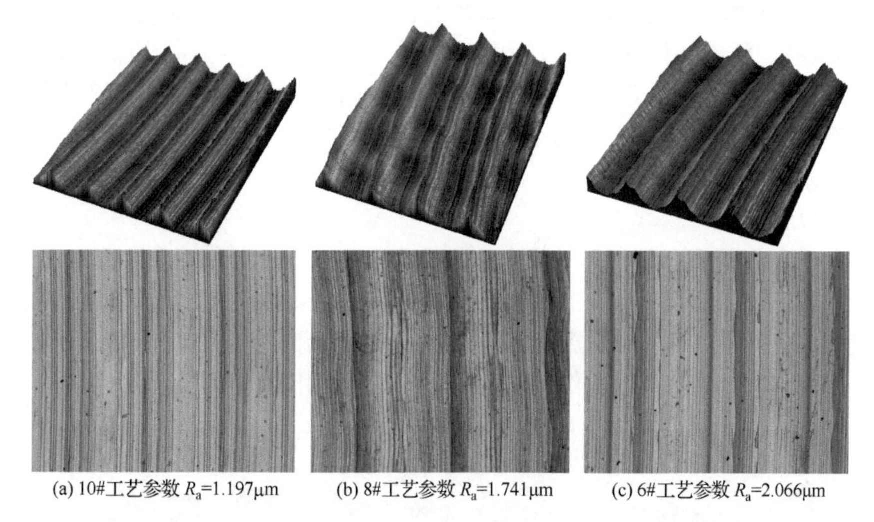

(a) 10#工艺参数 R_a=1.197μm　(b) 8#工艺参数 R_a=1.741μm　(c) 6#工艺参数 R_a=2.066μm

图 4.17　硬质合金刀具端面车削高温合金 GH4169DA 表面几何形貌及纹理

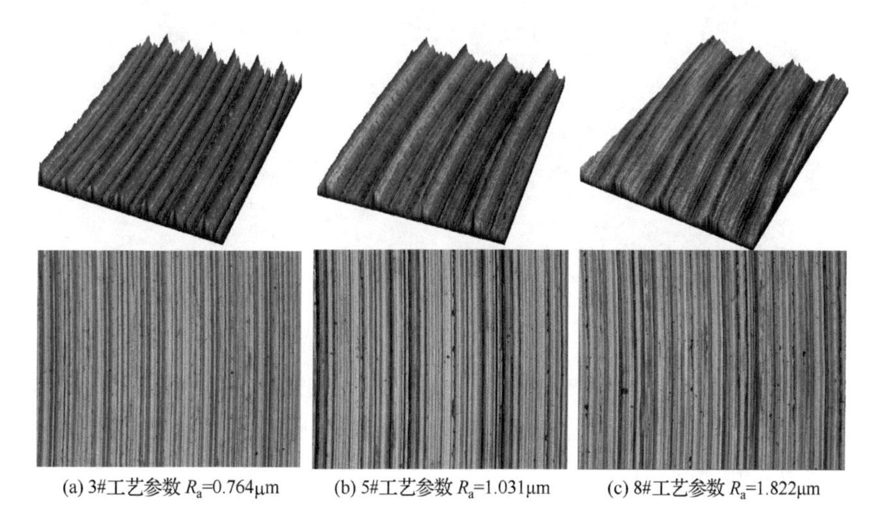

(a) 3#工艺参数 R_a=0.764μm　(b) 5#工艺参数 R_a=1.031μm　(c) 8#工艺参数 R_a=1.822μm

图 4.18　陶瓷刀具端面车削高温合金 GH4169DA 表面几何形貌及纹理

图 4.17 中可以清楚地观察到车削波峰和波谷纹理。进给量等于两波峰的间距。图 4.17(a)的加工表面较为平整，表面粗糙度较小，纹理规则且没有明显划伤，其原因是进给量较小。图 4.17(b)出现了纹理扭曲，颤振痕迹沿进给方向不均匀分布，是因为其切削深度为 0.84mm；由于机床系统刚性不足，切削深度较大时，切削过程会出现了振动，加之在较大进给量的一同作用下，出现了振纹。图 4.17(c)与(b)相比，切削速度与进给量均相同，且图 4.17(c)切削深度小于图 4.17(b)，但表面粗糙度较大。由于进给量较大，图 4.17(c)表面纹理分布不及图 4.17(a)均匀。

如图 4.18 所示，与硬质合金刀具切削表面类似，在进给运动方向上均分布有规律的波峰、波谷。但从表面纹理可以看出，不论进给量大小，加工后的表面均显得“较暗”。这是因为陶瓷刀具在加工时，切削速度很高，此时切削温度很高，且热量不能及时散去，表面氧化作用明显，且可能出现一定程度的“烧伤”。如图 4.18(c)所示，其纹理更暗，且出现了黑色“结点”。

3) 微观组织

图 4.19 为硬质合金刀具端面车削高温合金 GH4169DA 表层微观组织。可以观察到，亚表层均发生了塑性变形，形成具有一定深度的变质层。图 4.19(a)车削工艺参数条件下，塑性变形层厚度约为 2.5μm，当切削速度及切削深度均变大时，即图 4.19(b)车削工艺参数条件，晶粒拉长现象更加明显，塑性变形层厚度约 5μm。

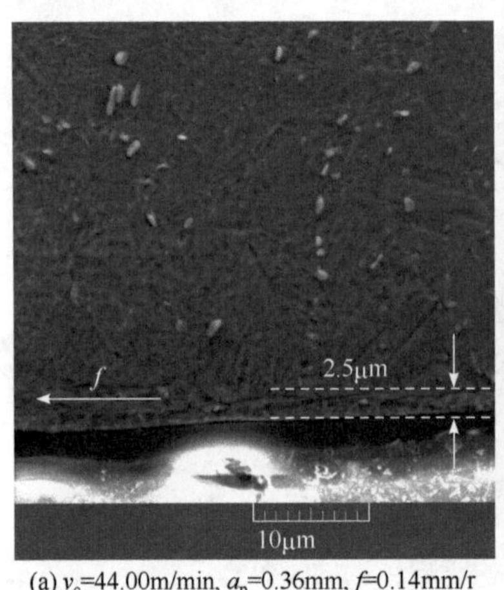

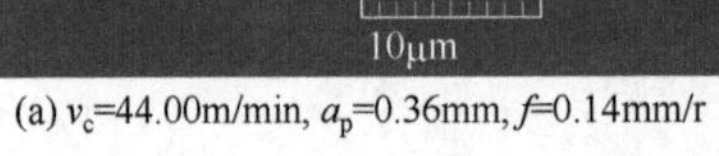
(a) v_c=44.00m/min, a_p=0.36mm, f=0.14mm/r

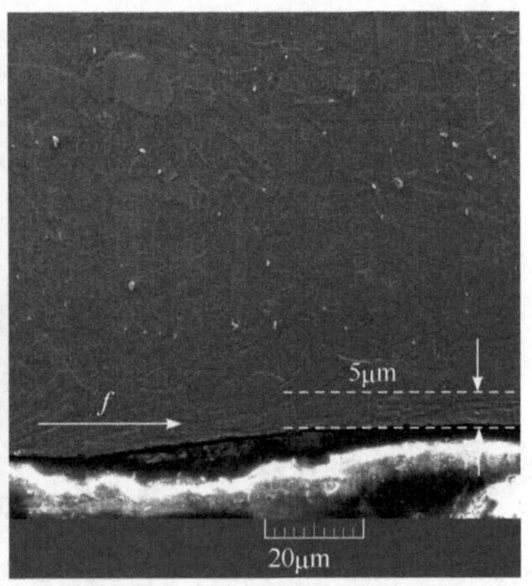

(b) v_c=86.00m/min, a_p=0.84mm, f=0.26mm/r

图 4.19　硬质合金刀具端面车削高温合金 GH4169DA 表层微观组织

图 4.20 为陶瓷刀具端面车削高温合金 GH4169DA 表层微观组织。表层微观组织中并没有因为切削速度远高于硬质合金刀具表现出较深的塑性变形层，其厚度分别约为 3μm 和 4μm。

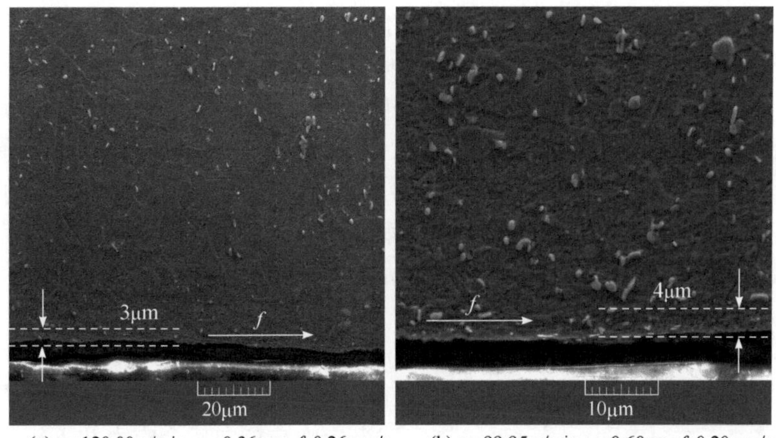

(a) v_c=120.00m/min, a_p=0.36mm, f=0.26mm/r　(b) v_c=99.95m/min, a_p=0.60mm, f=0.20mm/r

图 4.20　陶瓷刀具端面车削高温合金 GH4169DA 表层微观组织

4) 显微硬度

图 4.21 为硬质合金刀具和陶瓷刀具端面车削高温合金 GH4169DA 表层显微硬度梯度分布。三组车削工艺参数下显微硬度沿表面下深度变化趋势一致。近表面处显微硬度最高，随着表面下深度增加，显微硬度逐渐降低。如图 4.21(a)所示，近表面处显微硬度最高，比基体显微硬度高约 12%，加工硬化层深度约为 50μm。随着车削加工强度逐渐提高，近表面硬化程度增大，这是因为切削深度增大，主切削力和进给切削力增大，后刀面与已加工表面的挤压、摩擦使得材料塑性变形增大，机械载荷作用显著，从而显微硬度较高。在第三组车削工艺参数下，切削速度达到 86.00m/min 时，属于高速切削，虽然切削深度也较大，但是产生的热量较多，温度急剧升高，使材料有一定的热软化效应，对加工硬化现象有一定的缓

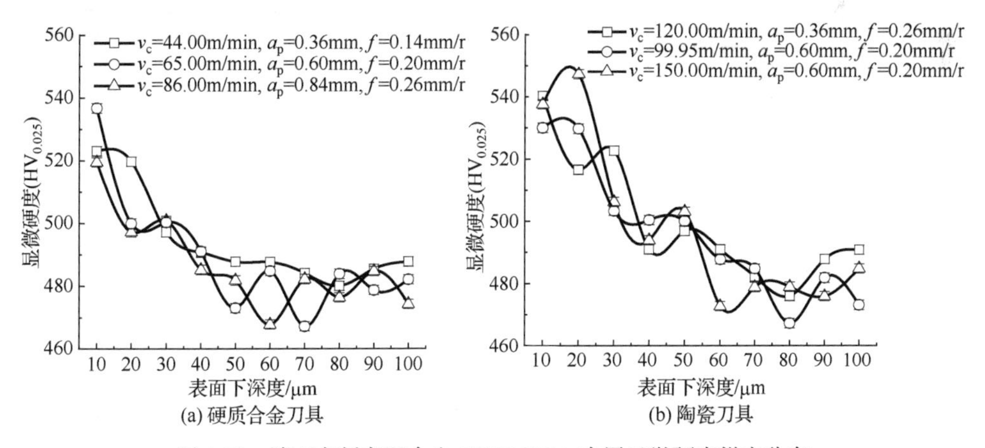

(a) 硬质合金刀具　(b) 陶瓷刀具

图 4.21　端面车削高温合金 GH4169DA 表层显微硬度梯度分布

解作用。如图 4.21(b)所示，陶瓷刀具切削速度远大于硬质合金刀具，但是加工表面仍呈现较严重的加工硬化现象。加工硬化层深度略大于硬质合金刀具切削表层，约为 70μm。近表面处显微硬度随切削速度的提高略有降低，切削速度很大时，表面温度在很短时间内不会传入试件里层，可用上述切削热的软化作用解释。

除了上述机械挤压与热影响的作用外，切削刃具的几何形状对表面加工硬化也有一定的影响。采用的硬质合金刀具带有断屑槽，断屑槽使得切屑更易形成卷曲状，剪切区的应力变大，从而形成更大的应变硬化[7]。

5) 残余应力

图 4.22 和图 4.23 分别为两种刀具端面车削高温合金 GH4169DA 表层残余应力梯度分布。如图 4.22 所示，随着切削工艺参数水平提高，已加工表面残余拉应力逐渐增大。同一表面下深度处，周向残余应力与径向残余应力并不相同，但表层残余应力梯度分布曲线及趋势几乎一致，均是从表面拉应力峰值逐渐减小到亚表层压应力峰值，随后，残余应力缓慢上升并稳定在基体应力状态。在径向上，三组工艺参数下表面残余应力均表现为拉应力(151～830MPa)，随着切削速度提高，表面残余拉应力峰值逐渐变大，残余拉应力影响层深度在 5～15μm。周向表面峰值残余拉应力略小于径向，且在 v_c=44.00m/min，a_p=0.36mm，f=0.14mm/r 条件下，表面为残余压应力−59MPa。其余两组工艺参数下残余拉应力影响层深度约为 10μm 和 20μm。总体来看，残余应力影响层深度为 80～100μm。

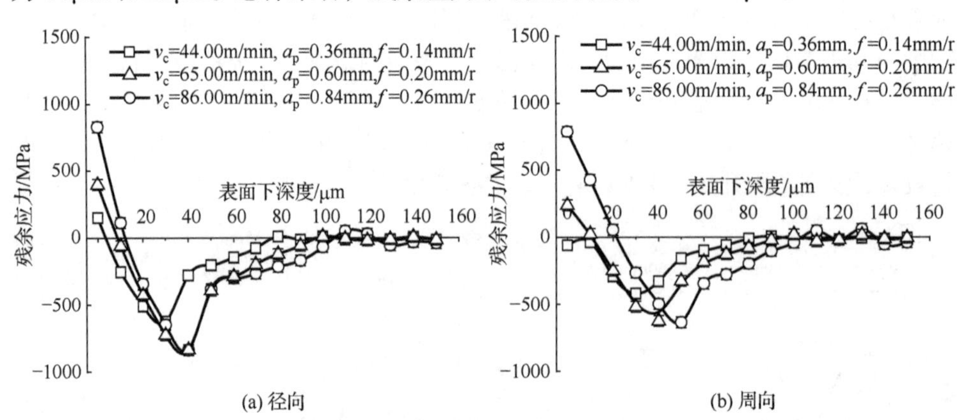

图 4.22　硬质合金刀具端面车削高温合金 GH4169DA 表层残余应力梯度分布

如图 4.23 所示，陶瓷刀具车削后表面均为残余拉应力，且比硬质合金刀具切削表面残余拉应力更大。在径向上，残余拉应力影响层深度 10～15μm，峰值残余压应力位于表面下深度 40～50μm，为−941MPa。在周向上，表面残余拉应力均大于径向上的残余拉应力，最大值在切削速度为 150m/min 时获得，为 1335MPa，残余拉应力影响层深度约 20μm；峰值残余压应力比径向上的峰值残余压应力更小。综合来看，残余应力影响层深度为 80～110μm。对比切削速度为 99.95m/min

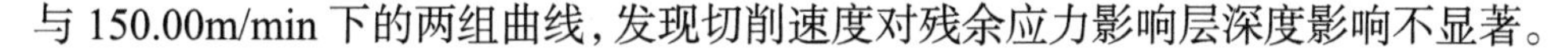
与 150.00m/min 下的两组曲线，发现切削速度对残余应力影响层深度影响不显著。

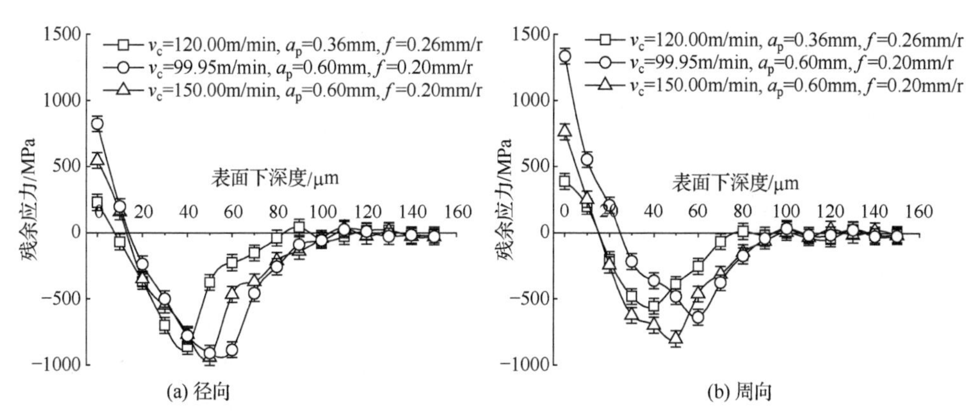

图 4.23　陶瓷刀具端面车削高温合金 GH4169DA 表层残余应力梯度分布

4.2.4　钛合金 TC17 精密外圆车削表面完整性

1) 表面粗糙度

钛合金 TC17 外圆车削试验采用三种刀具：硬质合金、聚晶金刚石(PCD)2μm 涂层和聚晶金刚石(PCD)10μm 涂层刀具，如图 4.24 所示。三种刀具的详细规格参数见表 4.9。基于正交设计 L_9(三因素三水平)的试验方案，进行钛合金 TC17 外圆车削工艺试验，对车削后表面粗糙度及表面几何形貌进行测试，具体车削工艺参数如表 4.10 所示。

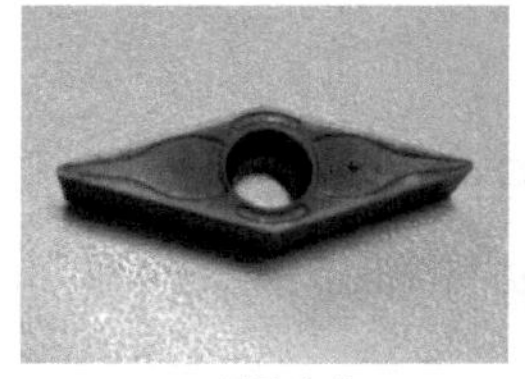

(a) 硬质合金

(b) PCD 2μm涂层

(c) PCD 10μm涂层

图 4.24　钛合金 TC17 外圆车削试验所用刀具

表 4.9　钛合金 TC17 外圆车削用三种刀具的规格参数

参数	硬质合金	聚晶金刚石(PCD)涂层	
牌号	VBMT160408-EF	VBGW160408	VBGW 160408
前角/(°)	0	0	0
后角/(°)	5	5	5
刀尖半径/mm	0.8	0.8	0.8
涂层	CVD	PCD 2μm	PCD 10μm

表 4.10　钛合金 TC17 外圆车削正交试验参数及表面粗糙度

序号	切削深度 a_p/mm	进给量 f/(mm/r)	切削速度 v_c/(m/min)	表面粗糙度 R_a/μm		
				硬质合金	PCD 2μm 涂层	PCD 10μm 涂层
1	0.1	0.06	40	0.85	0.53	0.51
2	0.1	0.13	70	1.98	0.96	0.92
3	0.1	0.20	100	2.07	2.01	1.77
4	0.2	0.06	70	0.92	0.56	0.69
5	0.2	0.13	100	1.89	0.85	0.88
6	0.2	0.20	40	2.67	2.06	1.66
7	0.3	0.06	100	1.09	0.57	0.56
8	0.3	0.13	40	1.87	0.99	0.94
9	0.3	0.20	70	2.12	2.00	1.76

采用多元线性回归分析方法对表 4.10 中的表面粗糙度数据进行处理，建立三种刀具以切削工艺参数为自变量的表面粗糙度经验模型，如式(4.28)所示。表面粗糙度预测模型中切削深度和进给量指数均为正，说明表面粗糙度随切削深度和进给量的增大而增大。模型中切削速度指数均为负，说明表面粗糙度随切削速度的增大而减小。进给量对表面粗糙度的影响最大，切削速度次之，切削深度最小。

$$\begin{cases} R_{\text{a-硬质合金}} = 10^{0.951} a_p^{0.092} f^{0.747} v_c^{-0.104} \\ R_{\text{a-PCD2}} = 10^{1.119} a_p^{0.025} f^{1.029} v_c^{-0.074} \\ R_{\text{a-PCD10}} = 10^{0.716} a_p^{0.040} f^{0.866} v_c^{-0.063} \end{cases} \tag{4.28}$$

表 4.11 是外圆车削钛合金 TC17 表面粗糙度预测模型方差分析结果。复相关系数 R、决定系数 R^2、校正的决定系数 R^2 均大于 0.9，说明预测值与测量值越接近，所建立的表面粗糙度预测模型很好地拟合了试验数据。取显著性水平 α=0.05，查 F 分布表得 $F_{0.05}(3, 5)$=5.41，小于模型的 F，由此可见表面粗糙度预测模型极显著。

表 4.11　钛合金 TC17 外圆车削表面粗糙度预测模型方差分析结果

刀具种类	方差来源	自由度	方差	均方差	F
硬质合金	回归模型	3	0.237	0.079	16.546
	残差	5	0.019	0.004	—
	总值	8	0.256	—	—

续表

刀具种类	方差来源	自由度	方差	均方差	F
PCD 2μm 涂层	回归模型	3	0.447	0.149	94.868
	残差	5	0.038	0.008	—
	总值	8	0.485	—	—
PCD 10μm 涂层	回归模型	3	0.317	0.106	16.546
	残差	5	0.032	0.006	—
	总值	8	0.349	—	—

对表面粗糙度测试数据进行极差处理，得到表面粗糙度随切削参数的变化曲线如图 4.25 所示。由图 4.25(a)可知，当切削深度由 0.1mm 增大到 0.3mm 时，硬质合金刀具车削后 R_a 由 1.63μm 增加到 1.69μm，PCD 2μm 涂层刀具车削后 R_a 由 1.16μm 增加到 1.18μm，PCD 10μm 涂层刀具车削后 R_a 由 1.06μm 增加到 1.07μm。由图 4.25(b)可知，当进给量由 0.06mm/r 增大到 0.20mm/r 时，硬质合金刀具车削后 R_a 由 0.95μm 增加到 2.29μm，PCD 2μm 涂层刀具车削后 R_a 由 0.55μm 增加到 2.02μm，PCD 10μm 涂层刀具车削后 R_a 由 0.58μm 增加到 1.73μm。由图 4.25(c)可知，当切削速度由 40m/min 增大到 100m/min 时，硬质合金刀具车削后 R_a 由 1.79μm 减小到 1.68μm，PCD 2μm 涂层刀具车削后 R_a 由 1.30μm 减小到 1.14μm，PCD 10μm 涂层刀具车削后 R_a 由 1.20μm 减小到 1.07μm。

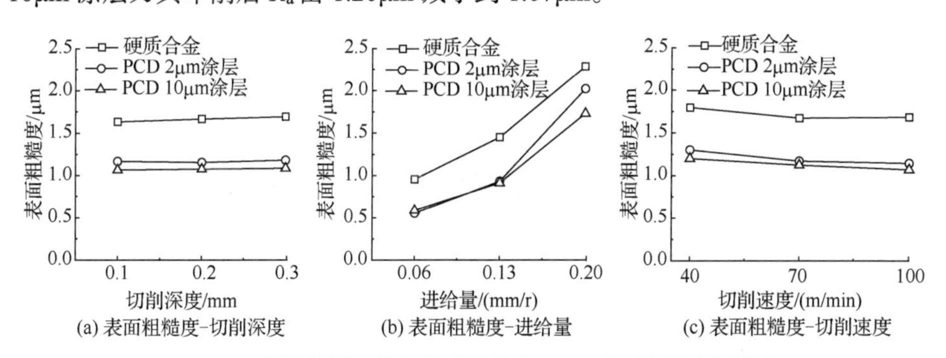

(a) 表面粗糙度-切削深度　(b) 表面粗糙度-进给量　(c) 表面粗糙度-切削速度

图 4.25　外圆车削工艺参数对钛合金 TC17 表面粗糙度的影响

PCD 涂层刀具切削后表面粗糙度均明显小于硬质合金刀具，这是因为 PCD 涂层具有耐磨的优点，在加工时刀具表面磨损状况明显优于硬质合金刀具，其表面质量得到提升。

2) 表面几何形貌

选择两种切削工艺参数水平加工的钛合金 TC17 试件进行表面几何形貌测

试。两种切削工艺参数水平分别如下：水平一 v_c=40m/min，a_p=0.1mm，f=0.06mm/r；水平二 v_c=70m/min，a_p=0.3mm，f=0.20mm/r。

图 4.26 和图 4.27 分别是三种刀具两种工艺参数水平下外圆车削钛合金 TC17 的表面几何形貌。从图中可以清楚地观察到因切削参数提高带来的波峰、波谷纹理。进给量等于两个波峰的间距。在水平一工艺参数下车削后表面较为平整，且表面没有明显划伤，原因是进给量较小，车削外圆面上的残留体积致密。在水平二工艺参数下由于切削速度和进给量较大，表面残留沟壑较深，波峰波谷较为明显。从表面几何形貌图中可以看出，PCD 涂层刀具加工的表面几何形貌明显优于硬质合金刀具。对比三种不同刀具切削表面，发现三种刀具切削后的表面纹理类似，在进给运动方向上都呈现了相似规律的波峰、波谷的分布，这是因为三者具有相同的刀尖圆角半径(r=0.8mm)。

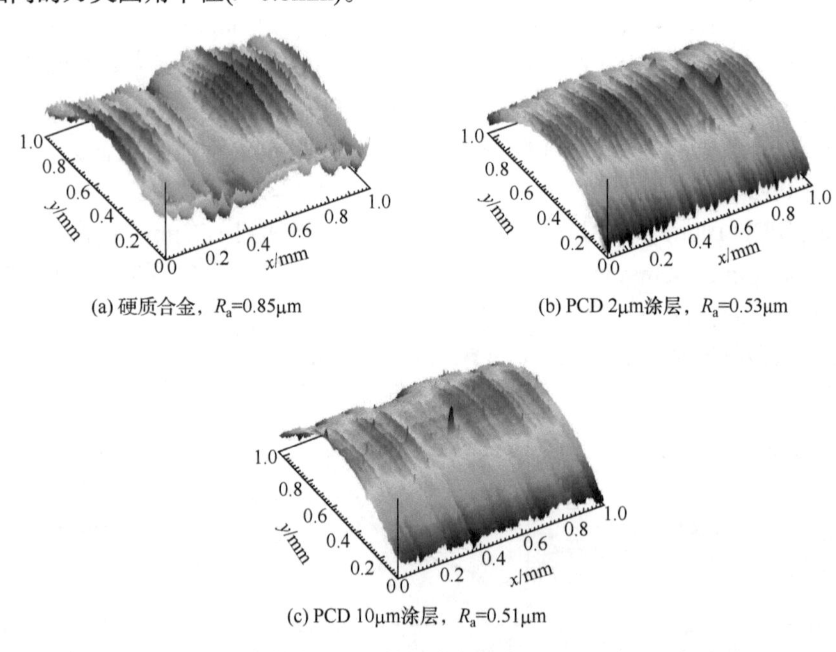

(a) 硬质合金，R_a=0.85μm　　(b) PCD 2μm涂层，R_a=0.53μm

(c) PCD 10μm涂层，R_a=0.51μm

图 4.26　工艺参数水平一下外圆车削钛合金 TC17 表面几何形貌

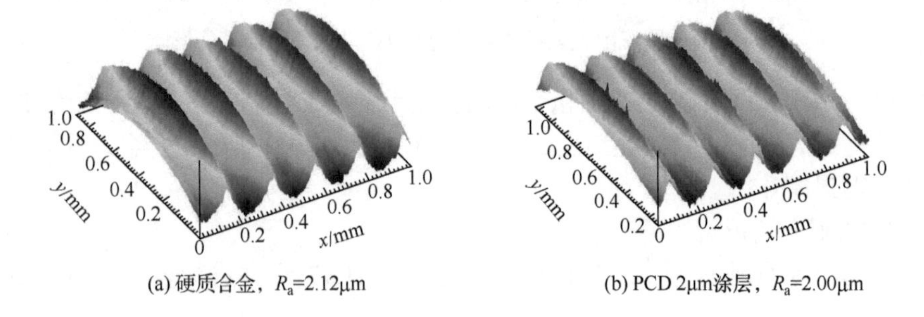

(a) 硬质合金，R_a=2.12μm　　(b) PCD 2μm涂层，R_a=2.00μm

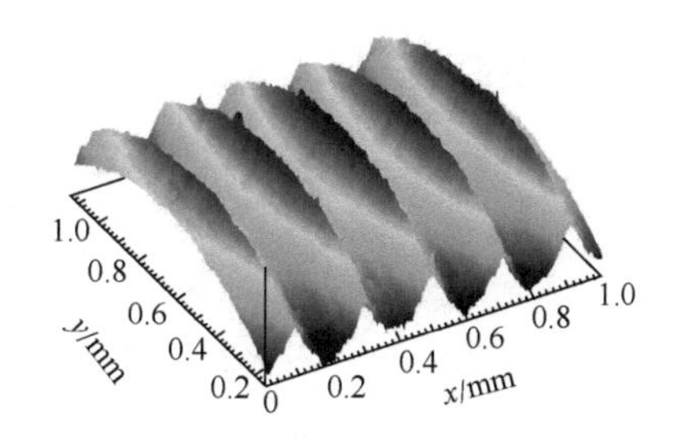

(c) PCD 10μm涂层，R_a=1.76μm

图 4.27　工艺参数水平二下外圆车削钛合金 TC17 表面几何形貌

3) 微观组织

图 4.28 为在车削工艺参数(v_c=70m/min，a_p=0.1mm，f=0.13mm/r)下三种刀具加工后钛合金 TC17 表层微观组织。可以看出，表面及表层一定深度内的微观组织发生了明显的塑性变形，表层微观组织在切削力和热的作用下发生了弯折和破碎，表层晶粒产生滑移，形成了一定深度的塑性应变流线层。

由图 4.28 可以看出，硬质合金刀具、PCD 2μm 涂层刀具和 PCD 10μm 涂层刀具车削表层塑性变形层厚度分别为 17μm、14μm 和 10μm。在该车削工艺参数

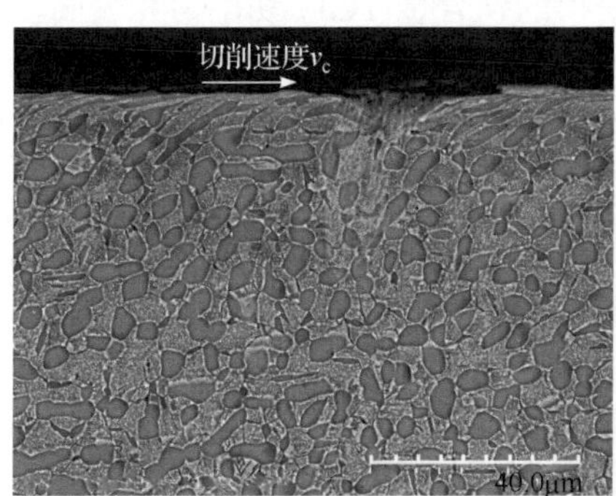

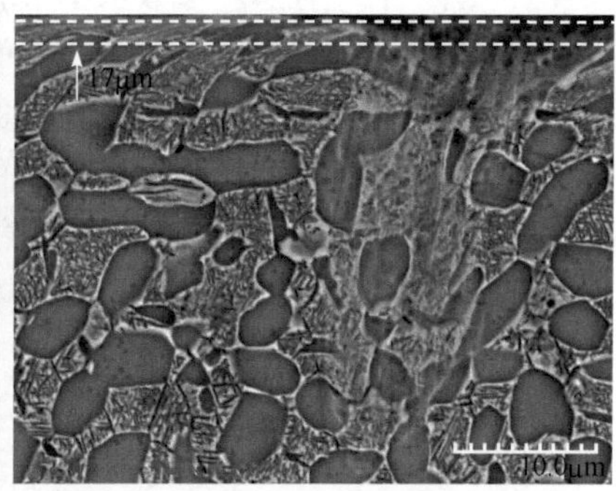

(a) 硬质合金刀具

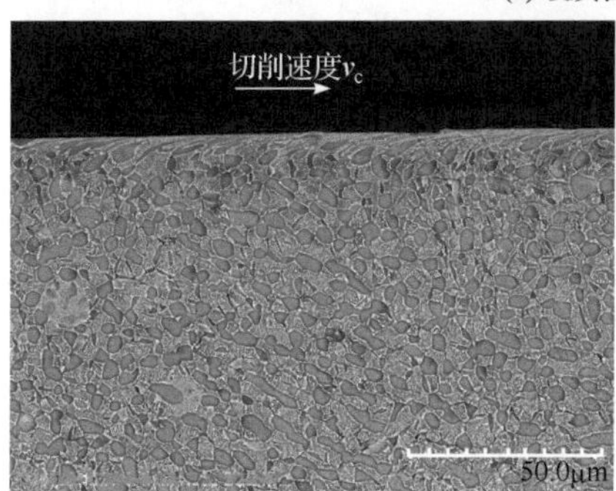

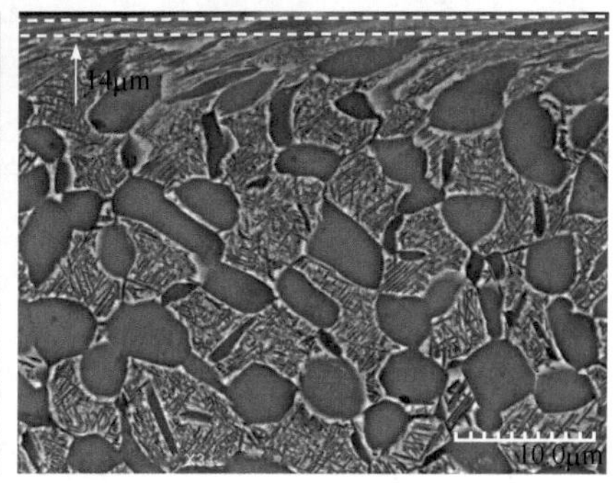

(b) PCD 2μm涂层刀具

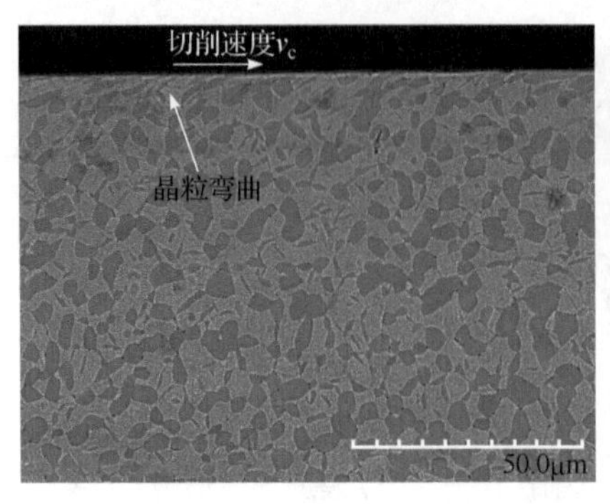

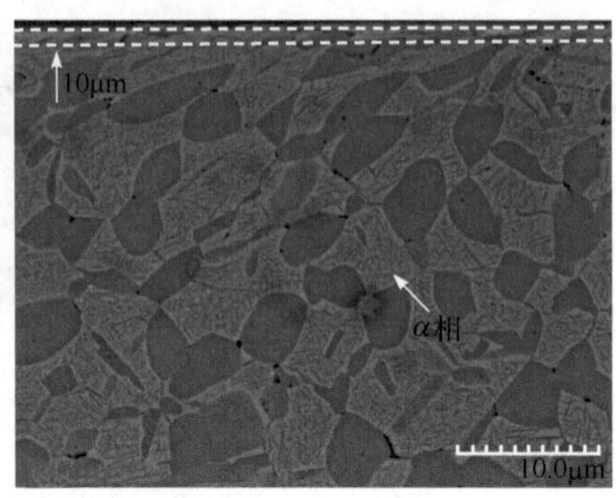

(c) PCD 10μm涂层刀具

图 4.28　外圆车削钛合金 TC17 表层微观组织

下，硬质合金、PCD 2μm 涂层和 PCD 10μm 涂层刀具切削力的顺序为硬质合金>PCD 2μm 涂层>PCD 10μm 涂层，因此表层晶粒受到机械应力的破坏和拉长作用的顺序为硬质合金>PCD 2μm 涂层>PCD 10μm 涂层，PCD 10μm 涂层刀具车削表层的晶粒沿车削方向的拉伸滑移变形最小。

4) 显微硬度

表 4.12 为两种切削工艺参数水平下获得的钛合金 TC17 切削力和表面显微硬度。可以发现，切削力越大，车削后表面显微硬度越大，硬化层深度越深。这表明车削加工时切削力越大，试件硬化程度越高，塑性越低。主要是因为机械应力对于车削表面的挤压和摩擦使表面晶格歪扭，晶粒破碎、拉长。由于晶粒之间的变形程度不均匀，晶粒发生破碎，晶界之间产生残余应力，增加了晶界面积，从而阻止了金属的变形、滑移，降低了金属的塑性。

表 4.12　三种刀具车削钛合金 TC17 切削力和表面显微硬度测试结果

工艺参数	刀具种类	主切削力 F_c/N	进给力 F_f/N	径向力 F_p/N	表面显微硬度 ($HV_{0.025}$)	硬化层深度/μm
水平一：v_c=70m/min，a_p=0.1mm，f=0.13mm/r	硬质合金	145	62	103	426	56
	PCD 2μm 涂层	122	57	76	403	37
	PCD 10μm 涂层	62	16	51	378	30
水平二：v_c=70m/min，a_p=0.3mm，f=0.20mm/r	硬质合金	489	128	215	468	78
	PCD 2μm 涂层	255	93	160	451	60
	PCD 10μm 涂层	140	40	92	412	50

图 4.29 为三种刀具在两种车削工艺参数水平下外圆车削钛合金 TC17 表层显微硬度梯度分布。由图可知，钛合金 TC17 基体显微硬度在 340～360$HV_{0.025}$。如

图 4.29(a)所示，车削表层呈现不同程度的加工硬化，在近表面显微硬度最高，硬质合金、PCD 2μm 涂层和 PCD 10μm 涂层刀具加工后试件表面显微硬度分别约为 $426HV_{0.025}$、$403HV_{0.025}$ 和 $378HV_{0.025}$，随着表面下深度的增加，显微硬度逐渐降为基体显微硬度，三种刀具车削后硬化层深度分别约为 56μm、37μm 和 30μm。如图 4.29(b)所示，三种刀具加工后钛合金 TC17 近表面显微硬度分别约为 $468HV_{0.025}$、$451HV_{0.025}$ 和 $412HV_{0.025}$，随着表面下深度的增加，显微硬度逐渐降为基体显微硬度，三种刀具车削后硬化层深度分别约为 78μm、60μm 和 50μm。对比两种切削工艺参数水平下的显微硬度沿表面下深度方向的分布情况，可以发现 PCD 10μm 涂层车削的近表面的硬化程度最小，其硬化层深度也最浅。

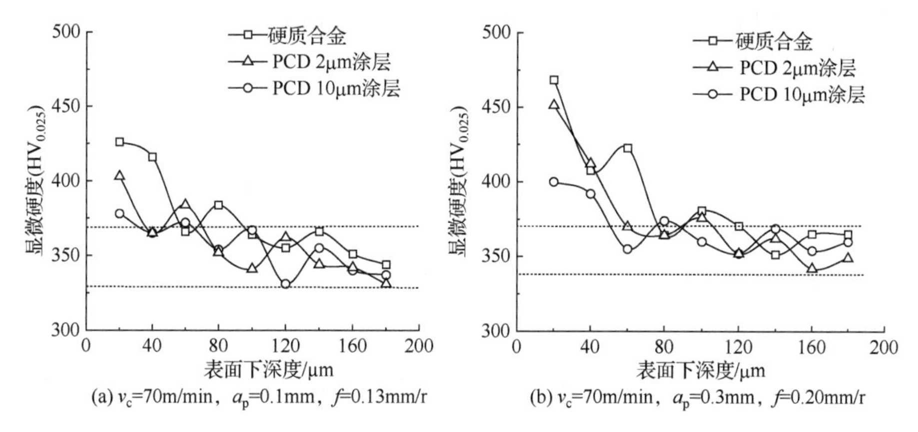

(a) v_c=70m/min，a_p=0.1mm，f=0.13mm/r　(b) v_c=70m/min，a_p=0.3mm，f=0.20mm/r

图 4.29　外圆车削钛合金 TC17 表层显微硬度梯度分布

5) 残余应力

表 4.13 为采用硬质合金刀具、PCD 2μm 涂层刀具和 PCD 10μm 涂层刀具对钛合金 TC17 进行外圆车削正交试验的表面残余应力测试结果。

表 4.13　钛合金 TC17 外圆车削正交试验表面残余应力

序号	切削深度 a_p/mm	进给量 f/(mm/r)	切削速度 v_c/(m/min)	表面残余应力/MPa					
				硬质合金		PCD 2μm 涂层		PCD 10μm 涂层	
				周向	轴向	周向	轴向	周向	轴向
1	0.1	0.06	40	−63.8	−214.3	−51.9	−174.3	−41.5	−139.4
2	0.1	0.13	70	359.1	−412.2	292.5	−335.2	233.6	−268.1
3	0.1	0.20	100	−83.6	−458.1	68.0	−372.5	−54.4	−298.2
4	0.2	0.06	70	255.8	−303.5	208.4	−246.8	166.4	−197.4
5	0.2	0.13	100	125.4	−328.1	102.8	−266.8	81.6	−213.4
6	0.2	0.20	40	−19.6	−632.0	−16.4	−513.9	−12.8	−411.1
7	0.3	0.06	100	134.0	−341.4	109.6	−277.6	87.2	−222.0
8	0.3	0.13	40	91.0	−435.0	−74.9	−353.7	59.2	−282.9
9	0.3	0.20	70	134.6	−601.3	109.5	−488.9	87.6	−391.1

本部分分析硬质合金刀具、PCD 2μm 涂层刀具和 PCD 10μm 涂层刀具车削钛合金 TC17 时工艺参数对表面残余应力的影响。

从图 4.30(a)可知，采用硬质合金刀具切削加工，当切削深度由 0.10mm 增大到 0.30mm 时，表面周向残余拉应力由 45.27MPa 增加到 119MPa，轴向残余压应力由–361.62MPa 增加到–459.28MPa。从图 4.30(b)可知，当进给量由 0.06mm/r 增大到 0.20mm/r 时，表面周向残余拉应力由 108.67MPa 先增加到 191.88MPa，再减小到 10.45MPa，轴向残余压应力由–286.46MPa 增加到–563.87MPa。从图 4.30(c)可知，当切削速度由 40m/min 增大到 100m/min 时，表面周向残余拉应力由 24.84MPa 先增加到 249.89MPa，再减小到 58.63MPa，轴向残余压应力由–427.17MPa 先增加到–439.07MPa，再减小到–311.27MPa。

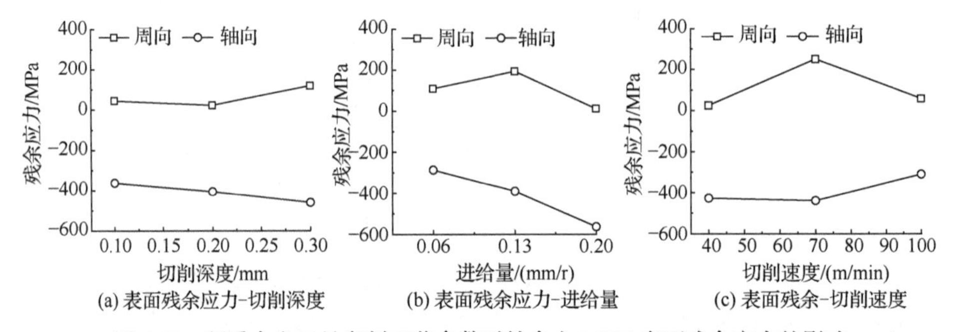

(a) 表面残余应力-切削深度　(b) 表面残余应力-进给量　(c) 表面残余-切削速度

图 4.30　硬质合金刀具车削工艺参数对钛合金 TC17 表面残余应力的影响

从图 4.31(a)可知，采用 PCD 2μm 涂层刀具车削，当切削深度由 0.10mm 增大到 0.30mm 时，表面周向残余拉应力由 57.35MPa 增加到 97.50MPa，轴向残余压应力由–294.33MPa 增加到–373.4MPa。从图 4.31(b)可知，当进给量由 0.06mm/r 增大到 0.20mm/r 时，表面周向残余拉应力由 88.35MPa 先增加到 156.31MPa，再减小到 8.50MPa，轴向残余压应力由–232.90MPa 增加到–458.43MPa。从图 4.31(c)可知，当切削速度由 40m/min 增大到 100m/min 时，表面周向残余拉应力由 2.02MPa

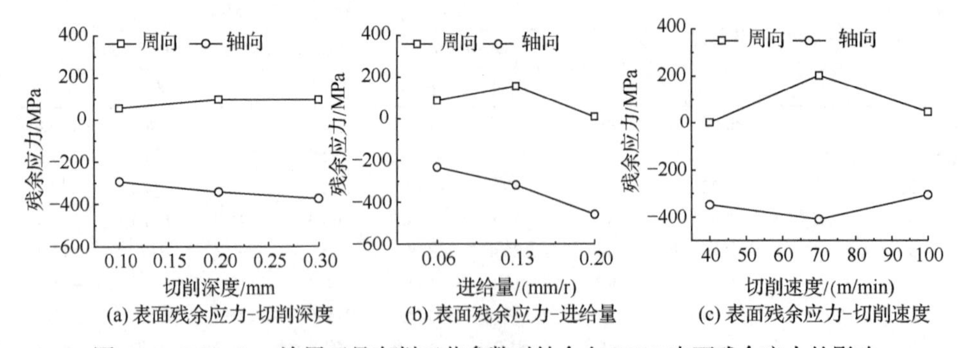

(a) 表面残余应力-切削深度　(b) 表面残余应力-进给量　(c) 表面残余应力-切削速度

图 4.31　PCD 2μm 涂层刀具车削工艺参数对钛合金 TC17 表面残余应力的影响

先增加到 203.16MPa，再减小到 47.66MPa，轴向残余压应力由–347.30MPa 先增加到–409.53MPa，再减小到–305.64MPa。

从图 4.32(a)可知，采用 PCD10μm 涂层刀具车削，当切削深度由 0.10mm 增大到 0.30mm 时，表面周向残余拉应力由 35.67MPa 增加到 109.31MPa，轴向残余压应力由–235.2MPa 增加到–298.72MPa。从图 4.32(b)可知，当进给量由 0.06mm/r 增大到 0.20mm/r 时，表面周向残余拉应力由 70.68MPa 先增加到 124.80MPa，再减小到 6.82MPa，轴向残余压应力由–186.32MPa 增加到–366.75MPa。从图 4.32(c)可知，当切削速度由 40m/min 增大到 100m/min 时，表面周向残余拉应力由 1.61MPa 先增加到 162.53MPa，再减小到 38.13MPa，轴向残余压应力由–277.84MPa 先增加到–285.57MPa 再减小到–244.50MPa。

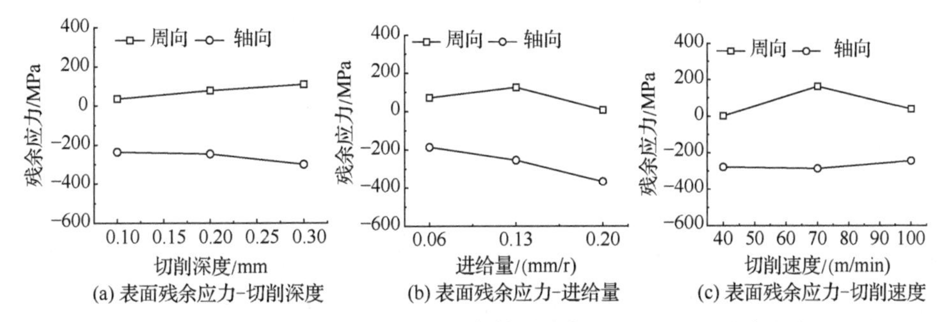

(a) 表面残余应力-切削深度　(b) 表面残余应力-进给量　(c) 表面残余应力-切削速度

图 4.32　PCD 10μm 涂层刀具车削工艺参数对钛合金 TC17 表面残余应力的影响

残余应力主要是切削过程中的热力耦合作用产生的，随着进给量和切削深度的增大，切削过程中的切削面积增大，引起切削力和切削热的增大。切削力的增大使表面残余压应力增大，而切削热的增大使表面残余拉应力增大，因此切削过后表面残余拉应力和残余压应力增大。

图 4.33 是三种刀具在表 4.12 中两种切削工艺参数水平下车削加工后钛合金 TC17 表层残余应力梯度分布。可见三种刀具车削表层的切向残余应力呈勺形特征，在车削表面有较大的残余拉应力，随着表面下深度的增加，残余应力也从表面拉应力峰值迅速下降到压应力峰值，表面下深度再增大，残余应力逐渐趋于基体值，此时的深度为残余应力影响层深度。

如图 4.33(a)和(b)所示，在圆周方向(周向)，硬质合金刀具、PCD 2μm 涂层刀具、PCD 10μm 涂层刀具切削后表面均为残余拉应力，分别为 327.78MPa、285.5MPa 和 205.2MPa，在表面下 15～30μm 处残余压应力达到峰值，分别为–257.29MPa、–178.64MPa 和–64.26MPa。在轴线方向(轴向)，表面均为残余压应力，分别为–422.5MPa、–345.2MPa 和–248.1MPa。三种刀具在切削工艺参数水平一下，残余应力影响层深度分别约为 60μm、50μm 和 40μm。切削力越大，表面残余应力也越大，残余应力影响层深度更深。如图 4.33(c)和(d)所示，在圆周方向，硬质合金

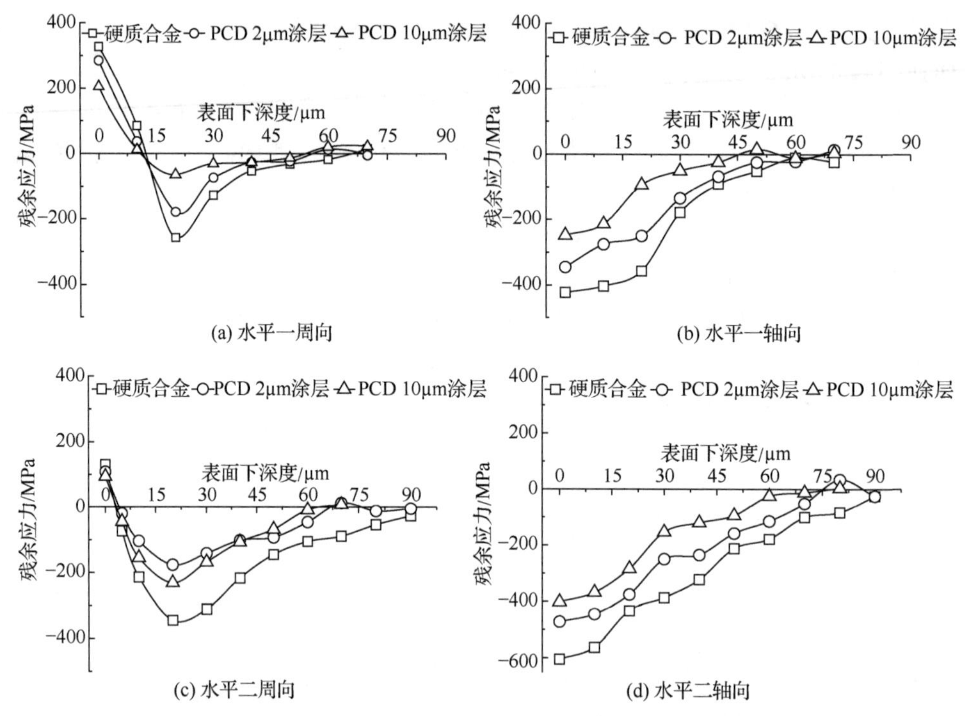

图 4.33　外圆车削钛合金 TC17 表层残余应力梯度分布

刀具、PCD 2μm 涂层刀具和 PCD 10μm 涂层刀具切削后表面均为残余拉应力，分别为 130.4MPa、108.5MPa 和 94.2MPa，在表面下 15～30μm 处残余压应力达到峰值，分别为−344.4MPa、−176.2MPa 和−231.1MPa。在轴线方向，表面均为残余压应力，分别为−605.2MPa、−472.3MPa 和−401.5MPa。三种刀具在切削工艺参数水平二下，残余应力影响层深度分别约为 90μm、70μm 和 60μm。

在切削工艺参数水平一和水平二下，对比硬质合金、PCD 2μm 涂层和 PCD 10μm 涂层三种刀具车削后的表层残余应力梯度分布，不管是轴向还是周向，PCD 10μm 涂层刀具车削表面残余拉应力和表层残余压应力的峰值大多情况下最小。随着切削工艺参数水平的提高，残余应力影响层深度增大。三种刀具切削后在圆周方向上，残余拉应力转变为残余压应力峰值的深度区间均为 15～30μm。

4.2.5　钛铝合金 γ-TiAl 精密外圆车削表面完整性

1) 表面粗糙度

钛铝合金γ-TiAl外圆车削试验采用两种刀具：SANDVIK 刀具(CNMG 120408-SM)和 SECO 刀具(CNMG 120412-MF4)，如图 4.34 所示。两种刀具的详细参数见表 4.14。基于正交设计 L_9(三因素三水平)的试验方案，进行钛铝合金γ-TiAl 外圆车削工艺试验，对车削后表面粗糙度及表面几何形貌进行测试，具体车削工艺参数如表 4.15 所示。

(a) SANDVIK刀具

(b) SECO刀具

图 4.34　钛铝合金γ-TiAl 外圆车削试验所用刀具

表 4.14　钛铝合金γ-TiAl 外圆车削用刀具规格参数

品牌	刀具型号	涂层	前角/(°)	后角/(°)	刀片形状	刀尖圆弧半径/mm	断屑槽	刀片材质
SANDVIK	CNMG 120408-SM	CVD	−13	0	菱形 80°	0.8	SM	硬质合金
SECO	CNMG 120412-MF4	CVD	−13	0	菱形 80°	1.2	MF4	TS2500

表 4.15　γ-TiAl 合金外圆车削正交试验参数及表面粗糙度

序号	切削速度 v_c/(m/min)	切削深度 a_p/mm	进给量 f/(mm/r)	表面粗糙度 R_a/μm	
				SANDVIK 刀具 CNMG 120408-SM	SECO 刀具 CNMG 120412-MF4
1	30	0.2	0.06	0.420	0.601
2	30	0.6	0.08	0.460	0.622
3	30	1.0	0.1	0.520	0.508
4	40	0.2	0.08	0.418	0.490
5	40	0.6	0.1	0.507	0.742
6	40	1.0	0.06	0.427	0.606
7	50	0.2	0.1	0.419	0.646
8	50	0.6	0.06	0.400	0.761
9	50	1.0	0.08	0.523	0.886

利用线性回归分析方法，对表 4.15 中表面粗糙度测试结果进行分析，建立了 SANDVIK 刀具和 SECO 刀具车削表面粗糙度经验预测模型，如式(4.29)所示：

$$\begin{cases} R_{\text{a-SANDVIK}} = 10^{0.145} v_c^{-0.0904} a_p^{0.0905} f^{0.287} \\ R_{\text{a-SECO}} = 10^{-0.309} v_c^{-0.001} a_p^{0.069} f^{0.106} \end{cases} \tag{4.29}$$

图 4.35 为两种刀具车削加工钛铝合金γ-TiAl 时工艺参数对表面粗糙度的影响。可以看出，SANDVIK 刀具加工后的表面粗糙度较小。一方面是因为两种刀具断屑槽不同，钛铝合金γ-TiAl 具有低塑性，其加工产生的切屑为针状切屑，如果断屑槽不能有效地排屑，切屑会划伤加工表面，表面粗糙度增大。与 SECO 刀具 MF4 断屑槽相比，SM 断屑槽的排屑性能适用于加工钛铝合金γ-TiAl 这种低塑性合金。

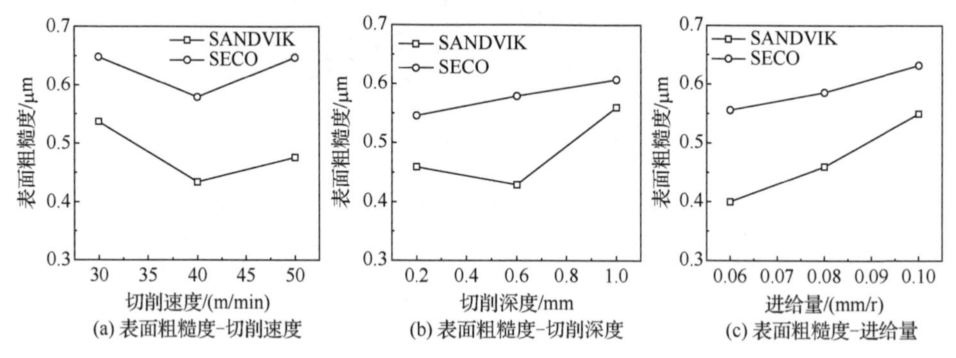

图 4.35　外圆车削工艺参数对钛铝合金γ-TiAl 表面粗糙度的影响

由图 4.35(a)可知，随着切削速度的增加，表面粗糙度略有降低，但是影响较小。切削速度的变化会引起切屑形成过程的变化，而表面粗糙度在很大程度上与切屑的形成过程，尤其是积屑瘤密切相关。在加工脆性材料钛铝合金γ-TiAl 时，形成的积屑瘤和鳞刺很少，因此切削速度对表面粗糙度影响比较小。当增大切削速度时，切削温度上升，使切屑底层金属半融化，摩擦系数降低，刀瘤软化，流过的切屑将停滞区的一部分金属原子带走，积屑瘤减少，从而降低表面粗糙度。由图 4.35(b)可知，随着切削深度的增加，SANDVIK 刀具加工表面粗糙度增大，SECO 刀具加工表面粗糙度先减小后增大。切削深度对表面粗糙度的影响主要是切削力的变化引起的，增大切削深度会使切削力随之增大，这样使切屑与前刀面的挤压更严重，反应更强烈，切屑很容易黏结在刀具前刀面上，形成积屑瘤。另外，圆弧刃刀具在加工过程中切削振动较大，切削深度增大使切削力大幅增加，从而加剧切削振动。由图 4.35(c)可知，随着进给量增加，表面粗糙度增加。在理想切削条件下，刀具相对工件作进给运动会在切削表面留下与刀具形状完全相同的切削层残留面积，其高度直接影响已加工表面粗糙度。Wang 和 Feng[8]认为在考虑在圆角刀具切削情况下，表面粗糙度 R_a 约为理论残留高度的四分之一。因此，减小进给量可减小残留高度，进而降低表面粗糙度，以及降低积屑瘤和鳞刺的高度。

2) 表面几何形貌

图 4.36 为在 v_c=50m/min、a_p=1.0mm、f=0.08mm/r 车削工艺条件下获得的钛

铝合金γ-TiAl 表面几何形貌。可以明显地观察到波峰和波谷，沿着进给方向，每个波峰之间的距离和进给量完全一致。还可以看到，在已加工表面上沿着车削速度的方向有着许多沟槽，这可能是因为刀片表面存在的硬质点犁耕试件的表面也会产生沟槽[9]。

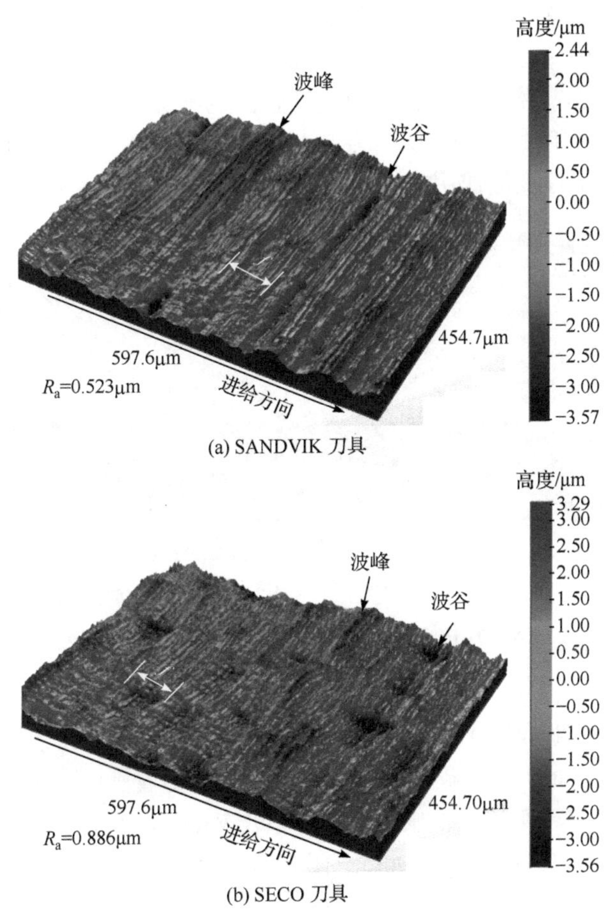

(a) SANDVIK 刀具

(b) SECO 刀具

图 4.36　外圆车削钛铝合金γ-TiAl 表面几何形貌

图 4.36(a)中使用 SANDVIK 刀具外圆车削得到的表面粗糙度为 0.523μm，最大波峰高度为 2.44μm，最大波谷深度为 3.57μm，车削纹路清晰，可以发现明显的犁耕和沟槽现象。图 4.36(b)中使用 SECO 刀具车削得到的表面粗糙度为 0.886μm，最大波峰高度为 3.29μm，最大波谷深度为 3.56μm，车削纹路清晰，在放大 200 倍条件下观察，可以发现较多的犁耕和沟槽。可以看出，SANDVIK 刀具加工出的表面几何形貌较好，犁耕和沟槽虽然比较明显，但是波峰、波谷峰值较小且分布均匀，说明切削过程比较稳定。

3) 微观组织

图 4.37 为采用 SANDVIK 刀具外圆车削钛铝合金γ-TiAl 表层微观组织。车削钛铝合金γ-TiAl 时，由于车削表面承受的压力超过材料的屈服极限，在表层产生微观组织变化，晶格产生滑移、畸变和歪曲。采用外圆车削，加工试件较小，车削时刀具与工件作用面较小，切削力和切削温度的作用时间较短，切削表层微观组织变化并不大，晶格产生滑移、畸变和歪曲也不明显，其塑性变形层在 15～20μm。随着切削深度的增加，切削力增大，刀具与工件接触弧长加长，工件表面温度升高，表层塑性变形作用加大，塑性变形层厚度增大，为 20～25μm。

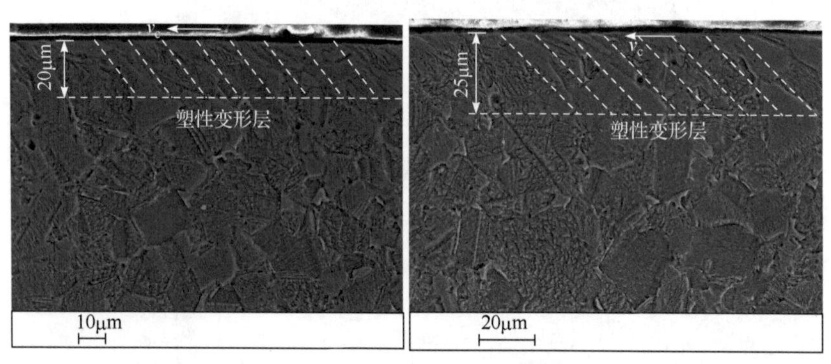

(a) v_c=30m/min，a_p=0.2mm，f=0.06mm/r　　(b) v_c=50m/min，a_p=0.6mm，f=0.06mm/r

图 4.37　SANDVIK 刀具外圆车削钛铝合金γ-TiAl 表层微观组织

4) 显微硬度

图 4.38 为采用 SANDVIK 刀具外圆车削钛铝合金γ-TiAl 表层显微硬度梯度分布。可以看出，最大显微硬度出现在试件表面，随着表面下深度的增加，显微硬度逐渐减小并趋于基体显微硬度(300～350$HV_{0.025}$)。车削过后加工表面出现硬化现象，硬化层深度为 120～140μm。在 v_c=30m/min、a_p=0.2mm、f=0.06mm/r 车削工艺参数条件下，表面显微硬度约为 482$HV_{0.025}$，加工硬化层深度约为 80μm；在 v_c=50m/min、a_p=0.6mm、f=0.06mm/r 车削工艺参数条件下，表面显微硬度约为 550$HV_{0.025}$，加工硬化层深度约为 100μm。采用大的切削速度和切削深度，会增加表面硬化程度。

5) 残余应力

表 4.16 为外圆车削加工后钛铝合金γ-TiAl 表面残余应力测试结果。图 4.39 为两种刀具车削工艺参数对表面残余应力的影响。车削钛铝合金γ-TiAl 产生残余压应力，由于钛铝合金γ-TiAl 塑性较差、耐高温，当切削速度较低时，工件表面热载荷引起的残余拉应力较小，切削速度低，切削力比较大，挤光效应较为明显，

因此在加工表面产生残余压应力。

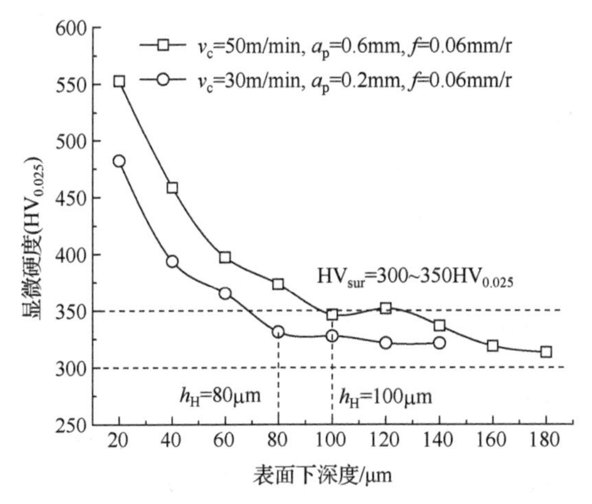

图 4.38　SANDVIK 刀具外圆车削钛铝合金γ-TiAl 表层显微硬度梯度分布
h_H-加工硬化层深度

表 4.16　γ-TiAl 合金外圆车削正交试验参数及表面残余应力

序号	切削速度 v_c/(m/min)	切削深度 a_p/mm	进给量 f/(mm/r)	表面残余应力/MPa	
				SANDVIK 刀具 (CNMG 120408-SM)	SECO 刀具 (CNMG 120412-MF4)
1	30	0.2	0.06	−585.77	−988.09
2	30	0.6	0.08	−564.57	−833.42
3	30	1.0	0.1	−572.65	−759.99
4	40	0.2	0.08	−628.76	−912.30
5	40	0.6	0.1	−583.32	−899.41
6	40	1.0	0.06	−589.40	−586.92
7	50	0.2	0.1	−631.27	−775.03
8	50	0.6	0.06	−603.15	−977.87
9	50	1.0	0.08	−719.65	−756.12

如图 4.39 所示，随着切削速度的增加，SANDVIK 刀具车削时表面残余压应力略有增加，因为切削速度增加，热源沿工件表面的移动速度加快，热作用时间缩短，对表层冷作硬化和热应力的影响很小。随着切削深度的增加，表面残余应力变化不明显，主要原因是切削深度对切削温度影响很小。随着进给量的增加，SECO 刀具车削时表面残余压应力减小，因为切削力随着进给量增加而增大，切削温度也随之增大，热载荷对于工件表面残余应力的影响增加，塑性凸出效应明显。

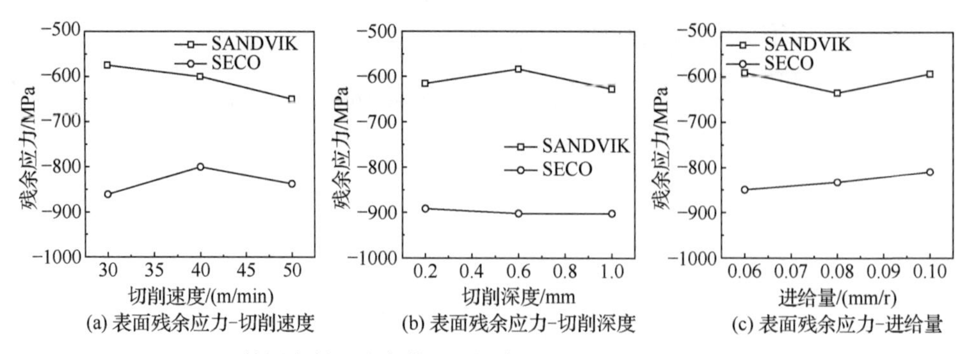

(a) 表面残余应力-切削速度　(b) 表面残余应力-切削深度　(c) 表面残余应力-进给量

图 4.39　外圆车削工艺参数对钛铝合金γ-TiAl 表面残余应力的影响

图 4.40 为 SANDVIK 刀具外圆车削钛铝合金γ-TiAl 表层残余应力梯度分布。随着表面下深度的增加，残余压应力逐渐减小并趋于稳定值(约−220MPa)。在v_c=30m/min、a_p=0.2mm、f=0.06mm/r 车削工艺参数条件下，表面残余压应力约为−565MPa，残余压应力影响层深度约为 80μm；在 v_c=50m/min、a_p=1.0mm、f=0.08mm/r 车削工艺参数条件下，表面残余应力约为−600MPa，残余应力影响层深度约为 120μm。随着切削速度和切削深度的增加，切削力增大，切削温度增高，挤光效应较为明显，残余压应力及其影响层深度增加。

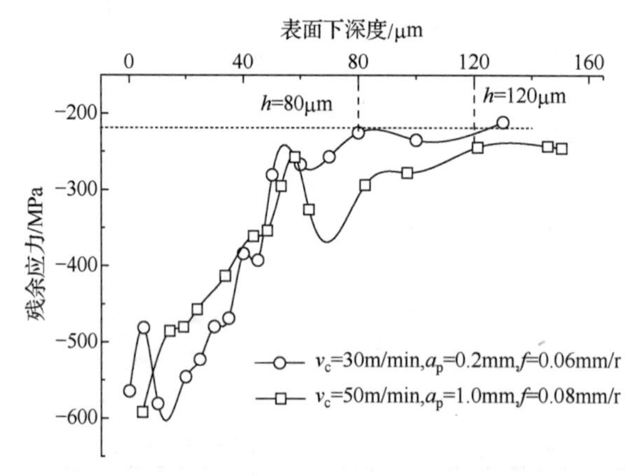

图 4.40　SANDVIK 刀具外圆车削钛铝合金γ-TiAl 表层残余应力梯度分布

h-残余应力影响层深度

4.3　典型材料高速精密铣削表面完整性控制实例

4.3.1　高速精密铣削关键工艺参数

铣削是一个切屑厚度不断变化的过程，铣削中热、力作用与铣削切屑厚度不断变化密切相关。高速铣削过程中铣削温度较高，其中，绝大部分切削热随着切屑被带走，其他部分则传入未切削的构件表层。可见，切削热对构件表层的热效应导致材料膨胀，材料屈服应力变化，影响构件表面完整性。1931 年，德国萨洛蒙博士提出高速切削概念，目前学术界关于高速切削理论研究更加深入，有很多不同观点，但高速切削迅速在航空航天行业日益受到重视已是不可争辩的事实。高速精密铣削采用高切削线速度、高进给速度和小切深组合参数，大量切削热被切屑带走，构件被切削表面温度较低，可以在保障生产效率的同时，改善构件加工精度和表面完整性。

高速精密铣削过程可控关键工艺参数包括切削速度、每齿进给量、铣削深度和铣削宽度：①切削速度 v_c 指铣刀旋转的圆周线速度，$v_c=\pi dn/1000$(单位为 m/min)，d 为铣刀直径(单位为 mm)，n 为主轴(铣刀)转速(单位为 r/min)；②每齿进给量 f_z 指铣刀每转过一个刀齿，工件沿进给方向移动距离(单位为 mm/z)；③铣削深度 a_p 指铣刀在一次进给中所切掉工件表层的厚度，即工件已加工表面和待加工表面间的垂直距离；④铣削宽度 a_e 指铣刀在一次进给中切掉的工件表层宽度(单位为 mm)，一般立铣刀和端铣刀的铣削宽度为铣刀的直径的 50%～60%。高速精密铣削表面完整性控制主要是控制精铣中的工艺参数。

4.3.2　铝合金 7055 高速精密端铣表面完整性

1) 表面粗糙度

针对铝合金 7055 高速精密端面铣削(端铣)工艺，采用四因素三水平正交试验，研究铝合金 7055 端铣加工工艺参数对表面完整性的影响，试验方案和表面完整性测试结果见表 4.17。

表 4.17　端面铣削铝合金 7055 正交试验和表面完整性测试结果

序号	v_c/(m/min)	f_z/(mm/z)	a_p/mm	a_e/mm	R_a/μm	显微硬度($HV_{0.025}$)	σ_{rx}/MPa	σ_{ry}/MPa
1	700	0.02	0.3	4	0.384	197.14	−55	−124
2	700	0.04	0.5	6	0.724	196.18	−37	−115
3	700	0.06	0.7	8	1.067	191.44	−37	−77
4	900	0.02	0.5	8	0.425	192.80	−118	−107
5	900	0.04	0.7	4	0.569	191.13	−38	−139
6	900	0.06	0.3	6	0.762	185.20	−50	−116
7	1100	0.02	0.7	6	0.258	193.76	−123	−137
8	1100	0.04	0.3	8	0.685	191.81	−129	−133
9	1100	0.06	0.5	4	0.812	189.01	−30	−151

注：σ_{rx} 为进给方向残余应力，σ_{ry} 为切宽方向残余应力。

对表 4.17 中测得的表面粗糙度采用多元线性回归分析方法，建立表面粗糙度经验模型，如式(4.30)所示：

$$R_{\mathrm{a}} = 230.55 v_{\mathrm{c}}^{-0.54} f_{\mathrm{z}}^{0.84} a_{\mathrm{p}}^{-0.08} a_{\mathrm{e}}^{0.24} \tag{4.30}$$

该模型预测值与实测值的平均误差为 8.1%，模型显著度为 0.013。由式(4.30)可以看出，表面粗糙度对每齿进给量最敏感，其次为切削速度和铣削宽度，对铣削深度敏感性最小。随着每齿进给量和铣削宽度的增大，表面粗糙度增大；随着切削速度和铣削深度的增大，表面粗糙度逐渐降低。

图 4.41 为高速精密端面铣削工艺参数对铝合金 7055 表面粗糙度的影响规律。由图 4.41(a)可知，当切削速度从 700m/min 变化到 1100m/min 时，表面粗糙度从 0.725μm 变化到 0.585μm。其原因是切削速度升高，铣削温度会随之升高，材料软化易切削，虽然铣削力也会有所降低，但是铣削过程非常锋利，鳞刺和积屑瘤都不易产生，表面粗糙度会减小。由图 4.41(b)可知，当每齿进给量从 0.02mm/z 变化到 0.06mm/z 时，表面粗糙度从 0.356μm 变化到 0.880μm，其变化规律基本呈

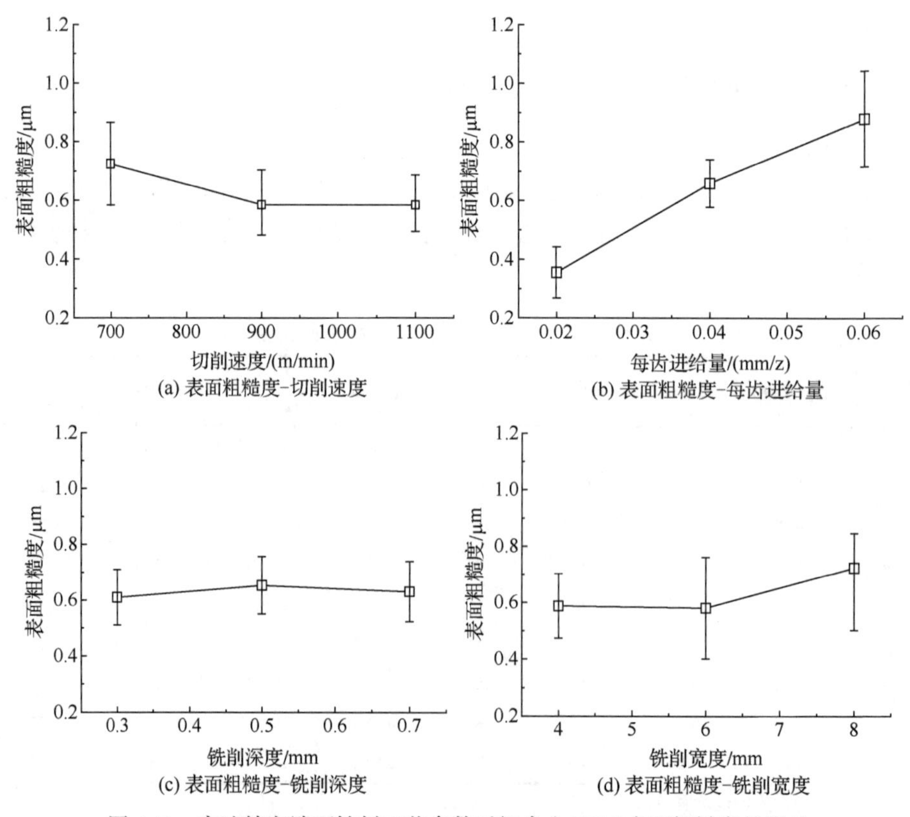

(a) 表面粗糙度-切削速度　(b) 表面粗糙度-每齿进给量

(c) 表面粗糙度-铣削深度　(d) 表面粗糙度-铣削宽度

图 4.41　高速精密端面铣削工艺参数对铝合金 7055 表面粗糙度的影响

线性。从几何因素中可知，减小进给量可降低残留面积的高度，同时也可以降低积屑瘤和鳞刺的高度，因此可减小表面粗糙度。由图 4.41(c)可知，铣削深度的变化对表面粗糙度影响不大，当铣削深度从 0.3mm 变化到 0.7mm 时，表面粗糙度在 0.610～0.654μm 波动，这是因为铣削深度的变化引起铣削力的波动，会对表面粗糙度产生一定的影响。当铣削深度较小时，铣削力波动对表面粗糙度的影响也随之减小。由图 4.41(d)可知，当铣削宽度从 4mm 变化到 6mm 时，表面粗糙度从 0.588μm 变化到 0.581μm，变化过程趋于平缓；当铣削宽度从 6mm 变化到 8mm 时，表面粗糙度急剧地从 0.581μm 变化到 0.726μm。

图 4.42 为端面铣削工艺参数交互作用对表面粗糙度的影响。如图 4.42(a)所示，最差表面粗糙度在区域 A，其对应的工艺参数为低切削速度和大每齿进给量，表面粗糙度 R_a>0.9μm；最优表面粗糙度在区域 C，其对应的工艺参数为高切削速度和小每齿进给量，表面粗糙度 R_a 范围在 0.5～0.9μm。如图 4.42(b)所示，最差表面粗糙度在区域 D，其对应的工艺参数为大铣削宽度和大每齿进给量，表面粗糙度 R_a>0.8μm；最优表面粗糙度在区域 F，其对应的工艺参数为小铣削宽度和小每齿进给量，表面粗糙度 R_a<0.5μm。区域 E 表面粗糙度 R_a 范围在 0.5～0.8μm。

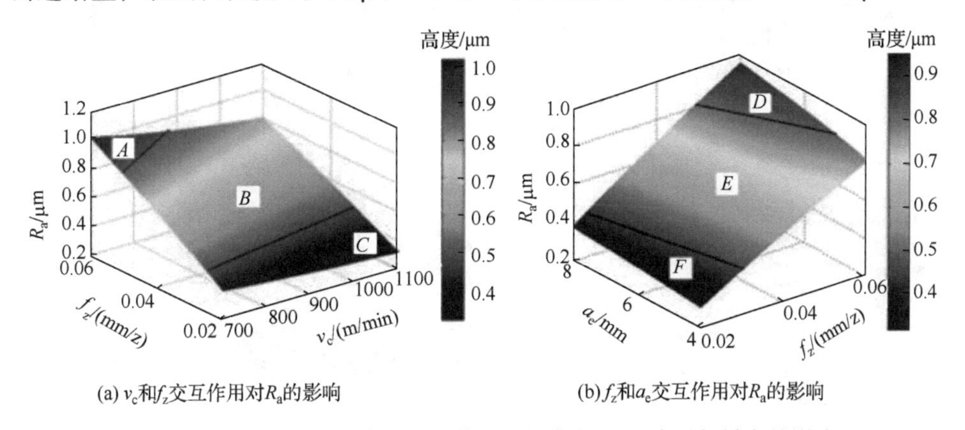

(a) v_c和f_z交互作用对R_a的影响　　(b) f_z和a_e交互作用对R_a的影响

图 4.42　端面铣削工艺参数交互作用对铝合金 7055 表面粗糙度的影响

2) 表面几何形貌

图 4.43 为表 4.17 中端面铣削工艺参数加工后铝合金 7055 表面几何形貌。端面铣削加工后沿进给方向表面上存在均匀间隔突出的棱脊，棱脊间距等于铣削参数中的每齿进给量，这是因为铣削时铣刀前一齿与后一齿之间有残留面积，在均匀间隔凸起的棱脊之间分布有沿切削运动方向的细小沟槽。其产生的原因有两个：一是刀具表面硬质点对工件加工表面的犁耕，二是刀具磨损表面上粗糙沟槽在工件加工表面上的复制。进一步发现，凸起的棱脊不再是一条线，而是变成很多磨损小凸起和沟槽的犁垄带。犁垄不仅影响已加工表面粗糙度，而且还反作用于刀

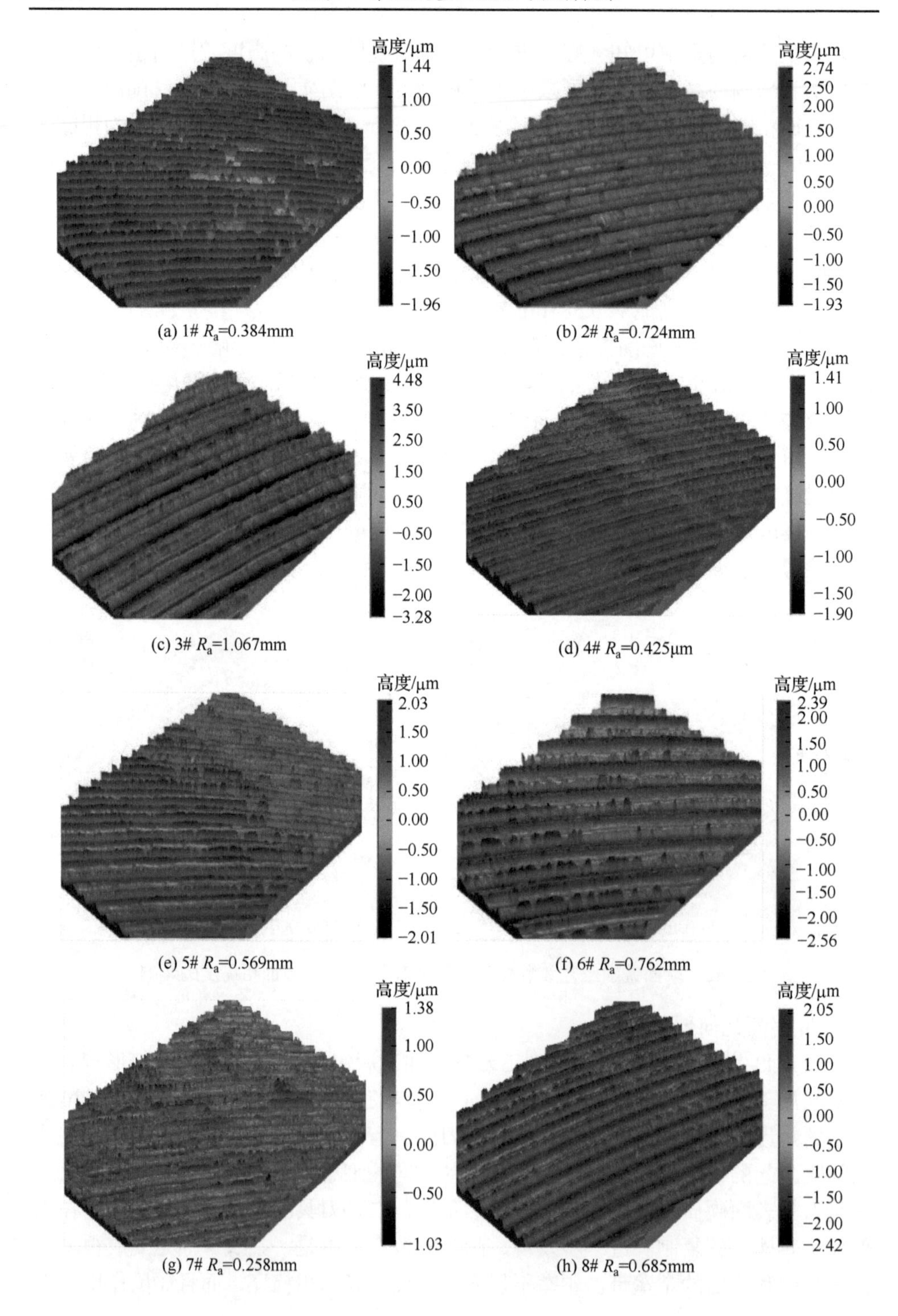

(a) 1# R_a=0.384mm　(b) 2# R_a=0.724mm

(c) 3# R_a=1.067mm　(d) 4# R_a=0.425μm

(e) 5# R_a=0.569mm　(f) 6# R_a=0.762mm

(g) 7# R_a=0.258mm　(h) 8# R_a=0.685mm

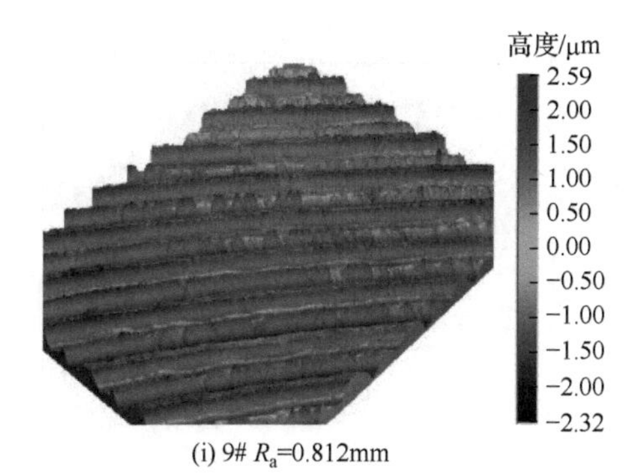

(i) 9# R_a=0.812mm

图 4.43　端面铣削铝合金 7055 表面几何形貌

具表面，使刀具表面产生附加沟槽，加剧刀具磨损，形成恶性循环。在相邻的两个棱脊之间，靠近刀尖部位(棱脊圆弧内圈)的工件表面较为光滑平整，越靠近副后刀面和副切削刃尾部刀具与工件分离处，工件加工表面越粗糙，这是刀具的磨损状况造成的。

观察图 4.43 可知，每齿进给量化对表面几何形貌影响最显著。每齿进给量为 0.02mm/z 时，表面纹理密集，沟槽深度较浅，如图 4.43(a)、(d)、(g)所示。随着每齿进给量的增大，表面纹理变得稀疏，沟槽深度增大，棱脊厚度和高度都显著增大。较大的每齿进给量和较小的切削速度配比得到的表面棱脊突出，浅槽较深，表面粗糙度较大，如图 4.43(c)所示。较小的每齿进给量和较大的切削速度配比得到的表面棱脊较矮，浅槽比较浅，粗糙度较小，如图 4.43(g)所示。铣削宽度和铣削深度对表面几何形貌的影响较小。

3) 微观组织

图 4.44 为三组端面铣削工艺参数下铝合金 7055 表层微观组织。三组铣削工艺参数分别如下：水平一 v_c=500m/min、f_z=0.02mm/z、a_p=0.5mm、a_e=6mm，水平二 v_c=900m/min、f_z=0.06mm/z、a_p=0.5mm、a_e=6mm，水平三 v_c=1300m/min、f_z=0.1mm/z、a_p=0.5mm、a_e=6mm。从图 4.44 可以看到，随着加工工艺参数水平的增大，微观组织的晶粒变形程度增加，塑性变形层厚度增大。图 4.44(a)中塑性变形层厚度约为 5μm，主要是因为在这种加工条件下铣削力和铣削温度较低，热力耦合作用不明显。图 4.44(b)和(c)中塑性变形层厚度分别约为 15μm 和 20μm，塑性变形程度较大，主要是因为铣削力和铣削温度升高，热力耦合作用显著。

4) 显微硬度

对表 4.17 中测得的表面显微硬度采用多元线性回归分析方法，建立表面显微硬度经验模型，如式(4.31)所示：

$$HV = 235.431 v_c^{-0.042} f_z^{-0.027} a_p^{0.006} a_e^{-0.003} \tag{4.31}$$

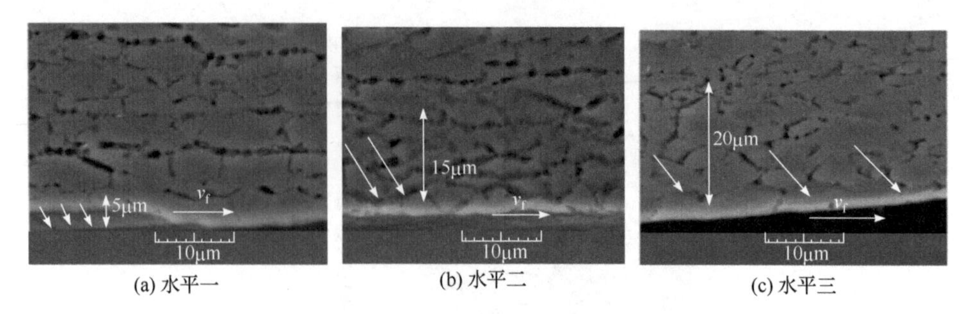

(a) 水平一　　(b) 水平二　　(c) 水平三

图 4.44　端面铣削铝合金 7055 表层微观组织

该模型预测值与实测值的平均误差为 0.8%，模型显著度为 0.254。由式(4.31)可以看出，表面显微硬度对切削速度最敏感，其次为每齿进给量和铣削深度，对铣削宽度敏感性最小。表面显微硬度随着铣削深度的增大而增大，随着切削速度、铣削深度和铣削宽度的增大而减小。图 4.45 为高速精密端面铣削工艺参数对铝合金 7055 表面显微硬度的影响规律。高速铣削铝合金 7055 时其表面显微硬度的变化范围在 189～196$HV_{0.025}$，这表明高速铣削工艺参数对铝合金 7055 表面显微硬度影响很小。

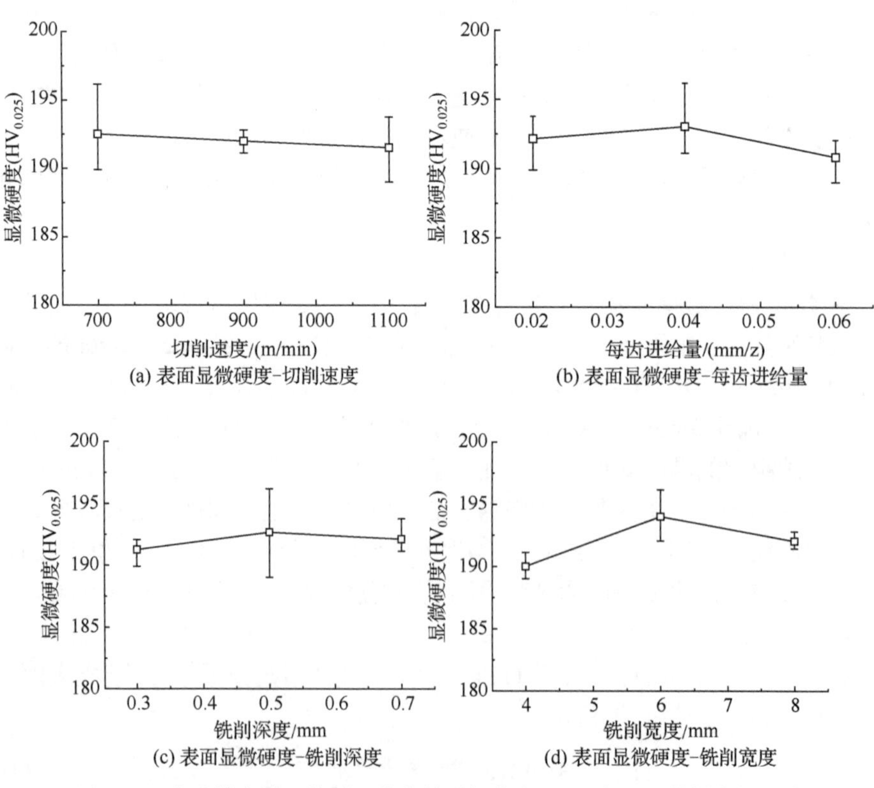

(a) 表面显微硬度-切削速度　　(b) 表面显微硬度-每齿进给量

(c) 表面显微硬度-铣削深度　　(d) 表面显微硬度-铣削宽度

图 4.45　高速精密端面铣削工艺参数对铝合金 7055 表面显微硬度的影响

图 4.46 为三组铣削工艺参数水平下铝合金 7055 表层显微硬度梯度分布。铝合金 7055 高速铣削加工后，表面存在轻微加工硬化，表面显微硬度在 190～205HV$_{0.025}$，加工硬化层深度约为 20μm。从水平一到水平三，铣削力和铣削温度升高，导致切削表层“冷作硬化”效应增强；铣削温度虽然提高，但并没有达到动态再结晶温度和相变温度，不会发生软化。铣削加工后表面的加工硬化是铣削力造成的强化、切削热造成的弱化和相变综合作用的结果。

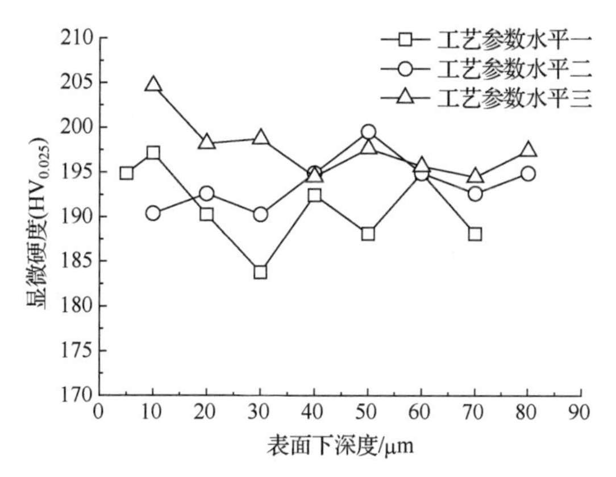

图 4.46　高速精密端面铣削铝合金 7055 表层显微硬度梯度分布

5) 残余应力

对表 4.17 中测得的表面残余应力采用多元线性回归分析方法，建立表面残余应力经验模型，如式(4.32)所示：

$$\begin{cases} \sigma_{rx} = 10^{-4.31} v_c^{1.36} f_z^{-0.80} a_p^{-0.31} a_e^{1.06} \\ \sigma_{ry} = 1.85 v_c^{0.67} f_z^{-0.07} a_p^{-0.10} a_e^{-0.41} \end{cases} \tag{4.32}$$

式中，σ_{rx} 为进给方向残余应力，σ_{ry} 为铣削宽度方向(切宽方向)残余应力。

从式(4.32)中可以看出，切削速度对 σ_{rx} 的影响最大，其次为铣削宽度、每齿进给量，铣削深度影响最小；随着切削速度和铣削宽度的增大，σ_{rx} 增大；随着每齿进给量的和铣削深度的增大，σ_{rx} 逐渐降低。切削速度对 σ_{ry} 的影响最大，其次为铣削宽度、铣削深度，每齿进给量影响最小；随着切削速度的增大，σ_{ry} 增大；随着每齿进给量、铣削深度和铣削宽度的增大，σ_{ry} 逐渐降低。

图 4.47 为端面铣削工艺参数对铝合金 7055 表面残余应力的影响。铣削表面都呈现残余压应力状态。从图 4.47(a)可知，当切削速度从 700m/min 增大到 900m/min 时，σ_{rx} 从−42MPa 增大到−69MPa，σ_{ry} 从−105MPa 增大到−121MPa；当切削速度从 900m/min 增大到 1100m/min 时，σ_{rx} 从−69MPa 增大到−94MPa，σ_{ry} 从−121MPa 增大到−140MPa。从图 4.47(b)可知，当每齿进给量从 0.02mm/z 增大到 0.04mm/z 时，σ_{rx} 从−99MPa 下降到−68MPa，σ_{ry} 从−123MPa 增大到−129MPa；当

每齿进给量从 0.04mm/z 增大到 0.06mm/z 时，σ_{rx} 从−68MPa 下降到−39MPa，σ_{ry} 从−129MPa 下降到−115MPa。从图 4.47(c)可知，当铣削深度从 0.3mm 增大到 0.5mm 时，σ_{rx} 从−78MPa 下降到−62MPa，σ_{ry} 为−124MPa；当铣削深度从 0.5mm 增大到 0.7mm 时，σ_{rx} 从−62MPa 增大到−66MPa，σ_{ry} 从−124MPa 减小到−118MPa。从图 4.47(d)可知，当铣削宽度从 4mm 增大到 6mm 时，σ_{rx} 从−41MPa 增大到−70MPa，σ_{ry} 从−138MPa 下降到−123MPa；当铣削宽度从 6mm 增大到 8mm 时，σ_{rx} 从−70MPa 增大到−95MPa，σ_{ry} 从−123MPa 减小到−106MPa。

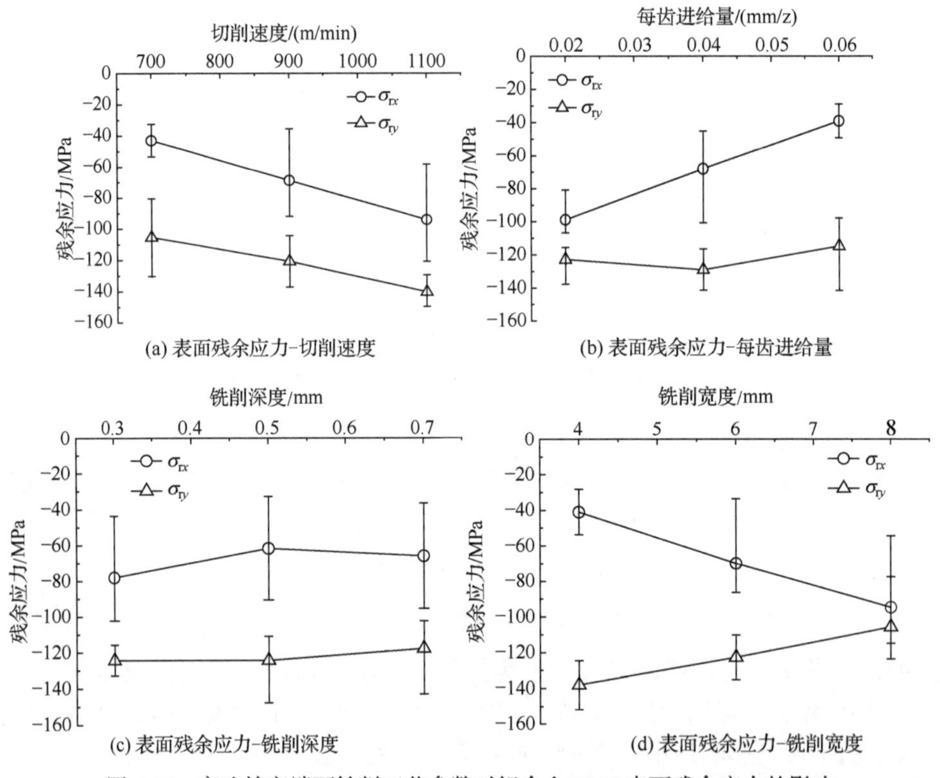

图 4.47　高速精密端面铣削工艺参数对铝合金 7055 表面残余应力的影响

图 4.48 为铣削工艺参数交互作用对铝合金 7055 表面残余应力的影响。如图 4.48(a)所示，较高的残余压应力σ_{rx}位于区域 G，其对应的工艺参数为高切削速度和大铣削宽度，残余压应力σ_{rx}大于−80MPa；较低的残余压应力σ_{rx}位于区域 I，其对应的工艺参数为低切削速度和小铣削宽度，残余压应力σ_{rx}小于−40MPa；区域 H 中残余压应力σ_{rx}在−40～−80MPa。如图 4.48(b)所示，较高的残余压应力σ_{ry}位于区域 J，其对应的工艺参数为高切削速度和小铣削宽度，残余压应力σ_{ry}约为−140MPa；较低的残余压应力σ_{ry} 位于区域 L，其对应的工艺参数为低切削速度和大铣削宽度，残余压应力σ_{ry}约为−100MPa；区域 K 中残余压应力σ_{ry}在−100～−140MPa。

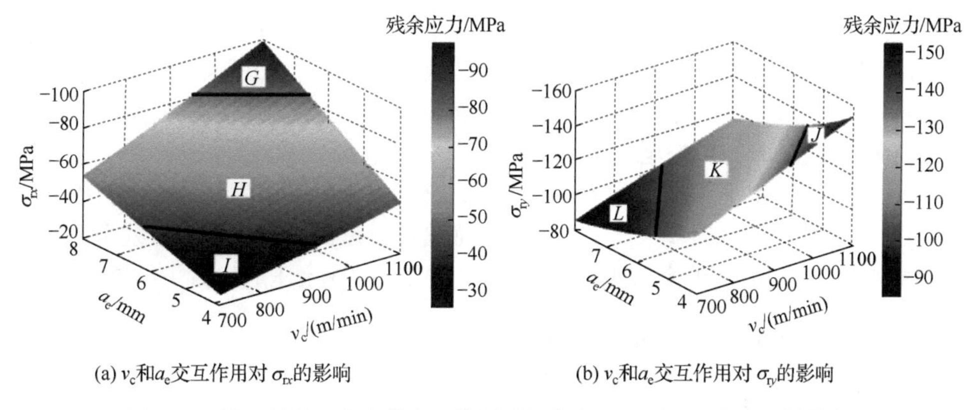

(a) v_c和a_e交互作用对σ_{rx}的影响　(b) v_c和a_e交互作用对σ_{ry}的影响

图 4.48　端面铣削工艺参数交互作用对铝合金 7055 表面σ_{rx}、σ_{ry}的影响

图 4.49 为高速精密端面铣削铝合金 7055 表层残余应力梯度分布。可以看到，铣削加工后表面均为残余压应力，随着表面下深度的增加，残余应力向拉应力过渡且趋于稳定，达到了材料基体残余应力。图 4.49(a)中加工表面残余压应力σ_{rx}和σ_{ry}分别为−118MPa 和−108MPa。表层残余应力随着表面下深度的增加逐渐趋于

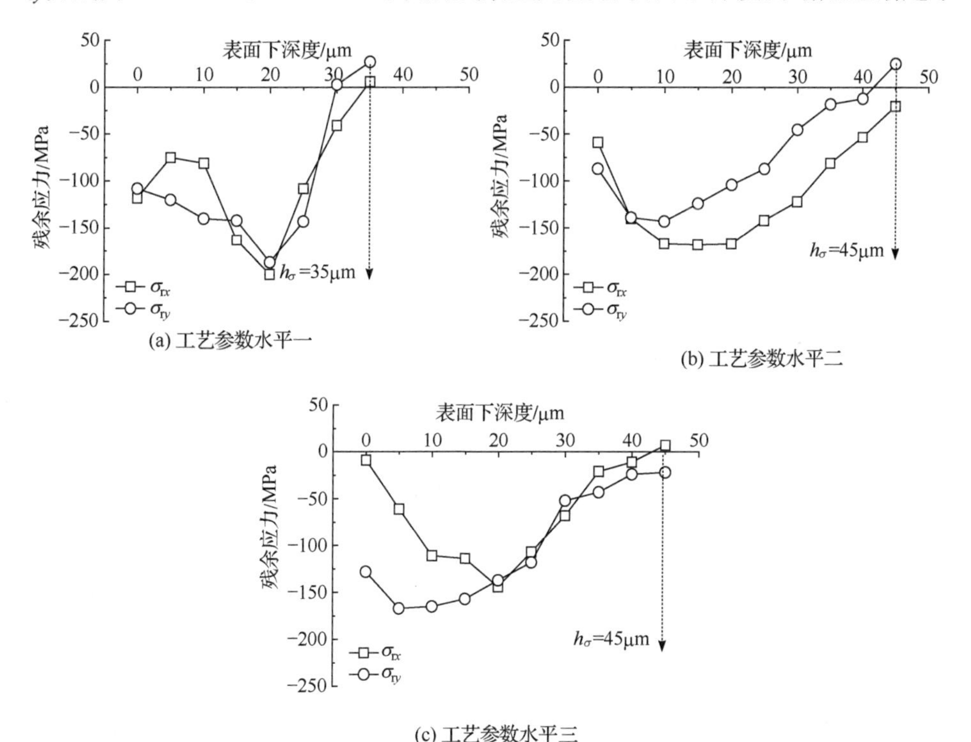

(a) 工艺参数水平一　(b) 工艺参数水平二　(c) 工艺参数水平三

图 4.49　各参数水平下高速精密端面铣削铝合金 7055 表层残余应力梯度分布

h_σ-残余压应力影响层深度

零，残余压应力影响层深度为 35μm。图 4.49(b)中加工表面残余压应力σ_{rx}和σ_{ry}分别为−59MPa 和−87MPa。残余压应力随着表面下深度的增加逐渐减小，残余应力影响层深度为 45μm。图 4.49(c)中加工表面残余压应力σ_{rx}和σ_{ry}分别为−9MPa 和−128MPa，残余应力影响层深度为 45μm。

从工艺参数水平一到工艺参数水平三，铣削力和铣削温度均增大，铣削力增大导致切削表层产生的残余压应力增大，而铣削温度的升高导致表层残余拉应力增大，铝合金 7055 端面铣削加工中机械应力引起的残余压应力占主导地位。

4.3.3 钛合金 Ti1023 高速精密端铣表面完整性

1) 表面粗糙度

针对钛合金 Ti1023 高速精密端面铣削工艺，采用三因素三水平正交试验，研究钛合金 Ti1023 端铣加工工艺参数对表面完整性的影响，试验方案和表面完整性测试结果见表 4.18。

表 4.18 端面铣削钛合金 Ti1023 正交试验方案和表面完整性测试结果

序号	f_z/(mm/z)	v_c/(m/min)	a_e/mm	R_a/μm	显微硬度 ($HV_{0.025}$)	σ_r/MPa
1	0.04	60	3	0.454	323	−225
2	0.04	100	5	0.146	326	−372
3	0.04	140	7	0.468	330	−513
4	0.08	60	5	0.531	329	−355
5	0.08	100	7	0.323	324	−445
6	0.08	140	3	0.395	322	−406
7	0.12	60	7	0.588	326	−447
8	0.12	100	3	0.609	327	−463
9	0.12	140	5	0.388	336	−438

对表 4.18 中测得的表面粗糙度采用多元线性回归分析方法，建立高速精密端面铣削钛合金 Ti1023 表面粗糙度经验模型，如式(4.33)所示：

$$R_a = 7.35 f_z^{0.446} v_c^{-0.331} a_e^{-0.143} \tag{4.33}$$

从式(4.33)中可以看出，随着每齿进给量的增大，表面粗糙度增大；随切削速度和铣削宽度的增加，表面粗糙度降低。每齿进给量对表面粗糙度影响最大，切削速度影响次之，铣削宽度影响最小。

图 4.50 为高速精密端面铣削工艺参数对钛合金 Ti1023 表面粗糙度的影响规律。从图中可以看出，随着每齿进给量的增大，表面粗糙度显著增大。随着切削速度的增大，表面粗糙度总体上呈下降趋势。随着铣削宽度的增大，表面粗糙度

先降低后增大。

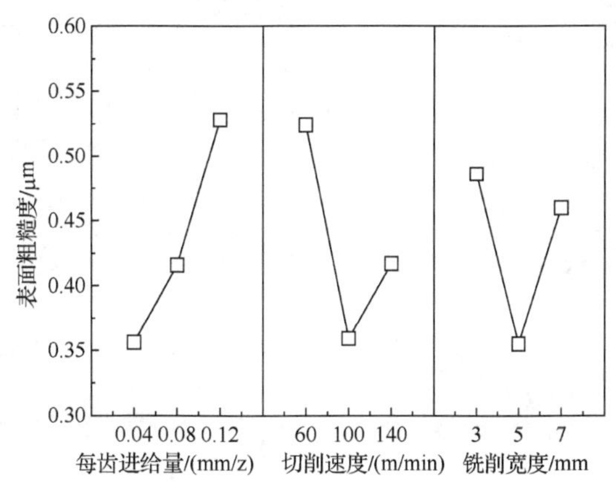

图 4.50　高速精密端面铣削工艺参数对钛合金 Ti1023 表面粗糙度的影响

2) 表面几何形貌

图 4.51 为高速精密端铣钛合金 Ti1023 表面几何形貌。图 4.51(f)可以看见明显的棱脊，分析其原因是采用了大的每齿进给量(0.12mm/z)和大的切削速度(140m/min)。从图 4.51(b)中只可以看见轻微的棱脊，加工表面比较平整，表面微观形态没有明显划伤，其最大波峰高度仅为 1.72μm，最大波谷深度为 2.07μm，原因是采用的每齿进给量小、切削速度高、铣削宽度大，其切削速度为 140m/min，每齿进给量为 0.04mm/z，铣削宽度为 7mm。研究表明，切削速度和每齿进给量配比组合会影响表面几何形貌，铣削宽度对表面几何形貌影响难以获得有效规律。图 4.51(a)、(b)中表面粗糙度 R_a 均在 0.5μm 以内，由其对应的参数可知，无论切削速度、铣削深度、铣削宽度在试验范围的取值如何，只要每齿进给量为 0.04mm/z 时，表面粗糙度 R_a 在 0.146～0.468μm；当每齿进给量为 0.08mm/z 和 0.12mm/z 时，随着切削速度的增加，均匀间隔凸起的棱脊的间距越来越大，其由密集向稀疏变化，这是因为铣削时铣刀前一齿与后一齿之间会有残留高度，而当每齿进给量保持一致时，切削速度高，进给速度也很快，使得这些凸起的棱脊在进给方向的位移增大。

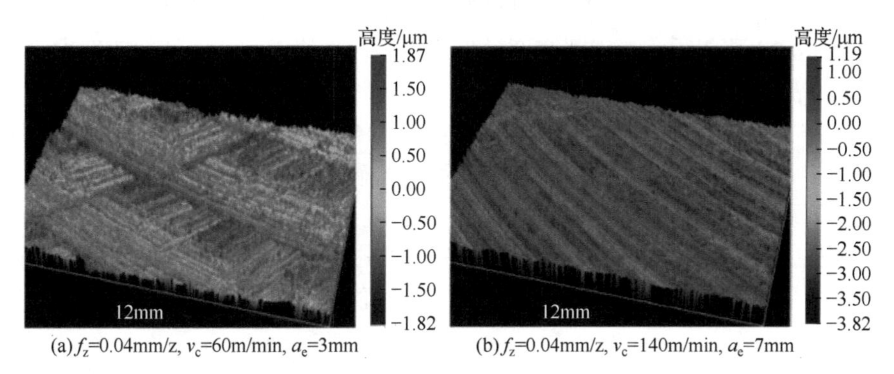

(a) f_z=0.04mm/z, v_c=60m/min, a_e=3mm　　(b) f_z=0.04mm/z, v_c=140m/min, a_e=7mm

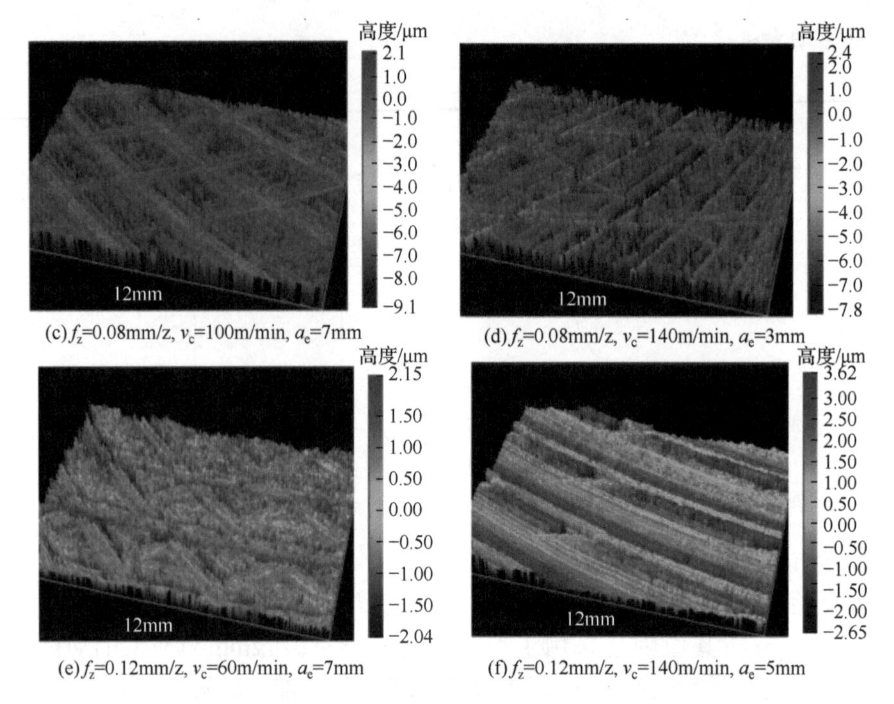

(c) f_z=0.08mm/z, v_c=100m/min, a_e=7mm　(d) f_z=0.08mm/z, v_c=140m/min, a_e=3mm

(e) f_z=0.12mm/z, v_c=60m/min, a_e=7mm　(f) f_z=0.12mm/z, v_c=140m/min, a_e=5mm

图 4.51　高速精密端面铣削钛合金 Ti1023 表面几何形貌

3) 微观组织

图 4.52 为钛合金 Ti1023 铣削表层微观组织。在工艺参数水平三下试件表面出现起伏不平，微观组织塑性变形明显。三种铣削工艺参数水平下，塑性变形层厚度分别约为 3μm、8μm 和 30μm。随着铣削工艺参数水平的提高，铣削力和铣削温度都增大，形成的塑性变形层厚度逐渐增大。

4) 显微硬度

对表 4.18 中测得的表面显微硬度采用多元线性回归分析方法，建立高速精密端面铣削钛合金 Ti1023 表面显微硬度经验模型，如式(4.34)所示：

$$\mathrm{HV} = 309.03 f_z^{0.006} v_c^{0.01} a_e^{0.012} \tag{4.34}$$

由式(4.34)可以看出，铣削宽度对表面显微硬度影响最大，切削速度次之，每齿进给量最小。

图 4.53 为高速精密端面铣削工艺参数对钛合金 Ti1023 表面显微硬度的影响规律。可以看出，在试验参数范围内，表面显微硬度变化范围在 320～330$\mathrm{HV}_{0.025}$，考虑测量误差，表面显微硬度基本不变。钛合金 Ti1023 铣削过程中铣削力引起的加工硬化占主导，而切削热影响次之。铣削力的主要影响因素是铣削深度，试验铣削深度为 0.2mm，因此形成的加工硬化不明显。

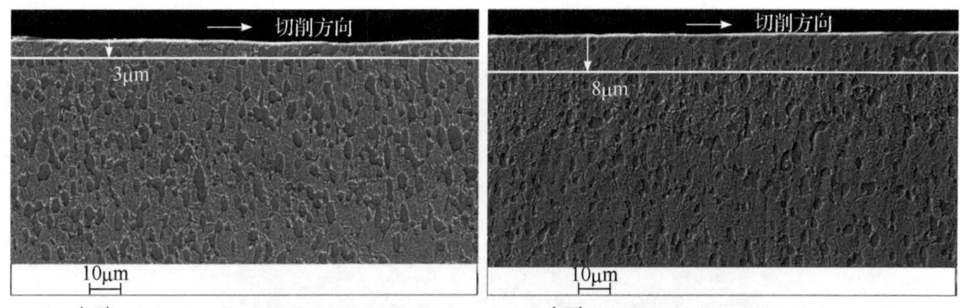

(a) 水平一f_z=0.02mm/z，v_c=40m/min，a_e=7mm　(b) 水平二f_z=0.08mm/z，v_c=100m/min，a_e=7mm

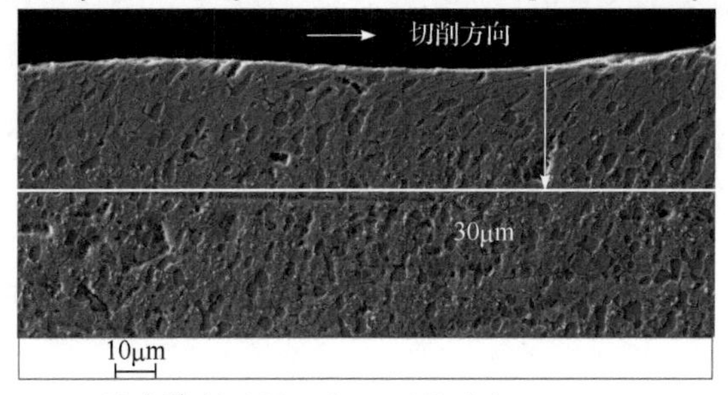

(c) 水平三f_z=0.20mm/z，v_c=160m/min，a_e=7mm

图 4.52　钛合金 Ti1023 铣削表层微观组织

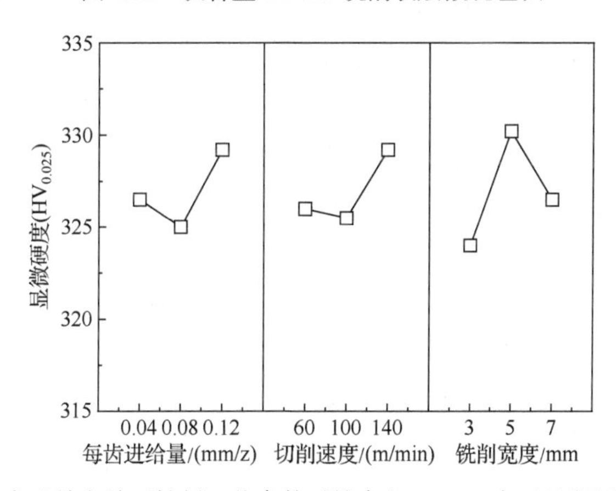

图 4.53　高速精密端面铣削工艺参数对钛合金 Ti1023 表面显微硬度的影响

图 4.54 为高速精密端面铣削钛合金 Ti1023 表层显微硬度梯度分布。从图中可以看出，显微硬度整体趋势为表面产生了一定的硬化，随着表面下深度的增加，显微硬度逐渐降低，直到趋于基体显微硬度。三种铣削工艺参数水平下，硬化层深度分别约为 70μm、150μm 和 220μm。随着铣削工艺参数水平的提高，铣削力都增大，在工件表面产生了强烈的塑性变形，另外，由于铣削过程产生的热量都积聚在工件表面，当冷却液喷到试件表面时，引起再次淬火，表面产生的硬化现

象较严重。

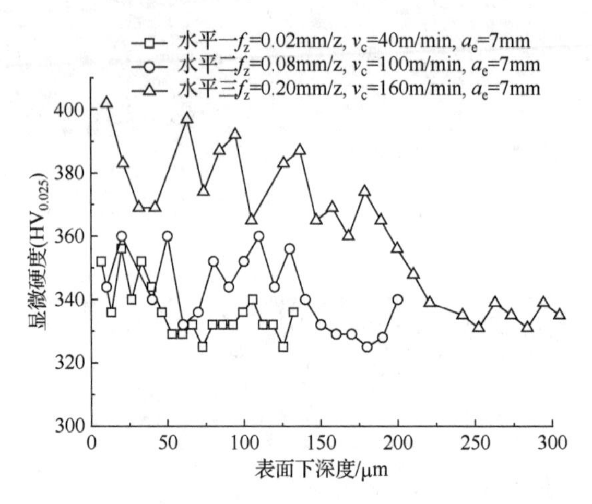

图 4.54　高速精密端面铣削钛合金 Ti1023 表层显微硬度梯度分布

5) 残余应力

对表 4.18 中测得的表面残余应力采用多元线性回归分析方法，建立高速精密端面铣削钛合金 Ti1023 表面残余应力经验模型，如式(4.35)所示：

$$\sigma_{\mathrm{r}} = -75.86 f_{\mathrm{z}}^{0.223} v_{\mathrm{c}}^{0.379} a_{\mathrm{e}}^{0.335} \tag{4.35}$$

通过对回归方程的显著性检验，P 为 0.03(<0.05)，因此建立的表面残余应力经验模型是显著的。从式(4.35)中可以看出，切削速度对表面残余应力影响最大，铣削宽度影响次之，每齿进给量影响最小。

图 4.55 为高速精密端面铣削工艺参数对钛合金 Ti1023 表面残余应力的影响规律。可以看出，随着每齿进给量、切削速度和铣削宽度的增大，表面残余压应

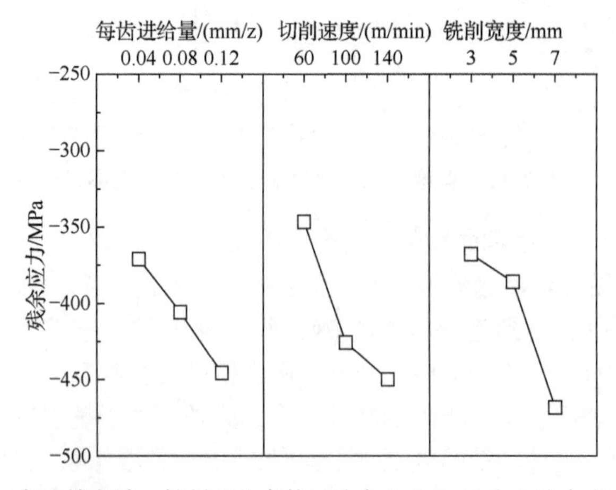

图 4.55　高速精密端面铣削工艺参数对钛合金 Ti1023 表面残余应力的影响

力都呈增大趋势。随着切削速度的提高，虽然铣削力降低，但是单位试件内刀具端刃的碾压、摩擦力加剧，造成残余压应力增大。

图 4.56 为高速精密端面铣削钛合金 Ti1023 表层残余应力梯度分布。可以看到，表面均表现为残余压应力，随着表面下深度的增加，残余压应力逐渐趋于稳定。三种铣削工艺参数水平下，残余压应力影响层深度分别约为 20μm、40μm 和 200μm，铣削工艺参数水平三条件下，最大残余压应力出现在表面下约 20μm 处。高速精密端面铣削钛合金 Ti1023 时，铣削力引起的塑性变形大于切削热的作用，影响残余压应力的形成。

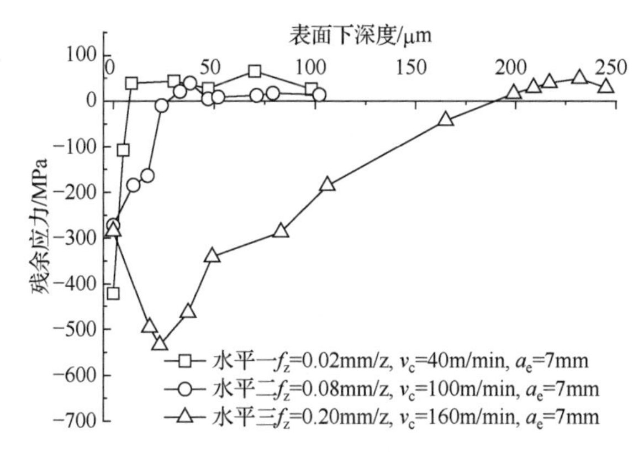

图 4.56　高速精密端面铣削钛合金 Ti1023 表层残余应力梯度分布

4.3.4　钛合金 TC11 球头刀高速精密铣削表面完整性

1) 表面粗糙度

针对钛合金 TC11 球头刀高速精密铣削工艺，采用面心立方(CCF)响应曲面法设计试验，研究铣削工艺参数对表面完整性的影响。试验刀具为四刃球头刀，材料为硬质合金 K44，前角 6°，后角 10°，螺旋角 40°，直径 6mm，铣刀总长度 80mm，球头刀侧倾角固定为 60°。具体试验方案和表面完整性测试结果见表 4.19。其中，σ_{rx} 为进给方向残余应力，σ_{ry} 为切宽方向残余应力。

表 4.19　球头刀高速精密铣削钛合金 TC11 响应曲面试验方案和表面完整性测试结果

序号	v_c/(m/min)	f_z/(mm/z)	a_p/mm	a_l/mm	R_a/μm	σ_{rx}/MPa	σ_{ry}/MPa
1	110	0.03	0.1	0.2	0.4677	−192.2	−180.94
2	190	0.03	0.1	0.2	1.224	−259.75	−200.67
3	110	0.05	0.1	0.2	1.195	−334.62	−313.09
4	190	0.05	0.1	0.2	0.7777	−305.04	−300.95
5	110	0.03	0.2	0.2	0.6973	−138.81	−171.9
6	190	0.03	0.2	0.2	0.8516	−218.18	−137.89

续表

序号	v_c/(m/min)	f_z/(mm/z)	a_p/mm	a_e/mm	R_a/μm	σ_{rx}/MPa	σ_{ry}/MPa
7	110	0.05	0.2	0.2	0.79	−263.15	−179.4
8	190	0.05	0.2	0.2	0.8918	−266.8	−175.47
9	110	0.03	0.1	0.4	1.289	−294.78	−277.29
10	190	0.03	0.1	0.4	1.4075	−328.67	−254.97
11	110	0.05	0.1	0.4	1.575	−206.4	−250.31
12	190	0.05	0.1	0.4	1.8618	−262.94	−242.8
13	110	0.03	0.2	0.4	1.4742	−322.22	−321.01
14	190	0.03	0.2	0.4	1.4784	−353.29	−248.06
15	110	0.05	0.2	0.4	1.9024	−240.46	−209.59
16	190	0.05	0.2	0.4	1.554	−283.26	−232.97
17	70	0.04	0.15	0.3	1.0042	−257.5	−203.36
18	230	0.04	0.15	0.3	0.9239	−242.8	−249.41
19	150	0.02	0.15	0.3	1.2716	−233.26	−220.98
20	150	0.06	0.15	0.3	1.9566	−255.05	−213.3
21	150	0.04	0.05	0.3	1.1692	−250.34	−236.79
22	150	0.04	0.25	0.3	1.6687	−296.88	−230.23
23	150	0.04	0.15	0.1	0.3122	−247	−231.67
24	150	0.04	0.15	0.5	2.005	−334.64	−262.16
25	150	0.04	0.15	0.3	1.3062	−253.05	−223.05
26	150	0.04	0.15	0.3	1.3482	−228.54	−218.54
27	150	0.04	0.15	0.3	1.2777	−278.96	−258.96
28	150	0.04	0.15	0.3	1.1389	−231.79	−221.79
29	150	0.04	0.15	0.3	1.0834	−278.64	−258.64
30	150	0.04	0.15	0.3	1.2859	−271.99	−241.99

对表 4.19 中测得的表面粗糙度采用多元线性回归分析方法，建立高速精密铣削钛合金 TC11 表面粗糙度经验模型，如式(4.36)所示：

$$
\begin{aligned}
R_a = & -1.97 + 0.03v_c - 27.61f_z - 0.02a_p + 3.57a_e - 0.22v_c f_z \\
& - 0.03v_c a_p - 8.34\times10^{-3} v_c a_e - 48.07 f_z a_p + 51.88 f_z a_e \\
& + 8.86a_p a_e - 5.08\times10^{-5} v_c^2 + 811.64 f_z^2 + 12.95 a_p^2 - 3.27 a_e^2
\end{aligned} \tag{4.36}
$$

根据模型方差分析结果可知，模型在显著性水平 α=0.01 之下，极显著，置信度 99%，可以认为所建立的表面粗糙度预测模型是显著的。

图 4.57 为球头刀高速精密铣削工艺参数对钛合金 TC11 表面粗糙度的影响。

由图 4.57(a)可知，切削速度从 70m/min 增加到 150m/min，表面粗糙度 R_a 从 1.00μm 增大到 1.24μm；切削速度从 150m/min 增加到 230m/min，表面粗糙度又减小至 0.92μm。按照球头刀铣削表面粗糙度形成过程，表面粗糙度的形成与切削速度没有关系，但是实际上切削速度的变化会使得铣削过程中的铣削温度发生变化，进而影响材料的性能，使表面粗糙度发生变化，切削速度在变化过程中与其他铣削参数不匹配时会带来切削系统的振动，进而影响表面粗糙度。从图 4.57(b)可以看出，每齿进给量从 0.02mm/z 增加到 0.04mm/z 时，表面粗糙度从 1.27μm 减小到 1.24μm，表面粗糙度变化很小；每齿进给量从 0.04mm/z 增加到 0.06mm/z 时，表面粗糙度又增大到 1.96μm，增大幅度较大。从图 4.57(c)可以看出，当铣削深度从 0.05mm 增加到 0.15mm 时，表面粗糙度从 1.17μm 增大到 1.24μm，增大幅度较小；当铣削深度从 0.15mm 增加到 0.25mm 时，表面粗糙度继续增大到 1.67μm，这是因为在其他铣削参数固定的情况下，铣削深度的增加会使残留高度增大，进而使表面粗糙度增大。表面粗糙度随铣削深度的变化规律与随每齿进给量的变化规律相似，都是随着两者增加先小幅度地变化，然后较大幅度地增加，但是总体来看，在每齿进给量与铣削深度各自的区间内，每齿进给量对表面粗糙度的影响更

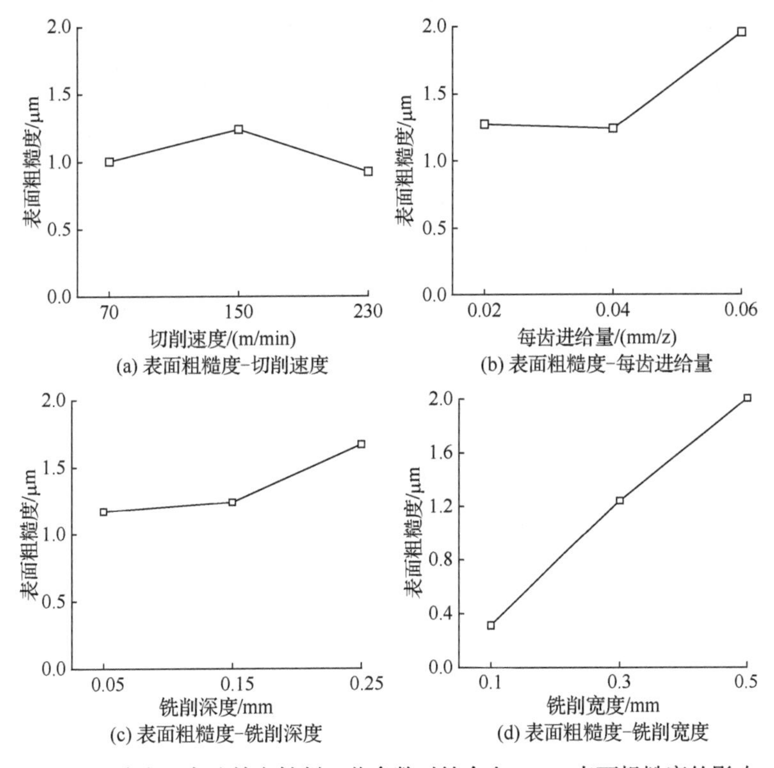

图 4.57　球头刀高速精密铣削工艺参数对钛合金 TC11 表面粗糙度的影响

大。从图 4.57(d)可以看出，当铣削宽度从 0.1mm 增加到 0.3mm 时，表面粗糙度从 0.31μm 增大到 1.24μm；当铣削宽度从 0.3mm 增加到 0.5mm 时，表面粗糙度继续增大到 2.01μm。可以看出，表面粗糙度在铣削宽度区间内变化幅度非常大，出现这种变化趋势的原因是残留高度主要由铣削宽度决定。因此，为了控制表面粗糙度，在对铣削宽度进行优选时，应在较小的铣削宽度内进行。

2) 表面几何形貌

图 4.58 为三种铣削工艺参数水平下钛合金 TC11 表面几何形貌。可以看出，使用球头刀铣削加工的表面呈现出一定规律的波峰和波谷，这是因为铣削为断续切削，相邻两个刀刃切入工件的时间不同，而此时刀具仍然在作进给运动，因此会留下一部分材料无法被切除。从图 4.58(a)可以看出，表面几何形貌较为均匀、紧密，残留高度较小；从图 4.58(b)和(c)可以看出，表面几何形貌变得凹凸不平，这是因为每齿进给量和铣削宽度增大时，在进给方向和切宽方向的残留高度会增大，残留高度之间的距离也会增大，而铣削深度增大会导致切屑的弧长变长，同时会增加进给和切宽方向的残留高度。

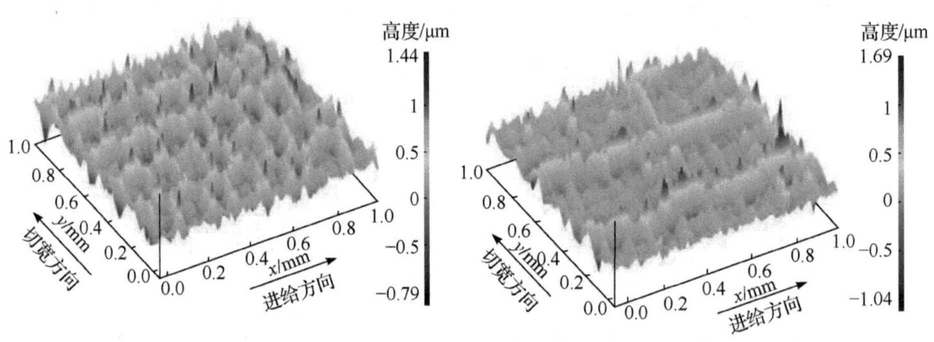

(a) v_c=110m/min,f_z=0.03mm/z,a_p=0.1mm,a_e=0.2mm　(b) v_c=150m/min,f_z=0.04mm/z,a_p=0.15mm,a_e=0.3mm

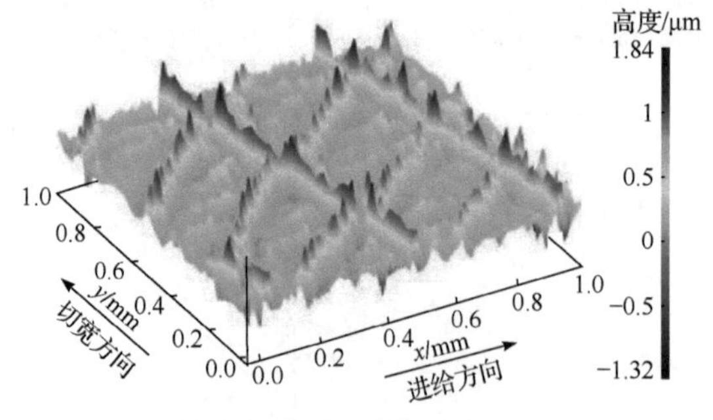

(c) v_c=190m/min,f_z=0.05mm/z,a_p=0.2mm,a_e=0.4mm

图 4.58　三种工艺参数水平下球头刀高速精密铣削钛合金 TC11 表面几何形貌

3) 微观组织

图 4.59 为三种铣削工艺参数水平下钛合金 TC11 表层微观组织。可以看出，

钛合金 TC11 铣削表层微观组织的主要变化为塑性变形，铣削工艺参数水平较低时，近表面 β 相破碎并沿着切削速度方向发生了弯折，表层塑性变形不明显；当铣削工艺参数水平增大后，可以发现塑性变形程度和塑性变形层厚度增大，塑形变形层厚度分别达到了 1.3μm 和 3μm。

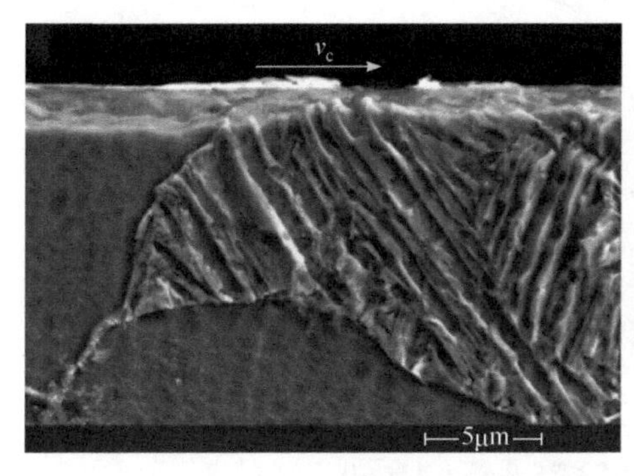

(a) v_c=110m/min, f_z=0.03mm/z, a_p=0.1mm, a_e=0.2mm

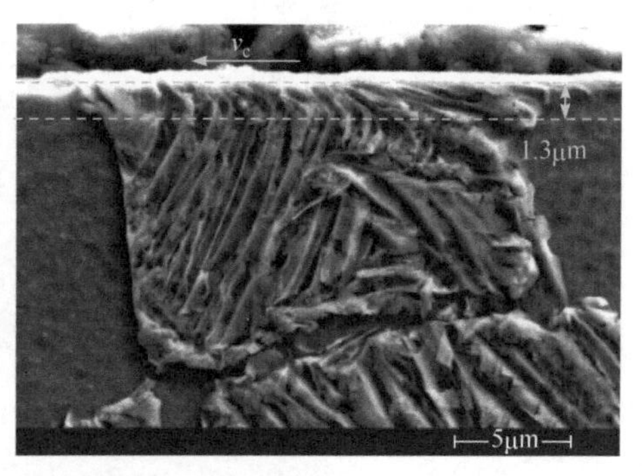

(b) v_c=150m/min, f_z=0.04mm/z, a_p=0.15mm, a_e=0.3mm

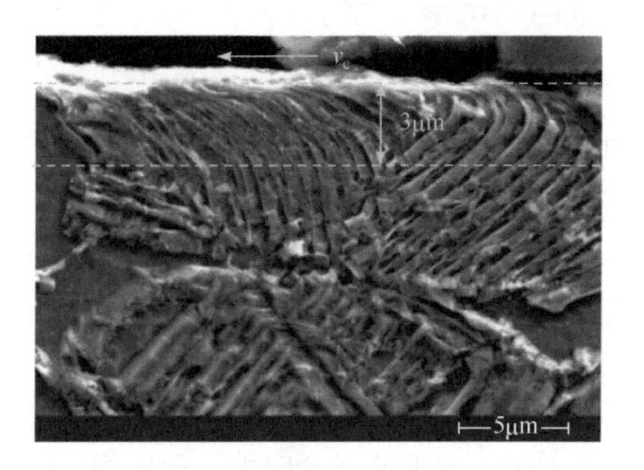

(c) v_c=190m/min, f_z=0.05mm/z, a_p=0.2mm, a_e=0.4mm

图 4.59　三种工艺参数水平下球头刀高速精密铣削钛合金 TC11 表层微观组织

4) 显微硬度

图 4.60 为三种铣削工艺参数水平下钛合金 TC11 表层显微硬度梯度分布。钛合金 TC11 基体显微硬度范围为 335～345$HV_{0.025}$，从图 4.60 中可以看出，三种铣削工艺参数水平下表层显微硬度梯度分布具有相同的特点，表面显微硬度最大，分别约为 356$HV_{0.025}$、360$HV_{0.025}$ 和 367$HV_{0.025}$，然后随表面下深度的增加逐渐减小至基体显微硬度，硬化层深度均在 30μm 左右。

5) 残余应力

对表 4.19 中测得的表面残余应力采用多元线性回归分析方法，建立高速精密铣削钛合金 TC11 表面残余应力经验模型，如式(4.37)所示：

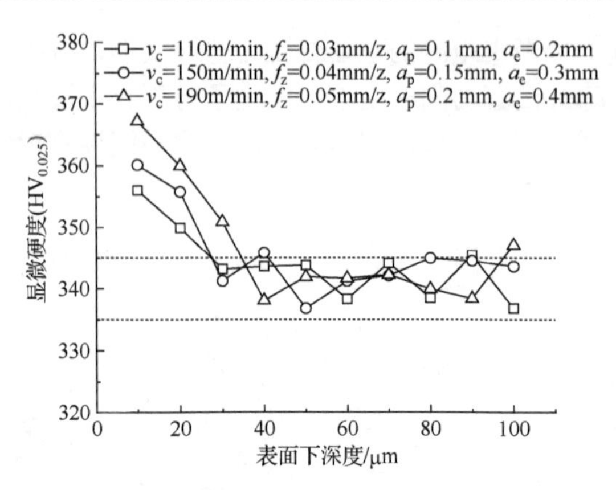

图 4.60　三种工艺参数水平下球头刀高速精密铣削钛合金 TC11 表层显微硬度梯度分布

$$
\begin{cases}
\sigma_{rx} = 219.34 - 1.05v_c - 18690.84f_z + 1780.33a_p - 658.08a_e \\
\quad + 21.63v_c f_z - 0.89v_c a_p - 0.67v_c a_e + 1553.75f_z a_p + 41660.62f_z a_e \\
\quad - 3888.87a_p a_e + 8.63\times10^{-4}v_c^2 + 28805.2f_z^2 - 1793.29a_p^2 - 878.57a_e^2 \\
\sigma_{ry} = 227.45 + 0.33v_c - 15291.15f_z - 299.26a_p - 663.16a_e \\
\quad - 17.08v_c f_z + 2.03v_c a_p + 0.76v_c a_e + 34338.74f_z a_p + 27698.12f_z a_e \\
\quad - 3965.62a_p a_e - 1.67\times10^{-3}v_c^2 + 49896.87f_z^2 + 358.87a_p^2 - 245.4a_e^2
\end{cases}
\tag{4.37}
$$

模型方差分析结果表明，两个回归方程在显著性水平 α=0.01 条件下，表面残余应力经验模型极显著，置信度 99%，因此可以认为建立的表面残余应力预测模型是显著的。

图 4.61 为球头刀高速精密铣削工艺参数对钛合金 TC11 表面残余应力的影响。如图 4.61(a)所示，两个方向上的残余应力呈现出相反的变化趋势；随切削速度增大，进给方向上的残余压应力先增大后减小，变化幅度达到了 54MPa，而切宽方向上的残余压应力先减小后增大，变化幅度较小，仅为 20MPa。如图 4.61(b)所示，每齿进给量从 0.02mm/z 增加到 0.04mm/z 时，两个方向上的残余压应力都增大，这种变化趋势可以解释为每齿进给量增大使得被切除材料的厚度增加，引起了铣削力的增大，挤压效应加剧导致残余压应力增大。每齿进给量从 0.04mm/z 增加到 0.06mm/z 时，切宽方向残余应力减小，进给方向残余应力稳定不变。如图 4.61(c)所示，铣削深度的变化对切宽方向残余应力影响并不大，变化幅度仅为 7MPa；进给方向残余压应力则随铣削深度增大而增大，变化幅度为 46MPa。因为铣削深度的增加会增加材料的切削厚度，切除材料需要更大的铣削力，所以机械应力增大，表面残余应力增大。如图 4.61(d)所示，两个方向上的残余压应力都随着铣削宽度的增加而增大，但是切宽方向上变化较小，进给方向变化很大，变化幅度达到了 87MPa，这种变化趋势产生的原因与铣削深度一样，都是切削层厚度

的增加。

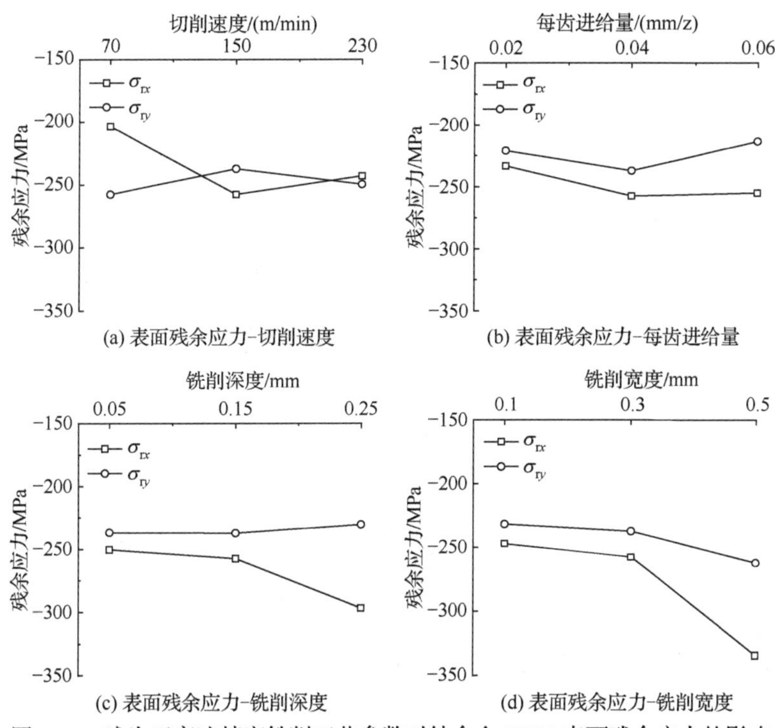

(a) 表面残余应力-切削速度　(b) 表面残余应力-每齿进给量

(c) 表面残余应力-铣削深度　(d) 表面残余应力-铣削宽度

图 4.61　球头刀高速精密铣削工艺参数对钛合金 TC11 表面残余应力的影响

图 4.62 为三种铣削工艺参数水平下钛合金 TC11 表层残余应力梯度分布。三种铣削工艺参数水平下表层残余应力都表现为相同的分布状态：表面为残余压应力并且随着表面下深度增加，残余压应力逐渐减小至基体残余应力。三种铣削工艺参数水平下，进给方向表面残余应力分别约为−180.94MPa、−223.05MPa和−277.29MPa，切宽方向表面残余应力分别约为−192.2MPa、−253.05MPa 和−336.78MPa，残余应力影响层深度分别约为 20μm、30μm 和 45μm。综上，铣削工艺参数水平增大，铣削表面残余压应力和残余应力影响层深度都增大。

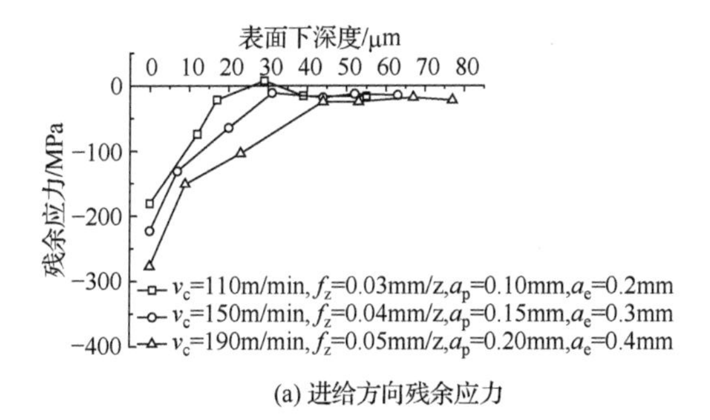

(a) 进给方向残余应力

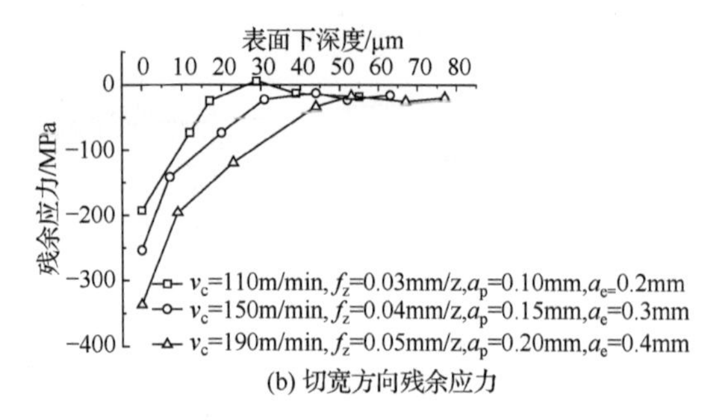

(b) 切宽方向残余应力

图 4.62　三种工艺参数水平下球头刀高速精密铣削钛合金 TC11 表层残余应力梯度分布

4.3.5　钛合金 Ti60 球头刀高速精密铣削表面完整性

1) 表面粗糙度

针对钛合金 Ti60 球头刀高速精密铣削工艺，采用面心立方(CCF)响应曲面法设计试验，研究铣削工艺参数对表面完整性的影响。试验刀具为四刃球头刀，材料为硬质合金 K44，前角 6°，后角 10°，螺旋角 40°，直径 6mm，铣刀总长度 80mm，球头刀侧倾角固定为 60°。铣削宽度固定为 0.2mm，试验方案和表面完整性测试结果见表 4.20。其中，σ_{rx} 为进给方向残余应力，σ_{ry} 为切宽方向残余应力。

表 4.20　球头刀高速精密铣削钛合金 Ti60 响应曲面试验方案和表面完整性测试结果

序号	v_c/(m/min)	f_z/(mm/z)	a_p/mm	R_a/μm	σ_{rx}/MPa	σ_{ry}/MPa
1	120	0.02	0.05	0.418	−199.89	−258.65
2	200	0.02	0.05	0.619	−216.53	−274.57
3	120	0.08	0.05	0.450	−310.19	−328.38
4	200	0.08	0.05	0.667	−305.00	−344.43
5	120	0.02	0.25	0.407	−309.87	−330.45
6	200	0.02	0.25	0.541	−267.03	−352.91
7	120	0.08	0.25	0.776	−376.49	−392.72
8	200	0.08	0.25	0.825	−330.15	−362.36
9	120	0.05	0.15	0.550	−326.84	−362.90
10	200	0.05	0.15	0.598	−334.20	−375.82
11	160	0.02	0.15	0.592	−300.42	−368.06
12	160	0.08	0.15	0.726	−282.13	−319.85
13	160	0.05	0.05	0.709	−278.73	−372.47
14	160	0.05	0.25	0.655	−266.19	−374.31
15	160	0.05	0.15	0.725	−294.72	−372.87
16	160	0.05	0.15	0.692	−321.47	−322.41
17	160	0.05	0.15	0.743	−324.17	−378.11

续表

序号	v_c/(m/min)	f_z/(mm/z)	a_p/mm	R_a/μm	σ_{rx}/MPa	σ_{ry}/MPa
18	160	0.05	0.15	0.696	−263.02	−366.34
19	160	0.05	0.15	0.643	−313.06	−340.59
20	160	0.05	0.15	0.706	−282.69	−356.11

对表 4.20 中测得的表面粗糙度采用多元线性回归分析方法，建立高速精密铣削钛合金 Ti60 表面粗糙度经验模型，如式(4.38)所示：

$$R_a = -1.4367 + 0.023v_c + 2.1365f_z + 0.0774a_p - 0.007v_cf_z - 0.007v_ca_p + 23.8499f_za_p - 0.0000622v_c^2 - 16.4983f_z^2 + 0.8201a_p^2 \tag{4.38}$$

从方差分析表可以看出回归项的 $P<0.05$，模型的自由度为 9，残差为 10。通过查阅方差分析表，当回归方程在显著性水平为 $\alpha=0.05$，置信度为 95%时的 $F_{0.05}(9,10)=3.02$，表面粗糙度预测模型的计算统计量 $F=10.68>F_{0.05}(9,10)=3.02$，因此表面粗糙度预测模型是显著的。

图 4.63 为球头刀高速精密铣削工艺参数对钛合金 Ti60 表面粗糙度的影响。如图 4.63(a)所示，切削速度由 120m/min 变化为 200m/min，表面粗糙度呈现先增

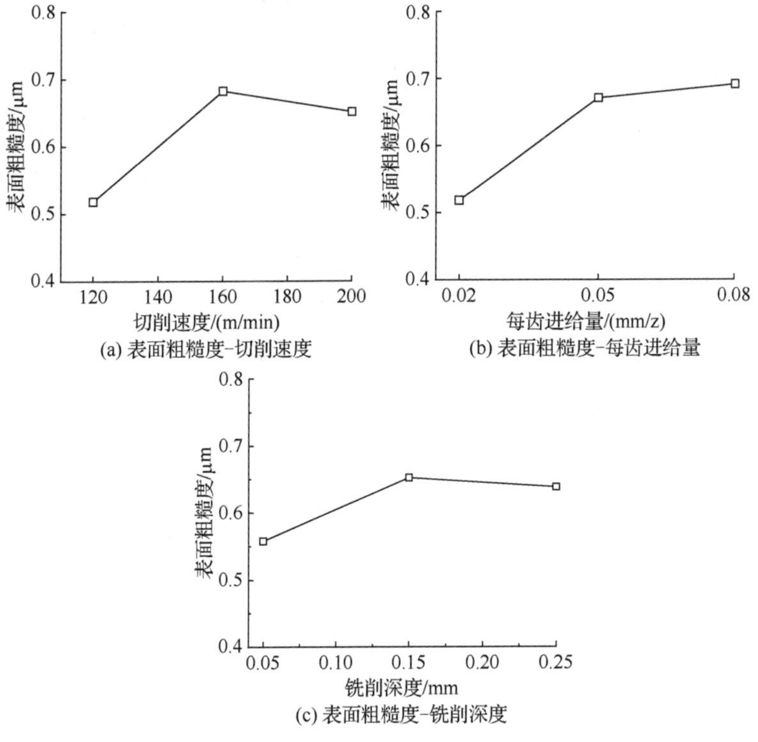

图 4.63　球头刀高速精密铣削工艺参数对钛合金 Ti60 表面粗糙度的影响

大后减小的变化趋势。如图 4.63(b)所示，每齿进给量由 0.02mm/z 变化为 0.08mm/z 过程中，表面粗糙度呈正相关变化。如图 4.63(c)所示，当铣削深度从 0.05mm 变化为 0.15mm 过程中，表面粗糙度 R_a 由 0.573μm 增至 0.668μm；铣削深度由 0.15mm 变化为 0.25mm 过程中，表面粗糙度 R_a 由 0.668μm 降至 0.641μm。

2) 表面几何形貌

铣削加工的走刀路径和加工参数会对表面几何形貌造成影响。在不考虑加工振动等因素的情况下，加工表面几何形貌主要取决于铣削工艺参数等。图 4.64 为三种铣削工艺参数水平下钛合金 Ti60 表面几何形貌。可以看出，铣削加工表面存在沿着铣削加工方向的表面纹理，呈现出一高一低的波峰和波谷，清晰地展现了刀具切削刃的运动轨迹。波峰和波谷有规律地出现在试件表面，这是因为铣削加工是断续加工，4 个刀齿依次参与切削，部分工件材料不能被有效切除。从图 4.64(a)中可以看出，表面几何形貌较为均匀、紧密，残留高度较小。从图 4.64(b)和(c)中可以看出，表面纹理沟壑变得更加凹凸不平，残留高度之间距离逐渐变大并且残留高度不断增大。铣削工艺参数水平三下表面纹理为由平缓的状态变化为高低不平的表面纹理，突出的棱脊高度和间距增大，这是因为随着每齿进给量和

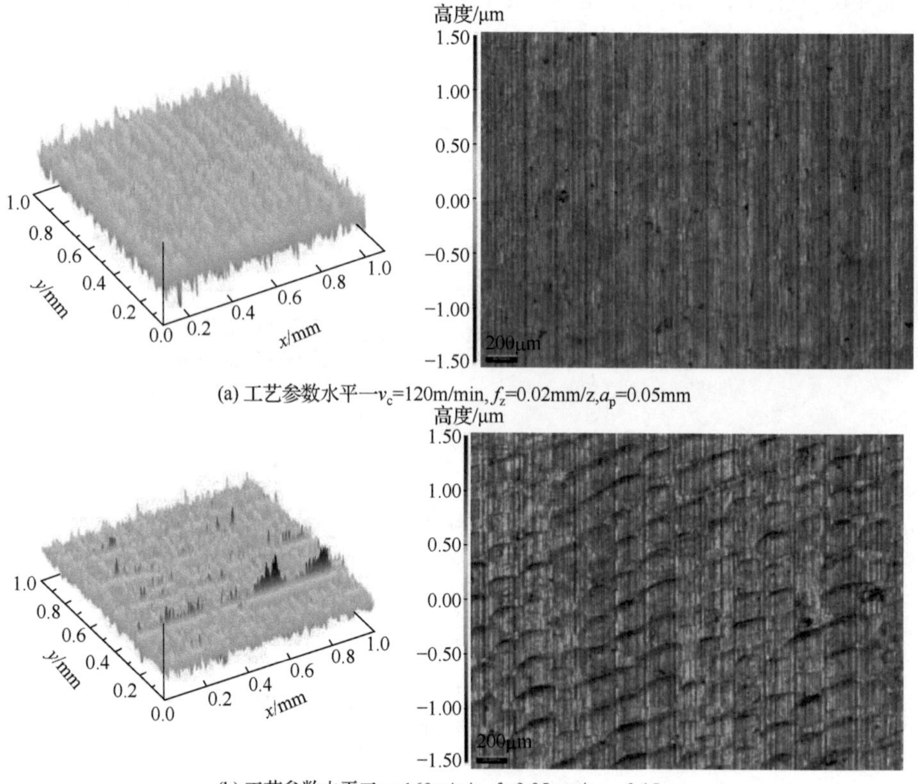

(a) 工艺参数水平一v_c=120m/min, f_z=0.02mm/z, a_p=0.05mm

(b) 工艺参数水平二v_c=160m/min, f_z=0.05mm/z, a_p=0.15mm

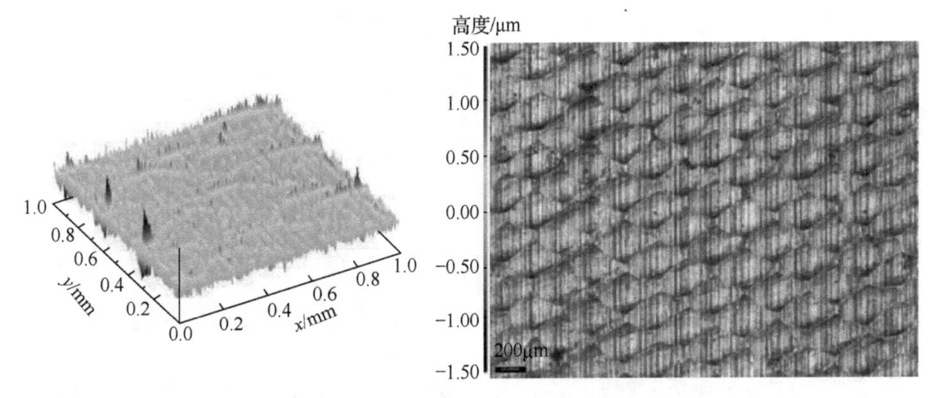

(c) 工艺参数水平三v_c=200m/min, f_z=0.08mm/z, a_p=0.25mm

图 4.64　三种工艺参数水平下球头刀高速精密铣削钛合金 Ti60 表面几何形貌

铣削深度的增大。随着铣削工艺参数水平的增大，表面粗糙度呈现先迅速增大然后缓慢增大的趋势。可以看出，铣削工艺参数之间的配比会影响表面几何形貌及表面纹理的形成。

3) 微观组织

图 4.65 为三种铣削工艺参数水平下钛合金 Ti60 基体和表层微观组织。图 4.65(a)

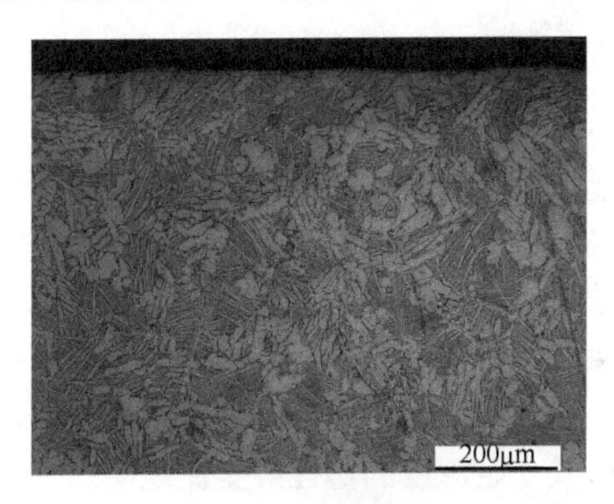

(a) 基体微观组织

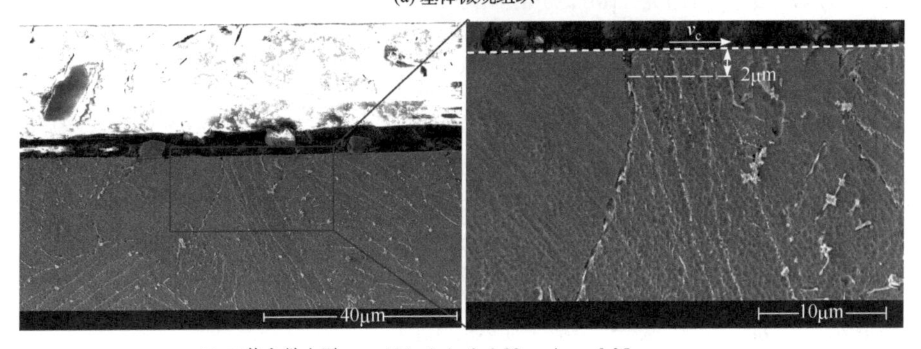

(b) 工艺参数水平一v_c=120m/min, f_z=0.02mm/z, a_p=0.05mm

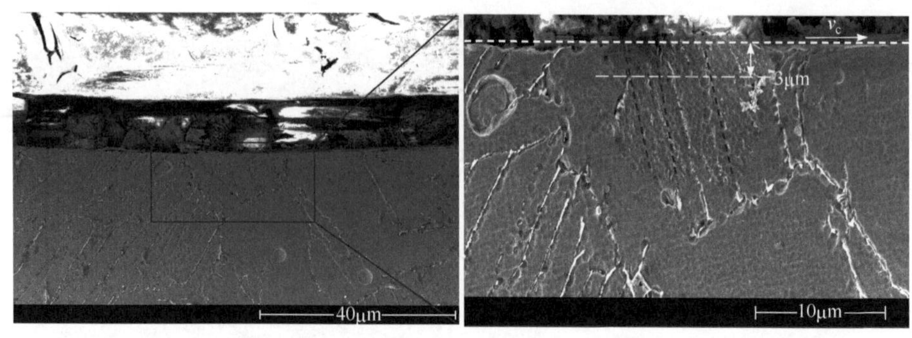

(c) 工艺参数水平二v_c=160m/min,f_z=0.05mm/z,a_p=0.15mm

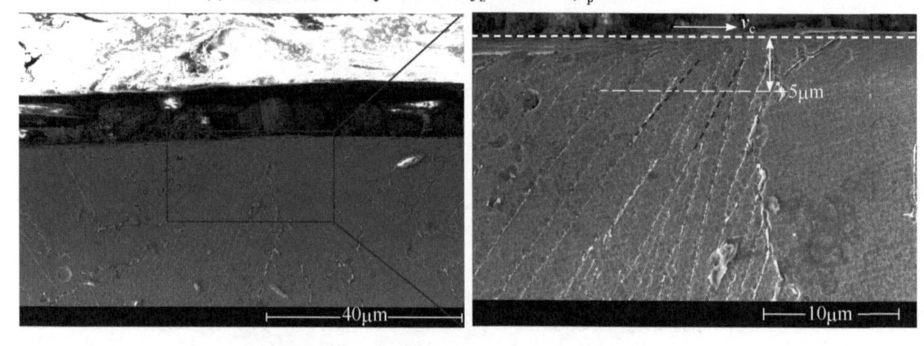

(d) 工艺参数水平三v_c=200m/min,f_z=0.08mm/z,a_p=0.25mm

图 4.65　三种工艺参数水平下球头刀高速精密铣削钛合金 Ti60 基体和表层微观组织

为钛合金 Ti60 在光学显微镜下的低倍组织，经过固溶和时效处理后的低倍组织主要是两相($\alpha+\beta$)组成，原始 β 相晶界已经破碎，在 β 相转变组织基体上分布的等轴初生 α 相，无粗大连续和网状的晶界 α 相。基体为片状 α 相与残余 β 相组成的 β 相转变组织，约含有 20%的等轴 α 相分布在基体上，少量的片状 α 相呈现丛簇平行状[10]。从图 4.65(b)、(c)和(d)中可以看出，高速精密铣削加工后的表层微观组织均发生了塑性变形，形成一定深度的塑性应变流线层。三种铣削工艺参数水平下塑性变形层厚度分别约为 2μm、3μm 和 5μm。

4) 显微硬度

图 4.66 为三种铣削工艺参数水平下钛合金 Ti60 表层显微硬度梯度分布。钛合金 Ti60 基体显微硬度在 320～330$HV_{0.025}$。三种铣削工艺参数水平下显微硬度梯度分布规律基本一致，近表面的显微硬度最大，随着表面下深度的增加，显微硬度逐渐降低并来回波动，直至达到钛合金 Ti60 基体显微硬度。三种铣削工艺参数水平下加工试件表面显微硬度分别为 339$HV_{0.025}$、342$HV_{0.025}$ 和 348$HV_{0.025}$，出现了不同程度的加工硬化，硬化程度分别约为 4.6%、5.5%和 7.4%。三种铣削工艺参数水平下加工硬化层深度均约为 20μm。

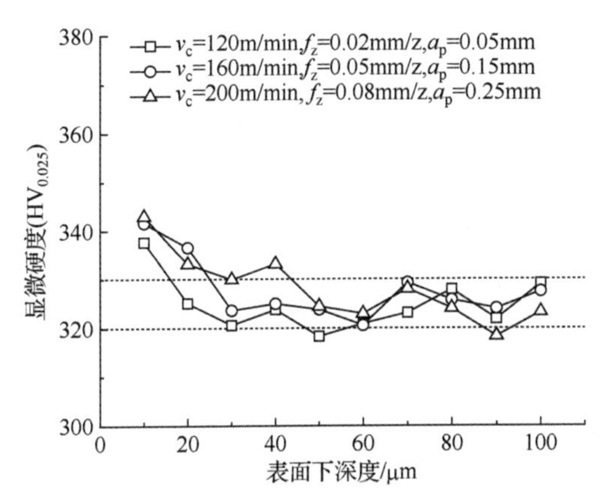

图 4.66　三种工艺参数水平球头刀高速精密铣削钛合金 Ti60 表层显微硬度梯度分布

5) 残余应力

对表 4.20 中测得的表面残余应力采用多元线性回归分析方法，建立高速精密铣削钛合金 Ti60 表面残余应力经验模型，如式(4.39)所示：

$$\begin{cases}\sigma_{rx}=-159.58+0.35v_c-6517.68f_z-317.29a_p+5.48v_cf_z+1.24v_ca_p\\ \qquad +2827.91f_za_p-2.85v_c^2+45383.33f_z^2-858.99a_p^2\\ \sigma_{ry}=-563.03+6.42v_c-2443.07f_z-2080.76a_p+2.63v_cf_z+3.14v_ca_p\\ \qquad +2876.24f_za_p-0.021v_c^2+5554.04f_z^2+3881.36a_p^2\end{cases} \tag{4.39}$$

从方差分析表可以看出回归项的 $P<0.05$，模型的自由度为 9，残差为 10。通过查阅方差分析表，当回归方程在显著性水平 $\alpha=0.05$，置信度为 95%的情况下的 $F_{0.05}(9,10)=3.02$，进给和切宽方向表面残余应力预测模型的计算统计量分别为 $F=5.01$ 和 $F=3.41$，均大于 $F_{0.05}(9,10)$，因此表面残余应力预测模型是显著的。

图 4.67 为球头刀高速精密铣削工艺参数对钛合金 Ti60 表面残余应力的影响。如图 4.67(a)所示，切削速度由 120m/min 变化为 200m/min 过程中，两个方向表面残余压应力呈现先减小后增大的趋势。如图 4.67(b)所示，每齿进给量由 0.02mm/z 增大为 0.08mm/z 过程中，两个方向的表面残余压应力呈现先增大后减小的趋势。如图 4.67(c)所示，铣削深度由 0.05mm 变化为 0.25mm 过程中，切宽方向的表面残余压应力呈现先增大后减小的趋势。

图 4.68 为三种铣削工艺参数水平下钛合金 Ti60 表层残余应力梯度分布。三种铣削工艺参数水平下残余应力梯度分布规律基本一致，已加工表面残余压应力最大，随着表面下深度的增加，进给方向残余应力和切宽方向残余应力逐渐降低，并趋于稳定。在铣削工艺参数水平一条件下，进给方向和切宽方向表面残余压应力分别约为−258.65MPa 和−199.89MPa，残余压应力影响层深度约为 15μm。在铣削工艺参数水平二条件下，进给方向和切宽方向表面残余压应力分别约为−372.87MPa

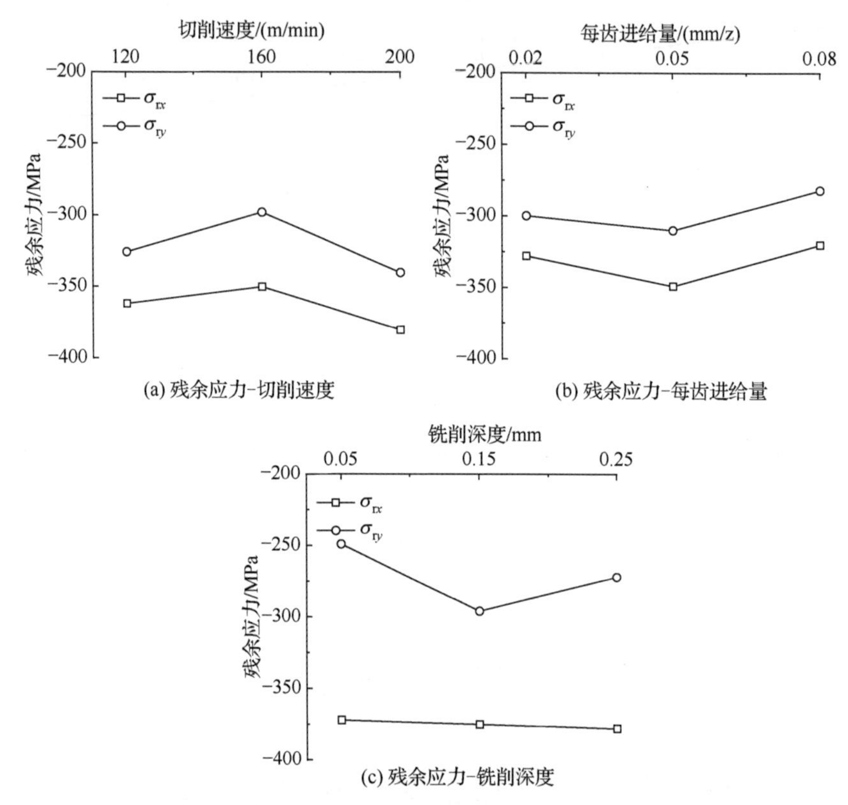

(a) 残余应力-切削速度　　(b) 残余应力-每齿进给量

(c) 残余应力-铣削深度

图 4.67　球头刀高速精密铣削工艺参数对钛合金 Ti60 表面残余应力的影响

和−294.72MPa，残余应力影响层深度约为 25μm。在铣削工艺参数水平三条件下，进给方向和切宽方向表面残余压应力分别约为−362.36MPa 和−330.15MPa，残余应力影响层深度约为 30μm。

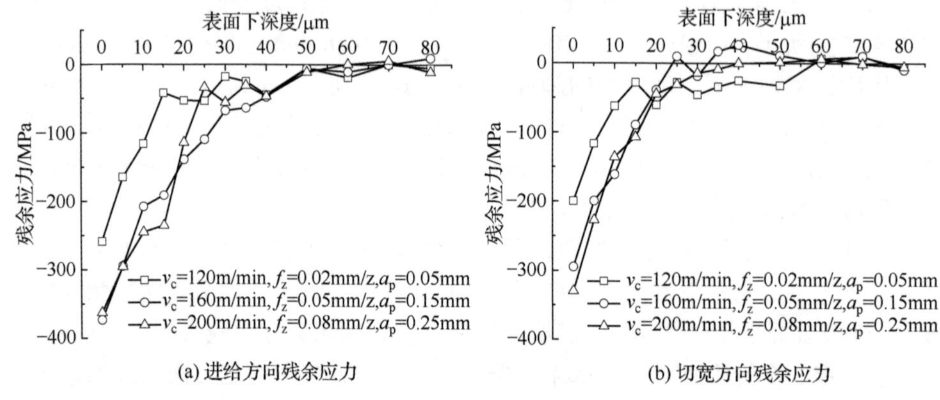

(a) 进给方向残余应力　　(b) 切宽方向残余应力

图 4.68　三种工艺参数水平球头刀高速精密铣削钛合金 Ti60 表层残余应力梯度分布

4.3.6　高温合金 GH4169 球头刀精密铣削表面完整性

1) 表面粗糙度

针对高温合金 GH4169 球头刀精密铣削工艺，采用面心立方(CCF)响应曲面法设计试验，研究铣削工艺参数对表面完整性的影响。试验刀具为硬质合金涂层四刃球头刀，前角 5°，后角 9°，螺旋角 30°，直径 8mm，铣刀总长度 60mm，球头刀侧倾角固定为 60°。铣削宽度固定为 0.25mm，试验方案和表面完整性测试结果见表 4.21，其中，σ_{rx} 为进给方向残余应力，σ_{ry} 为切宽方向残余应力。

表 4.21　球头刀精密铣削高温合金 GH4169 响应曲面试验方案和表面完整性测试结果

序号	v_c/(m/min)	f_z/(mm/z)	a_p/mm	R_a/μm	σ_{rx}/MPa	σ_{ry}/MPa
1	20	0.02	0.1	0.368	−307.88	−600.1
2	60	0.02	0.1	0.438	−319.63	−565.27
3	20	0.08	0.1	0.530	−98.56	−224.19
4	60	0.08	0.1	0.571	−48.26	−108.03
5	20	0.02	0.3	0.547	−438.38	−727.64
6	60	0.02	0.3	0.598	−428.54	−658.89
7	20	0.08	0.3	0.610	−178.67	−519.38
8	60	0.08	0.3	0.872	−106.82	−285.29
9	20	0.05	0.2	0.396	−124.05	−321.94
10	60	0.05	0.2	0.510	102.72	−69.10
11	40	0.02	0.2	0.642	−381.53	−688.7
12	40	0.08	0.2	0.868	−118.39	−352.75
13	40	0.05	0.1	0.478	−163.16	−312.88
14	40	0.05	0.3	0.800	−258.59	−449.18
15	40	0.05	0.2	0.646	−264.33	−491.15
16	40	0.05	0.2	0.659	−225.79	−392.66
17	40	0.05	0.2	0.675	−212.04	−461.66
18	40	0.05	0.2	0.631	−283.04	−515.78
19	40	0.05	0.2	0.634	−251.68	−432.81
20	40	0.05	0.2	0.615	−139.94	−382.65

对表 4.21 中测得的表面粗糙度采用多元线性回归分析方法，建立精密铣削高温合金 GH4169 表面粗糙度经验模型，如式(4.40)所示：

$$\begin{aligned} R_a = & -0.066 + 0.036v_c + 1.168f_z + 0.538a_p + 0.0379v_cf_z \\ & + 0.0126v_ca_p + 1.782f_za_p - 0.046v_c^2 + 12.6f_z^2 - 0.223a_p^2 \end{aligned} \tag{4.40}$$

为检验拟合模型的显著性，对 R_a 与铣削参数的关系模型进行方差分析，模型自由度为 9，残差的自由度为 10，查阅方差 F 检验表可知，在显著性水平 α=0.01，置信度 99%的条件下，$F_{0.01}(9,10)$=4.95。模型统计量 F 为 19.02，大于 $F_{0.01}(9,10)$，因此所建表面粗糙度与铣削参数的关系模型具有显著性。

图 4.69 为球头刀精密铣削工艺参数对高温合金 GH4169 表面粗糙度的影响。如图 4.69(a)所示，随着切削速度的提升，表面粗糙度呈现先增大后减小的趋势。当切削速度由 20m/min 提升至 40m/min 时，表面粗糙度 R_a 由 0.396μm 增大至 0.675μm，随着切削速度的继续提升，表面粗糙度开始降低，当切削速度为 60m/min 时，表面粗糙度为 0.510μm。如图 4.69(b)所示，表面粗糙度随每齿进给量的增大而增大，当 f_z=0.08mm/z 时，表面粗糙度达到最大值 0.868μm，这是因为 f_z 的增大使铣削残留高度和平均切削厚度增大。如图 4.69(c)所示，表面粗糙度随铣削深度的增加近似线性递增。铣削深度为 0.1mm 时，表面粗糙度为 0.478μm，当铣削深度为 0.3mm 时，表面粗糙度为 0.800μm。

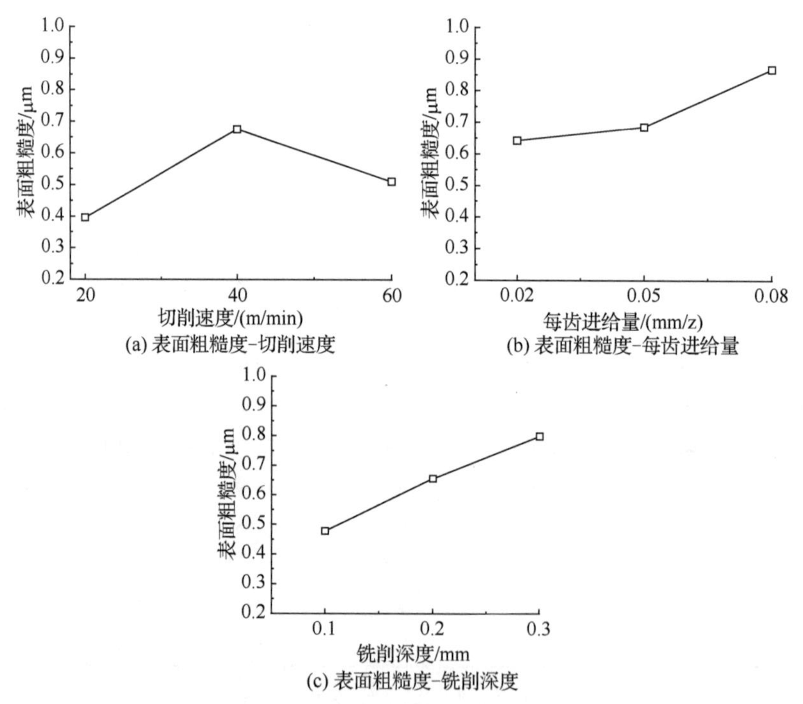

(a) 表面粗糙度-切削速度　　(b) 表面粗糙度-每齿进给量

(c) 表面粗糙度-铣削深度

图 4.69　球头刀精密铣削工艺参数对高温合金 GH4169 表面粗糙度的影响

2) 表面几何形貌

图 4.70 为三种铣削工艺参数水平下高温合金 GH4169 表面几何形貌。球头刀铣削后，试件表面为规律性的波峰和波谷形貌，铣削表面是挤压与撕裂、弹性与

塑性变形等多种因素综合作用的结果。如图 4.70(a)所示，表面均方根高度 S_q 为 0.31μm，铣刀铣削区域内 S_q 较低，为 0.25～0.30μm。相邻两次铣刀接刀位置形貌起伏较大，S_q 近似为 0.70μm。如图 4.70(b)所示，表面几何形貌相比于铣削工艺参数水平一强度略高，S_q 达到 0.39μm，依然可以看出铣刀接刀位置的形貌起伏较为明显。如图 4.70(c)所示，S_q 为 0.51μm，材料表面起伏很大，较为粗糙。

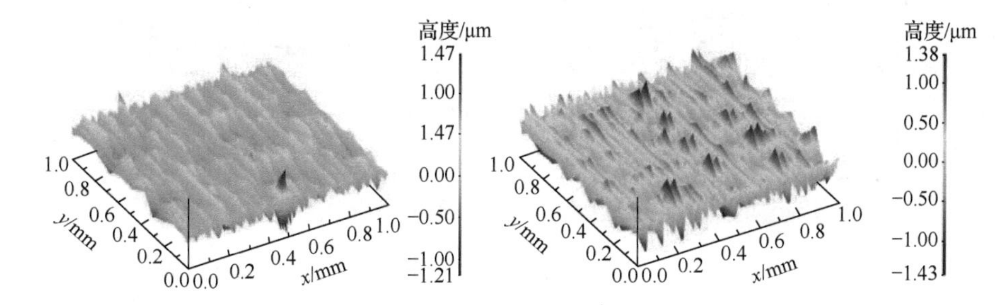

(a) 工艺参数水平一v_c=20m/min,f_z=0.02mm/z,a_p=0.1mm (b) 工艺参数水平二v_c=40m/min,f_z=0.05mm/z,a_p=0.2mm

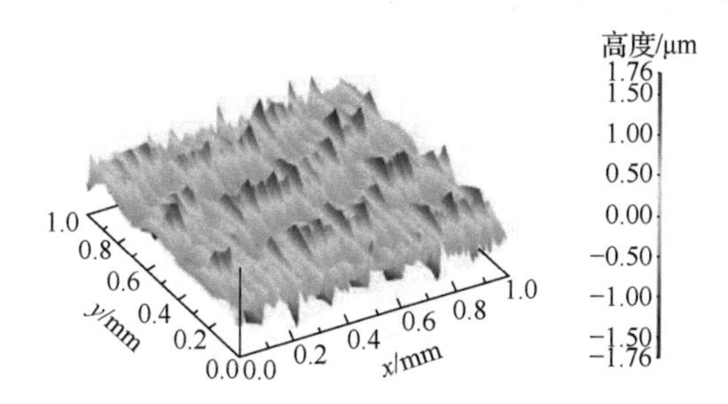

(c) 工艺参数水平三v_c=60m/min,f_z=0.08mm/z,a_p=0.3mm

图 4.70　三种工艺参数水平球头刀精密铣削高温合金 GH4169 表面几何形貌

3) 微观组织

图 4.71 为三种铣削工艺参数水平下高温合金 GH4169 基体和表层微观组织。如图 4.71(a)所示，高温合金 GH4169 基体的主要成分是奥氏体γ相，强化相包括γ''相和 NbC 等碳化物。图 4.71(b)中细小的黑点是弥散分布在材料各处的γ''相，其主要成分为 Ni_3Nb，白色颗粒是 NbC 等碳化物，碳化物颗粒质地坚硬但是容易脆裂[11]。由于γ''相、碳化物颗粒的存在，高温合金 GH4169 铣削加工性能较差，刀具后刀面磨损严重。在图 4.71(b)中铣削工艺参数水平一下，与铣刀直接接触区域的晶粒被切断破坏，近表层晶粒沿着铣削进给方向发生塑性流动，表层夹杂的 NbC 颗粒与其夹杂位置脱离。在图 4.71(c)中铣削工艺参数水平二下，表层塑性变形程度加大，沿铣削方向出现了一定数量的位错线，γ''相作为高温合金 GH4169 材料中的弥散强化相，对材料表层的位错起到了阻碍作用；表面夹杂物在铣削过程中破裂形成空腔，空腔区域下方出现了微裂纹。如图 4.71(d)所示，在铣削工艺

参数水平三下，表层塑性变形区晶界轮廓几乎消失，γ相沿晶界分布受材料塑性流动而拉长，在一定程度上对塑性流动起到阻碍作用。

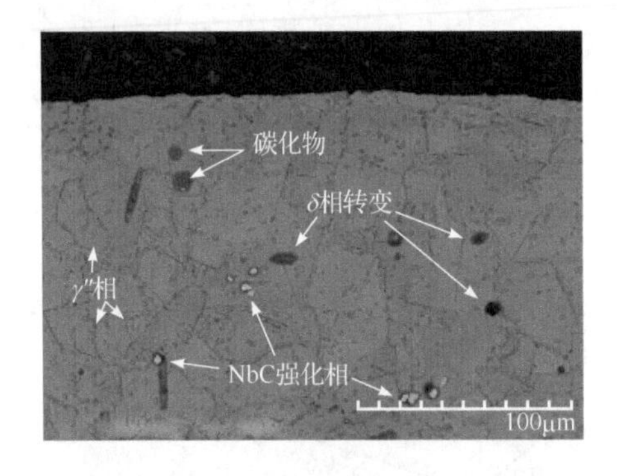

(a) 基体微观组织

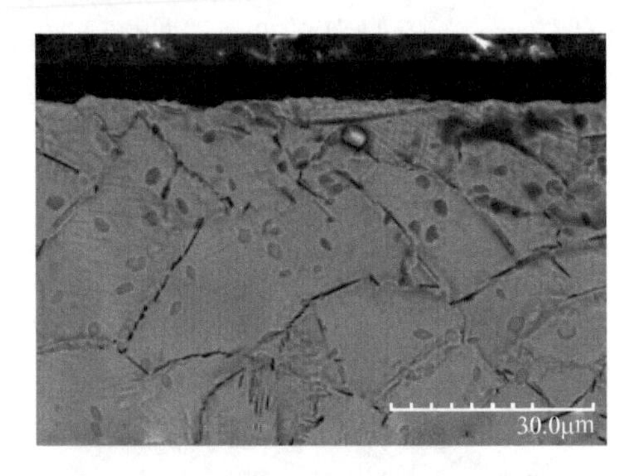

(b) 工艺参数水平一v_c=20m/min, f_z=0.02mm/z, a_p=0.1mm

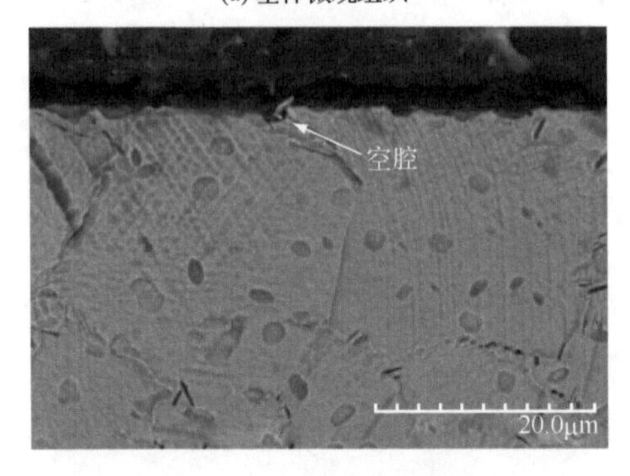

(c) 工艺参数水平二v_c=40m/min, f_z=0.05mm/z, a_p=0.2mm

(d) 工艺参数水平三v_c=60m/min, f_z=0.08mm/z, a_p=0.3mm

图 4.71　三种工艺参数水平球头刀精密铣削高温合金 GH4169 基体和表层微观组织

4) 显微硬度

图 4.72 为三种铣削工艺参数水平下高温合金 GH4169 表层显微硬度梯度分布。加工后的表面显微硬度最大，随着表面下深度的增加，逐渐衰减至基体显微硬度。在铣削工艺参数水平一条件下(低铣削强度)表面显微硬度约为 510$HV_{0.025}$，在表面下深度 40μm 处有明显的减小，随着表面下深度继续加深，显微硬度趋于基体的 450$HV_{0.025}$。在铣削工艺参数水平二条件下(中铣削强度)，表面显微硬度有所增加，在表面下深度 40μm 内，显微硬度在较高数值范围内波动，当表面下深度大于 45μm 后，显微硬度逐步趋向于基体值。在铣削工艺参数水平三条件下(高铣削强度)，表面显微硬度达到 558$HV_{0.025}$，表面硬化较为明显，硬化层深度约为 65μm。综合上述分析，铣削工艺参数水平的提升使得显微硬度增大，硬化层加深。这是因为高铣削参数水平下对材料挤压作用较强，应变速率增加，出现应变硬化现象。

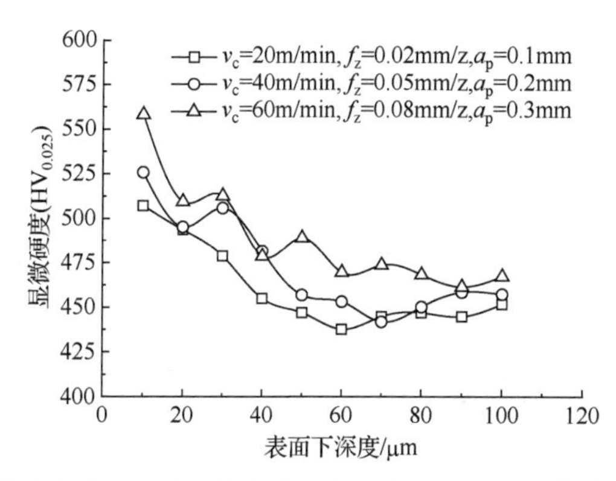

图 4.72　三种工艺参数水平球头刀精密铣削高温合金 GH4169 表层显微硬度梯度分布

5) 残余应力

对表 4.21 中测得的表面残余应力采用多元线性回归分析方法，建立精密铣削高温合金 GH4169 表面残余应力经验模型，如式(4.41)所示：

$$\begin{cases}\sigma_{rx} = 278.60 - 27.26v_c + 140.40f_z + 178.54a_p + 25.85v_c f_z \\ \qquad + 2.70v_c a_p + 41.97f_z a_p + 0.34v_c^2 + 1.15f_z^2 - 64.41a_p^2 \\ \sigma_{ry} = -550.09 - 32.43v_c + 245.10f_z + 434.96a_p + 51.38v_c f_z \\ \qquad + 9.49v_c a_p - 104.70f_z a_p + 0.39v_c^2 - 0.0186f_z^2 - 28.02a_p^2\end{cases} \tag{4.41}$$

对σ_{rx}与σ_{ry}预测模型进行方差分析，模型统计量 F 分别为 6.15 和 11.84，均大于 $F_{0.01}(9,10)=4.95$，因此所建表面残余应力预测模型在置信度为 99%的情况下具有一定的显著性。

图 4.73 为球头刀精密铣削工艺参数对高温合金 GH4169 表面残余应力的影响。在高切削速度条件下，即 v_c=60 m/min 时，加工表面呈残余拉应力状态。李锋等[12]研究同样发现，切削速度的增加会使高温合金 GH4169 表面残余应力由压应力转变为拉应力。表面残余压应力随f_z的增大而减小，随 a_p的增大而增大。这是因为铣削过程中产生的机械应力增大和表层塑性变形增大。张颖琳等[13]研究表明，采用硬质合金刀具切削速度为 30～90m/min 时表层可形成残余压应力，每齿进给量的增大会导致表层出现残余压应力。从图 4.73 中可以看出铣削深度的变化引起残余应力的变化幅度约为 96MPa，每齿进给量的变化引起残余应力的变化幅度约为 264MPa，可见残余应力受挤压效应的影响大于机械应力作用的影响。

图 4.74 为三种铣削工艺参数水平下高温合金 GH4169 表层残余应力梯度分布。可以看出，三种铣削工艺参数水平条件下加工后残余应力分布曲线和趋势相似，残余应力场均呈勺形分布，铣削加工会引入一定程度的残余压应力影响层。残余应力从表面沿深度方向逐渐增加，在残余应力影响层深度 1/4 处达到峰值压

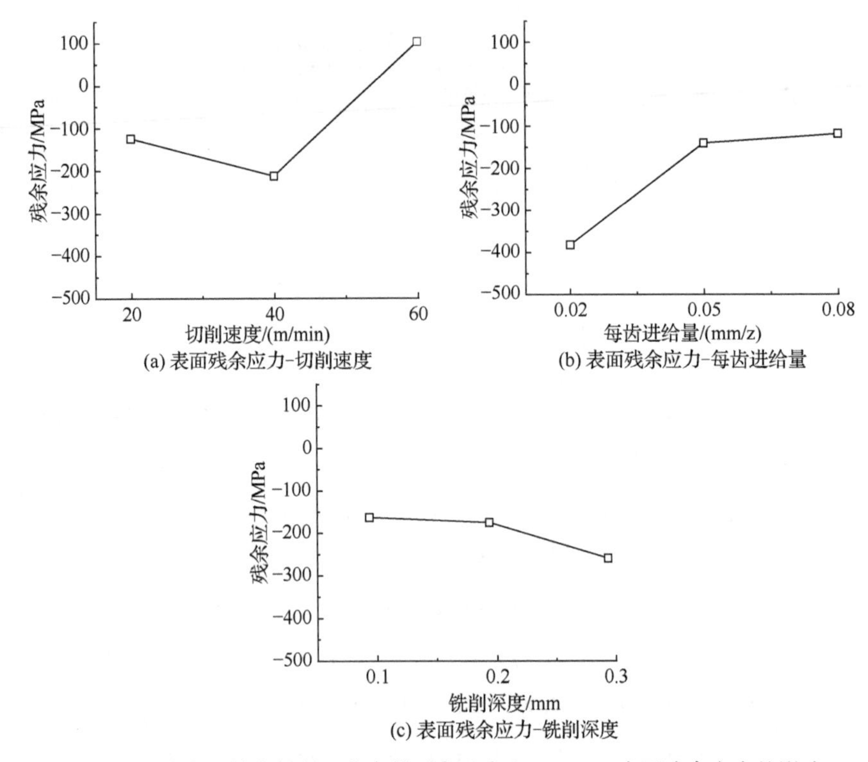

图 4.73　球头刀精密铣削工艺参数对高温合金 GH4169 表面残余应力的影响

应力，此后残余压应力逐渐减小。在低、中、高铣削工艺参数水平下，残余压应力影响层深度分别约为 75μm、100μm 和 80μm。高铣削工艺参数水平下时，残余压应力大小有所下降，残余压应力影响层深度与低铣削工艺参数水平下基本一样。由此可见，高速铣削过程中切削速度过大会导致铣削温度产生的热效应增大，从而削弱表层残余压应力梯度分布。

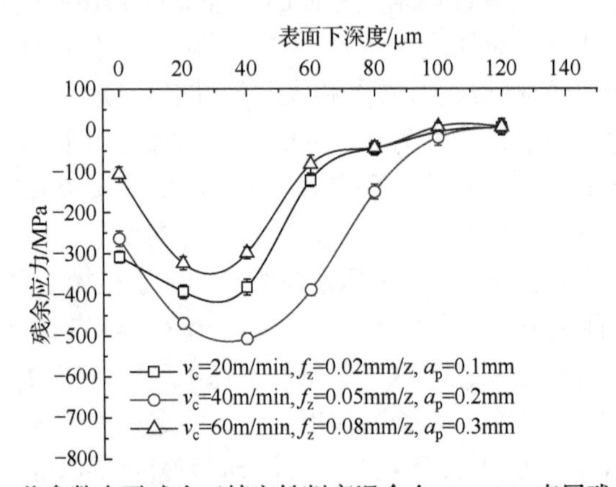

图 4.74　三种工艺参数水平球头刀精密铣削高温合金 GH4169 表层残余应力梯度分布

4.4　典型材料精密磨削表面完整性控制实例

4.4.1　精密磨削关键工艺参数

磨削是用磨料、磨具切除工件材料的方法。磨削速度很高，为 30～200m/s；磨削温度较高，为 1000～1500℃；磨削过程历时很短，只有 0.0001s 左右。磨削加工可以获得较高的加工精度和很小的表面粗糙度。砂轮磨削工件材料去除机理是单颗磨粒对工件材料的微磨削作用，使材料发生弹塑性变形，进而形成切屑，因此分析单颗磨粒的磨削模型对认识磨削过程至关重要。现有磨粒磨削刃的磨削模型如图 4.75 所示。

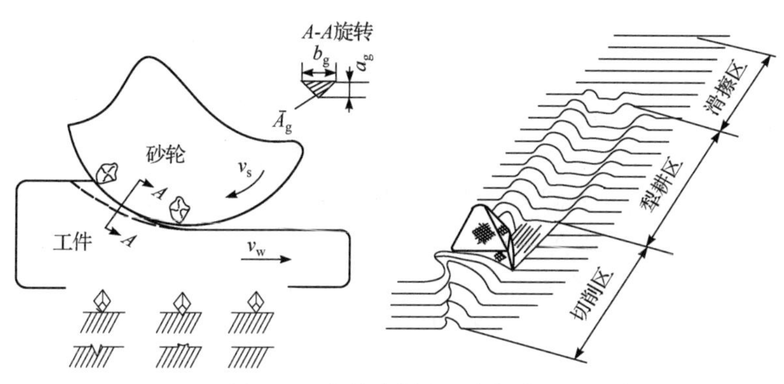

图 4.75　磨粒磨削刃的磨削模型

$\bar{A}_g$-横截面积

上述磨削模型存在以下三个阶段：

第一阶段为滑擦阶段(滑擦区)，该阶段内磨削刃与工件表面开始接触，工件系统仅发生弹性变形。随着磨削刃切过工件表面，进一步发生变形，因此法向力稳定上升，摩擦力及切向力也稳定增加，即该阶段内磨粒微刃不起磨削作用，只是在工件表面滑擦。

第二阶段为犁耕阶段(犁耕区)，在滑擦阶段，摩擦逐渐加剧，越来越多的能量转变为热。当金属被加热到临界点，逐步增加的法向应力超过随温度上升而下降的材料屈服应力时，磨削刃就被压入塑性基体中。经塑性变形的金属被推向磨粒的侧面及前方，最终导致材料表面隆起。这就是磨削中的犁耕作用，这种犁耕作用构成了磨削过程的第二阶段。

第三阶段为切屑形成阶段(切削区)，在滑擦阶段和犁耕阶段中，磨粒并不产生磨屑。由此可见，要产生磨屑及切下金属，存在一个临界磨削厚度。临界磨削厚度与磨削速度、工件材料、磨刃状态等有关，而与磨粒种类无关。此外还可以看到，磨粒磨削刃推动金属材料的流动，使前方隆起，两侧面形成沟壁，随后将有磨屑沿磨削刃前刀面滑出。

磨粒在砂轮中的位置分布是随机的，砂轮表面部分磨粒参与磨削，参与磨削的磨粒经历了滑擦(弹性变形)、犁耕(塑性变形)和磨削(形成磨屑，沿磨粒前面流出)的过程，其余磨粒进行犁耕作用或滑擦，甚至不参与磨削。磨粒在加工表面上进行磨削运动，这个过程与磨削速度和工件速度有关。磨削速度越大，弹塑性区就越小，弹塑性区还与每颗磨粒的实际磨削量有关。磨削过程中，磨粒由黏结剂弹性支持，在磨削力的作用下会发生退让，使砂轮和工件的实际接触线速度不同于理论接触线速度，磨削表面会发生弹性恢复，使最终形成的表面生成曲线不同于实际的接触曲线。

磨削关键工艺参数，即磨削速度(切削速度)、工件速度、轴向进给量、磨削深度等，对磨削中磨粒与工件接触状态产生影响，进而影响磨削表面完整性。①磨削速度 v_s 指砂轮旋转运动的线速度(单位为 m/s)，$v_s=\pi d_s n_s/(1000\times60)$，$d_s$ 为砂轮直径(单位为 mm)，n_s 为砂轮转速(单位为 r/min)。②工件速度 v_w 指工件运动的线速度(单位为 m/min)，$v_w=\pi d_w n_w/1000$，d_w 为工件直径(单位为 mm)，n_w 为工件速度(单位为 r/min)。③内、外圆磨削的轴向进给量 f_a(单位为 mm/r)，粗磨钢件 f_a 为 $0.3b_s$～$0.7b_s$，b_s 为砂轮宽度(单位为 mm)，粗磨铸件 f_a 为 $0.7b_s$～$0.8b_s$，精磨 f_a 为 $0.1b_s$～$0.3b_s$。④内、外圆磨削的轴向进给速度 v_f 单位为 m/min，$v_f=f_a n_w/1000$。⑤ 磨削深度 a_p，也被称为径向进给量 f_r，单位为 mm。

4.4.2 高温合金 GH4169DA 精密磨削表面完整性

1) 表面粗糙度

在研究高温合金 GH4169DA 磨削表面完整性时，选用机床条件是 MMB1420 外圆磨床，乳化液冷却；砂轮条件为单晶刚玉 SA60KV 和 SA80KV 砂轮、CBN80KV 砂轮，树脂结合剂。采用单因素法，每个磨削工艺参数分别选择 5 个水平进行试验：工件速度 v_w 为 8m/min、12m/min、16m/min、22m/min、44m/min，轴向进给量 f_a 为 0.5mm/r、1.0mm/r、1.3mm/r、1.8mm/r、3.6mm/r，磨削深度 a_p 为 0.005mm、0.01mm、0.015mm、0.02mm、0.025mm，磨削速度 v_s 为 15m/s、20m/s、25m/s、30m/s、35m/s。

图 4.76 为外圆磨削高温合金 GH4169DA 时砂轮特性参数和磨削工艺参数对表面粗糙度的影响规律。从图 4.76(a)中可以看出，当轴向进给量小于 1.3mm/r 时，表面粗糙度随轴向进给量的增大而减小；当轴向进给量大于 1.3mm/r 时，随着轴向进给量增大，表面粗糙度增大。从图 4.76(b)中可以看出，采用单晶刚玉砂轮磨削速度低于 25m/s 时，表面粗糙度随磨削速度增加而减小；当磨削速度大于 25m/s 时，表面粗糙度逐渐增加；采用 CBN 砂轮时，表面粗糙度随磨削速度的增加而减小。从图 4.76(c)中可以看出，在工件速度低于 15m/min 时，随着工件速度的增大，

表面粗糙度显著减小；当工件速度高于 15m/min 时，随着工件速度的增大，表面粗糙度增大。从图 4.76(d)中可以看出，表面粗糙度随着磨削深度的增大而增大。

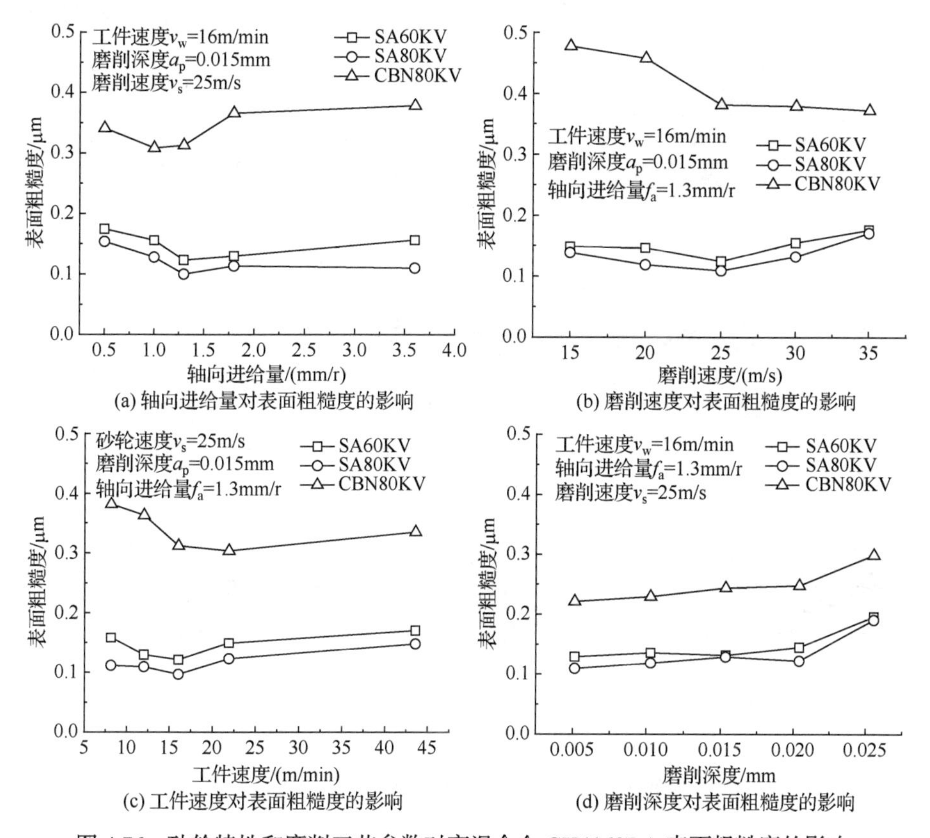

(a) 轴向进给量对表面粗糙度的影响　(b) 磨削速度对表面粗糙度的影响

(c) 工件速度对表面粗糙度的影响　(d) 磨削深度对表面粗糙度的影响

图 4.76　砂轮特性和磨削工艺参数对高温合金 GH4169DA 表面粗糙度的影响

在磨削时，采用相同的磨削工艺参数，对于不同的砂轮而言，在使用单晶刚玉砂轮时，砂轮相对较软，磨粒在磨削时的修磨作用较明显，磨削力较小，磨削温度较低，所以其表面粗糙度较小；单晶刚玉 SA80KV 砂轮的磨粒较细，同时参与磨削的磨粒数较多，故磨削表面粗糙度相对较低。使用 CBN80KV 砂轮时，由于磨粒比较锋利，磨削时切屑的挤压抗力较大，磨削表面塑性变形较大，磨削温度较高，其表面粗糙度也较大。通过上述试验结果的研究和分析，优选出砂轮的特性参数：单晶刚玉砂轮，粒度 80(SA80KV)，陶瓷结合剂，中软级。

2) 表面几何形貌

图 4.77 为单晶刚玉砂轮磨削工艺参数对高温合金 GH4169DA 表面几何形貌的影响。由图 4.77(a)可知，随着磨削工艺参数中磨削速度 v_s 的增大，磨削表面沿砂轮轴向波纹密度升高，沿磨削运动方向上沟壑深度减小。由图 4.77(b)可知，随

着磨削工艺参数中磨削深度 a_p 的增大，磨削表面沿砂轮轴向波纹密度升高，沿磨削运动方向上沟壑深度升高。由图 4.77(c)可知，随着磨削工艺参数中工件速度 v_w 的增大，磨削表面沿砂轮轴向波纹密度升高，沿磨削运动方向上沟壑深度加深。

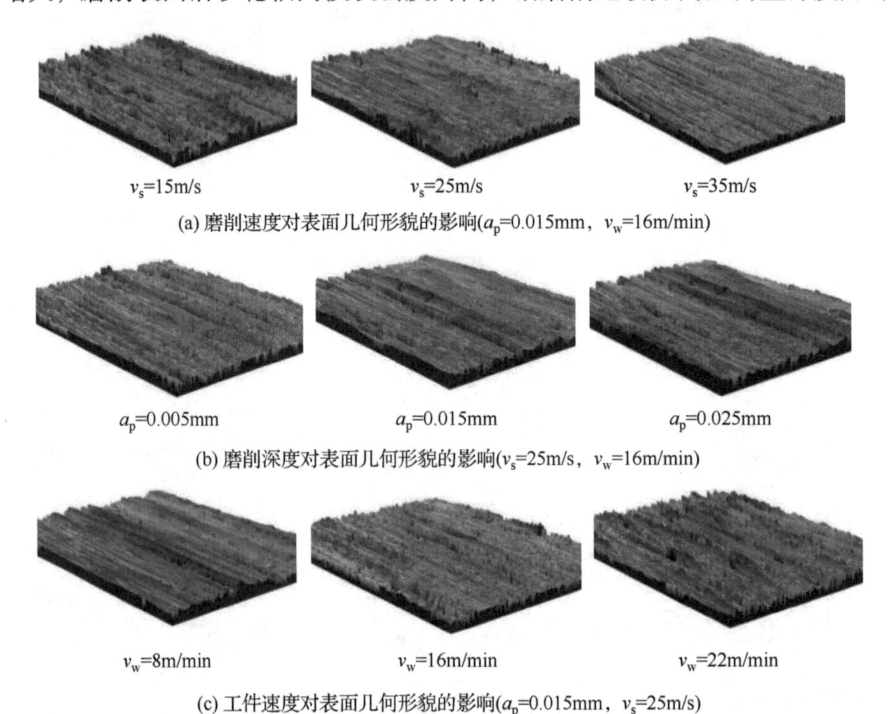

(a) 磨削速度对表面几何形貌的影响(a_p=0.015mm，v_w=16m/min)

(b) 磨削深度对表面几何形貌的影响(v_s=25m/s，v_w=16m/min)

(c) 工件速度对表面几何形貌的影响(a_p=0.015mm，v_s=25m/s)

图 4.77　单晶刚玉砂轮磨削工艺参数对高温合金 GH4169DA 表面几何形貌的影响

3) 微观组织

图 4.78 为单晶刚玉砂轮精密磨削高温合金 GH4169DA 表层微观组织。可以看出磨削表层微观组织沿磨削方向发生偏移并出现纤维化组织，晶粒出现破损断裂。当磨削深度为 a_p=0.005mm 时，表层微观组织塑性变形层厚度约为 10μm；当磨削深度为 a_p=0.015mm 时，表层微观组织塑性变形层厚度约为 25μm；当磨削深度为 a_p=0.025mm 时，表层微观组织塑性变形层厚度约为 40μm。上述结果的主要原因是工件表层材料在磨削力的作用下发生塑性变形，部分材料被撕裂并形成切屑，残留部分呈纤维化状态。

4) 显微硬度

图 4.79 为单晶刚玉砂轮精密磨削高温合金 GH4169DA 表层显微硬度梯度分布。高温合金 GH4169DA 基体显微硬度在 460～470$HV_{0.025}$。从图中可以看出，高温合金 GH4169DA 磨削后表面显微硬度低于基体显微硬度，磨削深度越大，磨削后的表面软化也越严重。当磨削深度 a_p=0.005mm 时，表面显微硬度为 420$HV_{0.025}$，

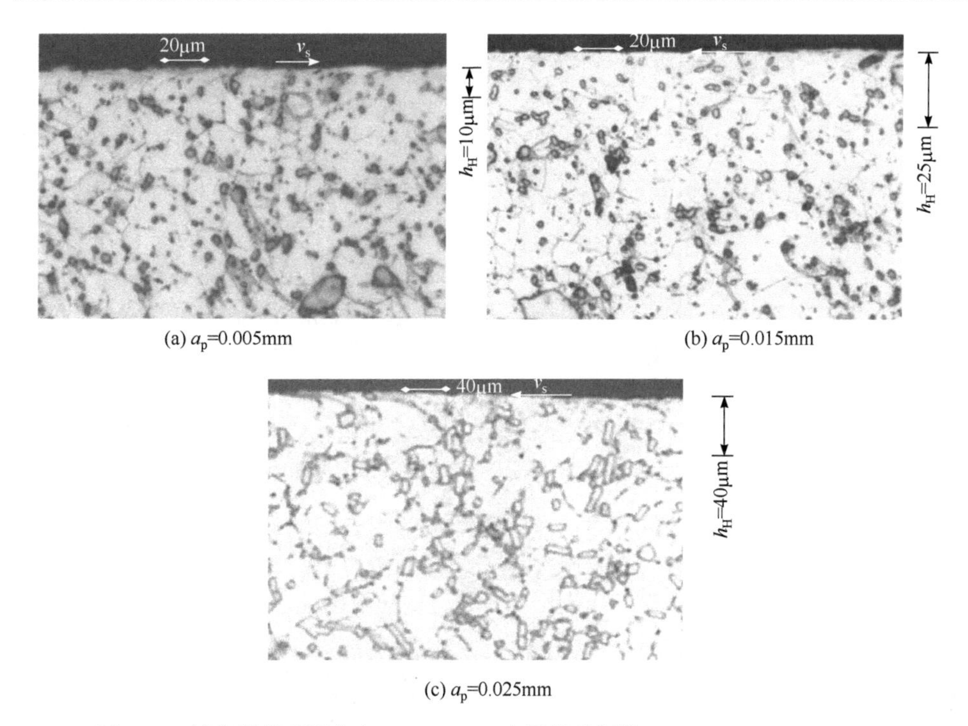

(a) a_p=0.005mm　(b) a_p=0.015mm

(c) a_p=0.025mm

图 4.78　精密磨削高温合金 GH4169DA 表层微观组织(v_w=16m/min，v_s=25m/s)
h_H-塑性变形层厚度

软化层深度为 20μm；当磨削深度 a_p=0.015mm 时，表面显微硬度为 390HV$_{0.025}$，软化层深度为 50μm；当磨削深度 a_p=0.025mm 时，表面显微硬度为 355HV$_{0.025}$，软化层深度为 65μm。主要原因是磨削高温合金 GH4169DA 时，材料的热导率低，磨削热将集中在被磨工件表面层的磨削接触区内，使磨削温度显著升高，合金材料组织中的γ 晶粒内γ'相聚集长大，γ''相长大成盘状。γ''相是一种亚稳定相，当温度升高时，向 δ 相转化，故此时晶内有片状 δ 相析出。δ 相不起强化作用，基体粗大的γ'相和γ''相也不能起到强化作用，因此被磨表面层软化。随着磨削深度的增大，工件表面的温度急剧增加，从而加剧工件表面的软化。

5) 残余应力

图 4.80 为单晶刚玉砂轮精密磨削高温合金 GH4169DA 表层残余应力梯度分布。由图可以看出，磨削表面呈拉应力状态，随着磨削深度的升高，残余拉应力影响层深度越深。当磨削深度为 a_p=0.005mm 时，表面残余拉应力约为 137MPa，残余拉应力影响层深度约为 65μm；当磨削深度为 a_p=0.015mm 时，表面残余拉应力约为 182MPa，残余拉应力影响层深度约为 90μm；当磨削深度为 a_p=0.025mm 时，表面残余拉应力约为 300MPa，残余拉应力影响层深度约为 120μm。因为磨削过程中产生大量的磨削热，高温合金 GH4169DA 的导热率低，且其热膨胀系数

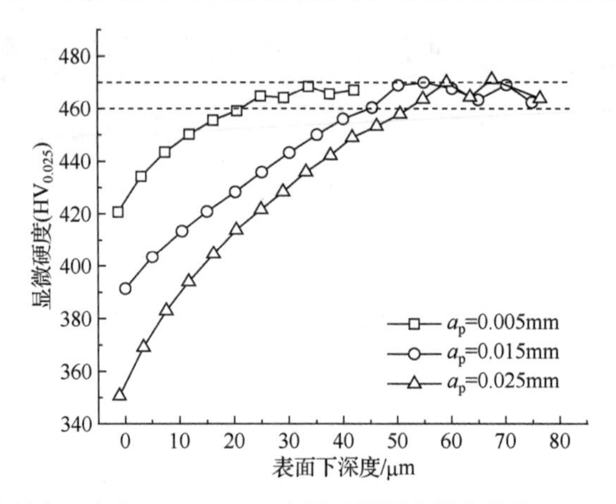

图 4.79 精密磨削高温合金 GH4169DA 表层显微硬度梯度分布(v_w=16m/min, v_s=25m/s)

较大，所以磨削热不能短时间内扩散，滞留在磨削表面的磨削热使表面温度升高而膨胀，在磨削完成后磨削表面出现较大的残余拉应力。当磨削深度升高时，磨削过程中产生的热量也升高，使磨削表层残余拉应力影响层深度升高。

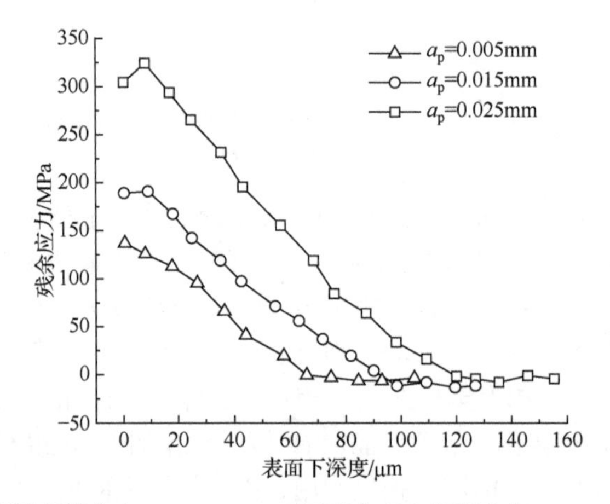

图 4.80 精密磨削高温合金 GH4169DA 表层残余应力梯度分布(v_w=16m/min, v_s=25m/s)

6) 磨削深度序列优化

图 4.81 为试验获得的高温合金 GH4169DA 磨削深度与表面变质层的关系。由图 4.81 可知，通过拟合得到高温合金 GH4169DA 磨削表面变质层厚度 h 和磨削深度 a_p 的关系如式(4.42)所示：

$$h = -0.0436a_p^2 + 6.9984a_p + 6.3442 \tag{4.42}$$

结合式(4.42)，可得磨削高温合金 GH4169DA 时的粗磨、半精磨和精磨对应的磨削工艺参数范围和对应的变质层厚度。

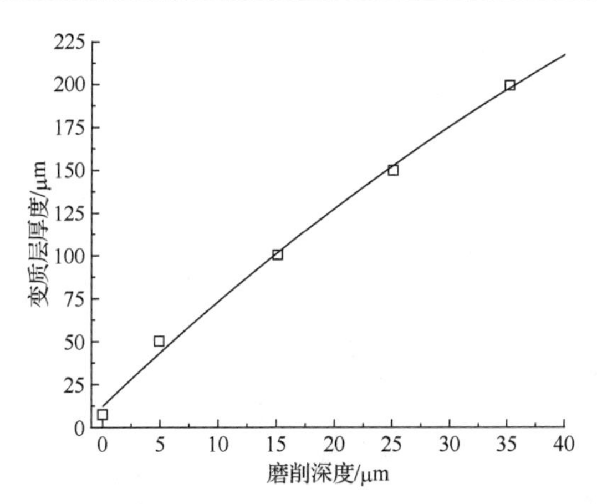

图 4.81　精密磨削高温合金 GH4169DA 磨削深度与变质层厚度的关系

(1) 粗磨工艺：磨削深度 a_{p1} 为 0.02～0.03mm，磨削速度 v_s 为 20～30m/s，工件速度 v_w 为 12～30m/min，轴向进给量 f_a 为 1.0～2.5mm/r，对应的表面变质层厚度 h_1 为 128.9～177μm。

(2) 半精磨工艺：磨削深度 a_{p2} 为 0.005～0.02mm，磨削速度 v 为 20～30m/s，工件速度 v_w 为 12～22m/min，轴向进给量 f_a 为 1.0～2.0mm/r，对应的表面变质层厚度 h_2 为 40.2～128.9μm。

(3) 精磨工艺：磨削深度 a_{p3} 为 0.002～0.005mm，磨削速度 v_s 为 20～25m/s，工件速度 v_w 为 12～22m/min，轴向进给量 f_a 为 1.0～2.0mm/r，对应的表面变质层厚度 h_3 为 20.2～40.2μm。

为了获得优化后具体的磨削加工次数，需要假定初始条件，即构件初始磨削余量 D(D=0.5mm)、初始变质层厚度(初始变质层厚度不大于构件初始磨削余量)、最终表面允许的变质层厚度为 40μm。假定粗磨、半精磨、精磨对应的磨削深度 a_p 分别为 0.03mm、0.02mm、0.005mm，根据磨削深度序列优化方法，可得保证磨削表面完整性的最少磨削次数 $N_{\min}$ 为

$$N_{\min} = n_{1\min} + n_{2\min} + n_{3\min} = \frac{D - h_1}{a_{p1}} + \frac{h_1 - h_2}{a_{p2}} + \frac{h_2}{a_{p3}} = 39 \tag{4.43}$$

4.4.3　超高强度钢 Aermet100 精密磨削表面完整性

1) 磨削烧伤

磨削烧伤是磨削时切削区内的瞬时高温(400～1500℃)使零件表层组织(主要是金相组织)发生局部变化，并在加工表面的某些部分出现氧化变色的现象。不同材料的磨削烧伤特征有所不同。根据烧伤的外观，一般分作全面烧伤、斑状烧伤、均匀线条状烧伤及周期条状烧伤。就淬火钢而言，一般有三种主要的烧伤形式，

即回火烧伤、二次淬火(未回火)烧伤及退火烧伤。回火烧伤层温度≤482℃，颜色为浅灰色；退火烧伤层温度482～885℃，颜色由浅灰色过渡为深灰色；二次淬火(未回火)烧伤层温度≥885℃，颜色为亮白色。

以超高强度钢Aermet100为研究对象，基于磨削热力耦合及烧伤测试结合的方法研究磨削烧伤机理。试验采用MM7120A平面磨床，采用单晶刚玉SA80KV砂轮，磨削方式为切入顺磨，采用乳化液冷却。磨削工艺参数为工件速度v_w=20m/min，磨削速度v_s=20m/s，磨削深度a_p=0.025mm。

分别采用酸洗法、巴氏磁信号分析法和微观组织分析法进行磨削烧伤的检测。超高强度钢Aermet100酸洗工艺如下：采用45～60g/L的碱清洗(温度60.5℃，时间10min)，清洗后用2%～5%的硝酸腐蚀(温度25℃，时间30s)，清洗后用4%～5%的盐酸腐蚀(温度 25℃，时间 60s)，用 1%～5%碳酸钠清洗(温度 26℃，时间50s)，脱水剂脱水(温度26℃，时间60s)，吹干。

酸洗后的超高强度钢Aermet100试件显微镜和扫描电镜照片如图4.82所示。可见磨削表面出现亮斑、黑块和灰色交替颜色，产生了烧伤，由于强烈挤压变形和磨削高温的综合作用，烧伤表面出现大量的鱼鳞状皱褶，磨削纹路不再清晰、规整，犁沟两侧隆起翻卷严重，磨屑及黏附物明显地黏附冷焊在已加工表面上。酸洗法是一种有损的烧伤检测方法，其对试件表面会造成0.001～0.005mm的损伤，容易使试件表面发生氢脆、氧化现象，所以酸洗后必须增加去氢、防锈处理。

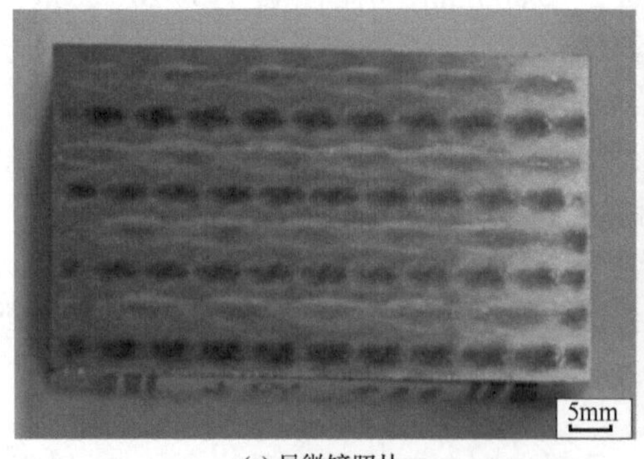

(a) 显微镜照片

(b) 扫描电子显微镜照片

图4.82　超高强度钢Aermet100磨削表面酸洗照片

图4.83为采用进行电子显微镜和扫描电镜测试磨削后超高强度钢Aermet100试件表层微观组织，腐蚀剂为3%硝酸酒精溶液。磨削表层存在塑性变形区和白层，白层为二次淬火(未回火)烧伤层，塑性变形区和白层最大深度为10μm左右。微观组织分析法是以烧伤本质作为判别标准，理论上说是可靠的，但需要专门制作金属试件，因此在生产中使用不方便。

(a) 电子显微镜照片

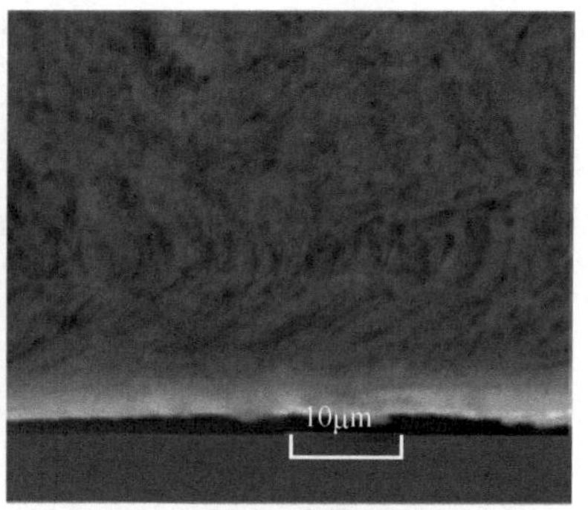

(b) 扫描电子显微镜照片

图 4.83　超高强度钢 Aermet100 磨削表层微观组织

超高强度钢 Aermet100 为磁性材料，故可用巴氏磁信号分析法进行磨削烧伤的判定。巴氏磁信号分析法采用 Rollscan 磁弹仪测试，测试值用巴氏噪声 BN 表示。表 4.22 为不同磨削工艺参数磨削后试件表面的巴氏噪声 BN 测试结果，BN 越大说明烧伤程度越严重。巴氏磁信号分析法检查烧伤时，需要制备标样并进行 BN 阈值确定：采用手磨抛光工艺获得的无烧伤的磨削试件，测试其 BN(20～30)，结合磨削试件磨削力和温度的测试结果和多种测试方法的分析，可得磨削烧伤 BN 阈值为 60～90，即 BN 大于 90，可认为存在烧伤。

表 4.22　超高强度钢 Aermet100 磨削试验方案及巴氏噪声 BN 测试结果

序号	工件速度 v_w/(m/min)	磨削速度 v_s/(m/s)	磨削深度 a_p/mm	BN
1	8	20	5	75.6
2	8	25	15	125.6
3	8	30	25	203.4
4	14	20	15	95.8
5	14	25	25	195.3
6	14	30	5	78.7
7	20	20	25	232.1
8	20	25	5	77.2
9	20	30	15	115.5

利用线性回归分析方法，对表 4.22 中的磨削工艺参数数据和采用巴氏磁信号法测试的磨削烧伤 BN 进行分析，建立了超高强度钢 Aermet100 磨削烧伤 BN 随磨削加工参数变化的经验公式，如式(4.44)所示：

$$BN = 10^{1.334} \cdot v_w^{0.009} \cdot v_s^{0.082} \cdot a_p^{0.576} \tag{4.44}$$

由式(4.44)可知，磨削烧伤 BN 对磨削深度 a_p 的变化最敏感，对磨削速度 v_s 变化的敏感性次之，对工件速度 v_w 的变化最不敏感。磨削烧伤 BN 随着工件速度

v_w、磨削速度 v_s 和磨削深度 a_p 的增大而增大。

2) 表面粗糙度

在研究超高强度钢 Aermet100 磨削表面完整性时,选用机床条件是 MMB1420 外圆磨床,乳化液冷却;砂轮条件为单晶刚玉 SA60KV 和 SA80KV 砂轮、CBN80KV 砂轮和白刚玉 WA60KV 砂轮,树脂结合剂。采用单因素法进行工艺试验:工件速度 v_w 为 2.6m/min、3.8m/min、5.6m/min、7.5m/min、10m/min、20m/min,磨削深度 a_p 为 0.005mm、0.01mm、0.015mm、0.02mm、0.025mm,磨削速度 v_s 为 10m/s、15m/s、20m/s、25m/s、30m/s。

图 4.84 为砂轮特性和磨削工艺参数对超高强度钢 Aermet100 表面粗糙度的影响规律。从图 4.84(a)中可以看出,在采用切入外圆磨削时,当磨削深度 a_p 增大,会使单颗磨粒未变形磨削厚度加大,因此磨削表面粗糙度 R_a 增大。从图 4.84(b)中可以看出,在工件速度低于 8m/min 时,随着工件速度 v_w 的增大,构件与砂轮挤光作用加剧,造成磨削表面粗糙度 R_a 减小,但其变化很小,该规律在此参数范围内

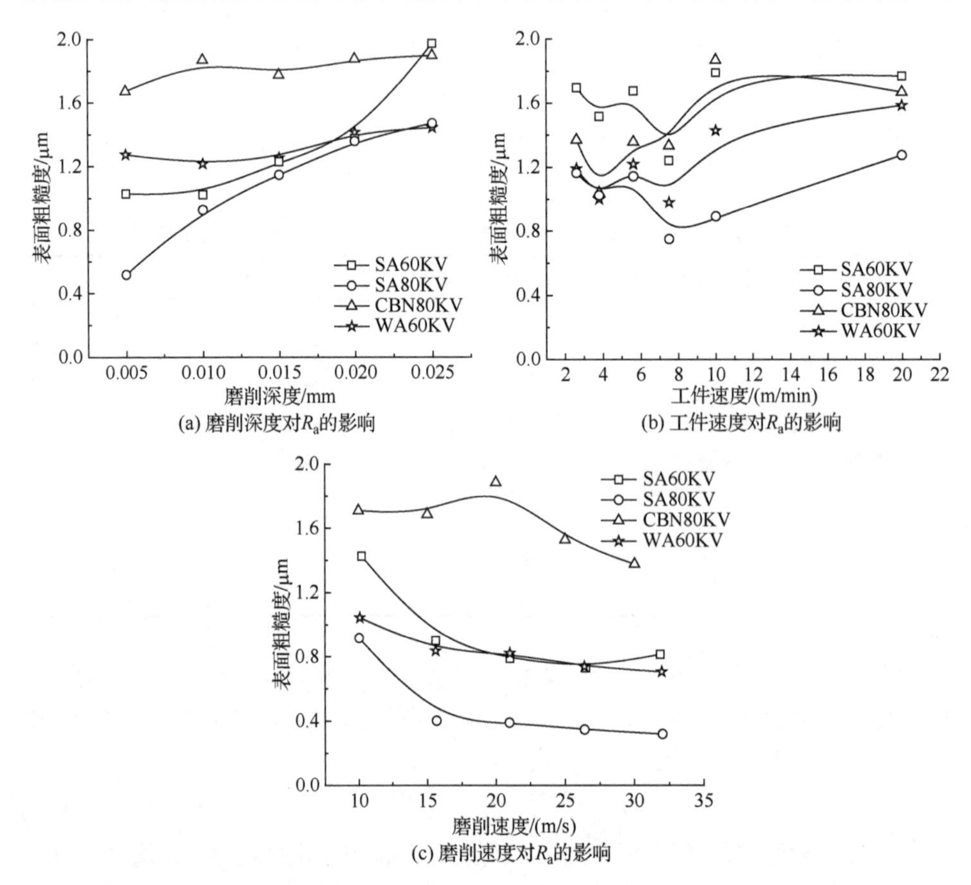

(a) 磨削深度对R_a的影响

(b) 工件速度对R_a的影响

(c) 磨削速度对R_a的影响

图 4.84　砂轮特性和磨削工艺参数对超高强度钢 Aermet100 表面粗糙度的影响

不稳定。当工件速度高于 8m/min 时，随着工件速度 v_w 的增大，磨削加工过程中的单颗磨粒未变形磨削厚度加大，使磨削量增大，塑性变形程度增大，因此磨削表面粗糙度 R_a 增大。从图 4.84(c)中可以看出，在采用单晶刚玉砂轮时，随着磨削速度 v_s 的增大，单颗磨粒未变形磨削厚度减小，造成磨削表面粗糙度 R_a 减小；在采用 CBN 砂轮时，随着磨削速度 v_s 的增加，砂轮黏附程度并未加剧，仍使单颗磨粒未变形磨削厚度减小，造成磨削表面粗糙度 R_a 减小。

3) 表面几何形貌

图 4.85 为磨削工件速度对超高强度钢 Aermet100 表面几何形貌和表面纹理的影响。图 4.85(a)为使用白刚玉砂轮在三种工件速度 v_w 下，获得的表面几何形貌及表面纹理图。表面几何形貌整体比较平整，局部出现“岛屿”，“岛屿”现象表现为对应的表面纹理图中的分块现象，且随着工件速度 v_w 增大，表面变黑，这可能是因为工件速度 v_w 增加后温度升高，试件表面出现严重的氧化作用。图 4.85(b)为 CBN 砂轮在三种工件速度 v_w 下获得的表面几何形貌及表面纹理图。表面几何形貌在沿磨削方向上不平整，呈现一定的波形，但“沟壑”比较完整，没有白刚玉砂轮中的“互通”现象。随着工件速度 v_w 增大，表面几何形貌变化不大。在沿磨削方向上出现一定的波动。此外，与白刚玉砂轮相比，磨粒切削引起的“沟壑”比较完整，这是因为 CBN 砂轮磨粒比较耐磨，磨削过程中脱落较少；表面纹理整体比较“亮”，这是因为磨削温度不高，表面氧化作用不强。

综上所述，磨削加工的零件表面几何形貌中磨粒的切削作用非常明显，在加工表面形成磨粒界面形状复印，不同磨粒的切削作用在沟壑边缘形成隆起的塑性变形材料。磨削表面沿垂直磨削方向的波形变化较大，波峰尖锐，沿磨削方向上

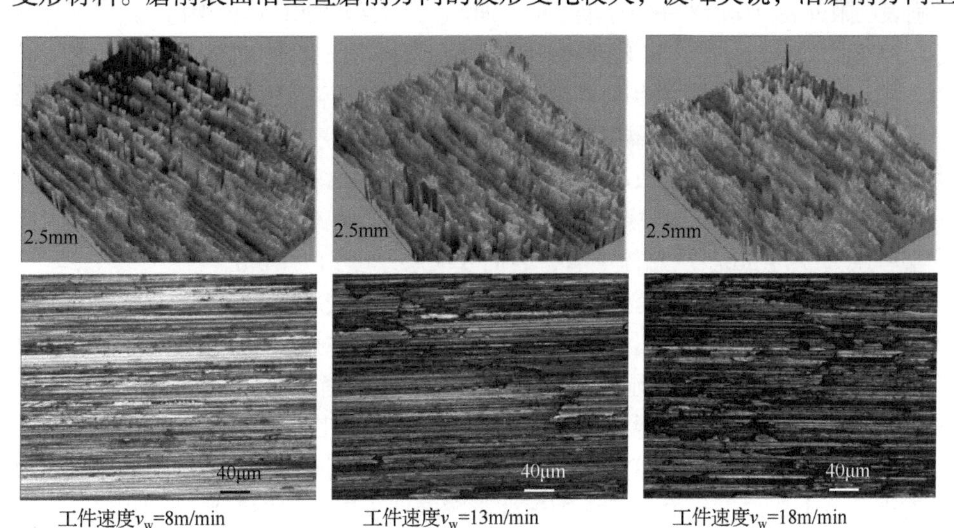

工件速度v_w=8m/min　工件速度v_w=13m/min　工件速度v_w=18m/min

(a) 白刚玉砂轮磨削后试件表面几何形貌与表面纹理图(v_s=24m/s，a_p=0.02mm)

工件速度v_w=8m/min

工件速度v_w=13m/min

工件速度v_w=18m/min

(b) CBN砂轮磨削后试件表面几何形貌与表面纹理图(v_s=24m/s，a_p=0.02mm)

图 4.85　磨削工件速度对超高强度钢 Aermet100 表面几何形貌和表面纹理的影响

有明显的磨粒切入并切除材料的痕迹，该方向的波形在砂轮振动较明显时也会出现较大波动幅度。

4) 微观组织

图 4.86 为白刚玉砂轮磨削超高强度钢 Aermet100 表层微观组织。图 4.86(a)中，磨削表层的晶粒变形程度小，塑性变形引起的晶格滑移、畸变和歪扭也不明显，塑性变形只集中在很浅的表层，观察到的塑性变形层厚度约为 2μm。图 4.86(b)中，磨削表层附近晶粒均沿着平行于磨削的方向产生较大程度的拉伸或歪扭，此时塑性变形层厚度约为 3.5μm。图 4.86(c)中，在磨削近表层出现明显的白层组织，白层厚度为 2～3μm，这主要是因为磨削高温使得工件表层处于高温回火状态，当温度继续升高并达到平衡 α-γ 转变温度(铁素体到奥氏体的相变温度)，表面局部区域将发生奥氏体化，乳化液随之快速冷却形成隐晶马氏体组织或发生动态再结晶。白层下方为剪切过渡区域，砂轮磨削可观测到的塑性应变从 1.48 下降到 0.17，塑性变形层厚度为 3～4μm。从总体上看，表面变质层厚度约为 7μm。

图 4.87 为 CBN 砂轮磨削超高强度钢 Aermet100 表层微观组织。图 4.87(a)中，磨削速度小，砂轮磨削深度小，塑性变形层较浅，厚度约为 2.5μm。图 4.87(b)中，磨削表层观察到沿磨削方向明显的金属材料流动，晶粒朝趋于磨削方向偏斜并被拉长，晶粒纵宽比也明显增加，塑性变形层厚度约为 4.5μm。图 4.87(c)中，磨削力作用引起的机械塑性变形层厚度较大，约为 6μm。在磨削温度较低的情况下，磨削深度影响塑性变形层厚度，而砂轮磨削速度影响磨削表层的塑性变形剧烈程度。

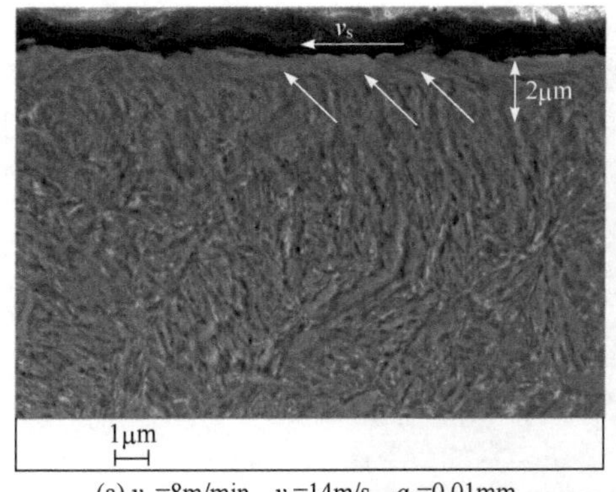

(a) v_w=8m/min，v_s=14m/s，a_p=0.01mm

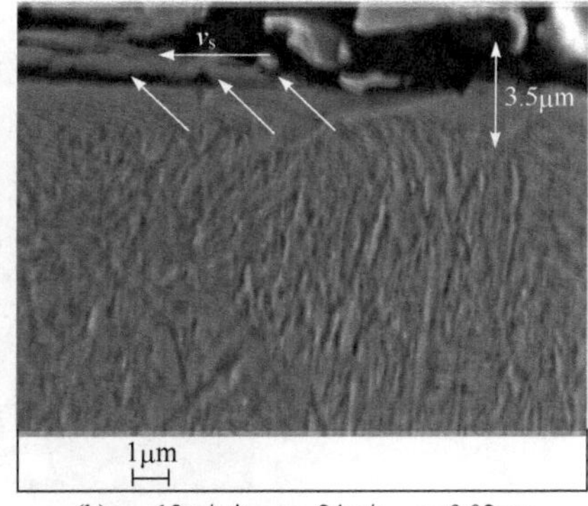

(b) v_w=13m/min，v_s=24m/s，a_p=0.02mm

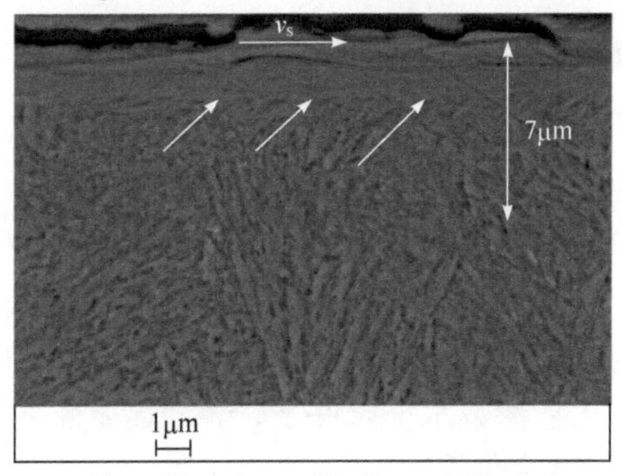

(c) v_w=18m/min，v_s=34m/s，a_p=0.03mm

图 4.86　白刚玉砂轮磨削超高强度钢 Aermet100 表层微观组织

5) 显微硬度

图 4.88 为精密磨削超高强度钢 Aermet100 表层显微硬度梯度分布。对于白刚玉砂轮，低强度磨削工艺参数水平条件下(v_w=8m/min，v_s=14m/s，a_p=0.01mm)，试件出现硬化现象，表面显微硬度为 589$HV_{0.025}$，硬化程度约为 4%，硬化层深度约为 40μm。中强度磨削工艺参数水平条件下(v_w=13m/min，v_s=24m/s，a_p=0.02mm)，试

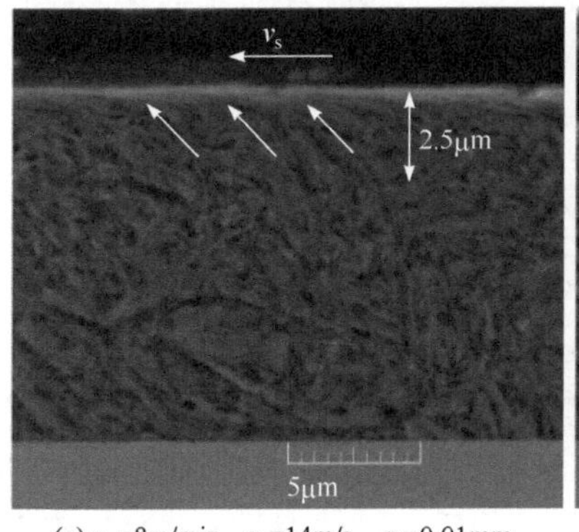

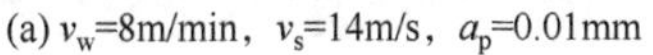

(a) v_w=8m/min，v_s=14m/s，a_p=0.01mm

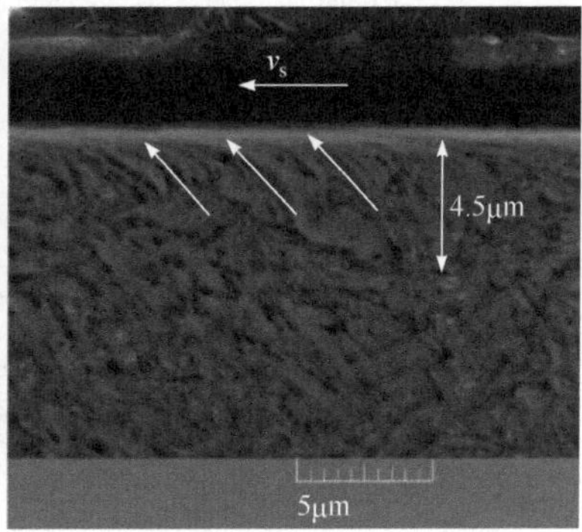

(b) v_w=13m/min，v_s=24m/s，a_p=0.02mm

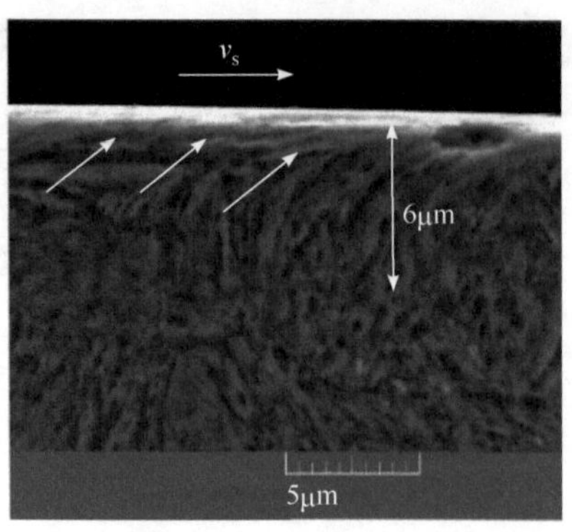

(c) v_w=18m/min，v_s=34m/s，a_p=0.03mm

图 4.87　CBN 砂轮磨削超高强度钢 Aermet100 表层微观组织

件出现软化现象，表面显微硬度为 531HV$_{0.025}$，软化程度约为 8.4%，软化层深度约为 60μm。高强度磨削工艺参数水平条件下(v_w=18m/min, v_s=34m/s, a_p=0.03mm)，试件也出现软化现象，表面显微硬度为 511HV$_{0.025}$，软化程度约为 14%，软化层深度约为 85μm。对于 CBN 砂轮，低强度磨削工艺参数水平条件下，试件出现硬化现象，表面显微硬度为 583HV$_{0.025}$，硬化程度约为 1.7%，硬化层深度约为 40μm。中强度和高强度磨削工艺参数水平条件下，表面显微硬度与基体显微硬度差值在 5HV$_{0.025}$ 以内，显微硬度变化不大。

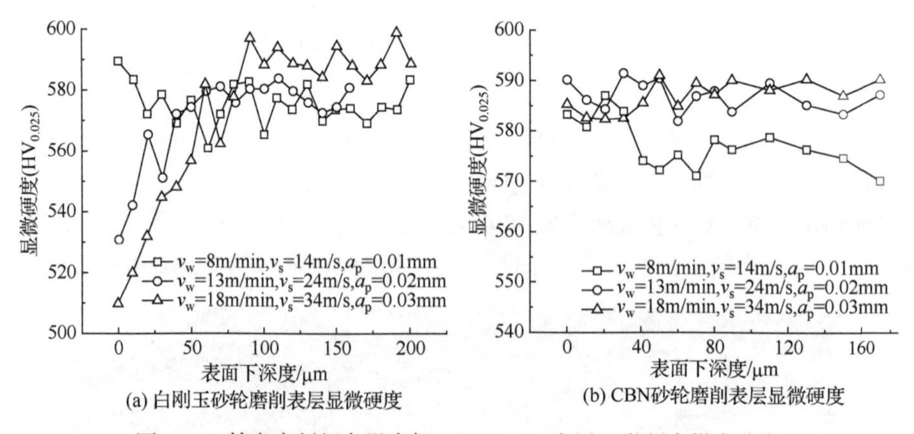

图 4.88　精密磨削超高强度钢 Aermet100 表层显微硬度梯度分布

6) 残余应力

图 4.89 为精密磨削超高强度钢 Aermet100 表层残余应力梯度分布。由图可知，使用白刚玉砂轮在低强度磨削工艺参数水平条件下磨削后，试件表层呈残余压应力状态，表面残余压应力为-272MPa，残余压应力影响层深度约为 15μm。在中强度和高强度磨削工艺参数水平条件下磨削后，试件表层为残余拉应力，表面

残余拉应力分别为 228MPa 和 606MPa，残余拉应力影响层深度分别约为 60μm 和 160μm。使用 CBN 砂轮磨削时，三种强度磨削工艺参数水平下，试件表层均呈残余压应力状态，表面残余压应力分别约为-854MPa、-723MPa 和-233MPa，残余压应力影响层深度分别约为 45μm、30μm 和 15μm。

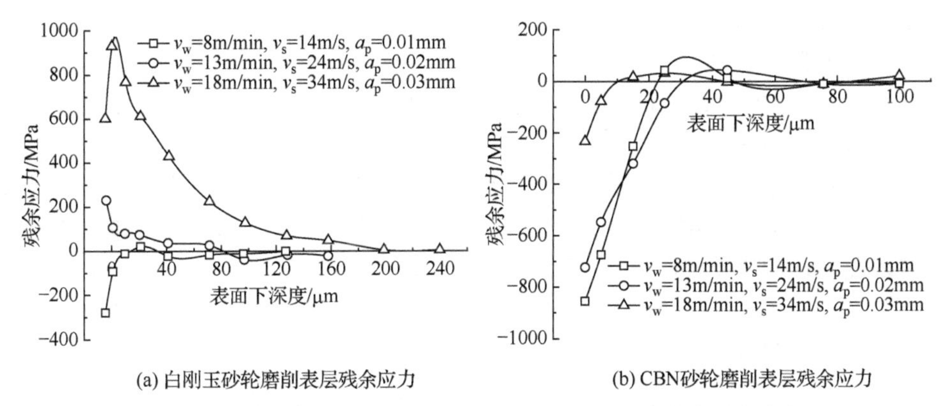

(a) 白刚玉砂轮磨削表层残余应力　(b) CBN砂轮磨削表层残余应力

图 4.89　精密磨削超高强度钢 Aermet100 表层残余应力梯度分布

7) 磨削深度序列优化

图 4.90 为试验获得的超高强度钢 Aermet100 磨削深度与表面变质层厚度的关系。由图 4.90 可知，通过拟合得到超高强度钢 Aermet100 磨削表面变质层厚度 h 和磨削深度 a_p 的关系如式(4.45)所示。

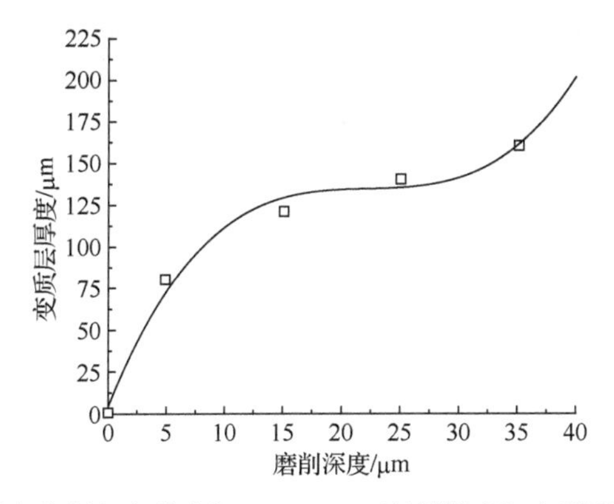

图 4.90　精密磨削超高强度钢 Aermet100 磨削深度与变质层厚度的关系

$$h = 0.0114a_p^3 - 0.7609a_p^2 + 17.139a_p + 3.7327 \tag{4.45}$$

结合式(4.45)，可得磨削超高强度钢 Aermet100 时的粗磨、半精磨和精磨对应的磨削工艺参数范围和对应的变质层厚度。

(1) 粗磨工艺：磨削深度 a_{p1} 为 0.015～0.035mm，磨削速度 v_s 为 20～30m/s，

工件速度 v_w 为 10.1～20.2m/min，轴向进给量 f_a 为 0.5～1.0mm/r，对应的变质层厚度 h_1 为 126.74～160.22μm。

(2) 半精磨工艺：磨削深度 a_{p2} 为 0.005～0.015mm，磨削速度 v_s 为 20～30m/s，工件速度 v_w 为 10.1～20.2m/min，轴向进给量 f_a 为 0.5～1.0mm/r，对应的变质层厚度 h_2 为 71.8～126.74μm。

(3) 精磨工艺：磨削深度 a_{p3} 为 0.002～0.005mm，磨削速度 v_s 为 25～30m/s，工件速度 v_w 为 8～12m/min，轴向进给量 f_a 为 0.5～1.0mm/r，对应的变质层厚度 h_3 为 35.1～71.8μm。

为了获得优化后具体的磨削加工次数，需要假定初始条件，即构件初始磨削余量 D(D=0.5mm)、初始变质层厚度(初始变质层厚度不大于构件初始磨削余量)、最终表面允许的变质层厚度为 40μm。假定粗磨、半精磨、精磨对应的磨削深度 a_p 分别为 0.035mm、0.015mm、0.005mm，根据磨削深度序列优化方法，可得保证磨削表面完整性的最少磨削次数 $N_{\min}$ 为

$$N_{\min} = n_{1\min} + n_{2\min} + n_{3\min} = \frac{D - h_1}{a_{p1}} + \frac{h_1 - h_2}{a_{p2}} + \frac{h_2}{a_{p3}} = 38 \tag{4.46}$$

4.4.4 超强齿轮轴承钢精密磨削表面完整性

1) 磨削烧伤

在高温高压作用下，磨削试件表面将产生氧化膜。因为氧化膜厚度不同，所以反射光的状态也不相同，磨削试件表面上形成了不同颜色。试件表面烧伤颜色刚开始是淡黄色，随着磨削深度与工件速度的上升，砂轮磨削点温度上升，试件表面逐渐变成黄、褐、紫、青等多种颜色。图 4.91 为磨削烧伤颜色与砂轮磨削点温度关系图。

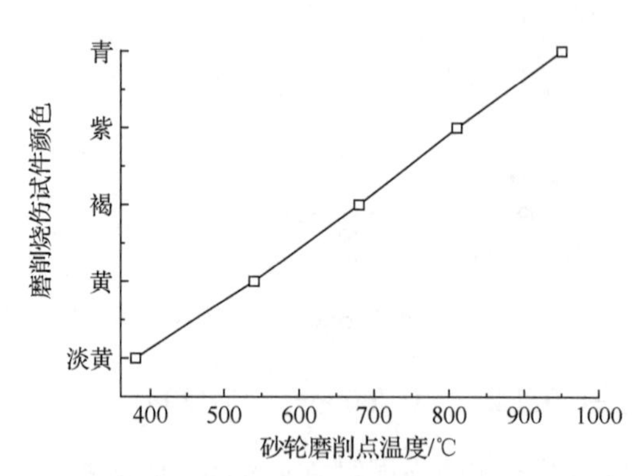

图 4.91　磨削烧伤颜色与砂轮磨削点温度关系图

对超强齿轮轴承钢来说，由于其强度高、磨削温度高，易在表面发生磨削烧

伤。分别采用白刚玉 WA80KV 砂轮、单晶刚玉 SA80KV 和 CBN80KV 砂轮在不同磨削工艺参数下平面磨削超强齿轮轴承钢试件，观察其表面烧伤情况。图 4.92 为不同磨削深度下超强齿轮轴承钢试件表面纹理，其余磨削工艺参数如下：工件速度 v_w=20m/min、磨削速度 v_s=25m/s。由图 4.92 可知，超强齿轮轴承钢磨削表面烧伤与砂轮类型有很大关系，其中 WA80KV 砂轮和 SA80KV 砂轮磨削表面烧伤随着磨削深度的增大越来越严重，即颜色越来越深，CBN80KV 砂轮磨削表面烧伤随磨削深度变化不明显，只有磨削深度 a_p=25μm 时才出现轻微烧伤。

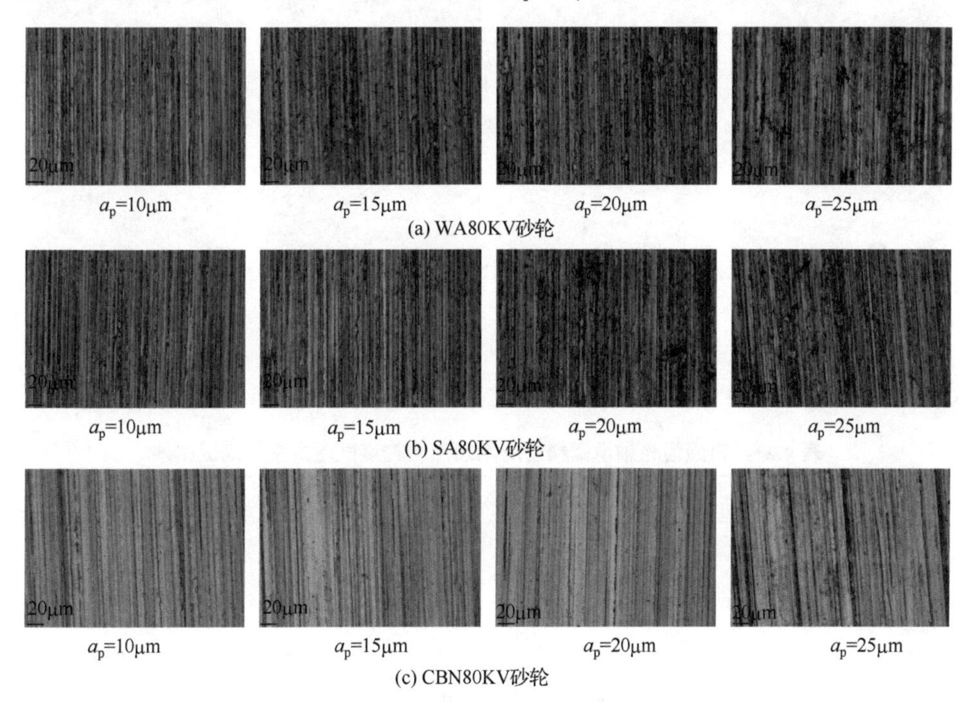

图 4.92　不同磨削深度下超强齿轮轴承钢试件表面纹理

图 4.93 为不同磨削速度下超强齿轮轴承钢试件表面纹理，磨削工艺参数如下：工件速度 v_w=20m/min、磨削深度 a_p=20μm。由图 4.93 可知，WA80KV 砂轮和 SA80KV 砂轮磨削表面烧伤随着磨削速度的增大越来越严重，即颜色越来越深，CBN80KV 砂轮磨削表面烧伤随磨削深度变化不明显，当磨削速度 v_s=30m/s 时会出现不连续变化，表面发生氧化。这是因为 CBN 磨粒抗黏附、耐磨损，热传导能力极强，磨削区的热量更多地被 CBN 磨粒传出。

2) 表面粗糙度

采用单晶刚玉砂轮 SA80KV、白刚玉砂轮 WA80KV 和立方氮化硼砂轮 CBN80KV，开展超强齿轮轴承钢精密磨削工艺试验，具体试验方案和表面粗糙度测试结果见表 4.23。

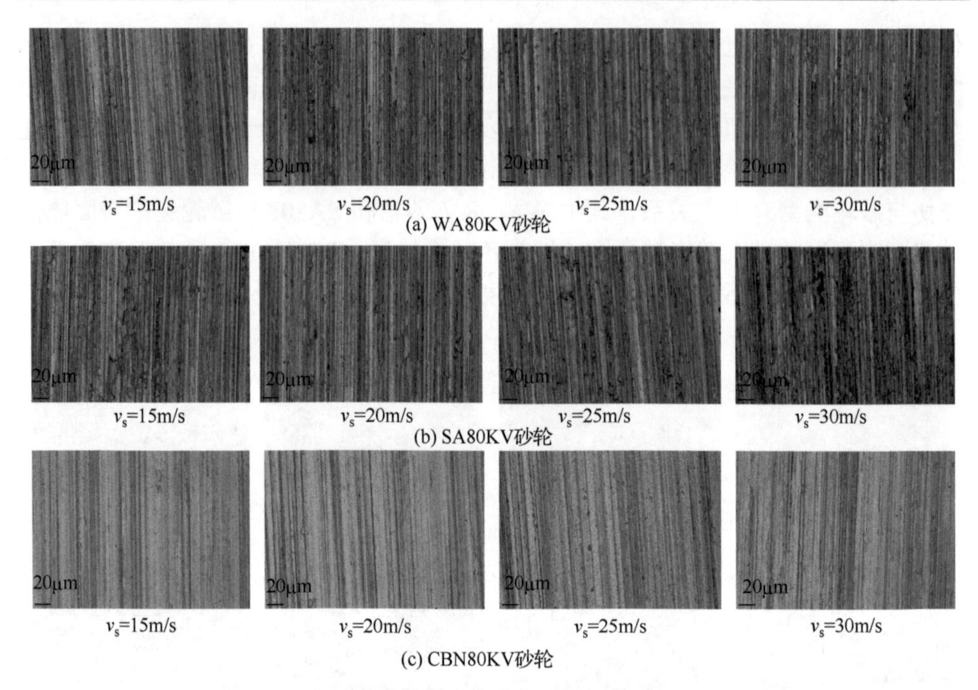

图 4.93　不同磨削速度下超强齿轮轴承钢试件表面纹理

表 4.23　超强齿轮轴承钢精密磨削表面粗糙度试验方案和测试结果

序号	v_w/(m/min)	a_p/mm	v_s/(m/s)	SA80KV R_a/μm	WA80KV R_a/μm	CBN80KV R_a/μm
1	15	15	25	0.19	0.13	0.30
2	20	15	25	0.20	0.20	0.36
3	25	15	25	0.21	0.21	0.36
4	30	15	25	0.24	0.22	0.37
5	20	10	25	0.18	0.19	0.34
6	20	15	25	0.20	0.20	0.36
7	20	20	25	0.23	0.23	0.36
8	20	25	25	0.29	0.23	0.39
9	20	15	15	0.25	0.33	0.42
10	20	15	20	0.24	0.26	0.36
11	20	15	25	0.23	0.23	0.36
12	20	15	30	0.21	0.21	0.33

图 4.94 为砂轮特性和磨削工艺参数对超强齿轮轴承钢表面粗糙度的影响规律。由图 4.94(a)可知，表面粗糙度随工件速度的增加而增加，当工件速度最大时，三种砂轮磨削后的表面粗糙度都达到最大值。在相同工件速度下，CBN80KV 砂

轮磨削后表面粗糙度最大，均大于 0.275μm。工件速度 v_w 从 15m/min 增大到 30m/min 时，WA80KV 砂轮和 SA80KV 砂轮磨削后的表面粗糙度基本相等，均小于0.20μm。当 $v_w \geqslant$ 25m/min时，SA80KV砂轮磨削后的表面粗糙度略大于WA80KV砂轮。由图 4.94(b)可知，表面粗糙度随磨削深度的增加而增加，当磨削深度最大时，三种砂轮磨削后的表面粗糙度都达到最大值。CBN80KV 砂轮磨削后的表面粗糙度最大，均大于 0.325μm。磨削深度 $a_p \leqslant$ 20μm 时，WA80KV 砂轮和 SA80KV 砂轮磨削后的表面粗糙度基本相等，当 $a_p >$ 20μm 时，SA80KV 砂轮磨削后的表面粗糙度大于 WA80KV 砂轮。当 $a_p \leqslant$ 15μm 时，WA80KV 砂轮与 SA80KV 砂轮磨削后的表面粗糙度均小于 0.20μm。由图 4.94(c)可知，当磨削速度最大时，三种砂轮磨削后的表面粗糙度都达到最小值。在相同磨削速度下，CBN80KV 砂轮磨削后的表面粗糙度最大，均大于 0.325μm。磨削速度 $v_s \leqslant$ 20m/s 时，WA80KV 砂轮磨削后的表面粗糙度大于 SA80KV 砂轮；当 $v_s \geqslant$ 25m/s 时，SA80KV 砂轮磨削后的表面粗糙度与 WA80KV 砂轮几乎相等，均接近 0.20μm。

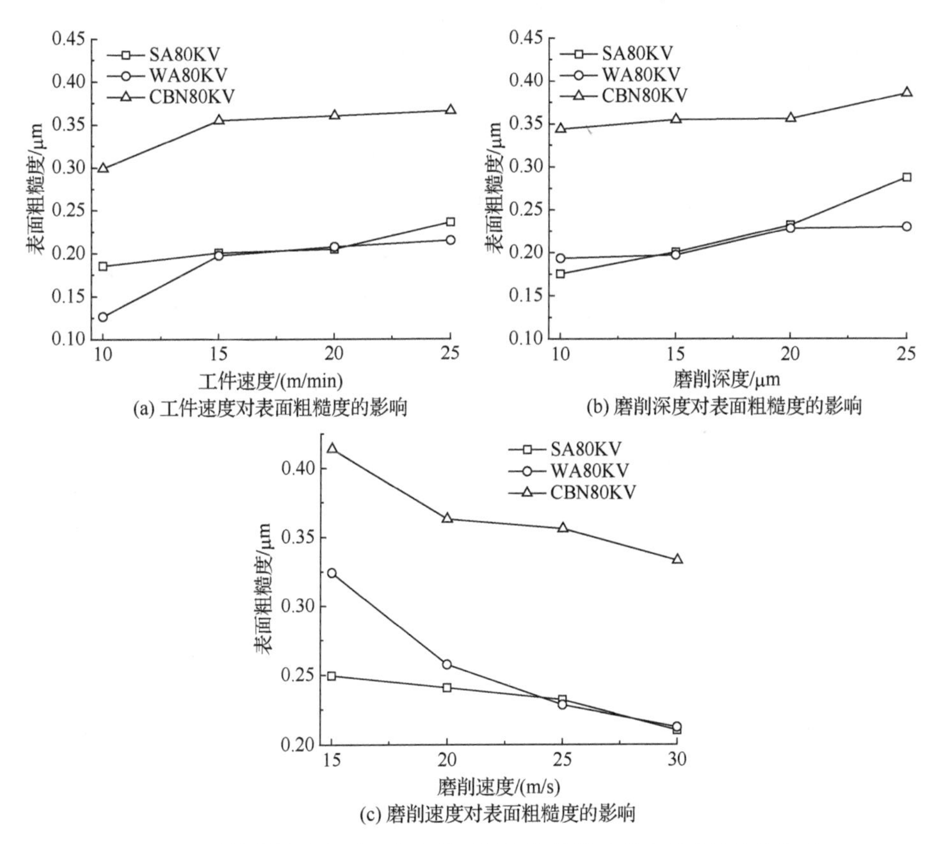

(a) 工件速度对表面粗糙度的影响

(b) 磨削深度对表面粗糙度的影响

(c) 磨削速度对表面粗糙度的影响

图 4.94　砂轮特性和磨削工艺参数对超强齿轮轴承钢表面粗糙度的影响

3) 表面几何形貌

图 4.95 为不同磨削深度下超强齿轮轴承钢试件表面几何形貌。WA80KV 砂轮磨削后的表面几何形貌变化趋势和 SA80KV 砂轮及 CBN80KV 砂轮符合上述表面粗糙度测试结果。当磨削深度 a_p=10μm 时，试件表面看起来光滑均匀，但当 a_p=25μm 时，可以清楚地看到磨削表面几何形貌中出现较大的波峰和波谷。随着磨削深度的增加，波峰和波谷的数量也逐渐增加，表明磨削加工后的表面越来越粗糙，与磨削表面粗糙度试验结果一致。

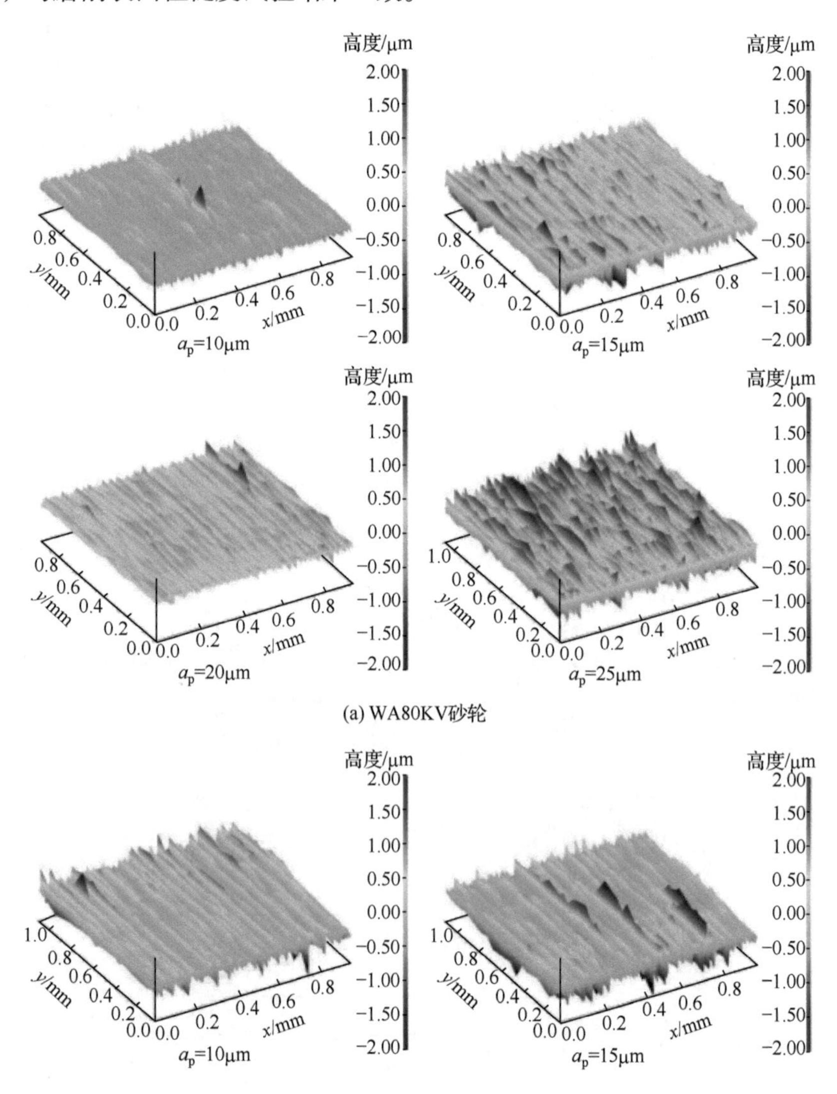

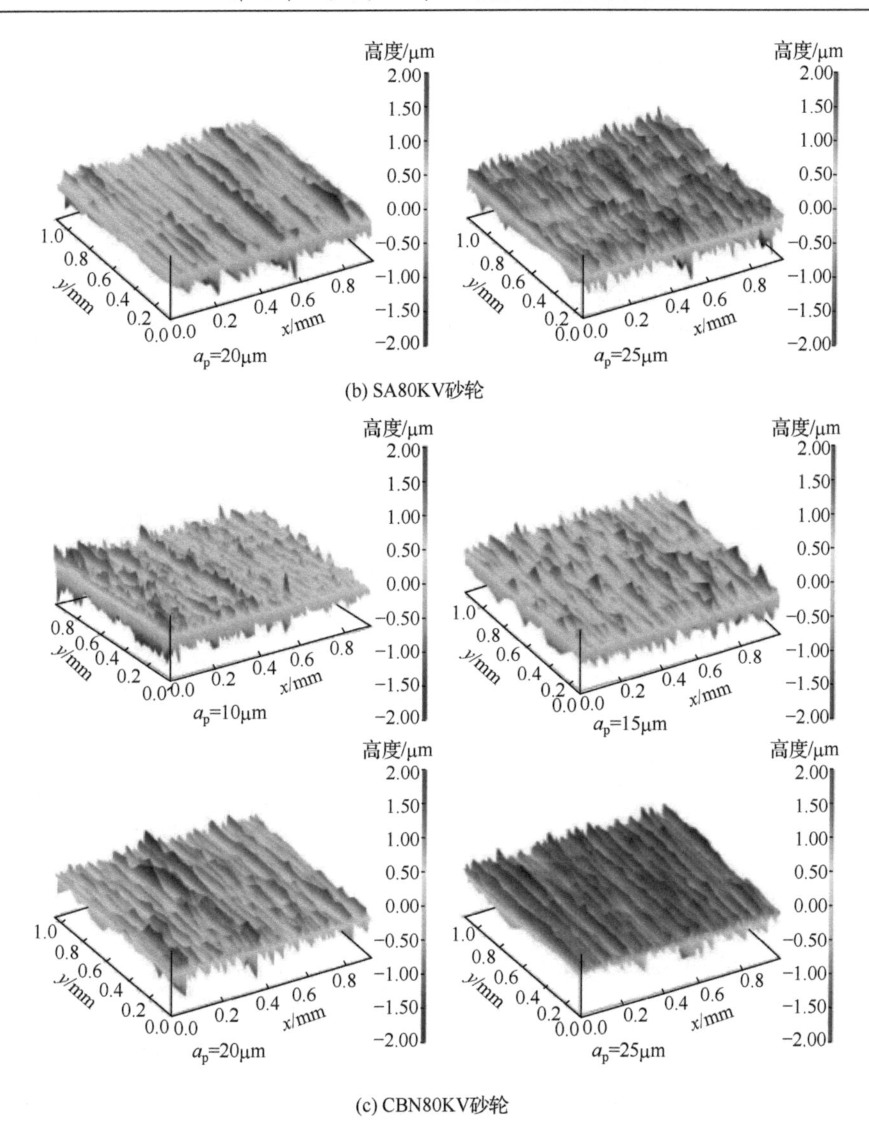

(b) SA80KV砂轮

(c) CBN80KV砂轮

图 4.95　不同磨削深度下超强齿轮轴承钢试件表面几何形貌

图 4.96 为不同磨削速度下超强齿轮轴承钢试件表面几何形貌。当 v_s=15m/s 时，可以看到试件表面几何形貌中出现较大的波峰和波谷，但当 v_s=30m/s 时，试件表面看起来比较平滑。随着磨削速度的增大，磨削表面几何形貌中波峰和波谷降低，表明磨削加工后的表面越来越光滑，与磨削表面粗糙度试验结果一致。

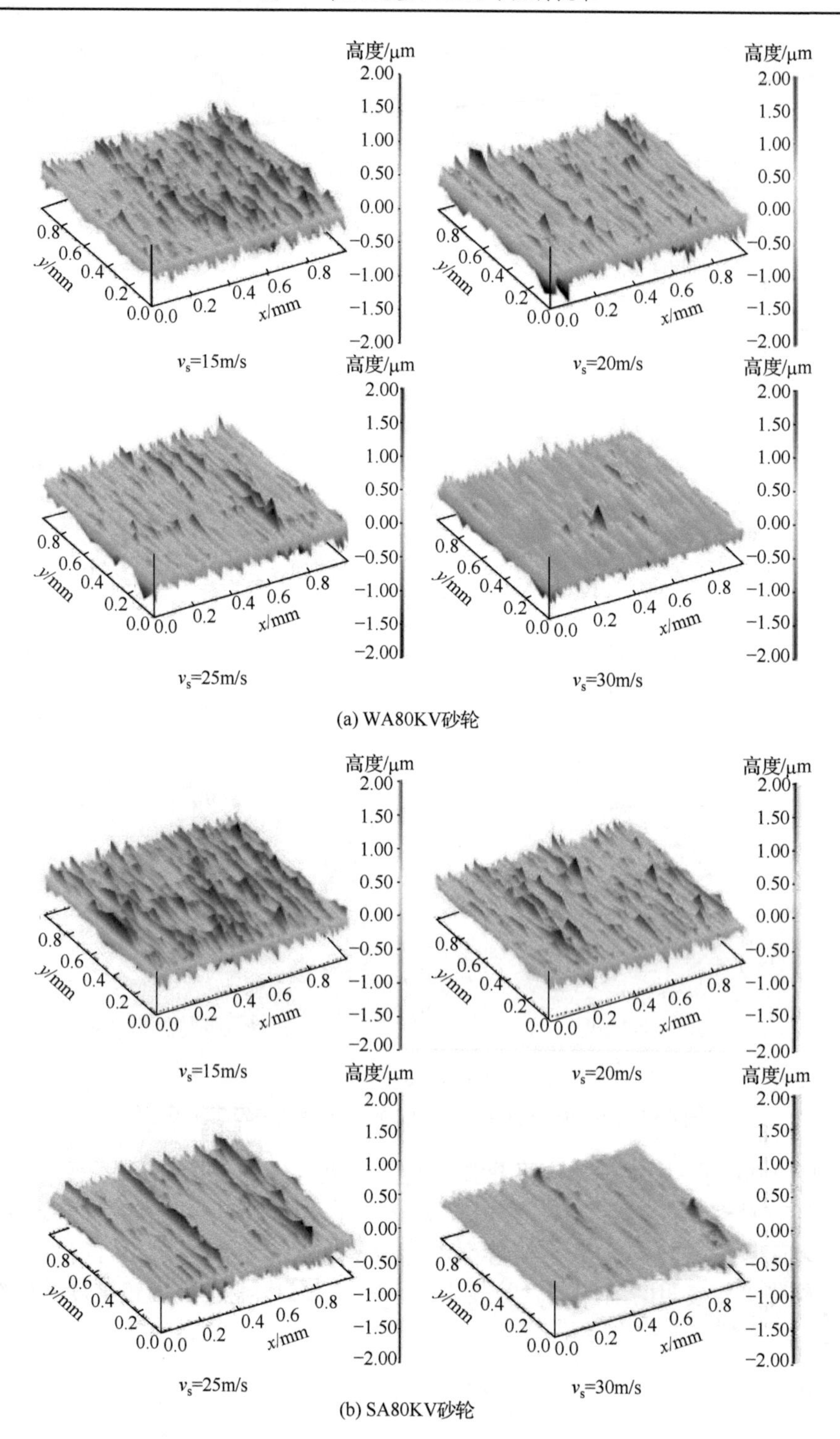

高度/μm
2.00
1.50
1.00
0.50
0.00
−0.50
−1.00
−1.50
−2.00
y/mm
x/mm
0.0
0.2
0.4
0.6
0.8
v_s=15m/s
v_s=20m/s
v_s=25m/s
v_s=30m/s
(a) WA80KV砂轮
v_s=15m/s
v_s=20m/s
v_s=25m/s
v_s=30m/s
(b) SA80KV砂轮

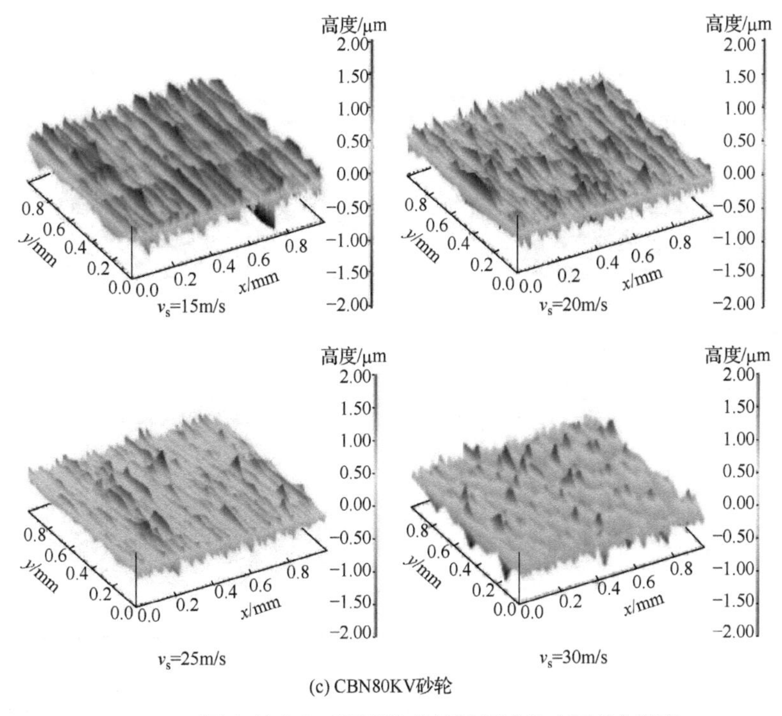

(c) CBN80KV砂轮

图 4.96　不同磨削速度下超强齿轮轴承钢试件表面几何形貌

图 4.97 为不同工件速度下超强齿轮轴承钢试件表面几何形貌。当 v_w=15m/min 时，试件表面看起来比较平滑，但当 v_w=30m/min 时，可以清楚地看到磨削表面几何形貌中出现较大的波峰和波谷。随着工件速度的增加，波峰和波谷的数量也逐渐增加，表明磨削加工后表面越来越粗糙。

4) 微观组织

图 4.98 为光学显微镜下精密磨削超强齿轮轴承钢表层微观组织。超强齿轮轴承钢金相组织形态主要表现为针状或竹叶状马氏体。磨削表层出现白层组织，白层组织晶粒细、塑性变形严重且耐腐蚀；白刚玉 WA80KV 砂轮、单晶刚玉 SA80KV

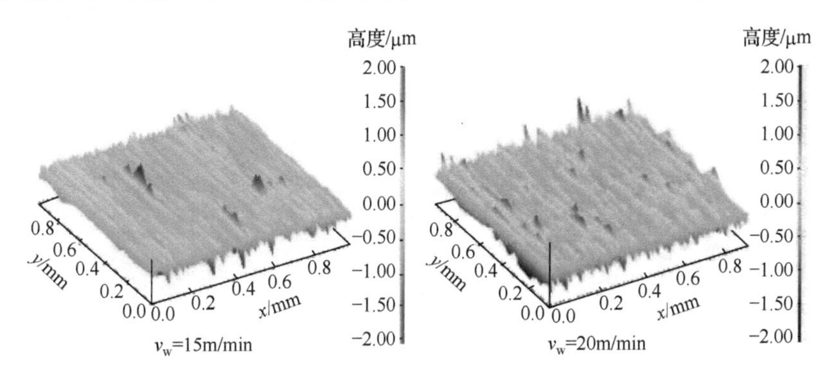

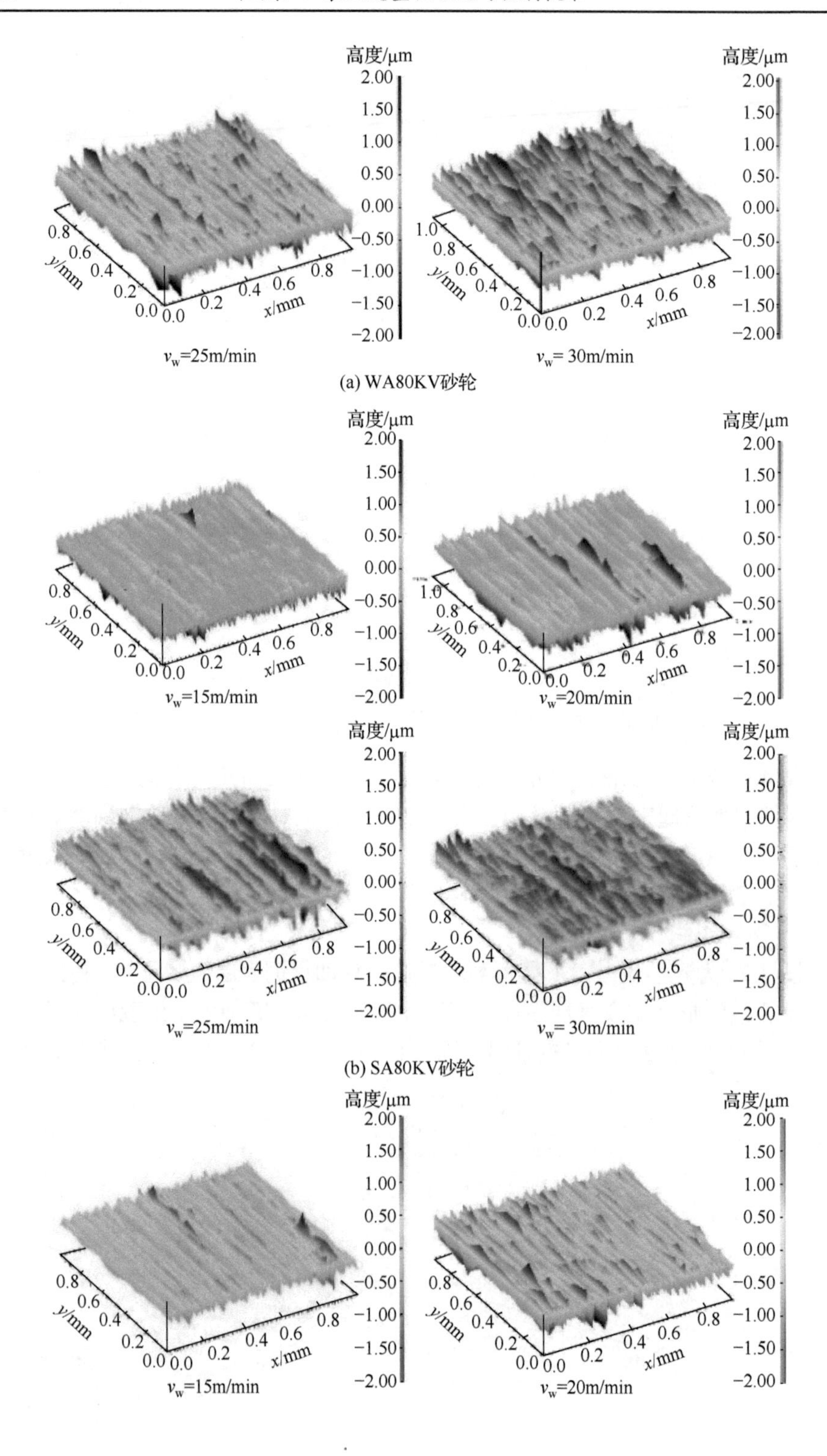
高度/μm
2.00
1.50
1.00
0.50
0.00
−0.50
−1.00
−1.50
−2.00
y/mm
x/mm
v_w=25m/min
v_w= 30m/min
(a) WA80KV砂轮
v_w=15m/min
v_w=20m/min
v_w=25m/min
v_w= 30m/min
(b) SA80KV砂轮
v_w=15m/min
v_w=20m/min

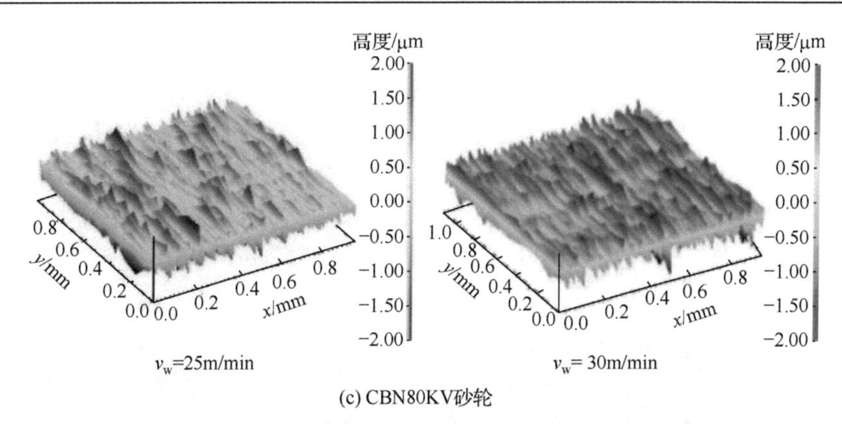

(c) CBN80KV砂轮

图 4.97　不同工件速度下超强齿轮轴承钢试件表面几何形貌

砂轮和 CBN80KV 砂轮磨削后白层厚度分别约为 13.5μm、23μm 和 16μm。虚线之间是磨削加工的超硬化层，细小的晶粒可以同时提升硬度和强度。白刚玉 WA80KV 砂轮、单晶刚玉 SA80KV 砂轮和 CBN80KV 砂轮磨削后超硬化层厚度范围分别为 18.9～36.5μm、15～45μm 和 13～51μm。

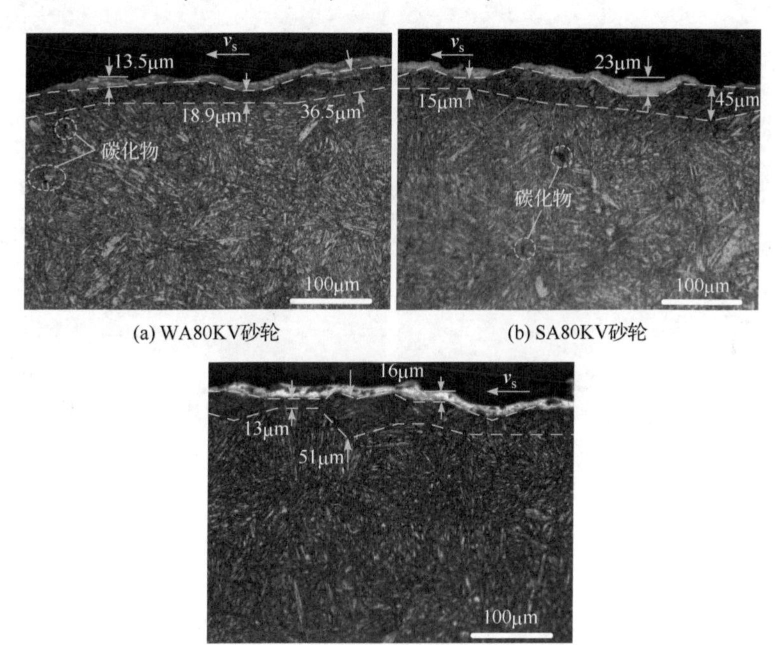

(a) WA80KV砂轮　(b) SA80KV砂轮

(c) CBN80KV砂轮

图 4.98　光学显微镜下精密磨削超强齿轮轴承钢表层微观组织(v_w=20m/min, v_s=25m/s, a_p=20μm)

图 4.99 为扫描电子显微镜下精密磨削超强齿轮轴承钢表层微观组织。

WA80KV 砂轮、SA80KV 砂轮和 CBN80KV 砂轮磨削后试件表层发生了塑性变形，塑性变形层厚度分别约为 3.8μm、3.5μm 和 1.7μm。由于超强齿轮轴承钢微观组织中存在坚硬且不易变形的第二相颗粒，会阻挡位错运动，增大超强齿轮轴承钢的强度，还有细化晶粒的作用。在磨削过程中，出现在磨削表面的第二相颗粒被一次性去除后，通常在磨削表面留下不规则空洞，使表面出现“空腔”和“拔毛”特征，微观裂纹通常从“空腔”处形核并沿着晶界向内生长，如图 4.99(d)所示。

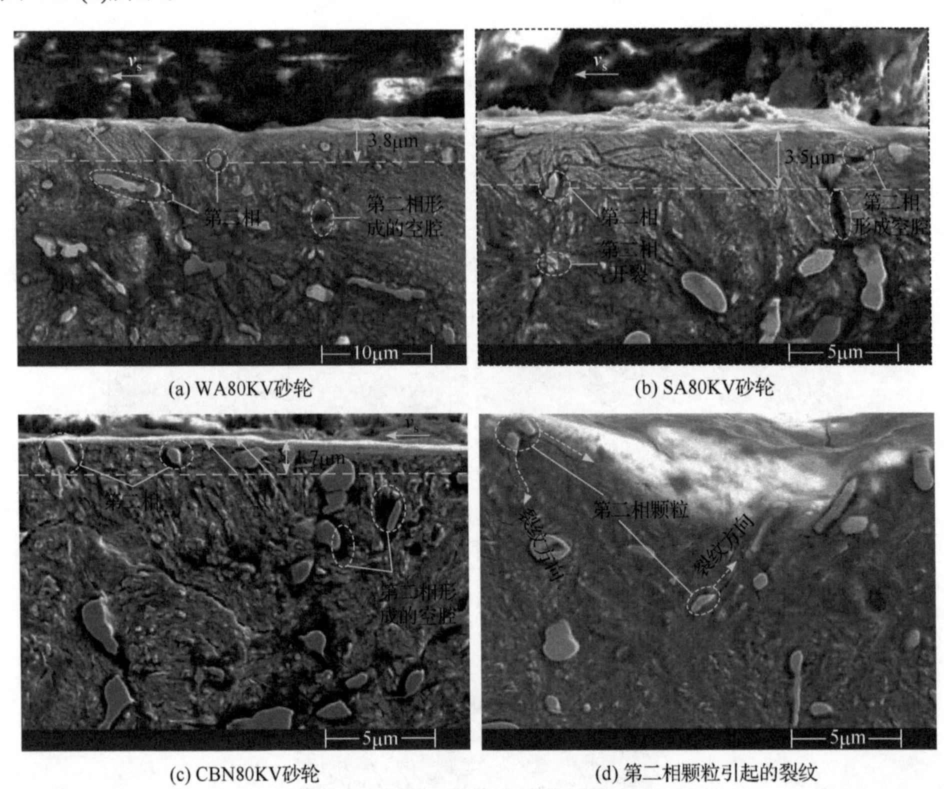

(a) WA80KV砂轮　　(b) SA80KV砂轮

(c) CBN80KV砂轮　　(d) 第二相颗粒引起的裂纹

图 4.99　扫描电子显微镜下精密磨削超强齿轮轴承钢表层微观组织(v_w=20m/min, v_s=25m/s, a_p=20μm)

5) 显微硬度

图 4.100 为精密磨削超强齿轮轴承钢表层显微硬度梯度分布。超强齿轮轴承钢材料基体显微硬度为 850～900$HV_{0.025}$，磨削后表层未出现软化现象。这是因为超强齿轮轴承钢精密磨削时磨削力的强化作用占主导，磨削温度较低，为 400～600℃，产生加工硬化。当磨削深度由 10μm 增大到 20μm 时，SA80KV 砂轮磨削试件表面显微硬度由 1009$HV_{0.025}$ 降低到 1000$HV_{0.025}$，WA80KV 砂轮磨削试件表

面显微硬度由 $1030HV_{0.025}$ 降低到 $1000HV_{0.025}$，CBN80KV 砂轮磨削试件表面显微硬度几乎没有变化。当磨削深度逐渐加大时，虽然磨削力的金属强化作用占主导，但是磨削热的软化作用占比开始增大。SA80KV 砂轮和 WA80KV 砂轮磨削试件的显微硬度梯度分布曲线几乎相同，但是 CBN80KV 砂轮磨削试件的显微硬度平均减小约 $50HV_{0.025}$。这是因为 SA80KV 砂轮和 WA80KV 砂轮磨粒的自锐性好且冷却充分，加工表面会产生加工硬化。三种砂轮磨削后超强齿轮轴承钢表层硬化层深度约为 40μm。

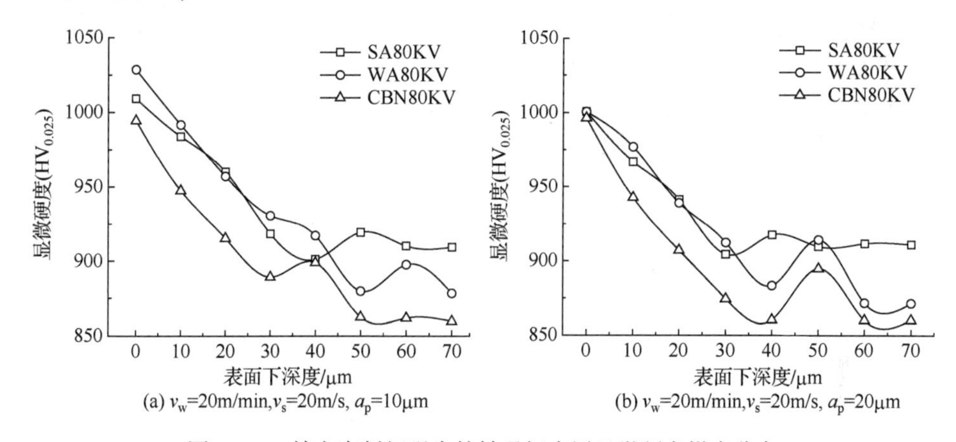

(a) v_w=20m/min, v_s=20m/s, a_p=10μm　　(b) v_w=20m/min, v_s=20m/s, a_p=20μm

图 4.100　精密磨削超强齿轮轴承钢表层显微硬度梯度分布

6) 残余应力

超强齿轮轴承钢精密磨削表面残余应力测试结果见表 4.24。其中，σ_{rx} 为进给方向残余应力，σ_{ry} 为切宽方向残余应力。

表 4.24　超强齿轮轴承钢精密磨削表面残余应力测试结果

序号	v_w/(m/min)	a_p/mm	v_s/(m/s)	SA80KV		WA80KV		CBN80KV	
				σ_{rx}/MPa	σ_{ry}/MPa	σ_{rx}/MPa	σ_{ry}/MPa	σ_{rx}/MPa	σ_{ry}/MPa
1	15	15	25	−256.9	−400.09	−345.97	−306.06	−1106.9	−1376.34
2	20	15	25	−186.38	−367.2	−140.35	−270.64	−1034.96	−1320.22
3	25	15	25	−50.6	−204.92	−90.8	−157.38	−995.56	−1254.62
4	30	15	25	−14.49	−159.02	24.93	−47.22	−904.37	−1200.31
5	20	10	25	−416.48	−652.36	−267.05	−397.37	−1158.84	−1261.15
6	20	15	25	−55.04	−218.2	−140.35	−270.64	−1034.96	−1320.22
7	20	20	25	−42.21	−70.93	−97.9	−207.29	−970.04	−1299.22
8	20	25	25	188.74	150.24	182.47	−143.5	−998.98	−1400.12
9	20	15	15	−24.7	−92.88	−103	−306	−906.04	−1403.8
10	20	15	20	−39.15	−200.42	−470.71	−718.3	−992.55	−1305.27

续表

序号	v_w/(m/min)	a_p/mm	v_s/(m/s)	SA80KV		WA80KV		CBN80KV	
				σ_{rx}/MPa	σ_{ry}/MPa	σ_{rx}/MPa	σ_{ry}/MPa	σ_{rx}/MPa	σ_{ry}/MPa
11	20	15	25	318.54	209.28	−34.35	−199.08	−1013.26	−1249.54
12	20	15	30	545.63	285.57	67.57	−156.66	−932.22	−1320.4

图 4.101 为精密磨削工艺参数对超强齿轮轴承钢表面残余应力的影响规律。不同砂轮磨削后超强齿轮轴承钢试件表面主要呈残余压应力状态。这是因为磨粒后刀面与试件表面产生剧烈的挤压和摩擦,塑性凸出效应小于表层金属挤光效应,因此表面产生残余压应力。

如图 4.101(a)所示，SA80KV 和 WA80KV 砂轮磨削后，磨削深度从 10μm 增大到 25μm，表面残余压应力随着磨削深度的增大而减小，并逐渐产生残余拉应力。这是因为磨削深度增大，磨粒未变形磨屑厚度增大，塑性变形增强，发热量增大，磨削温度升高，超过材料的屈服点，机械应力的作用减小，热应力的作用

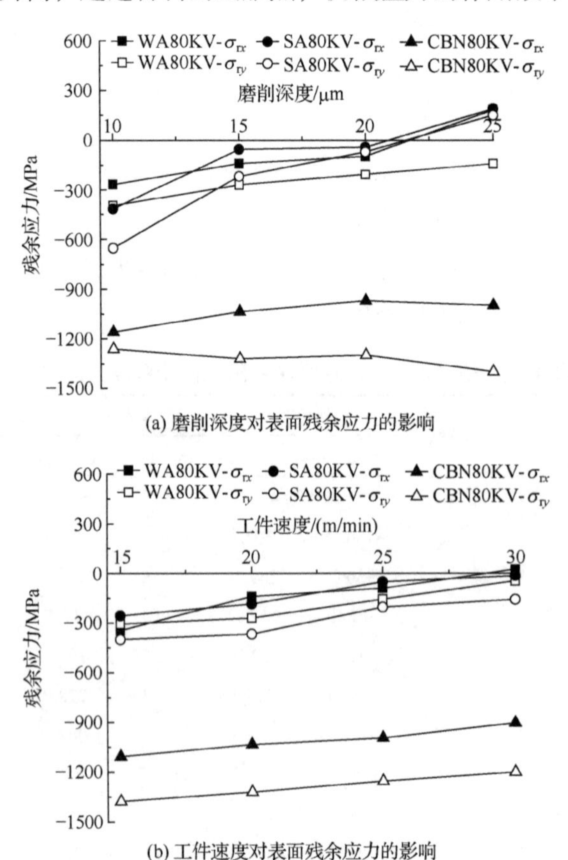

(a) 磨削深度对表面残余应力的影响

(b) 工件速度对表面残余应力的影响

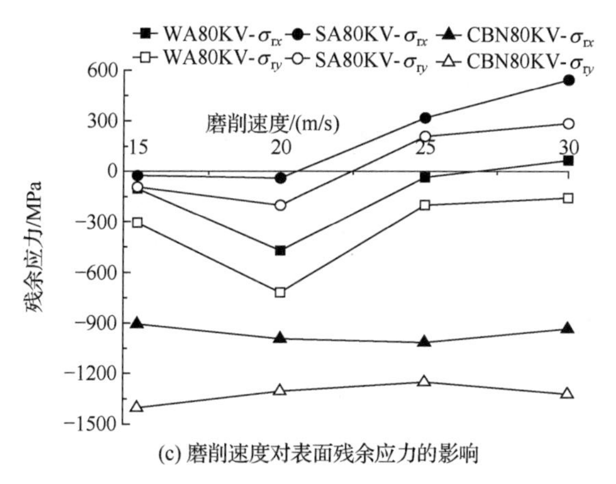

(c) 磨削速度对表面残余应力的影响

图 4.101　精密磨削工艺参数对超强齿轮轴承钢表面残余应力的影响

增大。CBN80KV 砂轮磨削后，表面残余压应力均在−1000MPa 以上，这表明 CBN80KV 砂轮的磨粒发生较大的钝化，难以修整，磨粒后刀面与试件表面的挤光效应较为严重。

如图 4.101(b)所示，当工件速度从 15m/min 增加到 30m/min 时，表面残余压应力随着工件速度的增大而减小。这是因为随着工件速度增大，砂轮与试件的接触时间缩短，磨粒后刀面与试件表面的挤压和摩擦时间变短，挤光效应渐渐降低。

如图 4.101(c)所示，SA80KV 和 WA80KV 砂轮磨削时，磨削速度从 15m/s 增大到 20m/s，表面残余压应力增大；磨削速度从 20m/s 增加到 30m/s，表面残余压应力减小，甚至逐渐产生残余拉应力。这是因为随着磨削速度增大，对试件表面残余应力的影响分为两个过程：当 v_s 在 15～20m/s 时，机械应力起主要作用，磨削速度的增大使得磨粒后刀面的与试件表面挤压和摩擦加剧，残余压应力增大；当 v_s 大于 20m/s 时，热应力起主要作用，磨削热导致磨削表面逐渐产生残余拉应力。对于 CBN80KV 砂轮，表面残余压应力变化不大，且均大于 900MPa。这表明 CBN80KV 砂轮磨削时的机械应力远大于热应力，磨削速度对残余应力影响较小。

结合以上分析可得，CBN80KV 砂轮获得的磨削表面残余压应力远远大于 SA80KV 砂轮和 WA80KV 砂轮磨削表面残余压应力。CBN80KV 砂轮磨削工艺参数变化对表面残余压应力的影响小于 SA80KV 砂轮和 WA80KV 砂轮。

图 4.102 为精密磨削超强齿轮轴承钢表层残余应力梯度分布。由图 4.102(a)可知，试件磨削前初始表层残余应力并不为零，基体为残余压应力状态，范围在−100～−200MPa。由图 4.102(b)和(c)可知，WA80KV 和 SA80KV 砂轮磨削后表层残余压应力随着表面下深度的增加逐渐增加，之后在小范围内波动。这是因为随着表面下深度的增加，热应力引起表层产生残余拉应力，里层产生残余压应力。由图 4.102(d)可知，CBN80KV 砂轮磨削后表层残余压应力随着表面下深度增大逐

渐减小，之后在很小的范围内波动。这是因为 CBN80KV 砂轮散热性较好，磨削温度相对较低，机械塑性变形起主要作用，即表层金属产生残余压应力，里层金属引起残余拉应力。三种砂轮磨削超强齿轮轴承钢试件后残余应力影响层深度约为 60μm。

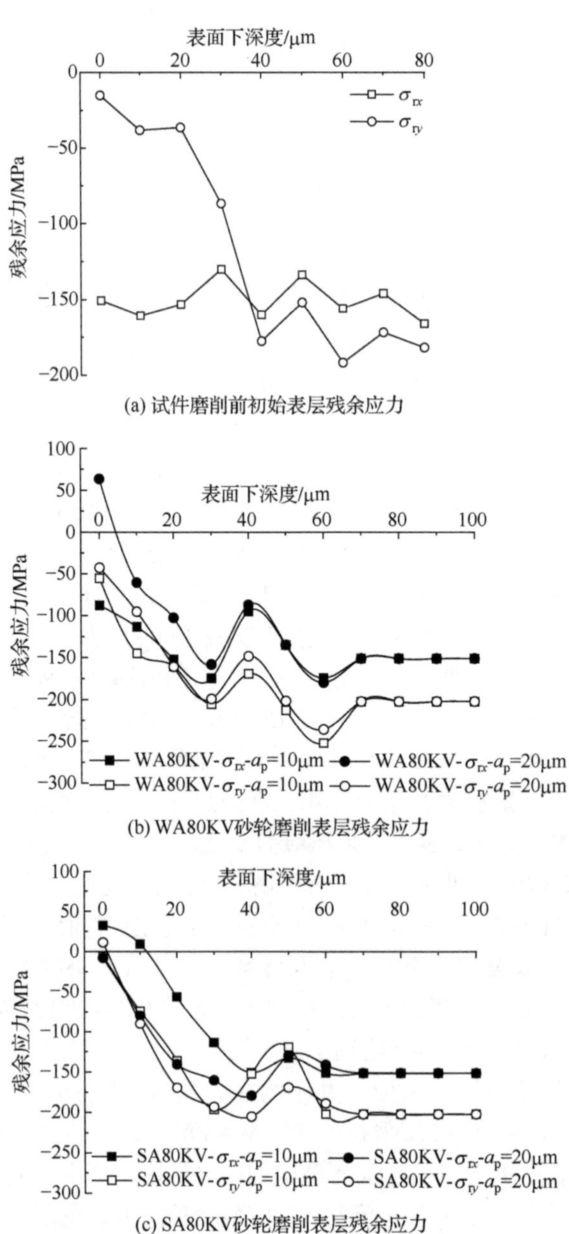

(a) 试件磨削前初始表层残余应力

(b) WA80KV砂轮磨削表层残余应力

(c) SA80KV砂轮磨削表层残余应力

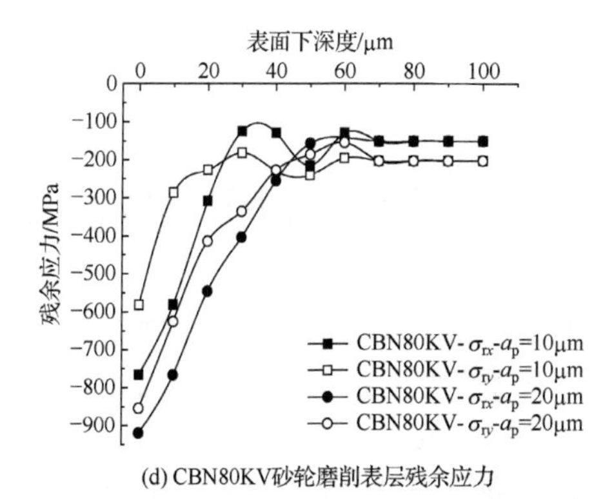

(d) CBN80KV砂轮磨削表层残余应力

图 4.102　精密磨削超强齿轮轴承钢表层残余应力梯度分布

随着磨削深度的增加，机械应力使得磨削试件残余压应力影响层深度略有增加，热应力使得残余拉应力影响层的增加。对于 WA80KV 和 SA80KV 砂轮表面残余压应力较小或为残余拉应力，CBN80KV 砂轮磨削后表层全部为残余压应力。

参考文献

[1] 方俊涛, 何桢, 宋琳曦, 等. 响应曲面建模的稳健 M-回归方法[J]. 工业工程, 2012, 15(3): 98-103.

[2] 王永菲, 王成国. 响应面法的理论与应用[J]. 中央民族大学学报: 自然科学版, 2005, 14(3): 236-240.

[3] 张志红, 何桢, 郭伟. 在响应曲面方法中三类中心复合设计的比较研究[J]. 沈阳航空工业学院学报, 2007, 24(1): 87-91.

[4] 方俊涛. 响应曲面方法中试验设计与模型估计的比较研究[D]. 天津: 天津大学, 2011.

[5] 王晶. 基于响应曲面法的多响应稳健性参数优化方法研究[D]. 天津: 天津大学, 2009.

[6] 徐颖, 李明利, 赵选民, 等. 响应曲面回归分析法：一种新的回归分析法在材料研究中的应用[J]. 稀有金属材料与工程, 2001, 30(6): 428-432.

[7] Sharman A, Hughes J I, Ridgway K. Workpiece surface integrity and tool life issues when turning Inconel 718 (TM) nickel based superalloy[J]. Machining Science and Technology, 2004, 8(3): 399-414.

[8] Wang X, Feng C X. Development of empirical models for surface roughness prediction in finish turning[J]. International Journal of Advanced Manufacturing Technology, 2002, 20(5): 348-356.

[9] 刘冠权, 张树森, 李从东, 等. 硬质合金刀具干式车削淬钢的表面完整性研究[J]. 组合机床与自动化加工技术, 2006 (11): 65-68.

[10] 高雄雄. Ti60 钛合金双态组织调控过程中显微组织演变规律研究[D]. 西安: 西北工业大学, 2018.

[11] 王飞. GH4169 高温合金组织与性能研究[D]. 上海: 东华大学, 2012.

[12] 李锋, 李亚胜, 刘维伟, 等. GH4169 高速铣削加工残余应力分布规律试验[J]. 表面技术, 2016, 45(12): 199-203.

[13] 张颖琳, 陈五一. 镍基高温合金铣削加工的残余应力研究[J]. 航空制造技术, 2016 (3): 42-47.

第 5 章　机械加工表面完整性评价

本章主要从理论上分析了表面完整性对抗疲劳性的影响，介绍了铝合金 7055 构件、钛合金 Ti1023 构件、高温合金 GH4169DA 构件、超高强度钢 Aermet100 构件和钛铝合金γ-TiAl 构件机械加工表面完整性与抗疲劳性的关系，介绍了表面完整性评价指标、数学模型和评价实例，建立了疲劳强度应力集中敏感模型，分析了四种高强度材料的疲劳强度应力集中敏感规律。

5.1　机械加工表面完整性对抗疲劳性的影响

5.1.1　材料的疲劳失效过程

疲劳是指金属材料在应力或应变的反复作用下发生的性能变化，在一般情况下，特指那些导致开裂或破坏的性能变化[1]。疲劳破坏是一种损伤积累的过程，因此它的力学特征不同于静力破坏。不同之处主要表现为循环应力载荷远小于材料静强度极限的情况下，破坏就可能发生，但不是立刻发生的；疲劳断裂是微观损伤积累到一定程度的结果，继而要经历一段时间，甚至很长时间；疲劳断裂破坏前，不论是脆性材料还是塑性材料，均表现为脆性断裂，更具突然性、更危险，断口通常没有显著的塑性变形；疲劳断裂面累积损伤处表面光滑，而折断区表面粗糙。

对于一个含有初始裂纹 a_0 的构件，在承受静载荷时，工作应力 σ_w 小于临界应力 σ_c，则构件在静应力水平下工作就是安全可靠的，只有当 $\sigma_w=\sigma_c$ 或 $K_I=K_{IC}$ 时，才会发生脆性破坏。K_I为 I 型裂纹尖端应力强度因子，简称应力强度因子，K_I越大，该点应力越大，因此 K_I是表征弹性体裂纹尖端区域应力场强弱程度的参量。试验表明，当 K_I增大到某一临界值时，就会使裂纹尖端附近各点的应力大到足以使裂纹失稳扩展，从而引起脆断。K_{IC} 是在平面应变条件下，材料中 I 型裂纹产生失稳扩展的应力强度因子的临界值，即材料平面应变断裂韧度，K_{IC} 是材料抵抗断裂能力的性能指标，即金属平面应变断裂韧性。如果 $K_I>K_{IC}$，则材料发生低应力脆断。

如果构件承受的是一个 σ_w 远小于临界应力 σ_c 的交变应力，那么这个初始裂纹 a_0会在交变应力作用下缓慢扩展，当扩展到 $a=a_c$时，构件发生失稳破坏。a_c为裂纹临界尺寸，从初始值 a_0 到临界值 a_c 这一段扩展过程，称为疲劳裂纹的亚临界扩展，也称为宏观裂纹 a_0 的剩余寿命阶段。

材料的总疲劳寿命 N 由两部分组成，即裂纹萌生形成寿命 N_i 及裂纹扩展直至断裂的寿命 N_p，如式(5.1)所示：

$$N = N_i + N_p \tag{5.1}$$

构件疲劳断裂过程受许多因素的影响，非常复杂，按照传统疲劳理论，疲劳断裂过程大致可分为四个阶段：

(1) 裂纹成核阶段，在交变循环载荷作用下，构件如果没有裂纹或是无缺陷的光滑零件，虽然名义应力小于材料屈服极限，但因材料不均匀，在构件表面局部区域仍然能产生滑移。用力学原理来解释，由于构件表面是平面应力状态，容易产生滑移，但看不到塑性变形特征；由于多次反复的循环滑移过程，产生金属挤出和挤入的滑移带，形成微裂纹的核。由于构件的最高应力通常产生并作用于表面或近表面区，而该区域往往存在加工表面缺陷和表层驻留滑移带、晶界和夹杂等表层缺陷，发展成为严重的应力集中点，也是裂纹成核的重点区域。

(2) 微裂纹扩展阶段，这个过程是裂纹扩展第Ⅰ阶段。裂纹核形成后，微裂纹沿滑移面扩展，这个面是与主应力约成45°的剪切应力作用面。此阶段扩展的微裂纹深入表面层很浅，大约十几微米，一般在50μm以内，有许多沿滑移带的裂纹，如图 5.1 所示。

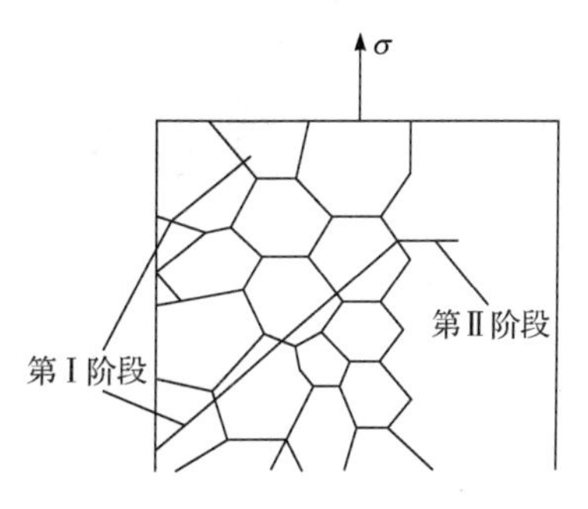

图 5.1　裂纹的萌生与扩展阶段

(3) 宏观裂纹扩展阶段又称为裂纹扩展的第Ⅱ阶段，如图 5.1 所示。这是从微观裂纹逐渐过渡到宏观的阶段，裂纹扩展速率增加，扩展方向基本上与主应力垂直，为单一裂纹。一般认为，裂纹长度 a 在 0.01mm～a_c 的扩展为宏观裂纹扩展阶段。

(4) 瞬时断裂阶段，当裂纹扩大到使构件残存截面不足以抵抗外载荷时就会在某一次加载下突然断裂，即达到临界尺寸 a_c 时，便会产生失稳扩展而很快断裂。

以上是无初始裂纹的光滑表面构件的典型疲劳断裂过程。对于高强度合金材料，因为屈服强度高，缺口敏感性大，内部夹杂和硬颗粒多，往往直接在宏观的应力集中处形成裂纹核，并且沿夹杂与基体界面首先裂开，由此开始宏观裂纹稳定扩展阶段，没有明显的微观裂纹扩展阶段。

初始裂纹的产生是工作应力超过疲劳强度导致的材料过载，工程实际中最高载荷一般发生在表面或表层，材料表面或表层过载的条件下会产生初始裂纹。初始裂纹产生之后就会扩展，如果应力强度因子 $K<K_{th}$(K_{th} 为门槛值)，扩展不会发生，如果应力强度因子 $K>K_{th}$，产生裂纹扩展(稳态扩展)；如果应力持续增大，裂纹扩展速率也将呈指数关系加快(非稳态扩展)，裂纹扩展加快直到发生断裂。

对应于疲劳破坏四个阶段，在疲劳宏观断口上出现疲劳源区(又称“裂纹源区”)、疲劳裂纹扩展区(简称“裂纹扩展区”)和瞬时断裂区(简称“瞬断区”)3 个区，典型的疲劳断口如图 5.2 所示。疲劳源区通常面积很小，色泽光亮，是两个断裂面对磨造成的；疲劳裂纹扩展区通常比较平整，具有表征间隙加载、应力较大改变或裂纹扩展受阻等使裂纹扩展前沿相继位置的休止线或海滩花样；瞬断区则具有静载断口的形貌，表面呈现出较粗糙的颗粒状。

图 5.2　典型的疲劳断口

构件由于承受交变载荷的作用，或者载荷和环境侵蚀的联合作用，会产生微小的裂纹，裂纹将随着交变载荷周次的增加或环境侵蚀时间的延长而逐渐扩展。随着裂纹尺寸增大，构件的剩余强度逐步减小，最后导致断裂。疲劳裂纹的萌生从宏观而言，总是起源于应力集中区、高应变区、强度最弱的基体、结构拐角、加工缺陷、焊缝、腐蚀坑等区域。从微观而言，可分为滑移带开裂、晶界开裂、非金属夹杂(或第二相)与基体界面开裂三种机制。机械加工表面完整性控制技术在改变表面几何形貌同时，在构件表面层构筑了表面变质层，造成微观组织变化，引起应变硬化，改变表层残余应力分布。这些变化对疲劳裂纹萌生和扩展有重要影响。在构件制造过程中，粗糙的表面几何形貌，有损的或弱化的表面变质层，会导致构件抗疲劳性大幅降低；光滑的表面几何形貌，无损的或强化的表面变质层，会使构件抗疲劳性与基体材料相比降低较小，甚至优于基体材料性能。

具有初始裂纹或缺陷的构件，即使这些初始裂纹或缺陷未达到失稳扩展的临界尺寸，但是在交变应力作用下，也会逐渐扩展，导致疲劳破坏。对于没有宏观裂纹的试样，在交变应力作用下，也可能萌生裂纹，最后扩展直到断裂。因此，疲劳破坏时的应力远比静载荷破坏应力低，而且疲劳破坏时一般没有明显的塑性变形。统计结果表明，在各种机械零件的断裂事故中，大约有 80%是疲劳失效引起的。

5.1.2　表面几何形貌对抗疲劳性的影响

表面几何形貌特征包括表面粗糙度、表面波纹度、表面纹理方向及表面几何缺陷等因素。迄今为止大多数学者认为，表面粗糙度对疲劳寿命有很大影响。由断裂力学可知，表面越粗糙，表面的沟痕越深，纹底半径越小，应力集中越严重，抗疲劳破坏的能力就越差，这种现象对高强度合金材料更为突出。高强度合金构件在服役过程中，表面划痕、裂纹等缺陷往往是疲劳源，在交变载荷作用下，会形成疲劳裂纹并不断扩展，大大降低构件的疲劳寿命。

构件表面应力集中对疲劳强度影响很大，构件的抗疲劳性随着表面应力集中系数的增大而降低，其本质作用如图 5.3 所示，即表面应力集中系数 K_{st} 将构件局部名义最大工作应力由 σ_n 提高到 σ_n'，如式(5.2)所示：

$$\sigma_n' = K_{st} \cdot \sigma_n \tag{5.2}$$

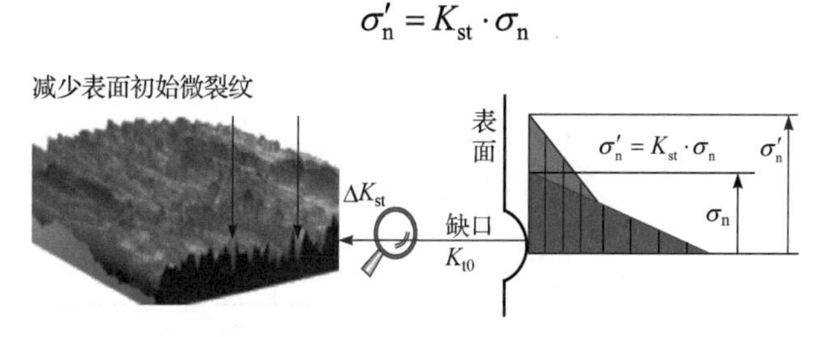

图 5.3　表面几何形貌对抗疲劳性的影响

K_{t0}-构件设计形状应力集中系数

构件机械加工后的 K_{st} 一般大于 1，粗糙表面带来高的表面应力集中，使得构件局部区域的实际应力载荷增大，加快疲劳裂纹的萌生与扩展，大大降低构件抗疲劳性。在机械加工过程中，应通过合理控制构件加工工艺条件，减小表面应力集中系数。

5.1.3　表层微结构微力学特征对抗疲劳性的影响

1) 材料的理论与实际断裂强度

材料的断裂强度可以从理论断裂强度和实际断裂强度两个方面分析。理论断裂强度是指用理论计算的方法得到的破坏断裂面上下原子键合作用所需的平均应力，而实际断裂强度与理论断裂强度有较大差异。图 5.4 为原子间作用力 σ 与原子间相对位移 x 的关系模型，据此可以近似计算理论断裂强度。

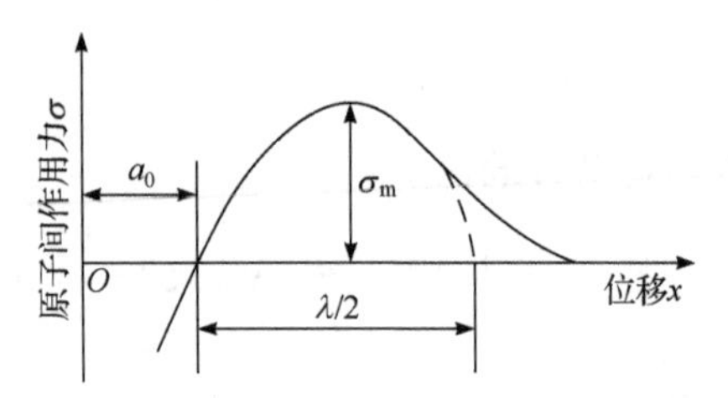

图 5.4　原子间作用力与原子间相对位移的关系模型

假设晶体为理想完整晶体，在不受力时原子间平衡间距为 a_0。当原子间施加拉应力 σ 后，原子间沿应力方向的相对位移 x，而原子间作用力随 x 的增加先增大后降低，存在一个峰值 σ_m，表示晶体在弹性状态下的最大结合力，即拉断原子键合所需的应力——理论断裂强度。若设原子间作用力随原子间距离变化近似为正弦曲线，则

$$\sigma = \sigma_m \sin\frac{2\pi x}{\lambda} \tag{5.3}$$

式中，λ 为正弦曲线波长；如果原子间位移 x 很小，则 $\sin\frac{2\pi x}{\lambda} \approx \frac{2\pi x}{\lambda}$，于是

$$\sigma = \sigma_m \frac{2\pi x}{\lambda} \tag{5.4}$$

在小位移情况下，胡克定律也适用，有

$$\sigma = E\varepsilon = \frac{Ex}{a_0} \tag{5.5}$$

合并以上两式并消去 x，得

$$\sigma_m = \frac{\lambda}{2\pi}\frac{E}{a_0} \tag{5.6}$$

晶体脆性断裂时所消耗的功用来供给形成两个新表面所需的表面能。设单位面积表面能(比表面能)为γ_s，则断裂时形成两个单位表面外力所做的功等于 σ-x 曲线下包围的面积，即

$$\int_0^{\frac{\lambda}{2}} \sigma_m \sin\frac{2\pi x}{\lambda}\mathrm{d}x = 2\gamma_0 \tag{5.7}$$

由此解得

$$\lambda = \frac{2\pi\gamma_s}{\sigma_m} \tag{5.8}$$

将式(5.8)代入式(5.6)得

$$\sigma_m = \left(\frac{E\gamma_s}{a_0}\right)^{\frac{1}{2}} \tag{5.9}$$

由式(5.9)可见，固体的理论断裂强度可以用三个简单的基本参量 E、γ_s 和 a_0 来表征。以钢为例，取典型值 $E=2.0\times10^5$MPa，$a_0=3.0\times10^{-8}$cm，$\gamma_s=1.0$J/m^2，计算得到理论断裂强度 σ_m 约为 2.5×10^4MPa，即 $\sigma_m\approx E/8$。这是 σ-x 曲线按正弦关系近似得到的结果，如果按其他更复杂的近似，则估算出的 σ_m 将在 $E/15\sim E/4$ 变化，一般取 $\sigma_m\approx E/10$，这是一个很大的值。由此可见，在实际材料中，除了很小的、无缺陷的金属晶须和极细直径的硅纤维可近似接近这一理论值外，目前还没有任何实用材料可以达到这样的水平。即使以目前所谓的超高强度钢来说，断裂强度能达到 2000MPa 以上的也为数不多，但与 σ_m 比较，尚相差 10 倍，相当于 $E/100$。

材料实际断裂强度远远低于理论断裂强度的原因在于两点：第一，大多数材料都在较低的应力水平上首先发生塑性变形，最后因这种不可逆的损伤积累而破坏，塑性较好的金属材料就是这种情况；第二，材料本身并非没有问题，它们或多或少存在材料缺陷(如气孔、微裂纹、渣粒、夹杂、脆性颗粒)和加工缺陷(擦伤、凿伤、电弧灼伤、焊不透、加工伤痕)，这些缺陷将在较低应力水平上发展为裂纹并长大，最终导致断裂。

1921 年，英国科学家格里菲斯分析了玻璃、陶瓷等脆性材料理论断裂强度与实际断裂强度存在巨大差异的原因，并采用能量分析法得到了表征脆性材料实际断裂强度与结构参数关系的方程，即著名的格里菲斯方程。他的基本观点有两个：第一，实际材料中已经存在裂纹；第二，裂纹的存在将导致系统弹性能的释放(降低)和自由表面能的增加，如果弹性能降低足以满足表面能增加的需要时，裂纹就会失稳扩展引起脆性断裂。

格里菲斯分析模型如图 5.5 所示。设有一单位厚度且宽度很大的平板，其受到均匀拉伸应力的作用，使其发生弹性伸长(储存弹性应变能)，随即将板上、下两端固定以隔绝与外界的能量交换，使其成为一绝热系统。如果此时在这块板中心切割出一个垂直于应力且长度为 $2c$ 的前后表面穿透裂纹(图 5.5(a))，则板内原先储存的弹性能将释放一部分出来。

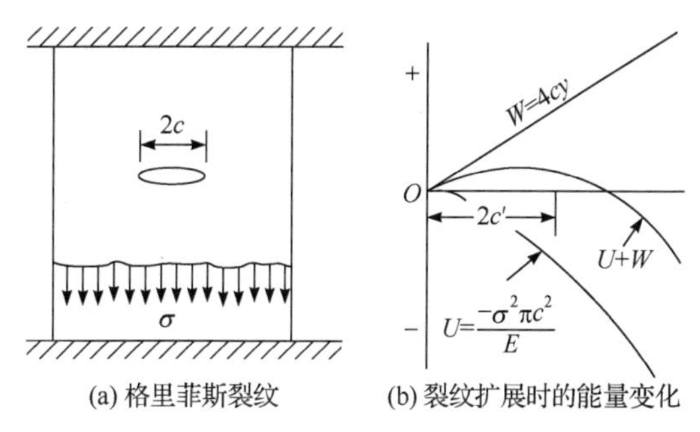

(a) 格里菲斯裂纹　(b) 裂纹扩展时的能量变化

图 5.5　格里菲斯分析模型示意图

$2c'$-临界尺寸

根据弹性理论计算，此时释放出来的弹性能 U 为

$$U=-\frac{\sigma^2\pi c^2}{E} \tag{5.10}$$

式中，E 为板的弹性模量；负号表示此隔离系统能量减少。

割开裂纹时形成了两个新表面，从而增加了系统的表面能。令 γ 为单位面积表面能，则长度为 $2c$、宽度为 1 的裂纹表面能为

$$W=2\times(2c\times1)\times\gamma=4c\gamma \tag{5.11}$$

裂纹尺寸变化时，平板中总能量变化为

$$U+W=-\frac{\sigma^2\pi c^2}{E}+4c\gamma \tag{5.12}$$

各部分能量和总能量随裂纹尺寸长度变化的趋势如图 5.5(b)所示，可见总能量并非单调变化，而是存在一个临界尺寸 $2c'$ 使总能量达到峰值。当裂纹增长超过 $2c'$ 后，裂纹扩展将使总能量降低，即裂纹会自发(失稳)扩展，因此裂纹失稳扩展的能量条件如下：

$$\frac{\partial U}{\partial c}+\frac{\partial W}{\partial c}=-\frac{2\pi\sigma^2 c}{E}+4c\gamma=0 \tag{5.13}$$

由此，解得裂纹失稳扩展开始时的名义应力(即实际断裂强度)σ_c 为

$$\sigma_c=\sqrt{\frac{2E\gamma}{\pi c}} \tag{5.14}$$

式(5.14)即格里菲斯方程，将其与理论断裂强度 σ_m 计算式(5.9)相比，两者在形式上相似，只是前者用 $\pi c/2$ 代替了后者的 a_0。作为数量级估算，$a_0\approx 10^{-8}$cm，若取 $c=10^{-2}$cm，则 $\sigma_c\approx10^{-4}\sigma_m$。由此可见，裂纹的存在会显著地降低断裂强度。

格里菲斯分析模型只依靠能量平衡原理，并未涉及裂纹尖端附近区域的应力集中问题。实际上，对韧性很好的材料，裂纹尖端的应力集中一旦超过屈服强度，将会借微区塑性变形使裂纹尖端局部应力松弛下来，从而增加裂纹扩展的阻力。换从能量角度来考虑，裂纹扩展时弹性能的释放除了供给表面能增加以外，还需要供给塑性变形功。格里菲斯分析模型并未考虑这一点，因此格里菲斯方程只适用于脆性材料，即裂纹前缘的塑性变形可以忽略不计的情况：①没有滑移面的非晶体材料，如玻璃；②结构的各向异性大，沿密排面的拉断远比沿其他晶面滑移容易的材料，如石墨、锌、层状结构的硅酸盐等；③位错运动的晶格阻力大，易于脆断的材料，如金刚石、复杂结构的陶瓷、钨及其他难熔金属；④由于组织细化、第二相等，位错运动困难而易于脆断的材料，如超高强度钢、高强度铝合金等。

对于工程常用金属材料，由于韧性较好，裂纹尖端产生较大塑性变形，裂纹扩展要消耗大量塑性变形功。为此，奥罗万和伊尔文对格里菲斯方程进行修正，得

$$\sigma_c = \sqrt{\frac{E(2\gamma + \gamma_p)}{\pi c}} \tag{5.15}$$

式中，γ_p为单位体积塑性变形功。

由于γ_p远远大于γ(至少相差 1000 倍)，即可以忽略表面能项，则有

$$\sigma_c = \sqrt{\frac{E\gamma_p}{\pi c}} \tag{5.16}$$

此式只能用于理论分析，而不能像格里菲斯方程那样进行实际计算。因为格里菲斯方程中的γ是与裂纹长度 c 无关的，而γ_p则与 c 有关，且不是线性关系，一般裂纹越长，γ_p 越大。但无论如何，裂纹尖端的塑性松弛，切断原子间结合力得不到足够的应力，致使裂纹扩展变慢，最终的断裂应力就比纯弹性体的脆性断裂应力高。

2) 表层微结构特征对抗疲劳性的影响

微观组织对抗疲劳性的提升作用主要通过细晶强化和位错强化来实现。晶粒细化不仅能够提高材料的屈服强度，还能提高塑性和韧性，从而提升构件的抗疲劳性。其原因在于：当总的塑性变形量一定时，一定体积内晶粒越多，变形在晶粒内越分散、塑性变形分布越均匀，不易产生应力集中，使材料在断裂前能够承受较大的塑性变形，呈现出较好的塑性。强度、塑性和韧性的同时改善可极大地提高构件抗疲劳性。

格里菲斯材料微观断裂强度公式(5.14)可知，材料的微观断裂强度与弹性模量 E、表面能密度γ和裂纹尺寸 c 有关。对一般合金材料，可以认为晶粒尺寸越小，材料的微观断裂强度越大，抗疲劳性越好。晶界是微裂纹长大和连接的阻力，也是宏观裂纹形成的阻力，晶粒细化使得晶界在多晶体中占比增大，位错在滑移面上运动遇到晶界受阻而塞积。只有当位错塞积群引起的应力集中增大到一定程度时，相邻晶粒才能被迫发生相应的滑移，引起塑性变形的宏观效果，相应地使材料屈服强度增高而产生强化。对于金属晶体来说，因位错造成的强化增量大致同晶体中位错密度的平方根成正比[2]，即

$$\Delta\sigma_d \propto \rho^{1/2} \tag{5.17}$$

式中，$\Delta\sigma_d$为屈服强度增量；ρ为位错密度。

晶粒细化和位错强化使裂纹萌生时的驱动力由更小的晶粒承受，材料受力均匀，裂纹不易萌生。在裂纹扩展阶段，由于晶粒细化使晶界所占体积分数高，裂

纹在晶界处扩展受阻，一旦穿过晶界，扩展方向会发生改变，必然会消耗更多的能量，从而使裂纹不易扩展长大。晶粒细化使得晶界在多晶体中占的体积分数越大，对错位运动产生的阻碍也越大，从而对材料起到强化作用。当总的塑性变形量一定时，细化晶粒后可以使位错在更多的晶粒中产生运动，塑形变形更均匀，因而不易产生应力集中，从而提高塑性与韧性。

1964 年，Lui[3]通过观察分析疲劳裂纹扩展试验数据发现，当疲劳裂纹扩展速率 da/dN 趋向于零时，裂纹尖端的应力强度因子变程ΔK趋向于一个极小值，这个对应零裂纹扩展速率的应力强度因子变程的极小值是一个与加载应力比 r 相关的材料参数，被称作疲劳裂纹扩展门槛值，记作ΔK_{th}。大量试验数据证实存在ΔK_{th}后，ΔK_{th}受到了高度关注，已成为结构损伤容限设计中材料不可或缺的一个重要性能参数。

理论上，ΔK_{th}是指疲劳裂纹扩展速率 $da/dN=0$ 对应的应力强度因子变程ΔK，实际中难以直接测量，故目前工程中规定用 $da/dN=10^{-7}$mm/次对应的ΔK 作为ΔK_{th}，美国试验与材料学会(ASTM)、中华人民共和国国家质量监督检验检疫总局和中国国家标准化管理委员会先后给出了类似的确定方法[4,5]。为了区别，将前者称为理论门槛值，记作ΔK_{thT}，将后者称为实用门槛值，记作ΔK_{thO}。

若理论门槛值ΔK_{thT}与实用门槛值ΔK_{thO}相差很小，用后者替代前者当然可行。但有试验发现[6]，当$\Delta K<\Delta K_{\text{thO}}$时，仍能观测到裂纹的明显扩展。文献[7]～[9]的研究也表明，对部分材料，ΔK_{thT}与ΔK_{thO}之间的差别明显。在这样的情况下，将材料的实用门槛值ΔK_{thO}代替理论门槛值ΔK_{thT}用于结构的损伤容限设计，无疑存在风险。因此，找到一种较为可靠的确定理论门槛值ΔK_{thT}的方法就显得很有意义。

由于当疲劳裂纹扩展速率 $da/dN<10^{-8}$mm/次时，现有的测试方法已无法精确测量出裂纹的扩展量[6]，因此理论门槛值ΔK_{thT}不可能由试验方法直接获得，只能通过理论分析和数据处理的方法来确定。

3) 表层显微硬度场对抗疲劳性的影响

抗疲劳性与材料屈服特性密切相关，通常认为，疲劳强度约为屈服强度的一半。因此，疲劳强度与应变硬化有如下关系[10]：

$$\sigma_{\text{f}} \approx 1/2\sigma_{\text{s}} = 1/2\left\{\sigma_{\text{s},0} + \left[1+\gamma(\Delta\text{HV}/\text{HV}_{\text{bulk}})\right]\right\} \tag{5.18}$$

式中，σ_{s}为构件材料屈服强度；$\sigma_{\text{s},0}$为基体材料屈服强度；ΔHV 为构件表面层显微硬度与基体材料显微硬度的变化；HV_{bulk}为构件基体材料显微硬度；γ为与材料相关的常数。

由此可见，机械加工带来的表层显微硬度场，即表层应变硬化场产生变化，本质上是通过改变构件浅表层材料的力学性能，其可能发生应变硬化，也可能存在软化效应，从而影响和改变构件的疲劳强度。理论上，应变硬化和软化效应可改变构件表层疲劳强度梯度分布，如图 5.6 所示。表面层应变硬化将使件表面层疲劳强度得以提升，增加了抗疲劳能力，可有效防止构件表面或表层过载，延迟初始裂纹萌生；表面层的软化效应使构件表面层疲劳强度得以降低，减小了抗疲劳能力，可加速初始裂纹萌生。

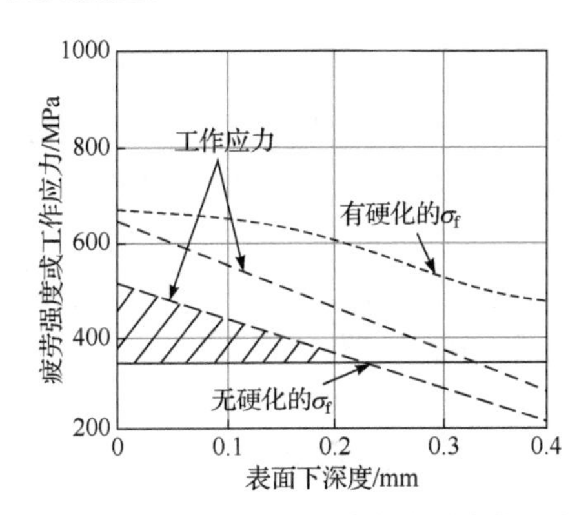

图 5.6　应变硬化和软化效应对构件表层疲劳强度的影响

应变硬化对疲劳裂纹扩展门槛值的影响如图 5.7 所示。可见，表层应变硬化可提高疲劳裂纹扩展门槛值 ΔK_{th}，从而延迟初始裂纹的产生。

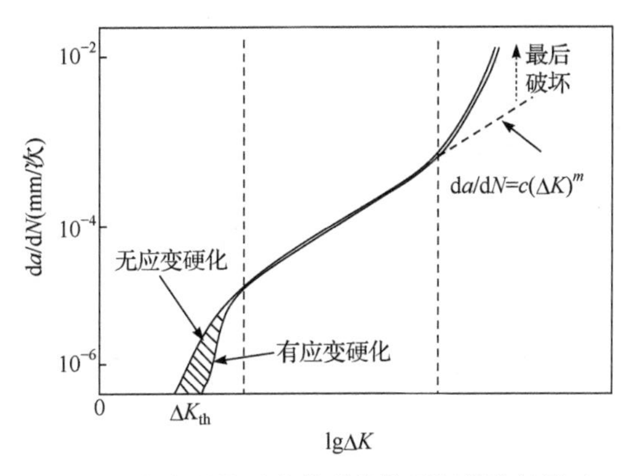

图 5.7　应变硬化对疲劳裂纹扩展门槛值的影响

da/dN-疲劳裂纹扩展速率；ΔK-应力强度因子变程

4) 表层残余应力场对抗疲劳性的影响

机械加工构件表层残余应力对抗疲劳性的影响包括其对疲劳强度的影响，以及对疲劳裂纹扩展速率的影响两个方面。

(1) 表层残余应力对疲劳强度的影响。残余应力改变构件疲劳强度主要是改变了构件表层外加工作应力。疲劳强度与平均应力的关系常用古德曼关系来描述，如式(5.19)所示：

$$\sigma_{\mathrm{f}}^{\mathrm{m}} = \sigma_{\mathrm{f0}} - (\sigma_{\mathrm{f0}}/\sigma_{\mathrm{b}})\sigma_{\mathrm{m}} = \sigma_{\mathrm{f0}} - m\sigma_{\mathrm{m}} \tag{5.19}$$

式中，σ_{m}为平均应力；σ_{b}为材料抗拉强度；σ_{f0}为平均应力$\sigma_{\mathrm{m}}=0$时的疲劳强度；m为平均应力敏感系数，m越大表示平均应力对疲劳强度的影响越大。

当存在残余应力时，可将残余应力叠加到外加工作应力中，式(5.19)可写为

$$\sigma_{\mathrm{f}}^{\mathrm{m}} = \sigma_{\mathrm{f0}} - m(\sigma_{\mathrm{m}} + \sigma_{\mathrm{r}}) = (\sigma_{\mathrm{f0}} - m\sigma_{\mathrm{m}}) - m\sigma_{\mathrm{r}} \tag{5.20}$$

由式(5.20)可知，残余应力可通过改变平均应力改变疲劳强度。

图 5.8(a)为表面层残余应力分布对工作应力影响，图 5.8(b)给出了表面层残余应力分布对疲劳强度分布的影响示意图。如果构件加工后无表层残余压应力，构件疲劳强度可认为是材料疲劳强度σ_{f0}，沿深度均匀分布；如果构件加工后存在表层残余压应力，构件近表层局部疲劳强度会大于σ_{f0}，在表层出现最大值，逐步变化至σ_{f0}，沿深度呈非均匀分布$\sigma_{\mathrm{f1}}(h)$；如果构件加工后存在表层残余拉应力，构件近表层局部疲劳强度会小于σ_{f0}，在表层出现最小值，逐步变化至σ_{f0}，同样沿深度呈非均匀分布$\sigma_{\mathrm{f2}}(h)$。

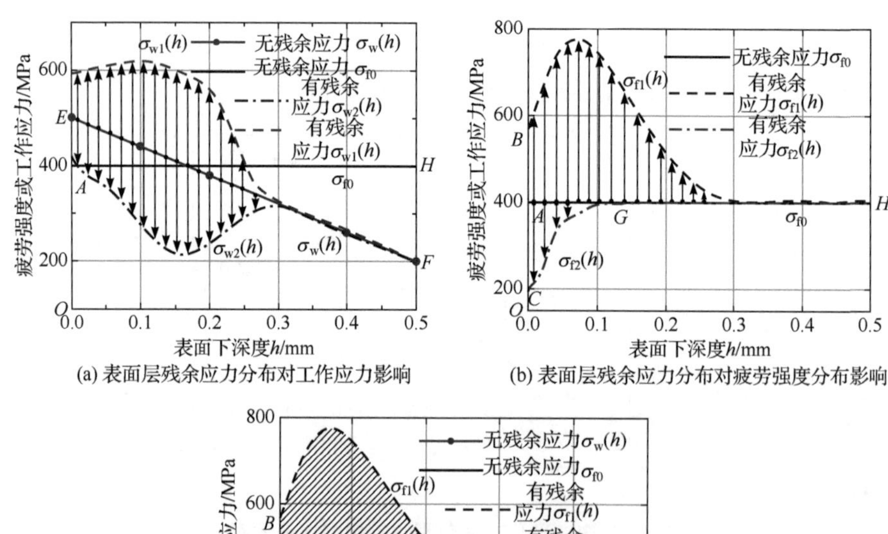

(a) 表面层残余应力分布对工作应力影响

(b) 表面层残余应力分布对疲劳强度分布影响

(c) 表层局部疲劳强度与工作应力的关系

图 5.8　表面层残余应力分布对抗疲劳性的影响

当表面层工作应力低于表面层疲劳强度时，疲劳破坏很难发生；当表面层工作应力大于表面层疲劳强度时，整个表层均为裂纹萌生危险区域。由图 5.8(c)可知，表面层工作应力分布 $\sigma_w(h)$ 与材料疲劳强度 σ_{f0} 相比，ADE 区域工作应力载荷大于材料疲劳强度 σ_{f0}，零件沿表面以下的 OK 段深度内为裂纹萌生危险区域；表面层工作应力分布 $\sigma_w(h)$ 与具有表层残余压应力分布的表层局部疲劳强度 $\sigma_{f1}(h)$ 相比，局部疲劳强度曲线远高于局部工作应力分布 EF，理论上整个零件表面层为安全区域，很难在该区域发生疲劳破坏；表面层工作应力分布 $\sigma_w(h)$ 与具有表层残余拉应力分布的表层局部疲劳强度 $\sigma_{f2}(h)$ 相比，在 AD 段局部疲劳强度曲线远低于局部工作应力分布，同样，零件沿表面以下的 OK 段深度内为裂纹萌生危险区域，且危险程度明显增加。另外，表面层的残余应力分布在构件承受疲劳载荷过程中会衰减，进而使得局部疲劳强度分布曲线发生变化，残余应力衰减后，表层下原裂纹不扩展位置会成为裂纹扩展位置。

(2) 表层残余压应力对疲劳裂纹扩展速率的影响。由应力强度因子断裂理论可知，裂纹尖端附近区域内某一点的位置一旦确定，该点处的应力、位移及应变由应力强度因子 K 确定：

$$K = \sigma_t \sqrt{\pi a} \tag{5.21}$$

式中，σ_t 为外加工作应力；a 为裂纹长度的一半。

裂纹只有在张开的情况下才能扩展，压缩载荷的作用可使裂纹闭合。因此，应力循环的负应力部分对裂纹扩展无贡献，疲劳裂纹扩展控制参量应力强度因子变程 ΔK 为

$$\begin{cases} \Delta K = K_{\max} - K_{\min} & (r > 0) \\ \Delta K = K_{\max} & (r < 0) \end{cases} \tag{5.22}$$

综合考虑材料的断裂韧性、平均应力、循环最大应力及应力强度因子变程对疲劳裂纹扩展速率的影响，Forman 等提出疲劳裂纹扩展速率 $\mathrm{d}a/\mathrm{d}N$ 计算公式[11]：

$$\frac{\mathrm{d}a}{\mathrm{d}N} = \frac{C(\Delta K)^m}{(1-r)K_c - \Delta K} \tag{5.23}$$

式中，r 为应力比；ΔK 为应力强度因子变程；K_c 为材料断裂韧性；C、m 为与试验有关的材料常数。

残余压应力通过改变应力比 r 影响裂纹扩展速率。采用应力强度因子叠加法，将残余应力引起的应力强度因子与外加工作应力引起的应力强度因子叠加，计算得到有效应力比 r。当无残余压应力时，应力比 $r=K_{\min}/K_{\max}$。当存在残余压应力时可分为以下两种情况讨论。

当存在较小残余压应力，即 $K_{\min}-K_r>0$ 时，有效应力比为

$$r' = \frac{K_{\min} - K_{\mathrm{r}}}{K_{\max} - K_{\mathrm{r}}} < \frac{K_{\min}}{K_{\max}} = r \tag{5.24}$$

疲劳裂纹扩展速率为

$$\left(\frac{\mathrm{d}a}{\mathrm{d}N}\right)_{\mathrm{r}} = \frac{C(\Delta K)^m}{(1-r')K_{\mathrm{c}} - \Delta K} < \frac{C(\Delta K)^m}{(1-r)K_{\mathrm{c}} - \Delta K} = \frac{\mathrm{d}a}{\mathrm{d}N} \tag{5.25}$$

当存在较大残余压应力时，即 $K_{\min}-K_{\mathrm{r}}\leqslant 0$ 时，此时有效应力比 r'为负值，远小于无残余压应力时的应力比，疲劳裂纹扩展速率为

$$\left(\frac{\mathrm{d}a}{\mathrm{d}N}\right)_{\mathrm{r}} = \frac{C(\Delta K)^m}{(1-r')K_{\mathrm{c}} - \Delta K} \ll \frac{C(\Delta K)^m}{(1-r)K_{\mathrm{c}} - \Delta K} = \frac{\mathrm{d}a}{\mathrm{d}N} \tag{5.26}$$

由式(5.25)和式(5.26)可知，当存在残余压应力时，应力比减小，疲劳裂纹扩展速率大幅降低。从裂纹闭合角度来讲，残余压应力的存在使裂纹的两个面压紧，从而使得裂纹闭合，减小了裂纹张开的可能，这也使疲劳裂纹扩展速率明显下降。

5.1.4　机械加工表面完整性对疲劳裂纹扩展的影响

1) 钛合金 Ti1023 疲劳裂纹扩展曲线试验及分析

选取单边缺口钛合金 Ti1023 板状试样，在靠近缺口根部的位置钻一个直径 2mm 的小孔，小孔边缘距离缺口根部边缘约 1.84mm。从小孔边缘预制出一条疲劳角裂纹，控制裂纹的扩展速率，裂纹向缺口根部表面变质层扩展，观察裂纹扩展与表面变质层交互作用过程，如图 5.9 所示，该表面变质层是由高速铣削加工工艺获得的，其厚度约 100μm。

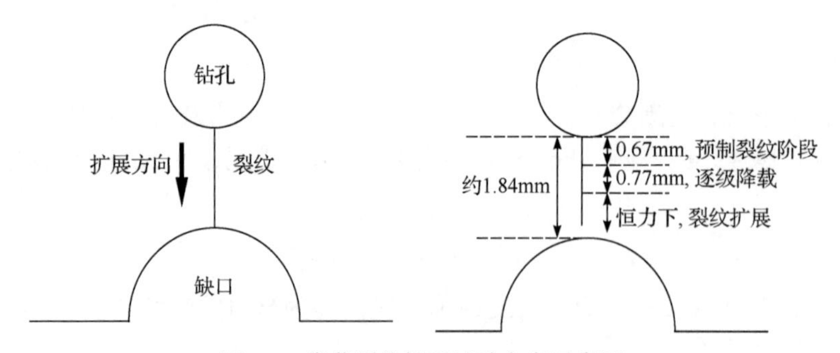

图 5.9　疲劳裂纹扩展试验方案示意图

在室温 r=0.1 的条件下进行疲劳加载，整个试验过程分为三个阶段：选定初始疲劳载荷，逐级加载，预制出小尺寸裂纹；逐级降载，降低裂纹扩展速率，当裂纹扩展速率降低到一定值，停止降载；在恒载下加载，使裂纹继续扩展，向缺口根部表面变质层靠近，绘制裂纹长度–循环周次(a-N)曲线，如图 5.10 所示。

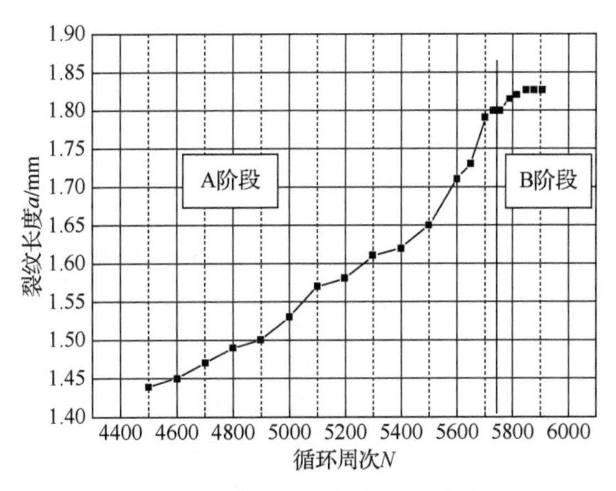

图 5.10　钛合金 Ti1023 裂纹扩展 *a-N* 曲线(恒力加载)

从图 5.10 整体趋势上看，随着循环周次增加，裂纹不断增长。疲劳裂纹扩展曲线可以划分为 A 和 B 两个阶段：①在 A 阶段，*a-N* 曲线基本呈凹型，随着循环周次增加，裂纹长度增长，裂纹扩展速率不断增加；②在 B 阶段，*a-N* 曲线呈凸型，随着循环周次增加，裂纹长度增长，裂纹扩展速率不增反降。

a-N 曲线凹凸分界点在 *a* 约为 1.80mm 时，变质层厚度约 100μm，这时裂纹距变质层表面约 100μm；当 *a* 从 1.80mm 变到约 1.90mm 时，裂纹恰巧穿过变质层，形成穿透裂纹。当裂纹尖端距试样表面 73μm 时，停止试验，因此由图 5.10 中 B 阶段的现象发生在距离试样表面 73～200μm。B 阶段的存在说明了表面变质层对裂纹在变质层内的扩展起到一定的阻碍作用。

由 *a-N* 曲线可以绘出描述疲劳裂纹扩展性能的疲劳裂纹扩展速率与裂纹尖端应力强度因子变程曲线，即 $da/dN\text{-}\Delta K$ 曲线，如图 5.11 所示。$da/dN\text{-}\Delta K$ 曲线可近似地用三段斜率不同的直线表示，可划分为三个阶段，分别对应低、中、高速率裂纹扩展的三个区域。

(1) 第 1 阶段：低速率裂纹扩展区域。该区域内随着应力强度因子变程ΔK的降低，裂纹扩展速率迅速下降，到某一门槛值ΔK_{th}时，裂纹扩展速率趋近于零。

(2) 第 2 阶段：中速率裂纹扩展区域。该区域内裂纹扩展速率一般在 10^{-9}～10^{-5}mm/次。

(3) 第 3 阶段：高速率裂纹扩展区域。该区域内 da/dN 大，裂纹扩展快，寿命短。该阶段对裂纹扩展寿命的贡献，通常可以不考虑。随着裂纹扩展速率的迅速增大，裂纹尺寸迅速增大，发生断裂。

机械加工表面变质层对裂纹扩展的阻碍作用引起变质层内疲劳裂纹萌生过程受阻，延长了疲劳寿命。金属在循环载荷作用下，疲劳微裂纹形成于金属表面，已形成的微裂纹在循环载荷作用下将继续长大，裂纹尖端在应力场交互作用下相

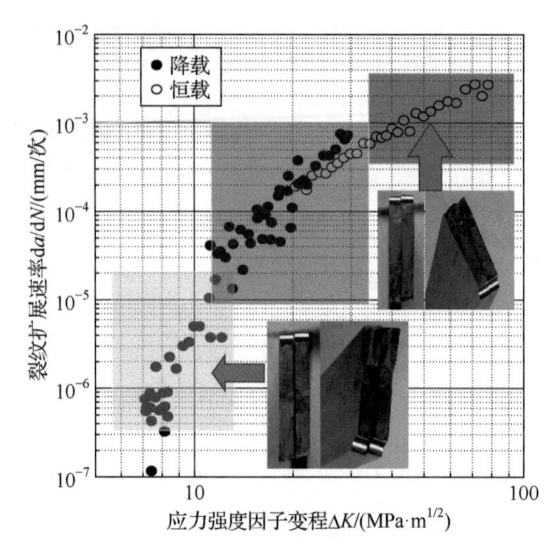

图 5.11　钛合金 Ti1023 裂纹扩展 da/dN-ΔK 曲线

互连接，才能形成宏观尺度的疲劳裂纹。由上述过程可以看出，宏观尺度疲劳裂纹的形成要经历微裂纹形成、微裂纹长大和微裂纹连接等三个阶段。因此，任何阻碍微裂纹形成、长大和连接的因素，都有利于延长疲劳裂纹起始寿命。

铣削加工表面变质层的微结构微力学特征对表面变质层内裂纹扩展有阻碍作用，阻碍表面变质层内萌生微裂纹的扩展过程，从而延长了疲劳裂纹的萌生寿命。切口根部表面变质层的残余压应力场和显微硬度场分布对疲劳裂纹起始寿命的影响，有时甚至超过表面粗糙度影响。铣削表面粗糙度的增大，对抗疲劳性提高是一个弱化项；铣削加工过程使金属表面强化，在提高金属构件表面屈服极限的同时，也会在表面层形成残余压应力，有利于延长疲劳裂纹起始寿命。

图 5.12 为钛合金 Ti1023 缺口内表面几何形貌图。该缺口采用高速侧铣工艺加工而成，铣削表面纹理平行于试样表面，U 形缺口槽底中表面微区 1 处表面纹理基本均匀(1-1)，但放大后的仍可看出一些缺陷存在(1-2)；U 形缺口槽底上表面微 2 处为进刀区，2-2 面上可看到有明显刀痕；U 形缺口槽底下表面 3 处为退刀区，边沿的材料向上翻卷。

图 5.13 为钛合金 Ti1023 缺口表层微观组织。由图可见，缺口侧铣加工区表层形成 1～2μm 的微结构变化层。与内部晶粒形态相比，该区域晶粒存在一定程度的畸变，边界比较模糊，但组织明显朝一个方向倾转，出现了微观织构现象。

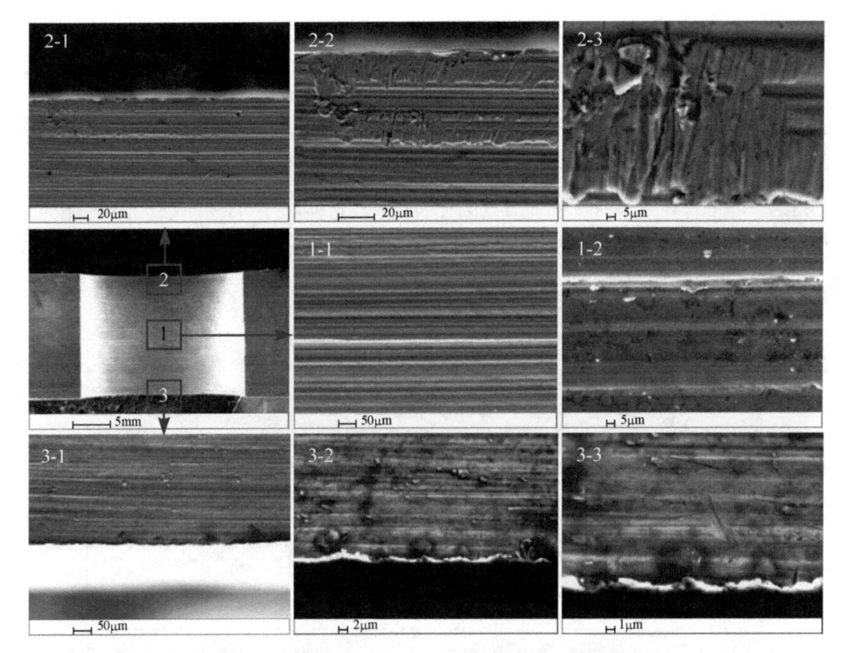

图 5.12　钛合金 Ti1023 缺口内表面几何形貌

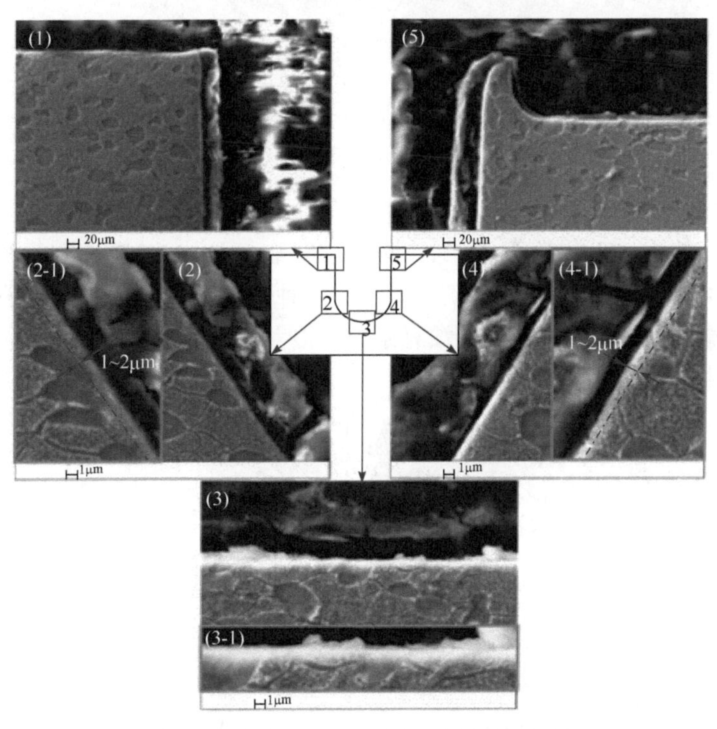

图 5.13　钛合金 Ti1023 缺口表层微观组织

对钛合金 Ti1023 缺口板状疲劳试样进行裂纹扩展试验，预制出一条长的疲劳裂纹，进行观察试验。图 5.14 展示了疲劳裂纹在铣削加工表面从萌生到扩展全过程形貌，此时裂纹长度为 a=6.82mm。在疲劳裂纹扩展初期，裂纹与加载方向呈 45°夹角，主要是因为裂纹扩展初期是剪切应力控制的；在裂纹扩展过程中，裂纹逐渐与加载方向垂直，并沿着铣削加工痕迹发生偏转；在裂纹扩展后期，随着裂纹长度的增加，裂纹尖端的塑性区越来越大，而裂纹初始 45°的部分由于后期裂纹扩展的闭合作用，表面产生大量的微裂纹。

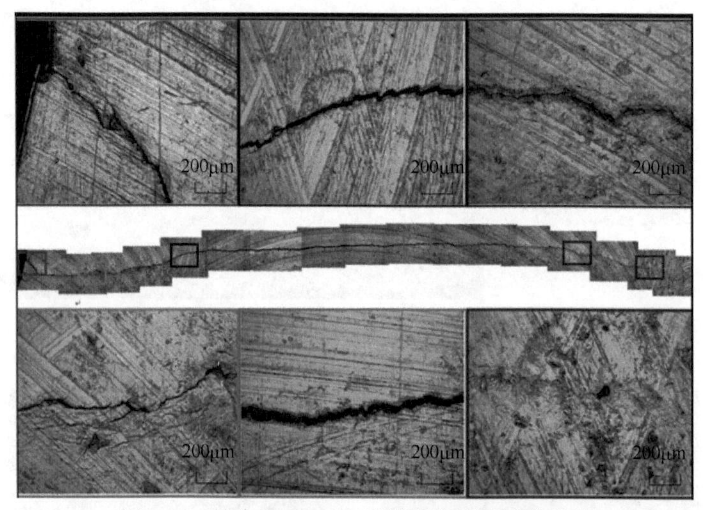

图 5.14　钛合金 Ti1023 试样裂纹扩展过程形貌

图 5.15 为钛合金 Ti1023 裂纹扩展试样 TEM 照片，可以看出，裂纹尖端具有纳米晶粒，其非晶区出现了。此时，裂纹长度 a 已达 6.82mm，裂纹扩展速率很快，达到了 da/dN=2.1×10^{-4}mm/次。裂纹扩展时，由于每次裂纹扩展的长度增加，裂纹尖端微小区域的塑性变形还没有累积到很大就已经断裂，因此在裂纹尖端只形成了纳米晶而没有形成非晶结构。

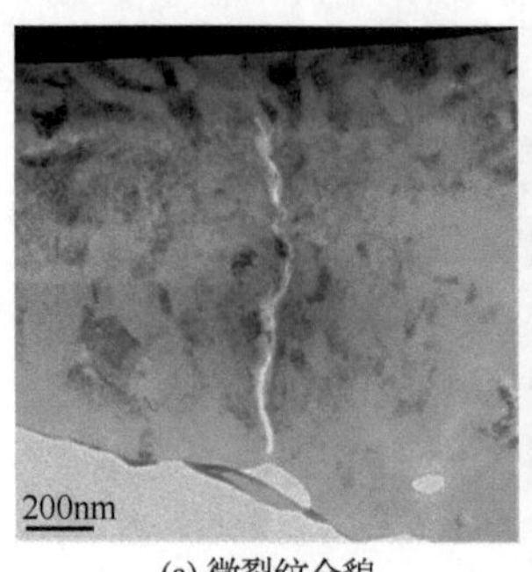

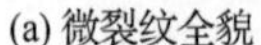

(a) 微裂纹全貌

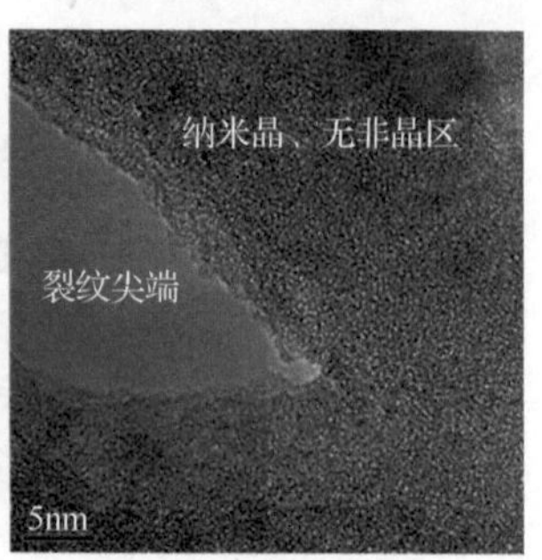

(b) 裂纹尖端纳米晶区

图 5.15　钛合金 Ti1023 裂纹扩展试样 TEM 照片

2) 高温合金 GH4169DA 疲劳裂纹扩展曲线试验及分析

为分析疲劳裂纹萌生和扩展机制，可通过对疲劳断口采用扫描电镜沿主裂纹扩展方向观测疲劳条带，并反推疲劳裂纹形核和扩展寿命。疲劳条带是裂纹扩展时留下的微观痕迹，呈连续弯曲并相互平行的沟槽状花样，与裂纹扩展方向垂直。这些疲劳条带通常是裂纹扩展Ⅱ阶段裂纹前沿位置的指示[12]。利用断口疲劳条带间距进行定量分析的依据是：每一条疲劳条带相当于载荷或应变的一次循环。裂纹长度 a 处，观测区的微观平均疲劳裂纹扩展速率 $\mathrm{d}a/\mathrm{d}N$ 计算公式如下：

$$\frac{\mathrm{d}a}{\mathrm{d}N}=\frac{1}{m}\sum_{i=1}^{m}\frac{l_i}{p_i} \tag{5.27}$$

式中，m 为对应裂纹长度微区内疲劳条带测量次数；l_i 为 i 个平行排列的疲劳条带法线方向的测量长度；p_i 为该测量长度上的疲劳条带数目。

利用梯形法计算疲劳扩展寿命[13]：

$$N_{\mathrm{p}}=\sum N_{\mathrm{i}}=\sum_{i=1}^{n}\left(a_n-a_{n-1}\right)\Bigg/\left(\frac{\dfrac{\mathrm{d}a_n}{\mathrm{d}N_n}+\dfrac{\mathrm{d}a_{n-1}}{\mathrm{d}N_{n-1}}}{2}\right) \tag{5.28}$$

式中，a_n 为第 n 点距离源区的裂纹长度；a_{n-1} 为第 $n-1$ 点距离源区的裂纹长度；$\mathrm{d}a/\mathrm{d}N$ 为裂纹扩展速率。

对精密车削、精密车削 +喷丸强化、精密车削 +喷丸强化+抛光三种典型组合工艺下旋转弯曲疲劳试样的疲劳断口进行观察，可定量分析不同组合工艺下的疲劳裂纹扩展速率。以精密车削 +喷丸强化工艺试样为例，裂纹长度 a 处，疲劳条带测试过程如图 5.16 所示。

精密车削、精密车削 +喷丸强化、精密车削 +喷丸强化+抛光试样不同裂纹深度处疲劳条带形貌分别如图 5.17、图 5.18 和图 5.19 所示。可见靠近裂纹源位置的疲劳条带排列非常紧密，这意味着该部位材料对裂纹扩展具有相对较强的抵抗力。

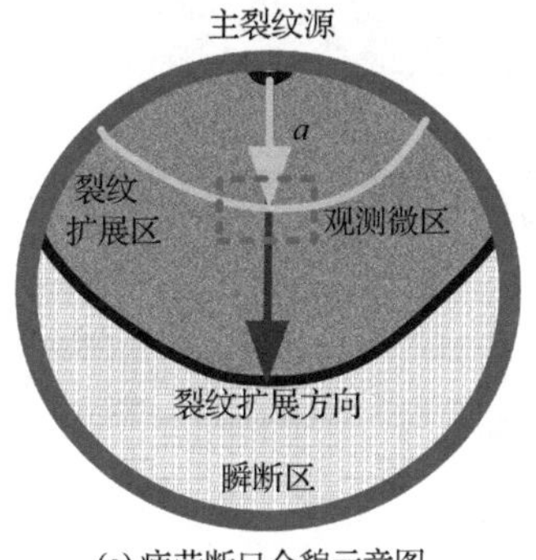

(a) 疲劳断口全貌示意图

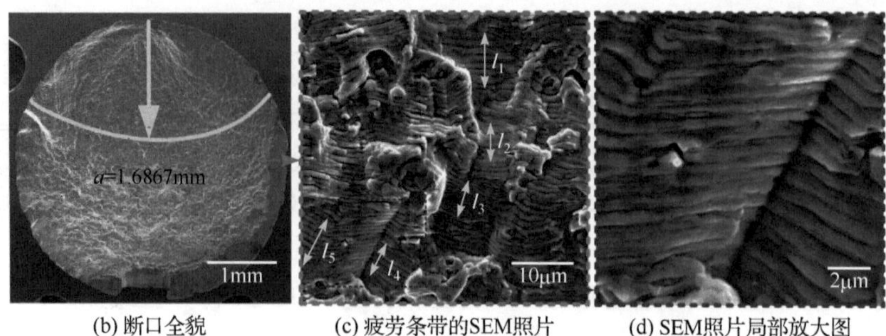

(b) 断口全貌　　(c) 疲劳条带的SEM照片　　(d) SEM照片局部放大图

图 5.16　精密车削 +喷丸强化工艺试样断口疲劳条带获取过程

随着裂纹深度的增加，疲劳条带呈逐渐变宽趋势，对裂纹扩展的抵抗力逐渐降低，加快了裂纹的扩展。

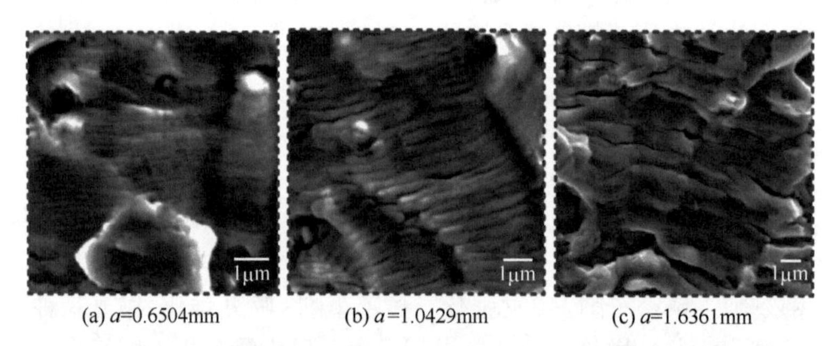

(a) a=0.6504mm　　(b) a=1.0429mm　　(c) a=1.6361mm

图 5.17　精密车削试样不同裂纹深度处的疲劳条带形貌

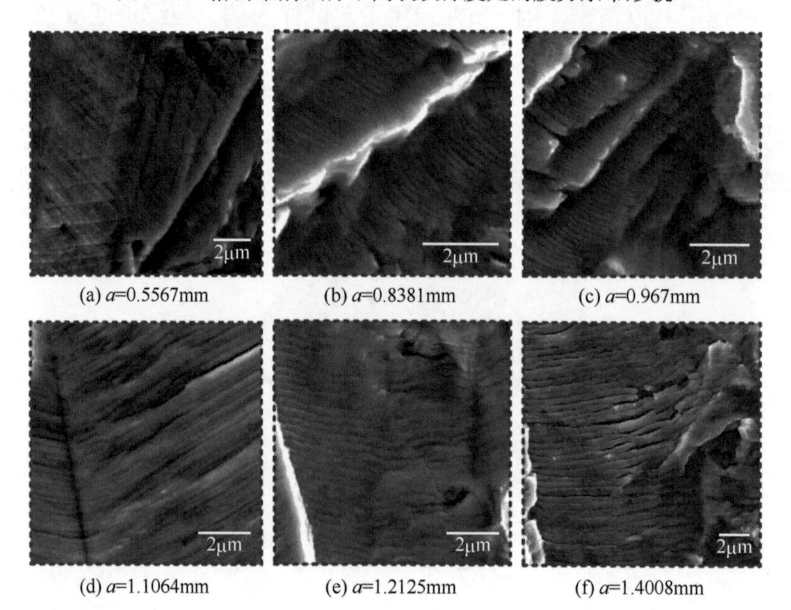

(a) a=0.5567mm　　(b) a=0.8381mm　　(c) a=0.967mm

(d) a=1.1064mm　　(e) a=1.2125mm　　(f) a=1.4008mm

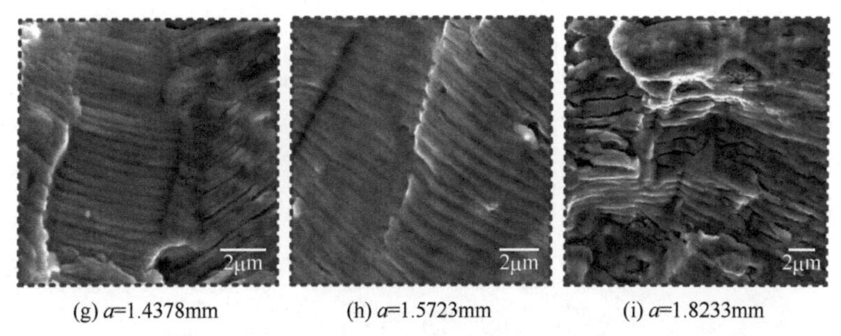

(g) a=1.4378mm　(h) a=1.5723mm　(i) a=1.8233mm

图 5.18　精密车削 +喷丸强化试样不同裂纹深度处的疲劳条带形貌

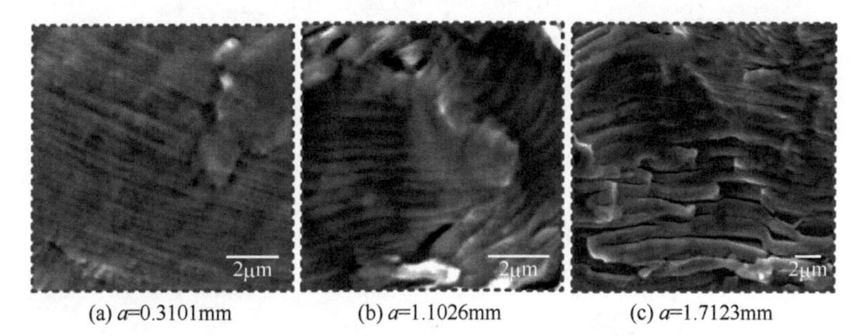

(a) a=0.3101mm　(b) a=1.1026mm　(c) a=1.7123mm

图 5.19　精密车削 +喷丸强化+抛光试样不同裂纹深度处的疲劳条带形貌

采用式(5.27)计算每个裂纹深度处 da/dN，绘制精密车削、精密车削 +喷丸强化、精密车削 +喷丸强化+抛光试样的裂纹扩展速率曲线如图 5.20 所示。采用式 (5.28)计算了裂纹扩展寿命，精密车削、精密车削 +喷丸强化、精密车削 +喷丸强化+抛光试样的裂纹扩展曲线如图 5.21 所示。设初始裂纹长度 a_0=0.2mm，则根据裂纹长度与寿命曲线关系反推出不同试样的裂纹萌生寿命 N_i，萌生寿命 N_i 占断裂寿命 N_f 百分比(N_i/N_f)，以及喷丸试样相对车削试样的寿命延长百分比均如表 5.1 所示。三组工艺试样萌生寿命均达到其总寿命的 92%以上，而喷丸工艺的达到约 98%，可见喷丸工艺可以显著延缓裂纹的萌生，提高疲劳裂纹起始寿命。

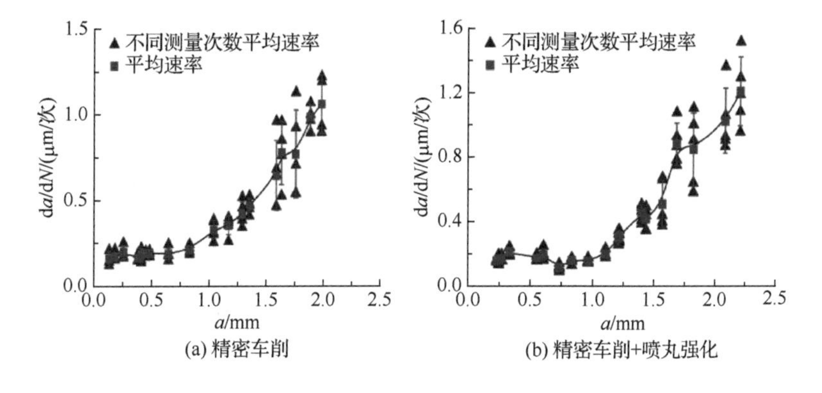

(a) 精密车削　(b) 精密车削+喷丸强化

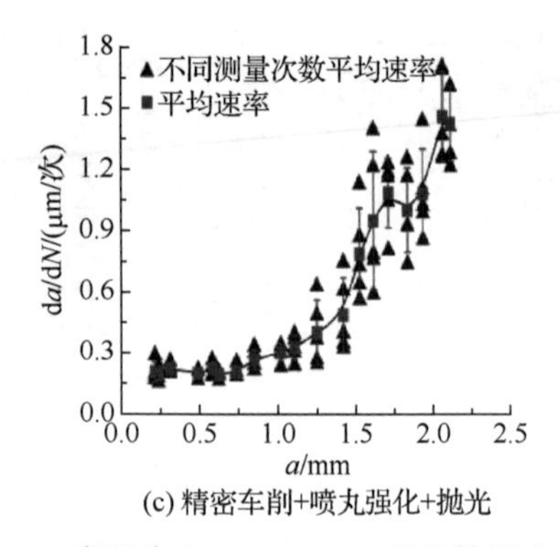

(c) 精密车削+喷丸强化+抛光

图 5.20　高温合金 GH4169DA 裂纹扩展速率曲线

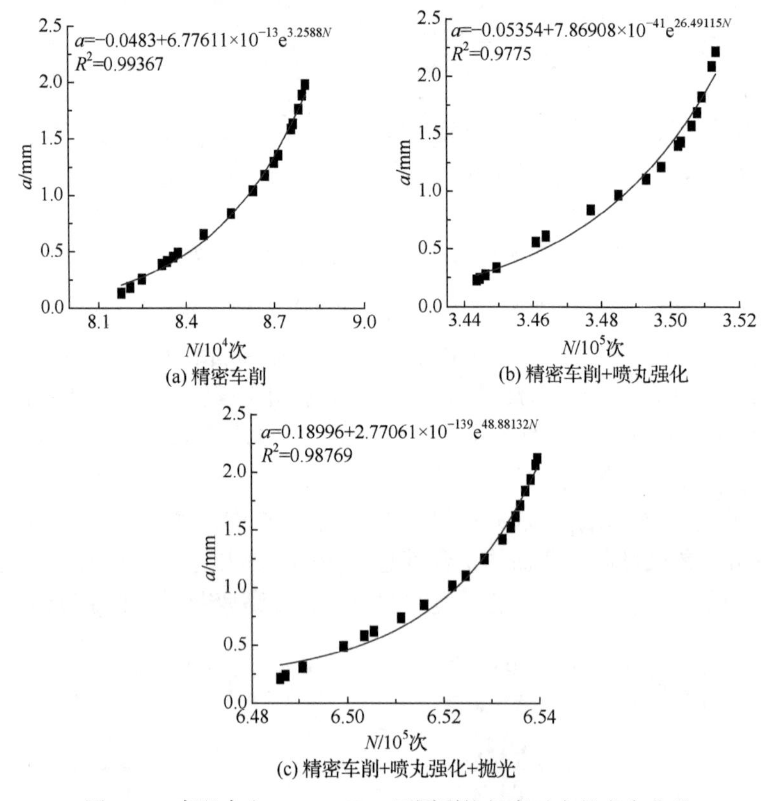

图 5.21　高温合金 GH4169DA 不同裂纹长度对应的寿命曲线

表 5.1　高温合金 GH4169DA 不同工艺下疲劳萌生寿命对比

工艺	萌生寿命 N_i	断裂寿命 N_f	(N_i/N_f)/%	N_i增长百分比/%	N_f增长百分比/%
精密车削	81708	88033	92.815	—	—
精密车削 +喷丸强化	343401	351329	97.743	320.3	299.1
精密车削 +喷丸强化+抛光	643270	653944	98.368	687.3	642.8

图 5.22 为高温合金 GH4169DA 不同工艺下的疲劳裂纹扩展 a-N/N_f 曲线。可见，车削工艺下疲劳裂纹扩展较为稳定；相比车削，采用喷丸工艺后试样的裂纹扩展得到显著延缓。

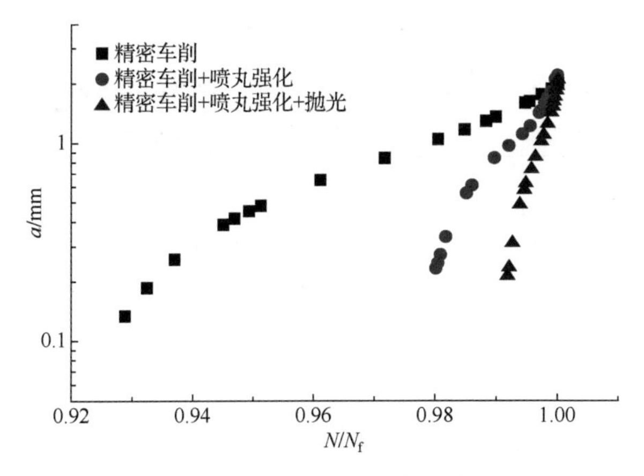

图 5.22　高温合金 GH4169DA 不同工艺下的疲劳裂纹扩展 a-N/N_f 曲线

5.2　典型材料机械加工表面完整性与疲劳试验

5.2.1　铝合金 7055 铣削表面完整性与疲劳试验

1. 表面完整性特征对疲劳寿命的影响

铝合金 7055 铣削加工疲劳试样如图 5.23 所示。所有试样铣削加工试验在 Mikron HSM 800 高速铣削加工中心上进行，主轴最大转速 36000r/min，采用乳化液冷却。刀具选用直径为 12mm 的整体硬质合金钨钢涂层 3 刃立铣刀，刀具前角 14°，后角 10°，螺旋角 40°，铣削方式为顺铣。试样加工完后对 4 个棱边进行轻

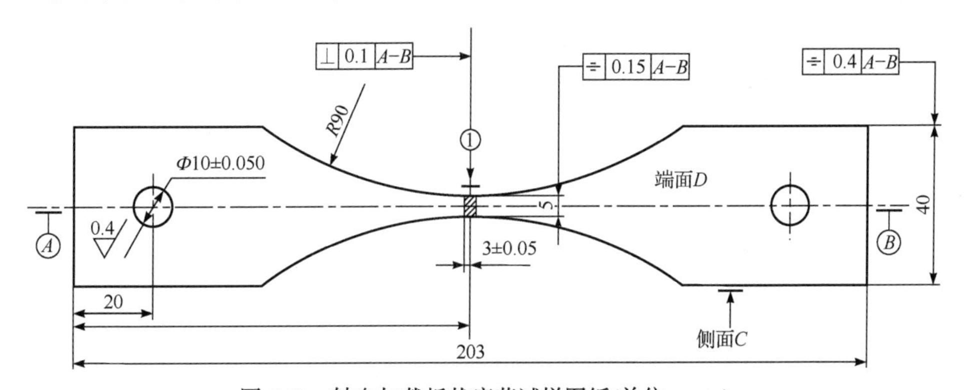

图 5.23　轴向加载板状疲劳试样图纸(单位：mm)

微倒角。试样的侧面 C 采用统一参数进行侧铣，铣削工艺参数为 v_c=900m/min，f_z=0.02mm/z，a_e=0.2mm，a_p=3mm。试样端面 D 采用平面端铣加工，通过改变切削速度 v_c 和每齿进给量 f_z 获得不同表面完整性。疲劳试样端面 D 的铣削工艺参数如表 5.2 所示。

表 5.2　铝合金 7055 疲劳试样端面 *D* 铣削工艺参数

组号	切削速度 v_c/(m/min)	每齿进给量 f_z/(mm/z)	铣削宽度 a_e/mm	铣削深度 a_p/mm
1#	700	0.06	6	0.1
2#	900	0.06		
3#	1100	0.06		
4#	1300	0.06		
5#	900	0.14		
6#	900	0.22		

疲劳寿命试验在 QBG-20 高频疲劳试验机上进行，室温条件，加载频率为 85～87Hz，加载方式为轴向加载，加载波形为正弦波，循环应力比 r=0.1，最大名义应力为 300MPa。

图 5.24(a)是铝合金 7055 铣削表面粗糙度对疲劳寿命的影响曲线，随着表面粗糙度的增大，疲劳寿命呈下降趋势。当表面粗糙度 R_a=0.327μm 时，中值疲劳寿命最高，为 1.275×10^5 次；当表面粗糙度 R_a 增大到 1.568μm 时，中值疲劳寿命明显降低，为 7.32×10^4 次。图 5.24(b)是铝合金 7055 铣削表面残余应力对疲劳寿命的影响曲线，从图中可以看出，随着表面残余压应力的不断增大，疲劳寿命逐渐升高，表面残余压应力对疲劳寿命的影响较为显著。

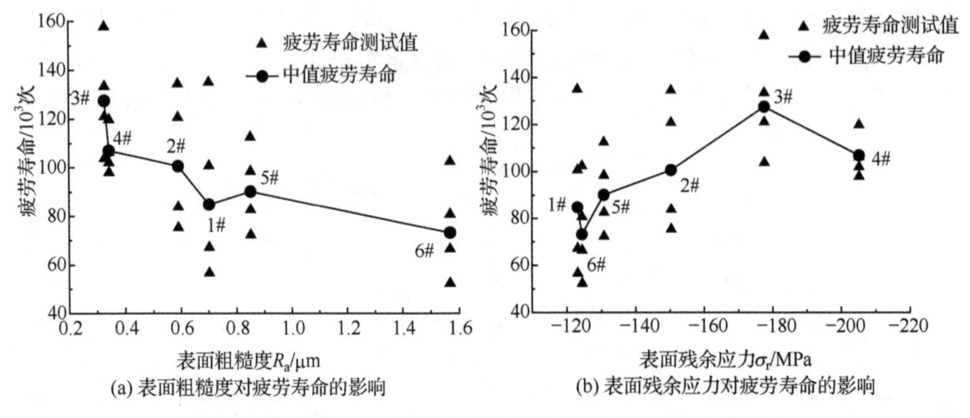

(a) 表面粗糙度对疲劳寿命的影响　(b) 表面残余应力对疲劳寿命的影响

图 5.24　铝合金 7055 铣削表面完整性特征对疲劳寿命的影响

试验所测显微硬度变化范围为 181.9～190.4HV$_{0.025}$，可认为实际表面显微硬度基本不变，这主要是因为铣削深度为 0.1mm，铣削力很小，塑性变形很小。由于显微硬度变化不明显，通过线性回归方法，建立了铝合金 7055 端铣加工疲劳寿命与表面粗糙度和表面残余应力的关系模型：

$$N_{\mathrm{f}} = 10^{4.878} R_{\mathrm{a}}^{-0.294} \left|\sigma_{\mathrm{r}}\right|^{0.022} \tag{5.29}$$

由式(5.29)可得，在铝合金 7055 端铣加工时，疲劳寿命对表面粗糙度的变化最敏感，对残余压应力的变化敏感性次之。图 5.25 为表面完整性对疲劳寿命(以中值疲劳寿命计)的综合影响示意图。从图中可以看出，6#铣削工艺参数下试样的残余压应力最小，对应的疲劳寿命最低；随着残余压应力的增大，疲劳寿命明显提高。

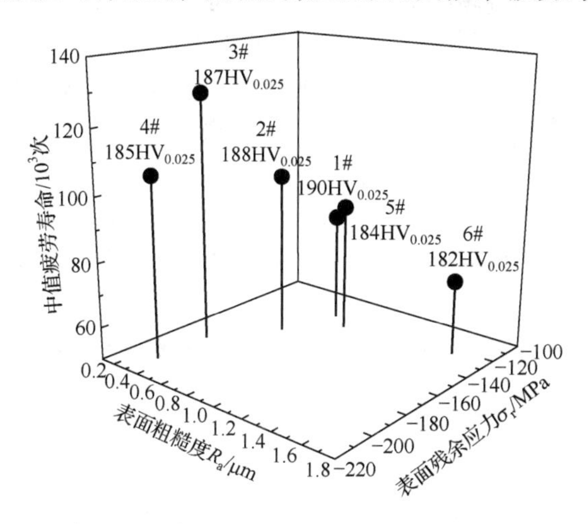

图 5.25　铝合金 7055 铣削加工表面完整性对疲劳寿命的综合影响

铝合金 7055 铣削加工表面完整性对疲劳寿命的影响有如下特点：

1#铣削条件为 f_z=0.06mm/z、v_c=700m/min，测得疲劳试样表面粗糙度为 0.702μm，表面显微硬度为 190$HV_{0.025}$，表面残余应力为−123.1MPa，中值疲劳寿命为 8.48×10^4 次；6#铣削条件为 f_z=0.22mm/z、v_c=900m/min，疲劳试样表面粗糙度为 1.57μm，表面显微硬度为 182$HV_{0.025}$，表面残余应力为−124.4MPa，中值疲劳寿命为 7.32×10^4 次。两组条件下加工的疲劳试样表面粗糙度较大，残余压应力较小，导致疲劳寿命都比较低；6#铣削条件下疲劳试样的表面粗糙度比 1#铣削条件下的大，其疲劳寿命也比 1#铣削条件下的低。

2#铣削条件为 f_z=0.06mm/z、v_c=900m/min，疲劳试样表面粗糙度为 0.591μm，表面显微硬度为 188$HV_{0.025}$，表面残余应力为−150.4MPa，中值疲劳寿命为 1.006×10^5 次；5#铣削条件为 f_z=0.14mm/z、v_c=900m/min，疲劳试样表面粗糙度为 0.851μm，表面显微硬度为 184$HV_{0.025}$，表面残余应力为−130.8MPa，中值疲劳寿命为 9.02×10^4 次。2#和 5#条件下疲劳试样的表面粗糙度较小、残余应力较大，因此疲劳寿命与 6#相比有所提高。

3#铣削条件为f_z=0.06mm/z、v_c=1100m/min，疲劳试样表面粗糙度为0.326μm，表面显微硬度为187$HV_{0.025}$，表面残余应力为−177.7MPa，中值疲劳寿命为1.275×10^5；4#铣削条件为f_z=0.06mm/z、v_c=1300m/min，疲劳试样表面粗糙度为0.342μm，表面显微硬度为185$HV_{0.05}$，表面残余应力为−205.3MPa，中值疲劳寿命为1.07×10^5。3#和4#条件下疲劳试样表面粗糙度较小、残余应力较大，疲劳寿命较高。与6#铣削条件下疲劳寿命相比，3#铣削条件下疲劳寿命提高约74.2%，4#铣削条件下疲劳寿命提高约46.2%。

通过上述分析并结合疲劳寿命经验模型可知，在常温服役状态下，铝合金7055铣削表面完整性对疲劳寿命的影响有如下规律：

(1) 疲劳寿命对表面粗糙度变化最敏感，对表面残余应力变化敏感性次之；

(2) 疲劳寿命随表面粗糙度增大而减小，随表面残余压应力的增大而增大；

(3) 小的表面粗糙度和大的表面残余压应力会产生高的疲劳寿命；

(4) 在试验参数范围内，当f_z=0.06mm/z，v_c=1100m/min时，表面粗糙度为0.326μm，表面显微硬度为187$HV_{0.025}$，表面残余应力为−177.7MPa，疲劳寿命最高，为1.275×10^5；

(5) 铣削加工表面显微硬度变化范围很小，其对疲劳寿命的影响作用很小。

2. 疲劳强度应力集中敏感性

1) K_t=1轴向加载抗疲劳性

在大气室温条件下，进行应力比r=0.1的高周疲劳试验，获得表面完整性铣削工艺下K_t=1疲劳试样轴向加载疲劳中值S-N曲线如图5.26所示。按升降法求得铝合金7055 K_t=1，大气室温下，10^7循环周次下的疲劳强度σ_f = 250MPa。

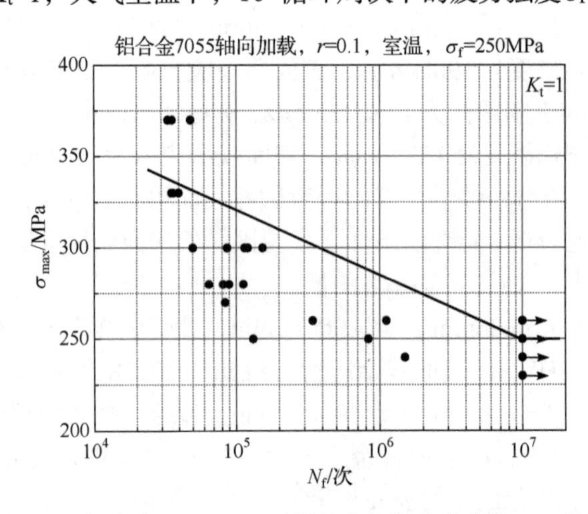

图5.26　铝合金7055 K_t=1试样轴向加载疲劳中值S-N曲线

2) K_t=3 轴向加载抗疲劳性

在大气室温条件下，进行应力比 r=0.1 的高周疲劳试验，获得表面完整性铣削工艺下 K_t=3 疲劳试样轴向加载疲劳中值 S-N 曲线如图 5.27 所示。按升降法求得铝合金 7055K_t=3，大气室温下，10^7 循环周次下的疲劳强度σ_f =105.5MPa。

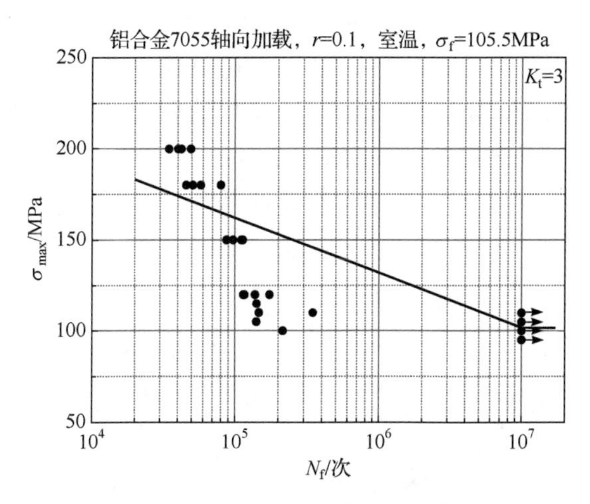

图 5.27　铝合金 7055 K_t=3 试样轴向加载疲劳中值 S-N 曲线

3) 疲劳强度应力集中敏感性特征

根据表面完整性铣削铝合金 7055 构件轴向加载疲劳试验结果，K_t=1 的疲劳强度为 250MPa，K_t=3 的疲劳强度为 105.5MPa，其疲劳强度应力集中敏感性特征如下：K_t=3 的疲劳强度下降至 K_t=1 的 42%，如图 5.28 所示。

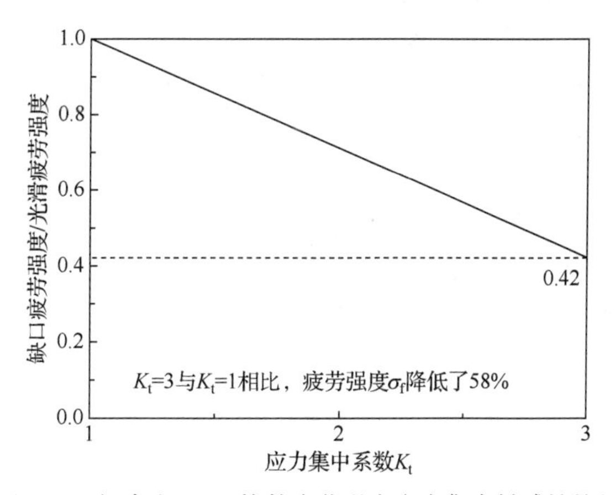

图 5.28　铝合金 7055 构件疲劳强度应力集中敏感性特征

3. 失效机理分析

图 5.29、图 5.30 和图 5.31 分别是采用表 5.2 中 1#、2#、4#铣削工艺参数加工

的疲劳试样断口全貌及断口处的棱边表面几何形貌。疲劳试样断口全貌均包括裂纹源区、裂纹扩展区和瞬断区三部分。表面粗糙度增加，裂纹扩展区相对于瞬断区的面积比也随之降低，这是因为表面粗糙度越大，表面轮廓波谷会越深且尖锐，波谷底部越容易产生疲劳裂纹；疲劳裂纹起源于试样表面应力集中处，然后以角裂纹的形式呈扇形向内扩展。铝合金 7055 疲劳断口均呈单源疲劳特征，这主要是因为铝合金 7055 的屈服强度为 610MPa，疲劳试验载荷为 300MPa，试验中铝合金 7055 轴向加载疲劳试验处于低载状态，从而使疲劳源较少；另外，疲劳裂纹通常起源于晶界、界面夹杂处及相界面处，铝合金 7055 组织粗大，使得疲劳裂纹形核位置减少。铣削铝合金 7055 疲劳试样表面具有一定厚度的变质层组织，应变硬化及残余压应力层都延缓了疲劳裂纹萌生。

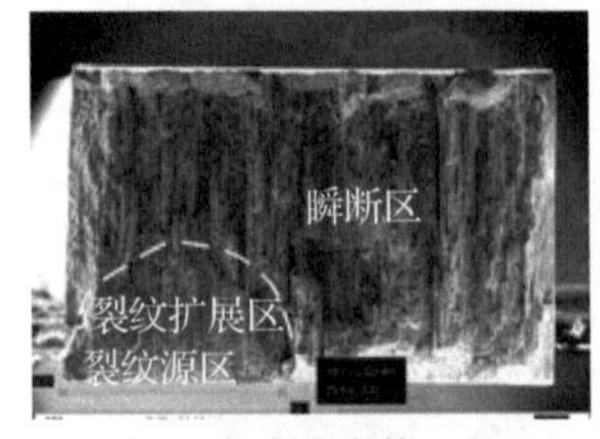

(a) 断口全貌

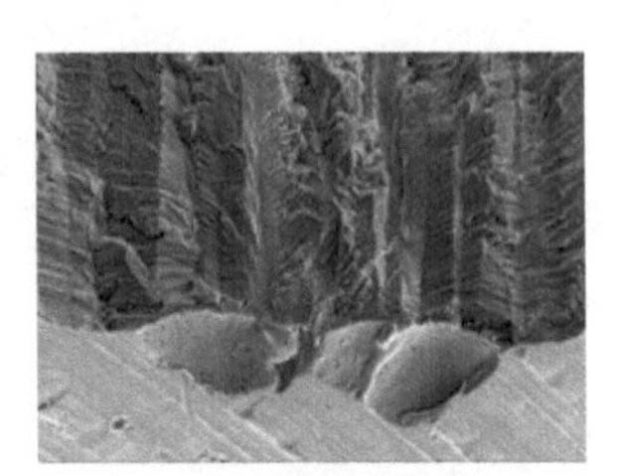

(b) 断口处棱边形貌

图 5.29　1#铣削工艺参数疲劳试样断口全貌及断口处的棱边形貌

(a) 断口全貌

(b) 断口处棱边形貌

图 5.30　2#铣削工艺参数疲劳试样断口全貌及断口处的棱边形貌

(a) 断口全貌

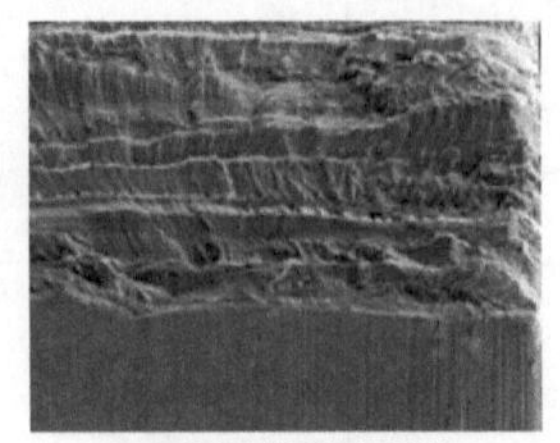

(b) 断口处棱边形貌

图 5.31　4#铣削工艺参数疲劳试样断口全貌及断口处的棱边形貌

图 5.29(a)中侧面的表面粗糙度 R_a 为 0.84μm，疲劳断裂为单一源，出现在疲劳断口左下部端面表面，瞬断区的面积相对较大，断面起伏也很大；图 5.29(b)中，

疲劳源区侧面加工表面纹理深，具有明显的刀痕并且刀痕排列稀疏，导致其侧面具有明显的应力集中。图 5.30(a)中侧面的表面粗糙度 R_a 为 0.51μm，疲劳断裂仍为单一源，在断口右下角处；裂纹扩展区的面积较图 5.29(a)有所增大，断面起伏程度减小；图 5.30(b)中疲劳试样加工表面铣削刀痕较深，导致棱角处具有应力集中。图 5.31(a)中侧面的表面粗糙度 R_a 为 0.342μm，疲劳断裂为单一源，位于断口的左下角处；与图 5.29 和图 5.30 相比，裂纹扩展区面积更大，断面起伏程度更小；由图 5.31(b)可见，该疲劳试样加工表面光滑，刀痕排列紧致有序，无加工缺陷，表面应力集中最小。

图 5.32 为 4#铣削工艺参数下疲劳试样断口的裂纹源区、裂纹扩展区、瞬断区的扫描电镜照片。图 5.32(a)为裂纹源区，该裂纹源区是一个光滑、细洁的扇形小区域，在此区域，可看到以疲劳源为中心向四周辐射的放射台阶和线痕。图 5.32(b)为裂纹扩展区的微观形貌，其中存在一系列的连续且互相平行的疲劳条带，略弯曲呈波浪形，并垂直于局部扩展方向，可见二次裂纹。二次裂纹是由断口表面向内部扩展的裂纹，它们在断口上的形态为一些微裂纹，往往与疲劳条带保持平行，但其深度远大于疲劳条带的在断口上的深度；在疲劳条带和二次裂纹周围存在大量韧窝，这是裂纹扩展逐渐向瞬断区过渡的特征。图 5.32(c)为瞬断区的微观形貌，可见瞬时断裂断口形貌凸凹较深，断口韧窝特征明显，韧窝在断口上疲劳裂纹扩展阶段和瞬断区大量分布，说明铝合金 7055 具有良好的韧性。

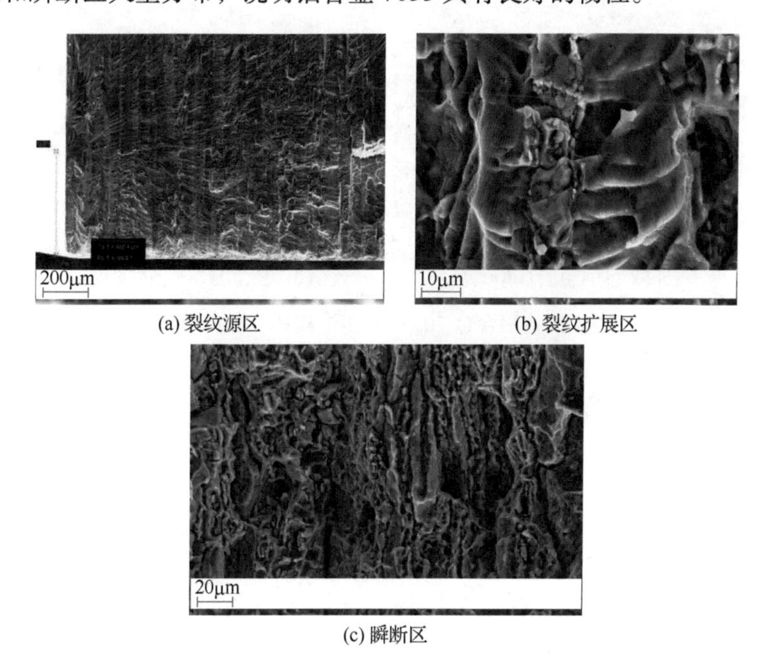

(a) 裂纹源区　(b) 裂纹扩展区

(c) 瞬断区

图 5.32　4#铣削工艺参数下疲劳试样断口形貌

采用扫描电镜对 S-N 曲线试验中应力水平 300MPa 的铝合金 7055 铣削疲劳试样(K_t=1，循环周次 4.24×10^5)疲劳断口进行了观察，结果如图 5.33 所示。疲劳区约占断口面积的三分之一，从断口裂纹源区侧面观察，未见横向刀痕，仅见少量纵向刀痕，良好的表面加工状态及较低的疲劳载荷，导致裂纹在亚表面萌生。样品疲劳断口全貌见图 5.33(a)，可见疲劳裂纹从图中左下角处起始，呈单源疲劳断裂特征；裂纹源区微观形貌见图 5.33(b)，裂纹源为图右下角亚表面处，观察可见源区有明显放射线特征；裂纹源区侧面刀痕形貌见图 5.33(c)，刀痕排列紧致；裂纹扩展疲劳条带形貌见图 5.33(d)。

(a) 疲劳断口全貌　(b) 裂纹源区微观形貌

(c) 裂纹源区侧面刀痕形貌　(d) 裂纹扩展疲劳条带形貌

图 5.33　铝合金 7055 K_t =1 试样疲劳断口形貌

5.2.2　钛合金 Ti1023 铣削表面完整性与疲劳试验

1. 表面完整性特征对疲劳寿命的影响

钛合金 Ti1023 铣削加工疲劳试样与铝合金 7055 疲劳试样相同，如图 5.23 所示。疲劳试样端面采用端铣工艺加工，刀具为Φ10 的 K44 整体硬质合金立铣刀，端面铣削工艺参数如表 5.3 所示。

表 5.3　钛合金 Ti1023 疲劳试样端面铣削工艺参数

组号	切削速度 v_c/(m/min)	每齿进给量 f_z/(mm/z)	铣削宽度 a_e/mm	铣削深度 a_p/mm
1#	60	0.08	7	0.1
2#	100	0.08		
3#	140	0.08		
4#	100	0.16		
5#	100	0.22		
6#	140	0.16		

图 5.34 为钛合金 Ti1023 铣削加工表面完整性特征对疲劳寿命的影响。可以看出，疲劳寿命测试值比较分散；最高中值疲劳寿命出现在表面粗糙度 R_a 为 0.393μm 时，最低中值疲劳寿命出现在表面粗糙度 R_a 为 0.465μm 时。随着表面残余压应力和表面显微硬度增大，疲劳寿命呈增加趋势，残余压应力对疲劳寿命影响较显著。

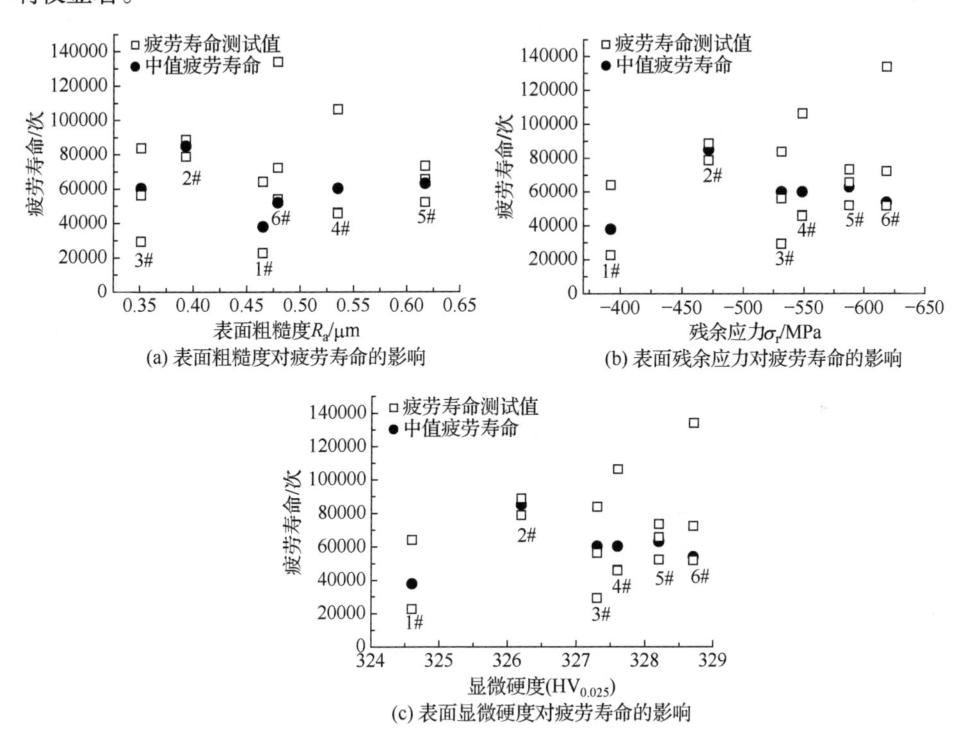

(a) 表面粗糙度对疲劳寿命的影响
(b) 表面残余应力对疲劳寿命的影响
(c) 表面显微硬度对疲劳寿命的影响

图 5.34　钛合金 Ti1023 铣削加工表面完整性特征对疲劳寿命的影响

图 5.35 为钛合金 Ti1023 铣削加工表面完整性对疲劳寿命的综合影响。从图中可以看出，2#和 3#铣削工艺参数下表面粗糙度较低，表面残余压应力较低，此

时疲劳寿命较高；4#和 5#铣削工艺参数下表面粗糙度较高，表面残余压应力较高，此时疲劳寿命也较高；6#铣削工艺参数下表面粗糙度适中，表面残余压应力最高，疲劳寿命也较高；1#铣削工艺参数下表面粗糙度适中，表面残余压应力较低，此时疲劳寿命最低。可以得出结论：当表面粗糙度较低、表面残余压应力较高时，疲劳寿命较高。

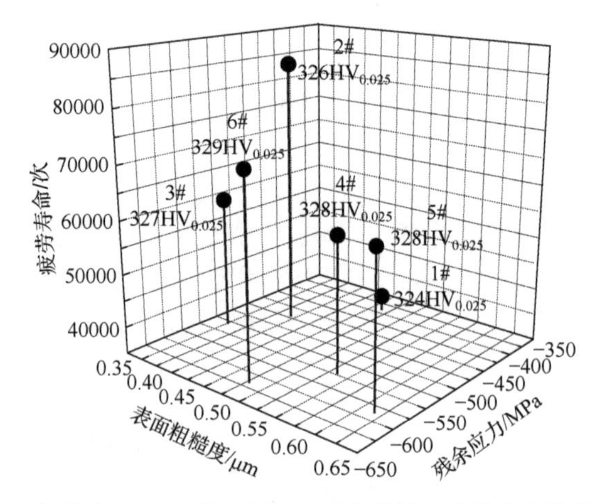

图 5.35　钛合金 Ti1023 铣削加工表面完整性对疲劳寿命的综合影响

在试验参数范围内，表面显微硬度变化范围很小。因此，仅建立疲劳寿命与表面粗糙度和表面残余压应力的经验模型：

$$N_{\mathrm{f}} = 23.6 R_{\mathrm{a}}^{-0.524} \left|\sigma_{\mathrm{r}}\right|^{1.194} \tag{5.30}$$

该模型可以比较综合并定性地反映钛合金铣削加工表面残余应力和表面粗糙度综合效应对疲劳寿命的影响规律：

(1) 残余压应力对疲劳寿命影响最大，随着残余压应力增大，疲劳寿命提高；

(2) 表面粗糙度对疲劳寿命影响次之，随着表面粗糙度增大，疲劳寿命降低；

(3) 疲劳寿命是表面完整性特征的综合作用结果；

(4) 提高疲劳寿命的表面完整性特征变化方向是提高残余压应力和降低表面粗糙度；

(5) 铣削加工表面显微硬度变化范围很小，其对疲劳寿命的影响作用很小。

2. 疲劳强度应力集中敏感性

1) K_t=1 轴向加载抗疲劳性

在大气室温条件下，进行应力比 r=0.1 的高周疲劳试验，获得表面完整性铣削工艺下 K_t=1 疲劳试样轴向加载疲劳 S-N 曲线如图 5.36 所示。按升降法求得钛合金 Ti1023 K_t=1，大气室温下，10^7 循环周次下的疲劳强度 σ_f=674MPa。

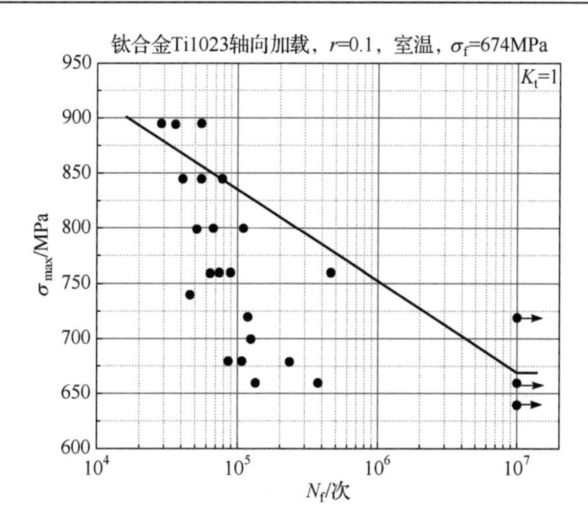

图 5.36 钛合金 Ti1023 K_t =1 试样轴向加载疲劳中值 S-N 曲线

2) K_t=3 轴向加载抗疲劳性

在大气室温条件下，进行应力比 r=0.1 的高周疲劳试验，获得表面完整性铣削加工的 K_t=3 轴向加载疲劳中值 S-N 曲线如图 5.37 所示。按升降法求得钛合金 Ti1023 K_t=3，大气室温下，10^7 循环周次下的疲劳强度 σ_f=296MPa。

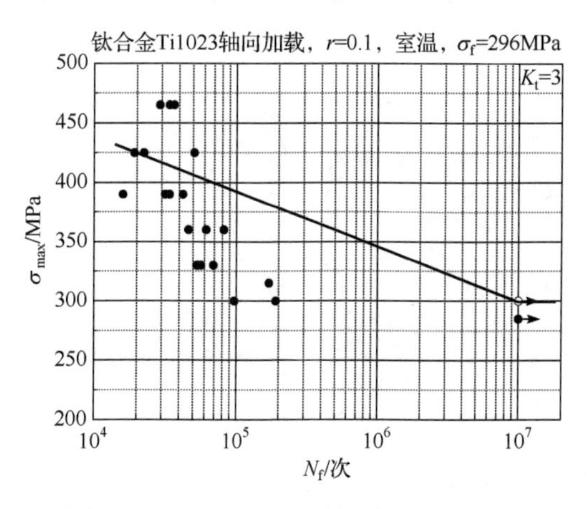

图 5.37 钛合金 Ti1023 K_t=3 试样轴向加载疲劳中值 S-N 曲线

3) 疲劳强度应力集中敏感性特征

根据表面完整性铣削钛合金 Ti1023 构件轴向加载疲劳试验结果，K_t=1 的疲劳强度为 674MPa，K_t=3 的疲劳强度为 296MPa，其疲劳强度应力集中敏感性特征如下：K_t=3 的疲劳强度下降至 K_t=1 的 44%，如图 5.38 所示。

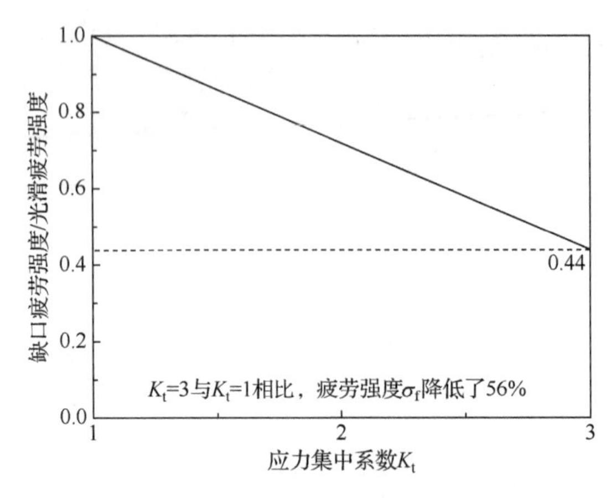

图 5.38　钛合金 Ti1023 疲劳强度应力集中敏感性特征

3. 失效机理分析

采用扫描电镜对应力水平 800MPa 的钛合金 Ti1023 构件(K_t=1，循环周次为 5.89×10^4)疲劳断口进行观察。图 5.39(a)和(b)为钛合金 Ti1023 疲劳试样断口宏观形貌及全貌，可见疲劳从构件棱角处起始，呈单源疲劳断裂特征；图 5.39(c)为疲劳源区形貌，图 5.39(d)为疲劳源区侧面形貌，观察可见疲劳源区有明显放射线特征；图 5.39(e)为裂纹扩展疲劳条带形貌；图 5.39(f)可见瞬断区韧窝特征。断口观察可知，疲劳

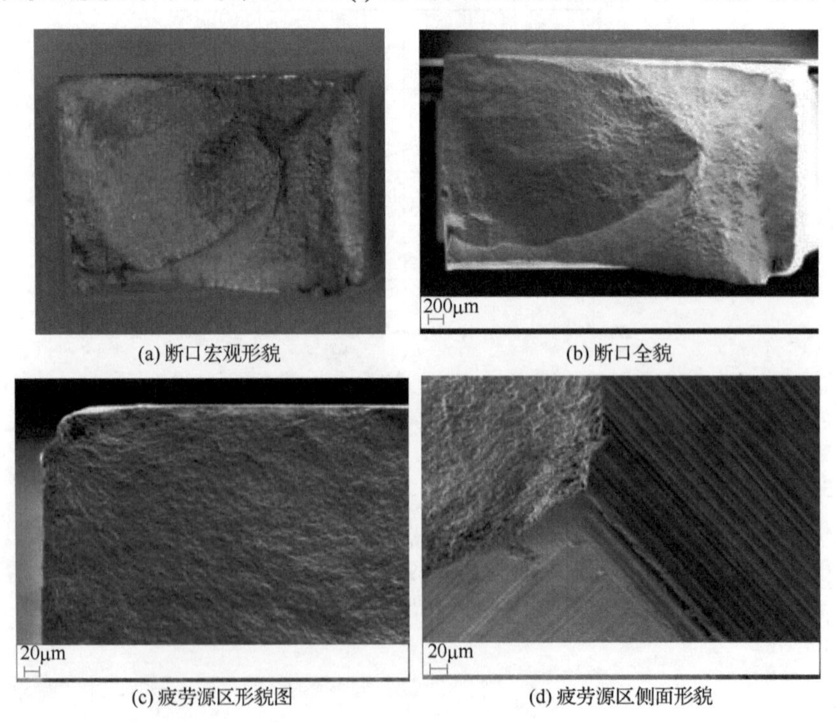

(a) 断口宏观形貌　　(b) 断口全貌

(c) 疲劳源区形貌图　　(d) 疲劳源区侧面形貌

(e) 裂纹扩展疲劳条带形貌　(f) 瞬断区韧窝形貌

图 5.39　钛合金 Ti1023 K_t=1 试样疲劳断口

裂纹从构件棱边处起始，呈单源疲劳断裂特征，疲劳源区可见放射线特征和细密疲劳条带，裂纹扩展疲劳条带较宽，扩展末期可见韧窝带特征。

采用扫描电镜对应力水平 300MPa 的钛合金 Ti1023 构件(K_t=3，循环周次为 9.7×10^4)疲劳断口进行了观察。图 5.40(a)和(b)为疲劳试样断口宏观形貌及疲劳区形貌，可见疲劳从图中左上棱角处起始，呈单源疲劳断裂特征，图 5.40(c)为疲劳源区形貌，图 5.40(d)为疲劳源区侧面形貌，观察可见源区有明显放射线特征，图 5.40(e)为裂纹扩展疲劳条带形貌，图 5.40(f)为瞬断区形貌，观察断口形貌可知，疲劳裂纹均从构件棱边处起始，呈单源疲劳断裂特征，疲劳源区可见放射线特征，源区可见细密疲劳条带，扩展区疲劳条带较宽，扩展末期可见韧窝带特征。

(a) 断口宏观形貌　(b) 疲劳区形貌

(c) 疲劳源区形貌　(d) 疲劳源区侧面形貌

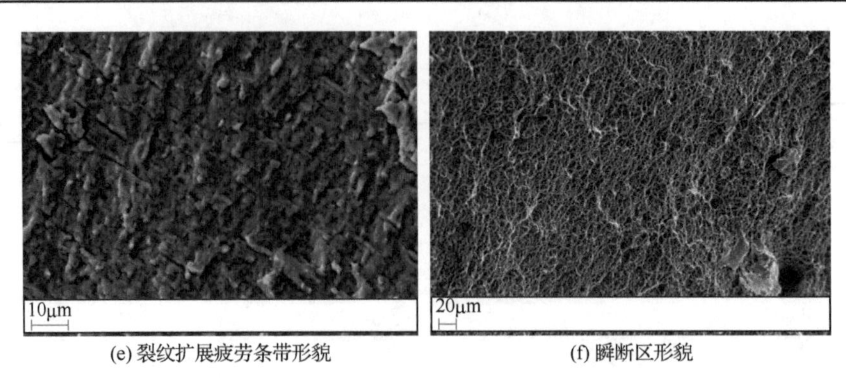

(e) 裂纹扩展疲劳条带形貌　　　　(f) 瞬断区形貌

图 5.40　钛合金 Ti1023 K_t=3 试样疲劳断口

5.2.3　高温合金 GH4169DA 磨削表面完整性与疲劳试验

1. 表面完整性特征对疲劳寿命影响

高温合金 GH4169DA 磨削加工疲劳试样如图 5.41 所示。试样磨削工艺参数如下：工件速度 v_w 为 2.56m/min，磨削速度 v_s 为 15m/s、20m/s、25m/s，磨削深度 a_p 为 0.002mm、0.006mm、0.01mm。采用外圆磨床 MMB1420，磨削方式为顺磨，乳化液冷却，砂轮采用 SA80KV 单晶刚玉砂轮。

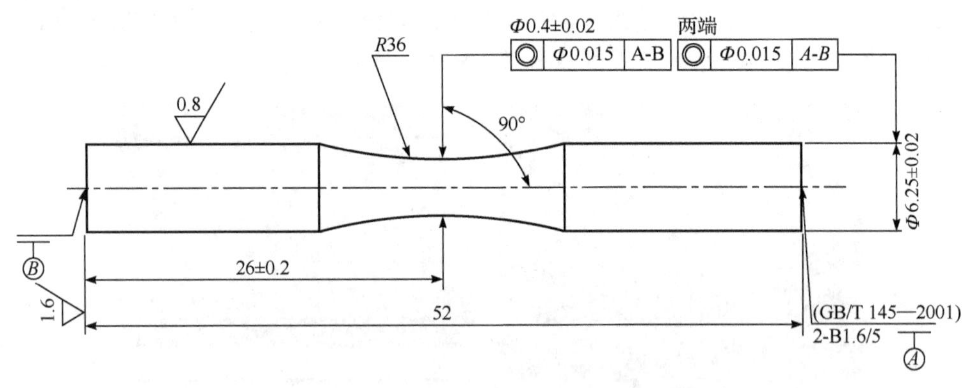

图 5.41　高温合金 GH4169DA 磨削加工疲劳试样图纸(单位：mm)

旋转弯曲疲劳试验条件如下：高频旋转弯曲疲劳试验机 QBWP-10000，室温，试验载荷为 800MPa，频率 5000r/min。

利用线性回归分析方法，建立了高温合金 GH4169DA 磨削疲劳寿命与表面完整性特征的关系模型：

$$N_f = 10^{2.13}|\sigma_r|^{0.039} \cdot HV^{0.2499} \cdot R_a^{-1.15136} \tag{5.31}$$

由式(5.31)可得，疲劳寿命对表面粗糙度的变化最敏感，对表面显微硬度的变化敏感性次之，对表面残余应力的变化不敏感。随着表面粗糙度的增大，疲劳寿命显著减小，随着表面显微硬度增大，疲劳寿命有增大趋势。

图 5.42 为高温合金 GH4169DA 磨削表面粗糙度、表面残余应力和显微硬度对疲劳寿命的综合影响。可以看出，表面粗糙度对疲劳寿命的影响最大，表面显微硬度对疲劳寿命的影响次之，表面残余应力对疲劳寿命的影响最小，随着表面粗糙度的增大，疲劳寿命显著减小，随着表面显微硬度的增大，疲劳寿命有增长的趋势。随着表面残余压应力的增大，疲劳寿命有增长的趋势，但影响程度较小。

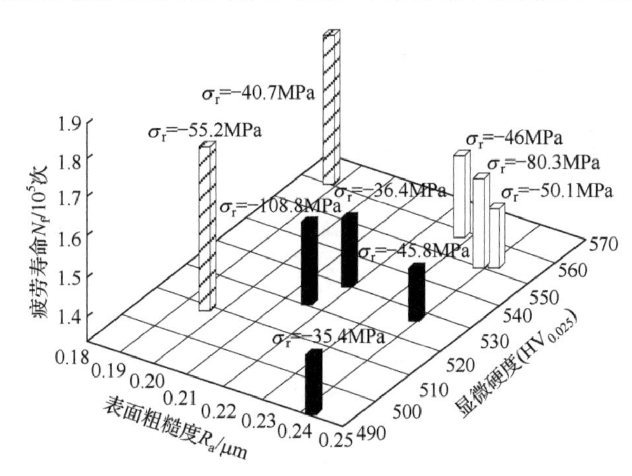

图 5.42　高温合金 GH4169DA 磨削表面完整性对疲劳寿命的综合影响

2. 疲劳强度应力集中敏感性

1) K_t=1 旋转弯曲抗疲劳性

在大气室温条件下，进行应力比 r=−1 的高周疲劳试验，试验频率 83Hz，获得表面完整性磨削工艺下 K_t=1 疲劳试样旋转弯曲疲劳中值 S-N 曲线如图 5.43 所示。按升降法求得高温合金 GH4169DA K_t=1，大气室温下，10^7 循环周次下的疲劳强度 σ_f=756MPa。

2) K_t=3 旋转弯曲抗疲劳性

在大气室温条件下，进行应力比 r=−1 的高周疲劳试验，试验频率 83Hz，获得表面完整性磨削工艺下 K_t=3 疲劳试样旋转弯曲疲劳中值 S-N 曲线如图 5.44 所示。按升降法求得高温合金 GH4169DA K_t=3，大气室温下，10^7 循环周次下的疲劳强度 σ_f=207MPa。

3) 疲劳强度应力集中敏感性特征

根据表面完整性磨削高温合金 GH4169DA 构件旋转弯曲疲劳试验结果，K_t=1 的疲劳强度为 756MPa，K_t=3 的疲劳强度为 207MPa，其疲劳强度应力集中敏感性特征如下：K_t=3 的疲劳强度下降至 K_t=1 的 27%，如图 5.45 所示。

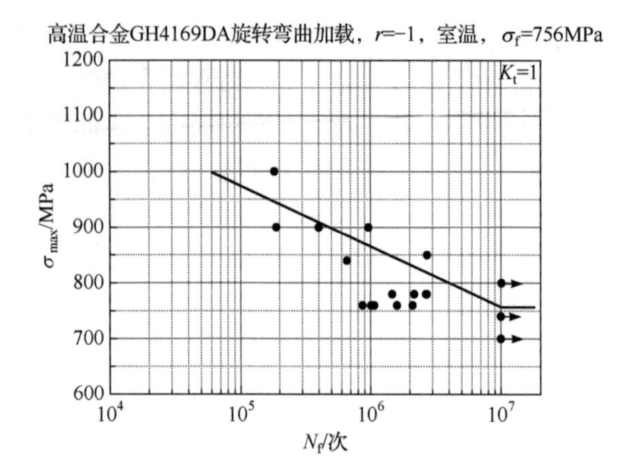

图 5.43　高温合金 GH4169DA K_t=1 试样旋转弯曲疲劳中值 S-N 曲线

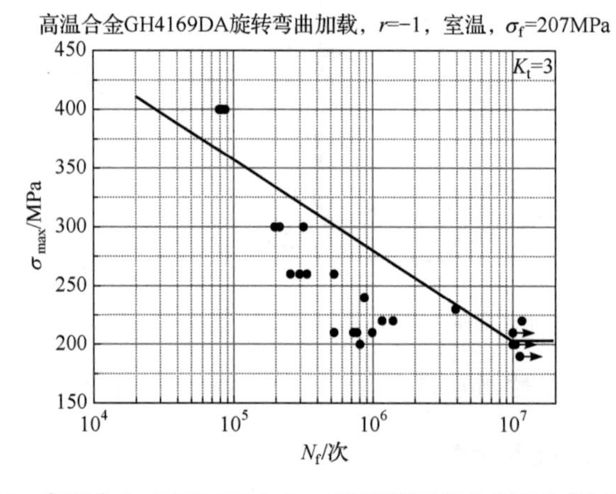

图 5.44　高温合金 GH4169DA K_t=3 试样旋转弯曲疲劳中值 S-N 曲线

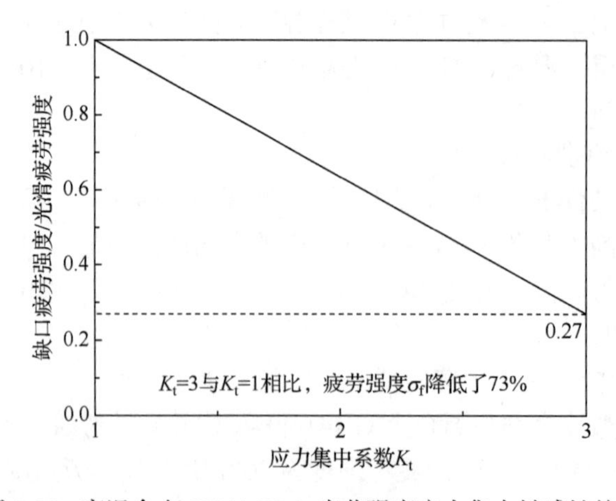

图 5.45　高温合金 GH4169DA 疲劳强度应力集中敏感性特征

3. 失效机理分析

采用扫描电镜对应力水平 700MPa 的高温合金 GH4169DA 试样(K_t=1，循环周次 3.00×10^5)疲劳断口进行观察。疲劳试样断口全貌见图 5.46(a)，可见断口呈单源疲劳特征；疲劳源区形貌及侧面形貌见图 5.46(b)和(c)，可见疲劳起源于磨削加工刀痕处，疲劳源区有较严重挤压损伤痕迹；裂纹扩展区较平坦，放大观察可见细密的裂纹扩展疲劳条带，见图 5.46(d)。疲劳断裂在大应力状态下具有多源疲劳断裂特点，在低应力状态下则具有单源疲劳断裂的特点，但不论多源和单源疲劳断裂，疲劳裂纹均起始于表面磨削加工刀痕处。

(a) 断口全貌　(b) 疲劳源区形貌

(c) 疲劳源区侧面形貌　(d) 裂纹扩展疲劳条带形貌

图 5.46　高温合金 GH4169DA K_t=1 试样疲劳断口

采用扫描电镜对应力水平 500MPa 的高温合金 GH4169DA 试样(K_t=3，循环周次 9.5×10^4)疲劳断口进行观察。疲劳试样断口全貌见图 5.47(a)，可见断口呈多

(a) 断口全貌　(b) 疲劳源区形貌

(c) 疲劳源区侧面形貌

(d) 裂纹扩展疲劳条带形貌

图 5.47　高温合金 GH4169DA K_t=3 试样疲劳断口

源疲劳特征；疲劳源区形貌及侧面形貌见图 5.47(b)和(c)，可见疲劳起源于磨削加工刀痕处，疲劳源区有较严重挤压损伤痕迹；裂纹扩展区较平坦，放大观察可见细密的疲劳条带，见图 5.47(d)。

5.2.4　超高强度钢 Aermet100 磨削表面完整性与疲劳试验

1. 表面完整性特征对疲劳寿命的影响

超高强度钢 Aermet100 磨削加工疲劳试样与高温合金 GH4169DA 疲劳试样相同，如图 5.41 所示。磨削工艺参数如下：工件速度 v_w 为 4m/min、7m/min、10m/min，磨削速度 v_s 为 20m/s、25m/s、30m/s，磨削深度 a_p 为 0.002mm、0.006mm、0.01mm。采用外圆磨床 MMB1420，磨削方式为顺磨，乳化液冷却，砂轮采用 SA80KV 单晶刚玉砂轮。

旋转弯曲疲劳试验条件：高频旋转弯曲疲劳试验机 QBWP-10000，室温，试验载荷为 800MPa，频率 5000r/min。

利用线性回归方法，建立了超高强度钢 Aermet100 磨削疲劳寿命与表面完整性特征的关系模型：

$$N_{\mathrm{f}} = 10^{-13.54} R_{\mathrm{a}}^{-3.327} \cdot \left|\sigma_{\mathrm{r}}\right|^{1.105} \cdot \mathrm{HV}^{6.73} \tag{5.32}$$

由式(5.32)可得，疲劳寿命对表面显微硬度的变化最敏感，对表面粗糙度变化的敏感性次之，对表面残余应力的变化不敏感。随着表面粗糙度的增大，疲劳寿命显著减小，随着表面显微硬度和表面残余应力的增大，疲劳寿命有增长的趋势。

图 5.48 为超高强度钢 Aermet100 磨削表面粗糙度、表面残余应力和表面显微硬度对疲劳寿命的综合影响。从图中可以看出，表面显微硬度对疲劳寿命的影响最大，表面粗糙度对疲劳寿命的影响次之，表面残余应力对疲劳寿命的影响最小。随着表面粗糙度的增大，疲劳寿命显著减小，随着表面显微硬度的增大，疲劳寿命有增大的趋势。随着表面残余压应力增大，疲劳寿命有变大的趋势，但影响程度较小。

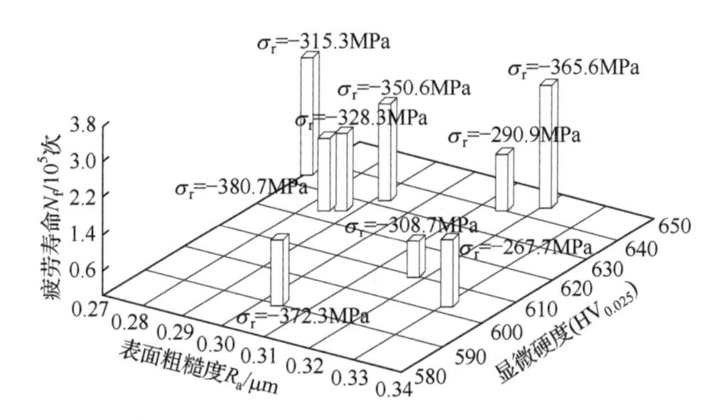

图 5.48　超高强度钢 Aermet100 磨削表面完整性对疲劳寿命的综合影响

由图 5.48 可知，残余应力对疲劳寿命的影响较为复杂，不仅与残余应力的大小、分布及产生的过程有关，而且与材料的弹性性质，外加应力状态和使用环境有关。对疲劳寿命起作用的是在构件应力下经衰减后实际存在的残余应力，当材料发生变形时，残余应力就会衰减或松弛，对疲劳寿命的影响也随之消失。通过对疲劳试样残余应力数据的分析可知，磨削表面均为残余压应力，且变化不大。表面加工硬化后合金抗疲劳性的变化取决于外加载荷的形式、应力状态，以及加工表面残余应力、硬化的程度和梯度的比例关系。通过对疲劳试样表面显微硬度的分析可知，磨削表面为轻微硬化状态，显微硬度变化不大。随着表面显微硬度的增大，疲劳寿命有增长的趋势，但变化不明显。

2. 疲劳强度应力集中敏感性

1) K_t=1 旋转弯曲抗疲劳性

在大气室温条件下，进行应力比 r=−1 的高周疲劳试验，试验频率 83Hz，获得表面完整性磨削加工下 K_t=1 疲劳试样旋转弯曲疲劳中值 S-N 曲线如图 5.49 所示。按升降法求得超高强度钢 Aermet100 K_t=1，大气室温下，10^7 循环周次下的疲劳强度 σ_f=952MPa。

2) K_t=3 旋转弯曲抗疲劳性

在大气室温条件下，进行应力比 r=−1 的高周疲劳试验，试验频率 83Hz，获得表面完整性磨削加工下 K_t=3 疲劳试样旋转弯曲疲劳中值 S-N 曲线如图 5.50 所示。按升降法求得超高强度钢 Aermet100 K_t=3，大气室温下，10^7 循环周次下的疲劳强度 σ_f=308MPa。

3) 疲劳强度应力集中敏感性特征

根据表面完整性磨削超高强度钢 Aermet100 构件旋转弯曲疲劳试验结果，K_t=1 的疲劳强度为 952MPa，K_t=3 的疲劳强度为 308MPa，其疲劳强度应力集中敏感性特征如下：K_t=3 的疲劳强度下降至 K_t=1 的 32%，如图 5.51 所示。

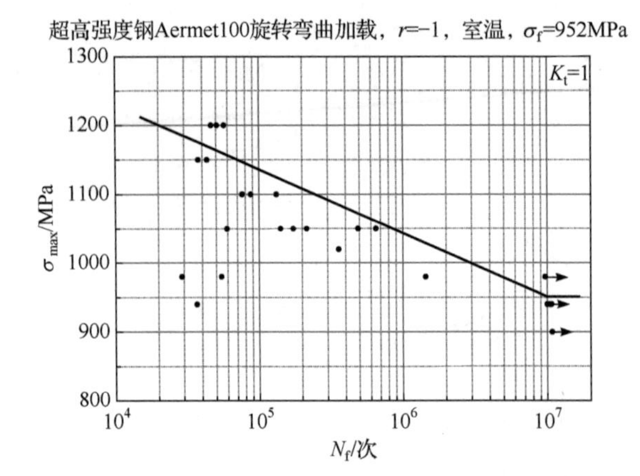

图 5.49　超高强度钢 Aermet100 K_t=1 旋转弯曲疲劳中值 S-N 曲线

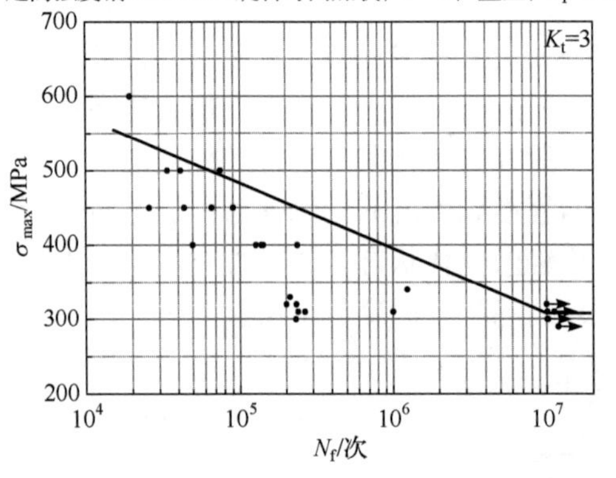

图 5.50　超高强度钢 Aermet100 K_t=3 旋转弯曲疲劳中值 S-N 曲线

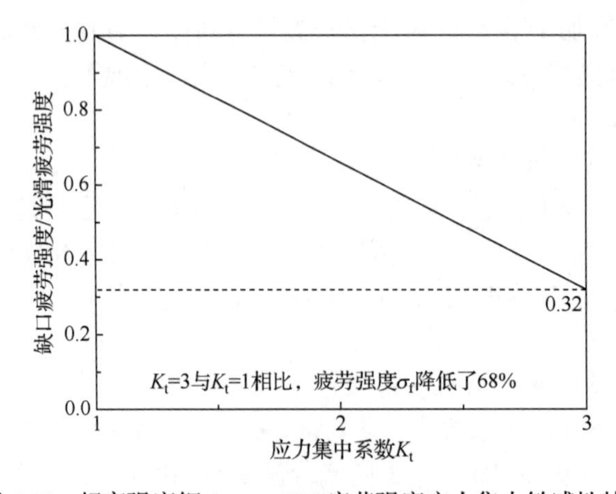

图 5.51　超高强度钢 Aermet100 疲劳强度应力集中敏感性特征

3. 失效机理分析

采用扫描电镜对应力水平 1100MPa 的超高强度钢 Aermet100 试样(K_t=1，循环周次 2.86×10^5)疲劳断口进行了观察。疲劳试样断口全貌见图 5.52(a)，可见断口具有单源疲劳断裂特征；疲劳源区形貌见图 5.52(b)，疲劳起源于样品表面；裂纹扩展区微观形貌见图 5.52(c)，可见细密的疲劳条带特征；瞬断区微观形貌见图 5.52(d)，可见韧窝特征。

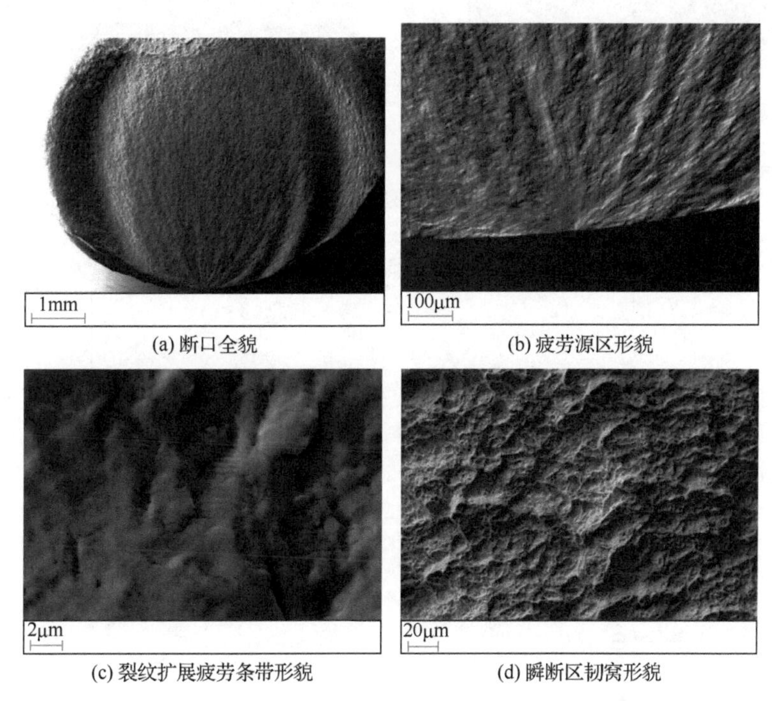

(a) 断口全貌　(b) 疲劳源区形貌

(c) 裂纹扩展疲劳条带形貌　(d) 瞬断区韧窝形貌

图 5.52　超高强度钢 Aermet100 K_t=1 试样疲劳断口

5.2.5　钛铝合金γ-TiAl 车削与抛光表面完整性与疲劳试验

1. 表面完整性特征对疲劳寿命的影响

钛铝合金γ-TiAl 车削加工疲劳试样同高温合金 GH4169DA，如图 5.41 所示。车削加工刀具为 CNMG 120408-SM 硬质合金，车削工艺参数如下：切削速度 v_c=50m/min、切削深度 a_p为 0.2～0.6mm、进给量f=0.06mm/r。车削加工完成后对试样中间圆弧段进行手工抛光，表面粗糙度 R_a≤0.2μm，制备出抛光疲劳试样 5 件。

图 5.53 为精密车削和精密车削+抛光工艺下的钛铝合金γ-TiAl 疲劳试样加工表面完整性对比图。精密车削工艺下的表面粗糙度为 R_a=0.43μm，表面纹理较为平整，可见较少的沟壑和犁耕；精密车削+抛光工艺下的表面粗糙度较小，R_a=

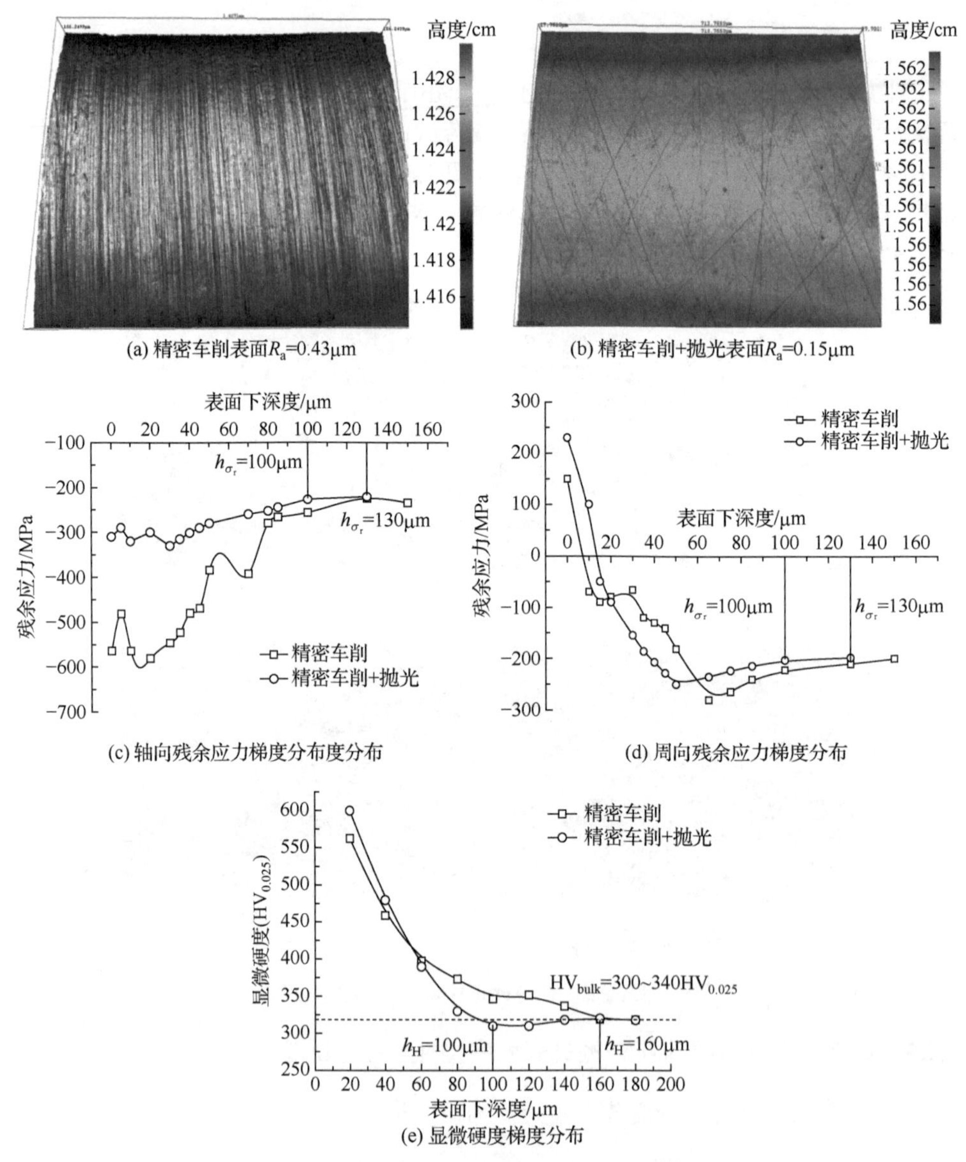

(a) 精密车削表面R_a=0.43μm　　(b) 精密车削+抛光表面R_a=0.15μm

(c) 轴向残余应力梯度分布度分布　　(d) 周向残余应力梯度分布

(e) 显微硬度梯度分布

图 5.53　钛铝合金γ-TiAl 疲劳试样加工表面完整性

h_{σ_r}- 残余应力影响层深度；h_H-硬化层深度

0.15μm，表面几何形貌平整。精密车削+抛光后的钛铝合金γ-TiAl 试样轴向残余应力均表现为压应力，且逐渐减小直至基体残余应力；周向残余应力是拉应力，且逐渐由表面拉应力变为表层压应力，直至基体残余应力。与精密车削相比，精密车削+抛光后轴向表面残余压应力由−560MPa 减小到−310MPa，周向残余拉应力由 150MPa 增大到 230MPa，残余应力影响层深度由 130μm 变化到 100μm。采用精密车削和精密车削+抛光后，表面显微硬度最大，沿着表面下深度方向逐渐向基体显微硬度转变，精密车削试样表面显微硬度约为 $562HV_{0.025}$，硬化层深度约为 160μm；精密车削+抛光试样表面显微硬度较精密车削工艺有所增大，约为 $600HV_{0.025}$，硬化层深度较小，约为 100μm。

旋转弯曲疲劳试验条件如下：高频旋转弯曲疲劳试验机 QBWP-10000，室温，试验载荷 1000MPa，频率 5000r/min，正弦波，应力比 r=−1。精密车削+抛光加工试样的平均疲劳寿命为 4.9×10^6 次，与车削加工试样的平均疲劳寿命 1.6×10^6 相比，提高了约 2.1 倍。这是因为精密车削+抛光加工疲劳试样具有较小的表面粗糙度(R_a=0.15μm)，较大的表面显微硬度 $600HV_{0.025}$ 和较好的残余应力场，轴向表面残余应力为−410 MPa，周向表面残余应力为 105MPa，残余应力层深度约 100μm。

2. 残余应力疲劳过程演化规律

采用精密车削和精密车削+抛光加工的疲劳试样进行残余应力在疲劳过程中的演化研究。疲劳试验同样在高频旋转弯曲疲劳试验机进行，室温，加载频率 5000r/min，加载波形为正弦波，应力比 r=−1，应力水平为 410MPa。

精密车削和精密车削+抛光加工钛铝合金γ-TiAl 试样在不同循环周次下表面残余应力测试结果如表 5.4 所示。

表 5.4　钛铝合金γ-TiAl 精密车削和精密车削+抛光表面残余应力测试数据

	组号	循环 0 次		循环 1×10^7 次		循环 2×10^7 次		循环 3×10^7 次	
		σ_{rx}/MPa	σ_{ry}/MPa	σ_{rx}/MPa	σ_{ry}/MPa	σ_{rx}/MPa	σ_{ry}/MPa	σ_{rx}/MPa	σ_{ry}/MPa
精密车削	1#	−598.70	150.82	−439.57	−26.54	—	—	—	—
	2#	−615.38	125.25	−456.87	−119.34	−362.29	−158.14	—	—
	3#	−522.26	208.67	−411.11	−159.87	−310.84	−176.36	−253.48	−178.21
	组号	循环 0 次		循环 3×10^6 次		循环 1×10^7 次		—	
		σ_{rx}/MPa	σ_{ry}/MPa	σ_{rx}/MPa	σ_{ry}/MPa	σ_{rx}/MPa	σ_{ry}/MPa		
精密车削+抛光	7#	−400.45	110.15	−372.20	43.88	—	—		
	8#	−416.90	92.82	−387.66	23.88	−352.20	−115.24		

注：σ_{rx} 为疲劳试样轴向残余应力，σ_{ry} 为疲劳试样周向残余应力。

图 5.54 为精密车削和精密车削+抛光加工钛铝合金γ-TiAl 表面残余应力演化规律。当疲劳循环周次达到 3.0×10^7 时，精密车削试样的轴向表面残余压应力趋于−250MPa，精密车削+抛光试样的轴向表面残余压应力在疲劳循环 1.0×10^7 次后达到约−352MPa。精密车削和车削+抛光疲劳试样周向初始表面残余拉应力分别约为 200MPa 和 100MPa，与轴向残余应力的变化规律相类似，随疲劳试验周次增

多，周向残余应力快速降低并转变为压应力，车削试样表面残余应力在 1.5×10^7 循环周次后达到稳定值约–200MPa，与精密车削+抛光疲劳试样相比较，残余应力变化的速度较快。

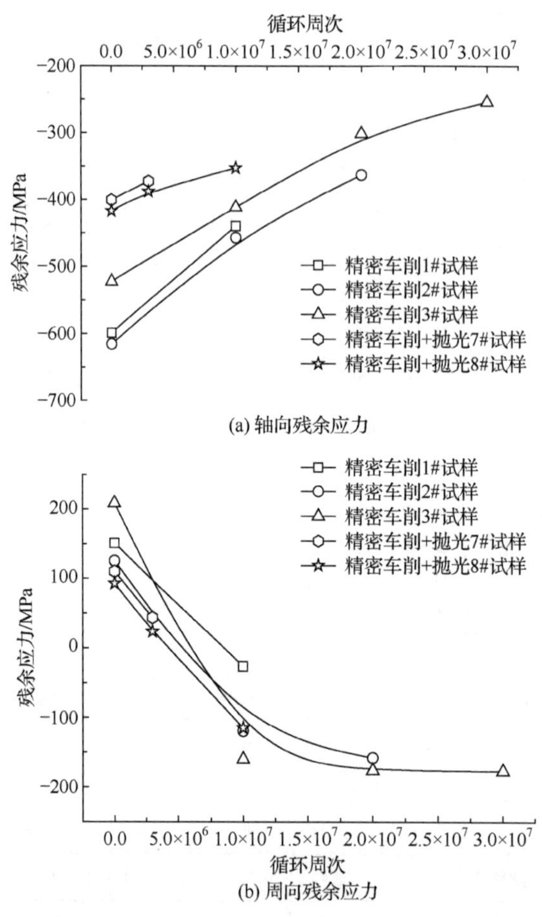

图 5.54　精密车削和精密车削+抛光加工钛铝合金γ-TiAl 表面残余应力演化规律

3. 失效机理分析

采用扫描电镜分别对精密车削和精密车削+抛光的钛铝合金γ-TiAl 疲劳试样的疲劳断口进行观察。图 5.55 为精密车削试样和精密车削+抛光试样疲劳断口形貌，裂纹在试样表面产生，然后缓慢向内扩展。对于两种试样，试样断口形貌均包含裂纹的疲劳源区、裂纹扩展区和瞬断区三个部分。精密车削试样与精密车削+抛光试样相比，精密车削试样有两个疲劳源，而精密车削＋抛光试样为单源疲劳起始。钛铝合金γ-TiAl 精密车削试样和精密车削+抛光试样的疲劳裂纹扩展区都比较大，瞬断区均较小。

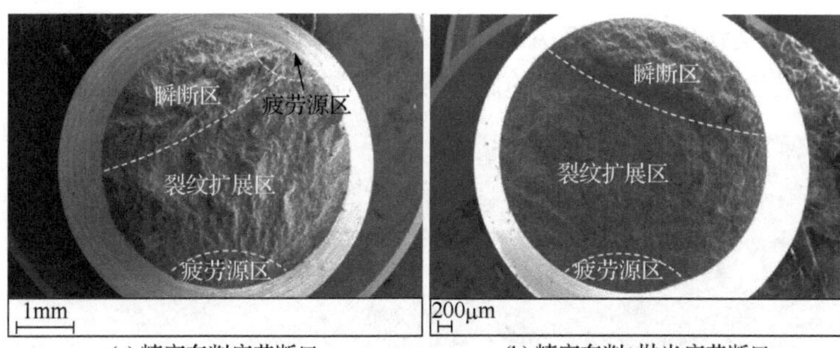

(a) 精密车削疲劳断口　(b) 精密车削+抛光疲劳断口

图 5.55　钛铝合金γ-TiAl 疲劳断口形貌

图 5.56 为钛铝合金γ-TiAl 精密车削和抛光疲劳试样疲劳源形貌特征。综合图 5.55 和图 5.56 可见，钛铝合金γ-TiAl 精密车削疲劳试样断口呈现多源疲劳特征，而精密车削+抛光疲劳试样断口呈现单源疲劳特征。这主要是因为疲劳裂纹往往在应力集中部位萌生，对于车削疲劳试样，表面粗糙度较大，表面轮廓波谷会更深且尖锐，波谷底部更容易产生裂纹。同时，在车削加工中表面产生的微裂纹使得车削疲劳试样出现多个疲劳源，而对于精密车削+抛光疲劳试样，表面粗糙度较低，抛光工艺有效消除了裂纹的产生，疲劳源为单源。

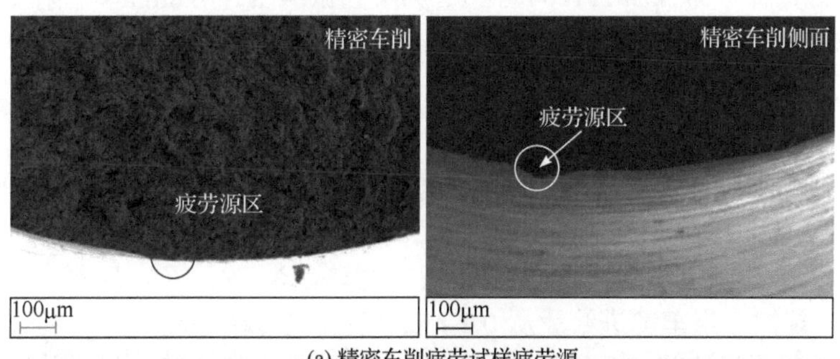

(a) 精密车削疲劳试样疲劳源

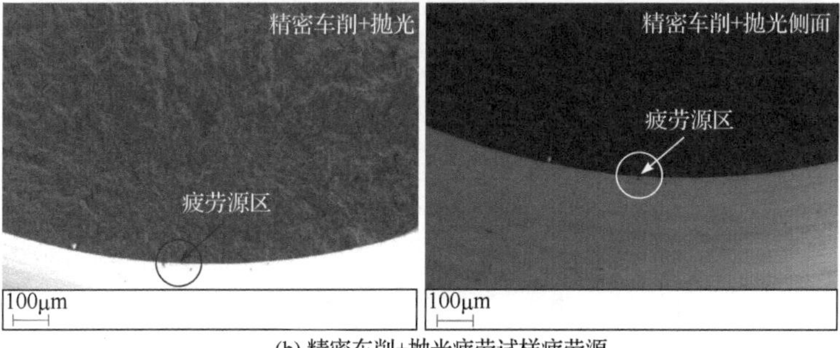

(b) 精密车削+抛光疲劳试样疲劳源

图 5.56　钛铝合金γ-TiAl 疲劳试样疲劳源

图 5.57 为钛铝合金γ-TiAl 疲劳试样裂纹扩展区形貌特征。断裂基本呈现解理

断裂，主要原因是钛铝合金γ-TiAl材料室温脆性高，疲劳试验在常温条件下进行，裂纹塑性变形区小，加工中产生的微小裂纹扩展阻力小，扩展更加容易。

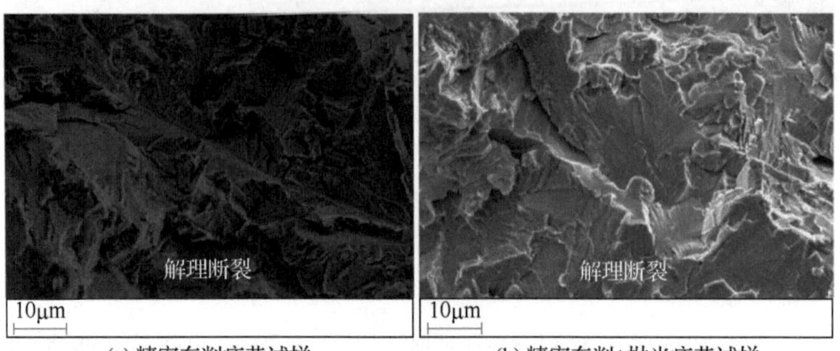

(a) 精密车削疲劳试样　(b) 精密车削+抛光疲劳试样

图 5.57　钛铝合金γ-TiAl疲劳断口扩展区形貌特征

5.2.6　高温合金 GH4169DA 车削表面完整性与疲劳试验

1. 表面完整性特征对疲劳寿命的影响

高温合金 GH4169DA 车削加工疲劳试样与磨削工艺相同，如图 5.41 所示。试样车削刀具牌号为 VBMT160408-F1，刀尖圆弧半径 r_ε=0.8mm。车削工艺参数如下：主轴转速 n=1000r/min，切削深度 a_p=0.2mm，选用四种不同进给量分别表示粗劣、标准、精细和精密车削，记为 T1(f=0.2 mm/r)、T2(f=0.13 mm/r)、T3(f=0.06 mm/r)、T4(f=0.02 mm/r)。

旋转弯曲疲劳试验条件如下：高频旋转弯曲疲劳试验机 QBWP-10000，室温，试验载荷为 900MPa，100Hz，正弦波，应力比 r=−1。

图 5.58 为车削进给量对表面粗糙度高度参数(R_a、R_q、R_z、R_t)和空间参数(R_s、R_{sm})的影响规律。当车削进给量从 0.2 mm/r 变化到 0.02 mm/r 时，表面粗糙度越来越小，其变化规律基本呈线性，R_a从 1.497 μm 减小到 0.431 μm。由几何因素可

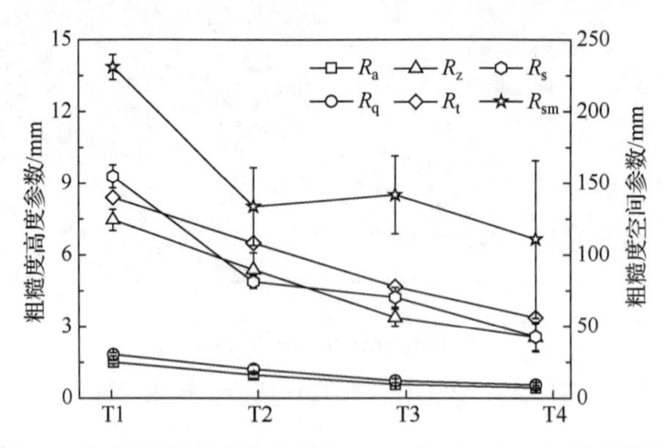

图 5.58　车削进给量对高温合金 GH4169DA 表面粗糙度的影响

知，减小车削进给量可降低已加工表面残留面积的高度，同时也可以降低积屑瘤和鳞刺的高度，因此减小进给量可以使表面粗糙度减小。

车削进给量对高温合金 GH4169DA 表面几何形貌的影响如图 5.59 所示。车削后在进给方向上均匀分布了规律的波峰和波谷，这主要是因为车削使用具有限定几何形状的单个切削刃来生成加工表面。车削参数和切削刃几何形状决定了试样加工后的表面。图 5.59(a)中，表面存在严重的沟槽和犁耕现象，表面平均波峰高度和

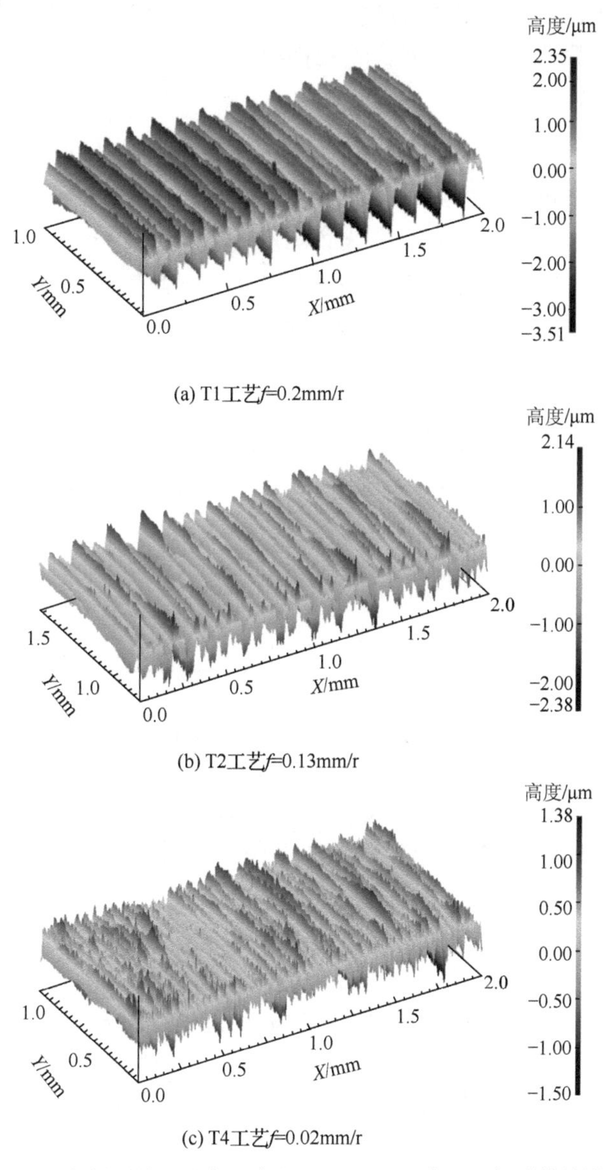

(a) T1工艺*f*=0.2mm/r

(b) T2工艺*f*=0.13mm/r

(c) T4工艺*f*=0.02mm/r

图 5.59　车削进给量对高温合金 GH4169DA 表面几何形貌的影响

波谷深度分别为 R_p=4.094μm 和 R_v=3.363μm。这主要是因为采用了大的进给量 0.2mm/r。图 5.59(b)中，当进给量为 0.13mm/r 时，表面几何形貌出现双波峰现象，表面平均波峰高度和波谷深度分别为 R_p=2.427μm 和 R_v=2.953μm。随着进给量继续减小，表面几何形貌沿进给方向的沟槽分布越来越紧密，加工表面越来越平整。当进给量为 0.02mm/r 时，表面波峰和波谷分布细密，表面平均波峰高度和波谷深度分别为 R_p=1.169μm 和 R_v=1.377μm。

Arola 等[14]研究了表面纹理对疲劳的影响，根据标准表面粗糙度参数建立了表面应力集中系数计算公式，如式(5.33)所示：

$$K_{st} = 1 + n(\frac{R_a}{\bar{\rho}})(\frac{R_y}{R_z}) \tag{5.33}$$

式中，$\bar{\rho}$ 为轮廓谷底等效曲率半径，即影响较显著的多个轮廓谷底曲率半径的平均值；R_a 为轮廓算术平均偏差；R_y 为轮廓最大高度；R_z 为微观不平度十点高度；n 为不同的应力状态，n=1 表示试样受剪切应力，n=2 表示试样受拉应力或弯曲应力。最终计算所得的 T1～T4 车削工艺参数下疲劳试样的应力集中系数见表 5.5。由表 5.5 可以看出，T2 车削工艺参数下试样的表面应力集中系数最小，为 1.166。

表 5.5　高温合金 GH4169DA 车削加工表面完整性和平均疲劳寿命

工艺	R_a/μm	R_z/μm	R_t/μm	$\bar{\rho}$ /μm	K_{st}	σ_{rsur}/MPa	h_r/μm	HV_{sur} ($HV_{0.025}$)	N_f/10^4 次
T1	1.497	7.457	8.392	9.179	1.367	89.74	25	382.78	4.18
T2	0.968	5.38	6.495	14.096	1.166	82.08	30	405.27	6.98
T3	0.567	3.37	4.662	8.993	1.174	−231.37	25	409.39	6.41
T4	0.431	2.546	3.368	6.384	1.179	−640.03	55	398.38	6.17

不同车削进给量下高温合金 GH4169DA 的残余应力分布如图 5.60 所示，由图 5.60 可以看出，车削轴向表面残余应力为拉应力和压应力状态，而周向表面残余应力均为拉应力状态。从图 5.60(a)中可以看出，随着进给量的减小，表面残余应力从拉应力变为压应力状态，且压应力层深度逐渐增加。当进给量为 0.2mm/r 时，表面残余应力 σ_{rsur}=89.74MPa，在表面下 5μm 处出现残余压应力最大值-211.21MPa，残余压应力层深度 h_r=25μm。当进给量为 0.13mm/r 时，表面残余应力 σ_{rsur}=82.08MPa，残余压应力最大值−234 MPa，出现在表面下 10μm 处，残余压应力层深度 h_r=30μm。当进给量减小到 0.06mm/r 时，表面残余应力 σ_{rsur}=−231.37MPa，在表面下 10μm 处出现残余压应力最大值−390.84MPa，残余压应力层深度 h_r=25μm。当进给量为 0.02mm/r 时，表面残余应力 σ_{rsur}=−640.03MPa，最大残余压应力出现在试样表面，残余压应力层深度 h_r=55μm。

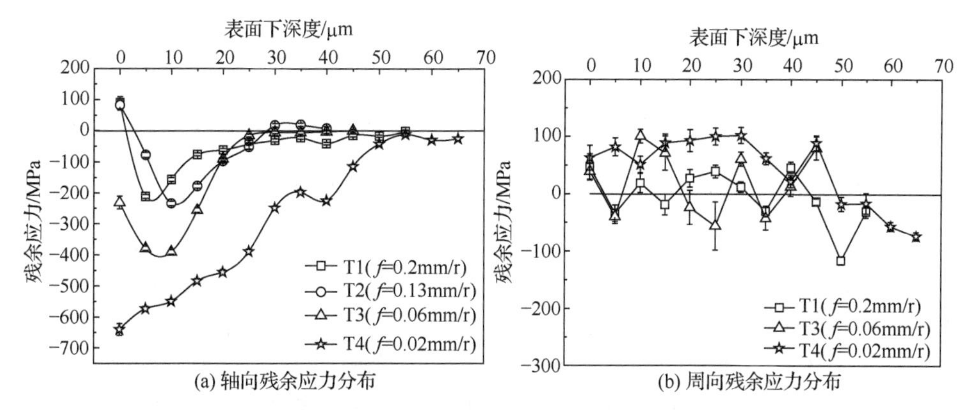

图 5.60　不同车削进给量下高温合金 GH4169DA 残余应力分布

图 5.61 为不同车削进给量下高温合金 GH4169DA 的表层微观组织。微观组织都可以观察到沿晶界弥散分布的 δ 相，近表面均可观察到沿刀具进给方向的塑性变形层，这主要是由机械加工中的热效应和机械效应引起的。当应力达到屈服强度后，材料会发生塑性流动，形成塑性变形层。在塑性变形层中，材料基体相

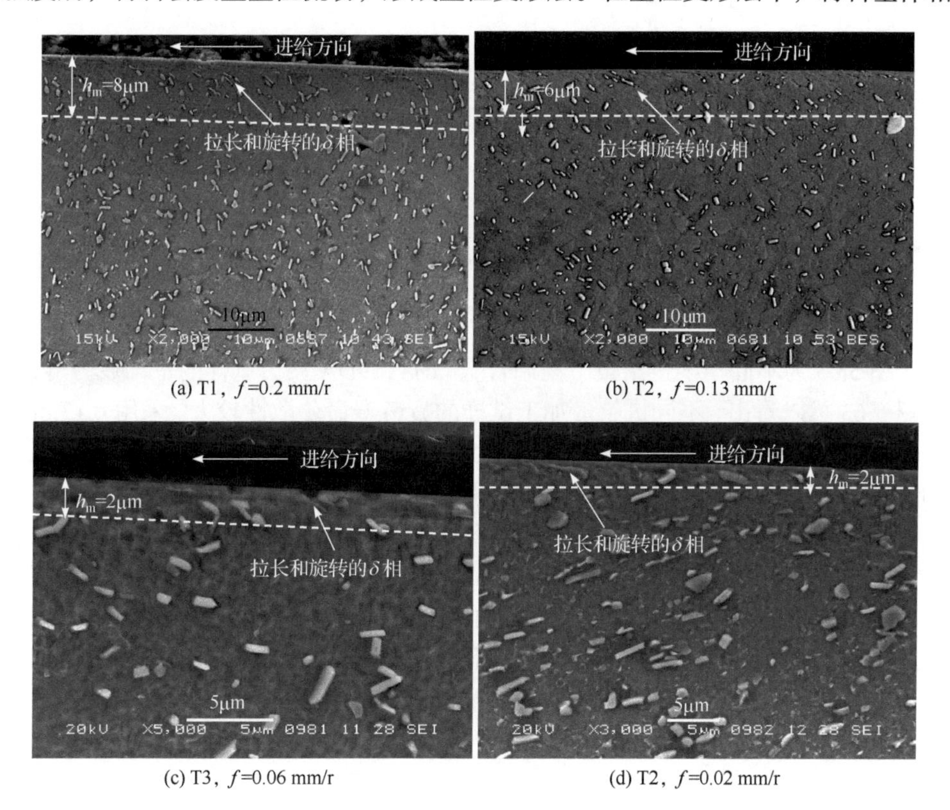

(a) T1，f=0.2 mm/r　(b) T2，f=0.13 mm/r

(c) T3，f=0.06 mm/r　(d) T2，f=0.02 mm/r

图 5.61　不同车削进给量下高温合金 GH4169DA 的表层微观组织

和 δ 相均产生沿刀具进给方向的晶粒拉长和偏转。进给量为 0.2mm/r 时，塑性变形层厚度 h_m=8μm(图 5.61(a))。当进给量减小到 0.13mm/r 时，塑性变形层厚度 h_m=6μm(图 5.61(b))。随着进给量的进一步减小，塑性变形层厚度 h_m 减小到 2μm 左右(图 5.61(c)和(d))。

图 5.62 为不同车削进给量下高温合金 GH4169DA 的显微硬度分布。由图可知，四种车削进给量下，显微硬度沿深度方向的分布规律基本一致，显微硬度最小值均出现在试样表面，表层存在明显的软化现象，沿表面下深度方向显微硬度不断增大，当表面下深度达到 25μm 左右时，显微硬度趋于一个稳定的波动范围，达到材料基体显微硬度。四种进给量下的表面显微硬度 HV_{sur} 在 382～409$HV_{0.025}$，软化层深度均为 25μm 左右，软化程度约为 19%。这主要是因为 GH4169DA 合金热导率小，在表面下 5μm 左右区域聚积了过多的热量，显微硬度下降。

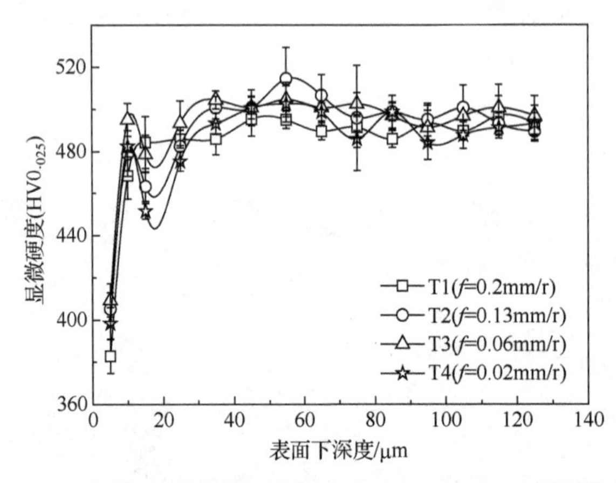

图 5.62　不同车削进给量下高温合金 GH4169DA 显微硬度分布

图 5.63 为不同车削进给量下高温合金 GH4169DA 疲劳试样的平均疲劳寿命。由图 5.63 可以看出，不同进给量加工试样的疲劳寿命分散性较大。采用 0.13mm/r 进给量加工试样(T2)的疲劳寿命最高，为 6.98×10^4 次。与 T1、T3 和 T4 车削工艺相比，T2 车削工艺条件下的疲劳寿命分别提高了 67%、8.9%和 13.1%。

高温合金 GH4169DA 车削表面完整性各项特征对疲劳寿命的影响如图 5.64 所示。由图 5.64 可以看出，高温合金 GH4169DA 车削加工后室温旋转弯曲疲劳寿命随表面粗糙度和表面应力集中系数的增大而下降，随表面显微硬度的增大而提高。表面残余应力对疲劳寿命的影响不显著。从图 5.64(a)和(b)可以看出，相比表面粗糙度，表面应力集中系数能更加精确地反映表面几何形貌特征对疲劳寿命的影响。

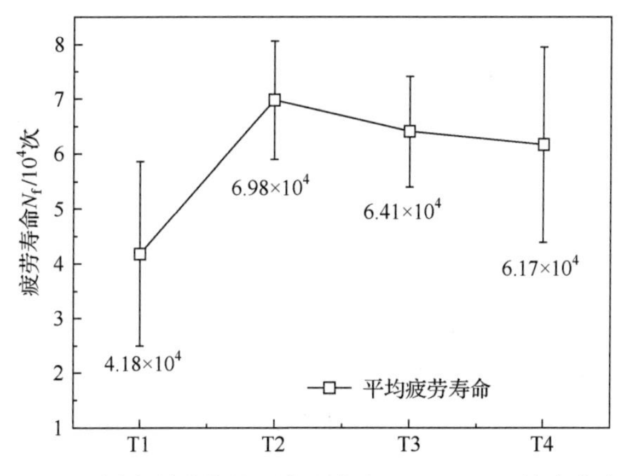

图 5.63　不同车削进给量下高温合金 GH4169DA 的疲劳寿命

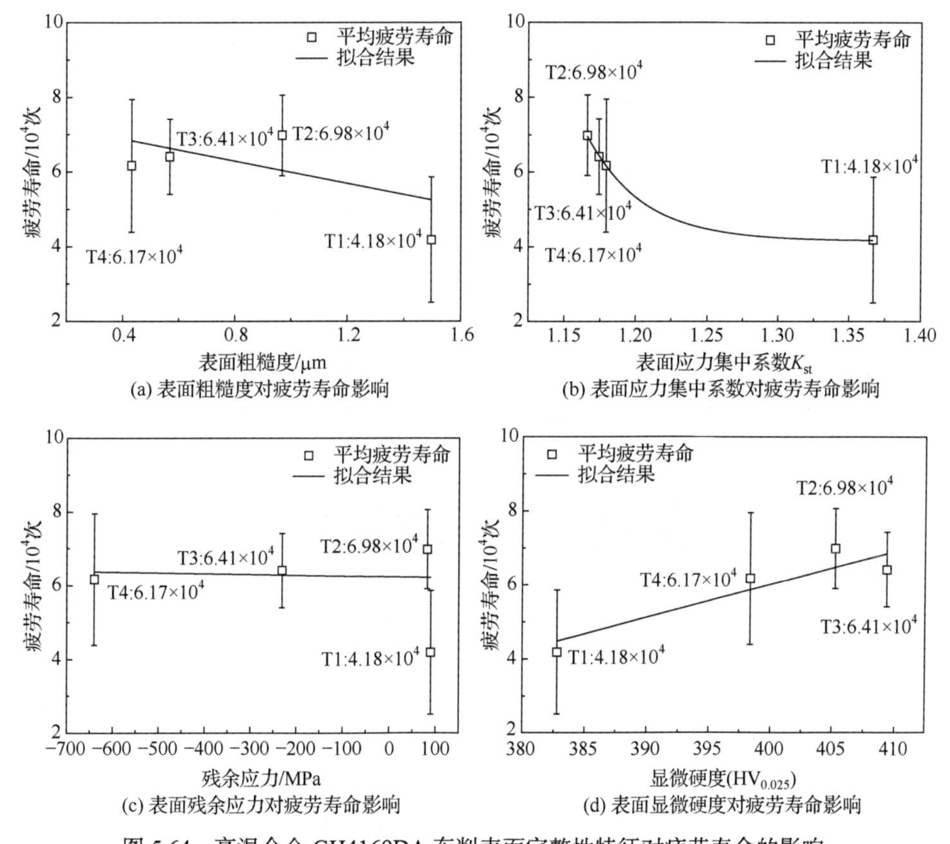

图 5.64　高温合金 GH4169DA 车削表面完整性特征对疲劳寿命的影响

图 5.65 为表面完整性对疲劳寿命的综合影响示意图。由图 5.65 可见，高温合金 GH4169DA 车削加工后表面应力集中系数是疲劳寿命的主要影响因素，随着表

面应力集中系数的增大，疲劳寿命显著下降。在试验参数范围内，当 f=0.13mm/r 时，表面应力集中系数最小为 K_{st}=1.166，表面显微硬度为 405.27HV$_{0.025}$，表面残余应力为 82.08MPa，获得的平均疲劳寿命最高，为 6.98×10^4 次。

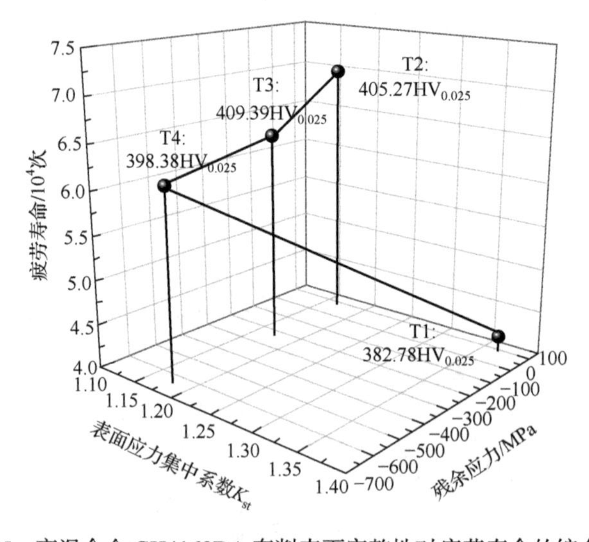

图 5.65　高温合金 GH4169DA 车削表面完整性对疲劳寿命的综合影响

2. 表面纹理对疲劳寿命影响

在车削工艺 T3(f=0.06mm/r)基础上进行抛光，制备不同方向的表面纹理。采用 800#水砂纸分别沿试样周向(T3CP)、斜向(T3CPO)和轴向(T3CPA)进行抛光，获得周向、斜向和轴向表面纹理。抛光制备的疲劳试样如图 5.66 所示。

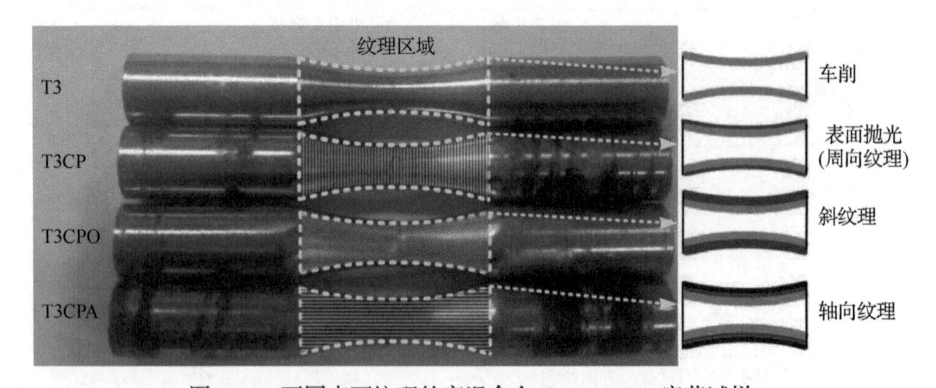

图 5.66　不同表面纹理的高温合金 GH4169DA 疲劳试样

不同表面纹理高温合金 GH4169DA 试样疲劳寿命如图 5.67 所示。由图可见，具有轴向表面纹理的试样(T3CPA)平均疲劳寿命(1.50×10^5 次)最高，与 T3、T3CP 和 T3CPO 试样相比，T3CPA 试样的疲劳寿命分别提高了约 134.2%、183.7%和

96.2%。

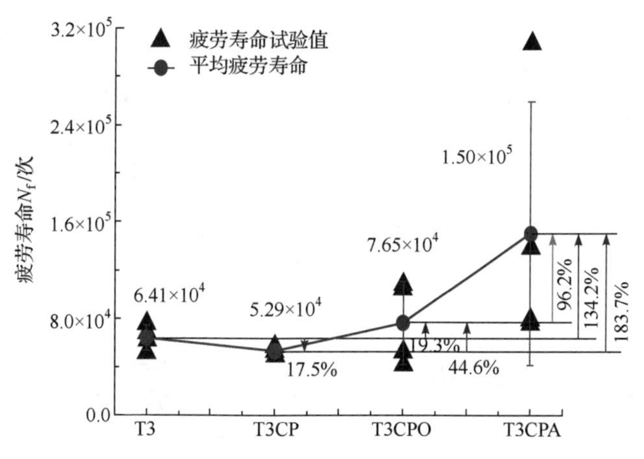

图 5.67　不同表面纹理高温合金 GH4169DA 试样疲劳寿命

3. 失效机理分析

T2(f=0.13mm/r)试样的疲劳断口如图 5.68 所示。疲劳断口可以分为 3 个区域：裂纹萌生区(裂纹源区)、裂纹扩展区、瞬断区。由图可见，高温合金 GH4169DA 车削表面疲劳断口具有多源疲劳断裂特征。裂纹萌生区可观察到光滑细腻的扇形小区域，疲劳裂纹从多个方向同时以角裂纹的形式向内部扩展，两两之间形成疲劳台阶，在断口偏心处韧窝区逐渐汇合。疲劳断裂起源于表面加工缺陷处，可见疲劳寿命的分散性主要受样品的表面加工状态制约，改善试样的表面完整性，有助于降低疲劳寿命的分散性并提高疲劳寿命。在图 5.68(c)中可观察到大量明显的疲劳条带，疲劳条带相互平行且垂直于疲劳应力方向，具有明显解理开裂形貌。图 5.68(d)中，试样断面分布有大量韧窝及撕裂棱，为典型的塑性断裂。

T3、T3CP、T3CPO 和 T3CPA 工艺下高温合金 GH4169DA 疲劳断口分别如图 5.69～图 5.72 所示。所有试样的断口全貌均包括区、裂纹扩展区和瞬断区，所有工艺下的疲劳裂纹均起始于加工表面。图 5.69 中，T3 车削工艺下试样的疲劳断口基本呈多源起始，这是因为旋转弯曲疲劳中最大的应力应变出现在试样表面，表面存在的车削刀痕(R_a=0.567μm)引起的高表面应力集中与工作应力叠加，表面所受载荷明显高于材料内部。图 5.70 中，T3CP 工艺下的疲劳试样表面具有周向表面纹理，相应的表面粗糙度很小，仅为 0.024μm，其疲劳断口仍为多源起始，沿圆周方向出现多个裂纹源。这主要是因为周向表面纹理与弯曲疲劳应力方向垂直，疲劳试验过程中分布在试样表面圆周方向的轮廓波谷极易产生疲劳裂纹，且多个裂纹之间极易相互连接形成疲劳线源。图 5.71 中，T3CPO 工艺下的疲劳试样表面纹理与疲劳应力方向夹角约为 45°，其表面粗糙度依然很小，仅为 0.087μm，

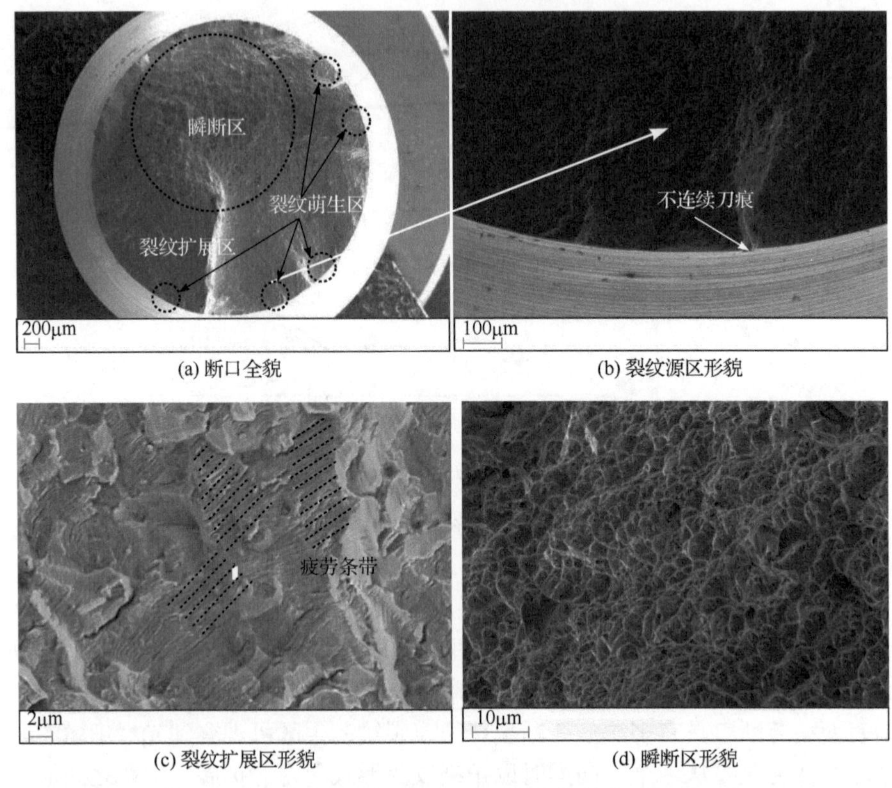

(a) 断口全貌　(b) 裂纹源区形貌

(c) 裂纹扩展区形貌　(d) 瞬断区形貌

图 5.68　高温合金 GH4169DA T2 试样疲劳断口(R_a=0.968 μm)

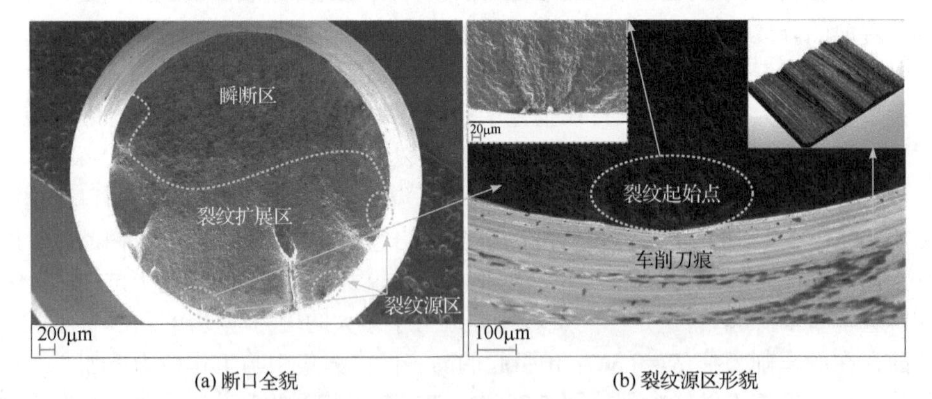

(a) 断口全貌　(b) 裂纹源区形貌

图 5.69　T3 工艺下高温合金 GH4169DA 的疲劳断口(R_a=0.567μm)

疲劳断口为表面多源起始。T3CPA 工艺下的疲劳试样表面纹理与疲劳应力方向一致，表面粗糙度为 0.053μm。T3CPA 工艺加工的四件疲劳试样的中有三件疲劳试样的断口为裂纹单源起始，如图 5.72 所示。这是因为表面纹理与疲劳应力方向一致，疲劳试验中产生于不同谷底的疲劳裂纹之间不易相互连接。

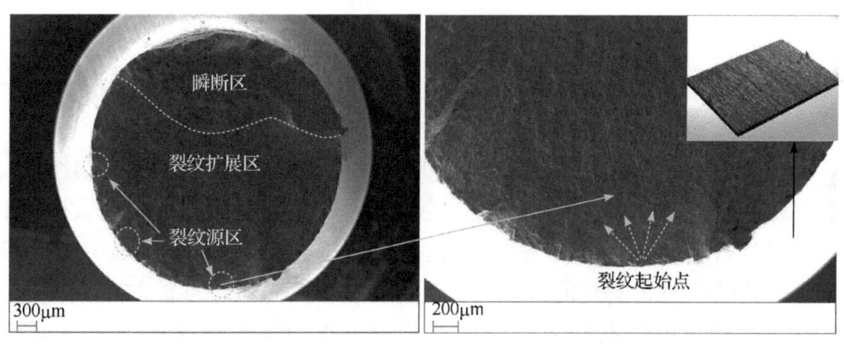

(a) 断口全貌　(b) 裂纹源区形貌

图 5.70　T3CP 工艺下高温合金 GH4169DA 的疲劳断口(R_a=0.024μm)

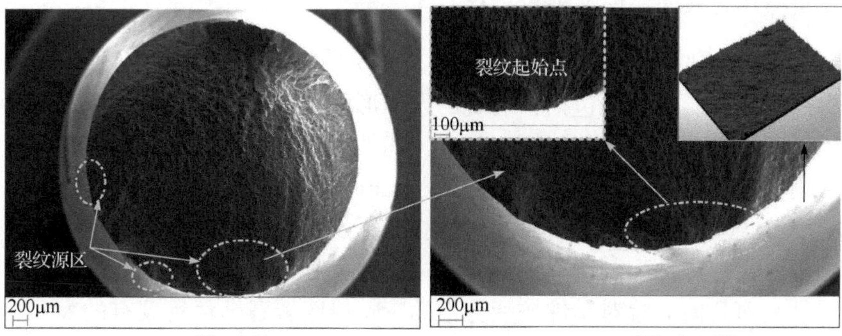

(a) 断口全貌　(b) 裂纹源区形貌

图 5.71　T3CPO 工艺下高温合金 GH4169DA 的疲劳断口(R_a=0.087μm)

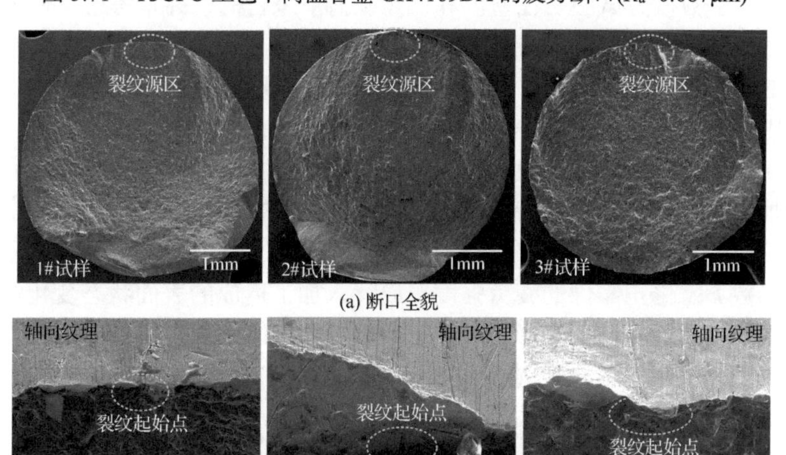

(a) 断口全貌

(b) 裂纹源区形貌

图 5.72　T3CPA 工艺下高温合金 GH4169DA 的疲劳断口(R_a=0.053μm)

5.3 机械加工表面完整性评价指标、数学模型与评价实例

表面完整性评价中需要知道什么样的表面状态变化是无损伤并强化的，什么样的变化是损伤的，以及损伤的程度，就需要针对表面状态和抗疲劳性提出具体的表面完整性评价指标。表面完整性包括表面几何形貌、表面变质层、工作性能三大部分。针对构件表面几何形貌、表面变质层及其对工作性能的影响评价需求，可用构件表面应力集中系数 K_{st}、表层材料应力集中敏感系数 m 和构件疲劳强度系数 K_σ 三个指标评价。

5.3.1 机械加工表面完整性评价指标

1) 表面几何形貌评价指标——表面应力集中系数 K_{st}

构件的几何形貌特征包括：宏观的设计形状、尺寸和位置特征，以及微观的表面粗糙度和表面几何形貌特征。其中，构件的设计形状和尺寸决定构件设计形状应力集中系数 K_{t0}；表面几何形貌特征表面应力集中系数 K_{st}。构件应力集中系数 K_t 可以看作是 K_{t0} 附加了表面几何形貌特征的变化引起的应力集中系数，将制造附加应力集中定义为制造附加应力集中系数 ΔK_t，则 $K_t= K_{t0}+\Delta K_t$。

零件表面几何形貌对零件抗疲劳性的影响毋庸置疑。尽管现有的大多数试验和理论研究仅限于疲劳强度或疲劳寿命与表面粗糙度参数之间的定性或半定量研究，而且大多数疲劳试验是在室温和低频载荷下进行的，并未考虑零件加工后表层产生的冷作硬化和工艺宏观应力，但是在理论研究与工程实际中，通常可以采用不同的应力集中系数来评估表面粗糙度对疲劳强度或疲劳寿命的影响，而这些应力集中系数通常既取决于表面粗糙度的几何参数，又受材料参数影响。

金属零件的疲劳强度一般依据该零件材料本身具有的疲劳强度确定，同时还考虑被加工零件表面完整性特征(如表面粗糙度造成的应力集中、显微硬度变化、残余应力应变场分布等)对零件抗疲劳性的影响。在工程实际中，通常可采用合适的校正系数 k 来修正零件的疲劳强度，以计入加工造成的表面状态变化等因素的影响。例如，表面几何形貌影响的校正系数通常可以用加工零件的标准表面粗糙度参数，如算术平均粗糙度 R_a、最大峰谷高度 R_y 和微观不平度十点高度 R_z 等表示。各参数的具体计算式如式(5.34)～式(5.36)所示。

$$R_a = \frac{1}{SL}\int_0^L |y(x)| \mathrm{d}x \tag{5.34}$$

$$R_y = \left| y(x_i)_{\max} - y(x_j)_{\min} \right| \tag{5.35}$$

$$R_z = \frac{1}{5}\left[\sum_{i=1}^{5} y(x_i)_{\max} + \sum_{i=1}^{5} y(x_i)_{\min}\right] \tag{5.36}$$

然而，有些情况下，仅靠上述的表面粗糙度幅度参数并不足以描述或表征表面几何形貌特征对零件抗疲劳性的影响。如图 5.73 所示，对于车削加工锯齿型表面轮廓和类似余弦波型表面轮廓，假设其曲线的高度幅值相同，则根据式(5.34)～式(5.36)，两种轮廓均有相同的表面粗糙度参数 R_a、R_y、R_z。

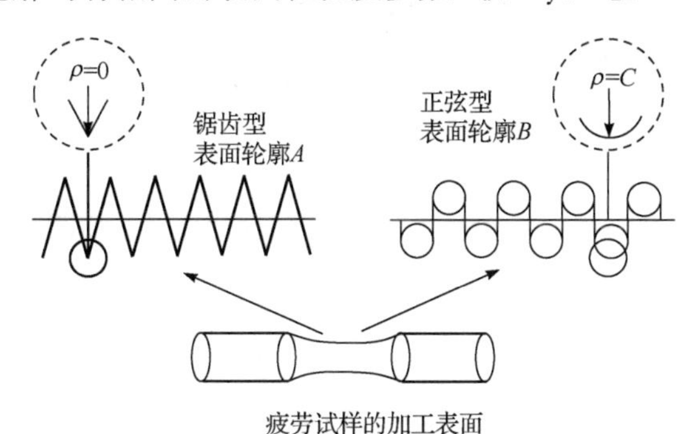

图 5.73　理想状态下疲劳试样的锯齿波和余弦波表面几何形貌

ρ-轮廓波谷曲率半径

尽管理论上说锯齿型轮廓具有更小的轮廓波谷曲率半径ρ，使锯齿处的应力集中程度更加严重，从而对零件最终的疲劳寿命更加不利，但是如果仅根据表面粗糙度参数来确定其修正系数，则图 5.73 所示的两种表面轮廓将有相同的修正系数。虽然标准表面粗糙度参数为定量表征轮廓高度分布提供了一个简单而有效的方式，但仅根据表面粗糙度幅度参数来估算零件的疲劳强度显然是不够全面的。

考虑到宏观结构的几何不连续对工程零件疲劳强度的影响，通常可采用结构应力集中系数 K_{t0} 来表征。因此，可以借鉴宏观结构应力集中系数 K_{t0} 的思想来定量估算金属零件加工后的表面几何形貌特征及其造成的应力集中，以及最终抗疲劳性之间的关系。

图 5.74 为单一缺口与多个缺口的应力集中示意图。对于一个如图 5.74(a)所示的承受均匀拉伸载荷、含较浅半椭圆缺口的无限大平板，如果其缺口高度和缺口根部曲率半径分别为 t 和ρ，则该缺口边的局部应力集中系数为

$$K_t = 1 + 2\sqrt{\frac{t}{\rho}} \tag{5.37}$$

如果该平板含有多个相同的半椭圆缺口，如图 5.74(b)所示，则其理论应力集中系数 K_t 可以表示为

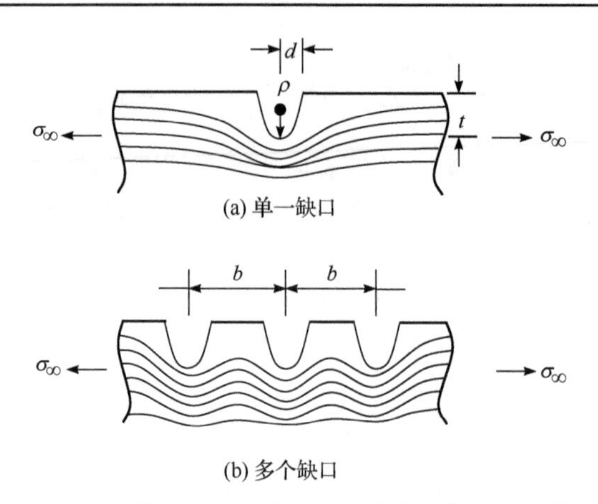

图 5.74　单一缺口与多个缺口的应力集中示意图

$$K_t = 1 + 2\sqrt{\lambda \cdot \frac{t}{\rho}} \tag{5.38}$$

式中，λ为微观不平度间距与其高度的比值系数，$\lambda=b/t$；t 为表面几何形貌的平均缺口高度。

切削加工后的零件表面可以看作由许多微观几何缺口组成。考虑到零件表面几何形貌的平均缺口高度 t 在实际工程中很难准确测量，同时还考虑到粗糙表面几何形貌特征(相当于在试样上存在一系列连续相邻的微观缺口)可能使零件表面的实际应力集中程度比仅含单一缺口时有所降低(图 5.74(a))，Neuber[15]提出了一个可采用标准表面粗糙度参数和缺口轮廓谷底半径来表征的表面应力集中系数半经验公式，给出了应力集中系数 K_t 与零件表面上多次重复出现的微小切削刀痕的几何参数之间的关系，如式(5.39)所示：

$$K_t = 1 + n\sqrt{\lambda \frac{R_z}{\rho}} \tag{5.39}$$

式中，R_z 表示表面轮廓微观不平度十点高度；ρ表示粗糙表面轮廓谷底曲率半径；λ表示微观不平度间距与其高度的比值系数，$\lambda=b/t$；系数 n 表示着不同的应力状态，$n=1$ 时表示表面承受剪切载荷，$n=2$ 时表示表面承受拉伸或弯曲载荷。

采用 Neuber 经验公式可以估算机加工零件表面上的微观不平度导致的应力集中程度，该公式体现了表面几何形貌对表面应力集中系数的影响。对于加工的表面纹理来说，λ实际上是很难精确确定的。常规切削机加工以后的表面轮廓通常取$\lambda=1$，而 R_z/ρ的范围通常为 0.3～0.5。因此，切削加工表面几何形貌引起的理论应力集中系数为 1.5～2.5；磨削加工后的表面粗糙度如果在 IT7～IT9 的级别，则其应力集中系数为 1.2～1.48。

借鉴表征表面纹理对机加工零件抗疲劳性影响的简化模型，分析并推导机加工零件表面几何形貌引起的等效应力集中系数的计算。首先，假设机加工后的表面为一个理想的余弦曲线形式，其幅值为 a，波长为λ，具体如图 5.75 所示。

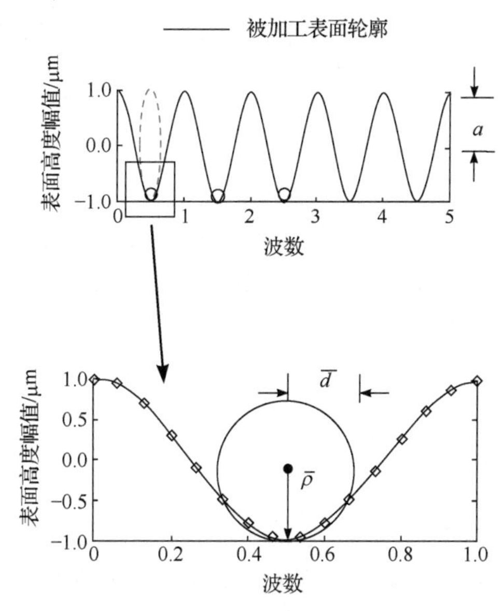

图 5.75　理想余弦表面轮廓等效缺口几何尺寸的确定

对于一个长短半轴分别为 $\bar{t}$ 和 $\bar{d}$ 的椭圆形微观缺口，其长半轴根部的等效曲率半径满足 $\bar{\rho}=\bar{d}^2/\bar{t}$，将其带入式(5.37)可以直接得到这一特定椭圆形微观缺口的名义应力集中系数，如式(5.40)所示：

$$K_{\text{st, nor}}=1+2\frac{\bar{t}}{\bar{d}} \tag{5.40}$$

考虑到相邻缺口的应力集中程度与单个缺口的不同，理想的余弦表面的名义应力集中系数如式(5.41)所示：

$$K_{\text{st, nor}}=1+2\cdot\sqrt{\lambda\cdot\frac{\bar{t}}{\bar{\rho}}}=1+2\cdot\sqrt{\lambda}\cdot\frac{\bar{t}}{\bar{d}} \tag{5.41}$$

承受不同应力载荷的理想余弦表面,其等效缺口高度 $\bar{t}$ 可以简化并表示为 na。其中，n=1 表示该理想余弦表面承受扭转或剪切应力，n=2 表示该理想余弦表面拉伸或弯曲应力。等效缺口宽度(即椭圆短半轴) $\bar{d}$ 的确定与缺口高度的选择无关，可用半径为 $\bar{\rho}$ 且与缺口底部内接的半圆弧长近似表示，具体如图 5.75 中的单个波形所示。根据这些几何特征，余弦表面的几何形貌引起的应力集中系数可以表示为

$$K_{st}=1+2\sqrt{\lambda}\cdot\frac{na}{\bar{\rho}\pi} \tag{5.42}$$

对于如图 5.75 所示且服从余弦曲线分布($y=a\cos(x/l)$)的表面几何形貌，其表面的平均粗糙度 $R_a=\frac{1}{L}\int_0^L|y|\mathrm{d}x=2a/\pi$ ，因此式(5.42)可以简化为

$$K_{st}=1+n\cdot\sqrt{\lambda}\cdot\frac{R_a}{\bar{\rho}} \tag{5.43}$$

式(5.43)适用于宏观表面轮廓基本平行于表面中线的余弦波形微观表面应力集中系数的计算。如果考虑任意表面几何形状，则式(5.43)中还须采用一定的修正系数以保证其准确计入了表面粗糙度和波纹度幅度信息。对于同时包含表面波纹度和粗糙度幅度信息的表面，可以采用最大峰谷高度 R_y 与微观不平度十点高度 R_z 的比值校正相应的等效缺口应力集中系数。对于余弦波形的理想粗糙表面来说，根据式(5.35)、式(5.36)和图 5.75 可以看出，$R_y/R_z=1$。类似地，对于其他周期性波形表面(如三角波、方波等)，如果其在测量长度上没有较大曲率波动，则可近似认为其 $R_y/R_z=1$。然而，对于波长超过该测量长度的波形来说，R_y/R_z 逐渐偏离 1，而 R_y/R_z 则恰恰反映了微观几何形貌的这种变化。

考虑到加工表面相邻微观缺口的应力集中程度与单个缺口的效果不同，同时考虑到表面粗糙度和波纹度的信息，采用公式(5.44)可以估算机加工零件表面上的微观不平度导致的应力集中程度，该公式体现了表面几何形貌对表面应力集中系数的影响：

$$K_{st}=1+n\cdot\sqrt{\lambda}\cdot\left(\frac{R_a}{\bar{\rho}}\right)\left(\frac{R_y}{R_z}\right)\approx 1+n\left(\frac{S_m}{R_z}\right)^{0.5}\cdot\left(\frac{R_a}{\bar{\rho}}\right)\left(\frac{R_y}{R_z}\right) \tag{5.44}$$

式中，S_m 为测量得到的轮廓微观不平度平均间距；$\bar{\rho}$ 为轮廓谷底等效曲率半径，表示影响较显著的若干轮廓谷底曲率半径的平均值。

表面几何形貌造成的应力集中系数 K_{st} 与加工工艺情况密切相关。对于实际或方便测量的加工表面，$\lambda=b/t\approx S_m/R_z$，为便于工程应用，材料依赖性及载荷类型方向等对表面应力集中的影响也可以通过经验选取的常数 A 来表示。

表面应力集中系数的计算涉及表面粗糙度参数和轮廓谷底等效曲率半径，表面粗糙度参数可以通过粗糙度测试获得，而表面轮廓谷底等效曲率半径 $\bar{\rho}$ 通常可以采用理论计算与试验测量两种方式来获取。根据高等数学的知识，对于一个以连续函数 $y=f(x)$ 表示的粗糙表面轮廓，其轮廓谷底曲率半径为最低点处的曲率 K_{curve} 的倒数：

$$\rho=1/K_{curve}=(1+y'^2)^{3/2}/|y''| \tag{5.45}$$

式中，y' 和 y'' 为轮廓在最低点处的一阶和二阶导数。对于理想余弦粗糙表面轮廓 $y=a\cos(x/l)$，其在轮廓谷底的等效曲率半径为

$$\rho_{\text{val}}=1/K_{\text{val}}=(1+y'^{2}_{\text{val}})^{3/2}/|y''_{\text{val}}|=1/|y''_{\text{val}}|=l^2/a \tag{5.46}$$

式中，余弦函数 y 在轮廓谷底处的一阶导数 $y'|_{\text{val}}=0$。

由式(5.45)可以得到数值轮廓上 3 个最深轮廓的谷底半径 ρ_1、ρ_2、ρ_3，然后取这 3 个轮廓谷底半径的平均值作为表面轮廓谷底等效曲率半径，即 $\bar{\rho}=(\rho_1+\rho_2+\rho_3)/3$。

另外，也可用白光干涉三维表面几何形貌仪测量实际加工零件的表面轮廓谷底等效曲率半径 $\bar{\rho}$。首先，采用 Veeco NT1100 三维表面光学干涉仪测得工件试样的三维表面几何形貌；其次，从中任意截取垂直于加工痕迹方向的一个轮廓，在该轮廓上分别测量占主导影响的 3 个轮廓谷底半径 ρ_1、ρ_2、ρ_3；最后，计算这个 3 个轮廓谷底半径的平均值作为表面轮廓谷底等效曲率半径 $\bar{\rho}=(\rho_1+\rho_2+\rho_3)/3$。具体测量过程见图 5.76。

2) 表面变质层评价指标——应力集中敏感系数 m

构件的表面变质层特征包括微结构和微力学。制造引起的微结构的晶粒取向分布、晶界角度分布、局部取向差分布等晶体学信息的变化是研究微结构的主要关注对象。微力学特征则主要是显微硬度(HV)和残余应力 σ_r。由于高强材料对疲劳强度应力集中的高敏感性，设定基体材料应力集中敏感系数 m_0，应力集中敏感系数 m 可以看作是在 m_0 上附加了微结构和微力学的变化引起的这部分应力集中敏感系数，将微结构和微力学特征的变化引起的应力集中敏感系数定义为材料变质附加应力集中敏感系数 Δm，则 $m=m_0+\Delta m$。

3) 考虑表面完整性的工作性能综合评价指标——疲劳强度系数 K_σ

构件的工作性能(抗疲劳性)需通过进行标准性能试验、扩展性能试验、补充机械试验等获得疲劳寿命 N_f、疲劳强度 σ_f、S-N 曲线、断口形貌图像、裂纹扩展速率 da/dN 等。主要通过构件疲劳强度来评价工艺优劣和构件抗疲劳性。对于给定疲劳寿命，光滑试样的疲劳强度与缺口试样的疲劳强度之比为疲劳缺口系数 K_f:

$$K_f=\left.\frac{\sigma_{\text{smooth}}}{\sigma_{\text{notched}}}\right|_{N_f} \tag{5.47}$$

式中，σ_{smooth} 为光滑试样疲劳强度；σ_{notched} 为缺口试样疲劳强度；N_f 为疲劳循环周次。

大量研究表明，疲劳缺口系数 K_f 不仅是几何形状的函数，还是材料和加载方式的函数。试样的材料性能、内部固有缺陷、试样几何形状、几何尺寸、缺口根部半径、应力梯度等都是其内在因素。K_f 的限制条件一般为 $1\leqslant K_f\leqslant K_{t0}$，即 K_{t0} 为其上限[16,17]。

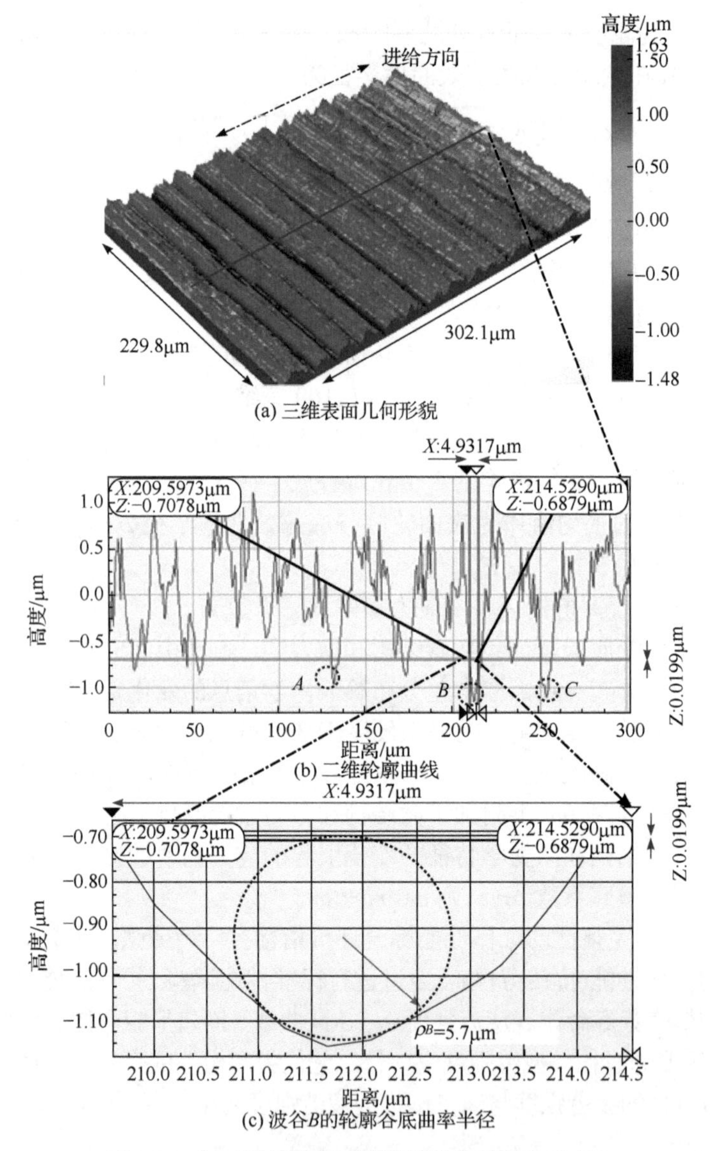

图 5.76　加工零件的表面轮廓及轮廓谷底曲率半径

疲劳缺口系数 K_f 类似于静态载荷下的弹性应力集中数 K_{t0}，但两者的含义完全不同，K_{t0} 表示缺口处峰值应力的提高程度，而 K_f 则表示缺口疲劳强度相对光滑试样疲劳强度的降低程度[18]。对于以理论应力集中系数 K_{t0} 为特征的缺口，$K_f=K_{t0}$ 时，缺口降低疲劳强度最严重；$K_{t0}=1$ 时，缺口对疲劳强度则没有影响。

综上，疲劳缺口系数 K_f 仅表示以理论应力集中系数 K_{t0} 为特征的缺口对疲劳强度的影响，并没有引入制造因子的影响。在实际加工过程中，具有同样缺口特

征 K_{t0} 的构件，不同工艺带来的表面状态(表面几何形貌和表面变质层)不同，相应的构件应力集中系数 K_t 和应力集中敏感系数 m 不同，最终的 K_f 不同。

为了评价制造工艺附加的表面几何形貌和表面变质层对疲劳强度带来的影响，引入抗疲劳性评价指标——疲劳强度系数 K_σ。疲劳强度系数 K_σ 是特定工艺 M_k 下的缺口试样($K_{t0}>1$)的疲劳强度 $\sigma_f(K_t, M_k)$ 与光滑试样($K_t=1$)疲劳强度 $\sigma_f(1, M_k)$ 的比值，计算公式如式(5.48)所示：

$$K_\sigma = \frac{\text{缺口试样疲劳强度}}{\text{光滑试样疲劳强度}} = \frac{\sigma_f(K_t, M_k)}{\sigma_f(1, M_k)} \tag{5.48}$$

疲劳强度系数反映了特定工艺 M_K 下缺口对疲劳强度的影响，即应力集中系数和表面变质层的均匀性对抗疲劳性的影响。

5.3.2　机械加工表面完整性评价数学模型

1) 高强度合金构件疲劳强度应力集中敏感模型

对于高强度合金材料而言，构件疲劳强度系数 K_σ受构件应力集中系数 K_t 和应力集中敏感系数 m 的影响，三者满足式(5.49)。该模型没有考虑制造的影响，仅从宏观上反映了构件纯材料、结构形状和抗疲劳性的关系，因此该模型也称为材料疲劳强度应力集中敏感模型：

$$\lg K_\sigma = -m \lg K_t \tag{5.49}$$

式中，构件疲劳强度系数 K_σ是材料在无表面损伤的精密研磨工艺 M_0 下的缺口试样疲劳强度与光滑试样疲劳强度的比值。可见，构件的疲劳强度系数 K_σ同时反映了工艺方法和工艺参数的影响，这里通过 M_k 来区分不同工艺的影响。

为了区分构件疲劳强度应力集中模型中纯材料和制造工艺两部分的影响，这里给出纯材料部分的相关系数：构件设计形状应力集中系数 K_{t0}、基体材料应力集中敏感系数 m_0、构件设计疲劳强度系数 $K_{\sigma0}$。在实际加工过程中，受制造工艺的影响，不同工艺往往会在构件表面产生不同的制造表面状态。制造工艺和参数对表面状态的影响指标称为表面状态表征指标，也称为制造影响因子。采用工艺在构件表面产生的制造工艺附加的影响来表示，如制造工艺附加的应力集中系数 ΔK_t 和材料变质附加应力集中敏感系数 Δm。值得注意的是，制造影响因子本身是工艺和参数的函数。由于存在制造影响因子 ΔK_t 和 Δm，产生制造附加构件疲劳强度系数 ΔK_σ。以上各系数之间关系如式(5.50)所示：

$$\begin{cases} K_t = K_{t0} + \Delta K_t \\ m = m_0 + \Delta m \\ K_\sigma = K_{\sigma0} + \Delta K_\sigma \end{cases} \tag{5.50}$$

在高强度合金材料疲劳强度应力集中敏感模型，即式(5.50)的基础上，考虑制造工艺因素对加工表面几何形貌和表层材料的影响，同时包含材料本身和制造工艺的影响，提出了一种高强度合金构件的疲劳强度应力集中敏感模型，见式(5.51)：

$$\lg(K_{\sigma0}+\Delta K_{\sigma})=-(m_0+\Delta m)\lg(K_{t0}+\Delta K_t) \tag{5.51}$$

该模型又称考虑了制造影响因子 ΔK_t 和 Δm 的表面完整性工艺控制模型，具体描述了在给定的构件结构特征 K_{t0} 及材料特征 m_0 的基础上，制造工艺附加的表面应力集中系数 ΔK_t 和材料变质附加应力集中敏感系数 Δm，与构件疲劳强度系数 K_{σ} 的内在关联关系。

图 5.77 给出了构件疲劳应力集中敏感模型的具体内涵。

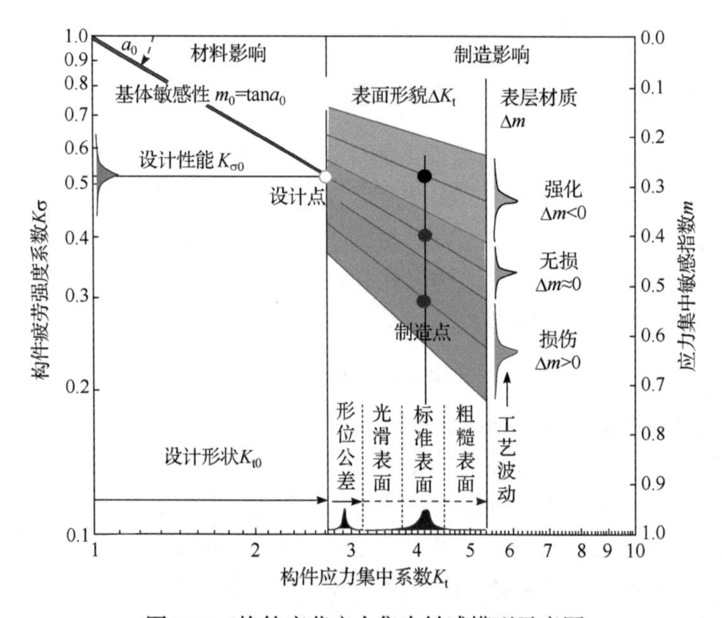

图 5.77　构件疲劳应力集中敏感模型示意图

(1) 当 ΔK_t=0，Δm=0 时：构件疲劳强度系数为其设计疲劳强度系数 $K_{\sigma0}$，设计疲劳强度系数 $K_{\sigma0}$ 受 m_0 和 K_{t0} 两种因素的影响；当 K_{t0}=1 时，构件具有材料固有疲劳强度 σ_{f0}，对应的设计疲劳强度系数 $K_{\sigma0}$=1。

(2) 当 $\Delta K_t\neq0$，$\Delta m\neq0$ 时：构件疲劳强度系数 K_{σ} 同时受 K_{t0}、ΔK_t、m_0 和 Δm 四种因素综合影响，此时分为表层强化和表层弱化两种情况：

当 $\Delta m<0$ 时，构件表层强化，疲劳强度应力集中敏感性得以抑制，K_t 对疲劳强度的不利影响减弱。Δm 绝对值越大，疲劳强度应力集中敏感性得以抑制的程度越大，最终构件的实际疲劳强度是否高于其设计值，取决于 ΔK_t 和 Δm 对疲劳强度的影响。若 Δm 对疲劳强度的有利影响大于 ΔK_t 对疲劳强度的不利影响，构件实际疲劳强度大于其设计值；反之，则构件实际疲劳强度小于其设计值。

当 $\Delta m > 0$ 时，构件表层弱化，疲劳强度应力集中敏感性提高，K_t 对疲劳强度的不利影响增强，使得疲劳强度随着 K_t 的增大而剧烈下降，最终构件的实际疲劳强度 $K_\sigma < K_{\sigma 0}$，Δm 越大，疲劳强度对应力集中的敏感程度越大，疲劳强度下降程度越大。

2) 高强度合金构件疲劳强度应力集中敏感规律

构件表面完整性对疲劳强度有着非常显著的影响。四种典型高强度合金构件表面完整性和疲劳强度的具体结果见表 5.6～表 5.9。

表 5.6　钛合金 Ti1023 构件表面完整性及疲劳强度

钛合金 Ti1023	加工方法	表面完整性				疲劳强度/MPa
		R_a/μm	K_{st}	HV_{sur}	σ_{rsur}/MPa	
K_t=1	传统成型铣削	0.69	1.43	362	−154	520
	表面完整性铣削	0.54	1.30	357	−485	674
K_t=2	传统成型铣削	0.69	1.43	362	−154	343(插值)
	表面完整性铣削	0.54	1.30	357	−485	485(插值)
	高能表层改性	1.2	—	356	−550	475
K_t=3	传统成型铣削	0.69	1.43	362	−154	167
	表面完整性铣削	0.54	1.30	357	−485	296

表 5.7　铝合金 7055 构件的表面完整性及疲劳强度

铝合金 7055	加工方法	表面完整性				疲劳强度/MPa
		R_a/μm	K_{st}	HV_{sur}	σ_{rsur}/MPa	
K_t=1	传统成型铣削	0.76	1.4	192	−87	316.4
	表面完整性铣削	0.35	1.21	189	−118	250
K_t=3	传统成型铣削	0.76	1.4	192	−87	133.2
	表面完整性铣削	0.35	1.21	189	−118	105.5

表 5.8　高温合金 GH4169DA 构件的表面完整性及疲劳强度

高温合金 GH4169DA	加工方法	表面完整性				疲劳强度/MPa
		R_a/μm	K_{st}	HV_{sur}	σ_{rsur}/MPa	
K_t=1	传统成型磨削	0.76	1.68	533	−125	498
	表面完整性磨削	0.21	1.29	530	−150	756
K_t=2	传统成型磨削	0.76	1.68	533	−125	353.5(插值)
	表面完整性磨削	0.21	1.29	530	−150	481.5(插值)

续表

高温合金 GH4169DA	加工方法	表面完整性				疲劳强度/MPa
		R_a/μm	K_{st}	HV_{sur}	σ_{rsur}/MPa	
K_t=3	传统成型磨削	0.76	1.68	533	−125	209
	表面完整性磨削	0.21	1.29	530	−150	207
K_t=4	传统成型磨削	0.76	1.68	533	−125	169
	表面完整性磨削	0.21	1.29	530	−150	—

表 5.9　超高强度钢 Aermet100 构件的表面完整性及疲劳强度

超高强度钢 Aermet100	加工方法	表面完整性				疲劳强度/MPa
		R_a/μm	K_{st}	HV_{sur}	σ_{rsur}/MPa	
K_t=1	传统成型磨削	0.71	1.43	610	−221	905
	表面完整性磨削	0.32	1.12	575	−200	952
K_t=3	传统成型磨削	0.71	1.43	610	−221	333
	表面完整性磨削	0.32	1.12	575	−200	308

钛合金 Ti1023、铝合金 7055、高温合金 GH4169DA、超高强度钢 Aermet100 构件不同结构应力集中系数 K_t 下对应的表面完整性评价数据见表 5.10，疲劳强度应力集中敏感曲线如图 5.78 所示。

表 5.10　四种构件表面完整性评价数据

材料	加工方法	K_{t0}	K_{st}	$K_t=K_{t0}\times K_{st}$	$\lg K_t$	疲劳强度/MPa	缺口疲劳强度/光滑疲劳强度	K_σ	$\lg K_\sigma$
钛合金 Ti1023	表面完整性铣削	1	1.30	1.30	0.11	674	1	1.296	0.11
		3	1.30	3.9	0.59	296	0.44	0.568	−0.25
	传统成型铣削	1	1.43	1.43	0.16	520	1	1	0
		3	1.43	4.29	0.63	167	0.32	0.321	−0.49
铝合金 7055	表面完整性铣削	1	1.21	1.21	0.08	250	1	0.790	−0.10
		3	1.21	3.63	0.56	105.5	0.42	0.333	−0.48
	传统成型铣削	1	1.4	1.4	0.15	316.4	1	1	0
		3	1.4	4.2	0.62	133.2	0.42	0.42	−0.38
高温合金 GH4169DA	表面完整性磨削	1	1.29	1.29	0.11	756	1	1.518	0.18
		3	1.29	3.87	0.59	207	0.27	0.416	−0.38
	传统成型磨削	1	1.68	1.68	0.23	498	1	1	0
		3	1.68	5.04	0.70	209	0.42	0.420	−0.38
		4	1.68	6.72	0.83	169	0.34	0.339	−0.47

续表

材料	加工方法	K_{t0}	K_{st}	$K_t=K_{t0}\times K_{st}$	$\lg K_t$	疲劳强度/MPa	缺口疲劳强度/光滑疲劳强度	K_σ	$\lg K_\sigma$
超高强度钢Aermet100	表面完整性磨削	1	1.12	1.12	0.05	952	1	1.052	0.02
		3	1.12	3.36	0.53	308	0.32	0.340	−0.47
	传统成型磨削	1	1.43	1.43	0.16	905	1	1	0
		3	1.43	4.29	0.63	333	0.37	0.368	−0.43
		5	1.43	7.15	0.85	215	0.24	0.238	−0.62

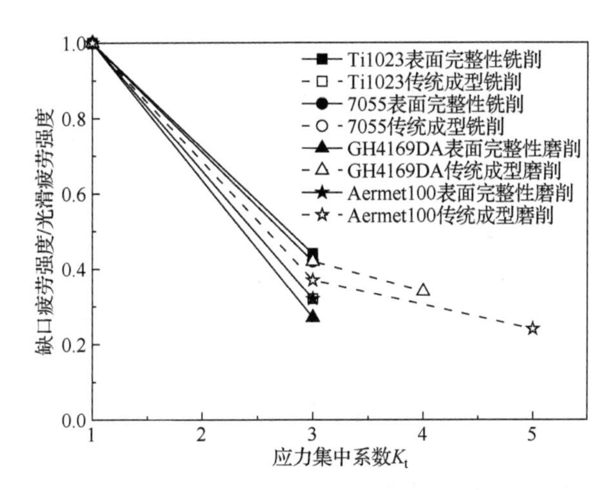

图 5.78　四种构件疲劳强度应力集中敏感曲线

由于疲劳强度系数 K_σ=实际加工试样疲劳强度/标准光滑试样疲劳强度，标准光滑试样是指表面光滑无变质层(K_t=1，K_{st}=1)的试样，将标准光滑试样的疲劳强度称为构件的固有疲劳强度。四种材料对应的 K_t=1 时，成形加工疲劳试样的疲劳强度作为其固有疲劳强度。由表 5.10 获得四种材料 K_t 与 K_σ、$\lg K_\sigma$ 对应关系如图 5.79 和图 5.80 所示。

5.3.3　机械加工表面完整性评价实例

1) 表面应力集中系数评价实例

钛合金 Ti1023、铝合金 7055、高温合金 GH4169DA、超高强度钢 Aermet100 构件加工表面粗糙度和表面应力集中系数对疲劳寿命的影响如图 5.81 所示。由图可知，钛合金 Ti1023 构件 R_a 对 N_f 的影响模型为 $N = 6.76\times10^4 R_a^{-0.43}$，模型平均误差 7.36%；$K_{st}$ 对 N_f 的影响模型为 $N_f = 7.39\times10^4 K_{st}^{-1.15}$，模型平均误差 6.25%。铝合金 7055 构件 R_a 对 N_f 的影响模型为 $N_f = 109.96 R_a^{0.0262}$，模型平均误差 12.34%；

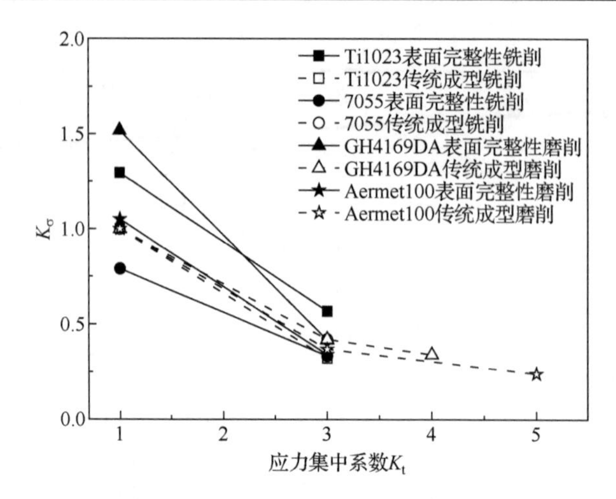

图 5.79　四种构件 K_t 与 K_σ 对应关系图

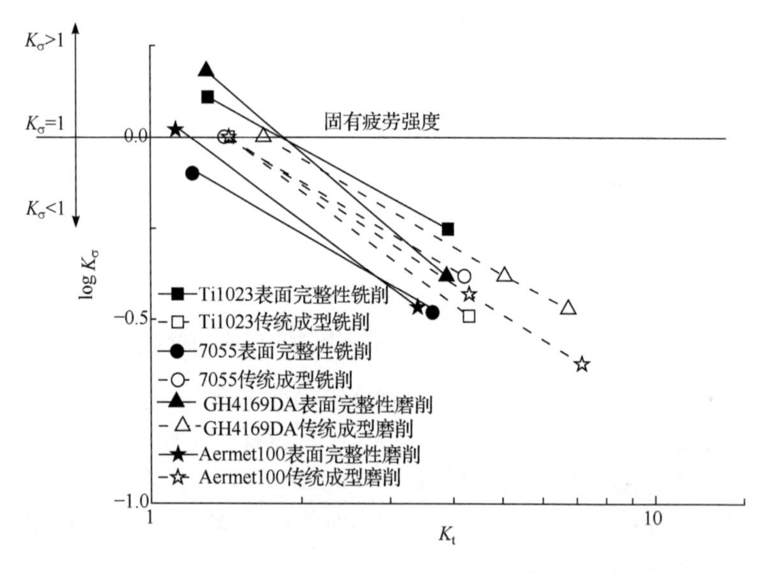

图 5.80　四种构件 K_t 与 $\lg K_\sigma$ 对应关系图

K_{st} 对 N_f 的影响模型为 $N_f = 155.59K_{st}^{-1.8979}$，模型平均误差 12.92%。高温合金 GH4169DA 构件 R_a 对 N_f 的影响模型为 $N_f = 2.051R_a^{0.2597}$，模型平均误差 9.1%；K_{st} 对 N_f 的影响模型为 $N_f = 1.919K_{st}^{-0.2968}$，模平均型误差 8.54%。超高强度钢 Aermet100 构件 R_a 对 N_f 的影响模型为 $N_f = 3.3785R_a^{0.4438}$，模型平均误差 44.32%；K_{st} 对 N_f 的影响模型为 $N_f = 55.994K_{st}^{-5.0418}$，模型平均误差 38.56%。

综上，四种构件的表面粗糙度对疲劳寿命的影响规律不明显，而四种构件的疲劳寿命均随着表面应力集中系数的增大而降低。然而，不同工艺下获得的 K_{st} 对

N_f 的影响模型的平均误差具有较大差异，表面完整性铣削工艺加工的钛合金 Ti1023 和铝合金 7055 构件的模型平均误差在 6.25%～12.92%；表面完整性磨削工艺加工的高温合金 GH4169DA 和超高强度钢 Aermet100 构件的模型平均误差最小为 8.54%，特别是超高强度钢 Aermet100 构件的模型平均误差高达 38.56%。磨削加

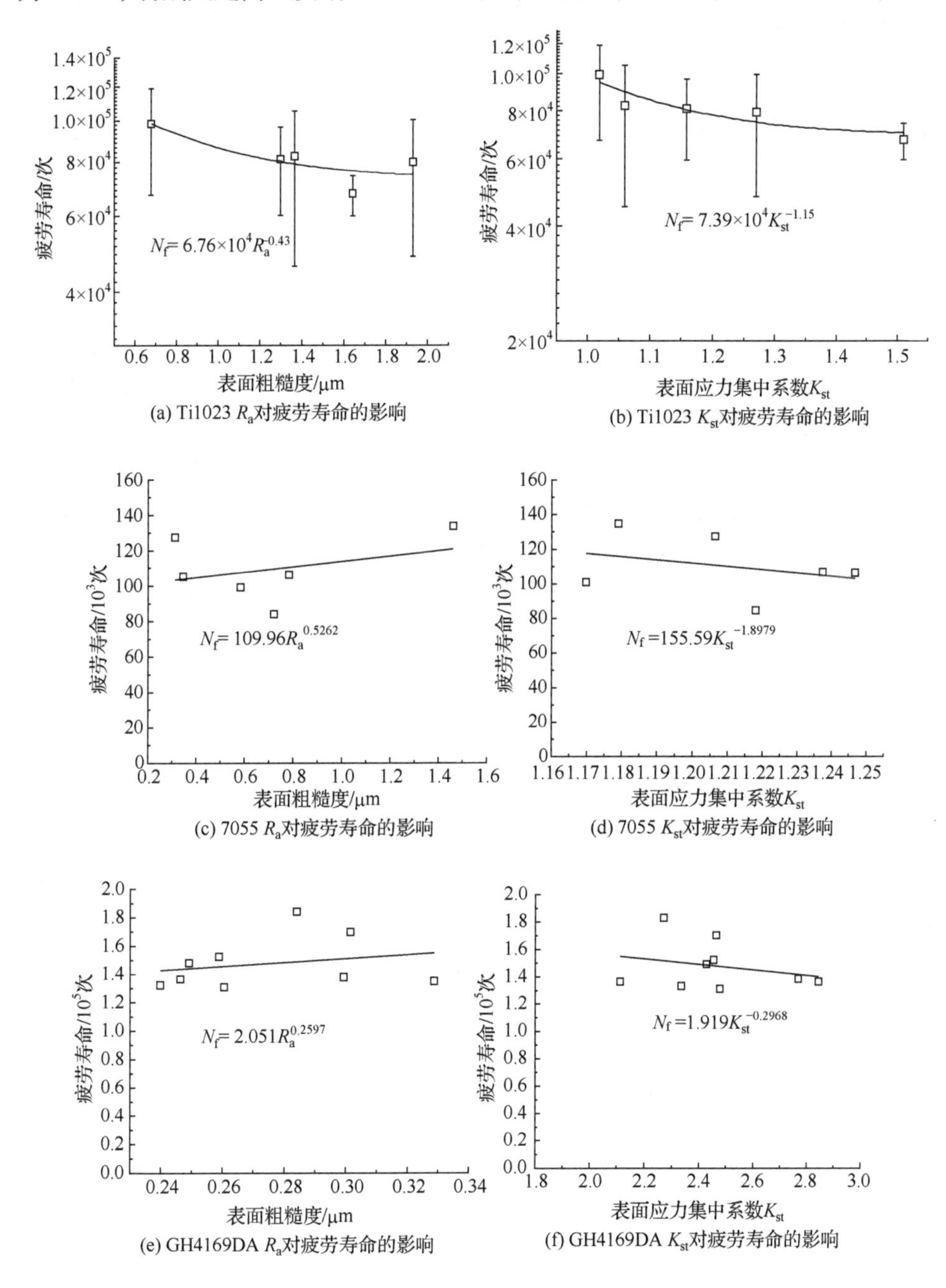

(a) Ti1023 R_a对疲劳寿命的影响

(b) Ti1023 K_{st}对疲劳寿命的影响

(c) 7055 R_a对疲劳寿命的影响

(d) 7055 K_{st}对疲劳寿命的影响

(e) GH4169DA R_a对疲劳寿命的影响

(f) GH4169DA K_{st}对疲劳寿命的影响

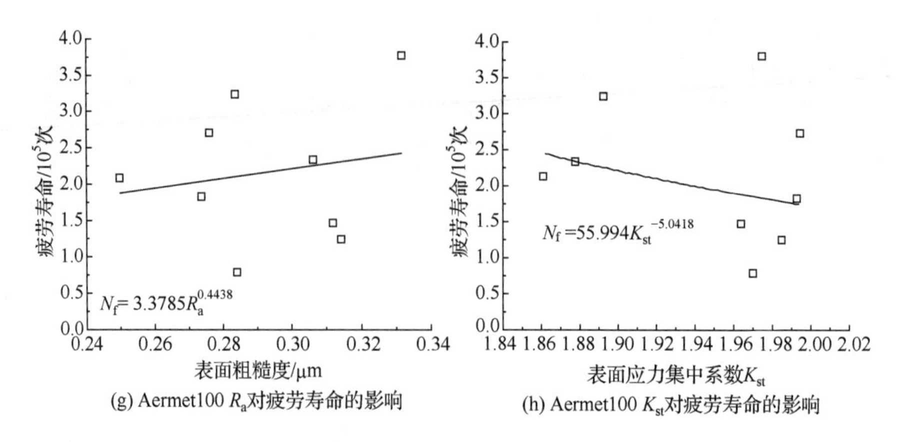

图 5.81　四种构件表面粗糙度和表面应力集中系数对疲劳寿命的影响

工构件表现出来的这种拟合数据的高分散性，主要归因于大小不均的砂轮磨粒往往会在磨削表面留下或深或浅非均匀分布的尖锐波谷，这些非均匀分布的尖锐波谷导致计算所得的表面应力集中系数分散较大，最终建立的磨削构件 K_{st} 模型误差大。

表面应力集中系数 K_{st} 对疲劳强度应力集中敏感曲线的影响如图 5.82 所示。由图可知，构件疲劳强度应力集中敏感模型的截距 b 随着 K_{st} 的变化而变化。当 K_{st} 减小时，截距 b 逐渐增大；当 K_{st}=1 时，截距 b 逐渐增大到 0；这一过程中构件的疲劳强度应力集中敏感曲线逐渐向材料理论应力集中敏感曲线平移。

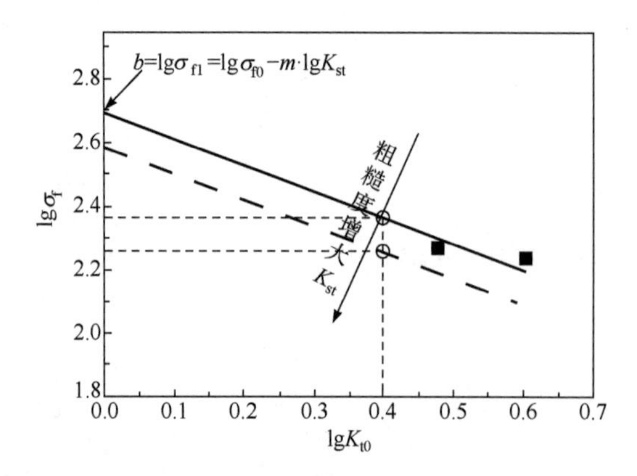

图 5.82　表面应力集中系数对疲劳强度应力集中敏感曲线的影响

2) 应力集中敏感系数评价实例

将制造工艺引起的表面应力集中系数 K_{st} 引入构件疲劳强度应力集中敏感模型式(5.49)，可获得构件疲劳强度应力集中敏感模型另一种表达式，如式(5.52)所示：

$$\lg\left(\frac{\sigma_{\mathrm{f}}}{\sigma_{\mathrm{f0}}}\right)=-m\cdot\lg\left(K_{\mathrm{t0}}\cdot K_{\mathrm{st}}\right) \tag{5.52}$$

式中，σ_{f0} 为光滑构件疲劳强度；σ_{f} 为实际构件疲劳强度。

令 $b=-m\cdot\lg K_{\mathrm{st}}+\lg\sigma_{\mathrm{f0}}$，则式 (5.52)改写为

$$\lg\sigma_{\mathrm{f}}=-m\cdot\lg K_{\mathrm{t0}}+b \tag{5.53}$$

可见，$\lg\sigma_{\mathrm{f}}$ - $\lg K_{\mathrm{t0}}$ 呈线性关系，当得知两点坐标($\lg K_{\mathrm{t01}}$，$\lg\sigma_{\mathrm{f1}}$)和($\lg K_{\mathrm{t02}}$，$\lg\sigma_{\mathrm{f2}}$)时，可通过线性拟合，获得如式(5.53)所示的直线。该直线的斜率就是构件疲劳强度应力集中敏感性系数 m。

对高温合金 GH4169DA 构件各工艺下的疲劳强度分别取对数后，利用线性回归，获得如图 5.83 所示的 $\lg K_{\mathrm{t0}}$ 对 $\lg\sigma_{\mathrm{f}}$ 的影响规律曲线。由图可见，高温合金 GH4169DA 构件在传统成型磨削工艺下的应力集中敏感性指数 m=0.80169；表面完整性磨削工艺下的应力集中敏感性指数 m=1.34714。

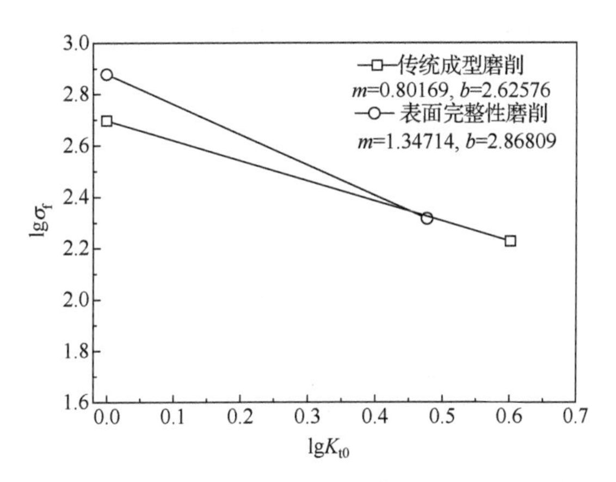

图 5.83　高温合金 GH4169DA 常温条件下 $\lg K_{\mathrm{t0}}$ 对 $\lg\sigma_{\mathrm{f}}$ 的影响规律

获得传统成型磨削和表面完整性磨削工艺下的敏感性指数 m 之后，高温合金 GH4169DA 构件在传统成型磨削和表面完整性磨削下的疲劳强度应力集中敏感模型分别如式(5.54)和式(5.55)所示：

$$\lg K_{\sigma}=-0.80169\cdot\lg K_{\mathrm{t}} \tag{5.54}$$

$$\lg K_{\sigma}=-1.34714\cdot\lg K_{\mathrm{t}} \tag{5.55}$$

应力集中敏感性指数 m 对敏感曲线的影响如图 5.84 所示。由图可知，m 为构件应力集中敏感性指数，是敏感曲线的斜率，其反映了疲劳强度对表面应力集中变化的敏感程度。当 m 增大时，疲劳强度应力集中敏感性提高，此时疲劳强度随 K_{t} 的增大而剧烈下降；当 m 减小时，疲劳强度应力集中敏感性得到抑制，K_{t} 对疲

劳强度的不利影响减弱，疲劳强度随 K_t 的增大缓慢下降；当 m=0 时，构件疲劳强度应力集中敏感性完全得到抑制，构件疲劳强度几乎不随 K_t 的增大而改变。

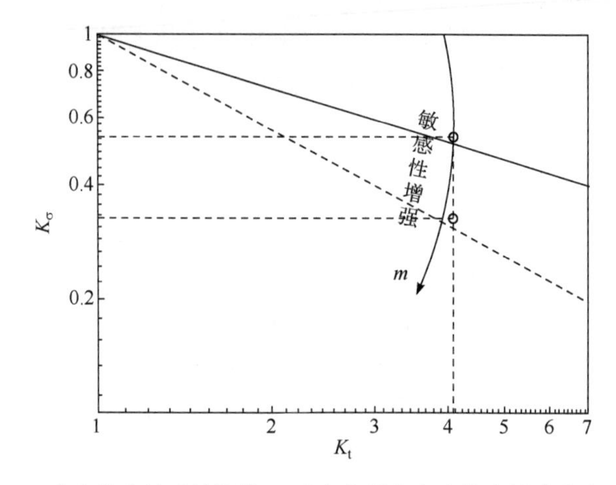

图 5.84　应力集中敏感性指数 m 对疲劳强度应力集中敏感曲线的影响

参考文献

[1] 王中光等译. 材料的疲劳 [M]. 2 版. 北京：国防工业出版社, 1999.

[2] 王亚男, 陈树江, 董希淳. 位错理论及其应用[M]. 北京：冶金工业出版社, 2007.

[3] Lui H W. Discussion in Respect to: The Fracture Mechanics Approach to Fatigue of P C Paris, in Fatigue-An Interdisciplinary Approach[M]. New York: Syracuse University Press, 1964.

[4] ASTM Committee on Standards. Standard test method for measurement of fatigue crack growth rates: ASTM E647-15$^{\varepsilon1}$[S]. West Conshohocken: ASTM International, 2015.

[5] 中华人民共和国国家质量监督检验检疫总局, 中国国家标准化管理委员会. 金属材料 疲劳试验 疲劳裂纹扩展方法: GB/T 6398—2017[S]. 北京：中国标准出版社, 2017.

[6] Marci G. Fatigue crack propagation threshold: What is it and how is it measured? [J]. Journal of Testing and Evaluation, 1998, 26(3): 220-233.

[7] 徐人平, 段小建. 理论门槛值的研究[J]. 强度与环境, 1995,(4): 12-16.

[8] 王永廉. 一种计算疲劳裂纹扩展门槛值的新方法[J] 机械强度, 1999, 21(2): 122-125.

[9] David T. Fatigue Thresholds[M]. London: Butterworth-Heinemann, 1989.

[10] Nobre J P, Batista A C, Coelho L, et al. Two experimental methods to determining stress-strain behavior of work-hardened surface layers of metallic components[J]. Journal of Materials Processing Technology, 2010, 210(15): 2285-2291.

[11] 伍颖. 断裂与疲劳[M]. 武汉：中国地质大学出版社, 2008.

[12] Shukla S, Komarasamy M, Mishra R S. Grain size dependence of fatigue properties of friction stir processed ultrafine-grained Al-5024 alloy[J]. International Journal of Fatigue, 2018, 109: 1-9.

[13] 刘新灵, 张峥, 陶春虎.疲劳断口定量分析[M]. 北京：国防工业出版社, 2010.

[14] Arola D, Williams C L. Estimating the fatigue stress concentration factor of machined surfaces[J]. International Journal

of Fatigue, 2002, 24(9): 923-930.

[15] Neuber H. In: Kerbspannungsleshre[M]. Berlin: Springer-Verlag, 1958.

[16] Chen Z, Colliander M H, Sundell G, et al. Nano-scale characterization of white layer in broached Inconel 718[J]. Materials Science and Engineering :A, 2017, 684: 373-384.

[17] 夏开全, 姚卫星. 关于疲劳缺口系数[J]. 机械强度, 1994 (4): 19-26.

[18] 赵少汴. 抗疲劳设计[M]. 北京: 机械工业出版社, 1994.

第6章　多工艺复合加工表面完整性控制与实例

本章首先介绍了表面完整性控制的对象与原则，其次介绍了多工艺复合加工表面完整性控制方法，最后针对钛合金TC17，具体给出了喷丸强化、超声冲击强化、激光冲击强化等表面强化工艺，以及精密铣削-抛光-喷丸强化多工艺复合加工表面完整性控制实例。

6.1　表面完整性控制的对象与原则

6.1.1　表面完整性控制的对象

表面完整性控制技术的实施成本高、周期长，因此进行表面完整性控制的零件需要具有以下使用特点：

(1) 使用寿命短，以疲劳为主要失效特征。

(2) 由镍基和钴基高温合金、钛合金、超高强度钢、高强度铝合金等高强度合金制造。

(3) 失效对人身安全有害或可能带来重大的经济损失。

(4) 在新的或不确定的环境条件，包括应力、温度和大气下使用或者服役。

(5) 设计上要求更充分利用材料的性能。

(6) 材料切除工艺本身有使表面和表层发生较大变化的加工方法，如粗加工、大进给量切削/磨削等。

航空发动机的传动齿轮、轴承、叶片、整体叶盘、轮盘、轮轴等关键基础零件的表面完整性直接影响航空发动机的性能、使用寿命与可靠性，其失效不仅使发动机性能、寿命、可靠性丢失，还可能造成严重后果，必须进行表面完整性控制。

6.1.2　表面完整性控制的原则

(1) 航空发动机的传动齿轮、轴承、叶片、整体叶盘、轮盘、轮轴等关键基础零件或产品的试验表面应该采用完整而严密的生产工序加工。

(2) 对于表面完整性控制，一般成本提高，因此尽量有选择地用于关键零件的关键部位。

(3) 应该仔细分析关键零件的高应力表面，严格控制表面完整性，估量它对整个生产工序的影响。

(4) 控制关键基础零件、产品材料和毛坯的金相状态与控制制造工艺参数都非常关键。

(5) 关键基础零件或产品的材料和毛坯金相状态不均或较差(尽管有时在技术要求范围内)对于零件表面完整性有重要影响，其严重性不亚于不同加工强度对表面完整性的影响。

(6) 设计、车间管理、质量管理和工艺人员必须对制造工艺影响表面完整性的优劣提高认识，将表面完整性的控制贯穿在关键基础零件或产品的整个制造过程中。

(7) 关键基础零件或产品的表面纹理状态，以及与之相平行和垂直方向的表层残余应力、显微硬度和微观组织状态，是对疲劳问题一种有效的早期预报。

(8) 热处理、喷丸强化、滚压挤光和低应力磨削等后置处理工艺，可以抵消部分较差的表面完整性效果，但不能全部抵消。

(9) 手工加工工序，使表面完整性效果发生不稳定的变化倾向，因而不宜采用。

(10) 能加工出合格表面完整性的材料切除工艺，大多数(不是全部)具有加工能量低和材料切除率低的特点。

(11) 关键基础零件或产品的制造尽量采用高刚度和高质量的机床和夹具。

(12) 关键基础零件或产品的制造过程中切削液应很好清洁，当工序完成时，应该从工位上迅速取下零件或产品，彻底清洗。

(13) 关键基础零件或产品的制造加工后的边缘毛刺全部去除。

(14) 长期储存的关键基础零件或产品应加防护涂层，以避免腐蚀。

(15) 对于关键基础零件或产品的制造，需要建立材料与加工工艺相结合的表面完整性基础数据。

6.2　多工艺复合加工表面完整性控制方法

6.2.1　多工艺复合加工概念

抗疲劳制造技术的实现主要涉及表面完整性机械加工、表层超硬-韧化和表层组织再造改性等三大关键制造技术及其集成应用。表面完整性机械加工的目的是控制零件表面特征，表层超硬-韧化和表层组织再造改性的目的是构筑强化的表面变质层特征。抗疲劳制造技术的实施涉及多工艺的复合加工集成应用，以航空发动机风扇/压气机钛合金转子叶片为例，其典型工艺流程为棒材下料→模锻→热处理→机械加工→精密光整→表面强化→精密光整，典型的加工工艺路线如图 6.1 所示。

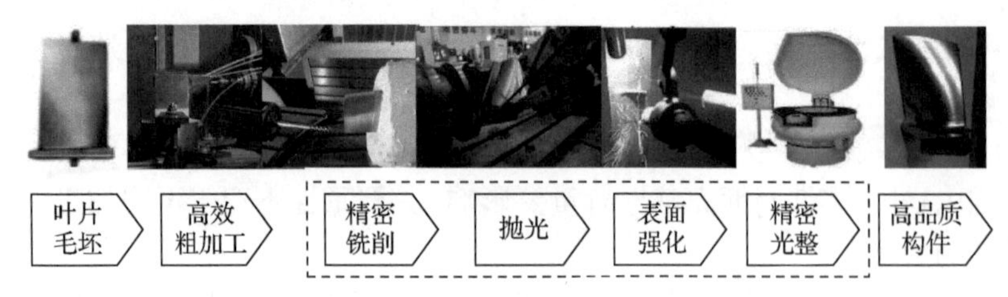

图 6.1　模锻叶片典型多工艺复合加工工艺路线

在模锻叶片典型加工工艺过程中精密铣削、抛光、喷丸强化、精密光整等基础加工工艺是叶片抗疲劳制造的关键。通过关键工艺的复合集成应用，降低表面几何形貌应力集中，构筑抗疲劳表面变质层，最终满足零件抗疲劳性的设计要求。因此，多工艺复合加工是指对精密切削、抛光、表面强化、精密光整等基础加工工艺的复合与集成应用，实现对高强度合金零件表面特征的控制和表面变质层特征的构筑，从而抑制或延缓疲劳裂纹的萌生和扩展，大幅提高疲劳寿命和疲劳强度的工艺方法。

多工艺复合加工过程中，在零件的同一位置，随着不同加工工艺的叠加，该处的表面几何形貌不断变化，表面变质层微观力学和微观组织特征不断重构。切削加工是满足零件形位精度要求，表面几何形貌不均匀，表面变质层较浅；抛光是消除表面纹理，降低表面粗糙度；表面强化是构筑抗疲劳表面变质层，同时会增大表面粗糙度；精密光整是在不改变表面强化构筑的抗疲劳表面变质层的同时，降低零件最终服役表面的粗糙度，使表面几何形貌均匀一致。

6.2.2　多工艺复合加工工艺控制原理

切削加工后表面几何形貌不均匀，表面粗糙度较大，直接进行表面强化会影响强化效果，因此在表面强化前，必须去除零件表面纹理(降低表面粗糙度)及表面变质层中的吸附层、氧化层、热影响层等缺陷。因此，在进行表面强化时需要引入抛光工艺，对前期切削工艺与后续表面强化工艺进行解耦，消除切削加工的表面纹理，降低表面波峰和波谷的高度差，使表面强化在均匀一致的表面上进行。在此，将该处抛光工艺定义为解耦预抛光，其实现方法和技术有很多，目前针对航空发动机叶片类零件的主要方法有手工磨抛、磨粒流加工、振动光饰、气囊加工、数控砂带磨抛等。每种抛光方法各有其工艺特点，但是在抛光时需要注意抛光量的控制，抛光量过小则切削加工表面纹理去除不足，抛光量过大将影响零件形位精度和破坏切削加工的表面变质层，一般为 10～20μm，因此往往采用两种抛光工艺进行工艺解耦。

表面强化工艺在产生塑性变形层，引入残余压应力和加工硬化的同时，又会引起表面粗糙度的增大。因此，表面强化后应再次进行最终精密光整，消除表面强化对表面粗糙度的影响。一般采用振动光饰工艺，它是将工件和磨料装入同一容器中，通过容器的运动使工件与磨料相互研磨，达到工件表面整平或抛光的目的。其作用主要有两个：一是去除零件表面毛刺；二是去除表面强化痕迹，降低表面粗糙度。

通过解耦预抛光，消除多工艺复合加工中前期切削工艺对后续表面强化工艺的影响，解决切削加工和表面强化工艺复合时的工艺解耦问题；通过表面强化工艺构筑抗疲劳表面变质层；通过最终精密光整消除表面强化工艺对表面粗糙度的影响，使制造工艺附加的应力集中降低到最小，最终满足表面特征和表面变质层特征的设计要求。因此，多工艺复合加工工艺控制原理是通过解耦预抛光+表面强化+精密光整工艺链的实施，实现前期切削工艺与后续强化工艺的解耦，构筑抗疲劳表面变质层，降低表面几何形貌应力集中，如图 6.2 所示。

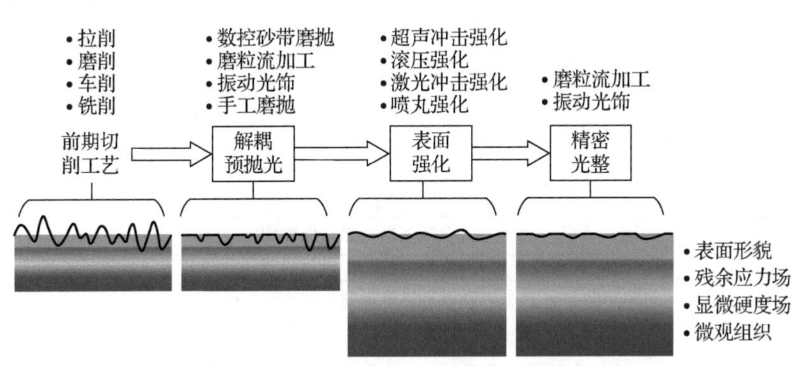

图 6.2　多工艺复合加工中表面完整性特征变化与重构

通过以上分析可知，多工艺复合加工工艺控制主要包括前期切削加工工艺控制、抛光工艺控制和表面强化工艺控制。前期切削加工工艺控制是根据表面损伤容限，通过余量划分，在精加工余量范围内控制表层损伤深度并提高加工效率；同时，通过优化工艺控制尺寸形状精度和表面几何形貌，实现高效精密加工。表面强化工艺控制是构筑满足抗疲劳性要求的表层微观组织和微观力学性能梯度分布。抛光工艺控制主要是消除切削和强化表面纹理，降低表面几何形貌应力集中。因此，多工艺复合加工工艺控制需要根据切削加工、表面强化、表面完整性形成机理和多工艺复合表面完整性重构规律，建立表面完整性预测模型。根据制造过程需达到的表面完整性特征要求，进行加工过程的多工艺分解，根据单工艺和多工艺复合表面完整性预测模型，控制多工艺复合加工中的工艺参数。

6.2.3　多工艺复合加工表面完整性工艺控制策略

零件的表面完整性特征直接受加工工艺及工艺参数的影响。因此，需要将加工工艺参数控制在一定的参数范围内，从而获得满足抗疲劳性要求的表面完整性特征参数，最终实现抗疲劳制造。

由多工艺复合加工工艺控制原理可知，表面几何形貌应力集中的抑制和抗疲劳表面变质层的构筑主要在于对工艺参数的控制。因此，表面完整性工艺控制策略如下：根据精密切削和表面强化表面完整性形成机理，建立表面完整性特征预测模型，描述给定工艺及工艺参数与所生成表面完整性特征之间的关系及其影响机制；通过精密光整工艺实现铣削工艺和表面强化工艺间的解耦；根据多工艺复合表面完整性特征重构规律和单工艺表面完整性特征预测模型，建立多工艺复合表面完整性特征预测模型；以设计要求的表面完整性特征为目标，通过逆向求解获得满足要求的工艺参数，最终实现从制造工艺参数到表面完整性特征的正向预测，以及从给定表面完整性特征到制造工艺参数控制域的逆向求解，具体流程如图 6.3 所示。

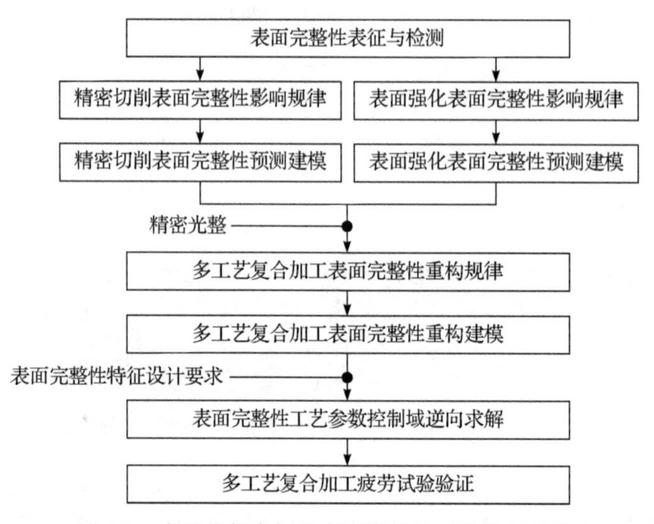

图 6.3　多工艺复合加工表面完整性工艺控制策略

(1) 首先针对表面完整性表征与检测数据，提出相应的检测方法，为多工艺复合加工表面完整性工艺控制提供理论基础和检测手段。

(2) 针对精密切削、表面强化工艺，通过工艺试验和表面完整性特征测试，分析工艺参数对表面几何形貌、残余应力、显微硬度和微观组织的影响规律，建立单工艺表面完整性预测模型。

(3) 通过精密光整工艺去除铣削加工表面纹理，实现切削和表面强化工艺的解耦。

(4) 通过多工艺复合加工试验和表面完整性特征测试，分析多工艺复合加工表面完整性重构规律，建立多工艺复合加工表面完整性重构模型。

(5) 以表面完整性特征设计要求为约束，基于单工艺表面完整性预测模型和多工艺复合加工表面完整性重构模型，通过优化算法控制域逆向求解表面完整性控制工艺参数控制域。

(6) 进行疲劳试验，验证多工艺复合加工表面完整性的抗疲劳性。

6.2.4　多工艺复合加工表面完整性控制指导原则

在车削、铣削加工中，表面完整性控制指导一般原则如下：

(1) 锋利的刀具对表面完整性十分重要，钝的刀具会造成裂纹和起皱，这些都能成为疲劳源。

(2) 与单刃精加工刀具相比，成形刀具更容易带来表面和表层损伤。

(3) 磨钝的切削刀具切削时产生的热，可能引起金相变化。

(4) 应该检验某些切削液可能的腐蚀性，尤其应该检验旧的切削液。

(5) 最后的表面粗糙度不应该作为确定疲劳强度的唯一根据。

对于重要零件的关键表面，常常采用精密光整或喷丸强化等其他制造工艺来改进表面特征或外观，以及改善表层特性。精密光整加工工艺主要包括振动光饰、磨粒流加工、砂带抛光、珩磨、滚筒抛磨等。表面强化加工工艺主要包括挤压强化、超声冲击强化、喷丸强化、激光冲击强化，以及其他高能复合强化等。喷丸强化成本较低且生产率较高，已经成为最常用的表面强化方法。这些工艺产生的表面完整性评价，应同前面切削加工过程的评价同样重要。

在精密光整或喷丸强化加工中，表面完整性控制指导一般原则如下：

(1) 在残余应力很大的表面上加工时必须采用新的磨具或者弹丸，并对加工过程或加工质量进行严格而连续的控制。

(2) 喷丸强化后的表面在加工或工作中受到局部高应力、高温或振动作用时，会在表层造成塑性变形使残余应力松弛，此时喷丸强化的效果就会减弱。

(3) 原有切削加工表面的刀痕可能被振动光饰、喷丸强化、滚压挤光、研磨和类似的方法掩盖，但不一定完全被消除。

(4) 过度喷丸强化的表层有可能在芯部产生大的应力、微观裂纹、回火马氏体、皱皮等缺陷。

(5) 喷丸表层与材料基体之间的界面微观组织和微观力学特征应均匀过渡，避免应力集中。

6.3　典型材料多工艺复合加工表面完整性控制实例

6.3.1　喷丸强化表面完整性形成机理分析

在多工艺复合加工过程中，通常采用喷丸强化作为表面强化工艺，其强化过程对零件基本没有热影响，主要是靠弹丸对零件表面持续的冲击，产生弹塑性变形，从而引起表层微观组织的变化，产生残余应力和加工硬化等。

喷丸强化工艺参数对表面完整性的形成有重要的影响。这些工艺参数包括工况中设定的工艺参数、可控工艺参数和非可控工艺参数。其中，设定的工艺参数包括工件材料、机床条件、喷丸强化弹丸种类等；可控工艺参数包括喷丸强度f_A、喷丸覆盖率C；非可控工艺参数包括弹丸破碎率、弹丸轨迹等。

喷丸强化是利用高速弹丸流持续撞击零件表面的一种冷变形制造工艺，其对表面变质层的影响主要表现为引入残余压应力，改变微观组织结构(亚晶粒尺寸、位错组态、密度等)，产生循环硬/软化。喷丸强化过程中，高速弹丸反复撞击靶材，表层塑性变形受到内部材料的制约及弹丸赫兹力的影响，从而产生一定深度的残余压应力层。图 6.4 为喷丸强化残余应力形成示意图。图 6.4(a)为弹丸未与靶材表面发生撞击，未产生弹性和塑性变形；图 6.4(b)为弹丸撞击靶材表面，产生弹性变形和拉伸应力，应力未超过材料屈服强度；图 6.4(c)为弹丸继续撞击靶材表面，此时最外表层金属受到的应力强度超过材料屈服强度，发生塑性变形；图 6.4(d)为弹丸撞击后离开靶材表面，弹性变形恢复，塑性变形仍保留在内部，从而形成永久性的凹坑，在其表层形成残余压应力。

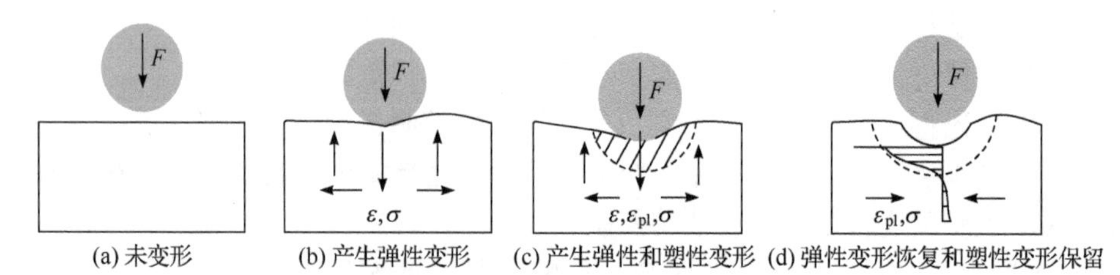

(a) 未变形　(b) 产生弹性变形　(c) 产生弹性和塑性变形　(d) 弹性变形恢复和塑性变形保留

图 6.4　喷丸强化残余应力形成示意图

F-作用力；ε-弹性应变；σ-应力；ε_{pl}-塑性应变

关于喷丸强化残余应力的形成，Wohlfahrt[1,2]提出了两种机制：一是由大量弹丸压入产生的切向力造成的表面塑性延伸，二是由弹丸冲击产生的表面法向力，引起了赫兹动压力与亚表面应力的结合。根据赫兹理论，这种压应力在一定深度内造成了最大的剪切应力，同时在该深度内又产生了残余压应力。当弹丸撞击软靶材时，大部分动能转变为表面塑性延伸，表面下剪切应力低，最大残余压应力在表面；当弹丸撞击硬靶材时，赫兹动压力占主导，表面塑性变形小，而表面下存在高剪切应力，使得在此深度产生大塑性变形，残余压应力的最大值在次表层。

喷丸强化引起塑性变形，导致微观组织的变化，包括晶粒细化、位错密度和显微畸变增高，出现亚晶界和晶粒细化，如图 6.5 所示。位错密度的增高使得位错之间相互交割，位错难以开动；在持续弹丸撞击下，滑移面上许许多多的位错不断沿滑移面运动，位错运动会受到晶界的阻碍，被迫堆积在晶界前，形成位错塞积群。当位错塞积群引起的应力集中增加到一定程度时，相邻的晶粒才能被迫发生滑移，发生晶粒细化。

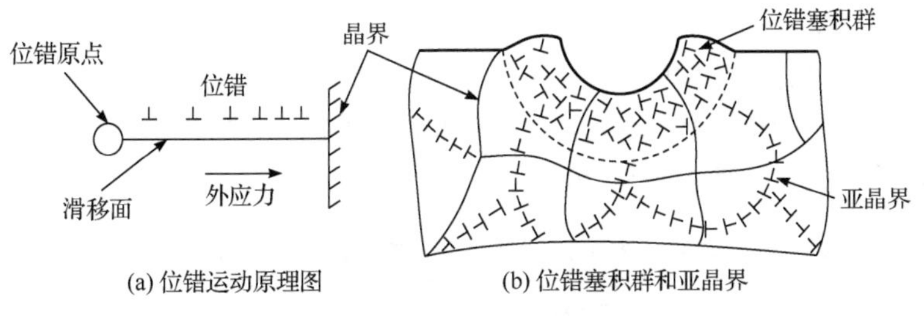

(a) 位错运动原理图　(b) 位错塞积群和亚晶界

图 6.5　喷丸强化微观组织变化

喷丸强化导致的晶粒细化、位错密度和显微畸变增高等是显微硬度提高的主要原因。对于多晶金属来说，屈服强度和晶粒大小的关系可用 Hall-Petch 公式表示，如式(6.1)所示；屈服强度和位错密度的关系可用 Bailey-Hirsch 公式表示[3]，如式(6.2)所示：

$$\sigma_{\mathrm{y}} = \sigma_0 + k(1/d)^{1/2} \tag{6.1}$$

式中，σ_{y} 为屈服强度；σ_0 为单个位错时产生的晶格摩擦阻力；k 为相邻晶粒位向差对位错运动的影响系数；d 为晶粒直径。

$$\sigma_{\mathrm{y}} = \sigma_0 + \alpha MGb\rho^{1/2} \tag{6.2}$$

式中，α为常数；M 为泰勒因子；G 为剪切模量；b 为柏氏矢量；ρ为位错密度。

由 Hall-Petch 和 Bailey-Hirsch 公式可知，材料屈服强度随着晶粒尺寸的减小和位错密度的增大而增大。经过喷丸强化后表层晶粒细化，位错密度增高，形成大量高密度位错区，位错交错缠绕，越靠近表面位错交错缠绕越严重，导致位错滑动需更大外力，材料屈服强度提高。屈服强度越高，塑性变形抗力越高，从而使得显微硬度压痕尺寸变小，显微硬度就越大。式(6.3)为 Nobre 提出的屈服强度与显微硬度之间的关系式[4]：

$$\sigma_{\mathrm{y}} = \sigma_{\mathrm{y,0}} + \left(1 + \gamma \frac{\Delta \mathrm{HV}}{\mathrm{HV}_{\mathrm{y,0}}}\right) \tag{6.3}$$

式中，$\Delta\mathrm{HV}$ 为显微硬度变化；$\sigma_{\mathrm{y,0}}$ 为材料基体屈服强度；$\mathrm{HV}_{\mathrm{y,0}}$ 为材料基体显微硬度；γ为与材料相关的常数。

从金属切削变形理论分析，喷丸强化带来的塑性变形在宏观上表现为表面几何形貌的凹凸不平，实际上提高了材料表层的流动应力，继而增大了变形抗力，因此显微硬度增大。

6.3.2　钛合金 TC17 精密铣削-抛光-喷丸强化复合加工表面完整性

1) 表面几何形貌

针对工程中大量使用的精密铣削-抛光-喷丸强化典型多工艺复合进行工艺试验和测试分析，具体方案如表 6.1 所示。其中，抛光方式为先采用气动锉刀 180 目砂纸进行手工抛光，然后采用 400 目砂纸手工打磨。

表 6.1　多工艺复合加工全参数试验设计方案

序号	精密铣削			手工抛光	喷丸强化	
	VB/mm	β_{inc}/(°)	a_p/mm		f_A/(mm·A)	C/%
M01	0.06	14	0.18	—	—	—
M02	0.15	35	0.30	—	—	—
M03	0.24	56	0.42	—	—	—
M01P	0.06	14	0.18	P	—	—
M02P	0.15	35	0.30	P	—	—
M03P	0.24	56	0.42	P	—	—
M01PSP01	0.06	14	0.18	P	0.08	1.5
M02PSP02	0.15	35	0.30	P	0.15	2.5
M03PSP03	0.24	56	0.42	P	0.22	3.5

注：P 表示抛光；VB 为后刀面磨损量；β_{inc} 为切触点处刀轴与工件法向夹角。

精密铣削、精密铣削-抛光、精密铣削-抛光-喷丸强化工艺下的表面几何形貌如图 6.6 所示。精密铣削后，R_a 为 0.56～0.97μm，表面几何形貌为连续有规则的刀痕，随着铣削工艺参数水平的增大，R_a 不断增大，表面纹理变得极不规则。精密铣削-抛光后，R_a 为 0.28～0.32μm，波动范围小，抛光痕迹平整，铣削刀痕已完全去除，消除了不同铣削工艺参数水平带来的差异。精密铣削-抛光-喷丸强化后，R_a 为 0.39～0.75μm，表面凹凸不平，低喷丸强化工艺参数水平下，仍能观察到轻微抛光痕迹，高喷丸强化工艺参数水平下，抛光痕迹已完全被弹坑取代。

(a) M01 R_a=0.56μm　　(b) M02 R_a=0.60μm　　(c) M03 R_a=0.97μm

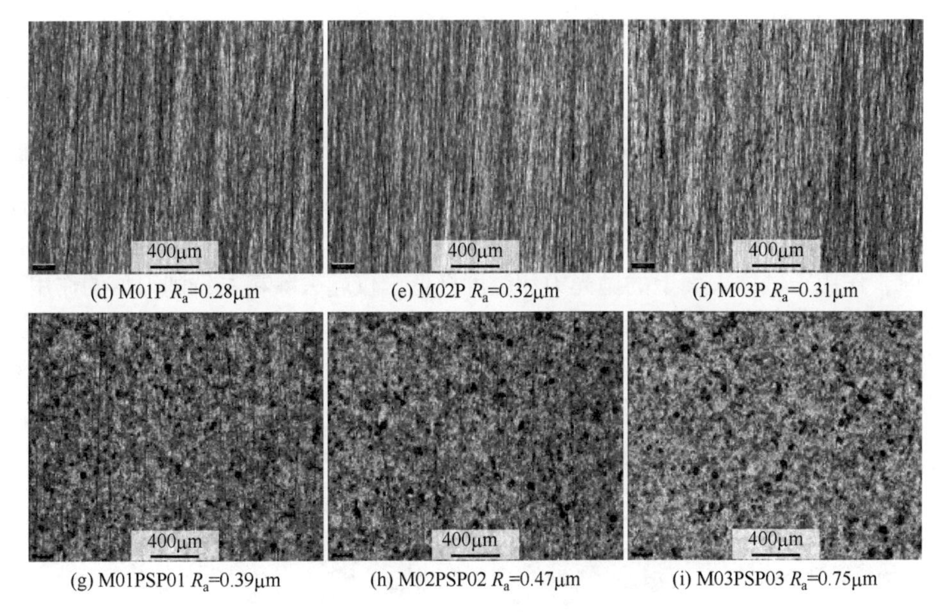

(d) M01P R_a=0.28μm　(e) M02P R_a=0.32μm　(f) M03P R_a=0.31μm

(g) M01PSP01 R_a=0.39μm　(h) M02PSP02 R_a=0.47μm　(i) M03PSP03 R_a=0.75μm

图 6.6　多工艺复合加工表面几何形貌

图 6.7 为精密铣削、精密铣削-抛光、精密铣削-抛光-喷丸强化工艺下的表面轮廓曲线。三种工艺下轮廓高度在[−10μm，+10μm]波动，精密铣削后轮廓起伏和

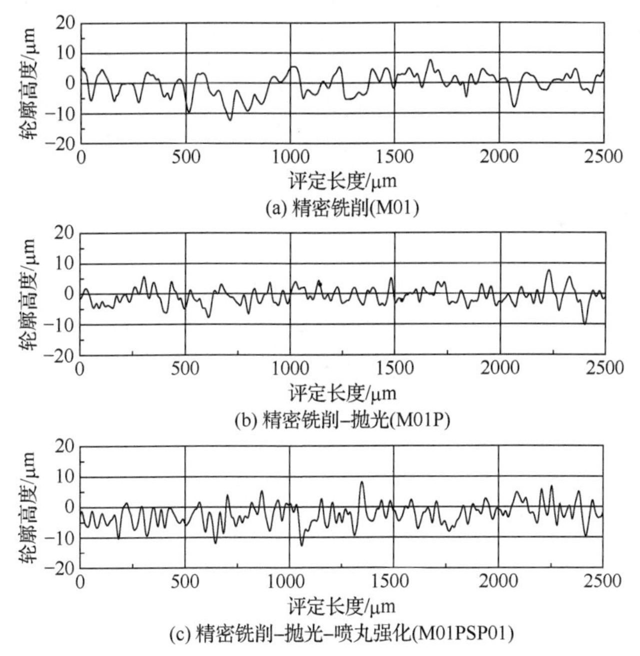

(a) 精密铣削(M01)

(b) 精密铣削–抛光(M01P)

(c) 精密铣削–抛光–喷丸强化(M01PSP01)

图 6.7　多工艺复合加工表面轮廓曲线

间距较大，精密铣削-抛光后轮廓起伏和间距变小，再经喷丸强化后轮廓起伏又有所增大。

2) 微观组织

图 6.8 为精密铣削-抛光-喷丸强化多工艺复合加工过程中微观组织的重构规律。从图中可以看出，精密铣削塑性变形层厚度在 9～23μm；精密铣削-抛光后塑性变形层厚度在 8～25μm，抛光工艺对塑性变形层的影响较小，这是因为手工抛光时，作用于试样表面上的抛光力和温度极低，仅起去除精密铣削刀痕的作用；精密铣削-抛光-喷丸强化后塑性变形层内晶粒扭曲严重，出现了晶粒破碎、细化，随着喷丸强度的增大，表面变得凹凸不平，在高工艺参数复合水平(M03PSP03)条件下塑性变形层厚度达到 35μm。

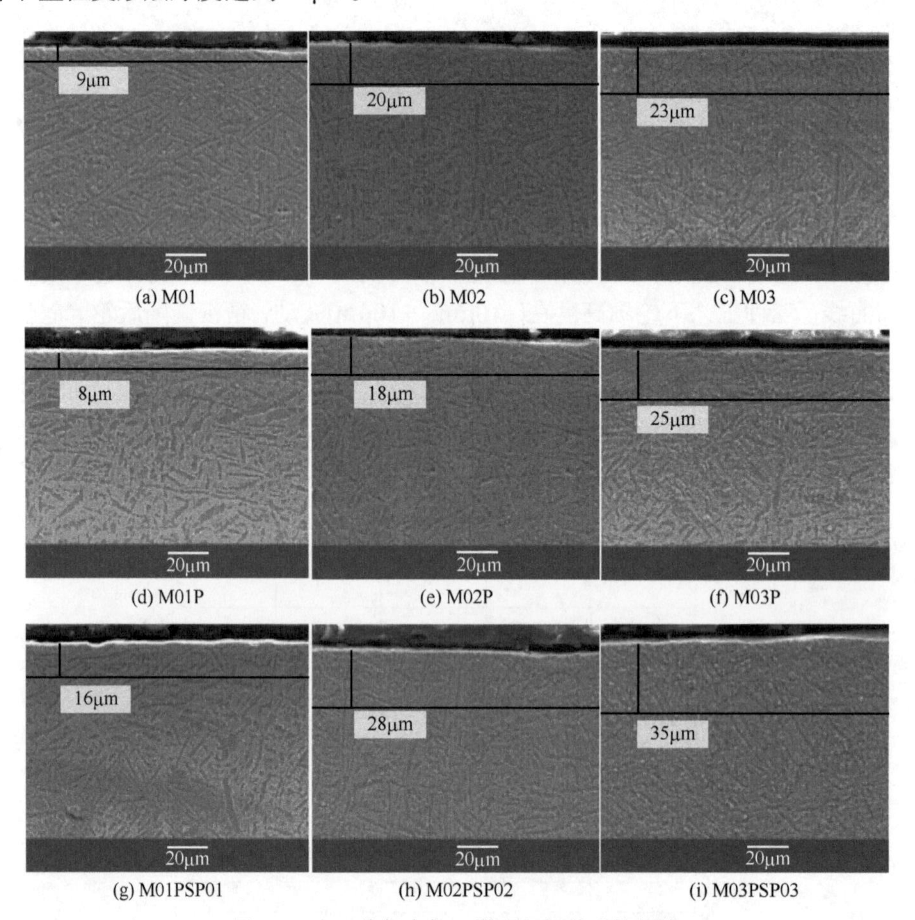

图 6.8　多工艺复合加工微观组织的重构规律

3) 显微硬度

图 6.9 为精密铣削-抛光-喷丸强化多工艺复合加工显微硬度梯度分布的重构

规律曲线。从图中可以看出，抛光工艺对精密铣削工艺显微硬度梯度分布的影响不大，后续喷丸强化工艺增大了硬化程度和硬化层深度。随着多工艺复合工艺参数水平的增大，硬化程度和硬化层深度差异逐渐减小，说明喷丸强化工艺对前续工艺显微硬度梯度分布的影响逐渐降低。低工艺参数复合水平(M01PSP01)、中工艺参数复合水平(M02PSP02)和高工艺参数复合水平(M03PSP03)下硬化程度分别为 6.26%、7.25%和 8.68%，硬化层深度分别为 60μm、70μm 和 100μm。

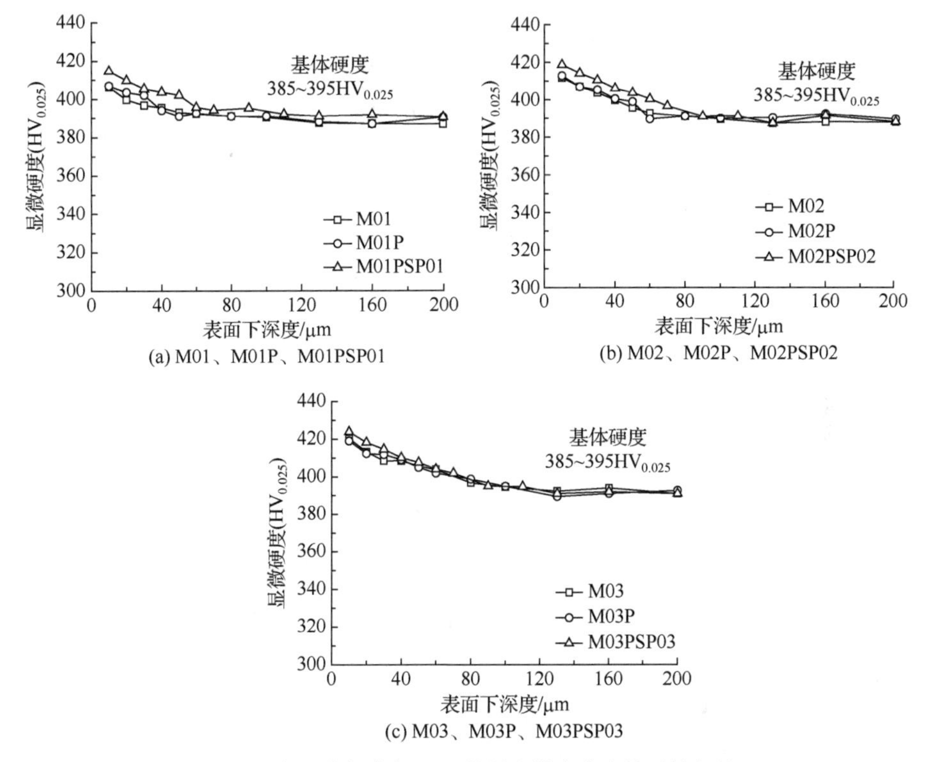

图 6.9　多工艺复合加工显微硬度梯度分布的重构规律

4) 残余应力

图 6.10 为精密铣削-抛光-喷丸强化多工艺复合加工残余应力梯度分布的重构规律曲线。从图中可以看出，精密铣削-抛光残余应力梯度分布与精密铣削残余应力梯度分布变化趋势一致，精密铣削-抛光-喷丸强化残余应力梯度分布呈勺形，与喷丸强化残余应力梯度分布形状相似，说明在多工艺复合加工中，喷丸强化工艺对最终残余应力梯度分布的形成起决定性作用。在精密铣削和喷丸强化高工艺参数水平下，最大残余压应力达到−961MPa，位于表面下 25μm 处，残余压应力层深度达到 130μm。这主要是较大切削力引起较大残余压应力，加之喷丸强化时大的当量静载荷和持续冲击能量不断作用于工件表面，最终形成较大的残余压应

力和较深的残余压应力层。

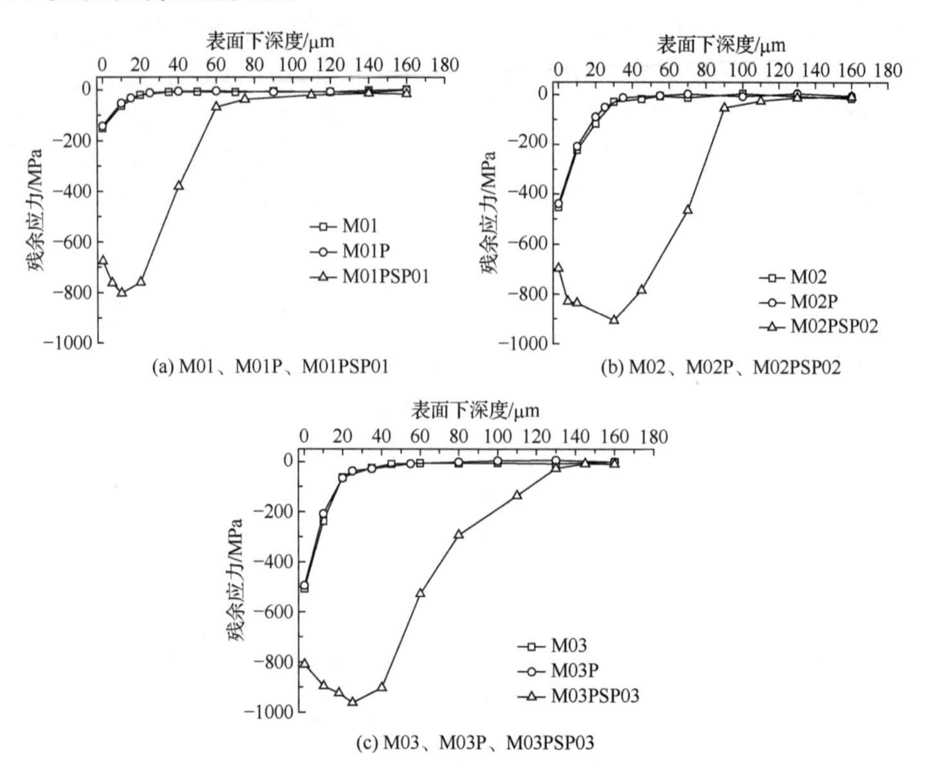

(a) M01、M01P、M01PSP01
(b) M02、M02P、M02PSP02
(c) M03、M03P、M03PSP03

图 6.10 多工艺复合加工残余应力梯度分布的重构规律

6.3.3 钛合金 TB6 铣削-抛光-喷丸强化-抛光复合加工表面完整性

钛合金 TB6 铣削-抛光-喷丸强化-抛光复合加工工艺条件如下：

(1) 铣削工艺参数：切削速度 v_c=100 m/min，每齿进给量 f_z=0.08 mm/z，铣削宽度 a_e=7mm，铣削深度 a_p=0.2 mm。

(2) 抛光工艺参数：页轮粒度 P=240#，进给速度 f=4000 mm/min，抛光线速度 v_c=7m/s。

(3) 喷丸强化工艺参数：陶瓷丸 AZB210，弹丸直径 0.53mm，喷丸强度 f_A=0.20mm·N，空气压力 P=0.2MPa，弹丸流量 8kg/min。

1) 表面几何形貌

图 6.11 为钛合金 TB6 多工艺复合加工后表面粗糙度和表面几何形貌。可以看出，铣削加工后表面粗糙度 R_a 约为 0.58μm，表面几何形貌纹理比较平整，可见轻微交叉的棱脊。铣削-抛光复合加工后表面粗糙度相对于铣削加工后的表面粗糙度有所减小，约为 0.38μm，表面几何形貌较为平整，这是因为抛光磨平了铣削加工表面的刀痕。铣削-抛光-喷丸强化复合加工后表面粗糙度最大，为 2.27μm，

表面起伏较大，这是因为喷丸强化过程中，弹丸对抛光表面打击和挤压作用，在表面上留下了不均匀分布的弹坑和凸起。铣削-抛光-喷丸强化-抛光复合加工后表面粗糙度与铣削-抛光复合加工后表面粗糙度相近，约为 0.39μm，这是因为抛光过程磨平了喷丸强化表面的弹坑和凸起。

图 6.11　钛合金 TB6 多工艺复合加工后表面粗糙度和表面几何形貌

2) 微观组织

图 6.12 为铣削-喷丸强化和抛光-喷丸强化后试样表层微观组织。可以看出，喷丸强化后抛光和铣削试样表层晶粒均向弹丸撞击方向产生了偏移和扭曲，这主要是喷丸强化过程中，弹丸对试样表层的撞击导致晶粒挤压，材料表层晶粒产生偏移变形。铣削试样和抛光试样经陶瓷丸 AZB210 喷丸强化后，塑性变形层厚度分别约为 8μm 和 13μm，经过相同喷丸强化工艺参数加工后，抛光试样表层塑性变形层厚度大于铣削试样喷丸强化的塑性变形层厚度。

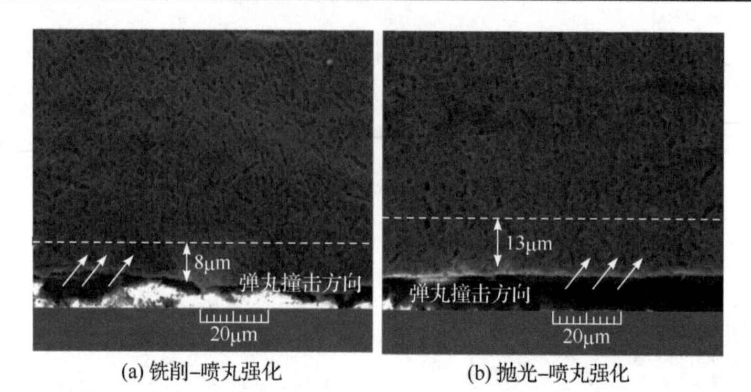

(a) 铣削–喷丸强化　　　　(b) 抛光–喷丸强化

图 6.12　铣削–喷丸强化和抛光–喷丸强化试样表层微观组织

3) 显微硬度

图 6.13 为钛合金 TB6 多工艺复合加工后表层显微硬度。不同工艺加工后，表面显微硬度最大，沿着表面下深度增大显微硬度逐渐减小，最后达到基体显微硬度，加工表面均产生了硬化现象。铣削加工后表面显微硬度约为 356$HV_{0.05}$，硬化层深度约为 30μm。铣削–抛光加工后，试样表面显微硬度较铣削后表面显微硬度有所增大，约为 386$HV_{0.05}$，硬化层深度约为 8μm。铣削–抛光–喷丸强化加工后，试样表面显微硬度约为 413$HV_{0.05}$，硬化层深度约为 80μm。铣削–抛光–喷丸强化–抛光加工后，试样表面显微硬度最大，约为 418$HV_{0.05}$，硬化层深度约为 50μm。

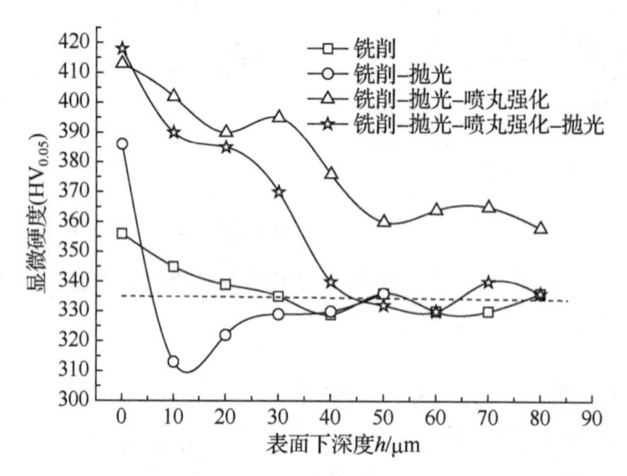

图 6.13　钛合金 TB6 多工艺复合加工表层显微硬度

4) 残余应力

图 6.14 为钛合金 TB6 多工艺复合加工表层残余应力。不同工艺加工后试样表面均为残余压应力状态，进给方向和切宽方向的残余应力分布趋势基本一致。铣削加工后表面残余压应力和最大残余压应力均最小，分别约为–398MPa 和

–471MPa，最大残余压应力位于表面，残余压应力影响层在 20～25μm。铣削-抛光加工后残余应力分布与铣削残余应力分布一致，残余应力各特征值相对铣削加工残余应力特征值略有增大，其中表面残余压应力在–461～–589MPa，最大残余压应力约为–589MPa，残余应力影响层深度约为 20～30μm，最大残余压应力位于表面，这是因为铣削和抛光加工过程中，最大塑性变形位于加工表面。铣削-抛光-喷丸强化加工残余应力各特征值相对铣削-抛光残余应力各特征值急剧增大，最大残余压应力增大到–728MPa，位于表面下 50μm 处，表面残余压应力增大到–553～–642MPa，残余压应力影响层深度增大到 120～140μm，这是喷丸强化过程中表面层金属材料强烈塑性变形引起的。铣削-抛光-喷丸强化-抛光加工后表面残余压应力为–716～–731MPa，切宽方向最大残余压应力约为–734MPa，位于表面下 65μm 处，残余压应力影响层为 140～160μm。从铣削依次到铣削-抛光-喷丸强化-抛光，试样表面残余压应力、最大残余压应力和残余压应力影响层深度呈现增大的趋势，最大残余压应力逐渐从加工表面移到次表层。采用铣削-抛光-喷丸强化-抛光加工后，试样表面强化作用明显，残余压应力层分布状态较好。

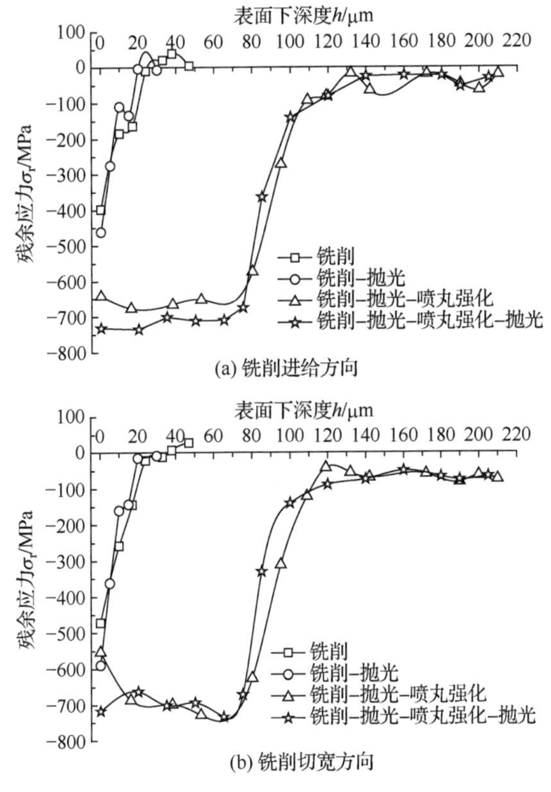

图 6.14　钛合金 TB6 多工艺复合加工表层残余应力

参 考 文 献

[1] Wohlfahrt H. Shot Peening and Residual Stress[M]//Kula E, Weiss V. Residual Stress and Stress Relaxation. Sagamore Army Materials Research Conference Proceedings. New York: Plenum Press, 1982.

[2] Wohlfahrt H. The influence of peening conditions on the resulting distribution of residual stress[C]. Chicago, United States: Proceedings of the 2nd International Conference Shot Peening,1984.

[3] Takaki S, Tsuchiyama T, Nakashima K, et al. Microstructure development of steel during severe plastic deformation[J]. Metals and Materials International, 2004, 10(6): 533-539.

[4] Nobre J P, Batista A C, Coelho L, et al. Two experimental methods to determining stress-strain behavior of work-hardened surface layers of metallic components [J]. Journal of Materials Processing Technology, 2010, 210(15): 2285-2291.